Herbert Amann
Joachim Escher

Analysis II

Zweite, korrigierte Auflage

Birkhäuser Verlag
Basel · Boston · Berlin

Autoren:

Herbert Amann
Institut für Mathematik
Universität Zürich
Winterthurerstr. 190
CH-8057 Zürich
e-mail: amann@math.unizh.ch

Joachim Escher
Institut für Angewandte Mathematik
Universität Hannover
Welfengarten 1
D-30167 Hannover
e-mail: escher@ifam.uni-hannover.de

Erste Auflage 1998

Bibliografische Information Der Deutschen Bibliothek
Die Deutsche Bibliothek verzeichnet diese Publikation in der Deutschen Nationalbibliografie;
detaillierte bibliografische Daten sind im Internet über <http://dnb.ddb.de> abrufbar.

ISBN 978-3-7643-7105-0 Birkhäuser Verlag, Basel – Boston – Berlin

© 2006 Birkhäuser Verlag, Postfach 133, CH-4010 Basel, Schweiz
Ein Unternehmen von Springer Science+Business Media
Satz und Layout mit LATEX: Gisela Amann, Zürich
Gedruckt auf säurefreiem Papier, hergestellt aus chlorfrei gebleichtem Zellstoff. TCF ∞

ISBN 978-3-7643-7105-0   ISBN 978-3-7643-7402-0 (eBook)

Vorwort

Wie schon der erste, enthält auch dieser zweite Band wesentlich mehr Stoff, als in einer einsemestrigen Vorlesung behandelt werden kann. Wir hoffen, dadurch den Leser anzuregen, im Selbststudium weiter in die Mathematik einzudringen und viele schöne und tiefgründige Anwendungen der Analysis kennenzulernen und größere Zusammenhänge zu erfahren. Dem Dozenten möchten wir geeignetes Material für Proseminare und Seminare zur Verfügung stellen.

Für einen Überblick über den dargebotenen Stoff verweisen wir auf das ausführliche Inhaltsverzeichnis sowie auf die Einleitungen zu den einzelnen Kapiteln. Hervorheben möchten wir die zahlreichen Übungsaufgaben, deren Bearbeitung für das Verständnis der Materie unabdingbar ist. Darüber hinaus haben wir viele nützliche Ergänzungen und Abrundungen des im Haupttext behandelten Materials in den Aufgabenteil verlegt.

Auch beim Schreiben dieses Bandes konnten wir uns auf die Hilfe Anderer verlassen. Ganz besonders danken wir unseren Freunden und Kollegen Pavol Quittner und Gieri Simonett. Sie haben nicht nur große Teile des Manuskripts sorgfältig gelesen und uns geholfen, Fehler auszumerzen, sondern durch ihre wertvollen Verbesserungsvorschläge wesentlich zur endgültigen Darstellung beigetragen. Zu großem Dank sind wir auch unseren Mitarbeitern Georg Prokert, Frank Weber und Bea Wollenmann verpflichtet für die sehr genaue Lektüre des gesamten Manuskripts und das Aufspüren von Druckfehlern und Ungenauigkeiten.

Unser allerherzlichster Dank gilt wieder unserem „Satzperfektionisten", ohne dessen unermüdliche Arbeit dieses Buch nie in der vorliegenden perfekten Gestalt[1] zustandegekommen wäre, sowie Andreas, der uns wieder bei Hard- und Software-Problemen zur Seite stand.

Schließlich gebührt unser Dank Thomas Hintermann und dem Birkhäuser Verlag für die gute Zusammenarbeit und das verständnisvolle Eingehen auf unsere Terminwünsche.

Zürich und Kassel, im März 1999 H. Amann und J. Escher

---

[1] Für den Text wurde ein LaTeX-file erstellt. Für die Abbildungen wurden zusätzlich Corel-DRAW! und Maple verwendet.

Vorwort zur zweiten Auflage

In dieser Version haben wir Fehler und Ungenauigkeiten korrigiert sowie einige Beweisvereinfachungen durchgeführt, die uns von aufmerksamen Lesern zur Kenntnis gebracht worden sind. Ihnen allen, insbesondere unseren Kollegen H. Crauel, A. Ilchmann und G. Prokert, gilt unser herzlichster Dank.

Zürich und Hannover, im Dezember 2005   H. Amann und J. Escher

Inhaltsverzeichnis

Vorwort   v

Kapitel VI Integralrechnung in einer Variablen

1 Sprungstetige Funktionen   4

Treppen- und sprungstetige Funktionen   4

Eine Charakterisierung sprungstetiger Funktionen   6

Der Banachraum der sprungstetigen Funktionen   7

2 Stetige Erweiterungen   10

Der Erweiterungssatz für gleichmäßig stetige Funktionen   10

Beschränkte lineare Operatoren   12

Die stetige Erweiterung beschränkter linearer Operatoren   15

3 Das Cauchy-Riemannsche Integral   17

Das Integral für Treppenfunktionen   17

Das Integral für sprungstetige Funktionen   19

Riemannsche Summen   20

4 Eigenschaften des Integrals   26

Integration von Funktionenfolgen   26

Das orientierte Integral   27

Positivität und Monotonie des Integrals   28

Komponentenweise Integration   31

Der Hauptsatz der Differential- und Integralrechnung   32

Das unbestimmte Integral   33

Der Mittelwertsatz der Integralrechnung   35

5 Die Technik des Integrierens   39

Variablensubstitution   39

Partielle Integration   41

Die Integration rationaler Funktionen   44

6   Summen und Integrale   51

Die Bernoullischen Zahlen   51
Rekursionsformeln   53
Die Bernoullischen Polynome   54
Die Euler-Maclaurinsche Summenformel   55
Potenzsummen   57
Asymptotische Äquivalenz   58
Die Riemannsche ζ-Funktion   60
Die Sehnentrapezregel   65

7   Fourierreihen   69

Das L_2-Skalarprodukt   69
Die Approximation im quadratischen Mittel   71
Orthonormalsysteme   73
Die Integration periodischer Funktionen   74
Fourierkoeffizienten   75
Klassische Fourierreihen   76
Die Besselsche Ungleichung   80
Vollständige Orthonormalsysteme   81
Stückweise stetig differenzierbare Funktionen   84
Gleichmäßige Konvergenz   85

8   Uneigentliche Integrale   92

Zulässige Funktionen   92
Uneigentliche Integrale   92
Der Integralvergleichssatz für Reihen   95
Absolut konvergente Integrale   96
Das Majorantenkriterium   97

9   Die Gammafunktion   101

Die Eulersche Integraldarstellung   101
Die Gammafunktion auf $\mathbb{C} \setminus (-\mathbb{N})$ 102
Die Gaußsche Darstellung   103
Die Ergänzungsformel   107
Die logarithmische Konvexität der Gammafunktion   108
Die Stirlingsche Formel   111
Das Eulersche Betaintegral   114

Kapitel VII   Differentialrechnung mehrerer Variabler

1   Stetige lineare Abbildungen 122

Die Vollständigkeit von $\mathcal{L}(E, F)$ 122
Endlichdimensionale Banachräume 123
Matrixdarstellungen 127
Die Exponentialabbildung 129
Lineare Differentialgleichungen 132
Das Gronwallsche Lemma 134
Die Variation-der-Konstanten-Formel 136
Determinanten und Eigenwerte 138
Fundamentalmatrizen 141
Lineare Differentialgleichungen zweiter Ordnung 145

2   Differenzierbarkeit 154

Die Definition 154
Die Ableitung 155
Richtungsableitungen 157
Partielle Ableitungen 159
Die Jacobimatrix 161
Ein Differenzierbarkeitskriterium 161
Der Rieszsche Darstellungssatz 163
Der Gradient 165
Komplexe Differenzierbarkeit 167

3   Rechenregeln 172

Linearität 172
Die Kettenregel 172
Die Produktregel 175
Mittelwertsätze 175
Die Differenzierbarkeit von Funktionenfolgen 177
Notwendige Bedingungen für lokale Extrema 177

4   Multilineare Abbildungen 180

Stetige multilineare Abbildungen 180
Der kanonische Isomorphismus 182
Symmetrische multilineare Abbildungen 184
Die Ableitung multilinearer Abbildungen 184

5   Höhere Ableitungen 188

Definitionen 188
Partielle Ableitungen höherer Ordnung 191
Die Kettenregel 193
Taylorsche Formeln 193

Funktionen von m Variablen 195
Hinreichende Kriterien für lokale Extrema 196

6   Nemytskiioperatoren und Variationsrechnung 204

Nemytskiioperatoren 204
Die Stetigkeit von Nemytskiioperatoren 205
Die Differenzierbarkeit von Nemytskiioperatoren 206
Die Differenzierbarkeit von Parameterintegralen 209
Variationsprobleme 211
Die Euler-Lagrangesche Gleichung 213
Klassische Mechanik 217

7   Umkehrabbildungen 221

Die Ableitung der Inversion linearer Abbildungen 221
Der Satz über die Umkehrabbildung 223
Diffeomorphismen 226
Die Lösbarkeit nichtlinearer Gleichungssysteme 227

8   Implizite Funktionen 230

Differenzierbare Abbildungen auf Produkträumen 230
Der Satz über implizite Funktionen 232
Reguläre Werte 235
Gewöhnliche Differentialgleichungen 236
Separation der Variablen 238
Lipschitz-Stetigkeit und Eindeutigkeit 242
Der Satz von Picard-Lindelöf 244

9   Mannigfaltigkeiten 252

Untermannigfaltigkeiten des $\mathbb{R}^n$ 252
Graphen 253
Der Satz vom regulären Wert 253
Der Immersionssatz 255
Einbettungen 257
Lokale Karten und Parametrisierungen 262
Kartenwechsel 265

10 Tangenten und Normalen 270

Das Tangential in $\mathbb{R}^n$ 270
Der Tangentialraum 271
Charakterisierungen des Tangentialraumes 275
Differenzierbare Abbildungen 276
Das Differential und der Gradient 279
Normalen 281
Extrema mit Nebenbedingungen 282
Anwendungen der Lagrangeschen Multiplikatorenregel 283

Kapitel VIII Kurvenintegrale

1 Kurven und ihre Länge 291

Die totale Variation 291

Rektifizierbare Wege 292

Differenzierbare Kurven 294

Rektifizierbare Kurven 297

2 Kurven in $\mathbb{R}^n$ 302

Tangenteneinheitsvektoren 302

Parametrisierungen nach der Bogenlänge 303

Orientierte Basen 304

Das Frenetsche n-Bein 305

Die Krümmung ebener Kurven 308

Eine Kennzeichnung von Geraden und Kreisen 310

Krümmungskreise und Evoluten 311

Das Vektorprodukt 312

Die Krümmung und die Torsion von Raumkurven 314

3 Pfaffsche Formen 318

Vektorfelder und Pfaffsche Formen 318

Die kanonischen Basen 320

Exakte Formen und Gradientenfelder 322

Das Poincarésche Lemma 325

Duale Operatoren 327

Transformationsregeln 328

Moduln 332

4 Kurvenintegrale 337

Die Definition 337

Elementare Eigenschaften 339

Der Hauptsatz über Kurvenintegrale 341

Einfach zusammenhängende Mengen 343

Die Homotopieinvarianz des Kurvenintegrals 344

5 Holomorphe Funktionen 351

Komplexe Kurvenintegrale 351

Holomorphie 354

Der Cauchysche Integralsatz 355

Die Orientierung der Kreislinie 357

Die Cauchysche Integralformel 357

Analytische Funktionen 359

Der Satz von Liouville 361

Die Fresnelschen Integrale 361

Das Maximumprinzip 363

Harmonische Funktionen 364
Der Satz von Goursat 366
Der Weierstraßsche Konvergenzsatz 369

6   Meromorphe Funktionen 373
Die Laurentsche Entwicklung 373
Hebbare Singularitäten 377
Isolierte Singularitäten 378
Einfache Pole 381
Die Windungszahl 383
Die Stetigkeit der Umlaufzahl 387
Der allgemeine Cauchysche Integralsatz 389
Der Residuensatz 391
Fourierintegrale 392

Literaturverzeichnis 401

Index 403

Kapitel VI

Integralrechnung in einer Variablen

Das Konzept des Integrals ist eng mit dem Problem der Bestimmung von Flächeninhalten ebener Figuren verknüpft. Hierbei ist es naheliegend, komplizierte geometrische Gebilde durch einfachere zu approximieren, deren Flächenbestimmung mittels unmittelbar einsichtiger Regeln leicht durchgeführt werden kann. In der Praxis bedeutet dies, daß krummlinige Bereiche durch Vereinigungen von Rechtecksflächen angenähert werden. Der Inhalt eines Rechtecks ist gleich dem Produkt der Seitenlängen. Da es anschaulich evident ist, daß sich der Inhalt von Vereinigungen von disjunkten Rechtecksflächen additiv verhält, kann man leicht einen plausiblen Kalkül zur näherungsweisen Flächenberechnung ebener Figuren entwickeln.

Eine mathematisch befriedigende Präzisierung dieser anschaulichen Betrachtungen ist erstaunlich subtil. Dies rührt insbesondere daher, daß es eine Vielzahl von Möglichkeiten gibt, mittels derer eine krummlinige ebene Figur durch Vereinigungen von disjunkten Rechtecksflächen approximiert werden kann. Dabei ist es keinesfalls selbstverständlich, daß sie alle zum selben Resultat führen. Aus diesem Grunde werden wir die allgemeine Theorie des Messens von Flächen- und Rauminhalten, die „Maßtheorie", erst im dritten Band behandeln.

In diesem Kapitel beschränken wir uns auf den einfacheren Fall der Bestimmung der Fläche zwischen dem Graphen einer genügend regulären Funktion einer Variablen und der entsprechenden Abszisse. Wenn wir hier die Approximation durch achsenparallele Rechtecksflächen zugrunde legen, sehen wir, daß dies darauf hinausläuft, die betrachtete Funktion durch Treppenfunktionen, d.h. Abbildungen, die stückweise konstant sind, anzunähern. Es zeigt sich nun, daß diese Approximationsidee äußerst flexibel und von ihrer ursprünglichen geometrischen Motivation unabhängig ist. Auf diese Weise werden wir zu einem Integralbegriff geführt, der auf eine große Klasse vektorwertiger Funktionen einer reellen Variablen anwendbar ist.

Zur genauen Bestimmung der Klasse der Funktionen, denen wir ein Integral zuordnen können, müssen wir untersuchen, welche Funktionen durch Treppenfunktionen approximiert werden können. Wenn wir dabei die Supremumsnorm zugrunde legen, d.h. eine gegebene Funktion gleichmäßig auf dem gesamten Intervall durch Treppenfunktionen approximieren, werden wir zu den sprungstetigen Funktionen geführt. Dem Studium dieser Funktionenklasse ist der erste Paragraph gewidmet.

Wir werden sehen, daß das Integral eine lineare Abbildung auf dem Vektorraum der Treppenfunktionen ist. Es stellt sich dann das Problem, diesen Integralbegriff so auf den Raum der sprungstetigen Funktionen zu erweitern, daß die elementaren Eigenschaften, insbesondere die Linearität, erhalten bleiben. Diese Aufgabe erweist sich als ein Spezialfall der allgemeineren Fragestellung nach der eindeutigen Fortsetzbarkeit stetiger Abbildungen. Da das Fortsetzungsproblem von übergeordneter Bedeutung ist und überall in der Mathematik auftritt, diskutieren wir es eingehend in Paragraph 2. Aus dem fundamentalen Erweiterungssatz für gleichmäßig stetige Abbildungen leiten wir den Satz über die stetige Fortsetzung stetiger linearer Abbildungen ab. Dies gibt uns Gelegenheit, die wichtigen Begriffe des beschränkten linearen Operators und der Operatornorm einzuführen, welche in der modernen Analysis eine grundlegende Rolle spielen.

Nach diesen Vorbereitungen führen wir in Paragraph 3 das Integral für sprungstetige Funktionen ein — das Cauchy-Riemann Integral — als Erweiterung des elementaren Integrals für Treppenfunktionen. Im darauffolgenden Paragraphen leiten wir seine fundamentalen Eigenschaften her. Als von großer Bedeutung erweist sich der Hauptsatz der Differential- und Integralrechnung, der — vereinfacht ausgedrückt — besagt, daß es sich beim Integrieren um ein Rückgängigmachen des Differenzierens handelt. Durch dieses Theorem werden wir in die Lage versetzt, eine Vielzahl gegebener Funktionen explizit zu integrieren und einen flexiblen Kalkül des Integrierens zu entwickeln. Dies geschieht in Paragraph 5.

Die restlichen Paragraphen — mit Ausnahme des achten — behandeln Anwendungen der bis hierher entwickelten Differential- und Integralrechnung. Sie sind für den weiteren Aufbau der Analysis nicht wesentlich. Folglich können die entsprechenden Abschnitte bei einer ersten Lektüre dieses Buches überschlagen bzw. müssen nur teilweise durchgearbeitet werden. Es handelt sich jedoch um schöne klassische Resultate der Mathematik, die einerseits zur mathematischen Allgemeinbildung gehören, andererseits in zahlreichen Anwendungen — innerhalb und außerhalb der Mathematik — benötigt werden.

Paragraph 6 lotet den Zusammenhang zwischen Integralen und Summen aus. Wir leiten die Euler-Maclaurinsche Summenformel her und zeigen einige ihrer Konsequenzen auf. Besonders erwähnt seien ein Beweis der Formel von de Moivre und Sterling über das asymptotische Verhalten der Fakultätenfunktion sowie die Herleitung einiger grundlegender Eigenschaften der Riemannschen ζ-Funktion. Letztere ist im Zusammenhang mit der asymptotischen Verteilung der Primzahlen von Bedeutung, worauf wir natürlich nur sehr kurz eingehen können.

In Paragraph 7 greifen wir das am Ende von Kapitel V angesprochene Problem der Darstellung periodischer Funktionen durch trigonometrische Reihen auf. Mit Hilfe der Integralrechnung können wir für eine große Klasse von Funktionen eine vollständige Lösung dieser Aufgabenstellung angeben. Dabei stellen wir die zugehörige Theorie der Fourierreihen in den allgemeinen Rahmen der Theorie der Orthogonalreihen in Innenprodukträumen. Dadurch gewinnen wir nicht nur an Klarheit und Einfachheit, sondern legen auch die Grundlage für eine Vielzahl konkreter Anwendungen, auf die der Leser im Verlauf seines weiteren Studiums immer wieder stoßen wird. Natürlich berechnen wir auch einige klassische Fourierreihen explizit und zeigen überraschende Anwendungen auf. Herausgehoben seien die Eulerschen Formeln, welche explizite Ausdrücke für die Werte der ζ-Funktion an geraden Argumentwerten ergeben, sowie eine Darstellung des Sinus als unendliches Produkt.

Bis zu dieser Stelle haben wir uns auf die Integration sprungstetiger Funktionen auf kompakten Intervallen beschränkt. In Paragraph 8 erweitern wir unseren Integralbegriff, um auch Funktionen integrieren zu können, die auf unendlichen Intervallen definiert oder nicht beschränkt sind. Wir geben uns hier mit den einfachsten und wichtigsten Resultaten, welche für unsere Anwendungen in diesem Band benötigt werden, zufrieden, da wir im dritten Band die allgemeinere und flexiblere Lebesguesche Integrationstheorie entwickeln werden.

Der letzte Paragraph ist der Theorie der Gammafunktion gewidmet. Hierbei handelt es sich um eine der wichtigsten nichtelementaren Funktionen, die man in vielen Bereichen der Mathematik und ihren Anwendungen antrifft. Aus diesem Grund haben wir uns bemüht, alle wesentlichen Resultate, die dem Leser im Verlauf seiner weiteren Beschäftigung mit der Mathematik von Nutzen sein können, zusammenzustellen. Darüber hinaus zeigt dieser Paragraph in besonders schöner Weise die Stärke und Tragfähigkeit der Methoden und Techniken auf, die wir bis jetzt kennengelernt haben.

1   Sprungstetige Funktionen

In manchen konkreten Situationen, insbesondere in der Integralrechnung, erweist sich das Konzept der Stetigkeit als zu restriktiv. Unstetige Funktionen treten in vielen Anwendungen in natürlicher Weise auf, wobei die Unstetigkeiten i. allg. nicht zu „bösartig" sind. In diesem Paragraphen werden wir eine einfache Klasse von Abbildungen kennenlernen, welche die stetigen Funktionen umfaßt und für die Zwecke der Integralrechnung einer unabhängigen Variablen besonders geeignet ist. Wir werden später allerdings sehen, daß dieser Raum der sprungstetigen Funktionen, um den es hier geht, für eine flexible Theorie der Integration immer noch „zu eng" ist, weshalb wir im Zusammenhang mit der mehrdimensionalen Integralrechnung weitere, die stetigen Funktionen umfassende Räume betrachten werden.

Im folgenden bezeichnen

- $E := (E, \|\cdot\|)$ einen Banachraum;
  $I := [\alpha, \beta]$ ein kompaktes perfektes Intervall.

Treppen- und sprungstetige Funktionen

Wir nennen $\mathfrak{Z} := (\alpha_0, \ldots, \alpha_n)$ **Zerlegung** von I, wenn $n \in \mathbb{N}^\times$ und

$$\alpha = \alpha_0 < \alpha_1 < \cdots < \alpha_n = \beta$$

gelten. Die Zerlegung $\overline{\mathfrak{Z}} := (\beta_0, \ldots, \beta_k)$ heißt **Verfeinerung** von $\mathfrak{Z}$, falls $\{\alpha_0, \ldots, \alpha_n\}$ eine Teilmenge von $\{\beta_0, \ldots, \beta_k\}$ ist. Dies bringen wir durch die Schreibweise $\mathfrak{Z} \leq \overline{\mathfrak{Z}}$ zum Ausdruck.

Die Funktion $f : I \to E$ heißt **Treppenfunktion** auf I, wenn es eine Zerlegung $\mathfrak{Z} := (\alpha_0, \ldots, \alpha_n)$ von I gibt, so daß f auf jedem Intervall (α_{j-1}, α_j) konstant ist. Dann sagen wir, $\mathfrak{Z}$ ist eine **Zerlegung für** f, oder f ist eine **Treppenfunktion zur Zerlegung** $\mathfrak{Z}$.

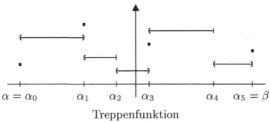

Treppenfunktion

Existieren für $f : I \to E$ die Grenzwerte $f(\alpha + 0)$, $f(\beta - 0)$ sowie

$$f(x \pm 0) := \lim_{\substack{y \to x \pm 0 \\ y \neq x}} f(y)$$

für $x \in \overset{\circ}{I}$, so heißt f **sprungstetig** (oder **Regelfunktion**).[1] Eine sprungstetige Funktion ist **stückweise stetig**, wenn sie nur endlich viele Unstetigkeitsstellen („Sprünge") hat. Schließlich bezeichnen wir mit

$$\mathcal{T}(I, E) \quad \text{bzw.} \quad \mathcal{S}(I, E) \quad \text{bzw.} \quad \mathcal{SC}(I, E)$$

die Menge[2] aller Treppenfunktionen bzw. aller sprungstetigen Abbildungen bzw. aller stückweise stetigen Funktionen $f : I \to E$.

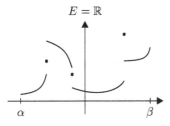

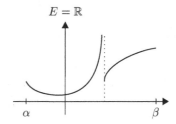

stückweise stetige Funktion   keine Regelfunktion

1.1 Bemerkungen (a) Sind $\mathfrak{Z} := (\alpha_0, \ldots, \alpha_n)$ und $\overline{\mathfrak{Z}} := (\beta_0, \ldots, \beta_m)$ Zerlegungen von I, so wird durch $\{\alpha_0, \ldots, \alpha_n\} \cup \{\beta_0, \ldots, \beta_m\}$ in natürlicher Weise die Zerlegung $\mathfrak{Z} \vee \overline{\mathfrak{Z}}$ von I definiert. Offensichtlich gelten $\mathfrak{Z} \leq \mathfrak{Z} \vee \overline{\mathfrak{Z}}$ und $\overline{\mathfrak{Z}} \leq \mathfrak{Z} \vee \overline{\mathfrak{Z}}$. In der Tat: $\leq$ ist eine Ordnung auf der Menge aller Zerlegungen von I, und $\mathfrak{Z} \vee \overline{\mathfrak{Z}}$ ist das Maximum von $\{\mathfrak{Z}, \overline{\mathfrak{Z}}\}$.

(b) Ist f eine Treppenfunktion zu einer Zerlegung $\mathfrak{Z}$, so ist auch jede Verfeinerung von $\mathfrak{Z}$ eine Zerlegung für f.

(c) Ist $f : I \to E$ sprungstetig, so braucht $f(x)$ für $x \in I$ weder mit $f(x + 0)$ noch mit $f(x - 0)$ übereinzustimmen.

(d) $\mathcal{S}(I, E)$ ist ein Untervektorraum von $B(I, E)$.

Beweis Die Linearität der einseitigen Grenzwerte impliziert unmittelbar die Vektorraumstruktur von $\mathcal{S}(I, E)$. Ist $f \in \mathcal{S}(I, E) \backslash B(I, E)$, so finden wir eine Folge (x_n) in I mit

$$\|f(x_n)\| \geq n , \qquad n \in \mathbb{N} . \tag{1.1}$$

Wegen der Kompaktheit von I gibt es eine Teilfolge (x_{n_k}) von (x_n) und ein $x \in I$ mit $x_{n_k} \to x$ für $k \to \infty$. Durch Auswahl einer geeigneten Teilfolge von (x_{n_k}) finden wir eine Folge (y_n), die monoton gegen x konvergiert.[3] Da f sprungstetig ist, gibt es ein $v \in E$ mit $\lim f(y_n) = v$ und, folglich, $\lim \|f(y_n)\| = \|v\|$ (vgl. Beispiel III.1.3(j)). Weil jede konvergente Folge beschränkt ist, haben wir einen Widerspruch zu (1.1) gefunden. Also ist $\mathcal{S}(I, E) \subset B(I, E)$. ∎

---

[1] Man beachte, daß im allgemeinen $f(x + 0)$ und $f(x - 0)$ verschieden von $f(x)$ sein können.

[2] Wie üblich setzen wir $\mathcal{T}(I) := \mathcal{T}(I, \mathbb{K})$ etc., wenn aus dem Zusammenhang klar ist, auf welchen der Körper $\mathbb{R}$ oder $\mathbb{C}$ wir uns beziehen.

[3] Man vergleiche dazu Aufgabe II.6.3.

(e) Im Sinne von Untervektorräumen gelten:

$$\mathcal{T}(I,E) \subset \mathcal{SC}(I,E) \subset \mathcal{S}(I,E) \quad \text{und} \quad C(I,E) \subset \mathcal{SC}(I,E) \ .$$

(f) Jede monotone Funktion $f : I \to \mathbb{R}$ ist sprungstetig.

Beweis Dies folgt aus Satz III.5.3. ∎

(g) Gehört f zu $\mathcal{T}(I,E)$ [bzw. $\mathcal{S}(I,E)$ bzw. $\mathcal{SC}(I,E)$], und ist J ein kompaktes perfektes Teilintervall von I, so gehört $f \,|\, J$ zu $\mathcal{T}(J,E)$ [bzw. $\mathcal{S}(J,E)$ bzw. $\mathcal{SC}(J,E)$].

(h) Aus $f \in \mathcal{T}(I,E)$ [bzw. $\mathcal{S}(I,E)$, bzw. $\mathcal{SC}(I,E)$] folgt, daß $\|f\|$ zu $\mathcal{T}(I,\mathbb{R})$ [bzw. $\mathcal{S}(I,\mathbb{R})$, bzw. $\mathcal{SC}(I,\mathbb{R})$] gehört. ∎

Eine Charakterisierung sprungstetiger Funktionen

1.2 Theorem *Die Funktion $f : I \to E$ ist genau dann sprungstetig, wenn es eine Folge von Treppenfunktionen gibt, die gleichmäßig gegen f konvergiert.*

Beweis „$\Rightarrow$" Es seien $f \in \mathcal{S}(I,E)$ und $n \in \mathbb{N}^{\times}$. Dann gibt es zu jedem $x \in I$ Zahlen $\alpha(x)$, $\beta(x)$ mit $\alpha(x) < x < \beta(x)$ und

$$\|f(s) - f(t)\| < 1/n \ , \qquad s,t \in \big(\alpha(x), x\big) \cap I \quad \text{oder} \quad s,t \in \big(x, \beta(x)\big) \cap I \ .$$

Da $\big\{\, \big(\alpha(x), \beta(x)\big) \ ; \ x \in I \,\big\}$ eine offene Überdeckung des kompakten Intervalls I ist, finden wir Punkte $x_0 < x_1 < \cdots < x_m$ in I, so daß $I \subset \bigcup_{j=0}^{m} \big(\alpha(x_j), \beta(x_j)\big)$ gilt. Mit $\eta_0 := \alpha$, $\eta_{j+1} := x_j$ für $j = 0, \ldots, m$ und $\eta_{m+2} := \beta$ ist $\mathfrak{Z}_0 = (\eta_0, \ldots, \eta_{m+2})$ eine Zerlegung von I. Nun wählen wir eine Verfeinerung $\mathfrak{Z}_1 = (\xi_0, \ldots, \xi_k)$ von $\mathfrak{Z}_0$ mit

$$\|f(s) - f(t)\| < 1/n \ , \qquad s,t \in (\xi_{j-1}, \xi_j) \ , \quad j = 1, \ldots, k \ ,$$

und setzen

$$f_n(x) := \left\{ \begin{array}{ll} f(x) \ , & x \in \{\xi_0, \ldots, \xi_k\} \ , \\ f\big((\xi_{j-1} + \xi_j)/2\big) \ , & x \in (\xi_{j-1}, \xi_j) \ , \quad j = 1, \ldots, k \ . \end{array} \right.$$

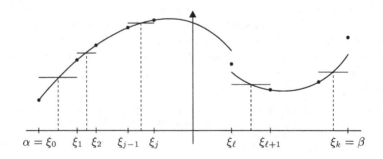

$$\alpha = \xi_0 \quad \xi_1 \ \ \xi_2 \quad \xi_{j-1} \ \ \xi_j \qquad\qquad \xi_\ell \quad\ \ \xi_{\ell+1} \qquad\quad \xi_k = \beta$$

Dann ist f_n eine Treppenfunktion, und nach Konstruktion gilt

$$\|f(x) - f_n(x)\| < 1/n , \qquad x \in I ,$$

also $\|f - f_n\|_\infty < 1/n$.

„$\Leftarrow$" Es sei (f_n) eine Folge in $\mathcal{T}(I, E)$, die gleichmäßig gegen f konvergiert. Dann konvergiert diese Folge in $B(I, E)$ gegen f. Ferner sei $\varepsilon > 0$. Dann gibt es ein $n \in \mathbb{N}$ mit $\|f(x) - f_n(x)\| < \varepsilon/2$ für alle $x \in I$. Außerdem gibt es zu jedem $x \in (\alpha, \beta]$ ein $\alpha' \in [\alpha, x)$ mit $f_n(s) = f_n(t)$ für $s, t \in (\alpha', x)$. Folglich gilt

$$\|f(s) - f(t)\| \leq \|f(s) - f_n(s)\| + \|f_n(s) - f_n(t)\| + \|f_n(t) - f(t)\| < \varepsilon \qquad (1.2)$$

für $s, t \in (\alpha', x)$.

Es sei nun (s_j) eine Folge in I, die von links gegen x konvergiert. Dann gibt es ein $N \in \mathbb{N}$ mit $s_j \in (\alpha', x)$ für $j \geq N$, und aus (1.2) folgt

$$\|f(s_j) - f(s_k)\| < \varepsilon , \qquad j, k \geq N .$$

Also ist $\big(f(s_j)\big)_{j \in \mathbb{N}}$ eine Cauchyfolge im Banachraum E. Deshalb gibt es ein $e \in E$ mit $\lim_j f(s_j) = e$. Ist (t_k) eine weitere Folge in I, die von links gegen x konvergiert, so zeigt ein analoges Argument die Existenz von $e' \in E$ mit $\lim_k f(t_k) = e'$. Außerdem gibt es ein $M \geq N$ mit $t_k \in (\alpha', x)$ für $k \geq M$. Somit ergibt sich aus (1.2)

$$\|f(s_j) - f(t_k)\| < \varepsilon , \qquad j, k \geq M .$$

Nach den Grenzübergängen $j \to \infty$ und $k \to \infty$ finden wir deshalb $\|e - e'\| \leq \varepsilon$. Da $\varepsilon > 0$ beliebig war, stimmen e und e' überein. Also haben wir nachgewiesen, daß $\lim_{y \to x-0} f(y)$ existiert. In analoger Weise zeigt man, daß für $x \in [\alpha, \beta)$ auch der rechtsseitige Grenzwert $\lim_{y \to x+0} f(y)$ in E existiert. Somit ist f sprungstetig. $\blacksquare$

1.3 Bemerkung Ist die Funktion $f \in \mathcal{S}(I, \mathbb{R})$ nicht negativ, so zeigt der erste Teil des obigen Beweises, daß es eine Folge nichtnegativer Treppenfunktionen gibt, die gleichmäßig gegen f konvergiert. $\blacksquare$

Der Banachraum der sprungstetigen Funktionen

1.4 Theorem *Der Raum der sprungstetigen Funktionen $\mathcal{S}(I, E)$ ist ein abgeschlossener Untervektorraum von $B(I, E)$, also selbst ein Banachraum, und $\mathcal{T}(I, E)$ ist dicht in $\mathcal{S}(I, E)$.*

Beweis Aus den Bemerkungen 1.1(d) und (e) wissen wir, daß die Inklusionen

$$\mathcal{T}(I, E) \subset \mathcal{S}(I, E) \subset B(I, E)$$

richtig sind. Gemäß Theorem 1.2 gilt die Beziehung

$$\overline{\mathcal{T}(I, E)} = \mathcal{S}(I, E) , \qquad (1.3)$$

wobei der Abschluß in $B(I, E)$ zu bilden ist. Also ist $\mathcal{S}(I, E)$ nach Satz III.2.12 in $B(I, E)$ abgeschlossen. Der letzte Teil der Behauptung folgt aus (1.3). $\blacksquare$

1.5 Korollar

   (i) *Jede (stückweise) stetige Funktion ist gleichmäßiger Grenzwert einer Folge*
       von Treppenfunktionen.

  (ii) *Gleichmäßige Grenzwerte von Folgen sprungstetiger Funktionen sind sprung-*
       stetig.

 (iii) *Jede monotone Funktion ist gleichmäßiger Grenzwert einer Folge von Trep-*
       penfunktionen.

Beweis Die Aussage (i) ergibt sich unmittelbar aus Theorem 1.2, und (ii) aus
Theorem 1.4. Aussage (iii) ist eine Konsequenz von Bemerkung 1.1(f). ∎

Aufgaben

1 Man verifiziere, daß $\mathcal{S}(I, \mathbb{K})$ bezügl. der punktweisen Multiplikation eine Banachalgebra mit Eins ist.

2 Es sei $f : [-1, 1] \to \mathbb{R}$ definiert durch

$$f(x) := \begin{cases} \dfrac{1}{n+2}, & x \in \left[-\dfrac{1}{n}, -\dfrac{1}{n+1}\right) \cup \left(\dfrac{1}{n+1}, \dfrac{1}{n}\right], \\ 0, & x = 0. \end{cases}$$

Man beweise oder widerlege:

(a) $f \in \mathcal{T}\big([-1, 1], \mathbb{R}\big)$.

(b) $f \in \mathcal{S}\big([-1, 1], \mathbb{R}\big)$.

3 Man beweise oder widerlege:
$SC(I, E)$ ist ein abgeschlossener Untervektorraum von $\mathcal{S}(I, E)$.

4 Die folgenden Aussagen sind für $f : I \to E$ äquivalent.

   (i) $f \in \mathcal{S}(I, E)$;

  (ii) $\exists (f_n)$ in $\mathcal{T}(I, E)$ mit $\sum_n \|f_n\|_\infty < \infty$ und $f = \sum_{n=0}^\infty f_n$.

5 Man beweise, daß jede sprungstetige Funktion höchstens abzählbar viele Unstetigkeitsstellen besitzt.

6 Es bezeichne $f : [0, 1] \to \mathbb{R}$ die Dirichletfunktion auf $[0, 1]$. Gehört f zu $\mathcal{S}\big([0, 1], \mathbb{R}\big)$?

7 Es sei $f : [0, 1] \to \mathbb{R}$ mit

$$f(x) := \begin{cases} 1/n, & x \in \mathbb{Q} \text{ mit teilerfremder Darstellung } x = m/n, \\ 0 & \text{sonst}. \end{cases}$$

Man beweise oder widerlege: $f \in \mathcal{S}\big([0, 1], \mathbb{R}\big)$.

8 Man entscheide, ob $f : [0, 1] \to \mathbb{R}$ mit

$$f(x) := \begin{cases} \sin(1/x), & x \in (0, 1], \\ 0, & x = 0, \end{cases}$$

eine Regelfunktion ist.

9 Es seien E_j, $j = 0, \dots, n$, normierte Vektorräume und

$$f = (f_0, \dots, f_n) : I \to E := E_0 \times \cdots \times E_n \ .$$

Dann gilt

$$f \in \mathcal{S}(I, E) \iff f_j \in \mathcal{S}(I, E_j) \ , \quad j = 0, \dots, n \ .$$

10 Es seien E und F normierte Vektorräume, $f \in \mathcal{S}(I, E)$ und $\varphi : E \to F$ gleichmäßig stetig. Man zeige, daß $\varphi \circ f \in \mathcal{S}(I, F)$.

11 Es seien $f, g \in \mathcal{S}(I, \mathbb{R})$ mit $\operatorname{im}(g) \subset I$. Man beweise oder widerlege: $f \circ g \in \mathcal{S}(I, \mathbb{R})$.

2   Stetige Erweiterungen

In diesem Paragraphen studieren wir das Problem der stetigen Fortsetzung einer gleichmäßig stetigen Abbildung auf eine geeignete Obermenge ihres Definitionsbereiches. Wir beschränken uns hier auf den Fall, in dem der Definitionsbereich dicht ist in der Obermenge. In dieser Situation ist die stetige Fortsetzung eindeutig bestimmt und wird durch die ursprüngliche Funktion „beliebig genau approximiert". Auch in dieser Situation kommt die Approximationsidee, welche die gesamte Analysis wie ein roter Faden durchzieht, zum Tragen.

Die Fortsetzungssätze dieses Paragraphen sind von fundamentaler Bedeutung für die gesamte „kontinuierliche Mathematik" und besitzen zahlreiche Anwendungen, von denen wir im folgenden einige besonders wichtige kennenlernen werden.

Der Erweiterungssatz für gleichmäßig stetige Funktionen

2.1 Theorem   (Erweiterungssatz) *Es seien Y und Z metrische Räume, und Z sei vollständig. Ferner sei X eine dichte Teilmenge von Y, und $f : X \to Z$ sei gleichmäßig stetig.[1] Dann besitzt f eine eindeutig bestimmte stetige Erweiterung $\overline{f} : Y \to Z$. Sie wird durch*

$$\overline{f}(y) = \lim_{\substack{x \to y \\ x \in X}} f(x) , \qquad y \in Y ,$$

gegeben und ist gleichmäßig stetig.

Beweis   (i) Wir verifizieren zuerst die Eindeutigkeitsaussage. Dazu nehmen wir an, $g, h \in C(Y, Z)$ seien Erweiterungen von f. Da X in Y dicht ist, gibt es zu jedem $y \in Y$ eine Folge (x_n) in X mit $x_n \to y$ in Y. Nun ergibt die Stetigkeit von g und h, daß

$$g(y) = \lim_n g(x_n) = \lim_n f(x_n) = \lim_n h(x_n) = h(y)$$

gilt. Somit folgt $g = h$.

(ii) Da f gleichmäßig stetig ist, gibt es zu $\varepsilon > 0$ ein $\delta = \delta(\varepsilon) > 0$ mit

$$d\big(f(x), f(x')\big) < \varepsilon , \qquad x, x' \in X , \quad d(x, x') < \delta . \tag{2.1}$$

Es seien $y \in Y$ und (x_n) eine Folge in X mit $x_n \to y$ in Y. Dann gibt es ein $N \in \mathbb{N}$ mit

$$d(x_j, y) < \delta/2 , \qquad j \geq N , \tag{2.2}$$

und es folgt

$$d(x_j, x_k) \leq d(x_j, y) + d(y, x_k) < \delta , \qquad j, k \geq N .$$

---

[1] Wie üblich versehen wir X mit der von Y induzierten Metrik.

Aus (2.1) ergibt sich deshalb

$$d\big(f(x_j), f(x_k)\big) < \varepsilon , \qquad j, k \geq N .$$

Also ist $\big(f(x_j)\big)$ eine Cauchyfolge in Z. Da Z vollständig ist, finden wir ein $z \in Z$ mit $f(x_j) \to z$. Ist (x'_k) eine weitere Folge in X mit $x'_k \to y$, so schließen wir in analoger Weise auf die Existenz von $z' \in Z$ mit $f(x'_k) \to z'$. Außerdem finden wir ein $M \geq N$ mit $d(x'_k, y) < \delta/2$ für $k \geq M$. Zusammen mit (2.2) folgt deshalb

$$d(x_j, x'_k) \leq d(x_j, y) + d(y, x'_k) < \delta , \qquad j, k \geq M ,$$

und wegen (2.1) somit

$$d\big(f(x_j), f(x'_k)\big) < \varepsilon , \qquad j, k \geq M . \tag{2.3}$$

Die Grenzübergänge $j \to \infty$ und $k \to \infty$ in (2.3) ergeben nun $d(z, z') \leq \varepsilon$. Da dies für jedes positive ε gilt, folgt $z = z'$. Diese Überlegungen zeigen, daß die Abbildung

$$\overline{f} : Y \to Z , \quad y \mapsto \lim_{\substack{x \to y \\ x \in X}} f(x)$$

wohldefiniert, d.h. unabhängig von der speziellen Folge, ist.

Ist $x \in X$, setzen wir $x_j := x$ für $j \in \mathbb{N}$ und finden $\overline{f}(x) = \lim_j f(x_j) = f(x)$. Also stellt $\overline{f}$ eine Erweiterung von f dar.

(iii) Es bleibt nachzuweisen, daß $\overline{f}$ gleichmäßig stetig ist. Dazu sei $\varepsilon > 0$. Wir wählen $\delta > 0$, so daß (2.1) gilt. Ferner seien $y, z \in Y$ mit $d(y, z) < \delta/3$. Dann gibt es Folgen (y_n) und (z_n) in X mit $y_n \to y$ und $z_n \to z$. Also gibt es ein $N \in \mathbb{N}$ mit $d(y_n, y) < \delta/3$ und $d(z_n, z) < \delta/3$ für $n \geq N$. Insbesondere erhalten wir

$$d(y_N, z_N) \leq d(y_N, y) + d(y, z) + d(z, z_N) < \delta$$

sowie

$$d(y_n, y_N) \leq d(y_n, y) + d(y, y_N) < \delta ,$$
$$d(z_n, z_N) \leq d(z_n, z) + d(z, z_N) < \delta$$

für $n \geq N$. Aus der Definition von $\overline{f}$, Beispiel III.1.3(l) und (2.1) folgt nun

$$d\big(\overline{f}(y), \overline{f}(z)\big) \leq d\big(\overline{f}(y), f(y_N)\big) + d\big(f(y_N), f(z_N)\big) + d\big(f(z_N), \overline{f}(z)\big)$$
$$= \lim_n d\big(f(y_n), f(y_N)\big) + d\big(f(y_N), f(z_N)\big) + \lim_n d\big(f(z_N), f(z_n)\big)$$
$$< 3\varepsilon .$$

Also ist $\overline{f}$ gleichmäßig stetig. ∎

2.2 Anwendung   Es sei X eine beschränkte Teilmenge von $\mathbb{K}^n$. Dann ist die Restriktion[2]

$$T : C(\overline{X}) \to BUC(X) , \quad u \mapsto u|X \tag{2.4}$$

ein isometrischer Isomorphismus.

Beweis (i) Es sei $u \in C(\overline{X})$. Da nach dem Satz von Heine-Borel $\overline{X}$ kompakt ist, folgt aus Korollar III.3.7 und Theorem III.3.13, daß u, und somit auch $Tu = u|X$, beschränkt und gleichmäßig stetig ist. Also ist T wohldefiniert. Offensichtlich ist T linear.

(ii) Es sei $v \in BUC(X)$. Da X in $\overline{X}$ dicht ist, gibt es nach Theorem 2.1 ein eindeutig bestimmtes $u \in C(\overline{X})$ mit $u|X = v$. Also ist $T : C(\overline{X}) \to BUC(X)$ ein Vektorraum-Isomorphismus.

(iii) Für $u \in C(\overline{X})$ gilt

$$\|Tu\|_\infty = \sup_{x \in X} |Tu(x)| = \sup_{x \in X} |u(x)| \leq \sup_{x \in \overline{X}} |u(x)| = \|u\|_\infty .$$

Andererseits gibt es nach Korollar III.3.8 ein $y \in \overline{X}$ mit $\|u\|_\infty = |u(y)|$. Wir wählen eine Folge (x_n) in X mit $x_n \to y$ und finden

$$\|u\|_\infty = |u(y)| = |\lim u(x_n)| = |\lim Tu(x_n)| \leq \sup_{x \in X} |Tu(x)| = \|Tu\|_\infty .$$

Dies zeigt, daß T isometrisch ist. ∎

Vereinbarung Ist X eine beschränkte offene Teilmenge von $\mathbb{K}^n$, so identifizieren wir stets $BUC(X)$ mit $C(\overline{X})$ mittels des Isomorphismus (2.4).

Beschränkte lineare Operatoren

Besondere Bedeutung kommt Theorem 2.1 im Falle linearer Abbildungen zu. Wir stellen deshalb zuerst einige Eigenschaften linearer Operatoren zusammen.

Es seien E und F normierte Vektorräume, und $A : E \to F$ sei linear. Dann heißt A **beschränkt**[3], wenn es ein $\alpha \geq 0$ gibt mit

$$\|Ax\| \leq \alpha \|x\| , \quad x \in E . \tag{2.5}$$

Wir setzen

$$\mathcal{L}(E, F) := \big\{ A \in \mathrm{Hom}(E, F) ; \; A \text{ ist beschränkt} \big\} .$$

Zu jedem $A \in \mathcal{L}(E, F)$ gibt es ein $\alpha \geq 0$, für welches (2.5) erfüllt ist. Also ist

$$\|A\| := \inf\{ \alpha \geq 0 ; \; \|Ax\| \leq \alpha \|x\|, \; x \in E \}$$

wohldefiniert. Wir nennen $\|A\|_{\mathcal{L}(E,F)} := \|A\|$ **Operatornorm** von A.

---

[2] $BUC(X)$ bezeichnet den Banachraum aller beschränkten und gleichmäßig stetigen Funktionen auf X, versehen mit der Supremumsnorm. Man vergleiche dazu Aufgabe V.2.1.

[3] Aus historischen Gründen nehmen wir hier eine gewisse Inkonsistenz der Namengebung in Kauf: Falls F nicht der Nullvektorraum ist, ist ein von Null verschiedener beschränkter linearer Operator *keine* beschränkte Abbildung im Sinne von Paragraph II.3 (vgl. Aufgabe II.3.15). Ein beschränkter linearer Operator bildet lediglich beschränkte Mengen in beschränkte Mengen ab (vergleiche Folgerung 2.4(c)).

2.3 Satz *Für $A \in \mathcal{L}(E, F)$ gilt*[4]

$$\|A\| = \sup_{x \neq 0} \frac{\|Ax\|}{\|x\|} = \sup_{\|x\|=1} \|Ax\| = \sup_{\|x\|\leq 1} \|Ax\| = \sup_{x \in \mathbb{B}_E} \|Ax\| .$$

Beweis Offensichtlich sind die Aussagen

$$\|A\| = \inf\{ \alpha \geq 0 \ ; \ \|Ax\| \leq \alpha \|x\| , \ x \in E \}$$

$$= \inf\left\{ \alpha \geq 0 \ ; \ \frac{\|Ax\|}{\|x\|} \leq \alpha, \ x \in E \setminus \{0\} \right\}$$

$$= \sup\left\{ \frac{\|Ax\|}{\|x\|} \ ; \ x \in E \setminus \{0\} \right\}$$

$$= \sup\left\{ \left\| A\left(\frac{x}{\|x\|}\right) \right\| \ ; \ x \in E \setminus \{0\} \right\}$$

$$= \sup_{\|y\|=1} \|Ay\| \leq \sup_{\|x\|\leq 1} \|Ax\|$$

richtig. Da für jedes $x \in E$ mit $0 < \|x\| \leq 1$ die Abschätzung

$$\|Ax\| \leq \frac{1}{\|x\|} \|Ax\| = \left\| A\left(\frac{x}{\|x\|}\right) \right\|$$

gilt, finden wir

$$\sup_{\|x\|\leq 1} \|Ax\| \leq \sup_{\|y\|=1} \|Ay\| .$$

Damit ist die Gültigkeit der ersten drei Gleichheitszeichen der Behauptung gezeigt.

Es seien $a := \sup_{x \in \mathbb{B}_E} \|Ax\|$ und $y \in \bar{\mathbb{B}} := \bar{\mathbb{B}}_E$. Dann gehört λy für $0 < \lambda < 1$ zu $\mathbb{B}$. Also ist die Abschätzung $\|Ay\| = \|A(\lambda y)\|/\lambda \leq a/\lambda$ für $0 < \lambda < 1$ richtig, was $\|Ay\| \leq a$ zeigt. Folglich gilt

$$\sup_{\|x\|\leq 1} \|Ax\| \leq \sup_{x \in \mathbb{B}_E} \|Ax\| \leq \sup_{\|x\|\leq 1} \|Ax\| ,$$

womit alles bewiesen ist. ∎

2.4 Folgerungen **(a)** Für $A \in \mathcal{L}(E, F)$ gilt

$$\|Ax\| \leq \|A\| \|x\| , \qquad x \in E .$$

(b) Jedes $A \in \mathcal{L}(E, F)$ ist Lipschitz-stetig, also insbesondere gleichmäßig stetig.

Beweis Für $x, y \in E$ gilt $\|Ax - Ay\| = \|A(x - y)\| \leq \|A\| \|x - y\|$. Also ist A Lipschitz-stetig mit der Lipschitz-Konstanten $\|A\|$. ∎

---

[4]Hier und in ähnlichen Situationen wird stillschweigend $E \neq \{0\}$ vorausgesetzt.

(c) Es sei $A \in \mathrm{Hom}(E, F)$. Dann gehört A genau dann zu $\mathcal{L}(E, F)$, wenn A beschränkte Mengen auf beschränkte Mengen abbildet.

Beweis „$\Rightarrow$" Es sei $A \in \mathcal{L}(E, F)$, und B sei beschränkt in E. Dann gibt es ein $\beta > 0$ mit $\|x\| \leq \beta$ für $x \in B$. Somit folgt

$$\|Ax\| \leq \|A\| \, \|x\| \leq \|A\| \, \beta \, , \qquad x \in B \, .$$

Also ist das Bild von B unter A beschränkt in F.

„$\Leftarrow$" Da der abgeschlossene Einheitsball $\bar{\mathbb{B}}_E$ in E beschränkt ist, gibt es nach Voraussetzung ein $\alpha > 0$ mit $\|Ax\| \leq \alpha$ für $x \in \bar{\mathbb{B}}_E$. Wegen $y/\|y\| \in \bar{\mathbb{B}}_E$ für $y \in E \backslash \{0\}$ folgt $\|Ay\| \leq \alpha \, \|y\|$ für alle $y \in E$. ∎

(d) $\mathcal{L}(E, F)$ ist ein Untervektorraum von $\mathrm{Hom}(E, F)$.

Beweis Es seien $A, B \in \mathcal{L}(E, F)$ und $\lambda \in \mathbb{K}$. Für jedes $x \in E$ gelten die Abschätzungen

$$\|(A + B)x\| = \|Ax + Bx\| \leq \|Ax\| + \|Bx\| \leq \big(\|A\| + \|B\| \big) \|x\| \tag{2.6}$$

und

$$\|\lambda Ax\| = |\lambda| \, \|Ax\| \leq |\lambda| \, \|A\| \, \|x\| \, . \tag{2.7}$$

Also gehören auch $A + B$ und λA zu $\mathcal{L}(E, F)$. ∎

(e) Die Abbildung

$$\mathcal{L}(E, F) \to \mathbb{R}^+ \, , \qquad A \mapsto \|A\|$$

ist eine Norm auf $\mathcal{L}(E, F)$.

Beweis Wegen (d) genügt es, die Normaxiome zu überprüfen. Gilt $\|A\| = 0$, so folgt aus Satz 2.3 die Beziehung $A = 0$. Es sei nun $x \in E$ mit $\|x\| \leq 1$. Dann folgen aus (2.6) und (2.7)

$$\|(A + B)x\| \leq \|A\| + \|B\| \quad \text{und} \quad \|\lambda Ax\| = |\lambda| \, \|Ax\| \, ,$$

und Supremumsbildung beweist die Gültigkeit der verbleibenden Normaxiome. ∎

(f) Es seien G ein normierter Vektorraum und $B \in \mathcal{L}(E, F)$ sowie $A \in \mathcal{L}(F, G)$. Dann gelten:

$$AB \in \mathcal{L}(E, G) \quad \text{und} \quad \|AB\| \leq \|A\| \, \|B\| \, .$$

Beweis Dies folgt aus

$$\|ABx\| \leq \|A\| \, \|Bx\| \leq \|A\| \, \|B\| \, \|x\| \, , \qquad x \in E \, ,$$

und der Definition der Operatornorm. ∎

(g) $\mathcal{L}(E) := \mathcal{L}(E, E)$ ist eine **normierte Algebra**[5] mit Eins, d.h., $\mathcal{L}(E)$ ist eine Algebra und $\|1_E\| = 1$ sowie

$$\|AB\| \leq \|A\| \, \|B\| \, , \qquad A, B \in \mathcal{L}(E) \, .$$

Beweis Die Behauptung ergibt sich leicht aus Beispiel I.12.11(c) und (f). ∎

---

[5]Vgl. die Definition einer Banachalgebra in Paragraph V.4.

Vereinbarung Im folgenden wird $\mathcal{L}(E, F)$ immer mit der Operatornorm versehen. Also ist

$$\mathcal{L}(E, F) := \big(\mathcal{L}(E, F), \|\cdot\|\big)$$

ein normierter Vektorraum mit $\|\cdot\| := \|\cdot\|_{\mathcal{L}(E,F)}$.

Das folgende Theorem zeigt, daß eine lineare Abbildung genau dann beschränkt ist, wenn sie stetig ist.

2.5 Theorem *Es sei $A \in \mathrm{Hom}(E, F)$. Die folgenden Aussagen sind äquivalent:*

  (i) *A ist stetig.*

 (ii) *A ist stetig in 0.*

(iii) *$A \in \mathcal{L}(E, F)$.*

Beweis „(i)$\Rightarrow$(ii)" ist klar, und „(iii)$\Rightarrow$(i)" wurde in Folgerung 2.4(b) gezeigt.

„(ii)$\Rightarrow$(iii)" Nach Voraussetzung gibt es ein $\delta > 0$ mit $\|Ay\| = \|Ay - A0\| < 1$ für $y \in \bar{\mathbb{B}}(0, \delta)$. Hieraus folgt

$$\sup_{\|x\| \leq 1} \|Ax\| = \frac{1}{\delta} \sup_{\|x\| \leq 1} \|A(\delta x)\| = \frac{1}{\delta} \sup_{\|y\| \leq \delta} \|Ay\| \leq \frac{1}{\delta} \ ,$$

also ist A beschränkt. ∎

Die stetige Erweiterung beschränkter linearer Operatoren

2.6 Theorem *Es seien E ein normierter Vektorraum, X ein dichter Untervektorraum von E, und F ein Banachraum. Dann gibt es zu jedem $A \in \mathcal{L}(X, F)$ eine eindeutig bestimmte Erweiterung $\overline{A} \in \mathcal{L}(E, F)$. Sie wird durch*

$$\overline{A}e = \lim_{\substack{x \to e \\ x \in X}} Ax \ , \qquad e \in E \ , \tag{2.8}$$

gegeben, und $\|\overline{A}\|_{\mathcal{L}(E,F)} = \|A\|_{\mathcal{L}(X,F)}$.

Beweis (i) Gemäß Folgerung 2.4(b) ist A gleichmäßig stetig. Mit $f := A$, $Y := E$ und $Z := F$ folgt aus Theorem 2.1 die Existenz einer eindeutig bestimmten Erweiterung $\overline{A} \in C(E, F)$ von A, welche durch (2.8) gegeben ist.

(ii) Wir zeigen nun, daß $\overline{A}$ linear ist. Dazu seien $e, e' \in E$ und $\lambda \in \mathbb{K}$, und (x_n) sowie (x'_n) seien Folgen in X mit $x_n \to e$ und $x'_n \to e'$ in E. Aus der Linearität von A und der Linearität der Grenzwertbildung folgt

$$\overline{A}(e + \lambda e') = \lim_n A(x_n + \lambda x'_n) = \lim_n Ax_n + \lambda \lim_n Ax'_n = \overline{A}e + \lambda \overline{A}e' \ .$$

Also ist $\overline{A} : E \to F$ linear. Da $\overline{A}$ stetig ist, folgt aus Theorem 2.5, daß $\overline{A}$ zu $\mathcal{L}(E, F)$ gehört.

(iii) Schließlich beweisen wir die Gleichheit der Operatornormen von $\overline{A}$ und A. Aus der Stetigkeit der Norm (vgl. Beispiel III.1.3(j)) und aus Folgerung 2.4(a) ergibt sich

$$\|\overline{A}e\| = \|\lim Ax_n\| = \lim \|Ax_n\| \leq \lim \|A\| \|x_n\| = \|A\| \|\lim x_n\| = \|A\| \|e\|$$

für jedes $e \in E$ und jede Folge (x_n) in X mit $x_n \to e$ in E. Somit gilt $\|\overline{A}\| \leq \|A\|$. Weil $\overline{A}$ den Operator A erweitert, folgt aus Satz 2.3

$$\|\overline{A}\| = \sup_{\|y\|<1} \|\overline{A}y\| \geq \sup_{\substack{\|x\|<1 \\ x \in X}} \|\overline{A}x\| = \sup_{\substack{\|x\|<1 \\ x \in X}} \|Ax\| = \|A\| \ ,$$

und wir finden $\|\overline{A}\|_{\mathcal{L}(E,F)} = \|A\|_{\mathcal{L}(X,F)}$. Damit ist alles bewiesen. ∎

Aufgaben

In den folgenden Aufgaben seien E und E_j sowie F und F_j normierte Vektorräume.

1 Es sei $A \in \mathrm{Hom}(E,F)$ surjektiv. Dann gilt

$$A^{-1} \in \mathcal{L}(F,E) \iff \exists \alpha > 0 : \alpha \|x\| \leq \|Ax\| \ , \quad x \in E \ .$$

Gehört A zusätzlich zu $\mathcal{L}(E,F)$, so gilt $\|A^{-1}\| \geq \|A\|^{-1}$.

2 Es seien E und F endlichdimensional, und $A \in \mathcal{L}(E,F)$ sei bijektiv und habe eine stetige Inverse[6] $A^{-1} \in \mathcal{L}(F,E)$. Man zeige, daß jedes $B \in \mathcal{L}(E,F)$ mit

$$\|A - B\|_{\mathcal{L}(E,F)} < \|A^{-1}\|_{\mathcal{L}(F,E)}^{-1}$$

invertierbar ist.

3 $A \in \mathrm{End}(\mathbb{K}^n)$ besitze bezügl. der Standardbasis die Darstellungsmatrix $[a_{jk}]$. Für $E_j := (\mathbb{K}^n, |\cdot|_j)$ mit $j = 1, 2, \infty$ gilt dann: $A \in \mathcal{L}(E_j)$ mit
  (i) $\|A\|_{\mathcal{L}(E_1)} = \max_k \sum_j |a_{jk}|$;
  (ii) $\|A\|_{\mathcal{L}(E_2)} \leq \left(\sum_{j,k} |a_{jk}|^2\right)^{1/2}$;
  (iii) $\|A\|_{\mathcal{L}(E_\infty)} = \max_j \sum_k |a_{jk}|$.

4 Man zeige, daß $\delta : B(\mathbb{R}^n) \to \mathbb{R}, \ f \mapsto f(0)$ zu $\mathcal{L}(B(\mathbb{R}^n), \mathbb{R})$ gehört, und man bestimme $\|\delta\|$.

5 Es seien $A_j \in \mathrm{Hom}(E_j, F_j)$ für $j = 0, 1$ und

$$A_0 \otimes A_1 : E_0 \times E_1 \to F_0 \times F_1 \ , \quad (e_0, e_1) \mapsto (A_0 e_0, A_1 e_1) \ .$$

Dann gilt

$$A_0 \otimes A_1 \in \mathcal{L}(E_0 \times E_1, F_0 \times F_1) \iff A_j \in \mathcal{L}(E_j, F_j) \ , \quad j = 0, 1 \ .$$

6 Es sei (A_n) eine konvergente Folge in $\mathcal{L}(E,F)$ mit Grenzwert A, und (x_n) sei eine Folge in E mit Grenzwert x. Man beweise, daß $(A_n x_n)$ in F gegen Ax konvergiert.

7 Man zeige, daß $\ker(A)$ für $A \in \mathcal{L}(E,F)$ ein abgeschlossener Untervektorraum von E ist.

---

[6]Ist E ein endlichdimensionaler normierter Vektorraum, so gilt $\mathrm{Hom}(E,F) = \mathcal{L}(E,F)$ (vgl. Theorem VII.1.6). Somit kann hier auf die Forderung der Stetigkeit von A, A^{-1} und B verzichtet werden.

3   Das Cauchy-Riemannsche Integral

Die Bestimmung des Flächeninhaltes von geometrischen Figuren in der Ebene gehört zu den ältesten und prominentesten Aufgabenstellungen der Mathematik. Eine Vereinfachung und Formalisierung dieses Problems besteht darin, Flächen unter Graphen von reellen Funktionen zu berechnen. Dadurch gelangt man zu einem Intgralbegriff, den wir in diesem Paragraphen einführen werden. Dazu werden wir zuerst in elementarer Weise das Integral für Treppenfunktionen erklären und dieses Integral dann in einem zweiten Schritt auf sprungstetige Funktionen ausdehnen. Diese Konstruktion beruht wesentlich auf den Ergebnissen der Paragraphen 1 und 2 dieses Kapitels. Sie präzisiert die Idee, den Flächeninhalt unter einem Graphen durch eine Summe der Flächeninhalte von Rechtecken anzunähern, wobei die durch die Rechtecke definierte Treppenfunktion den Graphen möglichst gut approximiert. Bei „unbeschränkter Verfeinerung" der Breite der Rechtecke ist zu erwarten, daß die „Rechteckssumme" gegen den gesuchten Flächeninhalt konvergiert.

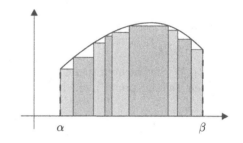

Im folgenden bezeichnen

- $E := (E, |\cdot|)$ einen Banachraum;
  $I := [\alpha, \beta]$ ein kompaktes perfektes Intervall.

Das Integral für Treppenfunktionen

Es seien $f \colon I \to E$ eine Treppenfunktion und $\mathfrak{Z} := (\alpha_0, \ldots, \alpha_n)$ eine Zerlegung von I für f. Gilt

$$f(x) = e_j, \qquad x \in (\alpha_{j-1}, \alpha_j), \quad j = 1, \ldots, n,$$

d.h., ist e_j der Wert von f auf dem Teilintervall (α_{j-1}, α_j), so heißt

$$\int_{(\mathfrak{Z})} f := \sum_{j=1}^{n} e_j(\alpha_j - \alpha_{j-1})$$

Integral von f bezüglich der Zerlegung $\mathfrak{Z}$. Offensichtlich ist $\int_{(\mathfrak{Z})} f$ ein Element von E. Man beachte, daß das Integral unabhängig ist von den Werten von f an den Sprungstellen. Im Fall $E = \mathbb{R}$ kann $|e_j|(\alpha_j - \alpha_{j-1})$ als Flächeninhalt eines Rechtecks der Seitenlängen $|e_j|$ und $(\alpha_j - \alpha_{j-1})$ interpretiert werden. Folglich stellt $\int_{(\mathfrak{Z})} f$ eine gewichtete Summe von Rechtecksflächen dar, wobei $|e_j|(\alpha_j - \alpha_{j-1})$ mit dem Gewicht $\operatorname{sign} e_j$ versehen ist. Mit anderen Worten: Diejenigen Rechtecke, welche in der Darstellung des Graphen von f oberhalb der x-Achse liegen, erhalten das Gewicht 1, und die unterhalb der x-Achse das Gewicht -1.

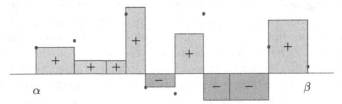

Das folgende Lemma zeigt, daß $\int_{(3)} f$ nur von f und nicht von der speziell gewählten Zerlegung 3 abhängt.

3.1 Lemma   *Es sei $f \in T(I, E)$, und 3 und $3'$ seien Zerlegungen für f. Dann gilt $\int_{(3)} f = \int_{(3')} f$.*

Beweis   (i) Wir betrachten zuerst den Fall, daß $3' := (\alpha_0, \ldots, \alpha_k, \gamma, \alpha_{k+1}, \ldots, \alpha_n)$ genau einen Teilungspunkt mehr besitzt als $3 := (\alpha_0, \ldots, \alpha_n)$. Dann gilt

$$
\int_{(3)} f = \sum_{j=1}^{n} e_j(\alpha_j - \alpha_{j-1})
$$

$$
= \sum_{j=1}^{k} e_j(\alpha_j - \alpha_{j-1}) + e_{k+1}(\alpha_{k+1} - \alpha_k) + \sum_{j=k+2}^{n} e_j(\alpha_j - \alpha_{j-1})
$$

$$
= \sum_{j=1}^{k} e_j(\alpha_j - \alpha_{j-1}) + e_{k+1}(\alpha_{k+1} - \gamma) + e_{k+1}(\gamma - \alpha_k) + \sum_{j=k+2}^{n} e_j(\alpha_j - \alpha_{j-1})
$$

$$
= \int_{(3')} f .
$$

(ii) Ist $3'$ eine beliebige Verfeinerung von 3, so folgt die Behauptung durch wiederholtes Anwenden von (i).

(iii) Sind schließlich 3 und $3'$ beliebige Zerlegungen für f, so ist $3 \vee 3'$ gemäß Bemerkungen 1.1(a) und (b) eine Verfeinerung von 3 und von $3'$, wie auch eine Zerlegung für f. Somit folgt aus (ii)

$$
\int_{(3)} f = \int_{(3 \vee 3')} f = \int_{(3')} f ,
$$

also die Behauptung. ∎

Aufgrund von Lemma 3.1 können wir für $f \in T(I, E)$ das **Integral von f über I** durch

$$
\int_I f := \int_\alpha^\beta f := \int_{(3)} f
$$

mittels einer beliebigen Zerlegung 3 für f definieren. Offensichtlich wird durch das Integral eine Abbildung von $\mathcal{T}(I,E)$ nach E induziert:

$$\int_\alpha^\beta : \mathcal{T}(I,E) \to E , \quad f \mapsto \int_\alpha^\beta f ,$$

die wir natürlich ebenfalls **Integral** nennen. Erste einfache Eigenschaften dieser Abbildung halten wir im folgenden Hilfssatz fest.

3.2 Lemma   *Für $f \in \mathcal{T}(I,E)$ gilt: $|f| \in \mathcal{T}(I,\mathbb{R})$ und*

$$\left| \int_\alpha^\beta f \right| \le \int_\alpha^\beta |f| \le \|f\|_\infty (\beta - \alpha) .$$

Ferner gehört $\int_\alpha^\beta$ zu $\mathcal{L}(\mathcal{T}(I,E),E)$, und $\| \int_\alpha^\beta \| = \beta - \alpha$.

Beweis   Die erste Aussage ist klar. Um die behaupteten Ungleichungen zu zeigen, seien $f \in \mathcal{T}(I,E)$ und $(\alpha_0,\dots,\alpha_n)$ eine Zerlegung für f. Dann gilt

$$\left| \int_\alpha^\beta f \right| = \left| \sum_{j=1}^n e_j(\alpha_j - \alpha_{j-1}) \right| \le \sum_{j=1}^n |e_j| (\alpha_j - \alpha_{j-1}) = \int_\alpha^\beta |f|$$

$$\le \max_{1 \le j \le n} |e_j| \sum_{j=1}^n (\alpha_j - \alpha_{j-1}) \le \sup_{x \in I} |f(x)| (\beta - \alpha) = (\beta - \alpha) \|f\|_\infty .$$

Die Linearität von $\int_\alpha^\beta$ folgt aus Bemerkung 1.1.(e) und der Definition von $\int_\alpha^\beta$. Folglich gehört $\int_\alpha^\beta$ zu $\mathcal{L}(\mathcal{T}(I,E),E)$, und es gilt $\| \int_\alpha^\beta \| \le \beta - \alpha$. Für die konstante Funktion $\mathbf{1} \in \mathcal{T}(I,\mathbb{R})$ mit Wert 1 gilt $\int_\alpha^\beta \mathbf{1} = \beta - \alpha$. Somit erhalten wir auch die letzte Behauptung. ∎

Das Integral für sprungstetige Funktionen

Aus Theorem 1.4 wissen wir, daß der Raum der sprungstetigen Funktionen $\mathcal{S}(I,E)$, versehen mit der Supremumsnorm, ein Banachraum, und daß $\mathcal{T}(I,E)$ ein dichter Untervektorraum (vgl. Bemerkung 1.1(e)) von $\mathcal{S}(I,E)$ ist. Da nach Lemma 3.2 das Integral $\int_\alpha^\beta$ eine stetige lineare Abbildung von $\mathcal{T}(I,E)$ nach E ist, können wir das Erweiterungstheorem 2.6 anwenden und erhalten so eine eindeutig bestimmte stetige lineare Erweiterung von $\int_\alpha^\beta$ auf den Banachraum $\mathcal{S}(I,E)$. Diese Erweiterung bezeichnen wir wieder mit dem alten Symbol, so daß

$$\int_\alpha^\beta \in \mathcal{L}(\mathcal{S}(I,E),E)$$

gilt. Aus Theorem 2.6 folgt

$$\int_\alpha^\beta f = \lim_n \int_\alpha^\beta f_n \text{ in } E , \quad f \in \mathcal{S}(I, E) ,$$

wobei (f_n) eine beliebige Folge von Treppenfunktionen ist, welche gleichmäßig gegen f konvergiert. Das Element $\int_\alpha^\beta f$ von E heißt (**Cauchy-Riemannsches**) **Integral von f über I**, oder **in den Grenzen α und β**, und f ist der **Integrand**.

3.3 Bemerkungen   Es sei $f \in \mathcal{S}(I, E)$.

(a) Gemäß Theorem 2.6 ist $\int_\alpha^\beta f$ wohldefiniert, d.h., dieses Element von E ist unabhängig von der approximierenden Folge von Treppenfunktionen. Im Spezialfall $E = \mathbb{R}$ haben wir $\int_\alpha^\beta f_n$ als gewichteten (oder „orientierten") Inhalt der Fläche zwischen dem Graphen von f_n und dem Intervall I interpretiert.

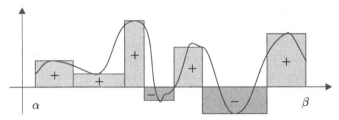

Da der Graph von f_n denjenigen von f approximiert, können wir $\int_\alpha^\beta f_n$ als eine Approximation des „orientierten" Inhalts der Fläche zwischen dem Graphen von f und dem Intervall I ansehen. Also kann $\int_\alpha^\beta f$ mit diesem orientierten Flächeninhalt identifiziert werden.

(b) Für $\int_\alpha^\beta f$ sind weitere Bezeichnungen gebräuchlich, nämlich

$$\int f , \quad \int_I f , \quad \int_\alpha^\beta f(x)\, dx , \quad \int_I f(x)\, dx , \quad \int f(x)\, dx , \quad \int_I f\, dx .$$

(c) Es gilt $\int_\alpha^\beta f \in E$ mit $| \int_\alpha^\beta f\, dx| \le (\beta - \alpha)\, \|f\|_\infty$.

Beweis   Dies folgt aus Lemma 3.2 und Theorem 2.6. ∎

Riemannsche Summen

Ist $\mathfrak{Z} := (\alpha_0, \ldots, \alpha_n)$ eine Zerlegung von I, so heißt

$$\triangle_\mathfrak{Z} := \max_{1 \le j \le n} (\alpha_j - \alpha_{j-1})$$

Feinheit von $\mathfrak{Z}$, und jedes Element $\xi_j \in [\alpha_{j-1}, \alpha_j]$ wird als **Zwischenpunkt** bezeichnet. Mit diesen Notationen beweisen wir den folgenden Approximationssatz für $\int_\alpha^\beta f$.

3.4 Theorem   *Es sei $f \in \mathcal{S}(I, E)$. Dann gibt es zu jedem $\varepsilon > 0$ ein $\delta > 0$ mit*

$$\left| \int_{\alpha}^{\beta} f \, dx - \sum_{j=1}^{n} f(\xi_j)(\alpha_j - \alpha_{j-1}) \right| < \varepsilon$$

für jede Zerlegung $\mathfrak{Z} := (\alpha_0, \dots, \alpha_n)$ von I der Feinheit $\triangle_{\mathfrak{Z}} < \delta$ und jede Wahl der Zwischenpunkte ξ_j.

Beweis   (i) Wir betrachten zuerst den Fall von Treppenfunktionen. Es seien also $f \in \mathcal{T}(I, E)$ und $\varepsilon > 0$. Ferner sei $\widehat{\mathfrak{Z}} := (\widehat{\alpha_0}, \dots, \widehat{\alpha_{\widehat{n}}})$ eine Zerlegung für f, und e_j sei der Wert von $f \,|\, (\widehat{\alpha}_{j-1}, \widehat{\alpha}_j)$ für $1 \leq j \leq \widehat{n}$. Wir setzen $\delta := \varepsilon / 4\widehat{n} \, \|f\|_{\infty}$ und wählen eine Zerlegung $\mathfrak{Z} := (\alpha_0, \dots, \alpha_n)$ von I mit $\triangle_{\mathfrak{Z}} < \delta$ sowie Zwischenpunkte $\xi_j \in [\alpha_{j-1}, \alpha_j]$ für $1 \leq j \leq n$. Für $(\beta_0, \dots, \beta_m) := \mathfrak{Z} \vee \widehat{\mathfrak{Z}}$ gilt dann

$$\int_{\alpha}^{\beta} f \, dx - \sum_{j=1}^{n} f(\xi_j)(\alpha_j - \alpha_{j-1}) = \sum_{i=1}^{\widehat{n}} e_i(\widehat{\alpha}_i - \widehat{\alpha}_{i-1}) - \sum_{j=1}^{n} f(\xi_j)(\alpha_j - \alpha_{j-1})$$

$$= \sum_{k=1}^{m} e_k'(\beta_k - \beta_{k-1}) - \sum_{k=1}^{m} e_k''(\beta_k - \beta_{k-1}) \qquad (3.1)$$

$$= \sum_{k=1}^{m} (e_k' - e_k'')(\beta_k - \beta_{k-1}) \, ,$$

wobei wir e_k' und e_k'' wie folgt festlegen:

$$e_k' := f(\xi) \, , \qquad \xi \in (\beta_{k-1}, \beta_k) \, ,$$
$$e_k'' := f(\xi_j) \, , \qquad \text{falls } [\beta_{k-1}, \beta_k] \subset [\alpha_{j-1}, \alpha_j] \, .$$

Offensichtlich kann $e_k' \neq e_k''$ nur an den Intervallrandpunkten $\{\widehat{\alpha}_0, \dots, \widehat{\alpha}_{\widehat{n}}\}$ gelten. Deshalb gibt es in der letzten Summe in (3.1) höchstens $2\widehat{n}$ Terme, die nicht verschwinden. Für jeden von ihnen gilt

$$|(e_k' - e_k'')(\beta_k - \beta_{k-1})| \leq 2 \, \|f\|_{\infty} \, \triangle_{\mathfrak{Z}} < 2 \, \|f\|_{\infty} \, \delta \, .$$

Aus (3.1) und der Wahl von δ erhalten wir somit

$$\left| \int_{\alpha}^{\beta} f - \sum_{j=1}^{n} f(\xi_j)(\alpha_j - \alpha_{j-1}) \right| < 2\widehat{n} \cdot 2 \, \|f\|_{\infty} \, \delta = \varepsilon \, .$$

(ii) Es seien nun $f \in \mathcal{S}(I, E)$ und $\varepsilon > 0$. Dann gibt es gemäß Theorem 1.4 ein $g \in \mathcal{T}(I, E)$ mit

$$\|f - g\|_{\infty} < \frac{\varepsilon}{3(\beta - \alpha)} \, . \qquad (3.2)$$

Somit folgt aus Bemerkung 3.3(c)

$$\left|\int_\alpha^\beta (f-g)\right| \le \|f-g\|_\infty (\beta-\alpha) < \varepsilon/3 \ . \tag{3.3}$$

Nach (i) gibt es ein $\delta > 0$, so daß für jede Zerlegung $\mathfrak{Z} := (\alpha_0,\dots,\alpha_n)$ von I mit $\triangle_{\mathfrak{Z}} < \delta$ und jede Wahl von $\xi_j \in [\alpha_{j-1},\alpha_j]$ gilt:

$$\left|\int_\alpha^\beta g\,dx - \sum_{j=1}^n g(\xi_j)(\alpha_j-\alpha_{j-1})\right| < \varepsilon/3 \ . \tag{3.4}$$

Offensichtlich ist die Abschätzung

$$\left|\sum_{j=1}^n (g(\xi_j)-f(\xi_j))(\alpha_j-\alpha_{j-1})\right| \le \|f-g\|_\infty (\beta-\alpha) < \varepsilon/3 \tag{3.5}$$

richtig. Insgesamt erhalten wir aus (3.3)–(3.5)

$$\left|\int_\alpha^\beta f\,dx - \sum_{j=1}^n f(\xi_j)(\alpha_j-\alpha_{j-1})\right|$$

$$\le \left|\int_\alpha^\beta (f-g)\,dx\right| + \left|\int_\alpha^\beta g\,dx - \sum_{j=1}^n g(\xi_j)(\alpha_j-\alpha_{j-1})\right|$$

$$+ \left|\sum_{j=1}^n (g(\xi_j)-f(\xi_j))(\alpha_j-\alpha_{j-1})\right| < \varepsilon \ ,$$

womit die Behauptung bewiesen ist. ∎

3.5 Bemerkungen (a) Die Funktion $f : I \to E$ heißt **Riemann integrierbar**, wenn ein $e \in E$ existiert mit folgender Eigenschaft: Zu jedem $\varepsilon > 0$ gibt es ein $\delta > 0$, so daß

$$\left|e - \sum_{j=1}^n f(\xi_j)(\alpha_j-\alpha_{j-1})\right| < \varepsilon$$

für jede Zerlegung $\mathfrak{Z} := (\alpha_0,\dots,\alpha_n)$ von I mit $\triangle_{\mathfrak{Z}} < \delta$ und für jede Wahl der Zwischenpunkte $\xi_j \in [\alpha_{j-1},\alpha_j]$ gilt.

Dann ist e eindeutig bestimmt, heißt **Riemannsches Integral** von f über I und wird wieder mit $\int_\alpha^\beta f\,dx$ bezeichnet. Somit besagt Theorem 3.4: *Jede sprungstetige Funktion ist Riemann integrierbar, und das Cauchy-Riemannsche Integral stimmt mit dem Riemannschen Integral überein.*

(b) Man kann zeigen, daß die Riemann integrierbaren Funktionen eine echte Obermenge von $\mathcal{S}(I, E)$ bilden.[1] Somit ist das Riemannsche Integral eine echte Erweiterung des Cauchy-Riemannschen Integrals.

Wir begnügen uns hier mit dem Cauchy-Riemannschen Integral und wollen
die Klasse der Riemann integrierbaren Funktionen nicht näher untersuchen, da sie
für manche Zwecke zu klein ist. Deshalb werden wir später (im dritten Band) ein
noch allgemeineres Integral, das Lebesgue Integral, einführen, das allen Bedürfnissen der Analysis genügen wird.

(c) Es sei $f : I \to E$, und $\mathfrak{z} := (\alpha_0, \ldots, \alpha_n)$ sei eine Zerlegung von I mit Zwischen-
punkten $\xi_j \in [\alpha_{j-1}, \alpha_j]$. Dann heißt

$$\sum_{j=1}^{n} f(\xi_j)(\alpha_j - \alpha_{j-1}) \in E$$

Riemannsche Summe. Ist f Riemann integrierbar, so drückt man dies symbolisch
durch

$$\int_{\alpha}^{\beta} f \, dx = \lim_{\triangle_{\mathfrak{z}} \to 0} \sum_{j=1}^{n} f(\xi_j)(\alpha_j - \alpha_{j-1}) \,,$$

aus. ∎

Aufgaben

1 Es bezeichne $[\cdot]$ die Gaußklammer. Für $n \in \mathbb{N}^{\times}$ berechne man folgende Integrale:

(i) $\displaystyle\int_0^1 \frac{[nx]}{n} \, dx$,   (ii) $\displaystyle\int_0^1 \frac{[nx^2]}{n^2} \, dx$,   (iii) $\displaystyle\int_0^1 \frac{[nx^2]}{n} \, dx$,   (iv) $\displaystyle\int_\alpha^\beta \operatorname{sign} x \, dx$.

2 Man berechne $\int_{-1}^{1} f$ für die Funktion f von Aufgabe 1.2 und $\int_0^1 f$ für f von Aufgabe 1.7.

3 Es seien F ein Banachraum und $A \in \mathcal{L}(E, F)$. Dann gelten für $f \in \mathcal{S}(I, E)$:

$$Af := \big(x \mapsto A(f(x))\big) \in \mathcal{S}(I, F)$$

und $A \int_\alpha^\beta f = \int_\alpha^\beta Af$.

4 Für $f \in \mathcal{S}(I, E)$ gibt es gemäß Aufgabe 1.4 eine Folge (f_n) sprungstetiger Funktionen
mit $\sum_n \|f_n\|_\infty < \infty$ und $f = \sum_n f_n$. Man zeige: $\int_I f = \sum_n \int_I f_n$.

5 Man beweise: Mit $f \in \mathcal{S}(I, \mathbb{R})$ gehören auch f^+ und f^- zu $\mathcal{S}(I, \mathbb{R})$, und es gelten

$$\int_I f \leq \int_I f^+ \,, \quad -\int_I f \leq \int_I f^- \,.$$

6 Ist $f : I \to E$ Riemann integrierbar, so gilt $f \in B(I, E)$, d.h., *Riemann integrierbare
Funktionen sind beschränkt.*

---

[1]Dies folgt z.B. aus der Tatsache, daß eine beschränkte Funktion genau dann Riemann integrierbar ist, wenn die Menge ihrer Unstetigkeitsstellen eine (Lebesguesche) Nullmenge ist (vgl.
Theorem X.5.6 in Band III).

7 Es seien $f \in B(I, \mathbb{R})$ und $\mathfrak{Z} = (\alpha_0, \ldots, \alpha_n)$ eine Zerlegung von I. Dann heißt

$$\overline{S}(f, I, \mathfrak{Z}) := \sum_{j=1}^{n} \sup\{ f(\xi) \; ; \; \xi \in [\alpha_{j-1}, \alpha_j] \}(\alpha_j - \alpha_{j-1})$$

bzw.

$$\underline{S}(f, I, \mathfrak{Z}) := \sum_{j=1}^{n} \inf\{ f(\xi) \; ; \; \xi \in [\alpha_{j-1}, \alpha_j] \}(\alpha_j - \alpha_{j-1})$$

Ober- bzw. **Untersumme** von f über I bezüglich der Zerlegung $\mathfrak{Z}$.

Man beweise:

(i) Ist $\mathfrak{Z}'$ eine Verfeinerung von $\mathfrak{Z}$, so gelten

$$\overline{S}(f, I, \mathfrak{Z}') \leq \overline{S}(f, I, \mathfrak{Z}) \; , \quad \underline{S}(f, I, \mathfrak{Z}) \leq \underline{S}(f, I, \mathfrak{Z}') \; .$$

(ii) Sind $\mathfrak{Z}$ und $\mathfrak{Z}'$ Zerlegungen von I, so gilt

$$\underline{S}(f, I, \mathfrak{Z}) \leq \overline{S}(f, I, \mathfrak{Z}') \; .$$

8 Es sei $f \in B(I, \mathbb{R})$, und $\mathfrak{Z}' := (\beta_0, \ldots, \beta_m)$ sei eine Verfeinerung von $\mathfrak{Z} := (\alpha_0, \ldots, \alpha_n)$. Dann gelten

$$\overline{S}(f, I, \mathfrak{Z}) - \overline{S}(f, I, \mathfrak{Z}') \leq 2(m - n) \|f\|_\infty \Delta_{\mathfrak{Z}} \; ,$$
$$\underline{S}(f, I, \mathfrak{Z}') - \underline{S}(f, I, \mathfrak{Z}) \leq 2(m - n) \|f\|_\infty \Delta_{\mathfrak{Z}} \; .$$

9 Es sei $f \in B(I, \mathbb{R})$. Aufgrund von Aufgabe 7(ii) existieren

$$\overline{\int_I} f := \inf\{ \overline{S}(f, I, \mathfrak{Z}) \; ; \; \mathfrak{Z} \text{ ist eine Zerlegung von } I \}$$

und

$$\underline{\int_I} f := \sup\{ \underline{S}(f, I, \mathfrak{Z}) \; ; \; \mathfrak{Z} \text{ ist eine Zerlegung von } I \}$$

in $\mathbb{R}$. Man nennt $\overline{\int_I} f$ bzw. $\underline{\int_I} f$ **oberes** bzw. **unteres Riemann-(Darboux-)sches Integral** von f über I.

Man beweise:

(i) $\underline{\int_I} f \leq \overline{\int_I} f$.

(ii) Zu jedem $\varepsilon > 0$ gibt es ein $\delta > 0$, so daß für jede Zerlegung $\mathfrak{Z}$ von I mit $\Delta_{\mathfrak{Z}} < \delta$ die Ungleichungen

$$0 \leq \overline{S}(f, I, \mathfrak{Z}) - \overline{\int_I} f < \varepsilon \; , \quad 0 \leq \underline{\int_I} f - \underline{S}(f, I, \mathfrak{Z}) < \varepsilon \; .$$

gelten.

(Hinweis: Es gibt eine Zerlegung $\mathfrak{Z}'$ von I mit $\overline{S}(f, I, \mathfrak{Z}') < \overline{\int_I} f + \varepsilon/2$. Es sei $\mathfrak{Z}$ eine beliebige Zerlegung von I. Aus Aufgabe 8 folgt

$$\overline{S}(f, I, \mathfrak{Z}) \leq \overline{S}(f, I, \mathfrak{Z} \vee \mathfrak{Z}') + 2m \|f\|_\infty \Delta_{\mathfrak{Z}} \; .$$

Außerdem folgt aus Aufgabe 7(i): $\overline{S}(f, I, \mathfrak{Z} \vee \mathfrak{Z}') \leq \overline{S}(f, I, \mathfrak{Z}')$.)

10 Die folgenden Aussagen sind für $f \in B(I, \mathbb{R})$ äquivalent:

(i) f ist Riemann integrierbar.

(ii) $\overline{\int}_I f = \underline{\int}_I f$.

(iii) Zu jedem $\varepsilon > 0$ gibt es eine Zerlegung $\mathfrak{Z}$ von I mit $\overline{S}(f, I, \mathfrak{Z}) - \underline{S}(f, I, \mathfrak{Z}) < \varepsilon$.

Dann gilt $\overline{\int}_I f = \underline{\int}_I f = \int_I f$.

(Hinweise: „(ii)$\Longleftrightarrow$(iii)" folgt aus Aufgabe 9.
„(i)$\Longrightarrow$(iii)" Es seien $\varepsilon > 0$ und $e := \int_I f$. Dann gibt es ein $\delta > 0$ mit

$$e - \frac{\varepsilon}{2} < \sum_{j=1}^{n} f(\xi_j)(\alpha_j - \alpha_{j-1}) < e + \frac{\varepsilon}{2}$$

für jede Zerlegung $\mathfrak{Z} = (\alpha_0, \ldots, \alpha_n)$ von I mit $\Delta_{\mathfrak{Z}} < \delta$. Somit folgen $\overline{S}(f, I, \mathfrak{Z}) \leq e + \varepsilon/2$ und $\underline{S}(f, I, \mathfrak{Z}) \geq e - \varepsilon/2$.)

4 Eigenschaften des Integrals

In diesem Paragraphen befassen wir uns mit den wichtigsten Eigenschaften des Integrals und beweisen insbesondere den Hauptsatz der Differential- und Integralrechnung. Dieser Satz besagt, daß jede auf einem Intervall stetige Funktion eine Stammfunktion besitzt, und er liefert eine Integraldarstellung dafür, welche es erlaubt, in vielen konkreten Fällen Integrale explizit zu berechnen.

Wie im vorhergehenden Paragraphen bezeichnen

- $E = (E, |\cdot|)$ einen Banachraum; $I = [\alpha, \beta]$ ein kompaktes perfektes Intervall.

Integration von Funktionenfolgen

Die Definition des Integrals führt leicht zum folgenden Konvergenzsatz, dessen theoretische wie auch praktische Bedeutung uns im weiteren klarwerden wird.

4.1 Satz (über die Integration von Funktionenfolgen und -reihen)   *Es sei (f_n) eine Folge sprungstetiger Funktionen.*

(i) *Wenn (f_n) gleichmäßig gegen f konvergiert, ist f sprungstetig, und es gilt:*

$$\lim_n \int_\alpha^\beta f_n = \int_\alpha^\beta \lim_n f_n = \int_\alpha^\beta f \ .$$

(ii) *Konvergiert $\sum f_n$ gleichmäßig, so ist $\sum_{n=0}^\infty f_n$ sprungstetig, und*

$$\int_\alpha^\beta \Big(\sum_{n=0}^\infty f_n \Big) = \sum_{n=0}^\infty \int_\alpha^\beta f_n \ .$$

Beweis Aus Theorem 1.4 wissen wir, daß der Raum $\mathcal{S}(I, E)$, versehen mit der Supremumsnorm, vollständig ist. Somit folgen alle Behauptungen aus der Tatsache, daß $\int_\alpha^\beta$ eine lineare Abbildung von $\mathcal{S}(I, E)$ nach E ist, und daß die gleichmäßige Konvergenz mit der Konvergenz in $\mathcal{S}(I, E)$ übereinstimmt. ∎

4.2 Bemerkung Die Aussagen von Satz 4.1 sind falsch, wenn die Folge (f_n) nur punktweise konvergiert.

Beweis Wir setzen $I = [0, 1]$, $E := \mathbb{R}$ sowie

$$f_n(x) := \begin{cases} 0 \ , & x = 0 \ , \\ n \ , & x \in (0, 1/n) \ , \\ 0 \ , & x \in [1/n, 1] \ , \end{cases}$$

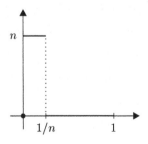

für $n \in \mathbb{N}^\times$. Dann gehört f_n zu $\mathcal{T}(I, \mathbb{R})$, und (f_n) konvergiert punktweise, aber nicht gleichmäßig gegen 0. Da $\int_I f_n = 1$ für $n \in \mathbb{N}^\times$ und $\int_I 0 = 0$ gelten, folgt die Behauptung. ∎

Als eine erste Anwendung von Satz 4.1 beweisen wir, daß die wichtige Aussage von Lemma 3.2 über die Vertauschung der Norm mit dem Integral auch für sprungstetige Funktionen richtig ist.

4.3 Satz *Für $f \in \mathcal{S}(I, E)$ gelten: $|f| \in \mathcal{S}(I, \mathbb{R})$ und*

$$\left| \int_\alpha^\beta f \, dx \right| \leq \int_\alpha^\beta |f| \, dx \leq (\beta - \alpha) \, \|f\|_\infty \ .$$

Beweis Gemäß Theorem 1.4 gibt es eine Folge (f_n) in $\mathcal{T}(I, E)$, die gleichmäßig gegen f konvergiert. Ferner folgt aus der umgekehrten Dreiecksungleichung

$$\big| |f_n(x)|_E - |f(x)|_E \big| \leq |f_n(x) - f(x)|_E \leq \|f_n - f\|_\infty \ , \qquad x \in I \ .$$

Also konvergiert $|f_n|$ gleichmäßig gegen $|f|$. Weil jedes $|f_n|$ zu $\mathcal{T}(I, \mathbb{R})$ gehört, folgt wiederum aus Theorem 1.4, daß $|f| \in \mathcal{S}(I, \mathbb{R})$ gilt.

Aus Lemma 3.2 erhalten wir

$$\left| \int_\alpha^\beta f_n \, dx \right| \leq \int_\alpha^\beta |f_n| \, dx \leq (\beta - \alpha) \, \|f_n\|_\infty \ . \tag{4.1}$$

Da (f_n) gleichmäßig gegen f, und $(|f_n|)$ gleichmäßig gegen $|f|$ konvergieren, können wir mit Hilfe von Satz 4.1 in (4.1) den Grenzübergang $n \to \infty$ durchführen und finden so die behaupteten Ungleichungen. ∎

Das orientierte Integral

Für $f \in \mathcal{S}(I, E)$ und $\gamma, \delta \in I$ setzen wir[1]

$$\int_\gamma^\delta f := \int_\gamma^\delta f(x) \, dx := \begin{cases} \int_{[\gamma,\delta]} f \ , & \gamma < \delta \ , \\ 0 \ , & \gamma = \delta \ , \\ -\int_{[\delta,\gamma]} f \ , & \delta < \gamma \ , \end{cases} \tag{4.2}$$

und nennen $\int_\gamma^\delta f$ „Integral von f (in den Grenzen) von γ bis δ". Dabei heißen γ **untere** und δ **obere Grenze** des Integrals von f. Gemäß Bemerkung 1.1(g) ist das Integral von f in den Grenzen von γ bis δ durch (4.2) wohldefiniert, und es gilt

$$\int_\gamma^\delta f = -\int_\delta^\gamma f \ . \tag{4.3}$$

---

[1]Hier und im folgenden schreiben wir einfach $\int_J f$ für $\int_J f \,|\, J$, wenn J ein kompaktes perfektes Teilintervall von I ist.

4.4 Satz (über die Additivität des Integrals)   Für $f \in \mathcal{S}(I, E)$ und $a, b, c \in I$ gilt:

$$\int_a^b f = \int_a^c f + \int_c^b f \ .$$

Beweis   Es genügt, den Fall $a \leq b \leq c$ zu betrachten. Sind (f_n) eine Folge von Treppenfunktionen, die gleichmäßig gegen f konvergiert, und J ein kompaktes perfektes Teilintervall von I, so gelten

$$f_n | J \in \mathcal{T}(J, E) \quad \text{und} \quad f_n | J \xrightarrow[\text{glm}]{} f | J \ . \tag{4.4}$$

Aus der Definition des Integrals für Treppenfunktionen ergibt sich sofort

$$\int_a^c f_n = \int_a^b f_n + \int_b^c f_n \ . \tag{4.5}$$

Wegen (4.4) und Satz 4.1 können wir in (4.5) den Grenzübergang $n \to \infty$ durchführen und finden

$$\int_a^c f = \int_a^b f + \int_b^c f \ .$$

Also gilt

$$\int_a^b f = \int_a^c f - \int_b^c f = \int_a^c f + \int_c^b f \ ,$$

wie behauptet. ∎

Positivität und Monotonie des Integrals

Während wir bis jetzt sprungstetige Funktionen mit Werten in beliebigen Banachräumen betrachtet haben, beschränken wir uns im folgenden Satz und dessen Korollar auf den reellwertigen Fall. In dieser Situation impliziert die Ordnungsstruktur von $\mathbb{R}$ zusätzliche Eigenschaften des Integrals.

4.5 Satz   Für $f \in \mathcal{S}(I, \mathbb{R})$ mit $f(x) \geq 0$ für $x \in I$ gilt $\int_\alpha^\beta f \geq 0$.

Beweis   Gemäß Bemerkung 1.3 gibt es eine Folge nichtnegativer Treppenfunktionen (f_n), die gleichmäßig gegen f konvergiert. Da offensichtlich $\int f_n \geq 0$ richtig ist, folgt $\int f = \lim_n \int f_n \geq 0$. ∎

4.6 Korollar   Für $f, g \in \mathcal{S}(I, \mathbb{R})$ mit $f(x) \leq g(x)$ für $x \in I$ gilt $\int_\alpha^\beta f \leq \int_\alpha^\beta g$, d.h., das Integral reellwertiger Funktionen ist monoton.

Beweis   Dies folgt aus der Linearität des Integrals und aus Satz 4.5. ∎

4.7 Bemerkungen (a) Es sei V ein Vektorraum. Dann heißen die linearen Abbildungen von V in den Grundkörper **Linearformen** oder **lineare Funktionale**.

Also ist im „skalaren Fall", $E = \mathbb{K}$, das Integral $\int_\alpha^\beta$ eine stetige Linearform auf $\mathcal{S}(I)$.

(b) Es sei V ein reeller Vektorraum, und P sei eine nichtleere Menge mit folgenden Eigenschaften:

(i) $x, y \in P \Rightarrow x + y \in P$;

(ii) $(x \in P, \ \lambda \in \mathbb{R}^+) \Rightarrow \lambda x \in P$;

(iii) $x, -x \in P \Rightarrow x = 0$.

Mit anderen Worten: P erfüllt $P + P \subset P$, $\mathbb{R}^+ P \subset P$ und $P \cap (-P) = \{0\}$. Dann heißt P (eigentlicher konvexer) **Kegel** in V (mit Spitze in 0). Diese Bezeichnung ist gerechtfertigt, da P konvex ist und mit jedem x den „Halbstrahl" $\mathbb{R}^+ x$ durch x enthält. Außerdem enthält P keine volle „Gerade" $\mathbb{R}x$ mit $x \neq 0$.

Wir setzen

$$x \leq y :\Longleftrightarrow y - x \in P \ . \tag{4.6}$$

Dann ist $\leq$ eine Ordnung auf V, die **linear** (oder **mit der Vektorraumstruktur von V verträglich**) ist, d.h., es gelten für $x, y, z \in V$:

$$x \leq y \Rightarrow x + z \leq y + z$$

und

$$(x \leq y, \ \lambda \in \mathbb{R}^+) \Rightarrow \lambda x \leq \lambda y \ .$$

Ferner heißt $(V, \leq)$ **geordneter Vektorraum**, und $\leq$ ist die **von P induzierte Ordnung**. Offensichtlich gilt:

$$P = \{ x \in V \ ; \ x \geq 0 \} \ . \tag{4.7}$$

Deshalb heißt P **positiver Kegel** von $(V, \leq)$.

Ist umgekehrt eine lineare Ordnung $\leq$ auf V gegeben, so wird durch (4.7) ein eigentlicher konvexer Kegel in V definiert, und dieser Kegel induziert die gegebene Ordnung. Also gibt es eine Bijektion zwischen der Menge aller eigentlichen konvexen Kegel von V und der Menge aller linearen Ordnungen von V. Folglich können wir statt $(V, \leq)$ auch (V, P) schreiben, wobei P der positive Kegel von V ist.

(c) Sind (V, P) ein geordneter Vektorraum und ℓ eine Linearform auf V, so heißt ℓ **positiv**, wenn $\ell(x) \geq 0$ für $x \in P$ gilt.[2] Eine Linearform auf V ist genau dann positiv, wenn sie wachsend[3] ist.

Beweis Es sei $\ell : V \to \mathbb{R}$ linear. Wegen $\ell(x - y) = \ell(x) - \ell(y)$ ist die Behauptung offensichtlich. ∎

---

[2]Man beachte, daß mit dieser Definition die Nullform positiv ist.

[3]Statt von wachsenden spricht man auch von **monotonen** Linearformen.

(d) Es sei E ein normierter Vektorraum (bzw. ein Banachraum), und $\leq$ sei eine lineare Ordnung auf E. Dann heißt $E := (E, \leq)$ **geordneter normierter Vektorraum** (bzw. **geordneter Banachraum**), wenn der positive Kegel abgeschlossen ist.

Es sei E ein geordneter normierter Vektorraum, und (x_j) und (y_j) seien Folgen in E mit $x_j \to x$ und $y_j \to y$. Gilt $x_j \leq y_j$ für fast alle $j \in \mathbb{N}$, so folgt $x \leq y$.

Beweis Für fast alle $j \in \mathbb{N}$ gilt $y_j - x_j \in P$, wobei P der positive Kegel von E ist. Dann folgt aus Satz II.2.2 und Bemerkung II.3.1(b)

$$y - x = \lim y_j - \lim x_j = \lim(y_j - x_j) \in P ,$$

da P abgeschlossen ist. ∎

(e) Es sei X eine nichtleere Menge. Dann ist $\mathbb{R}^X$ ein geordneter Vektorraum mit der in Beispiel I.4.4(c) eingeführten punktweisen Ordnung:

$$f \leq g :\Longleftrightarrow f(x) \leq g(x) , \qquad x \in X ,$$

für $f, g \in \mathbb{R}^X$. Wir nennen diese Ordnung auch **natürliche Ordnung** von $\mathbb{R}^X$, und sie induziert auf jeder Teilmenge M von $\mathbb{R}^X$ wiederum die **natürliche Ordnung** von M (vgl. Beispiel I.4.4(a)). Wird nicht ausdrücklich etwas anderes gesagt, so wird $\mathbb{R}^X$ — und damit jeder Untervektorraum hiervon — stets mit der natürlichen Ordnung versehen. Insbesondere ist $B(X, \mathbb{R})$ ein geordneter Banachraum mit dem positiven Kegel

$$B^+(X) := B(X, \mathbb{R}^+) := B(X, \mathbb{R}) \cap (\mathbb{R}^+)^X .$$

Also ist auch jeder abgeschlossene Untervektorraum $\mathfrak{F}(X, \mathbb{R})$ von $B(X, \mathbb{R})$ ein geordneter Banachraum, dessen positiver Kegel durch

$$\mathfrak{F}^+(X) := \mathfrak{F}(X, \mathbb{R}) \cap B^+(X) = \mathfrak{F}(X, \mathbb{R}) \cap (\mathbb{R}^+)^X$$

gegeben ist.

Beweis Es ist offensichtlich, daß $B^+(X)$ in $B(X, \mathbb{R})$ abgeschlossen ist. ∎

(f) Aus (e) folgt, daß $\mathcal{S}(I, \mathbb{R})$ ein geordneter Banachraum mit positivem Kegel $\mathcal{S}^+(I)$ ist, und Satz 4.5 besagt: *Das Integral $\int_\alpha^\beta$ ist eine stetige positive (also monotone) Linearform auf $\mathcal{S}(I, \mathbb{R})$.* ∎

Für die Treppenfunktion $f : [0, 2] \to \mathbb{R}$ mit

$$f(x) := \left\{ \begin{array}{ll} 1 , & x = 1 , \\ 0 & \text{sonst} , \end{array} \right.$$

gilt offensichtlich $\int f = 0$. Also gibt es nichtnegative Funktionen, die nicht identisch verschwinden, deren Integral aber 0 ist. Der nächste Satz gibt ein Kriterium an für die strikte Positivität des Integrals einer nichtnegativen Funktion.

4.8 Satz   Es seien $f \in \mathcal{S}^+(I)$ und $a \in I$. Ist f in a stetig mit $f(a) > 0$, so gilt

$$\int_\alpha^\beta f > 0 \ .$$

Beweis   (i) Es gehöre a zu $\mathring{I}$. Aus der Stetigkeit von f in a und $f(a) > 0$ folgt die Existenz von $\delta > 0$ mit $[a - \delta, a + \delta] \subset I$ und

$$|f(x) - f(a)| \leq \frac{1}{2}f(a) \ , \qquad x \in [a - \delta, a + \delta] \ .$$

Also gilt

$$f(x) \geq \frac{1}{2}f(a) \ , \qquad x \in [a - \delta, a + \delta] \ .$$

Aus $f \geq 0$ und Satz 4.5 erhalten wir $\int_\alpha^{a-\delta} f \geq 0$ und $\int_{a+\delta}^\beta f \geq 0$. Nun implizieren Satz 4.4 und Korollar 4.6

$$\int_\alpha^\beta f = \int_\alpha^{a-\delta} f + \int_{a-\delta}^{a+\delta} f + \int_{a+\delta}^\beta f \geq \int_{a-\delta}^{a+\delta} f \geq \frac{1}{2}f(a) \int_{a-\delta}^{a+\delta} 1 = \delta f(a) > 0 \ .$$

(ii) Im Fall $a \in \partial I$ führt ein analoges Argument zum Ziel. ∎

Komponentenweise Integration

4.9 Satz   Die Abbildung $f = (f^1, \dots, f^n) : I \to \mathbb{K}^n$ ist genau dann sprungstetig, wenn dies für jede der Komponentenfunktionen f^j der Fall ist. Dann gilt

$$\int_\alpha^\beta f = \left(\int_\alpha^\beta f^1, \dots, \int_\alpha^\beta f^n \right) \ .$$

Beweis   Nach Theorem 1.2 ist f genau dann sprungstetig, wenn es eine Folge (f_k) von Treppenfunktionen gibt, die gleichmäßig gegen f konvergiert. Es ist leicht zu sehen, daß letzteres genau dann der Fall ist, wenn für jedes $j \in \{1, \dots, n\}$ die Folge $(f_k^j)_{k \in \mathbb{N}}$ gleichmäßig gegen f^j konvergiert. Da f^j für jedes j zu $\mathcal{S}(I, \mathbb{K})$ gehört, folgt die erste Aussage aus Theorem 1.2. Der zweite Teil der Behauptung ist für Treppenfunktionen offensichtlich. Er folgt somit wegen Satz 4.1 durch Grenzübergang auch für $f \in \mathcal{S}(I, \mathbb{K}^n)$. ∎

4.10 Korollar   Es seien $g, h \in \mathbb{R}^I$ und $f := g + ih$. Dann ist f genau dann sprungstetig, wenn dies für g und h richtig ist. In diesem Fall gilt

$$\int_\alpha^\beta f = \int_\alpha^\beta g + i \int_\alpha^\beta h \ .$$

Der Hauptsatz der Differential- und Integralrechnung

Für $f \in \mathcal{S}(I, E)$ wird durch das Integral die Abbildung

$$F : I \to E , \quad x \mapsto \int_\alpha^x f(\xi) \, d\xi \tag{4.8}$$

definiert, deren Eigenschaften wir im folgenden untersuchen wollen.

4.11 Theorem   Für $f \in \mathcal{S}(I, E)$ gilt

$$|F(x) - F(y)| \leq \|f\|_\infty |x - y| , \qquad x, y \in I .$$

Also ist das Integral eine Lipschitz-stetige Funktion der oberen Grenze.

Beweis   Aus Satz 4.4 folgt für $x, y \in I$ die Beziehung

$$F(x) - F(y) = \int_\alpha^x f(\xi) \, d\xi - \int_\alpha^y f(\xi) \, d\xi = \int_y^x f(\xi) \, d\xi .$$

Nun ergibt sich die Behauptung aus Satz 4.3. ∎

Unser nächstes Theorem zeigt, daß F in den Stetigkeitspunkten von f differenzierbar ist.

4.12 Theorem   (über die Differenzierbarkeit nach der oberen Grenze)   Es sei $f \in \mathcal{S}(I, E)$ stetig in $a \in I$. Dann ist F in a differenzierbar mit $F'(a) = f(a)$.

Beweis   Für $h \in \mathbb{R}^\times$ mit $a + h \in I$ gilt

$$\frac{F(a + h) - F(a)}{h} = \frac{1}{h} \Big(\int_\alpha^{a+h} f(\xi) \, d\xi - \int_\alpha^a f(\xi) \, d\xi \Big) = \frac{1}{h} \int_a^{a+h} f(\xi) \, d\xi .$$

Beachten wir $hf(a) = \int_a^{a+h} f(a) \, d\xi$, so folgt

$$\frac{F(a + h) - F(a) - f(a)h}{h} = \frac{1}{h} \int_a^{a+h} \big(f(\xi) - f(a)\big) \, d\xi .$$

Da f in a stetig ist, gibt es zu jedem $\varepsilon > 0$ ein $\delta > 0$ mit

$$|f(\xi) - f(a)|_E < \varepsilon , \qquad \xi \in I \cap (a - \delta, a + \delta) .$$

Somit folgt aus Satz 4.3 für alle h mit $0 < |h| < \delta$ und $a + h \in I$ die Abschätzung

$$\left| \frac{F(a + h) - F(a) - f(a)h}{h} \right|_E \leq \frac{1}{|h|} \left| \int_a^{a+h} |f(\xi) - f(a)|_E \, d\xi \right| < \varepsilon .$$

Also ist F in a differenzierbar mit $F'(a) = f(a)$. ∎

Als eine einfache Folgerung erhalten wir aus den vorangehenden Resultaten den wichtigen

4.13 Fundamentalsatz der Differential- und Integralrechnung *Jedes $f \in C(I, E)$ besitzt eine Stammfunktion, und für jede Stammfunktion F von f gilt*

$$F(x) = F(\alpha) + \int_\alpha^x f(\xi)\, d\xi\ , \qquad x \in I\ .$$

Beweis Wir setzen $G(x) := \int_\alpha^x f(\xi)\, d\xi$ für $x \in I$. Gemäß Theorem 4.12 ist G differenzierbar mit $G' = f$. Also ist G eine Stammfunktion von f.

Es sei F eine Stammfunktion von f. Aus Bemerkung V.3.7(a) wissen wir, daß es ein $c \in E$ gibt mit $F = G + c$. Wegen $G(\alpha) = 0$ folgt hieraus $c = F(\alpha)$, und somit die Behauptung. ∎

4.14 Korollar *Für jede Stammfunktion F von $f \in C(I, E)$ gilt*

$$\int_\alpha^\beta f(x)\, dx = F(\beta) - F(\alpha) =: F\big|_\alpha^\beta\ .$$

Den Ausdruck $F\big|_\alpha^\beta$ nennt man „F in den Grenzen α und β".

Das unbestimmte Integral

Korollar 4.14 reduziert das Problem, das Integral $\int_\alpha^\beta f$ zu berechnen, auf die triviale Differenzenbildung $F(\beta) - F(\alpha)$, falls eine Stammfunktion F von f bekannt ist. Es zeigt auch, daß das Integrieren in einem gewissen Sinne das Differenzieren rückgängig macht.

Obwohl der Fundamentalsatz der Differential- und Integralrechnung für jedes $f \in C(I, E)$ die Existenz einer Stammfunktion garantiert, ist in den allermeisten Fällen die explizite Angabe einer solchen nicht möglich.

Um ein Integral gemäß Korollar 4.14 explizit ausrechnen zu können, müssen wir uns auf irgendeinem Wege eine Stammfunktion beschaffen. Einen „Grundstock" von Stammfunktionen erhalten wir natürlich durch das Ableiten einer stetig differenzierbaren Funktion F, da F eine Stammfunktion ihrer Ableitung ist. Auf diese Weise gewinnen wir aus den Resultaten der Kapitel IV und V eine Liste wichtiger Stammfunktionen, die wir in den nachfolgenden Beispielen 4.15 angeben werden. Im nächsten Paragraphen werden wir sehen, wie wir mittels einiger einfacher Regeln und mehr oder weniger geschickter Umformungen hieraus weitere Stammfunktionen gewinnen können. Es sei auch darauf hingewiesen, daß es umfangreiche Tafelwerke gibt, in denen Tausende von Stammfunktionen aufgelistet sind (vgl. z.B. [Ape96], [GR81] oder [BBM86]).

Statt mühsam eine Stammfunktion in einem derartigen Tafelwerk aufzusuchen, ist es natürlich einfacher, ein Softwarepaket zu benutzen, wie z.B. Maple oder Mathematica, welches „symbolisch" integrieren kann. Diese Programme

„kennen" viele der Stammfunktionen, die explizit angegeben werden können, bzw. sind in der Lage, diese durch Beachtung der elementaren Rechenregeln für das Integral zu „berechnen".

Für $f \in C(I, E)$ bezeichnet man mit

$$\int f \, dx + c$$

die Menge aller Stammfunktionen, das **unbestimmte Integral** von f. Dies ist eine symbolische Notation, in der das Intervall I weggelassen wird (bzw. aus dem Zusammenhang ersichtlich sein sollte), und die andeuten soll, daß eine Stammfunktion nur bis auf eine additive Konstante $c \in E$ bestimmt ist. Mit anderen Worten: $\int f \, dx + c$ bezeichnet die Äquivalenzklasse der Stammfunktionen von f, wobei zwei Stammfunktionen genau dann äquivalent sind, wenn sie sich nur durch eine Konstante unterscheiden. Im folgenden werden wir in der Regel nur Repräsentanten dieser Äquivalenzklassen angeben (d.h. die Konstanten weglassen), wofür wir im allgemeinen $\int f \, dx$ schreiben werden.

4.15 Beispiele **(a)** In der folgenden Liste fundamentaler unbestimmter Integrale sind a und c komplexe Zahlen, und x bezeichnet stets eine reelle Variable in I. Hierbei liegt I immer im Definitionsbereich von f, dessen genaue Angabe dem Leser überlassen bleibt.

f	$\int f \, dx$	f	$\int f \, dx$
x^a, $\quad a \neq -1$,	$x^{a+1}/(a+1)$	$\sin x$	$-\cos x$
$1/x$	$\log|x|$	$1/\cos^2 x$	$\tan x$
a^x, $\quad a > 0$, $\quad a \neq 1$,	$a^x/\log a$	$-1/\sin^2 x$	$\cot x$
e^{ax}, $\quad a \in \mathbb{C}^\times$,	e^{ax}/a	$1/\sqrt{1-x^2}$	$\arcsin x$
$\cos x$	$\sin x$	$1/(1+x^2)$	$\arctan x$

Beweis Die Gültigkeit dieser Liste folgt aus den Beispielen IV.1.13 und der Anwendung IV.2.10. ∎

(b) Es sei $a = \sum a_k X^k \in \mathbb{K}[\![X]\!]$ mit Konvergenzradius $\rho > 0$. Dann gilt

$$\int \left(\sum_{k=0}^{\infty} a_k x^k \right) dx = \sum_{k=0}^{\infty} \frac{a_k}{k+1} x^{k+1}, \qquad -\rho < x < \rho \, .$$

Beweis Dies folgt aus Bemerkung V.3.7(b). ∎

(c) Es sei $f \in C^1(I, \mathbb{R})$ mit $f(x) \neq 0$ für alle $x \in I$. Dann gilt

$$\int \frac{f'}{f} \, dx = \log |f| \, .$$

Beweis Es gelte $f(x) > 0$ für alle $x \in I$. Aus der Kettenregel folgt dann[4]

$$(\log |f|)' = (\log f)' = f'/f \ .$$

Im Fall $f(x) < 0$ für $x \in I$ gilt in analoger Weise

$$(\log |f|)' = \big[\log(-f)\big]' = (-f)'/(-f) = f'/f \ .$$

Also ist $\log |f|$ eine Stammfunktion von f'/f. ∎

Der Mittelwertsatz der Integralrechnung

Wir beschließen diesen Paragraphen mit einem Mittelwertsatz für das Integral reellwertiger stetiger Funktionen.

4.16 Satz *Es seien $f, \varphi \in C(I, \mathbb{R})$, und es gelte $\varphi \geq 0$. Dann gibt es ein $\xi \in I$ mit*

$$\int_\alpha^\beta f(x)\varphi(x)\, dx = f(\xi) \int_\alpha^\beta \varphi(x)\, dx \ . \tag{4.9}$$

Beweis Gilt $\varphi(x) = 0$ für alle $x \in I$, so ist (4.9) offensichtlich für jedes $\xi \in I$ richtig. Also können wir die Existenz eines $x \in I$ mit $\varphi(x) > 0$ annehmen. Dann folgt aus Satz 4.8 die Ungleichung $\int_\alpha^\beta \varphi(x)\, dx > 0$.

Mit $m := \min_I f$ und $M := \max_I f$ gilt $m\varphi \leq f\varphi \leq M\varphi$ wegen $\varphi \geq 0$. Somit implizieren die Linearität und die Monotonie des Integrals die Ungleichungen

$$m \int_\alpha^\beta \varphi\, dx \leq \int_\alpha^\beta f\varphi\, dx \leq M \int_\alpha^\beta \varphi\, dx \ . \quad .$$

Also gilt

$$m \leq \frac{\int_\alpha^\beta f\varphi}{\int_\alpha^\beta \varphi} \leq M \ .$$

Die Wahl von m und M und der Zwischenwertsatz (Theorem III.5.1) ergeben nun die Behauptung. ∎

4.17 Korollar *Zu $f \in C(I, \mathbb{R})$ gibt es ein $\xi \in I$ mit $\int_\alpha^\beta f\, dx = f(\xi)(\beta - \alpha)$.*

Beweis Man setze $\varphi := 1$ in Satz 4.16. ∎

Es sei bemerkt, daß — anders als beim Mittelwertsatz der Differentialrechnung (Theorem IV.2.4) — nicht behauptet wird, der Zwischenpunkt ξ liege im Innern des Intervalls.

---

[4]Wegen dieser Formel heißt f'/f **logarithmische Ableitung** von f.

Wir illustrieren die Aussage von Korollar 4.17 anhand folgender Skizzen:

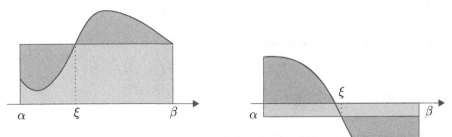

Der Punkt ξ ist dabei so zu wählen, daß der orientierte Inhalt der zwischen dem Graphen und dem Intervall I
liegenden Fläche mit dem orientierten Inhalt $f(\xi)(\beta - \alpha)$ des
Rechtecks mit den Seitenlängen $|f(\xi)|$ und $(\beta - \alpha)$ übereinstimmt.

Aufgaben

1   Man beweise die Aussagen von Bemerkung 4.7(b).

2   Für $f \in \mathcal{S}(I)$ gilt: $\overline{\int_\alpha^\beta f} = \int_\alpha^\beta \overline{f}$.

3   Die beiden stückweise stetigen Funktionen $f_1, f_2 : I \to E$ mögen sich nur an den
Sprungstellen unterscheiden. Dann gilt $\int_\alpha^\beta f_1 = \int_\alpha^\beta f_2$.

4   Für $f \in \mathcal{S}(I, \mathbb{K})$ und $p \in [1, \infty)$ sei

$$\|f\|_p := \left(\int_\alpha^\beta |f(x)|^p \, dx \right)^{1/p} \;,$$

und $p' := p/(p-1)$ bezeichne den zu p **dualen Exponenten** (mit $1/0 = \infty$).
Man beweise folgende Aussagen:

  (i)   Für $f, g \in \mathcal{S}(I, \mathbb{K})$ gilt die **Höldersche Ungleichung**

$$\left| \int_\alpha^\beta fg \, dx \right| \leq \int_\alpha^\beta |fg| \, dx \leq \|f\|_p \, \|g\|_{p'} \; .$$

 (ii)   Für $f, g \in \mathcal{S}(I, \mathbb{K})$ gilt die **Minkowskische Ungleichung**

$$\|f + g\|_p \leq \|f\|_p + \|g\|_p \; .$$

(iii) $\left(C(I, \mathbb{K}), \|\cdot\|_p \right)$ ist ein normierter Vektorraum.

(iv) $\left(C(I, \mathbb{K}), \|\cdot\|_2 \right)$ ist ein Innenproduktraum.

 (v)   Für $f \in C(I, \mathbb{K})$ und $1 \leq p \leq q \leq \infty$ gilt

$$\|f\|_p \leq (\beta - \alpha)^{1/p - 1/q} \, \|f\|_q \; .$$

(Hinweise: (i) und (ii) Man übertrage die Beweise der Anwendungen IV.2.16(b) und (c).
(v) Man verwende (i).)

5 Man zeige, daß im Fall $q \geq p$ die Norm $\|\cdot\|_q$ auf $C(I,\mathbb{K})$ stärker[5] ist als $\|\cdot\|_p$. Für $p \neq q$ sind diese Normen nicht äquivalent.

6 Es ist zu zeigen, daß $\bigl(C(I,\mathbb{K}), \|\cdot\|_p\bigr)$ für $1 \leq p < \infty$ nicht vollständig ist. Also ist $\bigl(C(I,\mathbb{K}), \|\cdot\|_p\bigr)$ für $1 \leq p < \infty$ kein Banachraum, und $\bigl(C(I,\mathbb{K}), \|\cdot\|_2\bigr)$ ist kein Hilbertraum.

7 Es sei $f \in C^1(I,\mathbb{R})$ mit $f(\alpha) = f(\beta) = 0$. Dann gilt

$$\|f\|_\infty^2 \leq \frac{1}{2} \int_\alpha^\beta \bigl(f^2 + (f')^2\bigr)\, dx \ . \tag{4.10}$$

Wie muß (4.10) modifiziert werden, wenn $f \in C^1(I,\mathbb{R})$ nur $f(\alpha) = 0$ erfüllt?
(Hinweis: Es sei $x_0 \in I$ mit $f^2(x_0) = \|f\|_\infty^2$. Dann gilt $f^2(x_0) = \int_\alpha^{x_0} ff'\, dx - \int_{x_0}^\beta ff'\, dx$.
Nun verwende man Aufgabe I.10.10.)

8 Es sei $f \in C^1(I,\mathbb{K})$ mit $f(\alpha) = 0$. Dann gilt

$$\int_\alpha^\beta |ff'|\, dx \leq \frac{\beta - \alpha}{2} \int_\alpha^\beta |f'|^2\, dx \ .$$

(Hinweis: Für $F(x) := \int_\alpha^x |f'(\xi)|\, d\xi$ gelten $|f(x)| \leq F(x)$ und $\int_\alpha^\beta 2FF'\, dx = F^2(\beta)$.)

9 Die Funktion $f \in C^2(I,\mathbb{R})$ erfülle $f \leq f''$ und $f(\alpha) = f(\beta) = 0$. Dann gilt

$$0 \leq \max_{x \in I} f'(x) \leq \frac{1}{\sqrt{2}} \int_\alpha^\beta \bigl(f^2 + (f')^2\bigr)\, dx \ .$$

(Hinweis: Es sei $x_0 \in I$ mit $f'(x_0) = \|f'\|_\infty$. Gilt $f'(x_0) \leq 0$, so folgt $f = 0$.

Im Fall $f'(x_0) > 0$ folgt die Existenz von $\xi \in (x_0,\beta)$ mit $f'(x) > 0$ für $x \in [x_0,\xi]$ und $f'(\xi) = 0$ (vgl. Theorem IV.2.3). Nun betrachte man $\int_{x_0}^\xi (ff' - f'f'')\, dx$ und verwende Aufgabe 7.)

10 Man beweise den **zweiten Mittelwertsatz der Integralrechnung**: Es sei $f \in C(I,\mathbb{R})$, und $g \in C^1(I,\mathbb{R})$ sei monoton.[6] Dann gibt es ein $\xi \in I$ mit

$$\int_\alpha^\beta f(x)g(x)\, dx = g(\alpha) \int_\alpha^\xi f(x)\, dx + g(\beta) \int_\xi^\beta f(x)\, dx \ .$$

(Hinweis: Mit $F(x) := \int_\alpha^x f(s)\, ds$ gilt

$$\int_\alpha^\beta f(x)g(x)\, dx = Fg\big|_\alpha^\beta - \int_\alpha^\beta F(x)g'(x)\, dx \ .$$

Auf das Integral der rechten Seite kann nun Satz 4.16 angewendet werden.)

---

[5]Sind $\|\cdot\|_1$ und $\|\cdot\|_2$ Normen auf einem Vektorraum E, so heißt $\|\cdot\|_1$ **stärker** [bzw. $\|\cdot\|_2$ **schwächer**] als $\|\cdot\|_2$ [bzw. $\|\cdot\|_1$], wenn es eine Konstante $K \geq 1$ gibt mit $\|x\|_2 \leq K \|x\|_1$ für $x \in E$.

[6]Man kann zeigen, daß die Aussage des zweiten Mittelwertsatzes der Integralrechnung richtig bleibt, wenn man für g nur Monotonie, also keine Regularität, fordert.

11   Es seien $a > 0$ und $f \in C([-a, a], E)$. Man beweise:

  (i) Ist f ungerade, so gilt $\int_{-a}^{a} f(x)\, dx = 0$.

  (ii) Ist f gerade, so gilt $\int_{-a}^{a} f(x)\, dx = 2\int_{0}^{a} f(x)\, dx$.

12   Es sei $F : [0, 1] \to \mathbb{R}$ durch

$$F(x) := \begin{cases} x^2 \sin(1/x^2)\,, & x \in (0, 1]\,, \\ 0\,, & x = 0\,, \end{cases}$$

definiert. Man verifiziere:

  (i) F ist differenzierbar;

  (ii) $F' \notin \mathcal{S}(I, \mathbb{R})$;

d.h., es gibt Funktionen, die nicht sprungstetig sind und trotzdem eine Stammfunktion besitzen. (Hinweis zu (ii): Bemerkung 1.1(d).)

13   Es seien $f \in C([a, b], \mathbb{R})$ und $g, h \in C^1([\alpha, \beta], [a, b])$. Ferner sei

$$F : [\alpha, \beta] \to \mathbb{R}\,, \quad x \mapsto \int_{g(x)}^{h(x)} f(\xi)\, d\xi\,.$$

Dann gilt $F \in C^1([\alpha, \beta], \mathbb{R})$. Wie lautet F'?

14   Es seien $n \in \mathbb{N}^\times$ und $a_1, \ldots, a_n \in \mathbb{R}$. Man beweise, daß es ein $\alpha \in (0, \pi)$ gibt mit

$$\sum_{k=1}^{n} a_k \cos(k\alpha) = 0\,.$$

(Hinweis: Man wende Korollar 4.17 auf $f(x) := \sum_{k=1}^{n} a_k \cos(kx)$ und $I := [0, \pi]$ an.)

15   Man beweise:

  (i) $\displaystyle \lim_{n \to \infty} n\left(\frac{1}{n^2} + \frac{1}{(n+1)^2} + \cdots + \frac{1}{(2n-1)^2} \right) = \frac{1}{2}$.

  (ii) $\displaystyle \lim_{n \to \infty} \sum_{k=nq}^{np-1} \frac{1}{k} = \log\frac{p}{q}, \quad p, q \in \mathbb{N}, \ q < p$.

(Hinweis: Man betrachte geeignete Riemannsche Summen für $f(x) := 1/(1 + x)^2$ auf $[0, 1]$ bzw. $f(x) := 1/x$ auf $[q, p]$.)

16   Es seien $f \in C(I \times I, E)$ und

$$g : I \to E\,, \quad x \mapsto \int_I f(x, y)\, dy\,.$$

Man zeige $g \in C(I, E)$.

5 Die Technik des Integrierens

Wie wir gesehen haben, erlaubt es der Fundamentalsatz der Differential- und Integralrechnung, Ableitungsregeln in entsprechende Integrationsvorschriften umzusetzen. In diesem Paragraphen werden wir diese Umsetzung für die Kettenregel und die Produktregel vornehmen und so zu der wichtigen Substitutionsregel und der Methode der partiellen Integration gelangen.

In diesem Paragraphen bezeichnet

- $I = [\alpha, \beta]$ ein kompaktes perfektes Intervall.

Variablensubstitution

5.1 Theorem (Substitutionsregel) *Es seien E ein Banachraum und $f \in C(I, E)$ sowie $\varphi \in C^1\big([a, b], \mathbb{R}\big)$ mit $-\infty < a < b < \infty$ und $\varphi\big([a, b]\big) \subset I$. Dann gilt*

$$\int_a^b f\big(\varphi(x)\big)\varphi'(x)\,dx = \int_{\varphi(a)}^{\varphi(b)} f(y)\,dy \ .$$

Beweis Der Fundamentalsatz der Differential- und Integralrechnung sichert die Existenz einer Stammfunktion $F \in C^1(I, E)$ für f. Aus der Kettenregel (Theorem IV.1.7) folgt deshalb $F \circ \varphi \in C^1\big([a, b], E\big)$ mit

$$(F \circ \varphi)'(x) = F'\big(\varphi(x)\big)\varphi'(x) = f\big(\varphi(x)\big)\varphi'(x) \ , \qquad x \in [a, b] \ .$$

Nun ergibt Korollar 4.14

$$\int_a^b f\big(\varphi(x)\big)\varphi'(x)\,dx = F \circ \varphi\big|_a^b = F\big(\varphi(b)\big) - F\big(\varphi(a)\big)$$

$$= F\big|_{\varphi(a)}^{\varphi(b)} = \int_{\varphi(a)}^{\varphi(b)} f(y)\,dy \ ,$$

also die Behauptung. ∎

An dieser Stelle ist es angezeigt, die Bedeutung des Symbols „dx", das bisher lediglich in der Bezeichnung des Integrals auftrat und die „Integrationsvariable markierte", näher zu erläutern. Einerseits geben wir eine rein formale Definition, die wir in Paragraph VIII.3 rechtfertigen und präzisieren werden. Andererseits stellen wir dazu einige heuristische Betrachtungen an.

5.2 Bemerkungen (a) Es sei $\varphi : I \to \mathbb{R}$ differenzierbar. Dann heißt[1] $d\varphi := \varphi' \, dx$ **Differential** von φ. Wählen wir für φ speziell die Identität id_I, so folgt $d\varphi = 1 \, dx$. Es ist naheliegend, das Symbol $1 \, dx$ wieder mit dx zu bezeichnen. Also ist dx das Differential der Identität $x \mapsto x$.

(b) Unter Verwendung von Differentialen läßt sich die Substitutionsregel in folgender prägnanter Form schreiben:

$$\int_a^b f \circ \varphi \, d\varphi = \int_{\varphi(a)}^{\varphi(b)} f \, dy \ .$$

(c) Es seien $\varphi : I \to \mathbb{R}$ differenzierbar und $x_0 \in I$. In den folgenden heuristischen Betrachtungen wollen wir φ in einer „infinitesimalen" Umgebung von x_0 untersuchen. Dazu wird dx als Zuwachs der unabhängigen Variablen x, also selbst als reelle Variable, aufgefaßt.

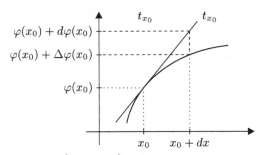

Es sei t_{x_0} die Tangente an φ im Punkt $\big(x_0, \varphi(x_0)\big)$:

$$t_{x_0} : \mathbb{R} \to \mathbb{R} \ , \quad x \mapsto \varphi(x_0) + \varphi'(x_0)(x - x_0) \ .$$

Außerdem bezeichnen $\Delta\varphi(x_0) := \varphi(x_0 + dx) - \varphi(x_0)$ den Zuwachs der Funktion φ und $d\varphi(x_0) := \varphi'(x_0) \, dx$ den Zuwachs der Tangente t_{x_0}, falls x_0 den Zuwachs dx erfährt. Aus der Differenzierbarkeit von φ folgt dann

$$\Delta\varphi(x_0) = d\varphi(x_0) + o(dx) \ , \qquad dx \to 0 \ .$$

Für kleine Zuwächse dx kann also $\Delta\varphi(x_0)$ näherungsweise durch die „lineare Approximation" $d\varphi(x_0) = \varphi'(x_0) \, dx$ ersetzt werden. ∎

5.3 Beispiele (a) Für $a \in \mathbb{R}^\times$ und $b \in \mathbb{R}$ gilt

$$\int_\alpha^\beta \cos(ax + b) \, dx = \frac{1}{a} \big(\sin(a\beta + b) - \sin(a\alpha + b) \big) \ .$$

Beweis Die Variablensubstitution $y(x) := ax + b$ für $x \in \mathbb{R}$ ergibt $dy = a \, dx$. Somit folgt aus Beispiel 4.15(a)

$$\int_\alpha^\beta \cos(ax + b) \, dx = \frac{1}{a} \int_{a\alpha+b}^{a\beta+b} \cos y \, dy = \frac{1}{a} \sin \Big|_{a\alpha+b}^{a\beta+b} \ ,$$

wie behauptet. ∎

---

[1] Die Bezeichnung $d\varphi = \varphi' \, dx$ ist hier nur als formaler Ausdruck für differenzierbare Funktionen zu verstehen. Insbesondere ist $\varphi' \, dx$ *kein* Produkt von bis jetzt eingeführten Objekten.

(b) Für $n \in \mathbb{N}^{\times}$ gilt

$$\int_0^1 x^{n-1} \sin(x^n)\, dx = \frac{1}{n}(1 - \cos 1)\ .$$

Beweis Hier setzen wir $y(x) := x^n$. Dann gilt $dy = nx^{n-1}\, dx$, und folglich

$$\int_0^1 x^{n-1} \sin(x^n)\, dx = \frac{1}{n} \int_0^1 \sin y\, dy = -\left.\frac{\cos y}{n}\right|_0^1\ ,$$

also die Behauptung. ∎

Partielle Integration

Die zweite fundamentale Integrationstechnik, nämlich die Methode der partiellen Integration, ergibt sich aus der Produktregel.

5.4 Satz *Für $u, v \in C^1(I, \mathbb{K})$ gilt*

$$\int_\alpha^\beta uv'\, dx = \left. uv \right|_\alpha^\beta - \int_\alpha^\beta u'v\, dx\ . \tag{5.1}$$

Beweis Die Behauptung folgt unmittelbar aus der Produktregel $(uv)' = u'v + v'u$ und Korollar 4.14. ∎

Mit Differentialen nimmt (5.1) die einprägsame Form

$$\int_\alpha^\beta u\, dv = \left. uv \right|_\alpha^\beta - \int_\alpha^\beta v\, du \tag{5.2}$$

an.

5.5 Beispiele **(a)** Es gilt $\int_\alpha^\beta x \sin x\, dx = \sin \beta - \sin \alpha - \beta \cos \beta + \alpha \cos \alpha$.

Beweis Wir setzen $u(x) := x$ und $v' := \sin$. Dann gelten $u' = 1$ und $v = -\cos$. Also folgt

$$\int_\alpha^\beta x \sin x\, dx = -\left. x \cos x \right|_\alpha^\beta + \int_\alpha^\beta \cos x\, dx = \left. (\sin x - x \cos x) \right|_\alpha^\beta\ ,$$

wie behauptet. ∎

(b) (Der Flächeninhalt eines Kreises) Eine Kreisscheibe mit Radius R besitzt den Flächeninhalt $R^2 \pi$.

Beweis Wir können den Ursprung des (ebenen rechtwinkligen) Koordinatensystems in den Kreismittelpunkt legen. Dann wird die abgeschlossene Kreisscheibe K_R mit Radius R durch

$$K_R = \left\{ (x, y) \in \mathbb{R}^2\ ;\ |(x, y)| \le R \right\} = \left\{ (x, y) \in \mathbb{R}^2\ ;\ x^2 + y^2 \le R^2 \right\}$$

beschrieben. Offensichtlich besteht K_R aus den beiden Halbkreisscheiben

$$H_R := \left\{ (x,y) \in \mathbb{R}^2 \ ; \ x^2 + y^2 \le R^2, \ y \ge 0 \right\}$$

und $-H_R$, und

$$H_R \cap (-H_R) = [-R, R] \times \{0\} = \left\{ (x, 0) \in \mathbb{R}^2 \ ; \ -R \le x \le R \right\} \ .$$

Da der „obere Rand" von H_R durch den Graphen der Funktion

$$[-R, R] \to \mathbb{R} \ , \quad x \mapsto \sqrt{R^2 - x^2}$$

beschrieben wird, wird der Flächeninhalt von H_R gemäß unserer früheren Interpretation durch

$$\int_{-R}^{R} \sqrt{R^2 - x^2} \, dx$$

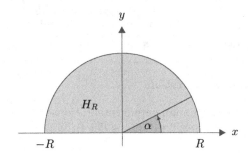

gegeben. Hierbei ist es unwesentlich, ob die „untere Berandung" $[-R, R] \times \{0\}$ von H_R mit zu H_R gezählt wird oder nicht, da der Flächeninhalt eines Rechtecks der Breite 0 definitionsgemäß 0 ist. Aus Symmetriegründen[2] ist der Flächeninhalt A_R des Kreises K_R gleich dem doppelten Inhalt des Halbkreises H_R. Folglich gilt

$$A_R = 2 \int_{-R}^{R} \sqrt{R^2 - x^2} \, dx \ .$$

Zur Bestimmung dieses Integrals ist es angebracht, Polarkoordinaten einzuführen. Dazu setzen wir $x(\alpha) := R \cos \alpha$ für $\alpha \in [0, \pi]$. Dann gilt $dx = -R \sin \alpha \, d\alpha$, und die Substitutionsregel liefert

$$A_R = -2R \int_{\pi}^{0} \sqrt{R^2 - R^2 \cos^2 \alpha} \, \sin \alpha \, d\alpha$$
$$= 2R^2 \int_{0}^{\pi} \sqrt{1 - \cos^2 \alpha} \, \sin \alpha \, d\alpha = 2R^2 \int_{0}^{\pi} \sin^2 \alpha \, d\alpha \ .$$

Das Integral $\int_{0}^{\pi} \sin^2 \alpha \, d\alpha$ berechnen wir durch partielle Integration. Denn mit $u := \sin$ und $v' := \sin$ gelten $u' = \cos$ und $v = -\cos$. Also folgt

$$\int_{0}^{\pi} \sin^2 \alpha \, d\alpha = -\sin \alpha \cos \alpha \Big|_{0}^{\pi} + \int_{0}^{\pi} \cos^2 \alpha \, d\alpha$$
$$= \int_{0}^{\pi} (1 - \sin^2 \alpha) \, d\alpha = \pi - \int_{0}^{\pi} \sin^2 \alpha \, d\alpha \ ,$$

und wir finden $\int_{0}^{\pi} \sin^2 \alpha \, d\alpha = \pi/2$. Insgesamt ergibt sich $A_R = R^2 \pi$. ∎

---

[2] In diesem Beispiel betrachten wir den „absoluten" und nicht den orientierten Flächeninhalt, wobei wir auf eine präzise Definition des Flächeninhalts verzichten und heuristisch evidente Argumentationen verwenden. Im dritten Band werden wir eine detaillierte Studie der mit diesem Begriff zusammenhängenden Fragen durchführen und die hier verwendeten heuristischen Überlegungen exakt begründen.

(c) Für $n \in \mathbb{N}$ sei $I_n := \int \sin^n x \, dx$. Dann gilt die **Rekursionsformel**[3]

$$nI_n = (n-1)I_{n-2} - \cos x \sin^{n-1} x \, , \qquad n \geq 2 \, , \qquad (5.3)$$

mit $I_0 = X$ und $I_1 = -\cos$.

Beweis Offensichtlich gelten $I_0 = X + c$ und $I_1 = -\cos + c$. Für $n \geq 2$ folgt

$$I_n = \int \sin^{n-2} x \, (1 - \cos^2 x) \, dx = I_{n-2} - \int \sin^{n-2} x \cos x \cos x \, dx \, .$$

Setzen wir $u(x) := \cos x$ und $v'(x) := \sin^{n-2} x \cos x$, so erhalten wir $u' = -\sin$ sowie $v = \sin^{n-1}/(n-1)$. Nun liefert partielle Integration die Behauptung. ∎

(d) (Das Wallissche Produkt) Es gilt[4]

$$\frac{\pi}{2} = \prod_{k=1}^{\infty} \frac{4k^2}{4k^2 - 1} = \lim_{n \to \infty} \prod_{k=1}^{n} \frac{4k^2}{4k^2 - 1}$$

$$= \frac{2}{1} \cdot \frac{2}{3} \cdot \frac{4}{3} \cdot \frac{4}{5} \cdot \frac{6}{5} \cdot \frac{6}{7} \cdot \dots \cdot \frac{2k}{2k-1} \cdot \frac{2k}{2k+1} \cdot \dots \, .$$

Beweis Wir erhalten die behauptete Produktformel durch Auswerten von (5.3) auf dem Intervall $[0, \pi/2]$. Dazu setzen wir

$$A_n := \int_0^{\pi/2} \sin^n x \, dx \, , \qquad n \in \mathbb{N} \, .$$

Aus (5.3) folgen dann

$$A_0 = \pi/2 \, , \quad A_1 = 1 \, , \quad A_n = \frac{n-1}{n} A_{n-2} \, , \qquad n \geq 2 \, .$$

Ein einfaches Induktionsargument ergibt

$$A_{2n} = \frac{(2n-1)(2n-3) \cdot \dots \cdot 3 \cdot 1}{2n(2n-2) \cdot \dots \cdot 4 \cdot 2} \cdot \frac{\pi}{2} \, , \qquad A_{2n+1} = \frac{2n(2n-2) \cdot \dots \cdot 4 \cdot 2}{(2n+1)(2n-1) \cdot \dots \cdot 5 \cdot 3} \, .$$

Hieraus folgen die Beziehungen

$$\frac{A_{2n+1}}{A_{2n}} = \frac{2n \cdot 2n(2n-2)(2n-2) \cdot \dots \cdot 4 \cdot 4 \cdot 2 \cdot 2}{[(2n+1)(2n-1)][(2n-1)(2n-3)] \cdot \dots \cdot [5 \cdot 3][3 \cdot 1]} \cdot \frac{2}{\pi}$$

$$= \frac{2}{\pi} \prod_{k=1}^{n} \frac{(2k)^2}{(2k)^2 - 1}$$

$$(5.4)$$

---

[3] Man beachte die Vereinbarung vor Beispiel 4.15.
[4] Es seien (a_k) eine Folge in $\mathbb{K}$ und $p_n := \prod_{k=0}^{n} a_k$ für $n \in \mathbb{N}$. Konvergiert die Folge (p_n), so nennt man ihren Grenzwert **unendliches Produkt** der a_k und schreibt

$$\prod_{k=0}^{\infty} a_k := \lim_{n} \prod_{k=0}^{n} a_k \, .$$

und

$$\lim_{n\to\infty} \frac{A_{2n+2}}{A_{2n}} = \lim_{n\to\infty} \frac{2n+1}{2n+2} = 1 \ . \tag{5.5}$$

Wegen $\sin^2 x \le \sin x \le 1$ für $x \in [0, \pi/2]$ gilt $A_{2n+2} \le A_{2n+1} \le A_{2n}$. Also folgt

$$\frac{A_{2n+2}}{A_{2n}} \le \frac{A_{2n+1}}{A_{2n}} \le 1 \ , \qquad n \in \mathbb{N} \ ,$$

und die Behauptung ist eine Konsequenz von (5.4) und (5.5). ∎

Die Integration rationaler Funktionen

Unter den **elementaren Funktionen** versteht man die Gesamtheit aller Abbildungen, die sich aus den Polynomen, der Exponentialfunktion, dem Sinus und allen jenen Abbildungen zusammensetzt, welche hieraus mittels der vier „Grundrechenarten" (Addition, Subtraktion, Multiplikation und Division) sowie der Operationen „Komposition" und „Bilden der Umkehrfunktion" in endlich vielen Schritten gewonnen werden können.

5.6 Bemerkungen   (a) Die Klasse der elementaren Funktionen ist „abgeschlossen unter der Differentiation", d.h., Ableitungen elementarer Funktionen sind elementare Funktionen.

Beweis   Dies folgt aus den Theoremen IV.1.6–8 sowie aus den Beispielen IV.1.13, Anwendung IV.2.10 und Aufgabe IV.2.5. ∎

(b) Stammfunktionen elementarer Funktionen sind im allgemeinen keine elementaren Funktionen. Mit anderen Worten: Die Klasse der elementaren Funktionen ist unter der Integration nicht abgeschlossen.

Beweis   Für jedes $a \in (0, 1)$ ist die Funktion

$$f : [0, a] \to \mathbb{R} \ , \qquad x \mapsto 1/\sqrt{1 - x^4}$$

stetig. Also ist

$$F(x) := \int_0^x \frac{dy}{\sqrt{1 - y^4}} \ , \qquad 0 \le x < 1 \ ,$$

eine wohldefinierte Stammfunktion von f. Wegen $f(x) > 0$ für $x \in (0, 1)$ ist F strikt wachsend. Folglich besitzt F gemäß Theorem III.5.7 eine wohlbestimmte Umkehrfunktion G. Es ist bekannt,[5] daß es eine abzählbare, sich nirgends häufende Teilmenge M von $\mathbb{C}$ gibt, derart daß G eine eindeutig bestimmte analytische Fortsetzung $\widetilde{G}$ auf $\mathbb{C} \backslash M$ besitzt. Es ist auch bekannt, daß $\widetilde{G}$ **doppelt periodisch** ist, d.h., es gibt zwei über $\mathbb{R}$ linear unabhängige Perioden $\omega_1, \omega_2 \in \mathbb{C}$ mit

$$\widetilde{G}(z + \omega_1) = \widetilde{G}(z + \omega_2) = \widetilde{G}(z) \ , \qquad z \in \mathbb{C} \backslash M \ .$$

---

[5]Beweise dieser und der folgenden Aussagen über die Periodizität von $\widetilde{G}$ gehen weit über den Rahmen dieser Darstellung hinaus (vgl. z.B. Kapitel V in [FB95]).

Da eine elementare Funktion höchstens „einfach periodisch" ist, kann $\widetilde{G}$ nicht elementar sein. Also ist auch F nicht elementar. Damit besitzt die elementare Funktion f keine elementare Stammfunktion. ∎

Im folgenden werden wir zeigen, daß rationale Funktionen **elementar integrierbar** sind, d.h. elementare Stammfunktionen besitzen. Dazu beginnen wir mit einigen einfachen Beispielen, auf die wir in der allgemeinen Situation zurückgreifen werden.

5.7 Beispiele (a) Für $a \in \mathbb{C}\backslash I$ gilt

$$\int \frac{dx}{X-a} = \begin{cases} \log|X-a| + c\,, & a \in \mathbb{R}\,, \\ \log(X-a) + c\,, & a \in \mathbb{C}\backslash\mathbb{R}\,. \end{cases}$$

Beweis Dies folgt aus den Beispielen 4.15(c) und IV.1.13(e). ∎

(b) Es seien $a \in \mathbb{C}\backslash I$ und $k \in \mathbb{N}$ mit $k \geq 2$. Dann gilt

$$\int \frac{dx}{(X-a)^k} = \frac{-1}{(k-1)(X-a)^{k-1}} + c\,.$$

(c) Es seien $a, b \in \mathbb{R}$ mit $D := a^2 - b < 0$. Dann gilt

$$\int \frac{dx}{X^2 + 2aX + b} = \frac{1}{\sqrt{-D}} \arctan\left(\frac{X+a}{\sqrt{-D}}\right) + c\,.$$

Beweis Wegen

$$q(X) := X^2 + 2aX + b = (X+a)^2 - D = |D|\left(1 + \left(\frac{X+a}{\sqrt{|D|}}\right)^2\right)$$

erhalten wir mit $y := |D|^{-1/2}(x+a)$ aus der Substitutionsregel

$$\int_\alpha^\beta \frac{dx}{q} = \frac{1}{\sqrt{-D}} \int_{y(\alpha)}^{y(\beta)} \frac{dy}{1+y^2} = \frac{1}{\sqrt{-D}} \arctan\Big|_{y(\alpha)}^{y(\beta)}\,.$$

Hieraus folgt die Behauptung. ∎

(d) Für $a, b \in \mathbb{R}$ mit $D := a^2 - b < 0$ gilt

$$\int \frac{X\,dx}{X^2 + 2aX + b} = \frac{1}{2}\log(X^2 + 2aX + b) - \frac{a}{\sqrt{-D}} \arctan\left(\frac{X+a}{\sqrt{-D}}\right) + c\,.$$

Beweis Mit der Notation des Beweises von (c) finden wir

$$\frac{X}{q} = \frac{1}{2}\frac{2X+2a}{q} - \frac{a}{q} = \frac{1}{2}\frac{q'}{q} - \frac{a}{q}\,.$$

Nun ergibt sich die Behauptung aus Beispiel 4.15(c) und (c). ∎

(e) Für $a, b \in \mathbb{R}$ mit $D := a^2 - b = 0$ und $-a \notin I$ gilt

$$\int \frac{dx}{X^2 + 2aX + b} = \frac{-1}{X + a} + c \ .$$

Beweis Wegen $q = (X + a)^2$ erhalten wir die Behauptung aus (b). ∎

(f) Es seien $a, b \in \mathbb{R}$ und $D := a^2 - b > 0$. Für $-a \pm \sqrt{D} \notin I$ gilt

$$\int \frac{dx}{X^2 + 2aX + b} = \frac{1}{2\sqrt{D}} \log \left| \frac{X + a - \sqrt{D}}{X + a + \sqrt{D}} \right| + c \ .$$

Beweis Das quadratische Polynom q besitzt die reellen Nullstellen $z_1 := -a + \sqrt{D}$ und $z_2 := -a - \sqrt{D}$. Also gilt $q = (X - z_1)(X - z_2)$. Dies legt den Ansatz

$$\frac{1}{q} = \frac{a_1}{X - z_1} + \frac{a_2}{X - z_2} \tag{5.6}$$

nahe. Durch Multiplikation dieser Gleichung mit q finden wir

$$1 = (a_1 + a_2)X - (a_1 z_2 + a_2 z_1) \ .$$

Also folgt aus dem Identitätssatz für Polynome (vgl. Bemerkung I.8.19(c)) durch Koeffizientenvergleich $a_1 = -a_2 = 1/2\sqrt{D}$. Nun ergibt sich die Behauptung aus (a). ∎

Im letzten Beispiel ist es uns gelungen, die Integration der rationalen Funktion $1/(X^2 + 2aX + b)$ mittels der Zerlegung (5.6) auf das Auffinden von Stammfunktionen der einfacheren rationalen Funktionen $1/(X - z_1)$ und $1/(X - z_2)$ zu reduzieren. Eine solche „Partialbruchzerlegung" ist bei beliebigen rationalen Funktionen stets möglich, wie wir im folgenden zeigen werden.

Ein Polynom heißt **normiert**, wenn sein höchster Koeffizient 1 ist. Nach dem Fundamentalsatz der Algebra besitzt jedes normierte Polynom q von positivem Grad die Faktorzerlegung

$$q = \prod_{j=1}^{n} (X - z_j)^{m_j} \ , \tag{5.7}$$

wobei $z_1, \ldots, z_n$ alle paarweise verschiedenen Nullstellen von q in $\mathbb{C}$ und $m_1, \ldots, m_n$ ihre Vielfachheiten sind. Also gilt

$$\sum_{j=1}^{n} m_j = \mathrm{Grad}(q)$$

(vgl. Beispiel III.3.9(b) und Bemerkung I.8.19(b)).

Es seien nun $p, q \in \mathbb{C}[X]$ mit $q \neq 0$. Dann folgt durch Polynomdivision gemäß Satz I.8.15, daß es eindeutig bestimmte $s, t \in \mathbb{C}[X]$ gibt mit

$$\frac{p}{q} = s + \frac{t}{q} \ , \qquad \mathrm{Grad}(t) < \mathrm{Grad}(q) \ . \tag{5.8}$$

Also können wir uns zum Nachweis der elementaren Integrierbarkeit der rationalen Funktion $r := p/q$ wegen Beispiel 4.15(b) auf den Fall $\mathrm{Grad}(p) < \mathrm{Grad}(q)$ beschränken und q als normiert voraussetzen. Die Grundlage für diesen Nachweis ist der folgende Satz über die **Partialbruchentwicklung**.

5.8 Satz   *Es seien* $p, q \in \mathbb{C}[X]$ *mit* $\mathrm{Grad}(p) < \mathrm{Grad}(q)$, *und* q *sei normiert. Mit den Bezeichnungen von (5.7) gilt dann*

$$\frac{p}{q} = \sum_{j=1}^{n} \sum_{k=1}^{m_j} \frac{a_{jk}}{(X - z_j)^k} \tag{5.9}$$

mit eindeutig bestimmten $a_{jk} \in \mathbb{C}$.

Beweis   Wir machen den Ansatz

$$\frac{p}{q} = \frac{a}{(X - z_1)^{m_1}} + \frac{p_1}{q_1} \tag{5.10}$$

mit $a \in \mathbb{C}$ und $p_1 \in \mathbb{C}[X]$ sowie

$$q_1 := \frac{q}{X - z_1} \in \mathbb{C}[X] \, .$$

Durch Multiplikation von (5.10) mit q erhalten wir

$$p = a \prod_{j=2}^{n} (X - z_j)^{m_j} + (X - z_1)p_1 \, , \tag{5.11}$$

woraus wir

$$a = p(z_1) \Big/ \prod_{j=2}^{n} (z_1 - z_j)^{m_j} \tag{5.12}$$

ablesen.[6] Also ist $a_{1m_1} := a$ eindeutig bestimmt. Aus (5.11) folgt

$$\mathrm{Grad}(p_1) < \Big(\sum_{j=2}^{n} m_j \Big) \vee \mathrm{Grad}(p) \leq \mathrm{Grad}(q) - 1 = \mathrm{Grad}(q_1) \, .$$

Folglich können wir die obige Argumentation auf p_1/q_1 anwenden und erhalten so nach endlich vielen Schritten die behauptete Darstellung. ∎

5.9 Korollar   *Jede rationale Funktion ist elementar integrierbar.*

Beweis   Dies folgt unmittelbar aus (5.8), (5.9) und den Beispielen 5.7(a) und (b). ∎

---

[6]Wie üblich hat für $n = 1$ das „leere Produkt" den Wert 1.

5.10 Bemerkungen (a) Sind alle Nullstellen des Nennerpolynoms einfach, so lautet die Partialbruchentwicklung (5.9)

$$\frac{p}{q} = \sum_{j=1}^{n} \frac{p(z_j)}{q'(z_j)} \frac{1}{X - z_j} \;.$$ (5.13)

Im allgemeinen Fall ist es empfehlenswert, einen Ansatz der Form (5.9) mit unbestimmten Koeffizienten a_{jk} zu machen und nach Multiplikation mit q einen Koeffizientenvergleich durchzuführen (vgl. den Beweis von Beispiel 5.7(f)).

Beweis Die Aussage (5.13) ergibt sich leicht aus (5.12). ∎

(b) Es sei $s \in \mathbb{R}[X]$. Dann ist mit jeder Nullstelle $z \in \mathbb{C}$ von s auch die konjugiert komplexe Zahl $\overline{z}$ eine Nullstelle derselben Vielfachheit.

Beweis Aus Satz I.11.3 folgt $\overline{s(z)} = s(\overline{z})$, also die Behauptung. ∎

(c) Es seien $p, q \in \mathbb{R}[X]$, und $z \in \mathbb{C}\backslash\mathbb{R}$ sei eine Nullstelle von q der Vielfachheit m. Ferner sei a_k bzw. b_k für $1 \leq k \leq m$ der Koeffizient von $(X - z)^{-k}$ bzw. $(X - \overline{z})^{-k}$ in der Entwicklung (5.9). Dann gilt $b_k = \overline{a}_k$.

Beweis Aus (b) wissen wir, daß auch $\overline{z}$ eine Nullstelle von q der Vielfachheit m ist. Also ist b_k eindeutig bestimmt. Für $x \in \mathbb{C}\backslash\{z_1, \ldots, z_n\}$ folgt aus (5.9)

$$\sum_{j=1}^{n} \sum_{k=1}^{m_j} \frac{a_{jk}}{(\overline{x} - z_j)^k} = \frac{p(\overline{x})}{q(\overline{x})} = \overline{\frac{p}{q}}(x) = \sum_{j=1}^{n} \sum_{k=1}^{m_j} \frac{\overline{a}_{jk}}{(\overline{x} - \overline{z}_j)^k} \;.$$

Nun ergibt sich die Behauptung aus der Eindeutigkeitsaussage von Satz 5.8. ∎

Es sei nun $r := p/q$ mit $p, q \in \mathbb{R}[X]$ und $\mathrm{Grad}(p) < \mathrm{Grad}(q)$ eine reelle rationale Funktion. Ist $z \in \mathbb{C}\backslash\mathbb{R}$ eine Nullstelle von q der Vielfachheit m, so enthält die Partialbruchentwicklung (5.9) gemäß Bemerkung 5.10(c) den Summanden

$$\frac{a}{X - z} + \frac{\overline{a}}{X - \overline{z}} = \frac{(a + \overline{a})X - (z\overline{a} + \overline{z}a)}{(X - z)(X - \overline{z})} = 2 \frac{\mathrm{Re}(a)X - \mathrm{Re}(\overline{z}a)}{X^2 - 2\mathrm{Re}(z)X + |z|^2} \;,$$

und es gilt $D := (\mathrm{Re}\,z)^2 - |z|^2 < 0$. Folglich zeigen die Beispiele 5.7(c) und (d), daß gilt:

$$\int \left(\frac{a}{X - z} + \frac{\overline{a}}{X - \overline{z}} \right) dx$$
$$= A \log(x^2 - 2\mathrm{Re}(z)x + |z|^2) + B \arctan\left(\frac{x - \mathrm{Re}\,z}{\sqrt{-D}} \right) + c$$ (5.14)

für $x \in I$, wobei sich die Koeffizienten A und B in eindeutiger Weise aus $\mathrm{Re}\,a$, $\mathrm{Re}\,z$, $\mathrm{Re}(\overline{z}a)$ und $\sqrt{-D}$ berechnen lassen.

Für $2 \leq k \leq m$ folgt aus Bemerkung 5.10(c) und Beispiel 5.7(b)

$$
\begin{aligned}
\int \left(\frac{b}{(x-z)^k} + \frac{\bar{b}}{(x-\bar{z})^k} \right) dx &= \frac{-1}{k-1} \left(\frac{b}{(x-z)^{k-1}} + \frac{\bar{b}}{(x-\bar{z})^{k-1}} \right) + c \\
&= \frac{-2 \operatorname{Re}\left(b(x-\bar{z})^{k-1}\right)}{(k-1)\left(x^2 - 2\operatorname{Re}(z)x + |z|^2\right)^{k-1}} + c
\end{aligned}
\tag{5.15}
$$

für $x \in I$. Somit erhalten wir in diesem Fall aus Satz 5.8 sowie (5.14) und (5.15) eine reelle Darstellung der Stammfunktion.

Für einfache konkrete Beispiele zur Integration mittels Partialbruchzerlegung sei auf die Aufgaben verwiesen.

Aufgaben

1 Man berechne die unbestimmten Integrale

(i) $\displaystyle \int \frac{dx}{a^2 x^2 + bx + c}$,

(ii) $\displaystyle \int \frac{x\,dx}{x^2 - 2x + 3}$,

(iii) $\displaystyle \int \frac{x^5\,dx}{x^2 + x + 1}$,

(iv) $\displaystyle \int \frac{dx}{x^4 + 1}$,

(v) $\displaystyle \int \frac{x^2\,dx}{x^4 + 1}$,

(vi) $\displaystyle \int \frac{dx}{(ax^2 + bx + c)^2}$.

2 Durch geeignete Substitutionen lassen sich die unbestimmten Integrale

(i) $\displaystyle \int \frac{e^x - 1}{e^x + 1}\,dx$,

(ii) $\displaystyle \int \frac{dx}{1 + \sqrt{1+x}}$,

(iii) $\displaystyle \int \frac{dx}{\sqrt{x}\left(1 + \sqrt[3]{x}\right)}$

in Integrale rationaler Funktionen überführen. Wie lauten die entsprechenden Stammfunktionen?

3 Es sei $f \in C^1(I, \mathbb{R})$. Man zeige:[7] $\lim_{\lambda \to \infty} \int_I f(x) \sin(\lambda x)\,dx = 0$.

4 Es sei $f \in C([0,1], \mathbb{R})$. Man verifiziere:

(i) $\displaystyle \int_0^\pi x f(\sin x)\,dx = \frac{\pi}{2} \int_0^\pi f(\sin x)\,dx$,

(ii) $\displaystyle \int_0^{\pi/2} f(\sin 2x) \cos x\,dx = \int_0^{\pi/2} f(\cos^2 x) \cos x\,dx$.

(Hinweise: (i) Substitution $t = \pi - x$.
(ii) Es gilt $\int_{\pi/4}^{\pi/2} f(\sin 2x) \cos x\,dx = \int_0^{\pi/4} f(\sin 2x) \sin x\,dx$. Außerdem verwende man die Substitution $\sin 2x = \cos^2 t$.)

5 Die **Legendreschen Polynome** P_n sind durch

$$
P_n(X) := \frac{1}{2^n n!} \partial^n \left[(X^2 - 1)^n\right], \qquad n \in \mathbb{N},
$$

---

[7]Vgl. Bemerkung 7.17(b).

definiert.[8] Man beweise

$$\int_{-1}^{1} P_n P_m = \begin{cases} 0 \,, & n \neq m \,, \\ \dfrac{2}{2n+1} \,, & n = m \,. \end{cases}$$

6 Mit Hilfe der Substitution $y = \tan x$ beweise man

$$\int_{0}^{1} \frac{\log(1+x)}{1+x^2}\, dx = \frac{\pi}{8} \log 2 \,.$$

(Hinweis: $1 + \tan x = \left(\sqrt{2}\sin(x + \pi/4)\right)/\cos x$.)

7 Man zeige

$$\int_{0}^{1/\sqrt{2}} \frac{4\sqrt{2} - 8x^3 - 4\sqrt{2}\,x^4 - 8x^5}{1 - x^8}\, dx = \pi \,.$$

(Hinweise: Substitution $x = y/\sqrt{2}$ und
$(y-1)(y^8 - 16) = (y^2 - 2)(y^2 - 2y + 2)(y^5 + y^4 + 2y^3 - 4)$.)

8 Es seien $k, m \in \mathbb{N}^{\times}$ und $c \in (0,1)$. Dann gilt

$$\int_{0}^{c} \frac{x^{k-1}}{1-x^m} = \sum_{n=0}^{\infty} \frac{c^{nm+k}}{nm+k} \,.$$

(Hinweis: $\sum_{n=0}^{\infty} x^{nm} = 1/(1 - x^m)$.)

9 In Aufgabe 8 wähle man $c = 1/\sqrt{2}$, $m = 8$ sowie $k = 1, 4, 5, 6$ und schließe mit Aufgabe 7 auf folgende Reihendarstellung von π:

$$\pi = \sum_{n=0}^{\infty} \frac{1}{16^n} \left(\frac{4}{8n+1} - \frac{2}{8n+4} - \frac{1}{8n+5} - \frac{1}{8n+6} \right) \,.$$

10 Für die Integrale

$$\text{(i) } I_n = \int x^n e^x \, dx \,, \qquad \text{(ii) } I_n = \int x (\log x)^n \, dx \,,$$

$$\text{(iii) } I_n = \int \cos^n x \, dx \,, \qquad \text{(iv) } I_n = \int \frac{dx}{(x^2 + 1)^n}$$

sind Rekursionsformeln herzuleiten.

---

[8]Siehe Aufgabe IV.1.12.

6 Summen und Integrale

Es seien $m, n \in \mathbb{Z}$ mit $m < n$, und $f : [m, n] \to E$ sei stetig. Dann kann

$$\sum_{k=m+1}^{n} f(k)$$

als eine Riemannsche Summe für

$$\int_{m}^{n} f \, dx \tag{6.1}$$

aufgefaßt werden. Folglich stellt sie einen Näherungswert für (6.1) dar.

In den beiden vorangehenden Paragraphen haben wir effiziente Methoden zur Berechnung von Integralen kennengelernt, insbesondere den Fundamentalsatz der Differential- und Integralrechnung. In manchen Situationen ist es einfacher, den Wert des Integrals (6.1) mittels dieser Methoden direkt zu bestimmen, als die obige Summe auszurechnen. In diesem Fall können wir „den Spieß umdrehen" und das Integral als einen Näherungswert für die Summe ansehen. Diese Idee der näherungsweisen Berechnung von Summen durch Integrale erweist sich als äußerst fruchtbar, wie wir anhand einiger Beispiele, die von übergeordnetem Interesse sind, belegen werden.

Natürlich hängt die Effizienz dieser Methode davon ab, wie gut der Fehler

$$\left| \int_{m}^{n} f \, dx - \sum_{k=m+1}^{n} f(k) \right| \tag{6.2}$$

kontrolliert werden kann. In diesem Zusammenhang sind die Bernoullischen Zahlen und die Bernoullischen Polynome von Bedeutung, denen wir uns zuerst widmen wollen.

Die Bernoullischen Zahlen

Wir beginnen mit dem Nachweis, daß die Funktion[1]

$$h : \mathbb{C} \to \mathbb{C} , \quad h(z) := \begin{cases} (e^z - 1)/z , & z \in \mathbb{C}^{\times} , \\ 1 , & z = 0 , \end{cases}$$

analytisch ist und bestimmen einen Kreis um 0, auf dem h nicht verschwindet.[2]

---

[1] Man beachte für das folgende auch die Aufgaben V.3.2–4.

[2] Die Existenz eines $\eta > 0$ mit $h(z) \neq 0$ für $z \in \mathbb{B}(0, \eta)$ folgt natürlich bereits aus $h(0) = 1$ und der Stetigkeit von h.

6.1 Lemma   Es gilt $h \in C^\omega(\mathbb{C}, \mathbb{C})$ mit $h(z) \neq 0$ für $z \in 2\pi\mathbb{B}$.

Beweis[3]   (i) Die Potenzreihe $\sum (1/(k+1)!) X^k$ hat gemäß Satz II.9.4 den Konvergenzradius ∞. Also ist die durch sie dargestellte Funktion g aufgrund von Satz V.3.5 auf $\mathbb{C}$ analytisch. Wir wollen die Gleichheit von g und h nachweisen. Offensichtlich gilt $g(0) = h(0)$. Es sei also $z \in \mathbb{C}^\times$. Dann folgt $g(z) = h(z)$ aus der Beziehung $z \cdot g(z) = e^z - 1$.

(ii) Für $z \in \mathbb{C} \backslash 2\pi i \mathbb{Z}$ gilt

$$\frac{z}{e^z - 1} + \frac{z}{2} = \frac{z}{2} \frac{e^z + 1}{e^z - 1} = \frac{z}{2} \coth \frac{z}{2} \ . \tag{6.3}$$

Somit erhalten wir die Behauptung wegen $h(0) = 1$. ∎

Aus dem eben bewiesenen Lemma folgt insbesondere, daß

$$f : 2\pi\mathbb{B} \to \mathbb{C} \ , \quad z \mapsto \frac{z}{e^z - 1}$$

wohldefiniert ist.[4] Die Funktion f ist in einer Umgebung von 0 sogar analytisch, wie der nächste Satz zeigt.

6.2 Satz   Es gibt ein $\rho \in (0, 2\pi)$ mit $f \in C^\omega(\rho\mathbb{B}, \mathbb{C})$.

Beweis   Der Divisionsalgorithmus von Aufgabe II.9.9 sichert die Existenz einer Potenzreihe $\sum b_k X^k$ mit positivem Konvergenzradius ρ_0 und der Eigenschaft

$$\left(\sum \frac{1}{(k+1)!} X^k \right) \left(\sum b_k X^k \right) = 1 \in \mathbb{C}[\![X]\!] \ .$$

Mit $\rho := \rho_0 \wedge 2\pi$ setzen wir

$$\widetilde{f} : \rho\mathbb{B} \to \mathbb{C} \ , \quad z \mapsto \sum_{k=0}^{\infty} b_k z^k \ .$$

Dann gilt

$$\frac{e^z - 1}{z} \widetilde{f}(z) = \left(\sum_{k=0}^{\infty} \frac{z^k}{(k+1)!} \right) \left(\sum_{k=0}^{\infty} b_k z^k \right) = 1 \ , \qquad z \in \rho\mathbb{B} \ .$$

Lemma 6.1 und die Wahl von ρ ergeben somit

$$\widetilde{f}(z) = f(z) = \frac{z}{e^z - 1} \ , \qquad z \in \rho\mathbb{B} \ .$$

Nun folgt aus Satz V.3.5 die Analytizität von f. ∎

---

[3]Vgl. auch Aufgabe V.3.3.
[4]Dies bedeutet, daß wir $z/(e^z - 1)$ für $z = 0$ als 1 interpretieren.

In Bemerkung VIII.5.13(c) werden wir einen weiteren, vom Divisionsalgorithmus für Potenzreihen (Aufgabe II.9.9) unabhängigen Beweis dafür geben, daß f analytisch ist.

Die **Bernoullischen Zahlen** B_k werden für $k \in \mathbb{N}$ durch

$$\frac{z}{e^z - 1} = \sum_{k=0}^{\infty} \frac{B_k}{k!} z^k , \qquad z \in \rho\mathbb{B} , \tag{6.4}$$

mit einem geeigneten $\rho > 0$ definiert. Aufgrund von Satz 6.2 und wegen des Identitätssatzes für Potenzreihen (Korollar II.9.9) sind die B_k durch (6.4) eindeutig bestimmt. Die Abbildung f mit $f(z) = z/(e^z - 1)$ heißt **erzeugende Funktion** der B_k.

Rekursionsformeln

Aus (6.4) können wir mittels des Cauchyproduktes von Potenzreihen leicht eine Rekursionsformel für die Bernoullischen Zahlen herleiten.

6.3 Satz *Die Bernoullischen Zahlen B_k erfüllen*

(i) $\displaystyle\sum_{k=0}^{n} \binom{n+1}{k} B_k = \begin{cases} 1 , & n = 0 , \\ 0 , & n \in \mathbb{N}^{\times} . \end{cases}$

(ii) $B_{2k+1} = 0$ *für* $k \in \mathbb{N}^{\times}$.

Beweis Aufgrund von Satz II.9.7 gilt für $z \in \rho\mathbb{B}$

$$z = (e^z - 1)f(z) = z\Big(\sum_{k=0}^{\infty} \frac{z^k}{(k+1)!}\Big)\Big(\sum_{j=0}^{\infty} \frac{B_j}{j!} z^j\Big)$$

$$= z\sum_{n=0}^{\infty}\Big(\sum_{k=0}^{n} \frac{B_k}{k!} \frac{1}{(n+1-k)!}\Big) z^n .$$

Der Identitätssatz für Potenzreihen liefert deshalb

$$\sum_{k=0}^{n} \frac{B_k}{k!} \frac{1}{(n+1-k)!} = \begin{cases} 1 , & n = 0 , \\ 0 , & n \in \mathbb{N}^{\times} . \end{cases}$$

Die Behauptung folgt nun durch Multiplikation dieser Identität mit $(n+1)!$.

(ii) Einerseits finden wir

$$f(z) - f(-z) = z\Big(\frac{1}{e^z - 1} + \frac{1}{e^{-z} - 1}\Big) = z\frac{e^{-z} - 1 + e^z - 1}{1 - e^z - e^{-z} + 1} = -z .$$

Andererseits gilt die Potenzreihenentwicklung

$$f(z) - f(-z) = \sum_{k=0}^{\infty}\Big(\frac{B_k}{k!} z^k - \frac{B_k}{k!}(-z)^k\Big) = 2\sum_{k=0}^{\infty} \frac{B_{2k+1}}{(2k+1)!} z^{2k+1} .$$

Also erhalten wir aus dem Identitätssatz für Potenzreihen $B_{2k+1} = 0$ für $k \in \mathbb{N}^{\times}$. ∎

6.4 Korollar   *Für die Bernoullischen Zahlen gilt*

$$B_0 = 1 \, , \quad B_1 = -1/2 \, , \quad B_2 = 1/6 \, , \quad B_4 = -1/30 \, , \quad B_6 = 1/42 \, , \quad \dots$$

Mittels der Bernoullischen Zahlen können wir eine Reihenentwicklung des Cotangens angeben, welche im nächsten Paragraphen nützlich sein wird.

6.5 Anwendung   Für genügend kleine[5] $z \in \mathbb{C}$ gilt

$$z \cot z = 1 + \sum_{n=1}^{\infty} (-1)^n \frac{4^n}{(2n)!} B_{2n} z^{2n} \, .$$

Beweis   Aus (6.3) und (6.4) sowie Satz 6.3(ii) erhalten wir wegen $B_1 = -1/2$

$$\frac{z}{2} \coth \frac{z}{2} = \sum_{n=0}^{\infty} B_{2n} \frac{z^{2n}}{(2n)!} \, , \qquad z \in \rho \mathbb{B} \, .$$

Ersetzt man z durch $2iz$, so folgt die Behauptung. ∎

Die Bernoullischen Polynome

Für jedes $x \in \mathbb{C}$ ist die Funktion

$$F_x : \rho \mathbb{B} \to \mathbb{C} \, , \quad z \mapsto \frac{z e^{xz}}{e^z - 1}$$

analytisch. In Analogie zur Definition der Bernoullischen Zahlen werden die **Bernoullischen Polynome** $B_k(X)$ durch

$$\frac{z e^{xz}}{e^z - 1} = \sum_{k=0}^{\infty} \frac{B_k(x)}{k!} z^k \, , \qquad z \in \rho \mathbb{B} \, , \quad x \in \mathbb{C} \, , \qquad (6.5)$$

definiert. Wegen des Identitätssatzes für Potenzreihen sind die Funktionen $B_k(X)$ auf ganz $\mathbb{C}$ durch (6.5) eindeutig festgelegt, und der nächste Satz zeigt, daß es sich dabei tatsächlich um Polynome handelt.

6.6 Satz   Für $n \in \mathbb{N}$ gilt:
   (i) $B_n(X) = \sum_{k=0}^{n} \binom{n}{k} B_k X^{n-k}$;
   (ii) $B_n(0) = B_n$;
   (iii) $B'_{n+1}(X) = (n+1) B_n(X)$;

---

[5]Aus dem Beweis von Anwendung 7.23(a) wird folgen, daß dies für $|z| < 1$ richtig ist.

(iv) $B_n(X + 1) - B_n(X) = nX^{n-1}$;

(v) $B_n(1 - X) = (-1)^n B_n(X)$.

Beweis Die erste Aussage ergibt sich, wie im Beweis von Satz 6.3, mittels des Cauchyproduktes von Potenzreihen und durch Koeffizientenvergleich. Es gilt nämlich einerseits

$$F_x(z) = e^{xz} f(z) = \Big(\sum_{k=0}^{\infty} \frac{x^k z^k}{k!} \Big) \Big(\sum_{j=0}^{\infty} \frac{B_j}{j!} z^j \Big) = \sum_{n=0}^{\infty} \Big(\sum_{k=0}^{n} \frac{x^{n-k}}{(n-k)!} \frac{B_k}{k!} \Big) z^n$$

$$= \sum_{n=0}^{\infty} \Big(\sum_{k=0}^{n} \binom{n}{k} B_k x^{n-k} \Big) \frac{z^n}{n!}$$

und andererseits $F_x(z) = \sum_n B_n(x) z^n / n!$.

Die Aussage (ii) folgt unmittelbar aus (i). Ebenfalls aus (i) erhalten wir (iii) wegen

$$B'_{n+1}(X) = \sum_{k=0}^{n} \binom{n+1}{k} B_k X^{n-k} (n+1-k)$$

$$= (n+1) \sum_{k=0}^{n} \binom{n}{k} B_k X^{n-k} = (n+1) B_n(X) .$$

Schließlich ergeben sich (iv) und (v) aus den Identitäten $F_{x+1}(z) - F_x(z) = ze^{xz}$ und $F_{1-x}(z) = F_x(-z)$ durch Koeffizientenvergleich. ∎

6.7 Korollar *Die ersten vier Bernoullischen Polynome lauten*

$$B_0(X) = 1 , \qquad\qquad B_1(X) = X - 1/2 ,$$
$$B_2(X) = X^2 - X + 1/6 , \qquad B_3(X) = X^3 - 3X^2/2 + X/2 .$$

Die Euler-Maclaurinsche Summenformel

Wir werden nun sehen, daß wir mit Hilfe der Bernoullischen Polynome den Fehler (6.2) abschätzen können. Dazu beweisen wir zuerst einen Hilfssatz.

6.8 Lemma *Es seien $m \in \mathbb{N}^\times$ und $f \in C^{2m+1}[0, 1]$. Dann gilt*

$$\int_0^1 f(x) \, dx = \frac{1}{2} [f(0) + f(1)] - \sum_{k=1}^{m} \frac{B_{2k}}{(2k)!} f^{(2k-1)}(x) \Big|_0^1$$

$$- \frac{1}{(2m+1)!} \int_0^1 B_{2m+1}(x) f^{(2m+1)}(x) \, dx .$$

Beweis Wir wenden die Funktionalgleichung $B'_{n+1}(X) = (n+1)B_n(X)$ an, um fortlaufend partiell integrieren zu können. Dazu seien $u := f$ und $v' := 1$. Dann gelten $u' = f'$ und $v = B_1(X) = X - 1/2$. Somit folgt

$$\int_0^1 f(x)\,dx = B_1(x)f(x)\big|_0^1 - \int_0^1 B_1(x)f'(x)\,dx$$

$$= \frac{1}{2}[f(0) + f(1)] - \int_0^1 B_1(x)f'(x)\,dx \ . \tag{6.6}$$

Nun setzen wir $u := f'$ und $v' := B_1(X)$. Wegen $u' = f''$ und $v = B_2(X)/2$ finden wir

$$\int_0^1 B_1(x)f'(x)\,dx = \frac{1}{2}B_2(x)f'(x)\Big|_0^1 - \frac{1}{2}\int_0^1 B_2(x)f''(x)\,dx \ .$$

Hieraus folgt mit $u := f''$ und $v' := B_2(X)/2$, also mit $u' = f'''$ und $v = B_3(X)/3!$, die Gleichung

$$\int_0^1 B_1(x)f'(x)\,dx = \left[\frac{1}{2}B_2(x)f'(x) - \frac{1}{3!}B_3(x)f''(x)\right]\Big|_0^1 + \frac{1}{3!}\int_0^1 B_3(x)f'''(x)\,dx \ .$$

Ein einfaches Induktionsargument liefert nun

$$\int_0^1 B_1(x)f'(x)\,dx = \sum_{j=2}^{2m+1} \frac{(-1)^j}{j!}B_j(x)f^{(j-1)}(x)\Big|_0^1$$

$$+ \frac{1}{(2m+1)!}\int_0^1 B_{2m+1}(x)f^{(2m+1)}(x)\,dx \ .$$

Da gemäß Satz 6.6 die Aussagen $B_n(0) = B_n$, $B_n(1) = (-1)^n B_n$ und $B_{2n+1} = 0$ für $n \in \mathbb{N}^\times$ richtig sind, ergibt sich die Behauptung. ∎

Im folgenden bezeichnen wir mit $\widetilde{B}_n$ die 1-periodische Fortsetzung der Funktion $B_n(X)\,|\,[0,1)$ auf $\mathbb{R}$, d.h.

$$\widetilde{B}_n(x) := B_n\big(x - [x]\big) \ , \qquad x \in \mathbb{R} \ .$$

Offensichtlich ist $\widetilde{B}_n$ sprungstetig auf $\mathbb{R}$ (d.h. auf jedem kompakten Intervall). Für $n \geq 2$ ist $\widetilde{B}_n$ sogar stetig (vgl. Aufgabe 4).

6.9 Theorem (Euler-Maclaurinsche Summenformel) *Es seien $a, b \in \mathbb{Z}$ mit $a < b$, und f gehöre zu $C^{2m+1}[a,b]$ für ein $m \in \mathbb{N}^\times$. Dann gilt*

$$\sum_{k=a}^{b} f(k) = \int_a^b f(x)\,dx + \frac{1}{2}[f(a) + f(b)] + \sum_{k=1}^{m} \frac{B_{2k}}{(2k)!}f^{(2k-1)}(x)\Big|_a^b$$

$$+ \frac{1}{(2m+1)!}\int_a^b \widetilde{B}_{2m+1}(x)f^{(2m+1)}(x)\,dx \ .$$

Beweis Wir zerlegen das Integral $\int_a^b f\,dx$ in eine Summe von Termen der Form $\int_{a+k}^{a+k+1} f\,dx$, auf welche wir Lemma 6.8 anwenden. Es sei also

$$\int_a^b f(x)\,dx = \sum_{k=0}^{b-a-1} \int_{a+k}^{a+k+1} f(x)\,dx = \sum_{k=0}^{b-a-1} \int_0^1 f_k(y)\,dy$$

mit $f_k(y) := f(a+k+y)$ für $y \in [0,1]$. Dann gelten

$$\frac{1}{2} \sum_{k=0}^{b-a-1} \big[f_k(0) + f_k(1)\big] = \frac{1}{2} \sum_{k=0}^{b-a-1} \big[f(a+k) + f(a+k+1)\big]$$

$$= \sum_{k=a}^{b} f(k) - \frac{1}{2}\big[f(a) + f(b)\big]$$

sowie

$$\int_0^1 B_{2m+1}(y) f_k^{(2m+1)}(y)\,dy = \int_0^1 \widetilde{B}_{2m+1}(a+k+y) f^{(2m+1)}(a+k+y)\,dy$$

$$= \int_{a+k}^{a+k+1} \widetilde{B}_{2m+1}(x) f^{(2m+1)}(x)\,dx \ .$$

Also folgt die Behauptung aus Lemma 6.8. ∎

Potenzsummen

In einer ersten Anwendung der Euler-Maclaurinschen Summenformel wählen wir für f ein Monom X^m. Dann erhalten wir leicht berechenbare Ausdrücke für die Potenzsummen $\sum_{k=1}^n k^m$, die wir für $m = 1, 2$ und 3 bereits in Bemerkung I.12.14(c) bestimmt haben.

6.10 Beispiel Für $m \in \mathbb{N}$ mit $m \geq 2$ gilt

$$\sum_{k=1}^n k^m = \frac{n^{m+1}}{m+1} + \frac{n^m}{2} + \sum_{2j<m+1} \binom{m}{2j-1} \frac{B_{2j}}{2j} n^{m-2j+1} \ ,$$

also insbesondere

$$\sum_{k=1}^n k^2 = \frac{n^3}{3} + \frac{n^2}{2} + nB_2 = \frac{n(n+1)(2n+1)}{6} \ ,$$

$$\sum_{k=1}^n k^3 = \frac{n^4}{4} + \frac{n^3}{2} + \frac{3}{2}n^2 B_2 = \frac{n^2(n+1)^2}{4} \ .$$

Beweis Für $f := X^m$ gilt

$$f^{(\ell)} = \begin{cases} \binom{m}{\ell} \ell!\, X^{m-\ell} \, , & \ell \le m \, , \\ 0 \, , & \ell > m \, , \end{cases}$$

und für $2j - 1 < m$ ergibt sich

$$\frac{B_{2j}}{(2j)!} f^{(2j-1)}(n) = \frac{B_{2j}}{(2j)!} \binom{m}{2j-1} (2j-1)!\, n^{m-2j+1} = \frac{B_{2j}}{2j} \binom{m}{2j-1} n^{m-2j+1} \, .$$

Wegen $f^{(m)}(x)\big|_0^n = 0$ folgt die Behauptung nun aus Theorem 6.9 mit $a = 0$ und $b = n$. ∎

Asymptotische Äquivalenz

Die Folgen (a_k) und (b_k) in $\mathbb{C}^\times$ heißen **asymptotisch äquivalent**, falls gilt

$$\lim_k (a_k/b_k) = 1 \, .$$

In diesem Fall schreiben wir $a_k \sim b_k \;\; (k \to \infty)$ oder auch $(a_k) \sim (b_k)$.

6.11 Bemerkungen **(a)** Es ist nicht schwierig einzusehen, daß $\sim$ eine Äquivalenzrelation auf $(\mathbb{C}^\times)^{\mathbb{N}}$ ist.

(b) Sind (a_k) und (b_k) asymptotisch äquivalent, so ist i. allg. weder (a_k) noch (b_k) konvergent, noch ist $(a_k - b_k)$ eine Nullfolge.

Beweis Man betrachte $a_k := k^2 + k$ und $b_k := k^2$. ∎

(c) Aus $(a_k) \sim (b_k)$ und $b_k \to c$ folgt $a_k \to c$.

Beweis Dies ergibt sich sofort aus $a_k = (a_k/b_k) \cdot b_k$. ∎

(d) Es seien (a_k) und (b_k) Folgen in $\mathbb{C}^\times$, und $(a_k - b_k)$ sei beschränkt. Aus $|b_k| \to \infty$ folgt dann $(a_k) \sim (b_k)$.

Beweis Es gilt $|(a_k/b_k) - 1| = |(a_k - b_k)/b_k| \to 0$ für $k \to \infty$. ∎

Mit Hilfe der Euler-Maclaurinschen Summenformel gelingt es, wichtige Beispiele asymptotisch äquivalenter Folgen anzugeben. Dazu benötigen wir das folgende Hilfsresultat.

6.12 Lemma *Es sei $z \in \mathbb{C}$ mit $\operatorname{Re} z > 1$. Dann existiert der Grenzwert*

$$\int_1^\infty \frac{\widetilde{B}_k(x)}{x^z}\, dx := \lim_n \int_1^n \frac{\widetilde{B}_k(x)}{x^z}\, dx$$

in $\mathbb{C}$ und

$$\left| \int_1^\infty \frac{\widetilde{B}_k(x)}{x^z}\, dx \right| \le \frac{\|\widetilde{B}_k\|_\infty}{\operatorname{Re} z - 1} \, , \qquad k \in \mathbb{N} \, .$$

Beweis Es seien $1 \leq m \leq n$. Dann gilt

$$\left| \int_1^n \frac{\widetilde{B}_k(x)}{x^z} \, dx - \int_1^m \frac{\widetilde{B}_k(x)}{x^z} \, dx \right| = \left| \int_m^n \frac{\widetilde{B}_k(x)}{x^z} \, dx \right| \leq \|\widetilde{B}_k\|_\infty \int_m^n x^{-\operatorname{Re} z} \, dx$$

$$= \frac{\|\widetilde{B}_k\|_\infty}{\operatorname{Re} z - 1} \left(\frac{1}{m^{\operatorname{Re} z - 1}} - \frac{1}{n^{\operatorname{Re} z - 1}} \right) .$$

Diese Abschätzung zeigt, daß $\left(\int_1^n \left(\widetilde{B}_k(x)/x^z \right) dx \right)_{n \in \mathbb{N}^\times}$ eine Cauchyfolge in $\mathbb{C}$ ist. Also existiert der behauptete Grenzwert. Setzen wir in der obigen Abschätzung $m = 1$ und führen den Grenzübergang $n \to \infty$ durch, so folgt der zweite Teil der Behauptung. ∎

6.13 Beispiele (a) (Die Formel von de Moivre und Stirling) Für $n \to \infty$ gilt

$$n! \sim \sqrt{2\pi n} \, n^n e^{-n} .$$

Beweis (i) Wir setzen $a := 1$, $b := n$, $m := 1$ und $f(x) := \log x$. Dann folgt aus der Euler-Maclaurinschen Summenformel

$$\sum_{k=1}^n \log k - \int_1^n \log x \, dx = \frac{1}{2} \log n + \frac{B_2}{2} \frac{1}{x} \Big|_1^n + \frac{1}{3} \int_1^n \frac{\widetilde{B}_3(x)}{x^3} \, dx .$$

Beachten wir $\log x = \left[x(\log x - 1) \right]'$ und $B_2 = 1/6$, so ergibt sich

$$\log n! - n \log n - \frac{1}{2} \log n + n = \log\left(n! \, n^{-n-1/2} e^n \right)$$

$$= 1 + \frac{1}{12} \left(\frac{1}{n} - 1 \right) + \frac{1}{3} \int_1^n \frac{\widetilde{B}_3(x)}{x^3} \, dx .$$

Nun folgt aus Lemma 6.12, daß die Folge $\left(\log(n! \, n^{-n-1/2} e^n) \right)_{n \in \mathbb{N}}$ konvergiert. Also gibt es ein $A > 0$ mit $(n! \, n^{-n-1/2} e^n) \to A$ für $n \to \infty$. Daher gilt

$$n! \sim A n^{n+1/2} e^{-n} \quad (n \to \infty) . \tag{6.7}$$

(ii) Um den Wert von A zu bestimmen, verwenden wir die Wallissche Produktdarstellung von $\pi/2$:

$$\prod_{k=1}^\infty \frac{(2k)^2}{(2k-1)(2k+1)} = \frac{\pi}{2}$$

(vgl. Beispiel 5.5(d)). Also gilt auch

$$\lim_n \left(\prod_{k=1}^n \frac{(2k)^2}{(2k-1)(2k+1)} \cdot \frac{\prod_{k=1}^n (2k)^2}{\prod_{k=1}^n (2k)^2} \right) = \lim_n \frac{2^{4n} (n!)^4}{(2n)! \, (2n+1)!} = \pi/2 . \tag{6.8}$$

Andererseits folgt aus (6.7)

$$\frac{(n!)^2}{(2n)!} \sim \frac{A^2 n^{2n+1} e^{-2n}}{A(2n)^{2n+1/2} e^{-2n}} = 2^{-2n-1} A \sqrt{2n} ,$$

woraus sich die asymptotische Äquivalenz

$$\frac{2^{4n}(n!)^4}{2n[(2n)!]^2} \sim \frac{A^2}{4} \tag{6.9}$$

ergibt. Beachten wir schließlich $2n[(2n)!]^2 \sim (2n)!\,(2n+1)!$ und $A > 0$, so folgt aus (6.8), (6.9) und Bemerkung 6.11(c) die Gleichung $A = \sqrt{2\pi}$. Wegen (6.7) ist somit alles bewiesen. ∎

(b) (Die Eulersche Konstante) Der Grenzwert

$$C := \lim_{n \to \infty} \Big[\sum_{k=1}^{n} \frac{1}{k} - \log n\Big]$$

existiert in $\mathbb{R}$ und heißt **Eulersche** oder **Euler-Mascheronische Konstante**.[6] Außerdem gilt

$$\sum_{k=1}^{n} \frac{1}{k} \sim \log n \quad (n \to \infty) \;.$$

Beweis Für $a := 1$, $b := n$, $m := 0$ und $f(x) := 1/x$ folgt aus der Euler-Maclaurinschen Summenformel

$$\sum_{k=1}^{n} \frac{1}{k} = \int_1^n \frac{dx}{x} + \frac{1}{2}\Big(1 + \frac{1}{n}\Big) - \int_1^n \frac{\tilde{B}_1(x)}{x^2}\, dx \;.$$

Aufgrund von Lemma 6.12 existiert somit C in $\mathbb{R}$. Die behauptete asymptotische Äquivalenz folgt aus Bemerkung 6.11(d). ∎

Die Riemannsche ζ-Funktion

Wir illustrieren die Bedeutung der Euler-Maclaurinschen Summenformel anhand eines weiteren, für die Theorie der Primzahlverteilung wichtigen Beispieles.

Es seien $s \in \mathbb{C}$ mit $\operatorname{Re} s > 1$ und $f(x) := 1/x^s$ für $x \in [1, \infty)$. Dann gilt

$$f^{(k)}(x) = (-1)^k s(s+1) \cdot \cdots \cdot (s+k-1) x^{-s-k} = (-1)^k \binom{s+k-1}{k} k!\, x^{-s-k}$$

für $k \in \mathbb{N}^\times$. Aus der Euler-Maclaurinschen Summenformel (mit $a = 1$ und $b = n$) folgt deshalb für $m \in \mathbb{N}$

$$\sum_{k=1}^{n} \frac{1}{k^s} = \int_1^n \frac{dx}{x^s} + \frac{1}{2}\Big(1 + \frac{1}{n^s}\Big) - \sum_{j=1}^{m} \frac{B_{2j}}{2j} \binom{s+2j-2}{2j-1} x^{-s-2j+1}\Big|_1^n$$

$$- \binom{s+2m}{2m+1} \int_1^n \tilde{B}_{2m+1}(x)\, x^{-(s+2m+1)}\, dx \;. \tag{6.10}$$

---

[6] Der Anfang der Dezimaldarstellung von C lautet $0.577\,215\,664\,901 \ldots$

Wegen $|n^{-s}| = n^{-\operatorname{Re} s} \to 0$ für $n \to \infty$ und $\operatorname{Re} s > 0$ erhalten wir

$$\int_1^n \frac{dx}{x^s} = \frac{1}{s-1}\Big(1 - \frac{1}{n^{s-1}}\Big) \to \frac{1}{s-1}$$

sowie

$$|n^{-s-2j+1}| \to 0 , \qquad j = 1, \dots, m ,$$

für $n \to \infty$. Beachten wir zudem Lemma 6.12, so ergibt sich nach dem Grenzübergang $n \to \infty$ aus (6.10)

$$\sum_{n=1}^{\infty} \frac{1}{n^s} = \frac{1}{2} + \frac{1}{s-1} + \sum_{j=1}^{m} \frac{B_{2j}}{2j}\binom{s+2j-2}{2j-1}$$
$$- \binom{s+2m}{2m+1} \int_1^{\infty} \widetilde{B}_{2m+1}(x)\, x^{-(s+2m+1)}\, dx . \tag{6.11}$$

Aus dieser Formel folgt insbesondere, daß die Reihe $\sum 1/n^s$ für jedes $s \in \mathbb{C}$ mit $\operatorname{Re} s > 1$ konvergiert.[7]

Die Formel (6.11) läßt noch weitere Schlußfolgerungen zu. Dazu setzen wir

$$F_m(s) := \int_1^{\infty} \widetilde{B}_{2m+1}(x)\, x^{-(s+2m+1)}\, dx , \qquad m \in \mathbb{N} ,$$

und $H_m := \{\, z \in \mathbb{C} \,;\, \operatorname{Re} z > -2m \,\}$. Gemäß Lemma 6.12 ist $F_m : H_m \to \mathbb{C}$ wohldefiniert, und es ist nicht schwer einzusehen, daß F_m sogar analytisch ist (vgl. Aufgabe 4).

Wir betrachten nun die Abbildungen

$$G_m : H_m \to \mathbb{C} , \quad s \mapsto \sum_{j=1}^{m} \frac{B_{2j}}{2j}\binom{s+2j-2}{2j-1} - \binom{s+2m}{2m+1}F_m(s) , \qquad m \in \mathbb{N} ,$$

und halten die folgende Eigenschaft fest:

6.14 Lemma *Für $n > m$ ist G_n eine Erweiterung von G_m.*

Beweis Mit $H := \{\, z \in \mathbb{C} \,;\, \operatorname{Re} z > 1 \,\}$ folgt aus (6.11)

$$G_m(s) = G_n(s) = \sum_{k=1}^{\infty} \frac{1}{k^s} - \frac{1}{2} - \frac{1}{s-1} , \qquad s \in H .$$

Mit F_k ist auch G_k auf H_k analytisch für jedes $k \in \mathbb{N}$. Somit folgt die Behauptung aus dem Identitätssatz für analytische Funktionen (Theorem V.3.13). ∎

---

[7]Man beachte auch Bemerkung 6.16(a).

6.15 Theorem   *Die Funktion*

$$\{\, z \in \mathbb{C} \; ; \; \operatorname{Re} z > 1 \,\} \to \mathbb{C} , \quad s \mapsto \sum_{n=1}^{\infty} \frac{1}{n^s}$$

besitzt eine eindeutig bestimmte analytische Fortsetzung, ζ, *auf* $\mathbb{C} \backslash \{1\}$, *die* **Rie-mannsche** ζ**-Funktion.** *Für* $m \in \mathbb{N}$ *und* $s \in \mathbb{C}$ *mit* $\operatorname{Re} s > -2m$ *und* $s \neq 1$ *gilt*

$$\zeta(s) = \frac{1}{2} + \frac{1}{s-1} + \sum_{j=1}^{m} \frac{B_{2j}}{2j} \binom{s+2j-2}{2j-1} - \binom{s+2m}{2m+1} F_m(s) .$$

Beweis   Dies folgt unmittelbar aus (6.11) und Lemma 6.14. ∎

6.16 Bemerkungen   **(a)** Die Reihe $\sum 1/n^s$ konvergiert für jedes $s \in \mathbb{C}$ mit $\operatorname{Re} s > 1$ absolut.

Beweis   Für $s \in \mathbb{C}$ mit $\operatorname{Re} s > 1$ gilt

$$|\zeta(s)| = \left| \sum_{n=1}^{\infty} \frac{1}{n^s} \right| \leq \sum_{n=1}^{\infty} \left| \frac{1}{n^s} \right| = \sum_{n=1}^{\infty} \frac{1}{n^{\operatorname{Re} s}} = \zeta(\operatorname{Re} s) ,$$

und die Behauptung folgt aus dem Majorantenkriterium. ∎

(b) (Produktdarstellung der ζ-Funktion)   *Es bezeichne* (p_k) *mit* $p_1 < p_2 < p_3 < \cdots$ *die Folge aller Primzahlen. Dann gilt*

$$\zeta(s) = \prod_{k=1}^{\infty} \frac{1}{1 - p_k^{-s}} , \qquad \operatorname{Re} s > 1 .$$

Beweis   Wegen $|1/p_k^s| = 1/p_k^{\operatorname{Re} s} < 1$ gilt (geometrische Reihe)

$$\frac{1}{1 - p_k^{-s}} = \sum_{j=0}^{\infty} \frac{1}{p_k^{js}} , \qquad k \in \mathbb{N}^{\times} .$$

Somit folgt für jedes $m \in \mathbb{N}$

$$\prod_{k=1}^{m} \frac{1}{1 - p_k^{-s}} = \prod_{k=1}^{m} \sum_{j=0}^{\infty} \frac{1}{p_k^{js}} = {\sum}' \frac{1}{n^s} ,$$

wobei die durch „Ausmultiplizieren" entstandene Reihe $\sum'$ alle Zahlen der Form $1/n^s$ enthält, in deren Primfaktorzerlegung $n = q_1^{\nu_1} \cdot \,\cdots\, \cdot q_\ell^{\nu_\ell}$ keine anderen Primzahlen als $p_1, \ldots, p_m$ vorkommen. Also enthält $\sum'(1/n^s)$ gewiß alle Zahlen $n \in \mathbb{N}$ mit $n \leq p_m$. Die absolute Konvergenz der Reihe $\sum_n (1/n^s)$ liefert deshalb

$$\left| \zeta(s) - \prod_{k=1}^{m} \frac{1}{1 - p_k^{-s}} \right| = \left| \sum_{n=1}^{\infty} \frac{1}{n^s} - {\sum}' \frac{1}{n^s} \right| \leq \sum_{n > p_m} \frac{1}{n^{\operatorname{Re} s}} .$$

Aus Aufgabe I.5.8(b) (Satz von Euklid) folgt $p_m \to \infty$ für $m \to \infty$. Also bilden die Rei-henreste $\left(\sum_{n > p_m} (1/n^{\operatorname{Re} s}) \right)$ wegen (a) eine Nullfolge. ∎

(c) Die Riemannsche ζ-Funktion besitzt in $\{\, z \in \mathbb{C} \;;\; \operatorname{Re} z > 1 \,\}$ *keine* Nullstellen.

Beweis Es sei $s \in \mathbb{C}$ mit $\operatorname{Re} s > 1$ und $\zeta(s) = 0$. Wegen $\operatorname{Re} s > 1$ gilt $\lim_k (1 - p_k^{-s}) = 1$. Also gibt es ein $m_0 \in \mathbb{N}$, so daß $\log(1 - p_k^{-s})$ für alle $k \geq m_0$ wohldefiniert ist, und wir finden

$$\log\Big(\prod_{k=m_0}^{N} \frac{1}{1 - p_k^{-s}} \Big) = - \sum_{k=m_0}^{N} \log(1 - p_k^{-s}) \,, \qquad N \geq m_0 \,. \tag{6.12}$$

Die Konvergenz von $\big(\prod_{k=m_0}^{N}(1 - p_k^{-s})^{-1}\big)_{N \in \mathbb{N}}$, die Stetigkeit des Logarithmus und (6.12) implizieren, daß die Reihe $\sum_{k \geq m_0} \log(1 - p_k^{-s})$ konvergiert. Insbesondere bilden die Reihenreste $\big(\sum_{k=m}^{\infty} \log(1 - p_k^{-s})\big)_{m \geq m_0}$ eine Nullfolge. Somit folgt aus (6.12)

$$\lim_{m \to \infty} \prod_{k=m}^{\infty} (1 - p_k^{-s})^{-1} = 1 \,.$$

Also gibt es ein $m_1 \geq m_0$ mit $\prod_{k=m_1+1}^{\infty}(1 - p_k^{-s})^{-1} \neq 0$. Da auch $\prod_{k=1}^{m_1}(1 - p_k^{-s})^{-1}$ von Null verschieden ist, folgt

$$0 = \zeta(s) = \prod_{k=1}^{m_1} \frac{1}{1 - p_k^{-s}} \prod_{k=m_1+1}^{\infty} \frac{1}{1 - p_k^{-s}} \neq 0 \,,$$

was unmöglich ist. ∎

(d) Die Reihe $\sum 1/p_k$ divergiert.

Beweis Aus den Überlegungen im Beweis von (b) folgt die Abschätzung

$$\prod_{p \leq m} \Big(1 - \frac{1}{p}\Big)^{-1} \geq \sum_{n=1}^{m} \frac{1}{n} \,, \qquad n \in \mathbb{N}^\times \,,$$

wobei das Produkt mit allen Primzahlen $\leq m$ zu bilden ist. Nun fassen wir die Summe als eine Riemannsche Summe auf und finden, da die Funktion $x \mapsto 1/x$ fallend ist,

$$\sum_{n=1}^{m} \frac{1}{n} > \int_{1}^{m} \frac{dx}{x} = \log m \,.$$

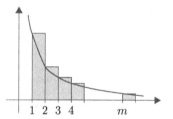

Wegen der Monotonie des Logarithmus folgt

$$\sum_{p \leq m} \log\Big(1 - \frac{1}{p}\Big)^{-1} > \log \log m \,, \qquad m \geq 2. \tag{6.13}$$

Mittels der fü $|z| < 1$ gültigen Reihenentwicklung des Logarithmus (Theorem V.3.9)

$$\log(1 - z)^{-1} = -\log(1 - z) = \sum_{k=1}^{\infty} \frac{z^k}{k}$$

ergibt sich

$$\sum_{p \leq m} \log\Big(1 - \frac{1}{p}\Big)^{-1} = \sum_{p \leq m} \sum_{k=1}^{\infty} \frac{1}{k p^k} \leq \sum_{p \leq m} \frac{1}{p} + R \tag{6.14}$$

mit

$$R := \sum_{p \leq m} \sum_{k=2}^{\infty} \frac{1}{kp^k} \leq \frac{1}{2} \sum_{p \leq m} \sum_{k=2}^{\infty} \frac{1}{p^k} = \frac{1}{2} \sum_{p \leq m} \frac{1}{p(p-1)} < \frac{1}{2} \sum_{j=2}^{\infty} \frac{1}{j(j-1)} = \frac{1}{2} \ .$$

Nun folgt aus (6.13) und (6.14)

$$\sum_{p \leq m} \frac{1}{p} \geq \log \log m - \frac{1}{2} \ , \qquad m \geq 2 \ , \tag{6.15}$$

wobei sich die Summen über alle Primzahlen $\leq m$ erstrecken, also die Behauptung. ■

(e) Die vorangehende Aussage enthält Informationen über die Anzahl von Primzahlen. Da die Reihe $\sum 1/p_k$ divergiert (und zwar gemäß (6.15) mindestens so schnell wie $\log \log m$), kann die Folge (p_k) nicht zu schnell nach ∞ gehen. Zum genaueren Studium der Primzahlverteilung bezeichnet man für $x \in \mathbb{R}^{\times}$ mit $\pi(x)$ die Anzahl der Primzahlen $\leq x$. Dann besagt der **Primzahlsatz**, daß gilt:

$$\pi(n) \sim n/\log n \quad (n \to \infty) \ .$$

Um mehr Informationen zu erhalten, kann man das asymptotische Verhalten des relativen Fehlers

$$r(n) := \frac{\pi(n) - n/\log n}{n/\log n} = \frac{\pi(n)}{n/\log n} - 1$$

für $n \to \infty$ studieren. Es ist möglich zu zeigen, daß

$$r(n) = O\Big(\frac{1}{\log n}\Big) \quad (n \to \infty)$$

richtig ist. Es wird jedoch *vermutet*, daß für jedes $\varepsilon > 0$ die deutlich bessere Fehlerabschätzung

$$r(n) = O\Big(\frac{1}{n^{1/2-\varepsilon}}\Big) \quad (n \to \infty)$$

gilt. Diese Vermutung ist äquivalent zu der berühmten **Riemannschen Vermutung**:

> Die ζ-Funktion besitzt keine Nullstelle s mit $\mathrm{Re}\, s > 1/2$.

Wir wissen aus (c), daß ζ keine Nullstelle in $\{ z \in \mathbb{C} \ ; \ \mathrm{Re}\, z > 1 \}$ besitzt. Es ist auch bekannt, daß die Menge aller Nullstellen von ζ mit Realteil ≤ 0 mit $-2\mathbb{N}^{\times}$ übereinstimmt. Nennt man diese Nullstellen trivial, so kann man aus den Eigenschaften der ζ-Funktion folgern, daß die Riemannsche Vermutung äquivalent ist zu der Aussage:

> Alle nichttrivialen Nullstellen der Riemannschen ζ-Funktion
> liegen auf der Geraden $\mathrm{Re}\, z = 1/2$.

Man weiß, daß ζ auf dieser Geraden unendlich viele Nullstellen hat, und für recht große Werte von K wurde gezeigt, daß es keine nichttriviale Nullstelle s mit

$|\operatorname{Im} s| < K$ gibt, für die gilt $\operatorname{Re} s \neq 1/2$. Ein Beweis der Riemannschen Vermutung steht aber trotz vielfältiger Bemühungen bis heute aus.

Für einen Beweis des Primzahlsatzes, für die angegebenen asymptotischen Fehlerabschätzungen und für weitere Untersuchungen muß auf die Literatur zur Analytischen Zahlentheorie verwiesen werden, z.B. auf [Brü95], [Pra78], [Sch69]. ∎

Die Sehnentrapezregel

In den meisten praktischen Anwendungen müssen bestimmte Integrale näherungsweise numerisch berechnet werden, da keine Stammfunktionen bekannt sind. Aus der Definition des Integrals $\int_\alpha^\beta f\,dx$ einer sprungstetigen Funktion f folgt sofort, daß Riemannsche Rechteckssummen Näherungswerte darstellen. Falls die Funktion genügend glatt ist, kann man erwarten, daß (im reellwertigen Fall) die Fläche unter dem Graphen von f mit der gleichen Anzahl von „Stützstellen" besser approximiert wird, wenn man statt der Rechtecke Trapeze, sog. Sehnentrapeze, verwendet.

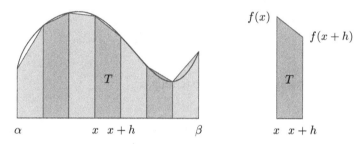

Dabei stellt $h\big[f(x+h) + f(x)\big]/2$ den (orientierten) Flächeninhalt des Sehnentrapezes T dar.

Das folgende Theorem zeigt, daß im Falle einer glatten Funktion f diese „Sehnentrapezregel" für kleine Schrittlängen h einen guten Näherungswert für $\int f$ liefert. Wie üblich sind dabei $-\infty < \alpha < \beta < \infty$ und E ein Banachraum.

6.17 Theorem   *Es seien* $f \in C^2\big([\alpha, \beta], E\big)$ *und* $n \in \mathbb{N}^\times$ *sowie* $h := (\beta - \alpha)/n$. *Dann gilt*

$$\int_\alpha^\beta f(x)\,dx = \Big[\frac{1}{2}f(\alpha) + \sum_{k=1}^{n-1} f(\alpha + kh) + \frac{1}{2}f(\beta)\Big]h + R(f, h)$$

mit

$$|R(f, h)| \leq \frac{\beta - \alpha}{12}h^2\,\|f''\|_\infty \;.$$

Beweis Aus der Additivität des Integrals und der Substitutionsregel folgt mit $x(t) := \alpha + kh + th$ und $g_k(t) := f(\alpha + kh + th)$ für $t \in [0, 1]$:

$$\int_\alpha^\beta f(x)\, dx = \sum_{k=0}^{n-1} \int_{\alpha+kh}^{\alpha+(k+1)h} f(x)\, dx = h \sum_{k=0}^{n-1} \int_0^1 g_k(t)\, dt \ .$$

Formel (6.6) impliziert[8]

$$\int_0^1 g_k(t)\, dt = \frac{1}{2}\big[g_k(0) + g_k(1)\big] - \int_0^1 B_1(t) g_k'(t)\, dt \ .$$

Setzen wir $u := g_k'$ und $v' := B_1(X)$, so gelten $u' = g_k''$ und $v = -X(1-X)/2$ sowie $v(0) = v(1) = 0$. Also erhalten wir durch partielle Integration

$$-\int_0^1 B_1(t) g_k'(t)\, dt = \int_0^1 v(t) g_k''(t)\, dt \ .$$

Mit

$$R(f, h) := h \sum_{k=0}^{n-1} \int_0^1 v(t) g_k''(t)\, dt$$

folgt aus diesen Betrachtungen die Darstellung

$$\int_\alpha^\beta f(x)\, dx = h\left[\frac{1}{2} f(\alpha) + \sum_{k=1}^{n-1} f(\alpha + kh) + \frac{1}{2} f(\beta)\right] + R(f, h) \ .$$

Um das „Restglied" $R(f, h)$ abzuschätzen, beachten wir zuerst

$$\left|\int_0^1 v(t) g_k''(t)\, dt\right| \leq \|g_k''\|_\infty \int_0^1 \frac{t(1-t)}{2}\, dt = \frac{1}{12} \|g_k''\|_\infty \ .$$

Die Kettenregel liefert

$$\|g_k''\|_\infty = \max_{t \in [0,1]} |g_k''(t)| = h^2 \max_{\alpha+kh \leq x \leq \alpha+(k+1)h} |f''(x)| \leq h^2 \|f''\|_\infty \ .$$

Somit ergibt sich

$$|R(f, h)| \leq h \sum_{k=0}^{n-1} \left|\int_0^1 v(t) g_k''(t)\, dt\right| \leq \frac{h^3}{12} \|f''\|_\infty \sum_{k=0}^{n-1} 1 = \frac{\beta - \alpha}{12} h^2 \|f''\|_\infty$$

aufgrund der Wahl von h. ∎

---

[8]Man beachte, daß die Formel (6.6) völlig elementar ist und die Theorie der Bernoullischen Polynome zu ihrer Herleitung nicht benötigt wird.

Die Sehnentrapezregel stellt eine der einfachsten „Quadraturformeln" zur näherungsweisen Berechnung von Integralen dar. Für weitergehende Untersuchungen und effizientere Verfahren muß auf Vorlesungen und Bücher über Numerische Mathematik verwiesen werden (vgl. auch Aufgabe 8).

Aufgaben

1 Man beweise die Aussagen (iv) und (v) von Satz 6.6.

2 Man berechne B_8, B_{10}, B_{12} sowie $B_4(X)$, $B_5(X)$, $B_6(X)$ und $B_7(X)$.

3 Man zeige für $n \in \mathbb{N}^\times$:

(i) $B_{2n+1}(X)$ hat in $[0,1]$ genau die Nullstellen 0, 1/2 und 1.

(ii) $B_{2n}(X)$ hat in $[0,1]$ genau zwei Nullstellen x_{2m} und x'_{2m} mit $x_{2m} + x'_{2m} = 1$.

4 Es bezeichne $\widetilde{B}_n$ die 1-periodische Fortsetzung von $B_n(X)|[0,1)$ auf $\mathbb{R}$. Dann gelten

(i) $\widetilde{B}_n \in C^{n-2}(\mathbb{R})$, $n \geq 2$.

(ii) $\int_k^{k+1} \widetilde{B}_n(x)\,dx = 0$, $k \in \mathbb{Z}$, $n \in \mathbb{N}$.

(iii) Für jedes $n \in \mathbb{N}$ ist die Abbildung

$$F_n : \{\, z \in \mathbb{C} \;;\; \mathrm{Re}\, z > -2n \,\} \to \mathbb{C}, \quad s \mapsto \int_1^\infty \widetilde{B}_{2n+1}(x) x^{-(s+2n+1)}\,dx$$

analytisch.

5 Man beweise Bemerkung 6.11(a).

6 Für die ζ-Funktion gilt: $\lim_{n\to\infty} \zeta(n) = 1$.

7 Es seien $h > 0$ und $f \in C^4\big([-h,h],\mathbb{R}\big)$. Man zeige

$$\left| \int_{-h}^h f(x)\,dx - \frac{h}{3}\big(f(-h) + 4f(0) + f(h)\big) \right| \leq \frac{h^5}{90}\, \|f^{(4)}\|_\infty\,.$$

(Hinweise: Partielle Integration und Mittelwertsatz der Integralrechnung.)

8 Es seien $f \in C^4([\alpha,\beta],\mathbb{R})$ und $\alpha_j := \alpha + jh$ für $0 \leq j \leq 2n$ mit $h := (\beta - \alpha)/2n$ und $n \in \mathbb{N}^\times$. Ferner sei[9]

$$S\big(f,[\alpha,\beta],h\big) := \frac{h}{3}\left(f(\alpha) + f(\beta) + 2\sum_{j=1}^{n-1} f(\alpha_{2j}) + 4\sum_{j=1}^{n} f(\alpha_{2j-1})\right)\,.$$

Man zeige, daß für diese **Simpsonsche Regel** zur näherungsweisen Integration die Fehlerabschätzung

$$\left| \int_\alpha^\beta f(x)\,dx - S\big(f,[\alpha,\beta],h\big) \right| \leq (\beta - \alpha)\frac{h^4}{180}\, \|f^{(4)}\|_\infty$$

gilt. (Hinweis: Aufgabe 7.)

---

[9]Wie üblich wird der „leeren Summe" $\sum_{j=1}^0 \cdots$ der Wert 0 zugeordnet.

9   Man berechne Näherungswerte für

$$\int_0^1 \frac{dx}{1+x^2} = \frac{\pi}{4} \quad \text{und} \quad \int_1^2 \frac{dx}{x} = \log 2$$

mit der Sehnentrapezregel für $n = 2, 3, 4$ und mit der Simpsonregel für $n = 1, 2$.

10   Man zeige, daß die Simpsonsche Regel mit einer inneren Stützstelle für jedes $p \in \mathbb{R}[X]$ vom Grad höchstens 3 den richtigen Wert für $\int_\alpha^\beta p$ liefert.

7 Fourierreihen

Am Ende von Paragraph V.4 haben wir die Frage nach dem Zusammenhang zwischen trigonometrischen Reihen und stetigen periodischen Funktionen aufgeworfen. Mit Hilfe der uns nun zur Verfügung stehenden Integrationstheorie können wir diesen Zusammenhang genauer studieren. Dabei gewinnen wir erste Einblicke in die ausgedehnte *Theorie der Fourierreihen*, wobei wir uns auf einige der wichtigsten Sätze und Techniken beschränken werden. Der Einfachheit halber behandeln wir nur den Fall stückweise stetiger 2π-periodischer Funktionen, da zum Studium umfassenderer Funktionenklassen die Lebesguesche Integrationstheorie benötigt wird, welche wir erst im dritten Band entwickeln werden.

Die Theorie der Fourierreihen ist eng mit der Theorie der Innenprodukträume verknüpft, insbesondere mit der Theorie der L_2-Räume. Aus diesem Grund stellen wir unseren Untersuchungen einige allgemeine Betrachtungen über die L_2-Struktur auf Räumen stückweise stetiger Funktionen sowie über Orthonormalsysteme in Innenprodukträumen voran. Die gewonnenen Ergebnisse werden für Konvergenzuntersuchungen bei Fourierreihen von fundamentaler Bedeutung sein.

Das L_2-Skalarprodukt

Es sei $I := [\alpha, \beta]$ ein kompaktes perfektes Intervall. Aus Aufgabe 4.3 wissen wir, daß $\int_\alpha^\beta f\,dx$ für $f \in SC(I)$ von den Werten von f an den Sprungstellen unabhängig ist. Also können wir diese Werte im Rahmen der Integrationstheorie beliebig festsetzen. Aus diesem Grund werden wir im folgenden „normalisierte" Funktionen betrachten. Dabei heißt $f : I \to \mathbb{C}$ **normalisiert**, wenn gilt:

$$f(x) = \big(f(x+0) + f(x-0)\big)/2 , \qquad x \in \mathring{I} , \tag{7.1}$$

und

$$f(\alpha) = f(\beta) = \big(f(\alpha+0) + f(\beta-0)\big)/2 . \tag{7.2}$$

Die Menge der normalisierten stückweise stetigen Funktionen $f : I \to \mathbb{C}$ bezeichnen wir mit[1] $SC(I)$.

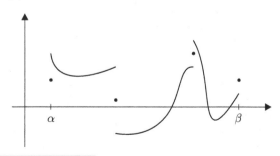

---

[1] Natürlich schreiben wir $SC[\alpha, \beta]$ bzw. $C[\alpha, \beta]$ statt $SC([\alpha, \beta])$ bzw. $C([\alpha, \beta])$ etc.

Die Bedeutung der Festsetzung (7.2) wird im Zusammenhang mit periodischen Funktionen klarwerden.

7.1 Satz *$SC(I)$ ist ein Untervektorraum von $S(I)$, und durch*

$$(f\,|\,g)_2 := \int_\alpha^\beta f\bar{g}\,dx\;, \qquad f,g \in SC(I)\;,$$

wird ein Skalarprodukt $(\cdot\,|\,\cdot)_2$ auf $SC(I)$ definiert.

Beweis Die erste Behauptung ist klar. Die Linearität des Integrals impliziert, daß $(\cdot\,|\,\cdot)_2$ eine Sesquilinearform auf $SC(I)$ ist. Korollar 4.10 impliziert $\overline{(f\,|\,g)}_2 = (g\,|\,f)_2$ für $f,g \in SC(I)$. Wegen der Positivität des Integrals gilt

$$(f\,|\,f)_2 = \int_\alpha^\beta |f|^2\,dx \geq 0\;, \qquad f \in SC(I)\;.$$

Ist $f \in SC(I)$ nicht die Nullfunktion, so gibt es aufgrund der Normalisiertheit einen Stetigkeitspunkt a von f, also auch von $|f|^2$, mit $|f(a)|^2 > 0$. Damit folgt $(f\,|\,f) > 0$ aus Satz 4.8. Folglich ist $(\cdot\,|\,\cdot)_2$ ein inneres Produkt auf $SC(I)$. ∎

Die von $(\cdot\,|\,\cdot)_2$ induzierte Norm

$$f \mapsto \|f\|_2 := \sqrt{(f\,|\,f)_2} = \left(\int_\alpha^\beta |f|^2\,dx\right)^{1/2}$$

heißt L_2-**Norm**, und $(\cdot\,|\,\cdot)_2$ ist das L_2-**Skalarprodukt** auf $SC(I)$. Im folgenden ist $SC(I)$ stets mit diesem Skalarprodukt versehen,

$$SC(I) := \big(SC(I), (\cdot\,|\,\cdot)_2\big)\;,$$

falls nicht ausdrücklich etwas anderes vereinbart wird. Also ist $SC(I)$ ein Innenproduktraum.

7.2 Bemerkungen (a) Die L_2-Norm auf $SC(I)$ ist schwächer[2] als die Supremumsnorm. Genauer gilt

$$\|f\|_2 \leq \sqrt{\beta - \alpha}\,\|f\|_\infty\;, \qquad f \in SC(I)\;.$$

(b) Gilt für $f \in SC(I)$ die Ungleichung $\|f\|_\infty < \varepsilon$, so liegt der Graph von f ganz im „ε-Streifen" um das Intervall I. Gilt dagegen $\|f\|_2 < \varepsilon$, so kann f sehr große Werte annehmen. Es muß ja nur der Inhalt der Fläche zwischen I und dem Graphen von $|f|^2$ kleiner als ε^2 sein. Man sagt, die Funktion f sei **im quadratischen Mittel** kleiner als ε. Die Konvergenz in der L_2-Norm heißt auch **Konvergenz im quadratischen Mittel**.

---

[2]Vgl. Aufgabe 4.5.

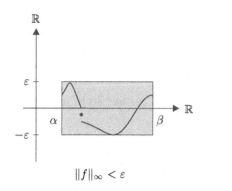

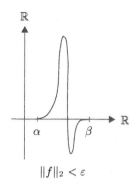

$$\|f\|_\infty < \varepsilon$$

$$\|f\|_2 < \varepsilon$$

(c) Konvergiert die Folge (f_n) in $SC(I)$ — also im quadratischen Mittel — gegen Null, so braucht $(f_n(x))$ für kein $x \in I$ zu konvergieren.

Beweis Für $n \in \mathbb{N}^\times$ seien $j, k \in \mathbb{N}$ die eindeutig bestimmten Zahlen mit $n = 2^k + j$ und $j < 2^k$. Dann definieren wir $f_n \in SC[0, 1]$ durch $f_0 := \mathbf{1}$ und

$$f_n(x) := \begin{cases} 1, & x \in \left(j2^{-k}, (j+1)2^{-k}\right), \\ 0 & \text{sonst}. \end{cases}$$

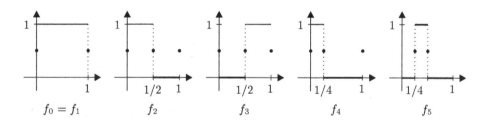

Wegen $\|f_n\|_2^2 = 2^{-k}$ konvergiert (f_n) in $SC[0, 1]$ gegen 0, aber $(f_n(x))$ ist für kein $x \in [0, 1]$ konvergent. ∎

Die Approximation im quadratischen Mittel

Es ist offensichtlich, daß $C(I)$ in $SC(I)$ bezüglich der Supremumsnorm nicht dicht ist. Bezüglich der L_2-Norm ist die Situation jedoch eine andere, wie der folgende Satz über die *Approximation im quadratischen Mittel* zeigt. Hierbei setzen wir

$$C_0(I) := \left\{ u \in C(I) ;\ u(\alpha) = u(\beta) = 0 \right\}.$$

Dann ist $C_0(I)$ offensichtlich ein abgeschlossener Untervektorraum von $C(I)$ (bezüglich der Maximumsnorm), also ein Banachraum.

7.3 Satz $C_0(I)$ *ist dicht in* $SC(I)$.

Beweis   Es seien $f \in SC(I)$ und $\varepsilon > 0$. Nach Theorem 1.2 gibt es ein $g \in \mathcal{T}(I)$ mit $\|f - g\|_\infty < \varepsilon/2\sqrt{\overline{\beta} - \overline{\alpha}}$. Also folgt[3] $\|f - g\|_2 < \varepsilon/2$. Somit genügt es, ein $h \in C_0(I)$ zu finden mit $\|g - h\|_2 < \varepsilon/2$.

Es seien also $f \in \mathcal{T}(I)$ und $\varepsilon > 0$. Dann gibt es eine Zerlegung $(\alpha_0, \ldots, \alpha_n)$ für f und Funktionen g_j mit

$$g_j(x) = \begin{cases} f(x), & x \in (\alpha_j, \alpha_{j+1}), \\ 0, & x \in I \backslash (\alpha_j, \alpha_{j+1}), \end{cases} \qquad 0 \leq j \leq n-1,$$

sowie $f(x) = \sum_{j=0}^{n-1} g_j(x)$ für $x \neq \alpha_j$. Wiederum aufgrund der Dreiecksungleichung genügt es, $h_0, \ldots, h_{n-1} \in C_0(I)$ zu finden mit $\|g_j - h_j\|_2 < \varepsilon/n$.

Somit können wir annehmen, daß f eine nichttriviale Treppenfunktion „mit nur einer Stufe" ist. Mit anderen Worten: Es gibt Zahlen $\overline{\alpha}, \overline{\beta} \in I$ und $y \in \mathbb{C}^\times$ mit $\overline{\alpha} < \overline{\beta}$, derart daß für f die Beziehung

$$f(x) = \begin{cases} y, & x \in (\overline{\alpha}, \overline{\beta}), \\ 0, & x \in I \backslash [\overline{\alpha}, \overline{\beta}], \end{cases}$$

gilt. Es sei $\varepsilon > 0$. Dann fixieren wir $\delta > 0$ mit $\delta < (\overline{\beta} - \overline{\alpha})/2 \wedge \varepsilon^2/|y|^2$ und definieren g durch

$$g(x) := \begin{cases} 0, & x \in I \backslash (\overline{\alpha}, \overline{\beta}), \\ y, & x \in (\overline{\alpha} + \delta, \overline{\beta} - \delta), \\ \dfrac{x - \overline{\alpha}}{\delta} y, & x \in [\overline{\alpha}, \overline{\alpha} + \delta], \\ \dfrac{\overline{\beta} - x}{\delta} y, & x \in [\overline{\beta} - \delta, \overline{\beta}]. \end{cases}$$

Dann gehört g zu $C_0(I)$, und es gilt

$$\|f - g\|_2^2 = \int_\alpha^\beta |f - g|^2 \, dx \leq \delta |y|^2 < \varepsilon^2.$$

Damit ist die Behauptung bewiesen. ∎

7.4 Korollar

(i) $\big(C(I), (\cdot|\cdot)_2\big)$ *ist kein Hilbertraum.*

(ii) *Die Maximumsnorm ist auf* $C(I)$ *strikt stärker als die* L_2-*Norm.*

Beweis   (i) Es sei $f \in SC(I) \backslash C(I)$. Dann gibt es aufgrund von Satz 7.3 eine Folge (f_j) in $C(I)$, die bezüglich der L_2-Norm gegen f konvergiert. Also ist (f_j)

---

[3]Natürlich ist $\|u\|_2$ für jedes $u \in \mathcal{S}(I)$ definiert.

gemäß Satz II.6.1 eine Cauchyfolge in $SC(I)$, und damit auch in $E := \big(C(I), \|\cdot\|_2 \big)$. Wäre E ein Hilbertraum, also vollständig, so gäbe es ein $g \in E$ mit $f_j \to g$ in E. Also konvergierte (f_j) in $SC(I)$ sowohl gegen f als auch gegen g, wobei $f \neq g$ gälte, was unmöglich ist. Folglich ist E nicht vollständig.

(ii) Dies folgt aus (i) und den Bemerkungen 7.2(a) und II.6.7(a). ∎

Orthonormalsysteme

Wir erinnern nun an einige Begriffsbildungen aus der Theorie der Innenprodukt-räume (vgl. Aufgabe II.3.10). Es sei $E := \big(E, (\cdot|\cdot) \big)$ ein Innenproduktraum. Dann sind $u, v \in E$ **orthogonal**, wenn $(u|v) = 0$ gilt. In diesem Fall schreiben wir auch $u \perp v$. Eine Teilmenge M von E heißt **Orthogonalsystem**, wenn je zwei verschiede-ne Elemente von M orthogonal sind. Gilt zusätzlich $\|u\| = 1$ für $u \in M$, so ist M ein **Orthonormalsystem** (ONS).

7.5 Beispiele   (a) Für $k \in \mathbb{Z}$ sei

$$\mathsf{e}_k(t) := \frac{1}{\sqrt{2\pi}} e^{ikt} , \qquad t \in \mathbb{R} .$$

Dann ist $\{\, \mathsf{e}_k \; ; \; k \in \mathbb{Z} \,\}$ ein ONS im Innenproduktraum $SC[0, 2\pi]$.

Beweis Da die Exponentialfunktion $2\pi i$-periodisch ist, finden wir

$$(\mathsf{e}_j | \mathsf{e}_k)_2 = \int_0^{2\pi} \mathsf{e}_j \bar{\mathsf{e}}_k \, dt = \frac{1}{2\pi} \int_0^{2\pi} e^{i(j-k)t} \, dt = \begin{cases} 1 , & j = k , \\[2mm] \dfrac{-i}{2\pi(j-k)} e^{i(j-k)t} \Big|_0^{2\pi} = 0 , & j \neq k , \end{cases}$$

also die Behauptung. ∎

(b) Es seien

$$\mathsf{c}_0(t) := \frac{1}{\sqrt{2\pi}} , \quad \mathsf{c}_k(t) := \frac{1}{\sqrt{\pi}} \cos(kt)$$

und

$$\mathsf{s}_k(t) := \frac{1}{\sqrt{\pi}} \sin(kt)$$

für $t \in \mathbb{R}$ und $k \in \mathbb{N}^\times$. Dann ist $\{\, \mathsf{c}_0, \mathsf{c}_k, \mathsf{s}_k \; ; \; k \in \mathbb{N}^\times \,\}$ ein Orthonormalsystem im Innenproduktraum $SC\big([0, 2\pi], \mathbb{R}\big)$.

Beweis Die Eulersche Formel (III.6.1) impliziert $\mathsf{e}_k = (\mathsf{c}_k + i\mathsf{s}_k)/\sqrt{2}$ für $k \in \mathbb{N}^\times$. Hier-aus folgt

$$2(\mathsf{e}_j | \mathsf{e}_k)_2 = (\mathsf{c}_j | \mathsf{c}_k)_2 + (\mathsf{s}_j | \mathsf{s}_k)_2 + i\big[(\mathsf{s}_j | \mathsf{c}_k)_2 - (\mathsf{c}_j | \mathsf{s}_k)_2\big] \tag{7.3}$$

für $j, k \in \mathbb{N}^\times$. Da $(\mathsf{e}_j | \mathsf{e}_k)_2$ reell ist, finden wir

$$(\mathsf{s}_j | \mathsf{c}_k)_2 = (\mathsf{c}_j | \mathsf{s}_k)_2 , \qquad j, k \in \mathbb{N}^\times . \tag{7.4}$$

Partielle Integration ergibt

$$(\mathsf{s}_j \,|\, \mathsf{c}_k)_2 = \frac{1}{\pi} \int_0^{2\pi} \sin(jt)\cos(kt)\,dt = -\frac{j}{k}(\mathsf{c}_j \,|\, \mathsf{s}_k)_2$$

für $j, k \in \mathbb{N}^\times$. Also erhalten wir mit (7.4)

$$(1 + j/k)(\mathsf{s}_j \,|\, \mathsf{c}_k)_2 = 0 \,, \qquad j, k \in \mathbb{N}^\times \,.$$

Hieraus lesen wir

$$(\mathsf{s}_j \,|\, \mathsf{c}_k)_2 = 0 \,, \qquad j, k \in \mathbb{N} \,,$$

ab, da diese Relation für $j = 0$ und $k = 0$ trivialerweise richtig ist, falls wir $\mathsf{s}_0 := 0$ setzen.

Mit dem Kroneckersymbol erhalten wir aus (7.3) und (a)

$$(\mathsf{c}_j \,|\, \mathsf{c}_k)_2 + (\mathsf{s}_j \,|\, \mathsf{s}_k)_2 = 2\delta_{jk} \,, \qquad j, k \in \mathbb{N}^\times \,. \tag{7.5}$$

Partielle Integration ergibt

$$(\mathsf{s}_j \,|\, \mathsf{s}_k)_2 = \frac{j}{k}(\mathsf{c}_j \,|\, \mathsf{c}_k)_2 \,, \qquad j, k \in \mathbb{N}^\times \,. \tag{7.6}$$

Somit gilt

$$(1 + j/k)(\mathsf{c}_j \,|\, \mathsf{c}_k)_2 = 2\delta_{jk} \,, \qquad j, k \in \mathbb{N}^\times \,.$$

Hieraus, zusammen mit (7.6), folgen

$$(\mathsf{c}_j \,|\, \mathsf{c}_k)_2 = (\mathsf{s}_j \,|\, \mathsf{s}_k)_2 = 0 \,, \qquad j \neq k \,,$$

und

$$\|\mathsf{c}_k\|_2^2 = \|\mathsf{s}_k\|_2^2 = 1 \,, \qquad k \in \mathbb{N}^\times \,.$$

Schließlich sind $(\mathsf{c}_0 \,|\, \mathsf{c}_j)_2 = (\mathsf{c}_0 \,|\, \mathsf{s}_j)_2 = 0$ für $j \in \mathbb{N}^\times$ und $\|\mathsf{c}_0\|_2^2 = 1$ offensichtlich. ∎

Die Integration periodischer Funktionen

In den folgenden Bemerkungen stellen wir einige elementare, aber nützliche Eigenschaften periodischer Funktionen zusammen.

7.6 Bemerkungen Es sei $f \colon \mathbb{R} \to \mathbb{C}$ p-periodisch für ein $p > 0$.

(a) Ist $f\,|\,[0, p]$ sprungstetig [bzw. gehört $f\,|\,[0, p]$ zu $SC[0, p]$], so ist f auf jedem kompakten Teilintervall I von $\mathbb{R}$ sprungstetig [bzw. gehört $f\,|\,I$ zu $SC(I)$].

(b) Ist $f\,|\,[0, p]$ sprungstetig, so gilt

$$\int_0^p f\,dx = \int_\alpha^{\alpha+p} f\,dx \,, \qquad \alpha \in \mathbb{R} \,.$$

Beweis Aus der Additivität des Integrals folgt

$$\int_\alpha^{\alpha+p} f\,dx = \int_0^p f\,dx + \int_p^{\alpha+p} f\,dx - \int_0^\alpha f\,dx \,.$$

Führt man im zweiten Integral auf der rechten Seite die Substitution $y(x) := x - p$ durch, folgt

$$\int_p^{\alpha+p} f \, dx = \int_0^\alpha f(y+p) \, dy = \int_0^\alpha f \, dy$$

wegen der p-Periodizität von f, also die Behauptung. ∎

Aus Bemerkung V.4.12(b) wissen wir, daß wir uns für das Studium periodischer Funktionen auf den Fall $p = 2\pi$ beschränken dürfen, was wir im folgenden auch tun werden. Deshalb sei von nun an $I := [0, 2\pi]$, und das L_2-Skalarprodukt werde stets bezüglich I gebildet.

Fourierkoeffizienten

Es sei

$$T_n : \mathbb{R} \to \mathbb{C} \,, \quad t \mapsto \frac{a_0}{2} + \sum_{k=1}^n \left[a_k \cos(kt) + b_k \sin(kt) \right] \tag{7.7}$$

ein trigonometrisches Polynom. Mit

$$c_0 := a_0/2 \,, \quad c_k := (a_k - i\, b_k)/2 \,, \quad c_{-k} := (a_k + i\, b_k)/2 \tag{7.8}$$

für $1 \leq k \leq n$ können wir T_n in der Form

$$T_n(t) = \sum_{k=-n}^n c_k e^{i\, kt} \,, \quad t \in \mathbb{R} \,, \tag{7.9}$$

schreiben (vgl. (V.4.5) und (V.4.6)).

7.7 Lemma *Für die Koeffizienten c_k gilt die Darstellung*

$$c_k = \frac{1}{2\pi} \int_0^{2\pi} T_n(t) e^{-i\, kt} \, dt = \frac{1}{\sqrt{2\pi}} (T_n \,|\, \mathsf{e}_k)_2 \,, \quad -n \leq k \leq n \,.$$

Beweis Wir bilden das innere Produkt in $SC(I)$ von $T_n \in C(I)$ und e_j. Dann folgt aus (7.9) und Beispiel 7.5(a)

$$(T_n \,|\, \mathsf{e}_j)_2 = \sqrt{2\pi} \sum_{k=-n}^n c_k (\mathsf{e}_k \,|\, \mathsf{e}_j)_2 = \sqrt{2\pi}\, c_j$$

für $-n \leq j \leq n$, also die Behauptung. ∎

Es seien nun (a_k) und (b_k) Folgen in $\mathbb{C}$, und c_k werde für $k \in \mathbb{Z}$ durch (7.8) definiert. Dann können wir die trigonometrische Reihe

$$\frac{a_0}{2} + \sum_{k \geq 1} \left[a_k \cos(k\cdot) + b_k \sin(k\cdot) \right] = \frac{a_0}{2} + \sqrt{\pi} \sum_{k \geq 1} (a_k \mathsf{c}_k + b_k \mathsf{s}_k)$$

in der Form

$$\sum_{k \in \mathbb{Z}} c_k e^{ik\cdot} = \sqrt{2\pi} \sum_{k \in \mathbb{Z}} c_k \mathsf{e}_k \qquad\qquad (7.10)$$

schreiben.

Vereinbarung Im restlichen Teil dieses Paragraphen ist unter einer Reihe der Form $\sum_{k \in \mathbb{Z}} g_k$ die Folge der Partialsummen $\left(\sum_{k=-n}^{n} g_k\right)_{n \in \mathbb{N}}$ und nicht die Summe der beiden Einzelreihen $\sum_{k \geq 0} g_k$ und $\sum_{k > 1} g_{-k}$ zu verstehen.

Der folgende Satz gibt eine hinreichende Bedingung dafür an, daß die Koeffizienten der trigonometrischen Reihe (7.10) aus der von ihr dargestellten Funktion berechnet werden können.

7.8 Satz *Die trigonometrische Reihe* (7.10) *konvergiere gleichmäßig auf* $\mathbb{R}$. *Dann stellt sie eine stetige* 2π-*periodische Funktion* f *dar, und es gilt*

$$c_k = \frac{1}{2\pi} \int_0^{2\pi} f(t) e^{-ikt}\, dt = \frac{1}{\sqrt{2\pi}} (f\,|\,\mathsf{e}_k)_2$$

für $k \in \mathbb{Z}$.

Beweis Da die Partialsummen T_n stetig und 2π-periodisch sind, folgt die erste Behauptung sofort aus Theorem V.2.1. Es sei also

$$f(t) := \sum_{n=-\infty}^{\infty} c_n e^{int} := \lim_{n \to \infty} T_n(t)\, , \qquad t \in \mathbb{R}\,.$$

Dann konvergiert die Folge $(T_n \bar{\mathsf{e}}_k)_{n \in \mathbb{N}}$ für jedes $k \in \mathbb{Z}$ gleichmäßig, also in $C(I)$, gegen $f \bar{\mathsf{e}}_k$. Damit ergibt sich aus Satz 4.1 und Lemma 7.7

$$(f\,|\,\mathsf{e}_k)_2 = \int_0^{2\pi} f \bar{\mathsf{e}}_k\, dt = \lim_{n \to \infty} \int_0^{2\pi} T_n \bar{\mathsf{e}}_k\, dt = \sqrt{2\pi}\, c_k$$

für $k \in \mathbb{Z}$. ∎

Klassische Fourierreihen

Wir bezeichnen mit $SC_{2\pi}$ den Untervektorraum von $B(\mathbb{R})$ aller 2π-periodischen Funktionen $f : \mathbb{R} \to \mathbb{C}$ mit $f\,|\,I \in SC(I)$, versehen mit dem Skalarprodukt

$$(f\,|\,g)_2 := \int_0^{2\pi} f \bar{g}\, dx\,, \qquad f, g \in SC_{2\pi}\,.$$

Dann ist

$$\widehat{f}_k := \frac{1}{2\pi} \int_0^{2\pi} f(t) e^{-ikt}\, dt = \frac{1}{\sqrt{2\pi}} (f\,|\,\mathsf{e}_k)_2 \qquad\qquad (7.11)$$

für $f \in SC_{2\pi}$ und $k \in \mathbb{Z}$ wohldefiniert und heißt k-ter (**klassischer**) **Fourierkoeffizient** von f. Die trigonometrische Reihe

$$\mathsf{S}f := \sum_{k \in \mathbb{Z}} \widehat{f}_k e^{ik\cdot} = \sum_{k \in \mathbb{Z}} (f \,|\, \mathsf{e}_k) \mathsf{e}_k \qquad (7.12)$$

ist die (**klassische**) **Fourierreihe** von f. Ihre n-te Partialsumme

$$\mathsf{S}_n f := \sum_{k=-n}^{n} \widehat{f}_k e^{ik\cdot}$$

ist das n-te **Fourierpolynom**.

7.9 Bemerkungen (a) $SC_{2\pi}$ ist ein Innenproduktraum, und $C_{2\pi}$, der Raum der stetigen 2π-periodischen Funktionen[4] $f : \mathbb{R} \to \mathbb{C}$, ist dicht in $SC_{2\pi}$.

Beweis Da eine periodische Funktion durch ihre Werte auf einem Periodenintervall bestimmt ist, folgt die Behauptung aus den Sätzen 7.1 und 7.3. Hierbei ist zu berücksichtigen, daß die 2π-periodische Fortsetzung von $g \in C_0(I)$ zu $C_{2\pi}$ gehört. ∎

(b) Die Fourierreihe $\mathsf{S}f$ läßt sich auch in der Form

$$\mathsf{S}f = \frac{a_0}{2} + \sum_{k \geq 1} \big(a_k \cos(k\cdot) + b_k \sin(k\cdot)\big) = \frac{a_0}{2} + \sqrt{\pi} \sum_{k \geq 1} (a_k \mathsf{c}_k + b_k \mathsf{s}_k)$$

schreiben mit

$$a_k := a_k(f) := \frac{1}{\pi} \int_0^{2\pi} f(t) \cos(kt) \, dt = \frac{1}{\sqrt{\pi}} (f \,|\, \mathsf{c}_k)$$

und

$$b_k := b_k(f) := \frac{1}{\pi} \int_0^{2\pi} f(t) \sin(kt) \, dt = \frac{1}{\sqrt{\pi}} (f \,|\, \mathsf{s}_k)$$

für $k \in \mathbb{N}^\times$ sowie

$$a_0 := a_0(f) := \frac{1}{\pi} \int_0^{2\pi} f(t) \, dt = \sqrt{\frac{2}{\pi}} \, (f \,|\, \mathsf{c}_0) \ .$$

Beweis Dies folgt aus (7.8) und der Eulerschen Formel $\sqrt{2}\mathsf{e}_k = \mathsf{c}_k + i\mathsf{s}_k$. ∎

(c) Ist f gerade, so ist $\mathsf{S}f$ eine reine **Cosinusreihe**:

$$\mathsf{S}f = \frac{a_0}{2} + \sum_{k \geq 1} a_k \cos(k\cdot) = \frac{a_0}{2} + \sqrt{\pi} \sum_{k \geq 1} a_k \mathsf{c}_k$$

mit

$$a_k = a_k(f) = \frac{2}{\pi} \int_0^{\pi} f(t) \cos(kt) \, dt$$

für $k \in \mathbb{N}$.

---

[4]Vgl. Paragraph V.4.

Wenn f ungerade ist, dann ist $\mathsf{S}f$ eine reine **Sinusreihe**:

$$\mathsf{S}f = \sum_{k\geq 1} b_k \sin(k\cdot) = \sqrt{\pi} \sum_{k\geq 1} b_k \mathsf{s}_k$$

mit

$$b_k = b_k(f) = \frac{2}{\pi} \int_0^\pi f(t) \sin(kt)\, dt \qquad\qquad (7.13)$$

für $k \in \mathbb{N}$.

Beweis Da der Cosinus gerade und der Sinus ungerade sind, sind $f\mathsf{c}_k$ gerade [bzw. ungerade] und $f\mathsf{s}_k$ ungerade [bzw. gerade], wenn f gerade [bzw. ungerade] ist. Somit ergeben sich aus Bemerkung 7.6(b) und Aufgabe 4.11

$$a_k = \frac{1}{\pi} \int_{-\pi}^\pi f(t) \cos(kt)\, dt = \frac{2}{\pi} \int_0^\pi f(t) \cos(kt)\, dt$$

und

$$b_k = \frac{1}{\pi} \int_{-\pi}^\pi f(t) \sin(kt)\, dt = 0 \ ,$$

falls f gerade ist, und $a_k = 0$ sowie (7.13), falls f ungerade ist. ∎

7.10 Beispiele (a) Es sei $f \in SC_{2\pi}$ mit $f(t) = \text{sign}(t)$ für $t \in (-\pi, \pi)$.

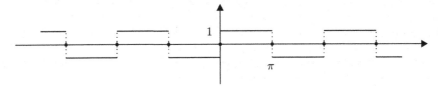

Dann gilt

$$\mathsf{S}f = \frac{4}{\pi} \sum_{k\geq 0} \frac{\sin\big((2k+1)\cdot\big)}{2k+1} \ .$$

In den nachstehenden Abbildungen sind einige Fourierpolynome in $[-\pi, \pi]$ graphisch dargestellt.

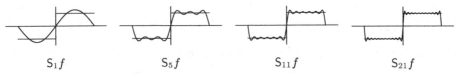

$S_1 f$ $\qquad\qquad$ $S_5 f$ $\qquad\qquad$ $S_{11} f$ $\qquad\qquad$ $S_{21} f$

(Aufgrund dieser Bilder ist zu vermuten, daß $\mathsf{S}f$ punktweise gegen f konvergiert.)

Beweis Da f ungerade ist, und da

$$\frac{2}{\pi} \int_0^\pi f(t) \sin(kt)\, dt = \frac{2}{\pi} \int_0^\pi \sin(kt)\, dt = -\frac{2}{k\pi} \cos(kt) \Big|_0^\pi = \begin{cases} \dfrac{4}{k\pi}\, , & k \in 2\mathbb{N}+1\, , \\ 0\, , & k \in 2\mathbb{N}\, , \end{cases}$$

gilt, folgt die Behauptung aus Bemerkung 7.9(c). ∎

(b) Es sei $f \in C_{2\pi}$ mit $f(t) = |t|$ für $|t| \leq \pi$. Mit anderen Worten:

$$f(t) = 2\pi \operatorname{Zack}(t/2\pi) , \qquad t \in \mathbb{R} ,$$

(vgl. Aufgabe III.1.1).

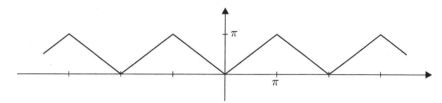

Dann gilt

$$\mathsf{S}f = \frac{\pi}{2} - \frac{4}{\pi} \sum_{k \geq 0} \frac{\cos\big((2k+1)\cdot\big)}{(2k+1)^2} .$$

Diese Reihe konvergiert normal auf $\mathbb{R}$.

Beweis Da f gerade ist und da für $k \geq 1$ partielle Integration

$$a_k = \frac{2}{\pi} \int_0^\pi t \cos(kt)\, dt = -\frac{2}{\pi k} \int_0^\pi \sin(kt)\, dt = \frac{2}{\pi k^2}\big((-1)^k - 1\big)$$

ergibt, folgt die erste Behauptung aus Bemerkung 7.9(c). Weil $\sum(2k+1)^{-2}$ wegen Beispiel II.7.1(b) eine konvergente Majorante für $\sum c_{2k+1}/(2k+1)^2$ ist, ergibt sich die zweite Behauptung aus dem Weierstraßschen Majorantenkriterium (Theorem V.1.6). $\blacksquare$

(c) Es sei $z \in \mathbb{C}\backslash\mathbb{Z}$, und $f_z \in C_{2\pi}$ sei durch $f_z(t) := \cos(zt)$ für $|t| \leq \pi$ bestimmt. Dann gilt

$$\mathsf{S}f_z = \frac{\sin(\pi z)}{\pi} \Big(\frac{1}{z} + \sum_{n \geq 1} (-1)^n \Big(\frac{1}{z+n} + \frac{1}{z-n} \Big) \cos(n\cdot) \Big) .$$

Diese Reihe konvergiert normal auf $\mathbb{R}$.

Beweis Da f gerade ist, ist $\mathsf{S}f_z$ eine Cosinusreihe. Mit dem ersten Additionstheorem von Satz III.6.3(i) finden wir

$$a_n = \frac{2}{\pi} \int_0^\pi \cos(zt) \cos(nt)\, dt = \frac{1}{\pi} \int_0^\pi \big(\cos((z+n)t) + \cos((z-n)t)\big)\, dt$$

$$= (-1)^n \frac{\sin(\pi z)}{\pi} \Big(\frac{1}{z+n} + \frac{1}{z-n} \Big)$$

für $n \in \mathbb{N}$. Also hat $\mathsf{S}f_z$ die angegebene Form.

Für $n > 2|z|$ gilt $|a_n| < |\sin(\pi z)|\,|z|/|z^2 - n^2| < 2|\sin(\pi z)|\,|z|/n^2$. Somit ergibt sich die normale Konvergenz wiederum aus dem Weierstraßschen Majorantenkriterium. $\blacksquare$

Die Besselsche Ungleichung

Es sei $(E, (\cdot|\cdot))$ ein Innenproduktraum, und $\{\varphi_k \ ; \ k \in \mathbb{N}\}$ sei ein ONS in[5] E. In Verallgemeinerung der klassischen Fourierreihe nennt man die Reihe in E

$$\sum_k (u\,|\,\varphi_k)\varphi_k$$

Fourierreihe von $u \in E$ **bezüglich des ONS** $\{\varphi_k \ ; \ k \in \mathbb{N}\}$, und $(u\,|\,\varphi_k)$ ist der k-te **Fourierkoeffizient** von u bezüglich $\{\varphi_k \ ; \ k \in \mathbb{N}\}$.

Für $n \in \mathbb{N}$ seien $E_n := \mathrm{span}\{\varphi_0, \ldots, \varphi_n\}$ und

$$P_n : E \to E_n \ , \quad u \mapsto \sum_{k=0}^{n} (u\,|\,\varphi_k)\varphi_k \ .$$

Der folgende Satz zeigt, daß $P_n u$ für jedes $u \in E$ das eindeutig bestimmte Element in E_n ist, welches den kürzesten Abstand von u zu E_n realisiert, und daß $u - P_n u$ auf E_n senkrecht steht.[6]

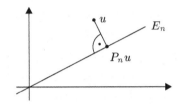

7.11 Satz *Für $u \in E$ und $n \in \mathbb{N}$ gilt:*

(i) $u - P_n u \in E_n^{\perp}$.

(ii) $\|u - P_n u\| = \min_{v \in E_n} \|u - v\| = \mathrm{dist}(u, E_n)$ *und*

$$\|u - P_n u\| < \|u - v\| \ , \qquad v \in E_n \ , \quad v \neq P_n u \ .$$

(iii) $\|u - P_n u\|^2 = \|u\|^2 - \sum_{k=0}^{n} \big|(u\,|\,\varphi_k)\big|^2$.

Beweis (i) Für $0 \leq j \leq n$ finden wir

$$(u - P_n u\,|\,\varphi_j) = (u\,|\,\varphi_j) - \sum_{k=0}^{n} (u\,|\,\varphi_k)(\varphi_k\,|\,\varphi_j) = (u\,|\,\varphi_j) - (u\,|\,\varphi_j) = 0$$

wegen $(\varphi_k\,|\,\varphi_j) = \delta_{kj}$.

(ii) Es sei $v \in E_n$. Wegen $P_n u - v \in E_n$ folgt dann aus (i) (vgl. (II.3.7)

$$\|u - v\|^2 = \|(u - P_n u) + (P_n u - v)\|^2 = \|(u - P_n u)\|^2 + \|(P_n u - v)\|^2 \ .$$

Also gilt $\|u - v\| > \|u - P_n u\|$ für jedes $v \in E_n$ mit $v \neq P_n u$.

(iii) Wegen

$$\|u - P_n u\|^2 = \|u\|^2 - 2\,\mathrm{Re}(u\,|\,P_n u) + \|P_n u\|^2$$

folgt die Behauptung aus $(\varphi_j\,|\,\varphi_k) = \delta_{jk}$. ∎

---

[5]Man beachte, daß dies impliziert, daß E unendlich-dimensional ist (vgl. Aufgabe II.3.10(a)).
[6]Vgl. Aufgabe II.3.12.

7.12 Korollar (Besselsche Ungleichung) *Für jedes $u \in E$ konvergiert die Reihe der Quadrate der Fourierkoeffizienten, und es gilt*

$$\sum_{k=0}^{\infty} \left| (u \,|\, \varphi_k) \right|^2 \leq \|u\|^2 \, .$$

Beweis Aus Satz 7.11(iii) erhalten wir

$$\sum_{k=0}^{n} \left| (u \,|\, \varphi_k) \right|^2 \leq \|u\|^2 \, , \qquad n \in \mathbb{N} \, .$$

Somit impliziert Theorem II.7.7 die Behauptung. ∎

7.13 Bemerkungen (a) Gemäß (7.11) besteht für $f \in SC_{2\pi}$ zwischen dem k-ten Fourierkoeffizienten von f bezüglich des ONS $\{\, \mathsf{e}_k \; ; \; k \in \mathbb{Z} \,\}$ und dem klassischen k-ten Fourierkoeffizienten $\widehat{f}_k$ die Relation $(f \,|\, \mathsf{e}_k)_2 = \sqrt{2\pi}\, \widehat{f}_k$. Diese Normierungsdifferenz ist historisch bedingt. (Natürlich ist es unwesentlich, daß im klassischen Fall das ONS mit $k \in \mathbb{Z}$ statt mit $k \in \mathbb{N}$ indiziert ist.)

(b) Für $n \in \mathbb{N}$ gelten

$$P_n \in \mathcal{L}(E) \, , \quad P_n^2 = P_n \, , \quad \mathrm{im}(P_n) = E_n \, . \tag{7.14}$$

Eine lineare Abbildung A eines Vektorraumes in sich mit $A^2 = A$ heißt **Projektion**. Also ist P_n eine stetige lineare Projektion von E auf E_n, und weil $u - P_n u$ für jedes $u \in E$ auf E_n senkrecht steht, ist P_n eine **Orthogonalprojektion**. Somit besagt Satz 7.11, daß es zu jedem u ein eindeutig bestimmtes Element in E_n gibt, welches den kürzesten Abstand von E zu E_n realisiert, und daß es durch orthogonale Projektion von u auf E_n erhalten wird.

Beweis Der einfache Nachweis von (7.14) bleibt dem Leser überlassen. ∎

Vollständige Orthonormalsysteme

Das ONS $\{\, \varphi_k \; ; \; k \in \mathbb{N} \,\}$ in E heißt **vollständig** oder **Orthonormalbasis** (ONB) von E, wenn für jedes $u \in E$ in der Besselschen Ungleichung das Gleichheitszeichen gilt:

$$\|u\|^2 = \sum_{k=0}^{\infty} \left| (u \,|\, \varphi_k) \right|^2 \, , \qquad u \in E \, . \tag{7.15}$$

Diese Aussage nennt man auch **Vollständigkeitsrelation** oder **Parsevalsche Gleichung**.

Die Bedeutung vollständiger Orthonormalsysteme ist aus dem folgenden Theorem ersichtlich.

7.14 Theorem   *Das ONS $\{\varphi_k ; k \in \mathbb{N}\}$ in E ist genau dann vollständig, wenn für jedes $u \in E$ die Fourierreihe $\sum(u_k \,|\, \varphi_k)\varphi_k$ konvergiert und u darstellt, d.h., wenn*

$$u = \sum_{k=0}^{\infty} (u \,|\, \varphi_k)\varphi_k , \qquad u \in E ,$$

gilt.

Beweis   Gemäß Satz 7.11(iii) gilt $P_n u \to u$, also

$$u = \lim_{n \to \infty} P_n u = \sum_{k=0}^{\infty} (u \,|\, \varphi_k)\varphi_k$$

genau dann, wenn die Parsevalsche Gleichung richtig ist. ∎

Nach diesen allgemeinen Betrachtungen, die neben ihrer geometrischen Anschaulichkeit auch wichtige theoretische und praktische Bedeutung besitzen, kehren wir zur klassischen Theorie der Fourierreihen zurück.

7.15 Theorem   *Die Funktionen $\{ e_k ; k \in \mathbb{Z} \}$ bilden eine ONB von $SC_{2\pi}$.*

Beweis   Es seien $f \in SC_{2\pi}$ und $\varepsilon > 0$. Dann liefert Bemerkung 7.9(a) ein $g \in C_{2\pi}$ mit $\|f - g\|_2 < \varepsilon/2$. Aufgrund des Weierstraßschen Approximationssatzes (Korollar V.4.17) finden wir ein $n := n(\varepsilon)$ und ein trigonometrisches Polynom T_n mit

$$\|g - T_n\|_\infty < \varepsilon/2\sqrt{2\pi} .$$

Also folgt aus Bemerkung 7.2(a) und aus Satz 7.11(ii)

$$\|g - S_n g\|_2 \leq \|g - T_n\|_2 < \varepsilon/2 ,$$

also

$$\|f - S_n f\|_2 \leq \|f - S_n g\|_2 \leq \|f - g\|_2 + \|g - S_n g\|_2 < \varepsilon ,$$

wobei wir im ersten Schritt der letzten Zeile nochmals von der Minimaleigenschaft, d.h. von Satz 7.11(ii), Gebrauch gemacht haben. Schließlich ergibt Satz 7.11(iii)

$$0 \leq \|f\|_2^2 - \sum_{k=0}^{m} \left|(f \,|\, e_k)_2\right|^2 \leq \|f\|_2^2 - \sum_{k=0}^{n} \left|(f \,|\, e_k)_2\right|^2 = \|f - S_n f\|_2^2 < \varepsilon$$

für $m \geq n$. Dies impliziert die Gültigkeit der Vollständigkeitsrelation für jedes $f \in SC_{2\pi}$, also die Behauptung. ∎

7.16 Korollar   *Für jedes $f \in SC_{2\pi}$ konvergiert die Fourierreihe Sf im quadratischen Mittel gegen f, und es gilt die Parsevalsche Gleichung*

$$\frac{1}{2\pi} \int_0^{2\pi} |f|^2 \, dt = \sum_{k=-\infty}^{\infty} \left|\widehat{f}_k\right|^2 .$$

7.17 Bemerkungen (a) Das reelle ONS $\{\, c_0, c_k, s_k \; ; \; k \in \mathbb{N}^\times \,\}$ ist eine ONB im Raum $SC_{2\pi}$. Mit den Fourierkoeffizienten $a_k := a_k(f)$ und $b_k := b_k(f)$ gilt

$$\frac{1}{\pi} \int_0^{2\pi} |f|^2 \, dt = \frac{a_0^2}{2} + \sum_{k=1}^{\infty} (a_k^2 + b_k^2)$$

für reellwertige $f \in SC_{2\pi}$.

Beweis Dies folgt aus Beispiel 7.5(b), Bemerkung 7.9(b) und daraus, daß die Euler-sche Formel

$$\sqrt{2}\,(f\,|\,e_k) = (f\,|\,c_k) - i\,(f\,|\,s_k)\,,$$

also

$$2\,|(f\,|\,e_k)|^2 = (f\,|\,c_k)^2 + (f\,|\,s_k)^2 = \pi(a_k^2 + b_k^2)\,,$$

für $k \in \mathbb{Z}^\times$ ergibt, falls wir zusätzlich $a_{-k} = a_k$ und $b_{-k} = -b_k$ berücksichtigen. ∎

(b) (Riemannsches Lemma) Für $f \in SC[0, 2\pi]$ gilt

$$\int_0^{2\pi} f(t)\sin(kt)\,dt \to 0\,, \qquad \int_0^{2\pi} f(t)\cos(kt)\,dt \to 0 \quad (k \to \infty)\,.$$

Beweis Dies folgt unmittelbar aus der Konvergenz der Reihe in (a). ∎

(c) Es sei $\ell_2(\mathbb{Z})$ die Menge aller Folgen $\boldsymbol{x} := (x_k)_{k \in \mathbb{Z}} \in \mathbb{C}^{\mathbb{Z}}$ mit

$$|\boldsymbol{x}|_2^2 := \sum_{k=-\infty}^{\infty} |x_k|^2 < \infty\,.$$

Dann ist $\ell_2(\mathbb{Z})$ ein Untervektorraum von $\mathbb{C}^{\mathbb{Z}}$ und ein Hilbertraum mit dem Skalar-produkt $(\boldsymbol{x}, \boldsymbol{y}) \mapsto (\boldsymbol{x}\,|\,\boldsymbol{y})_2 := \sum_{k=-\infty}^{\infty} x_k \overline{y}_k$. Die Parsevalsche Gleichung impliziert, daß die Abbildung

$$SC_{2\pi} \to \ell_2(\mathbb{Z})\,, \qquad f \mapsto \left(\sqrt{2\pi}\,\widehat{f}_k\right)_{k \in \mathbb{Z}}$$

eine lineare Isometrie ist. Diese Isometrie ist jedoch nicht surjektiv, also kein iso-metrischer Isomorphismus, wie wir im dritten Band im Zusammenhang mit der Lebesgueschen Integrationstheorie sehen werden. Also gibt es Orthogonalreihen $\sum_{k \in \mathbb{Z}} c_k e_k$ mit $\sum_{k=-\infty}^{\infty} |c_k|^2 < \infty$, welche keine Funktion $f \in SC_{2\pi}$ darstellen. Hieraus folgt auch, daß $SC_{2\pi}$ — und damit $SC[0, 2\pi]$ — nicht vollständig, al-so kein Hilbertraum ist. Im dritten Band werden wir einen $SC[0, 2\pi]$ umfassenden Hilbertraum kennenlernen, die „Vervollständigung" $L_2(0, 2\pi)$ von $SC[0, 2\pi]$, wel-che diesen „Mangel" behebt.

Beweis Für Beweise einiger dieser Aussagen sei auf Aufgabe 10 verwiesen. ∎

Die Parsevalsche Gleichung kann dazu verwendet werden, Grenzwerte von Zahlenreihen zu berechnen, wie die folgenden Beispiele belegen.[7]

---

[7]Vgl. auch Anwendung 7.23(a).

7.18 Beispiele   **(a)** Es gilt:

$$\frac{\pi^2}{8} = \sum_{k=0}^{\infty} \frac{1}{(2k+1)^2} = 1 + \frac{1}{3^2} + \frac{1}{5^2} + \frac{1}{7^2} + \cdots$$

Beweis   Dies folgt aus Beispiel 7.10(a) und Bemerkung 7.17(a). ∎

(b) Die Reihe $\sum_{k\geq 0} 1/(2k+1)^4$ hat den Wert $\pi^4/96$.

Beweis   Dies ist eine Konsequenz aus Beispiel 7.10(b) und Bemerkung 7.17(a). ∎

Stückweise stetig differenzierbare Funktionen

Wir wollen uns nun der Frage nach der gleichmäßigen Konvergenz von Fourier-reihen zuwenden. Um zu einem einfachen hinreichenden Kriterium zu gelangen, müssen wir mehr Regularität für die betrachteten Funktionen verlangen.

Es sei $J := [\alpha, \beta]$ ein kompaktes perfektes Intervall. Dann heißt $f \in \mathcal{SC}(J)$ **stückweise stetig differenzierbar**, wenn es eine Zerlegung $(\alpha_0, \alpha_1, \ldots, \alpha_n)$ von J gibt, so daß $f_j := f|(\alpha_j, \alpha_{j+1})$ für $0 \leq j \leq n-1$ eine gleichmäßig stetige Ableitung f_j' besitzt.

7.19 Lemma   *Die Funktion $f \in \mathcal{SC}(J)$ ist genau dann stückweise stetig differenzierbar, wenn es eine Zerlegung $(\alpha_0, \ldots, \alpha_n)$ von J gibt mit folgenden Eigenschaften:*

(i) *$f|(\alpha_j, \alpha_{j+1}) \in C^1(\alpha_j, \alpha_{j+1})$ für $0 \leq j \leq n-1$.*

(ii) *Für $0 \leq j \leq n-1$ und $1 \leq k \leq n$ existieren $f'(\alpha_j + 0)$ und $f'(\alpha_k - 0)$.*

Beweis   „⟹" Ist f stückweise stetig differenzierbar, so folgt (i) aus der Definition, und (ii) ist eine Konsequenz von Theorem 2.1.

„⟸" Gemäß Satz III.2.24 besitzt $f_j' \in C(\alpha_j, \alpha_{j+1})$ eine stetige Fortsetzung auf $[\alpha_j, \alpha_{j+1}]$, falls (i) und (ii) erfüllt sind. Also ist f_j' wegen Theorem III.3.13 gleichmäßig stetig. ∎

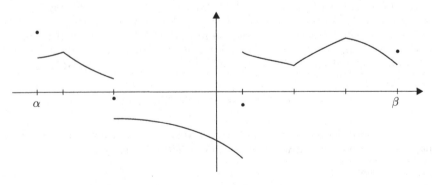

Es sei $f \in \mathcal{SC}(J)$ stückweise stetig differenzierbar. Dann garantiert Lemma 7.19 die Existenz einer Zerlegung $(\alpha_0, \ldots, \alpha_n)$ von J sowie genau einer normalisierten stückweise stetigen Funktion f', die wir **normalisierte Ableitung** nennen, mit

$$f' | (\alpha_{j-1}, \alpha_j) = [f | (\alpha_{j-1}, \alpha_j)]' , \qquad 0 \leq j \leq n - 1 .$$

Schließlich heißt $f \in SC_{2\pi}$ **stückweise stetig differenzierbar**, wenn $f | [0, 2\pi]$ diese Eigenschaft hat.

7.20 Bemerkungen (a) Ist $f \in SC_{2\pi}$ stückweise stetig differenzierbar, so gehört f' zu $SC_{2\pi}$.

Beweis Dies ist eine unmittelbare Konsequenz der Definition der Normalisierung an Intervallenden. ∎

(b) (Ableitungsregel) Ist $f \in C_{2\pi}$ stückweise stetig differenzierbar, so gilt

$$\widehat{f'_k} = i k \widehat{f}_k , \qquad k \in \mathbb{Z} ,$$

mit $\widehat{f'_k} := \widehat{(f')}_k$.

Beweis Es seien $0 < \alpha_1 < \cdots < \alpha_{n-1} < 2\pi$ alle Sprungstellen von f' in $(0, 2\pi)$. Dann folgt aus der Additivität des Integrals und durch partielle Integration (mit $\alpha_0 := 0$ und $\alpha_n := 2\pi$)

$$2\pi \widehat{f'_k} = \int_0^{2\pi} f'(t) e^{-ikt} \, dt = \sum_{j=0}^{n-1} \int_{\alpha_j}^{\alpha_{j+1}} f'(t) e^{-ikt} \, dt$$

$$= \sum_{j=0}^{n-1} f(t) e^{-ikt} \Big|_{\alpha_j}^{\alpha_{j+1}} + ik \sum_{j=0}^{n-1} \int_{\alpha_j}^{\alpha_{j+1}} f(t) e^{-ikt} \, dt$$

$$= ik \int_0^{2\pi} f(t) e^{-ikt} \, dt = 2\pi ik \widehat{f}_k$$

für $k \in \mathbb{Z}$, da die erste Summe nach dem dritten Gleichheitszeichen aufgrund der Stetigkeit von f und der 2π-Periodizität den Wert Null hat. ∎

Gleichmäßige Konvergenz

Nach diesen Vorbereitungen können wir das folgende einfache Kriterium für die gleichmäßige und absolute Konvergenz einer Fourierreihe beweisen.

7.21 Theorem *Es sei $f : \mathbb{R} \to \mathbb{C}$ 2π-periodisch, stetig und stückweise stetig differenzierbar. Dann konvergiert die Fourierreihe $\mathsf{S}f$ auf $\mathbb{R}$ normal gegen f.*

Beweis   Die Bemerkungen 7.20(a) und (b), die Cauchy-Schwarzsche Ungleichung für Reihen[8] von Aufgabe IV.2.18 und die Vollständigkeitsrelation implizieren

$$\sum_{\substack{k=-\infty \\ k\neq 0}}^{\infty} |\widehat{f}_k| = \sum_{\substack{k=-\infty \\ k\neq 0}}^{\infty} \frac{1}{k}|\widehat{f'}_k| \leq \Big(2\sum_{k=1}^{\infty}\frac{1}{k^2}\Big)^{1/2}\Big(\sum_{k=-\infty}^{\infty}|\widehat{f'}_k|^2\Big)^{1/2} \leq \sqrt{\frac{1}{\pi}\sum_{k=1}^{\infty}\frac{1}{k^2}}\,\|f'\|_2\;.$$

Somit besitzt $\mathsf{S}f$ wegen $\big\|\widehat{f}_k e^{ik\cdot}\big\|_{\infty} = |\widehat{f}_k|$ die konvergente Majorante $\sum_{k\in\mathbb{Z}}|\widehat{f}_k|$. Also folgt die normale Konvergenz der Fourierreihe von f aus dem Weierstraßschen Majorantenkriterium von Theorem V.1.6. Wir bezeichnen den Wert von $\mathsf{S}f$ mit g. Dann ist g stetig und 2π-periodisch, und es gilt $\|\mathsf{S}_n f - g\|_{\infty} \to 0$ für $n \to \infty$. Da die Maximumsnorm stärker ist als die L_2-Norm, gilt auch $\lim\|\mathsf{S}_n f - g\|_2 = 0$, d.h., $\mathsf{S}f$ konvergiert in $SC_{2\pi}$ gegen g. Weil $\mathsf{S}f$ gemäß Korollar 7.16 in $SC_{2\pi}$ gegen f konvergiert, folgt aus der Eindeutigkeit des Grenzwertes, daß $f = g$ gilt. Also konvergiert $\mathsf{S}f$ normal gegen f. ∎

7.22 Beispiele   (a) Für $|t| \leq \pi$ gilt

$$|t| = \frac{\pi}{2} - \frac{4}{\pi}\sum_{k=0}^{\infty}\frac{\cos\big((2k+1)t\big)}{(2k+1)^2}\;,$$

und die Reihe konvergiert auf $\mathbb{R}$ normal.

Beweis   Dies folgt aus dem vorangehenden Theorem und Beispiel 7.10(b), da die (normalisierte) Ableitung f' der Funktion $f \in C_{2\pi}$ mit $f(t) = |t|$ für $|t| \leq \pi$ durch die Abbildung aus Beispiel 7.10(a) gegeben wird. ∎

(b) (Partialbruchzerlegung des Cotangens)   Für $z \in \mathbb{C}\backslash\mathbb{Z}$ gilt

$$\pi \cot(\pi z) = \frac{1}{z} + \sum_{n=1}^{\infty}\Big(\frac{1}{z+n} + \frac{1}{z-n}\Big)\;. \tag{7.16}$$

Beweis   Aus Theorem 7.21 und Beispiel 7.10(c) erhalten wir

$$\cos(zt) = \frac{\sin(\pi z)}{\pi}\Big(\frac{1}{z} + \sum_{n=1}^{\infty}(-1)^n\Big(\frac{1}{z+n} + \frac{1}{z-n}\Big)\cos(nt)\Big)$$

für $|t| \leq \pi$. Also folgt die Behauptung für $t = \pi$. ∎

Die Partialbruchzerlegung des Cotangens hat die beiden folgenden interessanten und schönen Konsequenzen, die, wie auch die Partialbruchzerlegung selber, auf Euler zurückgehen.

---

[8]D.h. der Hölderschen Ungleichung für $p = 2$.

7.23 Anwendungen (a) (Die Eulerschen Formeln für $\zeta(2k)$) Für $k \in \mathbb{N}^\times$ gilt

$$\zeta(2k) = \sum_{n=1}^{\infty} \frac{1}{n^{2k}} = \frac{(-1)^{k+1}(2\pi)^{2k}}{2(2k)!} B_{2k} .$$

Insbesondere finden wir

$$\zeta(2) = \pi^2/6 , \quad \zeta(4) = \pi^4/90 , \quad \zeta(6) = \pi^6/945 .$$

Beweis Aus (7.16) folgt

$$\pi z \cot(\pi z) = 1 + 2z^2 \sum_{n=1}^{\infty} \frac{1}{z^2 - n^2} , \qquad z \in \mathbb{C}\backslash\mathbb{Z} . \tag{7.17}$$

Für $|z| \leq r < 1$ gilt $|n^2 - z^2| \geq n^2 - r^2 > 0$, falls $n \in \mathbb{N}^\times$. Dies impliziert, daß die Reihe in (7.17) auf $r\mathbb{B}$ normal konvergiert. Die geometrische Reihe ergibt

$$\frac{1}{z^2 - n^2} = -\frac{1}{n^2} \sum_{k=0}^{\infty} \left(\frac{z^2}{n^2}\right)^k , \qquad z \in \mathbb{B} , \quad n \in \mathbb{N}^\times .$$

Somit erhalten wir aus (7.17)

$$\pi z \cot(\pi z) = 1 - 2z^2 \sum_{n=1}^{\infty} \frac{1}{n^2} \sum_{k=0}^{\infty} \left(\frac{z^2}{n^2}\right)^k = 1 - 2 \sum_{k=1}^{\infty} \left(\sum_{n=1}^{\infty} \frac{1}{n^{2k}}\right) z^{2k} , \qquad z \in \mathbb{B} , \tag{7.18}$$

wobei wir im letzten Schritt die Summationsreihenfolge vertauscht haben, was aufgrund des Doppelreihensatzes (Theorem II.8.10) zulässig ist (wie sich der Leser überlegen möge).

Nun erhalten wir die angegebene Relation aus Anwendung 6.5 aufgrund des Identitätssatzes für Potenzreihen.[9] ∎

(b) (Die Produktdarstellung des Sinus) Für $z \in \mathbb{C}$ gilt

$$\sin(\pi z) = \pi z \prod_{n=1}^{\infty} \left(1 - \frac{z^2}{n^2}\right) .$$

Für $z = 1/2$ ergibt sich hieraus das Wallissche Produkt (vgl. Beispiel 5.5(d)).

Beweis Wir setzen

$$f(z) := \frac{\sin(\pi z)}{\pi z} , \qquad z \in \mathbb{C}^\times ,$$

und $f(0) := 0$. Dann folgt aus der Potenzreihenentwicklung des Sinus

$$f(z) = \sum_{k=0}^{\infty} (-1)^k \frac{\pi^{2k} z^{2k}}{(2k+1)!} , \tag{7.19}$$

und der Konvergenzradius dieser Potenzreihe ist ∞. Somit ist f gemäß Satz V.3.5 auf $\mathbb{C}$ analytisch.

---

[9]Hieraus folgt die Gültigkeit der Potenzreihenentwicklung in Anwendung 6.5 für $|z| < 1$.

Als nächstes setzen wir

$$g(z) := \prod_{n=1}^{\infty} \left(1 - \frac{z^2}{n^2}\right) , \qquad z \in \mathbb{C} ,$$

und zeigen, daß auch g auf $\mathbb{C}$ analytisch ist. Dazu fixieren wir $N \in \mathbb{N}^{\times}$ sowie $z \in N\mathbb{B}$ und betrachten

$$\sum_{n=2N}^{m} \log\left(1 - \frac{z^2}{n^2}\right) = \log \prod_{n=2N}^{m} \left(1 - \frac{z^2}{n^2}\right) . \tag{7.20}$$

Aus der Potenzreihenentwicklung des Logarithmus (vgl. Theorem V.3.9) folgt

$$\left|\log\left(1 - \frac{z^2}{n^2}\right)\right| \le \sum_{k=1}^{\infty} \frac{|z|^{2k}}{kn^{2k}} \le \frac{|z|^2}{n^2} \frac{1}{1 - (z/n)^2} \le \frac{4}{3} \frac{N^2}{n^2}$$

für $z \in N\mathbb{B}$ und $n \ge 2N$. Also konvergiert aufgrund des Weierstraßschen Majorantenkriteriums die Reihe

$$\sum_{n \ge 2N} \log\left(1 - \frac{z^2}{n^2}\right)$$

absolut und gleichmäßig auf $N\mathbb{B}$. Aus (7.20) und aus der Stetigkeit der Exponentialfunktion ergibt sich somit

$$\begin{aligned}
\prod_{n=2N}^{\infty} \left(1 - \frac{z^2}{n^2}\right) &= \lim_{m \to \infty} \prod_{n=2N}^{m} \left(1 - \frac{z^2}{n^2}\right) \\
&= \lim_{m \to \infty} \exp \sum_{n=2N}^{m} \log\left(1 - \frac{z^2}{n^2}\right) = \exp \sum_{n=2N}^{\infty} \log\left(1 - \frac{z^2}{n^2}\right) ,
\end{aligned} \tag{7.21}$$

und die Konvergenz ist gleichmäßig auf $N\mathbb{B}$. Somit konvergiert auch das Produkt

$$\prod_{n=1}^{\infty} \left(1 - \frac{z^2}{n^2}\right) = \prod_{n=1}^{2N-1} \left(1 - \frac{z^2}{n^2}\right) \prod_{n=2N}^{\infty} \left(1 - \frac{z^2}{n^2}\right) \tag{7.22}$$

gleichmäßig auf $N\mathbb{B}$. Da dies für jedes $N \in \mathbb{N}^{\times}$ gilt, ist g auf $\mathbb{C}$ definiert, und mit

$$g_m(z) := \prod_{n=1}^{m} \left(1 - \frac{z^2}{n^2}\right) , \qquad z \in \mathbb{C} , \quad m \in \mathbb{N}^{\times} ,$$

gilt: $g_m \to g$ lokal gleichmäßig auf $\mathbb{C}$. Weil die „Partialprodukte" g_m auf $\mathbb{C}$ analytisch sind, folgt aus dem Weierstraßschen Konvergenzsatz für analytische Funktionen[10] (Theorem VIII.5.27), daß auch g auf $\mathbb{C}$ analytisch ist.

Aufgrund des Identitätssatzes für analytische Funktionen folgt nun die Behauptung, wenn wir zeigen, daß $f(x) = g(x)$ für $x \in J := (-1/\pi, 1/\pi)$ gilt.

---

[10]Natürlich ist der Beweis von Theorem VIII.5.27 unabhängig von der Produktdarstellung des Sinus, so daß wir an dieser Stelle vorgreifen dürfen.

Aus (7.19) und Korollar II.7.9 zum Leibnizkriterium für alternierende Reihen erhalten wir

$$|f(x) - 1| \leq \pi^2 x^2/6 < 1 \ , \qquad x \in J \ .$$

Also ist $\log f$ wegen Theorem V.3.9 auf J analytisch, und wir finden

$$(\log f)'(x) = \pi \cot(\pi x) - 1/x \ , \qquad x \in J \backslash \{0\} \ .$$

Aus (7.17) lesen wir somit

$$(\log f)'(x) = \sum_{n=1}^{\infty} \frac{2x}{x^2 - n^2} \ , \qquad x \in J \backslash \{0\} \ , \tag{7.23}$$

ab, wobei die rechts stehende Reihe für jedes $r \in (0,1)$ auf $[-r, r]$ normal konvergiert. Hieraus folgt insbesondere, daß (7.23) für alle $x \in J$ gültig ist.

Den Formeln (7.21) und (7.22) entnehmen wir die Relation

$$\log g(x) = \sum_{n=1}^{\infty} \log \left(1 - \frac{x^2}{n^2} \right) \ , \qquad x \in J \ .$$

Nun folgt aus Korollar V.2.9 über die Differenzierbarkeit von Funktionenreihen, daß $\log g$ auf J differenzierbar ist und daß

$$(\log g)'(x) = \sum_{n=1}^{\infty} \frac{2x}{x^2 - n^2} \ , \qquad x \in J \ ,$$

gilt. Somit ergibt sich $(\log f)' = (\log g)'$ auf J. Wegen $\log f(0) = 0 = \log g(0)$ erhalten wir aus dem Eindeutigkeitssatz für Stammfunktionen (Bemerkung V.3.7(a)), daß $\log f = \log g$ auf ganz J gilt, was $f \,|\, J = g \,|\, J$ nach sich zieht. ∎

Neben der gleichmäßigen Konvergenz und der Konvergenz im quadratischen Mittel von Fourierreihen wird man natürlich die Frage nach dem punktweisen Verhalten stellen. Dazu gibt es eine Vielzahl von Untersuchungen und einfache hinreichende Kriterien, die zum klassischen Bestand der Analysis gehören. Einige der einfachsten dieser Kriterien sind in den gängigen Lehrbüchern dargestellt (vgl. etwa [BF87], [Bla91], [Kön92], [Wal92]). Damit ist es z.B. leicht nachzuprüfen, daß die Fourierreihe von Beispiel 7.10(a) punktweise gegen die dort angegebene Funktion konvergiert.

Wir wollen hier nicht näher auf diese Untersuchungen eingehen, da sie im wesentlichen auf den Fall klassischer Fourierreihen einer Variablen beschränkt sind. Von ungleich größerer Bedeutung ist die L_2-Theorie der Fourierreihen, da sie, wie wir oben darzustellen versuchten, von sehr allgemeiner Natur ist. Sie ist auf eine Vielzahl von Problemen der Mathematik und der Physik anwendbar — z.B. im Zusammenhang mit der Theorie von Differentialgleichungen in einer und mehreren Variablen — und spielt in der modernen Analysis und ihren Anwendungen eine äußerst wichtige Rolle. Der Leser wird der „Hilbertraumtheorie der Orthogonalreihen" bei einem vertieften Studium der Analysis und der Angewandten

Mathematik immer wieder begegnen, und auch wir werden gelegentlich weitere Einblicke in diese Theorie vermitteln.

Aufgaben

1 Für $f \in SC_{2\pi}$ gelte $\int_0^{2\pi} f = 0$. Dann gibt es ein $\xi \in [0, 2\pi]$ mit $f(\xi) = 0$.

2 Man verifiziere, daß für $f \in C_{2\pi}$ mit $f(t) := |\sin(t)|$ für $t \in [0, 2\pi]$ gilt:

$$Sf = \frac{2}{\pi} - \frac{4}{\pi} \sum_{k=1}^{\infty} \frac{\cos(k\cdot)}{4k^2 - 1} \ .$$

3 Für $n \in \mathbb{N}$ heißt

$$D_n := \sqrt{2\pi} \sum_{k=-n}^{n} \mathsf{e}_k = 1 + 2\cos + 2\cos(2\cdot) + \cdots + 2\cos(n\cdot)$$

Dirichletscher Kern vom Grad n. Man zeige

$$D_n(t) = \frac{\sin\big((n+1/2)t\big)}{\sin(t/2)} \ , \quad t \in \mathbb{R} \ , \qquad \text{und} \qquad \int_0^{2\pi} D_n(t)\,dt = 1 \ , \quad n \in \mathbb{N} \ .$$

4 Es sei $f \in SC_{2\pi}$ durch

$$f(t) := \begin{cases} \dfrac{\pi - t}{2} \ , & 0 < t < 2\pi \ , \\[2mm] 0 \ , & t = 0 \ , \end{cases}$$

erklärt. Man beweise, daß

$$Sf = \sum_{k=1}^{\infty} \frac{\sin(k\cdot)}{k} \ .$$

(Hinweise: $I_n(t) := \int_\pi^t D_n(s)\,ds = (t - \pi) + 2\big(\sin t + \cdots + \sin(nt)/n\big)$ für $t \in (0, 2\pi)$. Aufgabe 3 und partielle Integration ergeben $|I_n(t)| \leq 2\big[(n + 1/2)\sin(t/2)\big]^{-1}$ für $t \in (0, 2\pi)$.)

5 Es ist zu zeigen, daß die 1-periodische Fortsetzung $\widetilde{B}_n$ von $B_n(X)\,|\,[0, 1)$ auf $\mathbb{R}$ die folgende Fourierentwicklung besitzt:

$$\widetilde{B}_{2n} = 2\frac{(-1)^{n-1}(2n)!}{(2\pi)^{2n}} \sum_{k=1}^{\infty} \frac{\cos(2\pi k\cdot)}{k^{2n}} \ , \qquad n \in \mathbb{N}^\times \ , \tag{7.24}$$

$$\widetilde{B}_{2n+1} = 2\frac{(-1)^{n-1}(2n+1)!}{(2\pi)^{2n+1}} \sum_{k=1}^{\infty} \frac{\sin(2\pi k\cdot)}{k^{2n+1}} \ , \qquad n \in \mathbb{N} \ . \tag{7.25}$$

(Hinweise: Es genügt, (7.24) und (7.25) auf $[0, 1]$ zu beweisen. Für die Einschränkung U_{2n} bzw. U_{2n+1} auf $[0, 1]$ der Reihe in (7.24) bzw. (7.25) gilt $U_{m+1}' = (m + 1)U_m$ für $m \in \mathbb{N}^\times$. Aus Aufgabe 4 folgt $U_1(t) = B_1(t)$. Somit zeigt Satz 6.6(iii), daß es zu $m \geq 2$ eine Konstante c_m gibt mit $U_m(t) = B_m(t) + c_m$ für $t \in [0, 1]$. Schließlich gelten $\int_0^1 U_m(t)\,dt = 0$ (Satz 4.1(ii)) und $\int_0^1 B_m(t)\,dt = 0$ (Aufgabe 6.4(iii)). Somit folgt $c_m = 0$ für $m \geq 2$.)

6 Man verifiziere die asymptotischen Äquivalenzen

$$|B_{2n}| \sim 2 \frac{(2n)!}{(2\pi)^{2n}} \sim 4\sqrt{\pi n} \left(\frac{n}{\pi e}\right)^{2n} .$$

(Hinweise: Aufgabe 5 zeigt:

$$B_{2n} = \widetilde{B}_{2n}(0) = (-1)^{n-1} 2 \frac{(2n)!}{(2\pi)^{2n}} \sum_{k=1}^{\infty} \frac{1}{k^{2n}} .$$

Ferner beachte man Aufgabe 6.6, Anwendung 7.23(a) und Aufgabe 6.3(a).)

7 Man beweise die **Wirtingersche Ungleichung**: Für $-\infty < a < b < \infty$ und $f \in C^1([a, b])$ mit $f(a) = f(b) = 0$ gilt

$$\int_a^b |f|^2 \leq [(b-a)^2/\pi^2] \int_a^b |f'|^2 .$$

Die Konstante $(b-a)^2/\pi^2$ kann nicht verkleinert werden.
(Hinweis: Aufgrund der Substitution $x \mapsto \pi(x-a)/(b-a)$ genügt es, $a = 0$ und $b = \pi$ zu betrachten. Für $g: [-\pi, \pi] \to \mathbb{K}$ mit $g(x) := f(x)$ für $x \in [0, \pi]$ und $g(x) := -f(-x)$ für $x \in [-\pi, 0]$ gilt $g \in C^1([-\pi, \pi])$, und g ist ungerade. Somit folgt aus der Parsevalschen Gleichung und Bemerkung 7.20(b)

$$\frac{1}{2\pi} \int_{-\pi}^{\pi} |g'|^2 = \sum_{k \in \mathbb{Z}} |\widehat{g'_k}|^2 \geq \sum_{k \neq 0} |\widehat{g'_k}|^2 = \sum_{k \neq 0} |ik\widehat{g_k}|^2 \geq \sum_{k \neq 0} |\widehat{g_k}|^2 = \frac{1}{2\pi} \int_{-\pi}^{\pi} |g|^2$$

wegen $\widehat{g}(0) = 0$. Nun folgt die Behauptung aus der Konstruktion von g.)

8 Für $f, g \in SC_{2\pi}$ heißt

$$f * g: \mathbb{R} \to \mathbb{K} , \quad x \mapsto \frac{1}{2\pi} \int_0^{2\pi} f(x-y)g(y) \, dy$$

Faltung von f mit g. Man zeige:

  (i) $f * g = g * f$;

  (ii) Für $f, g \in C_{2\pi}$ gilt $f * g \in C_{2\pi}$;

  (iii) $\mathbf{e}_n * \mathbf{e}_m = \delta_{nm} \mathbf{e}_n$, $m, n \in \mathbb{Z}$.

9 Es bezeichne D_n den Dirichletschen Kern n-ter Ordnung. Man zeige, daß für $f \in SC_{2\pi}$ gilt: $S_n f = D_n * f$.

10 Man verifiziere die Aussagen von Bemerkung 7.17(c):

  (i) $\ell_2(\mathbb{Z})$ ist ein Hilbertraum;

  (ii) $SC_{2\pi} \to \ell_2(\mathbb{Z})$, $f \mapsto (\sqrt{2\pi}\,\widehat{f}_k)_{k \in \mathbb{Z}}$ ist eine lineare Isometrie.

11 Man beweise die **allgemeine Parsevalsche Gleichung**

$$\frac{1}{2\pi} \int_0^{2\pi} f\overline{g} \, dt = \sum_{k=-\infty}^{\infty} \widehat{f}_k \overline{\widehat{g}_k} , \qquad f, g \in SC_{2\pi} .$$

(Hinweis: Man beachte

$$z\overline{w} = \frac{1}{4}\left(|z+w|^2 - |z-w|^2 + i|z+iw|^2 - i|z-iw|^2\right) , \qquad z, w \in \mathbb{C} ,$$

und verwende Korollar 7.16.)

8   Uneigentliche Integrale

Bis jetzt können wir nur sprungstetige Funktionen auf *kompakten* Intervallen integrieren. Bereits in Lemma 6.12 haben wir jedoch gesehen, daß es sinnvoll ist, den
Integralbegriff auch auf den Fall stetiger Funktionen, die auf nichtkompakten Intervallen definiert sind, auszudehnen. Es wird sich zeigen, daß der Flächeninhalt der
Menge F, die zwischen dem Graphen einer stetigen Funktion $f : \mathbb{R}^+ \to \mathbb{R}^+$ und der
positiven Halbachse liegt, endlich ist, wenn f für $x \to \infty$ hinreichend schnell gegen
Null geht. Zur Berechnung des Flächeninhal-
tes von F wird man $\mathbb{R}^+$ durch $[0, n]$ ersetzen,
d.h. den Graphen bei $x = n$ abschneiden, und
dann n gegen ∞ streben lassen. Die folgenden
Ausführungen präzisieren diese Überlegungen
und liefern eine Erweiterung des Integralbegriffes für eine Klasse von Funktionen, die auf
beliebigen Intervallen definiert sind.[1]

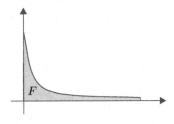

In diesem Paragraphen gelten

- J ist ein Intervall mit $\inf J = a$ und $\sup J = b$;
  $E := (E, |\cdot|)$ ist ein Banachraum.

Zulässige Funktionen

Die Abbildung $f : J \to E$ heißt **zulässig**, wenn ihre Einschränkung auf jedes kompakte Teilintervall von J sprungstetig ist.

8.1 Beispiele   **(a)** Jedes $f \in C(J, E)$ ist zulässig.

(b) Sind a und b endlich, so ist jedes $f \in \mathcal{S}([a, b], E)$ zulässig.

(c) Ist $f : J \to E$ zulässig, so ist es auch $|f| : J \to \mathbb{R}$. ∎

Uneigentliche Integrale

Die zulässige Funktion $f : J \to E$ heißt **(uneigentlich) integrierbar**, falls es ein
$c \in (a, b)$ gibt, für welches die Grenzwerte

$$\lim_{\alpha \to a+0} \int_\alpha^c f \quad \text{und} \quad \lim_{\beta \to b-0} \int_c^\beta f$$

in E existieren.

---

[1]Wir beschränken uns in diesem Paragraphen darauf, eine relativ elementare Erweiterung
des Integralbegriffes vorzustellen. Eine vollständigere Integrationstheorie wird im dritten Band
ausführlich behandelt werden.

8.2 Lemma *Ist* $f : J \to E$ *uneigentlich integrierbar, so existieren die Grenzwerte*

$$\lim_{\alpha \to a+0} \int_{\alpha}^{c} f \quad \text{und} \quad \lim_{\beta \to b-0} \int_{c}^{\beta} f$$

für jedes $c \in (a, b)$. *Außerdem gilt*

$$\lim_{\alpha \to a+0} \int_{\alpha}^{c} f + \lim_{\beta \to b-0} \int_{c}^{\beta} f = \lim_{\alpha \to a+0} \int_{\alpha}^{c'} f + \lim_{\beta \to b-0} \int_{c'}^{\beta} f$$

für jede Wahl $c, c' \in (a, b)$.

Beweis Nach Voraussetzung gibt es ein $c \in (a, b)$, so daß

$$e_{a,c} := \lim_{\alpha \to a+0} \int_{\alpha}^{c} f \quad \text{und} \quad e_{c,b} := \lim_{\beta \to b-0} \int_{c}^{\beta} f$$

in E existieren. Es sei nun $c' \in (a, b)$. Wegen Satz 4.4 gilt $\int_{\alpha}^{c'} f = \int_{\alpha}^{c} f + \int_{c}^{c'} f$ für jedes $\alpha \in (a, b)$. Somit existiert der Grenzwert $e_{a,c'} := \lim_{\alpha \to a+0} \int_{\alpha}^{c'} f$ in E, und es gilt $e_{a,c'} = e_{a,c} + \int_{c}^{c'} f$. In analoger Weise folgt die Existenz von

$$e_{c',b} := \lim_{\beta \to b-0} \int_{c'}^{\beta} f$$

in E mit $e_{c',b} = e_{c,b} + \int_{c'}^{c} f$. Also finden wir

$$e_{a,c'} + e_{c',b} = e_{a,c} + \int_{c}^{c'} f + e_{c,b} + \int_{c'}^{c} f = e_{a,c} + e_{c,b} \, ,$$

womit alles bewiesen ist. ∎

Es seien $f : J \to E$ uneigentlich integrierbar und $c \in (a, b)$. Dann heißt

$$\int_{a}^{b} f \, dx := \int_{a}^{b} f(x) \, dx := \lim_{\alpha \to a+0} \int_{\alpha}^{c} f + \lim_{\beta \to b-0} \int_{c}^{\beta} f$$

(**uneigentliches**) **Integral** von f über J. Zusätzlich zu diesen Notationen verwenden wir die Schreibweisen

$$\int_{a}^{b} f \quad \text{und} \quad \lim_{\substack{\alpha \to a+0 \\ \beta \to b-0}} \int_{\alpha}^{\beta} f \, dx \ .$$

Statt „f ist uneigentlich integrierbar" sagen wir auch: „Das Integral $\int_{a}^{b} f \, dx$ **existiert** oder **konvergiert**". Lemma 8.2 zeigt, daß das uneigentliche Integral wohldefiniert, d.h. unabhängig von der Wahl von $c \in (a, b)$, ist.

8.3 Satz   *Für* $-\infty < a < b < \infty$ *und* $f \in \mathcal{S}\big([a,b],E\big)$ *stimmt das uneigentliche Integral mit dem Cauchy-Riemannschen Integral überein.*

Beweis   Dies folgt aus Bemerkung 8.1(b), der Stetigkeit des Integrals als Funktion der oberen Grenze und Satz 4.4. ∎

8.4 Beispiele   (a) Es seien $a > 0$ und $s \in \mathbb{C}$. Dann gilt:

$$\int_a^\infty \frac{dx}{x^s} \text{ existiert} \Longleftrightarrow \operatorname{Re} s > 1 \ ,$$

und

$$\int_a^\infty \frac{dx}{x^s} = \frac{a^{1-s}}{s-1} \ , \qquad \operatorname{Re} s > 1 \ .$$

Beweis   Gemäß Bemerkung 8.1(a) ist die Funktion $(a,\infty) \to \mathbb{C}, \quad x \mapsto 1/x^s$ für jedes $s \in \mathbb{C}$ zulässig.

(i) Wir betrachten zuerst den Fall $s \neq 1$. Dann gilt

$$\int_a^\beta \frac{dx}{x^s} = \frac{1}{1-s} x^{1-s} \Big|_a^\beta = \frac{1}{1-s} \Big(\frac{1}{\beta^{s-1}} - \frac{1}{a^{s-1}} \Big) \ .$$

Aus $|\beta^{1-s}| = \beta^{1-\operatorname{Re} s}$ folgt

$$\frac{1}{\beta^{s-1}} \to 0 \ (\beta \to \infty) \Longleftrightarrow \operatorname{Re} s > 1 \ ,$$

und daß der Grenzwert $\lim_{\beta \to \infty} 1/\beta^{s-1}$ für $\operatorname{Re} s < 1$ nicht existiert. Auch im Fall $\operatorname{Re} s = 1$ trifft letzteres zu, denn mit $s = 1 + i\tau$ für ein $\tau \in \mathbb{R}^\times$ folgt $\beta^{s-1} = \beta^{i\tau} = e^{i\tau \log \beta}$, und die Exponentialfunktion ist $2\pi i$-periodisch.

(ii) Im Fall $s = 1$ gilt

$$\lim_{\beta \to \infty} \int_a^\beta \frac{dx}{x} = \lim_{\beta \to \infty} (\log \beta - \log a) = \infty \ .$$

Also ist die Funktion $x \mapsto 1/x$ auf (a,∞) nicht integrierbar. ∎

(b) Es seien $b > 0$ und $s \in \mathbb{C}$. Dann gilt

$$\int_0^b \frac{dx}{x^s} \text{ existiert} \Longleftrightarrow \operatorname{Re} s < 1 \ ,$$

und $\int_0^b x^{-s}\, dx = b^{1-s}/(1-s)$ für $\operatorname{Re} s < 1$.

Beweis   Dies folgt analog zum Beweis von (a). ∎

(c) Das Integral $\int_0^\infty x^s\, dx$ existiert für kein $s \in \mathbb{C}$.

(d) Das Integral

$$\int_{-\infty}^{\infty} x\, dx = \lim_{\substack{\alpha \to -\infty \\ \beta \to \infty}} \int_{\alpha}^{\beta} x\, dx = \lim_{\substack{\alpha \to -\infty \\ \beta \to \infty}} \frac{x^2}{2} \Big|_{\alpha}^{\beta}$$

existiert nicht.[2]

(e) Es gelten

$$\int_{0}^{\infty} \frac{dx}{1 + x^2} = \frac{\pi}{2} \quad \text{und} \quad \int_{-1}^{1} \frac{dx}{\sqrt{1 - x^2}} = \pi \ .$$

Beweis Dies folgt wegen

$$\lim_{\beta \to \infty} \arctan \Big|_{0}^{\beta} = \frac{\pi}{2} \quad \text{und} \quad \lim_{\substack{\alpha \to -1+0 \\ \beta \to 1-0}} \arcsin \Big|_{\alpha}^{\beta} = \pi$$

aus Beispiel 4.15(a). ∎

Der Integralvergleichssatz für Reihen

Im Lichte von Paragraph 6 ist ein enger Zusammenhang zwischen Reihen und uneigentlichen Integralen zu erwarten.[3] Der folgende Satz stellt in einem wichtigen Fall eine solche Beziehung her.

8.5 Satz *Es sei* $f : [1, \infty) \to \mathbb{R}^+$ *zulässig und fallend. Dann gilt:*

$$\sum_{n \geq 1} f(n) < \infty \Longleftrightarrow \int_{1}^{\infty} f(x)\, dx \text{ existiert} \ .$$

Beweis (i) Die Voraussetzungen implizieren

$$f(n) \leq f(x) \leq f(n - 1)$$

für $x \in [n - 1, n]$ und $n \in \mathbb{N}$ mit $n \geq 2$. Deshalb gilt

$$f(n) \leq \int_{n-1}^{n} f(x)\, dx \leq f(n - 1) \ ,$$

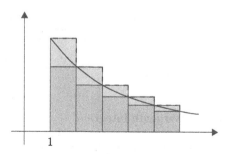

---

[2]Man beachte, daß $\int_{-\infty}^{\infty} x\, dx$ nicht existiert, obwohl $\lim_{\gamma \to \infty} \int_{-\gamma}^{\gamma} x\, dx = 0$ gilt! Es ist wichtig, daß beim Nachweis der Konvergenz eines Integrals die untere und die obere Integrationsgrenze unabhängig voneinander approximiert werden.

[3]Vgl. auch den Beweis von Bemerkung 6.16(d).

und wir finden durch Summation über n

$$\sum_{n=2}^{N} f(n) \leq \int_{1}^{N} f(x)\,dx \leq \sum_{n=1}^{N-1} f(n)\,, \qquad N \geq 2\,. \tag{8.1}$$

(ii) Die Reihe $\sum f(n)$ konvergiere. Dann folgt aus (8.1) und $f \geq 0$ die Abschätzung

$$\int_{1}^{N} f\,dx \leq \sum_{n=1}^{\infty} f(n)\,, \qquad N \geq 2\,.$$

Also ist die Funktion $\beta \mapsto \int_{1}^{\beta} f(x)\,dx$ wachsend und beschränkt. Wegen Satz III.5.3 existiert deshalb $\int_{1}^{\infty} f\,dx$.

(iii) Das Integral $\int_{1}^{\infty} f\,dx$ konvergiere. Dann folgt aus (8.1)

$$\sum_{n=2}^{N} f(n) \leq \int_{1}^{\infty} f(x)\,dx\,, \qquad N \geq 2\,.$$

Also konvergiert aufgrund von Theorem II.7.7 auch $\sum_{n\geq 1} f(n)$. ∎

8.6 Beispiel   Für $s \in \mathbb{R}$ konvergiert die Reihe

$$\sum_{n\geq 2} \frac{1}{n(\log n)^s}$$

genau dann, wenn $s > 1$ gilt.

Beweis   Im Fall $s \leq 0$ ist $\sum 1/n$ eine divergente Minorante. Es genügt also, den Fall $s > 0$ zu betrachten. Wegen

$$\int_{2}^{\beta} \frac{dx}{x(\log x)^s} = \begin{cases} \left[(\log \beta)^{1-s} - (\log 2)^{1-s}\right]/(1-s)\,, & s \neq 1\,, \\ \log(\log \beta) - \log(\log 2)\,, & s = 1\,, \end{cases}$$

existiert $\int_{2}^{\infty} dx/x(\log x)^s$ genau dann, wenn $s > 1$ gilt. Die Behauptung folgt nun aus Satz 8.5. ∎

Absolut konvergente Integrale

Es sei $f : J \to E$ zulässig. Dann heißt f **absolut integrierbar** (über J), wenn das Integral $\int_{a}^{b} |f(x)|\,dx$ in $\mathbb{R}$ existiert. In diesem Fall sagt man auch, $\int_{a}^{b} f$ sei **absolut konvergent**.

Der folgende Satz zeigt, daß jede absolut integrierbare Funktion (uneigentlich) integrierbar ist.

8.7 Satz *Ist f absolut integrierbar, so existiert das Integral $\int_a^b f\, dx$ in E.*

Beweis Es sei $c \in (a, b)$. Da $\int_a^b |f|\, dx$ in $\mathbb{R}$ existiert, gibt es zu jedem $\varepsilon > 0$ ein $\delta > 0$ mit

$$\left| \int_{\alpha_1}^{\alpha_2} |f| \right| = \left| \int_{\alpha_1}^{c} |f| - \int_{\alpha_2}^{c} |f| \right| < \varepsilon , \qquad \alpha_1, \alpha_2 \in (a, a + \delta) .$$

Deshalb folgt aus Satz 4.3

$$\left| \int_{\alpha_1}^{c} f - \int_{\alpha_2}^{c} f \right| = \left| \int_{\alpha_1}^{\alpha_2} f \right| \leq \left| \int_{\alpha_1}^{\alpha_2} |f| \right| < \varepsilon , \qquad \alpha_1, \alpha_2 \in (a, a + \delta) . \qquad (8.2)$$

Es sei nun (α'_j) eine Folge in (a, c) mit $\lim \alpha'_j = a$. Wegen (8.2) ist dann $\left(\int_{\alpha'_j}^{c} f\, dx \right)$ eine Cauchyfolge in E. Also gibt es ein $e' \in E$ mit $\int_{\alpha'_j}^{c} f\, dx \to e'$ für $j \to \infty$. Ist (α''_j) eine weitere Folge in (a, c) mit $\lim \alpha''_j = a$, so ergibt sich in analoger Weise die Existenz von $e'' \in E$ mit $\lim_j \int_{\alpha''_j}^{c} f\, dx = e''$ in E.

Nun wählen wir $N \in \mathbb{N}$ mit $\alpha'_j, \alpha''_j \in (a, a + \delta)$ für $j \geq N$. Aus (8.2) erhalten wir dann $\left| \int_{\alpha'_j}^{c} f - \int_{\alpha''_j}^{c} f \right| < \varepsilon$ für $j \geq N$, woraus sich nach dem Grenzübergang $j \to \infty$ die Ungleichung $|e' - e''| \leq \varepsilon$ ergibt. Da dies für jedes $\varepsilon > 0$ gilt, folgt $e' = e''$, und wir haben bewiesen, daß $\lim_{\alpha \to a+0} \int_{\alpha}^{c} f\, dx$ in E existiert. In analoger Weise zeigt man die Existenz von $\lim_{\beta \to b-0} \int_{c}^{b} f\, dx$ in E. Also existiert das uneigentliche Integral $\int_a^b f\, dx$ in E. ∎

Das Majorantenkriterium

In Analogie zur Situation bei Reihen sichert die Existenz einer integrierbaren Majorante von f die absolute Konvergenz von $\int_a^b f\, dx$.

8.8 Theorem *Es seien $f \colon J \to E$ und $g \colon J \to \mathbb{R}^+$ zulässig mit*

$$|f(x)| \leq g(x) , \qquad x \in (a, b) .$$

Ist g integrierbar, so ist f absolut integrierbar.

Beweis Es seien $c \in (a, b)$ und $\alpha_1, \alpha_2 \in (a, c)$. Dann gilt aufgrund von Korollar 4.6

$$\left| \int_{\alpha_1}^{c} |f| - \int_{\alpha_2}^{c} |f| \right| = \left| \int_{\alpha_1}^{\alpha_2} |f| \right| \leq \left| \int_{\alpha_1}^{\alpha_2} g \right| = \left| \int_{\alpha_1}^{c} g - \int_{\alpha_2}^{c} g \right| .$$

Existiert $\int_a^b g\, dx$ in $\mathbb{R}$, so gibt es zu jedem $\varepsilon > 0$ ein $\delta > 0$ mit $\left| \int_{\alpha_1}^{c} g - \int_{\alpha_2}^{c} g \right| < \varepsilon$ für $\alpha_1, \alpha_2 \in (a, a + \delta)$, und wir erhalten

$$\left| \int_{\alpha_1}^{c} |f| - \int_{\alpha_2}^{c} |f| \right| < \varepsilon , \qquad \alpha_1, \alpha_2 \in (a, a + \delta) .$$

Diese Aussage ermöglicht eine sinngemäße Wiederholung der Argumente des Beweises von Satz 8.7, woraus die absolute Konvergenz von $\int_a^b f\,dx$ folgt. ∎

8.9 Beispiele Es sei $f: (a,b) \to E$ zulässig.

(a) Ist f reellwertig mit $f \geq 0$, so ist f genau dann absolut integrierbar, wenn f integrierbar ist.

(b) (i) Es seien $a > 0$ und $b = \infty$. Gibt es Zahlen $\varepsilon > 0$, $M > 0$ und $c > a$ mit

$$|f(x)| \leq \frac{M}{x^{1+\varepsilon}}\ , \qquad x \geq c\ ,$$

so ist $\int_c^\infty f$ absolut konvergent.

(ii) Es seien $a = 0$ und $b > 0$. Gibt es Zahlen $\varepsilon > 0$, $M > 0$ und $c \in (0,b)$ mit

$$|f(x)| \leq \frac{M}{x^{1-\varepsilon}}\ , \qquad x \in (0,c)\ ,$$

so ist $\int_0^c f$ absolut konvergent.

Beweis Dies folgt aus Theorem 8.8 und den Beispielen 8.4(a) und (b). ∎

(c) Das Integral $\int_0^\infty \big(\sin(x)/(1+x^2)\big)\,dx$ konvergiert absolut.

Beweis Offensichtlich ist $x \mapsto 1/(1+x^2)$ eine Majorante von $x \mapsto \sin(x)/(1+x^2)$. Außerdem existiert gemäß Beispiel 8.4(e) das Integral $\int_0^\infty dx/(1+x^2)$. ∎

8.10 Bemerkungen **(a)** Es seien $f_n, f \in \mathcal{S}\big([a,b],E\big)$, und (f_n) konvergiere gleichmäßig gegen f. Dann haben wir in Satz 4.1 bewiesen, daß $\big(\int_a^b f_n\big)_{n\in\mathbb{N}}$ in E gegen $\int_a^b f$ konvergiert. Eine analoge Aussage ist für uneigentliche Integrale nicht richtig.

Beweis Wir betrachten die Funktionenfolge

$$f_n(x) := \frac{1}{n}e^{-x/n}\ , \qquad x \in \mathbb{R}^+\ , \quad n \in \mathbb{N}^\times\ .$$

Dann gehört jedes f_n zu $C(\mathbb{R}^+, \mathbb{R})$. Außerdem konvergiert die Folge (f_n) gleichmäßig gegen 0, denn es gilt $\|f_n\|_\infty = 1/n$.

Andererseits gilt

$$\int_0^\infty f_n(x)\,dx = \int_0^\infty \frac{1}{n}e^{-x/n}\,dx = \lim_{\substack{\alpha\to 0+ \\ \beta\to\infty}} \big(-e^{-x/n}\big)\big|_\alpha^\beta = 1\ .$$

Insgesamt folgt also $\lim_n \int_0^\infty f_n\,dx = 1$, aber $\int_0^\infty \lim_n f_n\,dx = 0$. ∎

(b) Wir sehen davon ab, Kriterien anzugeben, die es erlauben, Grenzwerte mit uneigentlichen Integralen zu vertauschen. Wir werden im dritten Band die allgemeinere *Lebesguesche Integrationstheorie* entwickeln, welche den Bedürfnissen der Analysis besser angepaßt ist als die (einfachere) Theorie des Cauchy-Riemannschen

Integrals. Im Rahmen der Lebesgueschen Theorie werden wir sehr allgemeine und flexible Kriterien für die Vertauschbarkeit von Grenzwerten mit Integralen kennenlernen. ∎

Aufgaben

1 Man beweise die Konvergenz der uneigentlichen Integrale

$$\text{(i)} \int_1^\infty \frac{\sin x}{x^2}\, dx\ , \qquad \text{(ii)} \int_0^\infty \frac{\sin x}{x}\, dx\ , \qquad \text{(iii)} \int_1^\infty \frac{\sin(1/x)}{x}\, dx\ .$$

In welchen Fällen liegt absolute Konvergenz vor?

2 Welchen Wert besitzen die uneigentlichen Integrale

$$\text{(i)} \int_0^1 \frac{\arcsin x}{\sqrt{1-x^2}}\, dx\ , \quad \text{(ii)} \int_1^\infty \frac{\log x}{x^2}\, dx\ , \quad \text{(iii)} \int_0^\infty \frac{\log x}{1+x^2}\, dx\ , \quad \text{(iv)} \int_0^\infty x^n e^{-x}\, dx\ .$$

(Hinweis zu (iii): Man betrachte $\int_1^\infty$ und $\int_0^1$.)

3 Man zeige $\int_0^\pi \log \sin x\, dx = -\pi \log 2$. (Hinweis: $\sin 2x = 2 \sin x \cos x$.)

4 Es seien $-\infty < a < b \le \infty$, und $f : [a,b) \to E$ sei zulässig. Dann existiert $\int_a^b f$ genau dann, wenn es zu jedem $\varepsilon > 0$ ein $c \in [a,b)$ gibt mit $\left| \int_\alpha^\beta f \right| < \varepsilon$ für $\alpha, \beta \in [c,b)$.

5 Man zeige, daß das Integral $\int_0^\infty \sqrt{t}\, \cos(t^2)\, dt$ konvergiert.[4]

6 Es seien $-\infty < a < b \le \infty$, und $f : [a,b) \to \mathbb{R}$ sei zulässig.

(i) Gilt $f \ge 0$, so konvergiert $\int_a^b f(x)\, dx$ genau dann, wenn $K := \sup_{c \in [a,b)} \left| \int_a^c f \right| < \infty$.

(ii) Es seien $f \in C([a,b),\mathbb{R})$ und $g \in C^1([a,b),\mathbb{R})$. Gilt $K < \infty$ und strebt $g(x)$ monoton gegen 0 für $x \to b - 0$, so konvergiert $\int_a^b fg$.

7 Es sei $f \in C^1([a,\infty),\mathbb{R})$ mit $a \in \mathbb{R}$, und f' sei wachsend mit $\lim_{x\to\infty} f'(x) = \infty$. Man beweise, daß $\int_a^\infty \sin(f(x))\, dx$ konvergiert.
(Hinweis: Man substituiere $y = f(x)$ und beachte Theorem III.5.7.)

8 Die Funktion $f \in C([0,\infty),\mathbb{R})$ erfülle $\sup_{0 < a < b < \infty} \left| \int_a^b f \right| < \infty$. Dann gilt

$$\int_0^\infty \frac{f(ax) - f(bx)}{x}\, dx = f(0) \log\left(\frac{a}{b}\right)\ , \qquad 0 < a < b\ .$$

(Hinweis: Es sei $c > 0$. Die Existenz von $\xi(c) \in [ac, bc]$ mit

$$\int_c^\infty \frac{f(ax) - f(bx)}{x}\, dx = \int_{ac}^{bc} \frac{f(x)}{x}\, dx = f(\xi(c)) \log\left(\frac{a}{b}\right)$$

folgt aus Satz 4.16.)

---

[4]Diese Aufgabe zeigt insbesondere, daß aus der Konvergenz von $\int_0^\infty f$ nicht geschlossen werden kann, daß $f(x) \to 0$ für $x \to \infty$ gilt. Man vergleiche dazu Satz II.7.2.

9   Es sei $-\infty < a < 0 < b < \infty$, und $f : [a,0) \cup (0,b] \to \mathbb{R}$ sei zulässig. Existiert

$$\lim_{\varepsilon \to 0} \left(\int_a^{-\varepsilon} f(x)\,dx + \int_\varepsilon^b f(x)\,dx \right)$$

in $\mathbb{R}$, so heißt dieser Grenzwert **Cauchyscher Hauptwert** von $\int_a^b f$, und man schreibt dafür[5] $VP \int_a^b f$. Man berechne

$$VP \int_{-1}^1 \frac{dx}{x} \;,\quad VP \int_{-\pi/2}^{\pi/2} \frac{dx}{\sin x} \;,\quad VP \int_{-1}^1 \frac{dx}{x(6 + x - x^2)} \;.$$

---

[5]VP steht für „valeur principal".

9 Die Gammafunktion

In diesem abschließenden Paragraphen des der Integrationstheorie gewidmeten Kapitels wollen wir eine der wichtigsten nichtelementaren Funktionen der Mathematik, nämlich die Gammafunktion, studieren. Wir werden ihre wesentlichsten Eigenschaften herleiten und insbesondere zeigen, daß sie die Fakultätenfunktion $n \mapsto n!$ interpoliert, d.h. eine Erweiterung dieser Abbildung für nicht ganzzahlige Argumente liefert. Außerdem werden wir eine Präzisierung der de Moivre-Stirlingschen asymptotischen Beziehung für $n!$ beweisen und — sozusagen als Nebenprodukt der allgemeinen Theorie — den Wert eines wichtigen uneigentlichen Integrals, nämlich des Gaußschen Fehlerintegrals, berechnen.

Die Eulersche Integraldarstellung

Wir führen die Gammafunktion für $z \in \mathbb{C}$ mit $\operatorname{Re} z > 0$ mittels eines parameterabhängigen uneigentlichen Integrals ein. Dazu dient die folgende Überlegung.

9.1 Lemma   *Für $z \in \mathbb{C}$ mit $\operatorname{Re} z > 0$ konvergiert das Integral*

$$\int_0^\infty t^{z-1} e^{-t}\, dt$$

absolut.

Beweis   Zuerst bemerken wir, daß die Funktion $t \mapsto t^{z-1} e^{-t}$ auf $(0, \infty)$ zulässig ist.

(i) Wir betrachten das Integral an der unteren Grenze. Für $t \in (0, 1]$ gilt

$$\left| t^{z-1} e^{-t} \right| = t^{\operatorname{Re} z - 1} e^{-t} \leq t^{\operatorname{Re} z - 1} \ .$$

Aus Beispiel 8.9(b) folgt somit, daß $\int_0^1 t^{z-1} e^{-t}\, dt$ absolut konvergent ist.

(ii) Für $m \in \mathbb{N}^\times$ gilt die Abschätzung

$$\frac{t^m}{m!} \leq \sum_{k=0}^\infty \frac{t^k}{k!} = e^t \ , \qquad t \geq 0 \ .$$

Nach Multiplikation mit $t^{\operatorname{Re} z - 1}$ folgt

$$\left| t^{z-1} e^{-t} \right| = t^{\operatorname{Re} z - 1} e^{-t} \leq \frac{m!}{t^{m - \operatorname{Re} z + 1}} \ .$$

Nun fixieren wir $m \in \mathbb{N}^\times$ mit $m > \operatorname{Re} z$ und erhalten aus Beispiel 8.9(b) die absolute Konvergenz von $\int_1^\infty t^{z-1} e^{-t}\, dt$. ∎

Für $z \in \mathbb{C}$ mit $\operatorname{Re} z > 0$ heißt das Integral

$$\Gamma(z) := \int_0^\infty t^{z-1} e^{-t}\, dt \tag{9.1}$$

zweites Eulersches Integral oder **Eulersches Gammaintegral**, und die durch (9.1) definierte Funktion ist die **Gammafunktion** auf $[\operatorname{Re} z > 0] := \{ z \in \mathbb{C} \ ; \ \operatorname{Re} z > 0 \}$.

9.2 Theorem *Die Gammafunktion genügt der* **Funktionalgleichung**

$$\Gamma(z + 1) = z\Gamma(z) , \qquad \operatorname{Re} z > 0 .$$

Insbesondere gilt

$$\Gamma(n + 1) = n! , \qquad n \in \mathbb{N} .$$

Beweis Partielle Integration mit $u(t) := t^z$ und $v'(t) := e^{-t}$ liefert

$$\int_\alpha^\beta t^z e^{-t} \, dt = -t^z e^{-t} \Big|_\alpha^\beta + z \int_\alpha^\beta t^{z-1} e^{-t} \, dt , \qquad 0 < \alpha < \beta < \infty .$$

Aus der Stetigkeit der Potenzfunktion auf $[0, \infty)$ und aus Satz III.6.5(iii) erhalten wir $t^z e^{-t} \to 0$ für $t \to 0$ und für $t \to \infty$. Somit folgt

$$\Gamma(z + 1) = \lim_{\substack{\alpha \to 0+ \\ \beta \to \infty}} \int_\alpha^\beta t^z e^{-t} \, dt = z \int_0^\infty t^{z-1} e^{-t} \, dt = z\Gamma(z) ,$$

also die behauptete Funktionalgleichung.

Schließlich zeigt vollständige Induktion

$$\Gamma(n + 1) = n\Gamma(n) = n(n - 1) \cdot \dots \cdot 1 \cdot \Gamma(1) = n! \, \Gamma(1) , \qquad n \in \mathbb{N} .$$

Wegen $\Gamma(1) = \int_0^\infty e^{-t} \, dt = -e^{-t} \big|_0^\infty = 1$ ist alles bewiesen.[1] ∎

Die Gammafunktion auf $\mathbb{C} \backslash (-\mathbb{N})$

Für $\operatorname{Re} z > 0$ und $n \in \mathbb{N}^\times$ folgt aus Theorem 9.2

$$\Gamma(z + n) = (z + n - 1)(z + n - 2) \cdot \dots \cdot (z + 1)z\Gamma(z) ,$$

oder

$$\Gamma(z) = \frac{\Gamma(z + n)}{z(z + 1) \cdot \dots \cdot (z + n - 1)} . \tag{9.2}$$

Die rechte Seite von (9.2) ist für jedes $z \in \mathbb{C} \backslash (-\mathbb{N})$ mit $\operatorname{Re} z > -n$ erklärt. Diese Formel legt daher eine Fortsetzung der Funktion $z \mapsto \Gamma(z)$ auf $\mathbb{C} \backslash (-\mathbb{N})$ nahe.

---

[1] Natürlich ist $f \big|_a^\infty$ eine Abkürzung für $\lim_{b \to \infty} f \big|_a^b$

9.3 Theorem (und Definition) *Für $z \in \mathbb{C}\backslash(-\mathbb{N})$ ist*

$$\Gamma_n(z) := \frac{\Gamma(z+n)}{z(z+1) \cdot \cdots \cdot (z+n-1)}$$

unabhängig von $n \in \mathbb{N}^{\times}$ mit $n > -\operatorname{Re} z$. Also wird durch

$$\Gamma(z) := \Gamma_n(z) , \qquad z \in \mathbb{C}\backslash(-\mathbb{N}) , \quad n > -\operatorname{Re} z ,$$

eine Erweiterung auf $\mathbb{C}\backslash(-\mathbb{N})$ der durch (9.1) gegebenen Funktion definiert, die **Gammafunktion**. *Sie genügt der Funktionalgleichung*

$$\Gamma(z+1) = z\Gamma(z) , \qquad z \in \mathbb{C}\backslash(-\mathbb{N}) .$$

Beweis Wegen (9.2) stimmt Γ_n auf $[\operatorname{Re} z > 0]$ mit der durch (9.1) definierten Funktion überein. Zudem gilt für $m, n \in \mathbb{N}$ mit $n > m > -\operatorname{Re} z$

$$\Gamma(z+n) = (z+n-1) \cdot \cdots \cdot (z+m)\Gamma(z+m) .$$

Deshalb folgt

$$\begin{aligned}
\Gamma_n(z) &= \frac{\Gamma(z+n)}{z(z+1) \cdot \cdots \cdot (z+n-1)} \\
&= \frac{(z+n-1) \cdot \cdots \cdot (z+m)\Gamma(z+m)}{z(z+1) \cdot \cdots \cdot (z+m-1)(z+m) \cdot \cdots \cdot (z+n-1)} \\
&= \frac{\Gamma(z+m)}{z(z+1) \cdot \cdots \cdot (z+m-1)} = \Gamma_m(z) .
\end{aligned}$$

Also stimmen die Funktionen Γ_n und Γ_m auf dem Durchschnitt ihrer Definitionsbereiche überein. Dies zeigt, daß die Gammafunktion wohldefiniert ist und auf $[\operatorname{Re} z > 0]$ mit dem Eulerschen Gammaintegral übereinstimmt.

Für $z \in \mathbb{C}\backslash(-\mathbb{N})$ und $n \in \mathbb{N}^{\times}$ mit $\operatorname{Re} z > -n$ gilt

$$\Gamma(z+1) = \frac{\Gamma(z+n+1)}{(z+1) \cdot \cdots \cdot (z+n)} = \frac{z(z+n)\Gamma(z+n)}{z(z+1) \cdot \cdots \cdot (z+n)} = z\Gamma(z)$$

vermöge $(z+n)\Gamma(z+n) = \Gamma(z+n+1)$. ∎

Die Gaußsche Darstellung

Die Gammafunktion hat eine weitere Darstellung, welche auf Gauß zurückgeht und wichtige Anwendungen besitzt.

9.4 Theorem *Für $z \in \mathbb{C} \backslash (-\mathbb{N})$ gilt*

$$\Gamma(z) = \lim_{n \to \infty} \frac{n^z n!}{z(z+1) \cdot \cdots \cdot (z+n)} \ .$$

Beweis (i) Wir betrachten zuerst den Fall $\operatorname{Re} z > 0$. Wegen

$$\Gamma(z) = \lim_{n \to \infty} \int_0^n t^{z-1} e^{-t} \, dt \ ,$$

und da gemäß Theorem III.6.23

$$e^{-t} = \lim_{n \to \infty} \left(1 - \frac{t}{n}\right)^n , \qquad t \geq 0 \ , \tag{9.3}$$

gilt, können wir vermuten, daß die Formel

$$\Gamma(z) = \lim_{n \to \infty} \int_0^n t^{z-1} \left(1 - \frac{t}{n}\right)^n dt \ , \qquad \operatorname{Re} z > 0 \ , \tag{9.4}$$

richtig sei. Daß dies in Tat der Fall ist, werden wir weiter unten beweisen.

(ii) Es sei $\operatorname{Re} z > 0$. Wir führen im Integral in (9.4) eine partielle Integration mit $u(t) := (1 - t/n)^n$ und $v'(t) := t^{z-1}$ durch:

$$\int_0^n t^{z-1} \left(1 - \frac{t}{n}\right)^n dt = \frac{1}{z} \int_0^n t^z \left(1 - \frac{t}{n}\right)^{n-1} dt \ .$$

Eine weitere partielle Integration liefert

$$\int_0^n t^{z-1} \left(1 - \frac{t}{n}\right)^n dt = \frac{1}{z} \cdot \frac{n-1}{n(z+1)} \int_0^n t^{z+1} \left(1 - \frac{t}{n}\right)^{n-2} dt \ ,$$

und wir finden durch vollständige Induktion

$$\begin{aligned}
\int_0^n t^{z-1} \left(1 - \frac{t}{n}\right)^n dt &= \frac{1}{z} \cdot \frac{n-1}{n(z+1)} \cdot \frac{n-2}{n(z+2)} \cdot \cdots \cdot \frac{1}{n(z+n-1)} \int_0^n t^{z+n-1} \, dt \\
&= \frac{1}{z} \cdot \frac{n-1}{n(z+1)} \cdot \frac{n-2}{n(z+2)} \cdot \cdots \cdot \frac{1}{n(z+n-1)} \cdot \frac{n^{z+n}}{z+n} \\
&= \frac{n! \, n^z}{z(z+1) \cdot \cdots \cdot (z+n)} \ .
\end{aligned}$$

Nun folgt die Behauptung in diesem Fall aus (9.4).

(iii) Wir setzen

$$\gamma_n(z) := \frac{n! \, n^z}{z(z+1) \cdot \cdots \cdot (z+n)} \ , \qquad z \in \mathbb{C} \backslash (-\mathbb{N}) \ . \tag{9.5}$$

Dann gilt

$$\gamma_n(z) = \frac{1}{z(z+1)\cdot\ \cdots\ \cdot(z+k-1)}\left(1+\frac{z+1}{n}\right)\left(1+\frac{z+2}{n}\right)\cdot\ \cdots$$
$$\cdot\left(1+\frac{z+k}{n}\right)\gamma_n(z+k)$$

für jedes $k \in \mathbb{N}^\times$. Wählen wir speziell $k > -\operatorname{Re} z$, so folgt aus (ii) und Theorem 9.3

$$\lim_n \gamma_n(z) = \frac{\Gamma(z+k)}{z(z+1)\cdot\ \cdots\ \cdot(z+k-1)} = \Gamma(z) .$$

Damit ist alles bewiesen, falls auch (9.4) gezeigt ist.

(iv) Um (9.4) für ein festes z zu beweisen, können wir $f(t) := t^{z-1}e^{-t}$ und

$$f_n(t) := \begin{cases} t^{z-1}(1-t/n)^n , & 0 < t \le n , \\ 0 , & t > n , \end{cases}$$

setzen. Dann folgt aus (9.3)

$$\lim_{n \to \infty} f_n(t) = f(t) , \qquad t > 0 . \tag{9.6}$$

Da die Folge $\big((1-t/n)^n\big)_{n\in\mathbb{N}}$ für $t > 0$ wachsend gegen e^{-t} konvergiert (vgl. (v)), gilt außerdem

$$|f_n(t)| \le g(t) , \qquad t > 0 , \quad n \in \mathbb{N} , \tag{9.7}$$

mit der über $(0,\infty)$ integrierbaren Funktion $t \mapsto g(t) := t^{\operatorname{Re} z-1}e^{-t}$. Nun folgt aus (9.6), (9.7) und dem (in Band III bewiesenen) Konvergenzsatz von Lebesgue

$$\lim_{n \to \infty} \int_0^n t^{z-1}(1-t/n)^n\, dt = \lim_{n \to \infty} \int_0^\infty f_n(t)\, dt = \int_0^\infty f(t)\, dt = \Gamma(z) ,$$

also (9.4).

Um einen Vorgriff auf den Satz von Lebesgue zu vermeiden, geben wir im folgenden auch eine direkte Begründung von (9.4). Dazu beweisen wir zuerst, daß die Konvergenz in (9.3) wachsend und lokal gleichmäßig stattfindet.

(v) Aus der Taylorentwicklung des Logarithmus (Anwendung IV.3.9(d) oder Theorem V.3.9) folgt

$$\frac{\log(1-s)}{s} = -\frac{1}{s}\sum_{k=1}^\infty \frac{s^k}{k} = -1 - \sum_{k=1}^\infty \frac{s^k}{k+1} , \qquad s \in (0,1) ,$$

und wir finden

$$\frac{\log(1-s)}{s} \uparrow -1 \ (s \to 0+) . \tag{9.8}$$

Setzen wir in (9.8) speziell $s := t/n$ mit $t > 0$, so gilt

$$n \log\Big(1 - \frac{t}{n}\Big) = t\Big[\frac{n}{t} \log\Big(1 - \frac{t}{n}\Big)\Big] \uparrow -t \quad (n \to \infty) \ .$$

Somit zeigen die Monotonie und die Stetigkeit der Exponentialfunktion, daß die Folge $\big([1 - t/n]^n\big)_{n \in \mathbb{N}}$ für jedes $t \geq 0$ wachsend gegen e^{-t} konvergiert.

Die gleichmäßige Konvergenz dieser Folge auf kompakten Teilintervallen von $\mathbb{R}^+$ folgt aus der gleichmäßigen Stetigkeit der Abbildung $s \mapsto \big[\log(1 - s)\big]/s$ auf solchen Intervallen (vgl. Aufgabe III.3.11). Es seien nämlich $T > 0$ und $\varepsilon > 0$. Dann gibt es ein $\delta > 0$ mit

$$\Big|\frac{\log(1 - s)}{s} + 1\Big| < \varepsilon \ , \qquad 0 < s < \delta \ . \tag{9.9}$$

Nun gilt für $n > T/\delta$ und $t \in [0, T]$ gewiß $t/n < \delta$. Mit $s := t/n$ folgt also aus (9.9)

$$\Big|n \log\Big(1 - \frac{t}{n}\Big) + t\Big| \leq T \Big|\frac{n}{t} \log\Big(1 - \frac{t}{n}\Big) + 1\Big| < T\varepsilon \ , \qquad 0 \leq t \leq T \ .$$

Somit konvergiert die Folge $\big(n \log(1 - t/n)\big)_{n \in \mathbb{N}}$ auf $[0, T]$ gleichmäßig gegen $-t$. Aufgrund der gleichmäßigen Stetigkeit der Exponentialfunktion auf $[0, T]$ konvergiert deshalb $\big((1 - t/n)^n\big)_{n \in \mathbb{N}}$ gleichmäßig bezüglich $t \in [0, T]$ gegen e^{-t}.

(vi) Schließlich beweisen wir (9.4). Dazu sei $\varepsilon > 0$. Der Beweis von Lemma 9.1 zeigt, daß es ein $N_0 \in \mathbb{N}$ gibt mit

$$\int_{N_0}^{\infty} t^{\mathrm{Re}\, z - 1} e^{-t}\, dt < \varepsilon/3 \ .$$

Also folgt aus (v)

$$\int_{N_0}^{n} t^{\mathrm{Re}\, z - 1} \Big(1 - \frac{t}{n}\Big)^n dt \leq \int_{N_0}^{n} t^{\mathrm{Re}\, z - 1} e^{-t}\, dt \leq \int_{N_0}^{\infty} t^{\mathrm{Re}\, z - 1} e^{-t}\, dt < \frac{\varepsilon}{3}$$

für $n \geq N_0$. Schließlich gibt es, ebenfalls aufgrund von (v), ein $N \in \mathbb{N}$ mit

$$\int_{0}^{N_0} t^{\mathrm{Re}\, z - 1} \Big(e^{-t} - \Big(1 - \frac{t}{n}\Big)^n\Big) dt \leq \frac{\varepsilon}{3} \ , \qquad n \geq N \ .$$

Für $n \geq N_0 \vee N$ erhalten wir nun

$$\Big|\Gamma(z) - \int_{0}^{n} t^{z - 1} \Big(1 - \frac{t}{n}\Big)^n dt\Big|$$

$$\leq \Big|\Gamma(z) - \int_{0}^{N_0} t^{z - 1} e^{-t}\, dt\Big| + \Big|\int_{0}^{N_0} t^{z - 1} e^{-t}\, dt - \int_{0}^{n} t^{z - 1} \Big(1 - \frac{t}{n}\Big)^n dt\Big|$$

$$\leq \int_{N_0}^{\infty} t^{\mathrm{Re}\, z - 1} e^{-t}\, dt + \int_{0}^{N_0} t^{\mathrm{Re}\, z - 1} \Big(e^{-t} - \Big(1 - \frac{t}{n}\Big)^n\Big) dt$$

$$+ \int_{N_0}^{n} t^{\mathrm{Re}\, z - 1} \Big(1 - \frac{t}{n}\Big)^n dt \leq \varepsilon \ ,$$

was (9.4) zeigt. ∎

Die Ergänzungsformel

Als eine Anwendung der Gaußschen Produktdarstellung wollen wir einen wichtigen Zusammenhang zwischen der Gammafunktion und dem Sinus herleiten. Dazu beweisen wir zuerst eine auf Weierstraß zurückgehende Produktdarstellung für $1/\Gamma$.

9.5 Satz *Für $z \in \mathbb{C} \backslash (-\mathbb{N})$ gilt*

$$\frac{1}{\Gamma(z)} = z e^{Cz} \prod_{k=1}^{\infty} \left(1 + \frac{z}{k}\right) e^{-z/k} , \tag{9.10}$$

wobei C die Euler-Mascheronische Konstante bezeichnet. Das unendliche Produkt konvergiert absolut und lokal gleichmäßig. Insbesondere besitzt die Gammafunktion keine Nullstellen.

Beweis Offensichtlich gilt

$$\frac{1}{\gamma_n(z)} = z \exp\left[z\left(\sum_{k=1}^{n}\frac{1}{k} - \log n\right)\right] \prod_{k=1}^{n}\left(\frac{z+k}{k} e^{-z/k}\right)$$

für $z \in \mathbb{C} \backslash (-\mathbb{N})$. Mit $a_k(z) := (1 + z/k)e^{-z/k}$ gilt für $|z| \le R$

$$|a_k(z) - 1| = \left|(1 + z/k)\left[1 - z/k + \sum_{j=2}^{\infty}\frac{(-1)^j}{j!}\left(\frac{z}{k}\right)^j\right] - 1\right| \le c/k^2 \tag{9.11}$$

mit einer geeigneten Konstanten $c := c(R)$. Also gibt es eine Konstante $K \in \mathbb{N}^\times$ mit $|a_k(z) - 1| \le 1/2$ für $k \ge K$ und $|z| \le R$. Hieraus folgt

$$\prod_{k=1}^{n}\frac{z+k}{k} e^{-z/k} = \left(\prod_{k=1}^{K} a_k(z)\right) \exp\left(\sum_{k=K+1}^{n} \log a_k(z)\right) \tag{9.12}$$

für $n > K$ und $|z| \le R$. Aus der Potenzreihenentwicklung des Logarithmus erhalten wir leicht die Existenz einer Konstanten $M \ge 1$ mit $|\log(1 + \zeta)| \le M|\zeta|$ für $|\zeta| \le 1/2$. Somit finden wir mit (9.11) die Abschätzung

$$\sum_{k>K} |\log a_k(z)| \le M \sum_{k>K} |a_k(z) - 1| \le cM \sum_{k} k^{-2}$$

für $|z| \le R$. Also konvergiert die Reihe $\sum_{k>K} \log a_k(z)$ aufgrund des Weierstraßschen Majorantenkriteriums absolut und gleichmäßig für $|z| \le R$. Wegen (9.12) und der Eigenschaften der Exponentialfunktion gilt dies auch für das in (9.10) auftretende unendliche Produkt. Nun folgen die Behauptungen aus Theorem 9.4 und Beispiel 6.13(b). ∎

Unter Verwendung dieser Produktdarstellung und der des Sinus erhalten wir die angekündigte Beziehung zwischen dem Sinus und der Gammafunktion.

9.6 Theorem (Ergänzungsformel)   Für $z \in \mathbb{C} \backslash \mathbb{Z}$ gilt

$$\Gamma(z)\Gamma(1-z) = \frac{\pi}{\sin(\pi z)} \ .$$

Beweis   Die Darstellung (9.10) impliziert (vgl. Satz II.2.4(ii))

$$\frac{1}{\Gamma(z)} \frac{1}{\Gamma(1-z)} = \frac{1}{-z\Gamma(z)\Gamma(-z)} = z \prod_{k=1}^{\infty} \left(1 - \frac{z^2}{k^2}\right)$$

für $z \in \mathbb{C} \backslash \mathbb{Z}$. Nun folgt die Behauptung aus Anwendung 7.23(b). ∎

Mittels der Ergänzungsformel berechnen wir den Wert eines wichtigen uneigentlichen Integrals.

9.7 Anwendung   (Gaußsches Fehlerintegral[2])   Es gilt

$$\int_{-\infty}^{\infty} e^{-x^2} \, dx = \Gamma(1/2) = \sqrt{\pi} \ .$$

Beweis   Mit der Substitution $x = \sqrt{t}$ finden wir[3]

$$\Gamma(1/2) = \int_0^{\infty} e^{-t} \frac{dt}{\sqrt{t}} = 2 \int_0^{\infty} e^{-x^2} \, dx = \int_{-\infty}^{\infty} e^{-x^2} \, dx \ ,$$

da $x \mapsto e^{-x^2}$ gerade ist. Nun folgt die Behauptung aus der Ergänzungsformel. ∎

Im dritten Band werden wir eine „elementare" Methode zur Berechnung des Gaußschen Fehlerintegrals mit Hilfe von Mehrfachintegralen kennenlernen.

Die logarithmische Konvexität der Gammafunktion

Mit

$$\varphi_n(z) := z \log n - \sum_{k=0}^{n} \log(z+k) + \log(n!) \ , \qquad n \in \mathbb{N}^{\times} \ , \quad z \in \mathbb{C} \backslash (-\mathbb{N}) \ ,$$

erhalten wir aus (9.5) die Darstellung $\gamma_n = e^{\varphi_n}$. Hieraus ergibt sich für die logarithmische Ableitung γ_n'/γ_n von γ_n die einfache Gestalt

$$\psi_n(z) := \frac{\gamma_n'(z)}{\gamma_n(z)} = \log n - \sum_{k=0}^{n} \frac{1}{z+k} \ , \tag{9.13}$$

---

[2]Der Name „Fehlerintegral" stammt aus der Wahrscheinlichkeitsrechnung, in der die Funktion $x \mapsto e^{-x^2}$ eine fundamentale Rolle spielt.

[3]Diese Substitution ist im eigentlichen Integral $\int_\alpha^\beta$ vorzunehmen, und anschließend sind die Grenzübergänge $\alpha \to 0+$ und $\beta \to \infty$ durchzuführen.

und weiter

$$\psi_n'(z) = \sum_{k=0}^{n} \frac{1}{(z+k)^2} \tag{9.14}$$

für $n \in \mathbb{N}^\times$ und $z \in \mathbb{C}\backslash(-\mathbb{N})$.

Nach diesen Vorbereitungen können wir die Gültigkeit der folgenden Darstellung der ersten beiden logarithmischen Ableitungen der Gammafunktion beweisen.

9.8 Satz $\Gamma \in C^2\big(\mathbb{C}\backslash(-\mathbb{N})\big)$, *und es gelten*

$$\frac{\Gamma'(z)}{\Gamma(z)} = -C - \frac{1}{z} - \sum_{k=1}^{\infty} \Big(\frac{1}{z+k} - \frac{1}{k} \Big) \tag{9.15}$$

sowie

$$\Big(\frac{\Gamma'}{\Gamma} \Big)'(z) = \sum_{k=0}^{\infty} \frac{1}{(z+k)^2} \tag{9.16}$$

für $z \in \mathbb{C}\backslash(-\mathbb{N})$, *wobei* C *die Euler-Mascheronische Konstante bezeichnet.*

Beweis Wir zeigen zuerst, daß die Folgen (ψ_n) und (ψ_n') auf $\mathbb{C}\backslash(-\mathbb{N})$ lokal gleichmäßig konvergieren. Dazu beachten wir

$$\psi_n(z) = \Big(\log n - \sum_{k=1}^{n} \frac{1}{k} \Big) - \frac{1}{z} - \sum_{k=1}^{n} \Big(\frac{1}{z+k} - \frac{1}{k} \Big) .$$

Folglich haben wir die lokal gleichmäßige Konvergenz der Reihen

$$\sum_{k} \Big(\frac{1}{z+k} - \frac{1}{k} \Big) = \sum_{k} \frac{-z}{k(z+k)} \quad \text{und} \quad \sum_{k}(z+k)^{-2} \tag{9.17}$$

auf $\mathbb{C}\backslash(-\mathbb{N})$ zu zeigen.

Es seien $z_0 \in \mathbb{C}\backslash(-\mathbb{N})$ und $0 < r < \operatorname{dist}(z_0, -\mathbb{N})$. Dann gilt für $z \in \mathbb{B}(z_0, r)$ die Abschätzung

$$|z+k| \geq |z_0 + k| - |z - z_0| \geq k - |z_0| - r \geq k/2$$

für $k \in \mathbb{N}^\times$ mit $k \geq k_0 := 2(|z_0| + r)$. Somit finden wir

$$\Big| \frac{z}{k(z+k)} \Big| \leq \frac{k_0}{k^2} \, , \quad \frac{1}{|z+k|^2} \leq \frac{4}{k^2}$$

für $z \in \mathbb{B}(z_0, r)$ und $k \geq k_0$. Also folgt die gleichmäßige Konvergenz auf $\mathbb{B}(z_0, r)$ — und somit die lokal gleichmäßige Konvergenz auf $\mathbb{C}\backslash(-\mathbb{N})$ — der Reihen (9.17) aus dem Weierstraßschen Majorantenkriterium (Theorem V.1.6). Folglich gilt

$$\psi(z) := \lim_{n \to \infty} \psi_n(z) = -C - \frac{1}{z} - \sum_{k=1}^{\infty} \left(\frac{1}{z+k} - \frac{1}{z} \right) , \qquad z \in \mathbb{C} \backslash (-\mathbb{N}) . \tag{9.18}$$

Aus dem Satz über die Differenzierbarkeit von Funktionenfolgen (Theorem V.2.8) folgt ferner, daß ψ auf $\mathbb{C} \backslash (-\mathbb{N})$ stetig differenzierbar ist mit

$$\psi'(z) = \lim_{n \to \infty} \psi'_n(z) = \sum_{k=0}^{\infty} \frac{1}{(z+k)^2} , \qquad z \in \mathbb{C} \backslash (-\mathbb{N}) . \tag{9.19}$$

Für $z \in \mathbb{C} \backslash (-\mathbb{N})$ können wir $\varphi_n(z)$ auch in der Form

$$\varphi_n(z) = -\log z + z \left(\log n - \sum_{k=1}^{n} \frac{1}{k} \right) + \sum_{k=1}^{n} \left(\frac{z}{k} - \log \left(1 + \frac{z}{k} \right) \right)$$

schreiben. Wegen

$$\log(1 + z/k) = z/k + O\big((z/k)^2 \big) \quad (k \to \infty)$$

und wegen Beispiel 6.13(b) folgt hieraus, daß $\varphi_n(z)$ für $n \to \infty$ gegen

$$\varphi(z) := -\log z - Cz + \sum_{k=1}^{\infty} \left(\frac{z}{k} - \log \left(1 + \frac{z}{k} \right) \right)$$

konvergiert. Somit erhalten wir aus $\gamma_n = e^{\varphi_n}$ und aus Theorem 9.4

$$\Gamma(z) = e^{\varphi(z)} , \qquad z \in \mathbb{C} \backslash (-\mathbb{N}) . \tag{9.20}$$

Da $\varphi'_n = \psi_n$ gilt und da die Folge (ψ_n) lokal gleichmäßig konvergiert, garantiert Theorem V.2.8, daß φ stetig differenzierbar ist mit $\varphi' = \psi$. Nun folgt aus (9.20), daß auch Γ stetig differenzierbar ist mit

$$\Gamma' = \varphi' e^{\varphi} = \psi \Gamma . \tag{9.21}$$

Also ergibt sich (9.15) aus (9.18), und (9.16) ist eine Konsequenz von (9.19). Schließlich folgt $\Gamma \in C^2 \big(\mathbb{C} \backslash (-\mathbb{N}) \big)$ aus (9.21) und der stetigen Differenzierbarkeit von ψ. ∎

9.9 Bemerkungen (a) Aus dem obigen Satz und aus Theorem VIII.5.11 wird folgen, daß Γ auf $\mathbb{C} \backslash (-\mathbb{N})$ analytisch ist.

(b) Wegen $(\Gamma'/\Gamma)' = \big(\Gamma''\Gamma - (\Gamma')^2 \big) / \Gamma^2$ erhalten wir aus (9.16)

$$\Gamma''(x)\Gamma(x) > \big(\Gamma'(x) \big)^2 \geq 0 , \qquad x \in \mathbb{R} \backslash (-\mathbb{N}) .$$

Also gilt $\mathrm{sign}\big(\Gamma''(x)\big) = \mathrm{sign}\big(\Gamma(x)\big)$ für $x \in \mathbb{R}\backslash(-\mathbb{N})$. Aus der Gaußschen Formel von Theorem 9.4 lesen wir ab, daß gilt

$$\mathrm{sign}\big(\Gamma(x)\big) = \left\{ \begin{array}{ll} 1 , & x > 0 , \\ (-1)^k , & -k < x < -k+1 , \quad k \in \mathbb{N} . \end{array} \right.$$

Also ist Γ konvex auf $(0, \infty)$ und den Intervallen $(-2k, -2k+1)$ sowie konkav auf den Intervallen $(-2k-1, -2k)$ für $k \in \mathbb{N}$.

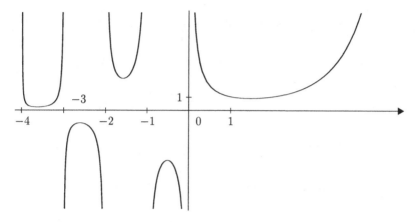

(c) Eine überall strikt positive, auf einem perfekten Intervall definierte Funktion f heißt **logarithmisch konvex**, wenn $\log f$ konvex ist. Ist f zweimal differenzierbar, so ist f gemäß Korollar IV.2.13 offensichtlich genau dann logarithmisch konvex, wenn $f''f - (f')^2 \geq 0$ gilt. Also ist die Gammafunktion auf $(0, \infty)$ logarithmisch konvex. Man kann zeigen, daß $\Gamma\,|\,(0, \infty)$ die einzige Funktion $f : (0, \infty) \to (0, \infty)$ ist, welche die folgenden Bedingungen erfüllt:

 (i) f ist logarithmisch konvex;

 (ii) $f(x+1) = xf(x), \quad x > 0$;

(iii) $f(1) = 1$.

Für einen Beweis und einen Aufbau der Theorie der Gammafunktion (im Reellen) auf der Basis dieser Eigenschaften verweisen wir auf [Art31] (vgl. auch [Kön92] und Aufgabe 6). ∎

Die Stirlingsche Formel

Die de Moivre-Stirlingsche Formel beschreibt das asymptotische Verhalten der Fakultätenfunktion $n \mapsto n!$ für $n \to \infty$. Genauer folgt aus Beispiel 6.13(a)

$$\Gamma(n) = (n-1)! \sim \sqrt{2\pi}\, n^{n-\frac{1}{2}} e^{-n} . \tag{9.22}$$

Im folgenden Theorem präzisieren und erweitern wir diese Aussage.

9.10 Theorem (Stirlingsche Formel) *Zu jedem $x > 0$ gibt es ein $\theta(x) \in (0,1)$ mit*

$$\Gamma(x) = \sqrt{2\pi}\, x^{x-1/2} e^{-x} e^{\theta(x)/12x} \ .$$

Beweis Für γ_n aus (9.5) erhalten wir

$$\log \gamma_n(x) = \log n! + x \log n - \sum_{k=0}^{n} \log(x+k) \ , \qquad x > 0 \ .$$

Auf die Summe wenden wir die Euler-Maclaurinsche Formel (Theorem 6.9) mit $a := 0$, $b := n$ und $m := 0$ an und finden

$$\sum_{k=0}^{n} \log(x+k) = \int_{0}^{n} \log(x+t)\, dt + \frac{1}{2}\big[\log x + \log(x+n)\big] + R_n(x)$$

mit

$$R_n(x) := \int_{0}^{n} \frac{\widetilde{B}_1(t)}{x+t}\, dt \ .$$

Partielle Integration mit $u(t) := \log(x+t)$ und $v' = 1$ liefert

$$\int_{0}^{n} \log(x+t)\, dt = (x+t)\big[\log(x+t) - 1\big]\Big|_{0}^{n} = (x+n)\log(x+n) - n - x \log x \ ,$$

und folglich

$$\log \gamma_n(x) = \Big(x - \frac{1}{2}\Big) \log x + \log n! + n + x \log n - \Big(x + n + \frac{1}{2}\Big)\log(x+n) - R_n(x) \ .$$

Wegen $\log(x+n) = \log n + \log(1+x/n)$ folgt

$$\Big(x+n+\frac{1}{2}\Big)\log(x+n) = x \log n + \log\big(n^{(n+\frac{1}{2})}\big) + \Big(x + \frac{1}{2}\Big)\log\Big(1 + \frac{x}{n}\Big)$$
$$+ \log\Big(\big(1 + \frac{x}{n}\big)^n\Big) \ ,$$

und wir erhalten

$$\log \gamma_n(x) = \Big(x - \frac{1}{2}\Big)\log x - \log\Big(\big(1 + \frac{x}{n}\big)^n\Big) - \Big(x + \frac{1}{2}\Big)\log\Big(1 + \frac{x}{n}\Big)$$
$$+ \log\Big[\frac{n!}{n^{n+1/2}e^{-n}}\Big] - R_n(x) \ . \tag{9.23}$$

Um $R_n(x)$ abzuschätzen, beachten wir

$$-R_n(x) = -\sum_{k=0}^{n-1} \int_{k}^{k+1} \frac{\widetilde{B}_1(t)}{x+t}\, dt = -\sum_{k=0}^{n-1} \int_{0}^{1} \frac{B_1(t)}{x+t+k}\, dt = \sum_{k=0}^{n-1} g(x+k)$$

mit

$$g(x) := -\int_0^1 \frac{t - 1/2}{x + t}\, dt = \left(x + \frac{1}{2}\right) \log\left(\frac{x+1}{x}\right) - 1 = \frac{1}{2y} \log \frac{1+y}{1-y} - 1\,,$$

wo wir $y := 1/(2x + 1)$ gesetzt haben. Für $x > 0$ gilt $0 < y < 1$. Also folgt aus

$$\log\big((1 + y)/(1 - y)\big) = \log(1 + y) - \log(1 - y)$$

und der Potenzreihenentwicklung des Logarithmus

$$\frac{1}{2} \log \frac{1+y}{1-y} = \sum_{k=0}^{\infty} \frac{y^{2k+1}}{2k + 1}\,,$$

und somit

$$0 < g(x) = \sum_{k=1}^{\infty} \frac{y^{2k}}{2k + 1} < \frac{1}{3} \sum_{k=1}^{\infty} y^{2k} = \frac{1}{3} \frac{y^2}{1 - y^2}$$

$$= \frac{1}{12x(x+1)} = \frac{1}{12x} - \frac{1}{12(x+1)} =: h(x)\,, \qquad x > 0\,.$$

Folglich stellt $\sum_k h(x + k)$ eine konvergente Majorante der Reihe $\sum_k g(x + k)$ dar. Also existiert

$$R(x) := \lim_{n \to \infty} R_n(x) = -\sum_{k=0}^{\infty} g(x + k)\,,$$

und es gilt

$$0 < -R(x) < \frac{1}{12x}\,, \qquad x > 0\,,$$

da $1/12x$ der Wert der Reihe $\sum_k h(x + k)$ ist und $g(x) < h(x)$ für $x > 0$ gilt.

Nun führen wir in (9.23) den Grenzübergang $n \to \infty$ durch und finden aufgrund von Theorem 9.4

$$\log \Gamma(x) = \left(x - \frac{1}{2}\right) \log x - x + \log \sqrt{2\pi} - R(x)\,,$$

wobei wir die de Moivre-Stirlingsche Formel (9.22) verwendet haben. Die Behauptung folgt nun mit $\theta(x) := -12xR(x)$. ∎

Die Stirlingsche Formel stellt die Grundlage dar zur näherungsweisen Berechnung der Gammafunktion, und somit insbesondere von $n!$, für große Argumente. Wählt man nämlich $\sqrt{2\pi}\, x^{x-1/2} e^{-x}$ als Näherungswert für $\Gamma(x)$, so ist der relative Fehler kleiner als $e^{1/12x} - 1$, und für große x wird dieser Ausdruck schnell klein.

Das Eulersche Betaintegral

Neben dem zweiten spielt das **erste Eulersche Integral**

$$\int_0^1 t^{p-1}(1-t)^{q-1}\, dt \tag{9.24}$$

im Zusammenhang mit der Gammafunktion eine wichtige Rolle.

9.11 Satz   *Das Integral (9.24) konvergiert für $p, q \in [\operatorname{Re} z > 0]$ absolut.*

Beweis   Wegen

$$\int_0^1 |t^{p-1}(1-t)^{q-1}|\, dt = \int_0^1 t^{\operatorname{Re} p - 1}(1-t)^{\operatorname{Re} q - 1}\, dt$$

genügt es, den Fall $p, q \in \mathbb{R}$ zu betrachten.

(i) Es sei $q \in \mathbb{R}$. Dann gibt es Zahlen $0 < m < M$ mit

$$m \le (1-t)^{q-1} \le M , \qquad 0 \le t \le 1/2 .$$

Somit folgt aus Beispiel 8.9(b)

$$\int_0^{1/2} t^{p-1}(1-t)^{q-1}\, dt \text{ existiert} \iff p > 0 .$$

(ii) Es sei nun $p > 0$. Dann gibt es Zahlen $0 < m' < M'$ mit

$$m' \le t^{p-1} \le M' , \qquad 1/2 \le t \le 1 .$$

Also existiert $\int_{1/2}^1 t^{p-1}(1-t)^{q-1}\, dt$ genau dann, wenn $\int_{1/2}^1 (1-t)^{q-1}\, dt$ existiert. Mit der Substitution $s := 1 - t$ folgt[4] aus Beispiel 8.9(b)

$$\int_{1/2}^1 (1-t)^{q-1}\, dt = \int_0^{1/2} s^{q-1}\, ds \text{ existiert} \iff q > 0 .$$

Damit ist alles bewiesen. ∎

Aufgrund dieses Satzes ist die **Eulersche Betafunktion** B durch

$$\mathsf{B} : [\operatorname{Re} z > 0] \times [\operatorname{Re} z > 0] \to \mathbb{C} , \quad (p, q) \mapsto \int_0^1 t^{p-1}(1-t)^{q-1}\, dt$$

wohldefiniert.

---

[4]Wie bereits früher bemerkt, sind Substitutionen bei uneigentlichen Integralen vor den Grenzübergängen durchzuführen.

9.12 Bemerkungen (a) Die Gammafunktion und die Betafunktion sind durch die Funktionalgleichung

$$\frac{\Gamma(p)\Gamma(q)}{\Gamma(p+q)} = \mathsf{B}(p,q) , \qquad p,q \in [\operatorname{Re} z > 0] , \tag{9.25}$$

miteinander verknüpft. Ein Beweis dieser Aussage für $p,q \in (0,\infty)$ ist in den Aufgaben 12 und 13 skizziert. Den allgemeinen Fall behandeln wir im dritten Band.

(b) Für $p,q \in [\operatorname{Re} z > 0]$ gelten

$$\mathsf{B}(p,q) = \mathsf{B}(q,p) \quad \text{und} \quad \mathsf{B}(p+1,q) = \frac{p}{q}\mathsf{B}(p,q+1) .$$

Beweis Die erste Aussage folgt unmittelbar aus (9.25). Ebenfalls aus (9.25) und aus Theorem 9.2 ergibt sich

$$\mathsf{B}(p+1,q) = \frac{p\Gamma(p)\Gamma(q)}{(p+q)\Gamma(p+q)} = \frac{p}{p+q}\mathsf{B}(p,q) ,$$

und somit, wegen der Symmetrie, auch $\mathsf{B}(p,q+1) = \big(q/(p+q)\big)\mathsf{B}(p,q)$. Dies impliziert die Behauptung. ∎

(c) Mittels der Funktionalgleichung (9.25) und der Eigenschaften der Gammafunktion kann die Betafunktion für alle $p,q \in \mathbb{C}$ mit $p,q,(p+q) \notin -\mathbb{N}$ definiert werden. ∎

Aufgaben

1 Man beweise:

$$\Gamma\left(n+\frac{1}{2}\right) = \sqrt{\pi}\prod_{k=1}^{n}\frac{2k-1}{2} = 1\cdot 3\cdot\dots\cdot(2n-1)\frac{\sqrt{\pi}}{2^n} , \qquad n \in \mathbb{N}^{\times} .$$

2 Man zeige, daß Γ zu $C^{\infty}\big(\mathbb{C}\backslash(-\mathbb{N}),\mathbb{C}\big)$ gehört mit

$$\Gamma^{(n)}(z) = \int_0^{\infty} t^{z-1}(\log t)^n e^{-t}\,dt , \qquad n \in \mathbb{N} , \quad \operatorname{Re} z > 0 .$$

(Hinweis: Man beachte (9.4).)

3 Es bezeichne C die Euler-Mascheronische Konstante. Dann gelten die Aussagen

 (i) $\int_0^{\infty} e^{-t}\log t\,dt = -C$.

 (ii) $\int_0^{\infty} e^{-t}t\log t\,dt = 1 - C$.

 (iii) $\int_0^{\infty} e^{-t}t^{n-1}\log t\,dt = (n-1)!\sum_{k=1}^{n-1}(1/k - C)$, $n \in \mathbb{N}$, $n \geq 2$.

 (iv) $\int_0^{\infty}(\log t)^2 e^{-t}\,dt = C^2 + \pi^2/6$.

(Hinweis: Zur Berechnung des Integrals in (iv) beachte man Anwendung 7.23(a).)

4 Es ist zu zeigen, daß die Gammafunktion für $z \in \mathbb{C}$ mit $\operatorname{Re} z > 0$ die Darstellung

$$\Gamma(z) = \int_0^1 (-\log t)^{z-1}\, dt$$

besitzt.

5 Es seien f und g logarithmisch konvexe Funktionen. Dann ist auch fg logarithmisch konvex.

6 Die Funktion $f : (0,\infty) \to (0,\infty)$ sei differenzierbar[5] und erfülle die Bedingungen

(i) f ist logarithmisch konvex;

(ii) $f(x+1) = x f(x)$, $x > 0$;

(iii) $f(1) = 1$.

Dann gilt $f = \Gamma\,|\,(0,\infty)$.

(Hinweise: (α) Es sei $h := \log(\Gamma/f)$. Aufgrund von (iii) genügt es, $h' = 0$ nachzuweisen. (β) Aus (ii) und Theorem 9.2 folgt, daß h 1-periodisch ist. (γ) Aus (i) folgt, daß $(\log f)'$ wachsend ist (vgl. Theorem IV.2.12). Somit ergibt sich für $0 < y \le 1$:

$$0 \le (\log f)'(x+y) - (\log f)'(x) \le (\log f)'(x+1) - (\log f)'(x) = 1/x \;,$$

wobei im letzten Schritt nochmals (ii) verwendet wurde. Eine analoge Abschätzung ist auch für $(\log \Gamma)'$ richtig. Deshalb folgt

$$-1/x \le h'(x+y) - h'(x) \le 1/x \;, \qquad y \in (0,1] \;, \quad x \in (0,\infty) \;.$$

Da mit h auch h' und $h'(\cdot + y)$ 1-periodisch sind, ergibt sich

$$-1/(x+n) \le h'(x+y) - h'(x) \le 1/(x+n) \;, \qquad x,y \in (0,1] \;, \quad n \in \mathbb{N}^\times \;.$$

Für $n \to \infty$ folgt nun $h' = 0$.)

7 Man beweise die **Legendresche Verdoppelungsformel**

$$\Gamma\!\left(\frac{x}{2}\right)\Gamma\!\left(\frac{x+1}{2}\right) = \frac{\sqrt{\pi}}{2^{x-1}}\,\Gamma(x) \;, \qquad x \in (0,\infty) \;.$$

(Hinweis: Man betrachte $h(x) := 2^x \Gamma(x/2)\,\Gamma\big((x+1)/2\big)$ und verwende Aufgabe 6.)

8 Für $x \in (-1,1)$ verifiziere man die Potenzreihenentwicklung

$$(\log \Gamma)(1+x) = -Cx + \sum_{k=2}^{\infty} (-1)^k \frac{\zeta(k)}{k}\, x^k \;.$$

(Hinweis: Man stelle $\log(1 + x/n)$ für $n \in \mathbb{N}^\times$ als Potenzreihe dar und beachte Satz 9.5.)

9 Es gilt $\int_0^1 \log \Gamma(x)\, dx = \log \sqrt{2\pi}$. (Hinweis: Aufgabe 8.4 und Theorem 9.6).

---

[5]Man kann zeigen, daß auf die Differenzierbarkeit von f verzichtet werden kann (vgl. [Art31], [Kön92]).

10 Man verifiziere, daß für $0 < a < b$ gilt

$$\int_a^b \frac{dx}{\sqrt{(x-a)(b-x)}} = \pi \ .$$

11 Für festes $q \in (0, \infty)$ ist die Funktion $(0, \infty) \to (0, \infty), \ p \mapsto \mathsf{B}(p, q)$ differenzierbar und logarithmisch konvex. (Hinweis: Es gilt $\partial_p^2 \big(\log\big(t^{p-1}(1-t)^{q-1}\big) \big) = 0$ für $p, q \in (0, \infty)$ und $t \in (0, 1)$.)

12 Man beweise (ohne (9.25) zu verwenden): Für $p, q \in (0, \infty)$ gilt

$$\mathsf{B}(p+1, q) = p\mathsf{B}(p, q)/(p+q) \ .$$

13 Für $p, q \in (0, \infty)$ gilt

$$\frac{\Gamma(p)\,\Gamma(q)}{\Gamma(p+q)} = \mathsf{B}(p, q) \ .$$

(Hinweise: Es seien $q \in (0, \infty)$ fest und

$$f : (0, \infty) \to (0, \infty) \ , \quad p \mapsto \mathsf{B}(p, q)\,\Gamma(p+q)/\Gamma(q) \ .$$

Gemäß Aufgabe 11 und Satz 9.8 ist f differenzierbar, und die Aufgaben 5 und 11 zeigen, daß f logarithmisch konvex ist. Ferner folgt aus Aufgabe 12, daß f die Funktionalgleichung $f(p+1) = pf(p)$ erfüllt. Wegen $f(1) = 1$ ergibt sich die Behauptung aus Aufgabe 6.)

Kapitel VII

Differentialrechnung mehrerer Variabler

Im ersten Band haben wir bereits gesehen, wie wir mit Hilfe der Differentialrechnung tiefgründige und weitreichende Aussagen über die „Feinstruktur" von Funktionen gewinnen können. Dabei hat sich die Idee der linearen Approximation als äußerst schlagkräftig und flexibel erwiesen. Allerdings haben wir uns bis jetzt auf den Fall von Funktionen einer Variablen beschränkt.

Dieses Kapitel ist der Differentialrechnung von Funktionen mehrerer Variabler gewidmet. Wiederum werden wir uns von der einfachen Idee der linearen Approximierbarkeit leiten lassen. Allerdings ist — im Gegensatz zum eindimensionalen Fall — der Sachverhalt hier wesentlich komplizierter, da die linearen Abbildungen in der mehrdimensionalen Situation eine weit reichhaltigere innere Struktur aufweisen als dies bei nur einer Variablen der Fall ist.

Wie auch in den vorangehenden Kapiteln geben wir einer koordinatenfreien Darstellung den Vorzug. Mit anderen Worten: Wir entwickeln die Differentialrechnung für Abbildungen zwischen Banachräumen. Diese Darstellung ist konzeptionell einfach und verstellt nicht durch komplizierte Ausdrücke den Blick auf das Wesentliche. Die klassischen Formeln für die Ableitungen in der üblichen Koordinatendarstellung ergeben sich leicht aus den allgemeinen Resultaten durch Ausnutzen der Produktstruktur endlichdimensionaler euklidischer Räume.

Da lineare Abbildungen zwischen Banachräumen das Fundament für die lineare Approximation, also für die Differenzierbarkeit, bilden, ist der erste Paragraph dem Studium von Räumen linearer Operatoren gewidmet. Besondere Aufmerksamkeit kommt natürlich dem endlichdimensionalen Fall zu, in dem wir uns auf die einfachen Grundregeln der Matrizenrechnung, die aus der Linearen Algebra als bekannt vorausgesetzt werden, stützen.

Als eine Anwendung der erhaltenen Resultate studieren wir die Exponentialfunktion in der Endomorphismenalgebra eines Banachraumes und leiten daraus einige Grundtatsachen über Systeme gewöhnlicher Differentialgleichungen und über Differentialgleichungen zweiter Ordnung mit konstanten Koeffizienten her.

In Paragraph 2 wird das zentrale Konzept der (Fréchet-)Ableitung eingeführt. Darüber hinaus betrachten wir Richtungsableitungen, die naturgemäß zu partiellen Ableitungen und der Darstellung der (Fréchet-)Ableitung mittels der Jacobimatrix führen. Schließlich beleuchten wir den Zusammenhang zwischen der Differenzierbarkeit von Funktionen einer komplexen Variablen und der totalen Differenzierbarkeit der zugehörigen reellen Darstellungen und charakterisieren die komplexe Differenzierbarkeit mittels der Cauchy-Riemannschen Differentialgleichungen.

Im dritten Paragraphen stellen wir die Rechenregeln für das Differenzieren zusammen und leiten durch einfaches Rückführen auf den Fall einer Variablen die wichtigen Mittelwertsätze her.

Bevor wir uns den höheren Ableitungen zuwenden können, müssen wir den Zusammenhang zwischen linearen Abbildungen mit Werten in Räumen linearer Operatoren und multilinearen Abbildungen klären. Dies geschieht in Paragraph 4. Die dort entwickelten einfachen Resultate bilden die Grundlage für eine übersichtliche Darstellung höherer Ableitungen im Falle mehrerer Variabler.

In Paragraph 5 erklären wir das Konzept der Ableitungen höherer Ordnung. Insbesondere beweisen wir die fundamentalen Taylorschen Formeln — und zwar sowohl für Abbildungen zwischen Banachräumen als auch für Funktionen von endlich vielen Veränderlichen. In Verallgemeinerung der Kriterien für den eindimensionalen Fall können wir dann hinreichende Bedingungen für das Vorliegen lokaler Extrema bei Funktionen mehrerer Variabler angeben.

Paragraph 6 spielt eine Sonderrolle. Er dient in erster Linie zur Illustration der Bedeutung der Differentialrechnung in Banachräumen. Dazu erklären wir die Grundgedanken der Variationsrechnung und leiten die fundamentalen Euler-Lagrangeschen Differentialgleichungen her. Dabei soll dem Leser vor Augen geführt werden, wie hilfreich der abstrakte Zugang ist, der Funktionen als Punkte eines unendlichdimensionalen Banachraumes auffaßt. Dadurch ist es leicht, auch bei „Funktionen von Funktionen" einfache geometrische Ideen einzusetzen, um in natürlicher Weise zu Resultaten mit weitreichenden Konsequenzen zu gelangen. Im vorliegenden Fall führt das einfache und durchsichtige Kriterium, daß ein kritischer Punkt notwendig für das Vorliegen eines lokalen Minimums ist, zu den grundlegenden Euler-Lagrangeschen Differentialgleichungen, deren Bedeutung für weite Teile der Mathematik und auch der Physik nicht hoch genug bewertet werden kann.

Nach diesem Ausflug in die Bereiche der „höheren Analysis" beweisen wir in Paragraph 7 den vielleicht wichtigsten Satz der Differentialrechnung, nämlich das Theorem über die Umkehrabbildungen. Äquivalent zu diesem Resultat ist der Satz über implizite Funktionen, den wir im darauffolgenden Paragraphen herleiten. Auch diese Sätze können wir ohne zusätzliche Mühe für Abbildungen zwischen Banachräumen beweisen. Wiederum gewinnen wir durch die koordinatenfreie Darstellung erheblich an Klarheit und Eleganz.

In Paragraph 8 geben wir auch einen ersten Einblick in die Theorie nicht-linearer gewöhnlicher Differentialgleichungen. Mittels des Satzes über implizite Funktionen diskutieren wir skalare Differentialgleichungen erster Ordnung. Außerdem beweisen wir den Satz von Picard-Lindelöf, den fundamentalen Existenz- und Eindeutigkeitssatz für gewöhnliche Differentialgleichungen.

Im restlichen Teil dieses Kapitels illustrieren wir die große Bedeutung des Satzes über implizite Funktionen im endlichdimensionalen Fall indem wir zeigen, wie mit Hilfe dieses Theorems Untermannigfaltigkeiten des $\mathbb{R}^n$ charakterisiert werden können. Anhand zahlreicher Beispiele erklären wir, wie Kurven, Flächen und — allgemeiner — höherdimensionale Mannigfaltigkeiten dargestellt und mittels linearer Approximation, nämlich durch ihre Tangentialräume, genauer beschrieben werden können. Wir beschränken uns dabei auf den Fall von Untermannigfaltigkeiten euklidischer Vektorräume, der konzeptionell einfacher ist als derjenige der abstrakten Mannigfaltigkeiten. Jedoch legen wir bereits hier die Grundlage für die Analysis auf (allgemeinen) Mannigfaltigkeiten, die im dritten Band behandelt wird. Als eine praktische Anwendung der geometrischen Ideen, welche diesen Betrachtungen zugrunde liegen, leiten wir am Schluß des letzten Paragraphen die Lagrangesche Multiplikatorenregel her und erläutern sie anhand zweier nichttrivialer Beispiele.

1 Stetige lineare Abbildungen

Wie wir bereits in der Einleitung zu diesem Kapitel bemerkt haben, steht auch im Falle von mehreren Variablen hinter dem Differenzieren die Idee der lokalen Approximation mittels affiner Funktionen. Aus Satz I.12.8 wissen wir, daß affine Funktionen zwischen Vektorräumen durch lineare Abbildungen beschrieben werden. Daher befassen wir uns in diesem vorbereitenden Paragraphen mit linearen Abbildungen zwischen normierten Vektorräumen und leiten einige ihrer grundlegenden Eigenschaften her. Als eine erste Anwendung studieren wir das Exponential und geben eine Einführung in die Theorie der linearen Differentialgleichungen mit konstanten Koeffizienten.

In diesem Paragraphen bezeichnen

- $E = (E, \|\cdot\|)$ und $F = (F, \|\cdot\|)$ normierte Vektorräume[1] über demselben Körper $\mathbb{K}$.

Die Vollständigkeit von $\mathcal{L}(E, F)$

Aus Paragraph VI.2 wissen wir bereits, daß $\mathcal{L}(E, F)$, der Raum aller beschränkten linearen Abbildungen von E nach F, ein normierter Vektorraum ist. Nun untersuchen wir die Vollständigkeit dieses Raumes.

1.1 Theorem *Ist F ein Banachraum, so gilt dies auch für $\mathcal{L}(E, F)$.*

Beweis (i) Es sei (A_n) eine Cauchyfolge in $\mathcal{L}(E, F)$. Dann gibt es zu jedem $\varepsilon > 0$ ein $N(\varepsilon) \in \mathbb{N}$ mit $\|A_n - A_m\| < \varepsilon$ für $m, n \geq N(\varepsilon)$. Insbesondere folgt für jedes $x \in E$

$$\|A_n x - A_m x\| \leq \|A_n - A_m\| \, \|x\| \leq \varepsilon \, \|x\| \ , \qquad m, n \geq N(\varepsilon) \ . \tag{1.1}$$

Also ist $(A_n x)$ eine Cauchyfolge in F. Da F vollständig ist, gibt es ein eindeutig bestimmtes $y \in F$ mit $\lim A_n x = y$. Durch $x \mapsto \lim A_n x$ wird somit eine Abbildung $A : E \to F$ definiert. Aus der Linearität der Grenzwertbildung folgt sofort, daß A linear ist.

(ii) Als Cauchyfolge ist (A_n) in $\mathcal{L}(E, F)$ beschränkt (vgl. Satz II.6.3). Folglich gibt es ein $\alpha \geq 0$ mit $\|A_n\| \leq \alpha$ für alle $n \in \mathbb{N}$. Hieraus folgt

$$\|A_n x\| \leq \|A_n\| \, \|x\| \leq \alpha \, \|x\| \ , \qquad n \in \mathbb{N} \ , \quad x \in E \ .$$

Nach Weglassen des mittleren Terms liefert der Grenzübergang $n \to \infty$ für jedes $x \in E$ die Abschätzung $\|Ax\| \leq \alpha \, \|x\|$. Folglich gehört A zu $\mathcal{L}(E, F)$.

---

[1]Falls es erforderlich ist, unterscheiden wir die Normen in E und F durch entsprechende Indizes.

(iii) Schließlich weisen wir nach, daß die Folge (A_n) in $\mathcal{L}(E, F)$ gegen A konvergiert. Aus (1.1) folgt

$$\|A_n x - A_m x\| \leq \varepsilon , \qquad n, m \geq N(\varepsilon) , \quad x \in \mathbb{B}_E .$$

Für $m \to \infty$ ergibt sich hieraus

$$\|A_n x - A x\| \leq \varepsilon , \qquad n \geq N(\varepsilon) , \quad x \in \mathbb{B}_E ,$$

und wir erhalten durch Supremumsbildung über $\mathbb{B}_E$ die Ungleichung

$$\|A_n - A\| = \sup_{\|x\| \leq 1} \|A_n x - A x\| \leq \varepsilon , \qquad n \geq N(\varepsilon) ,$$

was die Behauptung beweist. ∎

1.2 Korollar

(i) $\mathcal{L}(E, \mathbb{K})$ ist ein Banachraum.

(ii) Ist E ein Banachraum, so ist $\mathcal{L}(E)$ eine Banachalgebra mit Eins.

Beweis   (i) ist klar, und (ii) folgt aus Bemerkung VI.2.4(g). ∎

Endlichdimensionale Banachräume

Die normierten Vektorräume E und F heißen (**topologisch**) **isomorph**, wenn es einen stetigen linearen Isomorphismus A von E auf F gibt, derart, daß A^{-1} auch stetig ist, d.h. zu $\mathcal{L}(F, E)$ gehört. Dann ist A ein **topologischer Isomorphismus** von E auf F. Die Menge aller topologischen Isomorphismen von E auf F bezeichnen wir mit

$$\mathcal{L}\mathrm{is}(E, F) ,$$

und wir schreiben $E \cong F$, wenn $\mathcal{L}\mathrm{is}(E, F)$ nicht leer ist.[2] Ferner setzen wir

$$\mathcal{L}\mathrm{aut}(E) := \mathcal{L}\mathrm{is}(E, E) .$$

Somit ist $\mathcal{L}\mathrm{aut}(E)$ die Menge aller **topologischen Automorphismen** von E.

1.3 Bemerkungen   (a) Die Räume $\mathcal{L}(\mathbb{K}, F)$ und F sind isometrisch[3] isomorph. Genauer ist

$$\mathcal{L}(\mathbb{K}, F) \to F , \quad A \mapsto A1 \tag{1.2}$$

ein isometrischer Isomorphismus, *mit dem wir* $\mathcal{L}(\mathbb{K}, F)$ *und* F **kanonisch** *identifizieren*: $\mathcal{L}(\mathbb{K}, F) = F$.

---

[2] Man beachte, daß im Falle von normierten Vektorräumen $\cong$ immer „topologisch isomorph" bedeutet und nicht nur die Existenz eines Vektorraum-Isomorphismus fordert.

[3] Vgl. Beispiel III.1.3(o)).

Beweis Es ist klar, daß die Abbildung (1.2) linear und injektiv ist. Für $v \in F$ betrachte man $A_v \in \mathcal{L}(\mathbb{K}, F)$ mit $A_v x := xv$. Dann gilt $A_v 1 = v$. Also ist $A \mapsto A1$ ein Vektorraum-Isomorphismus. Ferner gilt

$$\|Ax\|_F = |x| \, \|A1\|_F \leq \|A1\|_F \, , \qquad x \in \mathbb{B}_{\mathbb{K}} \, , \quad A \in \mathcal{L}(\mathbb{K}, F) \, .$$

Dies impliziert $\|A\|_{\mathcal{L}(\mathbb{K}, F)} = \|A1\|_F$. Folglich ist (1.2) eine Isometrie. ∎

(b) $\mathcal{L}\mathrm{aut}(E)$ ist eine Gruppe, die **Gruppe der topologischen Automorphismen** von E, wobei die Multiplikation durch die Verknüpfung zweier linearer Abbildungen definiert ist.

Beweis Dies folgt aus Bemerkung VI.2.4(g). ∎

(c) Sind E und F isomorph, so ist E genau dann ein Banachraum, wenn F einer ist.

Beweis Es ist leicht zu sehen, daß ein topologischer Isomorphismus Cauchyfolgen auf Cauchyfolgen und konvergente Folgen auf konvergente Folgen abbildet. Nun ist die Behauptung klar. ∎

(d) Es seien E und F Banachräume, und $A \in \mathcal{L}(E, F)$ sei bijektiv. Dann ist A ein topologischer Isomorphismus, d.h. $A \in \mathcal{L}\mathrm{is}(E, F)$.

Beweis Dieser Satz wird in Vorlesungen und Büchern über Funktionalanalysis bewiesen (Banachscher Homomorphiesatz, Satz über offene Abbildungen). ∎

1.4 Theorem *Es sei $\{b_1, \ldots, b_n\}$ eine Basis von E. Dann ist*

$$T : E \to \mathbb{K}^n \, , \qquad e = \sum_{j=1}^{n} x_j b_j \to (x_1, \ldots, x_n) \tag{1.3}$$

ein topologischer Isomorphismus, d.h., jeder endlichdimensionale normierte Vektorraum ist zu einem euklidischen Vektorraum topologisch isomorph.

Beweis Offensichtlich ist T wohldefiniert, linear und bijektiv, und

$$T^{-1} x = \sum_{j=1}^{n} x^j b_j \, , \qquad x = (x^1, \ldots, x^n) \in \mathbb{K}^n \, ,$$

(vgl. Bemerkung I.12.5). Aus der Cauchy-Schwarzschen Ungleichung von Korollar II.3.9 folgt

$$\|T^{-1} x\| \leq \sum_{j=1}^{n} |x^j| \, \|b_j\| \leq \Big(\sum_{j=1}^{n} |x^j|^2 \Big)^{1/2} \Big(\sum_{j=1}^{n} \|b_j\|^2 \Big)^{1/2} = \beta \, |x|$$

mit $\beta := \big(\sum_{j=1}^{n} \|b_j\|^2 \big)^{1/2}$. Also gehört T^{-1} zu $\mathcal{L}(\mathbb{K}^n, E)$.

Wir setzen $|x|_\bullet := \|T^{-1} x\|$ für $x \in \mathbb{K}^n$. Es ist nicht schwierig einzusehen, daß $|\cdot|_\bullet$ auf $\mathbb{K}^n$ eine Norm ist (vgl. Aufgabe II.3.1). In Beispiel III.3.9(a) haben wir gesehen, daß auf $\mathbb{K}^n$ alle Normen äquivalent sind. Somit gibt es ein $\alpha > 0$ mit $|x| \le \alpha \, |x|_{\bullet}$ für $x \in \mathbb{K}^n$. Also folgt

$$|Te| \le \alpha \, |Te|_{\bullet} = \alpha \, \|e\| \, , \qquad e \in E \, ,$$

d.h., $T \in \mathcal{L}(E, \mathbb{K}^n)$. Damit ist alles bewiesen. ∎

1.5 Korollar *Ist E endlichdimensional, so gelten folgende Aussagen:*

(i) *Alle Normen auf E sind äquivalent.*

(ii) *E ist vollständig, also ein Banachraum.*

Beweis Es sei $A := T^{-1}$ mit T aus (1.3).

(i) Für $j = 1, 2$ seien $\|\cdot\|_j$ Normen auf E. Dann sind $x \mapsto |x|_{(j)} := \|Ax\|_j$ Normen auf $\mathbb{K}^n$. Also gibt es nach Beispiel III.3.9(a) ein $\alpha \ge 1$ mit

$$\alpha^{-1} \, |x|_{(1)} \le |x|_{(2)} \le \alpha \, |x|_{(1)} \, , \qquad x \in \mathbb{K}^n \, .$$

Wegen $\|e\|_j = |A^{-1}e|_{(j)}$ folgt hieraus

$$\alpha^{-1} \, \|e\|_1 \le \|e\|_2 \le \alpha \, \|e\|_1 \, , \qquad e \in E \, .$$

Folglich sind $\|\cdot\|_1$ und $\|\cdot\|_2$ äquivalente Normen auf E.

(ii) Dies folgt aus Bemerkung 1.3(c) und den Theoremen 1.4 und II.6.5. ∎

1.6 Theorem *Es sei E endlichdimensional. Dann gilt $\mathrm{Hom}(E, F) = \mathcal{L}(E, F)$. Mit anderen Worten: Jeder lineare Operator auf einem endlichdimensionalen normierten Vektorraum ist stetig.*

Beweis Wir definieren $T \in \mathcal{L}\mathrm{is}(E, \mathbb{K}^n)$ durch (1.3). Dann gibt es ein $\tau > 0$ mit $|Te| \le \tau \, \|e\|$ für $e \in E$.

Nun sei $A \in \mathrm{Hom}(E, F)$. Dann gilt $Ae = \sum_{j=1}^{n} x^j A b_j$. Also folgt aus der Cauchy-Schwarzschen Ungleichung (mit $x_e := Te$)

$$\|Ae\| \le \Big(\sum_{j=1}^{n} \|A b_j\|^2 \Big)^{1/2} |x_e| = \alpha \, |x_e| \, , \qquad e \in E \, ,$$

wobei wir $\alpha := \big(\sum_j \|A b_j\|^2 \big)^{1/2}$ gesetzt haben. Somit erhalten wir

$$\|Ae\| \le \alpha \, |x_e| = \alpha \, |Te| \le \alpha \tau \, \|e\| \, , \qquad e \in E \, .$$

Folglich ist A gemäß Theorem VI.2.5 stetig. ∎

1.7 Bemerkungen **(a)** Die Aussagen von Korollar 1.5 und Theorem 1.6 sind für unendlichdimensionale normierte Vektorräume falsch.

Beweis (i) Wir setzen $E := BC^1\big((-1,1),\mathbb{R}\big)$ und betrachten im normierten Vektorraum $(E, \|\cdot\|_\infty)$ die Folge (u_n) mit $u_n(t) := \sqrt{t^2 + 1/n}$ für $t \in [-1,1]$ und $n \in \mathbb{N}^\times$.

Es ist leicht einzusehen, daß (u_n) eine Cauchyfolge in $(E, \|\cdot\|_\infty)$ ist. Nehmen wir an, daß $(E, \|\cdot\|_\infty)$ vollständig sei. Dann gibt es ein $u \in E$ mit $\lim \|u_n - u\|_\infty = 0$. Insbesondere konvergiert (u_n) punktweise gegen u.

Offensichtlich gilt $u_n(t) = \sqrt{t^2 + 1/n} \to |t|$ für $t \in [-1,1]$ und $n \to \infty$. Also folgt aus der Eindeutigkeit des Grenzwertes (bei punktweiser Konvergenz)

$$(t \mapsto |t|) = u \in BC^1\big((-1,1),\mathbb{R}\big) \ ,$$

was falsch ist. Dieser Widerspruch zeigt, daß $(E, \|\cdot\|_\infty)$ nicht vollständig ist.

Schließlich wissen wir aus Aufgabe V.2.10, daß $\big(BC^1\big((-1,1),\mathbb{R}\big), \|\cdot\|_\bullet\big)$ mit der Norm $\|u\|_\bullet := \|u\|_\infty + \|u'\|_\infty$ ein Banachraum ist. Folglich können $\|\cdot\|$ und $\|\cdot\|_\bullet$ wegen Bemerkung II.6.7(a) nicht äquivalent sein.

(ii) Wir setzen

$$E := \big(C^1\big([0,1],\mathbb{R}\big), \|\cdot\|_\infty\big) \quad \text{und} \quad F := \big(C\big([0,1],\mathbb{R}\big), \|\cdot\|_\infty\big)$$

und betrachten $A : E \to F$, $u \mapsto u'$. Dann sind E und F normierte Vektorräume, und A ist linear. Nehmen wir an, daß A beschränkt, also stetig, sei. Weil (u_n) mit

$$u_n(t) := (1/n)\sin(n^2 t) \ , \qquad n \in \mathbb{N}^\times \ , \quad t \in [0,1] \ ,$$

eine Nullfolge in E ist, folgt dann $Au_n \to 0$ in F.

Wegen $(Au_n)(t) = n\cos(n^2 t)$ gilt $(Au_n)(0) = n$. Da (Au_n) in F gegen 0 konvergiert, und da die gleichmäßige die punktweise Konvergenz nach sich zieht, ist dies nicht möglich. Damit ist gezeigt, daß A nicht zu $\mathcal{L}(E,F)$ gehört, d.h., es gilt $\mathrm{Hom}(E,F)\backslash\mathcal{L}(E,F) \neq \emptyset$. ∎

(b) Jeder endlichdimensionale Innenproduktraum ist ein Hilbertraum.

(c) Es sei E ein endlichdimensionaler Banachraum. Dann gibt es eine äquivalente **Hilbertnorm** auf E, d.h. eine Norm, die von einem Skalarprodukt induziert wird. Mit anderen Worten: Jeder endlichdimensionale Banachraum kann durch Umnormieren zu einem Hilbertraum gemacht werden.[4]

Beweis Es seien $n := \dim E$ und $T \in \mathcal{L}\mathrm{is}(E,\mathbb{K}^n)$. Dann wird durch

$$(x\,|\,y)_E := (Tx\,|\,Ty) \ , \qquad x,y \in E \ ,$$

ein Skalarprodukt auf E definiert. Nun folgt die Behauptung aus Korollar 1.5(i). ∎

---

[4]Die Voraussetzung der endlichen Dimension ist wesentlich!

Matrixdarstellungen

Es seien $m, n \in \mathbb{N}^{\times}$. Wir bezeichnen mit $\mathbb{K}^{m \times n}$ die Menge aller $(m \times n)$-Matrizen

$$[a_k^j] = \begin{bmatrix} a_1^1 & \cdots & a_n^1 \\ \vdots & & \vdots \\ a_1^m & \cdots & a_n^m \end{bmatrix}$$

mit Einträgen a_k^j aus $\mathbb{K}$. Hierbei benennen der obere Index die Zeilen- und der untere die Spaltennummer.[5] Falls erforderlich schreiben wir für $[a_k^j]$ der Deutlichkeit halber auch

$$[a_k^j]_{\substack{1 \le j \le m \\ 1 \le k \le n}} \ .$$

Schließlich setzen wir

$$\|M\| := \sqrt{\sum_{j=1}^m \sum_{k=1}^n |a_k^j|^2} \ , \qquad M := [a_k^j] \in \mathbb{K}^{m \times n} \ . \tag{1.4}$$

Im weiteren setzen wir voraus, daß der Leser von der Linearen Algebra her mit den Grundbegriffen der Matrizenrechnung vertraut sei. Dort wird gezeigt, daß $\mathbb{K}^{m \times n}$ bezüglich der üblichen Addition von Matrizen und der Multiplikation mit Skalaren ein $\mathbb{K}$-Vektorraum der Dimension mn ist.

1.8 Satz

(i) *Durch* (1.4) *wird eine Norm*, $\|\cdot\|$, *auf* $\mathbb{K}^{m \times n}$ *definiert, die* **Hilbert-Schmidt Norm**. *Also ist*

$$\mathbb{K}^{m \times n} := (\mathbb{K}^{m \times n}, \|\cdot\|)$$

ein Banachraum.

(ii) *Die Abbildung*

$$\mathbb{K}^{m \times n} \to \mathbb{K}^{mn} \ , \quad [a_k^j] \mapsto (a_1^1, \dots, a_n^1, a_1^2, \dots, a_n^2, \dots, a_1^m, \dots, a_n^m)$$

ist ein isometrischer Isomorphismus.

Beweis Die einfachen Verifikationen bleiben dem Leser überlassen.[6] ∎

Im folgenden werden wir $\mathbb{K}^{m \times n}$ stets mit der Hilbert-Schmidt Norm versehen, ohne dies explizit anzugeben.

---

[5]Statt a_k^j werden wir gelegentlich auch a_{jk} oder a^{jk} schreiben, wobei der erste Index immer die Zeilen- und der zweite die Spaltennummer angeben.

[6]Vgl. auch Aufgabe II.3.14.

Es seien E und F endlichdimensional, und

$$\mathcal{E} = \{e_1, \ldots, e_n\} \quad \text{bzw.} \quad \mathcal{F} = \{f_1, \ldots, f_m\}$$

sei eine (geordnete) Basis von E bzw. F. Gemäß Theorem 1.6 gilt dann insbesondere $\text{Hom}(E, F) = \mathcal{L}(E, F)$. Wir wollen die Wirkung von $A \in \mathcal{L}(E, F)$ auf Vektoren aus E bezüglich der Basen $\mathcal{E}$ und $\mathcal{F}$ darstellen. Zunächst gibt es zu jedem $k = 1, \ldots, n$ eindeutig bestimmte Zahlen $a_k^1, \ldots, a_k^m$ mit $Ae_k = \sum_{j=1}^m a_k^j f_j$. Somit gilt wegen der Linearität von A für jedes $x = \sum_{k=1}^n x^k e_k \in E$

$$Ax = \sum_{k=1}^n x^k Ae_k = \sum_{j=1}^m \left(\sum_{k=1}^n a_k^j x^k \right) f_j = \sum_{j=1}^m (Ax)^j f_j$$

mit

$$(Ax)^j := \sum_{k=1}^n a_k^j x^k , \qquad j = 1, \ldots, m .$$

Wir setzen

$$[A]_{\mathcal{E}, \mathcal{F}} := [a_k^j] \in \mathbb{K}^{m \times n}$$

und nennen $[A]_{\mathcal{E}, \mathcal{F}}$ **Darstellungsmatrix** von A bezüglich der Basen $\mathcal{E}$ von E und $\mathcal{F}$ von F. (Gilt $E = F$, so schreiben wir einfach $[A]_{\mathcal{E}}$ für $[A]_{\mathcal{E}, \mathcal{E}}$.)

Es sei nun $[a_k^j] \in \mathbb{K}^{m \times n}$. Für $x = \sum_{k=1}^n x^k e_k \in E$ setzen wir

$$Ax := \sum_{j=1}^m \left(\sum_{k=1}^n a_k^j x^k \right) f_j .$$

Dann ist $A := (x \mapsto Ax)$ eine lineare Abbildung von E nach F, und für ihre Darstellungsmatrix gilt $[A]_{\mathcal{E}, \mathcal{F}} = [a_k^j]$.

Im folgenden Theorem stellen wir einige wichtige Eigenschaften der Darstellungsmatrizen linearer Abbildungen auf endlichdimensionalen Vektorräumen zusammen.

1.9 Theorem

(i) *Wir setzen $n := \dim E$ und $m := \dim F$, und $\mathcal{E}$ bzw. $\mathcal{F}$ sei eine Basis von E bzw. F. Dann ist die* **Matrixdarstellung**

$$\mathcal{L}(E, F) \to \mathbb{K}^{m \times n} , \quad A \mapsto [A]_{\mathcal{E}, \mathcal{F}} \tag{1.5}$$

ein topologischer Isomorphismus.

(ii) *Es sei G ein endlichdimensionaler normierter Vektorraum, und $\mathcal{G}$ sei eine Basis von G. Dann gilt[7]*

$$[AB]_{\mathcal{E}, \mathcal{G}} = [A]_{\mathcal{F}, \mathcal{G}} [B]_{\mathcal{E}, \mathcal{F}} , \qquad A \in \mathcal{L}(F, G) , \quad B \in \mathcal{L}(E, F) .$$

---

[7]Wie üblich schreiben wir bei linearen Abbildungen meist einfach AB für $A \circ B$.

Beweis (i) Es ist klar, daß die Abbildung (1.5) linear ist, und die obigen Betrachtungen zeigen, daß sie außerdem bijektiv ist (vgl. auch [Gab96, Abschnitt D.5.5]). Insbesondere gilt $\dim \mathcal{L}(E, F) = \dim \mathbb{K}^{m \times n}$. Wegen $\mathbb{K}^{m \times n} \cong \mathbb{K}^{mn}$ hat somit der Raum $\mathcal{L}(E, F)$ die Dimension mn. Daher können wir Theorem 1.6 anwenden und finden

$$\left(A \mapsto [A]_{\mathcal{E}, \mathcal{F}} \right) \in \mathcal{L}\left(\mathcal{L}(E, F), \mathbb{K}^{m \times n} \right) \ , \quad \left([A]_{\mathcal{E}, \mathcal{F}} \mapsto A \right) \in \mathcal{L}\left(\mathbb{K}^{m \times n}, \mathcal{L}(E, F) \right) \ .$$

Also ist $A \mapsto [A]_{\mathcal{E}, \mathcal{F}}$ ein topologischer Isomorphismus.

(ii) Diese Tatsache ist aus der Linearen Algebra wohlbekannt (z.B. [Gab96, Abschnitt D.5.5]). ∎

In der Analysis werden wir vor allem Abbildungen von metrischen Räumen in den Raum der stetigen linearen Abbildungen zwischen zwei Banachräumen E und F betrachten. Sind E und F endlichdimensional, so können wir uns gemäß Theorem 1.9 auf den Fall von Abbildungen in einen Raum von Matrizen beschränken. In dieser Situation ist es aufgrund der obigen Resultate leicht, die Stetigkeit der entsprechenden Abbildungen nachzuweisen. Wie das folgende wichtige Korollar zeigt, genügt es nämlich, die Stetigkeit der Einträge von Darstellungsmatrizen zu verifizieren.

1.10 Korollar   *Es sei X ein metrischer Raum, und E bzw. F sei ein endlichdimensionaler Banachraum der Dimension n bzw. m mit geordneter Basis $\mathcal{E}$ bzw. $\mathcal{F}$. Ferner sei $A(\cdot) \colon X \to \mathcal{L}(E, F)$, und $\left[a_k^j(x) \right]$ sei die Darstellungsmatrix $[A(x)]_{\mathcal{E}, \mathcal{F}}$ von $A(x)$ für $x \in X$. Dann gilt*

$$A(\cdot) \in C\left(X, \mathcal{L}(E, F) \right) \iff \left(a_k^j(\cdot) \in C(X, \mathbb{K}), \ 1 \le j \le m, \ 1 \le k \le n \right) .$$

Beweis   Dies folgt unmittelbar aus Theorem 1.9, Satz 1.8(ii) und Satz III.1.10. ∎

Vereinbarung   Falls nicht ausdrücklich etwas anderes gesagt wird, versehen wir $\mathbb{K}^n$ stets mit der Standardbasis $\{e_1, \ldots, e_n\}$ von Beispiel I.12.4(a). Außerdem bezeichnet $[A]$ die Darstellungsmatrix von $A \in \mathcal{L}(\mathbb{K}^n, \mathbb{K}^m)$.

Die Exponentialabbildung

Es seien E ein Banachraum und $A \in \mathcal{L}(E)$. Aus Korollar 1.2(ii) wissen wir, daß $\mathcal{L}(E)$ eine Banachalgebra ist. Folglich gehört A^k für $k \in \mathbb{N}$ zu $\mathcal{L}(E)$, und es gilt

$$\|A^k\| \le \|A\|^k \ , \qquad k \in \mathbb{N} \ .$$

Also ist für jedes $\alpha \ge \|A\|$ die Exponentialreihe $\sum_k \alpha^k / k!$ eine Majorante der **Exponentialreihe**

$$\sum_k A^k / k! \tag{1.6}$$

in $\mathcal{L}(E)$. Somit folgt aus dem Majorantenkriterium (Theorem II.8.3), daß die Reihe (1.6) in $\mathcal{L}(E)$ absolut konvergiert. Ihr Wert

$$e^A := \sum_{k=0}^{\infty} \frac{A^k}{k!}$$

heißt **Exponential** von A, und

$$\mathcal{L}(E) \to \mathcal{L}(E) , \quad A \mapsto e^A$$

ist die **Exponentialabbildung** in $\mathcal{L}(E)$.

Mit A und $t \in \mathbb{K}$ gehört auch tA zu $\mathcal{L}(E)$. Also ist die Abbildung

$$U := U_A : \mathbb{K} \to \mathcal{L}(E) , \quad t \mapsto e^{tA} \tag{1.7}$$

wohldefiniert. Im nächsten Theorem stellen wir die wichtigsten Eigenschaften der Funktion U zusammen.

1.11 Theorem   *Es seien E ein Banachraum und $A \in \mathcal{L}(E)$. Dann gelten:*
  (i) *$U \in C^{\infty}(\mathbb{K}, \mathcal{L}(E))$ und $\dot{U} = AU$.*
  (ii) *U ist ein Gruppenhomomorphismus von der additiven Gruppe $(\mathbb{K}, +)$ in die multiplikative Gruppe $\mathcal{L}\mathrm{aut}(E)$.*

Beweis   (i) Es genügt zu zeigen, daß für jedes $r \geq 1$ gilt:

$$U \in C^1(r\mathbb{B}_{\mathbb{C}}, \mathcal{L}(E)) , \quad \dot{U}(t) = AU(t) , \quad |t| < r .$$

Dann folgt die Behauptung durch Induktion.

Für $n \in \mathbb{N}$ und $|t| < r$ sei $f_n(t) := (tA)^n/n!$. Dann liegt f_n in $C^1(r\mathbb{B}_{\mathbb{C}}, \mathcal{L}(E))$, und $\sum f_n$ konvergiert punktweise gegen $U | r\mathbb{B}_{\mathbb{C}}$. Ferner gilt $\dot{f}_n = Af_{n-1}$, und somit

$$\|\dot{f}_n(t)\| \leq \|A\| \|f_{n-1}(t)\| \leq (r \|A\|)^n/(n-1)! , \quad t \in r\mathbb{B}_{\mathbb{C}} , \quad n \in \mathbb{N}^{\times} .$$

Also ist eine skalare Exponentialreihe eine Majorantenreihe für $\sum \dot{f}_n$. Somit konvergiert $\sum \dot{f}_n$ auf $r\mathbb{B}_{\mathbb{C}}$ normal gegen $AU | r\mathbb{B}_{\mathbb{C}}$, und die Behauptung folgt aus Korollar V.2.9.

(ii) Für $s, t \in \mathbb{K}$ kommutieren sA und tA in $\mathcal{L}(E)$. Somit ergibt der binomische Lehrsatz (Theorem I.8.4)

$$(sA + tA)^n = \sum_{k=0}^{n} \binom{n}{k} (sA)^k (tA)^{n-k} .$$

Aufgrund der absoluten Konvergenz der Exponentialreihe erhalten wir, wie im Beweis von Beispiel II.8.12(a),

$$U(s + t) = e^{(s+t)A} = e^{sA+tA} = e^{sA}e^{tA} = U(s)U(t) , \quad s, t \in \mathbb{K} .$$

Nun ist die Behauptung klar. $\blacksquare$

1.12 Bemerkungen Es seien $A \in \mathcal{L}(E)$ und $s, t \in \mathbb{K}$.

(a) Die Exponentiale e^{sA} und e^{tA} kommutieren: $e^{sA}e^{tA} = e^{tA}e^{sA}$.

(b) $\|e^{tA}\| \leq e^{|t| \|A\|}$.

Beweis Dies folgt aus Bemerkung II.8.2(c). ∎

(c) $(e^{tA})^{-1} = e^{-tA}$.

(d) $\partial_t^n e^{tA} = A^n e^{tA} = e^{tA} A^n$, $n \in \mathbb{N}$.

Beweis Durch Induktion folgt dies unmittelbar aus Theorem 1.11(i). ∎

1.13 Beispiele **(a)** Für $E = \mathbb{K}$ stimmt die Exponentialabbildung mit der Exponentialfunktion überein.

(b) Es sei $N \in \mathcal{L}(E)$ **nilpotent**, d.h., es gebe ein $m \in \mathbb{N}$ mit $N^{m+1} = 0$. Dann gilt

$$e^N = \sum_{k=0}^{m} \frac{N^k}{k!} = 1 + N + \frac{N^2}{2!} + \cdots + \frac{N^m}{m!} \, ,$$

wobei 1 das Einselement von $\mathcal{L}(E)$ bezeichnet.

(c) Es seien E und F Banachräume sowie $A \in \mathcal{L}(E)$ und $B \in \mathcal{L}(F)$. Ferner sei

$$A \otimes B : E \times F \to E \times F \, , \quad (x, y) \mapsto (Ax, By) \, .$$

Dann gilt
$$e^{A \otimes B} = e^A \otimes e^B \, .$$

Beweis Dies folgt leicht aus $(A \otimes B)^n = A^n \otimes B^n$. ∎

(d) Für $A \in \mathcal{L}(\mathbb{K}^m)$ und $B \in \mathcal{L}(\mathbb{K}^n)$ besteht die Beziehung

$$[e^{A \otimes B}] = \begin{bmatrix} [e^A] & 0 \\ 0 & [e^B] \end{bmatrix} \, .$$

Beweis Dies folgt aus (c). ∎

(e) Es seien $\lambda_1, \ldots, \lambda_m \in \mathbb{K}$, und $\mathrm{diag}(\lambda_1, \ldots, \lambda_m) \in \mathcal{L}(\mathbb{K}^m)$ sei durch

$$[\mathrm{diag}(\lambda_1, \ldots, \lambda_m)] := \begin{bmatrix} \lambda_1 & & 0 \\ & \ddots & \\ 0 & & \lambda_m \end{bmatrix} =: \mathrm{diag}[\lambda_1, \ldots, \lambda_m]$$

definiert. Dann gilt

$$e^{\mathrm{diag}(\lambda_1, \ldots, \lambda_m)} = \mathrm{diag}(e^{\lambda_1}, \ldots, e^{\lambda_m}) \, .$$

Beweis Dies folgt aus (a) und (d) durch Induktion. ∎

(f) Für $A \in \mathcal{L}(\mathbb{R}^2)$ mit

$$[A] = \begin{bmatrix} 0 & -1 \\ 1 & 0 \end{bmatrix}$$

gilt

$$[e^{tA}] = \begin{bmatrix} \cos t & -\sin t \\ \sin t & \cos t \end{bmatrix} , \qquad t \in \mathbb{R} .$$

Beweis   Aufgrund von Aufgabe I.11.10 folgt leicht

$$(tA)^{2n+1} = (-1)^n t^{2n+1} A , \quad (tA)^{2n} = (-1)^n t^{2n} 1_{\mathbb{R}^2} , \qquad t \in \mathbb{R} , \quad n \in \mathbb{N} .$$

Da eine absolut konvergente Reihe beliebig umgeordnet werden kann, erhalten wir

$$\sum_{k=0}^{\infty} \frac{(tA)^k}{k!} = \sum_{n=0}^{\infty} \frac{(tA)^{2n}}{(2n)!} + \sum_{n=0}^{\infty} \frac{(tA)^{2n+1}}{(2n+1)!}$$

$$= \Big(\sum_{n=0}^{\infty} (-1)^n \frac{t^{2n}}{(2n)!} \Big) 1_{\mathbb{R}^2} + \Big(\sum_{n=0}^{\infty} (-1)^n \frac{t^{2n+1}}{(2n+1)!} \Big) A ,$$

woraus sich die Behauptung ergibt. ∎

Lineare Differentialgleichungen

Für $a \in E$ ist $u(\cdot, a) \colon \mathbb{R} \to E$, $t \mapsto e^{tA} a$ glatt und genügt der „Differentialgleichung" $\dot{x} = Ax$, wie sofort aus Theorem 1.11(i) folgt. Wir wollen nun solche Differentialgleichungen etwas genauer studieren.

Es seien $A \in \mathcal{L}(E)$ und $f \in C(\mathbb{R}, E)$. Dann heißt

$$\dot{x} = Ax + f(t) , \qquad t \in \mathbb{R} , \tag{1.8}$$

lineare Differentialgleichung erster Ordnung in E. Ist $f = 0$, so ist (1.8) **homogen**, andernfalls **inhomogen**. Da A von der „Zeit" t unabhängig ist, sagt man auch, $\dot{x} = Ax$ sei eine lineare homogene Differentialgleichung mit **konstanten Koeffizienten**. Unter einer **Lösung** von (1.8) versteht man eine Funktion $x \in C^1(\mathbb{R}, E)$, welche (1.8) punktweise erfüllt, für die also $\dot{x}(t) = A\big(x(t)\big) + f(t)$, $t \in \mathbb{R}$, gilt.

Es sei $a \in E$. Dann ist

$$\dot{x} = Ax + f(t) , \quad t \in \mathbb{R} , \qquad x(0) = a , \tag{1.9}_a$$

ein **Anfangswertproblem** für die Differentialgleichung (1.8), und a ist ein **Anfangswert**. Eine **Lösung** dieses Anfangswertproblems ist eine Funktion $x \in C^1(\mathbb{R}, E)$, welche $(1.9)_a$ punktweise erfüllt.

1.14 Bemerkungen (a) Bei der Angabe des Arguments t von f in (1.8) und $(1.9)_a$ handelt es sich um eine symbolische Notation. Es wird dabei explizit zum Ausdruck gebracht, daß f i. allg. von der Zeit abhängt. Zur vollständigen Beschreibung von (1.8) bzw. $(1.9)_a$ muß immer angegeben werden, was unter einer Lösung einer solchen Differentialgleichung zu verstehen ist.

(b) Der Einfachheit halber betrachten wir hier nur den Fall, daß f auf ganz $\mathbb{R}$ definiert ist. Die offensichtlichen Modifikationen, die hier und im folgenden vorzunehmen sind, wenn f nur auf einem perfekten Teilintervall definiert und stetig ist, bleiben dem Leser überlassen. ∎

(c) Wegen $C^1(\mathbb{R}, E) \subset C(\mathbb{R}, E)$ und da der Ableitungsoperator ∂ linear ist (vgl. Theorem IV.1.12), ist

$$\partial - A : C^1(\mathbb{R}, E) \to C(\mathbb{R}, E) , \quad u \mapsto \dot{u} - Au$$

linear. Aufgrund von

$$\ker(\partial - A) = \left\{ x \in C^1(\mathbb{R}, E) \; ; \; x \text{ ist eine Lösung von } \dot{x} = Ax \right\} =: V$$

ist der **Lösungsraum** V der homogenen Gleichung $\dot{x} = Ax$ ein Untervektorraum von $C^1(\mathbb{R}, E)$.

(d) Die Gesamtheit der Lösungen von (1.8) bildet den affinen Unterraum $u + V$ von $C^1(\mathbb{R}, E)$, wobei u (irgend)eine Lösung von (1.8) ist.

Beweis Für $w := u + v \in u + V$ gilt $(\partial - A)w = (\partial - A)u + (\partial - A)v = f$. Also ist w eine Lösung von (1.8). Ist umgekehrt w eine Lösung von (1.8), so gehört $v := u - w$ wegen $(\partial - A)v = (\partial - A)u - (\partial - A)w = f - f = 0$ zu V. ∎

(e) Für $a \in E$ und $x \in C(\mathbb{R}, E)$ sei

$$\Phi_a(x)(t) := a + \int_0^t \big(Ax(s) + f(s) \big) \, ds .$$

Offensichtlich ist Φ_a eine affine Abbildung von $C(\mathbb{R}, E)$ nach $C^1(\mathbb{R}, E)$, und x ist genau dann eine Lösung von $(1.9)_a$, wenn x ein Fixpunkt von Φ_a in[8] $C(\mathbb{R}, E)$ ist, d.h., wenn x die lineare **Integralgleichung**

$$x(t) = a + \int_0^t \big(Ax(s) + f(s) \big) \, ds , \qquad t \in \mathbb{R} ,$$

löst. ∎

---

[8]Selbstverständlich identifizieren wir Φ_a mit $i \circ \Phi_a$, wobei i die Inklusion von $C^1(\mathbb{R}, E)$ in $C(\mathbb{R}, E)$ bezeichnet.

Das Gronwallsche Lemma

Ein wichtiges Hilfsmittel bei der Untersuchung von Differentialgleichungen ist die folgende, als **Gronwallsches Lemma** bekannte Abschätzung.

1.15 Lemma (Gronwall) *Es seien J ein Intervall, $t_0 \in J$ und $\alpha, \beta \in [0, \infty)$. Ferner sei $y : J \to [0, \infty)$ stetig und erfülle*

$$y(t) \le \alpha + \beta \left| \int_{t_0}^{t} y(\tau) \, d\tau \right| , \qquad t \in J .\tag{1.10}$$

Dann gilt

$$y(t) \le \alpha e^{\beta |t - t_0|} , \qquad t \in J .$$

Beweis (i) Wir betrachten zuerst den Fall $t \ge t_0$ und setzen dazu

$$h : [t_0, t] \to \mathbb{R}^+ , \qquad s \mapsto \beta e^{\beta(t_0 - s)} \int_{t_0}^{s} y(\tau) \, d\tau , \qquad t \in J .$$

Aus Theorem VI.4.12 und (1.10) folgt:

$$h'(s) = -\beta h(s) + \beta e^{\beta(t_0 - s)} y(s) \le \alpha \beta e^{\beta(t_0 - s)} = \frac{d}{ds}\left(-\alpha e^{\beta(t_0 - s)}\right) , \qquad s \in [t_0, t] .$$

Die Integration dieser Ungleichung von t_0 bis t ergibt, wegen $h(t_0) = 0$,

$$h(t) = \beta e^{\beta(t_0 - t)} \int_{t_0}^{t} y(\tau) \, d\tau \le \alpha - \alpha e^{\beta(t_0 - t)} .$$

Somit gilt

$$\beta \int_{t_0}^{t} y(\tau) \, d\tau \le \alpha e^{\beta(t - t_0)} - \alpha ,$$

und die Behauptung folgt aus (1.10).

(ii) Im Fall $t \le t_0$ setzt man

$$h(s) := -\beta e^{\beta(s - t_0)} \int_{s}^{t_0} y(\tau) \, d\tau , \qquad s \in [t, t_0] ,$$

und schließt wie in (i). ∎

Mit Hilfe des Gronwallschen Lemmas können wir leicht die folgenden Aussagen über den Lösungsraum der Gleichung (1.8) beweisen.

1.16 Satz

(i) *Es sei* $x \in C^1(\mathbb{R}, E)$ *eine Lösung von* $\dot{x} = Ax$. *Dann gilt*

$$x = 0 \Longleftrightarrow x(t_0) = 0 \text{ für ein } t_0 \in \mathbb{R} .$$

(ii) *Das Anfangswertproblem* $(1.9)_a$ *besitzt höchstens eine Lösung.*

(iii) *Das Anfangswertproblem* $\dot{x} = Ax$, $x(0) = a$ *besitzt für jedes* $a \in E$ *die eindeutig bestimmte Lösung* $t \mapsto e^{tA}a$.

(iv) *Der Lösungsraum* $V \subset C^1(\mathbb{R}, E)$ *von* $\dot{x} = Ax$ *und* E *sind isomorphe Vektorräume. Ein Isomorphismus wird durch*

$$E \to V , \quad a \mapsto (t \mapsto e^{tA}a)$$

gegeben.

(v) *Es seien* $x_1, \ldots, x_m$ *Lösungen von* $\dot{x} = Ax$. *Dann sind die folgenden Aussagen äquivalent:*

(α) $x_1, \ldots, x_m$ *sind in* $C^1(\mathbb{R}, E)$ *linear unabhängig;*

(β) *Für jedes* $t \in \mathbb{R}$ *sind* $x_1(t), \ldots, x_m(t)$ *in* E *linear unabhängig;*

(γ) *Es gibt ein* $t_0 \in \mathbb{R}$, *so daß* $x_1(t_0), \ldots, x_m(t_0)$ *in* E *linear unabhängig sind.*

Beweis (i) Es genügt, die Implikation „$\Leftarrow$" zu beweisen. Dazu sei $t_0 \in \mathbb{R}$ mit $x(t_0) = 0$. Dann gilt

$$x(t) = A \int_{t_0}^{t} x(\tau)\, d\tau , \qquad t \in \mathbb{R} ,$$

(vgl. Bemerkung 1.14(e) und Aufgabe VI.3.3). Somit erfüllt $y := \|x\|$ die Ungleichung

$$y(t) \le \|A\| \left\| \int_{t_0}^{t} x(\tau)\, d\tau \right\| \le \|A\| \left| \int_{t_0}^{t} \|x(\tau)\|\, d\tau \right| = \|A\| \left| \int_{t_0}^{t} y(\tau)\, d\tau \right| , \qquad t \in \mathbb{R} ,$$

und die Behauptung folgt aus dem Gronwallschen Lemma.

(ii) Sind u und v Lösungen von $(1.9)_a$, so ist $w = u - v$ eine Lösung von $\dot{x} = Ax$ mit $w(0) = 0$. Aus (i) folgt deshalb $w = 0$.

(iii) Dies folgt aus Theorem 1.11 und (ii).

(iv) ist eine Konsequenz von (iii).

(v) Wegen (iv) und Theorem 1.11(ii) genügt es, die Implikation „(α)$\Rightarrow$(β)" zu beweisen. Dazu seien $t_0 \in \mathbb{R}$ und $\lambda_j \in \mathbb{K}$, $j = 1, \ldots, m$, mit $\sum_{j=1}^{m} \lambda_j x_j(t_0) = 0$. Weil $\sum_{j=1}^{m} \lambda_j x_j$ eine Lösung von $\dot{x} = Ax$ ist, folgt aus (i), daß $\sum_{j=1}^{m} \lambda_j x_j = 0$. Nach Voraussetzung sind $x_1, \ldots, x_m$ in $C^1(\mathbb{R}, E)$ linear unabhängig. Also gilt $\lambda_1 = \cdots = \lambda_m = 0$, was die lineare Unabhängigkeit von $x_1(t_0), \ldots, x_m(t_0)$ in E impliziert. ∎

Die Variation-der-Konstanten-Formel

Das Anfangswertproblem für die homogene Gleichung $\dot{x} = Ax$ läßt sich aufgrund von Satz 1.16(iii) für jeden Anfangswert eindeutig lösen. Um die inhomogene Gleichung (1.8) zu lösen, greifen wir auf Bemerkung 1.14(d) zurück: Unter der Annahme, daß der Lösungsraum V der homogenen Gleichung $\dot{x} = Ax$ bekannt sei, genügt es, irgendeine Lösung von (1.8) zu finden, um alle Lösungen angeben zu können.

Die Konstruktion einer solchen **partikulären Lösung** ergibt sich aus der folgenden Überlegung: Es seien $x \in C^1(\mathbb{R}, E)$ eine Lösung von (1.8) und

$$T \in C^1\big(\mathbb{R}, \mathcal{L}(E)\big) \quad \text{mit } T(t) \in \mathcal{L}\text{aut}(E) \tag{1.11}$$

für $t \in \mathbb{R}$. Ferner sei

$$y(t) := T^{-1}(t)x(t) \qquad \text{mit} \quad T^{-1}(t) := \big[T(t)\big]^{-1} , \quad t \in \mathbb{R} .$$

Die Freiheit bei der Wahl der „Transformation" T soll dazu verwendet werden, eine „möglichst einfache" Differentialgleichung für y herzuleiten. Zunächst liefern die Produktregel[9] und die Tatsache, daß x die Lösung von (1.8) ist,

$$\begin{aligned}
\dot{y}(t) &= (T^{-1})^{\cdot}(t)x(t) + T^{-1}(t)\dot{x}(t) \\
&= (T^{-1})^{\cdot}(t)x(t) + T^{-1}(t)Ax(t) + T^{-1}(t)f(t) \\
&= (T^{-1})^{\cdot}(t)T(t)y(t) + T^{-1}(t)AT(t)y(t) + T^{-1}(t)f(t) .
\end{aligned} \tag{1.12}$$

Weiter folgt durch Differentiation der Identität

$$T^{-1}(t)T(t) = \text{id}_E , \qquad t \in \mathbb{R} ,$$

(aufgrund der Produktregel) die Gleichung

$$(T^{-1})^{\cdot}(t)T(t) + T^{-1}(t)\dot{T}(t) = 0 , \qquad t \in \mathbb{R} ,$$

und somit

$$(T^{-1})^{\cdot}(t) = -T^{-1}(t)\dot{T}(t)T^{-1}(t) , \qquad t \in \mathbb{R} .$$

Zusammen mit (1.12) folgt

$$\dot{y}(t) = T^{-1}(t)\big[AT(t) - \dot{T}(t)\big]y(t) + T^{-1}(t)f(t) , \qquad t \in \mathbb{R} . \tag{1.13}$$

Gemäß Theorem 1.11 erfüllt $t \mapsto T(t) := e^{tA}$ die Gleichung $AT - \dot{T} = 0$ und (1.11). Mit dieser Wahl von T folgt aus (1.13)

$$\dot{y}(t) = T^{-1}(t)f(t) , \qquad t \in \mathbb{R} .$$

---

[9]Es ist leicht zu verifizieren, daß der Beweis der Produktregel von Theorem IV.1.6(ii) auch in den hier auftretenden allgemeineren Situationen gültig bleibt (vgl. auch Beispiel 4.8(b).)

Also gilt

$$y(t) = y(0) + \int_0^t e^{-\tau A} f(\tau) \, d\tau \, , \qquad t \in \mathbb{R} \, .$$

Wegen $y(0) = x(0)$ folgt

$$x(t) = e^{tA} x(0) + \int_0^t e^{(t-\tau)A} f(\tau) \, d\tau \, , \qquad t \in \mathbb{R} \, . \tag{1.14}$$

Nun können wir leicht das folgende Existenz- und Eindeutigkeitsresultat für $(1.9)_a$ beweisen.

1.17 Theorem *Zu jedem $a \in E$ und $f \in C(\mathbb{R}, E)$ gibt es eine eindeutig bestimmte Lösung $u(\cdot \, ; a)$ von*

$$\dot{x} = Ax + f(t) \, , \quad x(0) = a \, .$$

Sie ist durch die **Variation-der-Konstanten-Formel**

$$u(t; a) = e^{tA} a + \int_0^t e^{(t-\tau)A} f(\tau) \, d\tau \, , \qquad t \in \mathbb{R} \, , \tag{1.15}$$

gegeben.

Beweis Aufgrund von Satz 1.16(ii) genügt es nachzuweisen, daß die durch (1.15) definierte Funktion eine Lösung von $(1.9)_a$ ist. Dies folgt jedoch unmittelbar aus den Theoremen 1.11 und VI.4.12. ∎

1.18 Bemerkung Um den Namen „Variation-der-Konstanten-Formel" zu erklären, betrachten wir den allereinfachsten Fall, nämlich die Gleichung

$$\dot{x} = ax + f(t) \, , \qquad t \in \mathbb{R} \, , \tag{1.16}$$

in $\mathbb{R}$. Also gilt $a \in \mathbb{R}$, und die homogene Gleichung $\dot{x} = ax$ besitzt die Funktion $v(t) := e^{ta}$, $t \in \mathbb{R}$, als Lösung. Folglich wird die **allgemeine Lösung** der homogenen Gleichung durch cv mit $c \in \mathbb{R}$ gegeben, d.h., $\{ cv \, ; \, c \in \mathbb{R} \}$ ist der Lösungsraum der homogenen Gleichung.

Um eine partikuläre Lösung von (1.16) zu bestimmen, „variieren wir die Konstante", d.h., wir machen den Ansatz $x(t) := c(t) v(t)$ mit einer noch zu bestimmenden Funktion c. Da x der Gleichung (1.16) genügen soll, muß

$$\dot{c} v + c \dot{v} = acv + f$$

gelten, somit $\dot{c} = f/v$ wegen $c\dot{v} = c(av)$. Hieraus erhalten wir durch Integration die Darstellung (1.14). ∎

Determinanten und Eigenwerte

In den folgenden Bemerkungen stellen wir einige Grundtatsachen aus der Linearen
Algebra zusammen.

1.19 Bemerkungen   (a) Die **Determinante**, $\det[a_k^j]$, von $[a_k^j] \in \mathbb{K}^{m \times m}$ wird durch
die Signaturformel

$$\det[a_k^j] := \sum_{\sigma \in \mathsf{S}_m} \mathrm{sign}(\sigma) a_{\sigma(1)}^1 \cdot \cdots \cdot a_{\sigma(m)}^m$$

definiert (vgl. [Gab96, Abschnitt A3]), wobei sign die Signumfunktion aus Aufgabe I.9.6 ist.[10]

(b) Es sei E ein endlichdimensionaler Banachraum. Die **Determinantenfunktion**

$$\det : \mathcal{L}(E) \to \mathbb{K}$$

wird für $A \in \mathcal{L}(E)$ durch $\det(A) := \det([A]_\mathcal{E})$ erklärt, wobei $\mathcal{E}$ eine Basis von E
ist. Dann ist det wohldefiniert, d.h. unabhängig von der speziellen Basis $\mathcal{E}$, und
es gelten

$$\det(1_E) = 1 \,, \quad \det(AB) = \det(A)\det(B) \,, \qquad A, B \in \mathcal{L}(E) \,, \tag{1.17}$$

sowie

$$\det(A) \neq 0 \iff A \in \mathcal{L}\mathrm{aut}(E) \,. \tag{1.18}$$

Mit $\lambda - A := \lambda 1_E - A$ und $m := \dim(E)$ gilt

$$\det(\lambda - A) = \sum_{k=0}^{m} (-1)^k \alpha_{m-k} \lambda^{m-k} \,, \qquad \lambda \in \mathbb{C} \,, \tag{1.19}$$

mit $\alpha_k \in \mathbb{C}$ und

$$\alpha_m = 1 \,, \quad \alpha_{m-1} = \mathrm{spur}(A) \,, \quad \alpha_0 = \det(A) \,. \tag{1.20}$$

Die Nullstellen des **charakteristischen Polynoms** (1.19) sind die **Eigenwerte** von A,
und die Menge aller Eigenwerte ist das **Spektrum**, $\sigma(A)$, von A.

Die Zahl $\lambda \in \mathbb{K}$ ist genau dann ein Eigenwert von A, wenn die **Eigenwert-
gleichung**

$$Ax = \lambda x \tag{1.21}$$

eine nichttriviale Lösung $x \in E \backslash \{0\}$ besitzt, d.h., wenn $\ker(\lambda - A)$ nicht trivial
ist. Für[11] $\lambda \in \sigma(A) \cap \mathbb{K}$ ist $\dim(\ker(\lambda - A))$ die **geometrische Vielfachheit** von λ,

---

[10]$\mathrm{sign}(\sigma)$ heißt auch **Signatur** der Permutation σ.

[11]Man beachte, daß das Spektrum von A auch dann eine Teilmenge von $\mathbb{C}$ ist, wenn E ein reeller
Banachraum ist. Ist $\mathbb{K} = \mathbb{R}$ und gehört λ zu $\sigma(A) \backslash \mathbb{R}$, so ist die Gleichung (1.21) nicht sinnvoll.
In diesem Fall muß man zur **Komplexifizierung** von E und A übergehen, um λ die Eigenwert-
gleichung zuordnen zu können (vgl. z.B. [Ama95, § 12]). Dann ist die geometrische Vielfachheit
von $\lambda \in \sigma(A)$ in jedem Fall definiert.

und jedes $x \in \ker(\lambda - A) \backslash \{0\}$ ist ein **Eigenvektor** von A **zum Eigenwert** λ. Die Vielfachheit, die λ als Nullstelle des charakteristischen Polynoms zukommt, ist die **algebraische Vielfachheit** von λ. Die geometrische ist nicht größer als die algebraische Vielfachheit. Schließlich ist λ ein **einfacher Eigenwert** von A, wenn seine algebraische Vielfachheit 1 ist, wenn also λ eine einfache Nullstelle des charakteristischen Polynoms ist. Stimmen die geometrische und die algebraische Vielfachheit überein, so ist λ **halbeinfach**.

Jedes $A \in \mathcal{L}(E)$ besitzt genau m Eigenwerte $\lambda_1, \ldots, \lambda_m$, falls diese gemäß ihrer (algebraischen) Vielfachheit gezählt werden. Die Koeffizienten α_k des charakteristischen Polynoms von A sind die elementarsymmetrischen Funktionen von $\lambda_1, \ldots, \lambda_m$. Insbesondere gelten

$$\mathrm{spur}(A) = \lambda_1 + \cdots + \lambda_m \ , \quad \det(A) = \lambda_1 \cdots \cdots \lambda_m \ . \tag{1.22}$$

Ist $\mathcal{E}$ eine Basis von E, derart daß $[A]_\mathcal{E}$ eine (obere) Dreiecksmatrix ist,

$$[A]_\mathcal{E} = \begin{bmatrix} a_1^1 & a_2^1 & \cdots & a_m^1 \\ & a_2^2 & \cdots & a_m^2 \\ & & \ddots & \vdots \\ 0 & & & a_m^m \end{bmatrix} , \tag{1.23}$$

d.h. gilt $a_k^j = 0$ für $k < j$, so stehen in der Diagonalen gerade die gemäß ihrer algebraischen Vielfachheit gezählten Eigenwerte von A.

Beweis Die Eigenschaften (1.17)–(1.20) der Determinanten von quadratischen *Matrizen* werden in der Linearen Algebra gezeigt und als bekannt vorausgesetzt.

Ist $\mathcal{F}$ eine andere Basis für E, so gibt es eine invertierbare Matrix $T \in \mathbb{K}^{m \times m}$ mit

$$[A]_\mathcal{F} = T[A]_\mathcal{E} T^{-1}$$

(z.B. [Koe83, Abschnitt 9.3.2]). Also folgt $\det([A]_\mathcal{F}) = \det([A]_\mathcal{E})$ aus den für Matrizen gültigen Regeln (1.17). Dies zeigt, daß $\det(A)$ für $A \in \mathcal{L}(E)$ wohldefiniert ist. Nun ist offensichtlich, daß (1.17)–(1.20) für $A \in \mathcal{L}(E)$ richtig sind.

Die Existenz eines Eigenwertes von A und die Aussage, daß A genau m Eigenwerte hat, wenn diese gemäß ihrer algebraischen Vielfachheit gezählt werden, erhalten wir aus dem Fundamentalsatz der Algebra (vgl. Beispiel III.3.9(b)). ∎

(c) Es sei $p \in K[X]$ ein Polynom vom Grad $n \geq 1$ über dem Körper K. Dann **zerfällt** p in K, wenn es $k, \nu_1, \ldots, \nu_k \in \mathbb{N}^\times$ und $a, \lambda_1, \ldots, \lambda_k \in K$ gibt mit

$$p = a \prod_{j=1}^{k} (X - \lambda_j)^{\nu_j} \ .$$

Aus dem Fundamentalsatz der Algebra folgt, daß jedes nichtkonstante Polynom $p \in \mathbb{C}[X]$ in $\mathbb{C}$ zerfällt (vgl. Beispiel III.3.9(b)). Im allgemeinen braucht ein Polynom nicht zu zerfallen: Ist z.B. K ein angeordneter Körper, so zerfällt $X^2 + 1$ nicht in K.

(d) Es seien $\lambda \in \mathbb{K}$ und $p \in \mathbb{N}^{\times}$. Dann heißt $J(\lambda, p) \in \mathbb{K}^{p \times p}$ mit

$$J(\lambda, 1) := [\lambda] \,, \quad J(\lambda, p) := \begin{bmatrix} \lambda & 1 & & & \\ & \ddots & \ddots & & 0 \\ & & \ddots & \ddots & \\ 0 & & & \ddots & 1 \\ & & & & \lambda \end{bmatrix}, \quad p \geq 2 \,,$$

elementare Jordanmatrix der Größe p zu λ.

Für $\mu = \alpha + i\omega \in \mathbb{C}$ mit $\alpha \in \mathbb{R}$ und $\omega > 0$ sei

$$A_2(\mu) := \begin{bmatrix} \alpha & -\omega \\ \omega & \alpha \end{bmatrix} \in \mathbb{R}^{2 \times 2} \,,$$

und 1_2 bezeichne das Einselement in $\mathbb{R}^{2 \times 2}$. Dann heißt $\widetilde{J}(\mu, p) \in \mathbb{R}^{2p \times 2p}$ mit

$$\widetilde{J}(\mu, 1) := A_2(\mu) \,, \quad \widetilde{J}(\mu, p) := \begin{bmatrix} A_2(\mu) & 1_2 & & \\ & \ddots & \ddots & 0 \\ & & \ddots & \ddots \\ 0 & & & \ddots & 1_2 \\ & & & & A_2(\mu) \end{bmatrix}, \quad p \geq 2 \,,$$

erweiterte Jordanmatrix der Größe $2p$ zu μ.

(e) Es seien E ein endlichdimensionaler Banachraum über $\mathbb{K}$ und $A \in \mathcal{L}(E)$. Ferner zerfalle das charakteristische Polynom von A in $\mathbb{K}$. In der Linearen Algebra zeigt man, daß es dann eine Basis $\mathcal{E}$ von E und $p_1, \ldots, p_r \in \mathbb{N}^{\times}$ gibt, so daß

$$[A]_{\mathcal{E}} = \begin{bmatrix} J(\lambda_1, p_1) & & \\ & \ddots & 0 \\ 0 & & J(\lambda_r, p_r) \end{bmatrix} \in \mathbb{K}^{n \times n} \tag{1.24}$$

mit $\{\lambda_1, \ldots, \lambda_r\} = \sigma(A)$ gilt. Man nennt (1.24) **Jordansche Normalform** von A. Sie ist bis auf die Reihenfolge der $J(\lambda_j, p_j)$ eindeutig bestimmt. Die Basis $\mathcal{E}$ heißt **Jordanbasis** von E bezügl. A. Besitzt A nur halbeinfache Eigenwerte, so gelten $r = \dim(E)$ und $p_j = 1$ für $j = 1, \ldots, r$, und A wird **diagonalisierbar** genannt.

(f) Das charakteristische Polynom von

$$A = \begin{bmatrix} 0 & 1 & 0 \\ -1 & 0 & 0 \\ 0 & 0 & 1 \end{bmatrix} \in \mathbb{R}^{3 \times 3}$$

lautet

$$p = X^3 - X^2 + X - 1 = (X - 1)(X^2 + 1) \,.$$

Also zerfällt p nicht in $\mathbb{R}$, und $\sigma(A) = \{1, i, -i\}$.

In diesem Fall kann A nicht in die Form (1.24) transformiert werden, sondern besitzt die nachfolgend definierte erweiterte Jordansche Normalform.

(g) Es sei E ein endlichdimensionaler *reeller* Banachraum, und das charakteristische Polynom p von $A \in \mathcal{L}(E)$ zerfalle nicht in $\mathbb{R}$. Dann gibt es einen nichtreellen Eigenwert μ von A. Da das charakteristische Polynom $p = \sum_{k=0}^{n} a_k X^k$ reelle Koeffizienten besitzt, folgt aus

$$0 = \overline{0} = \overline{p(\mu)} = \overline{\sum_{k=0}^{n} a_k \mu^k} = \sum_{k=0}^{n} a_k \overline{\mu}^k = p(\overline{\mu}) ,$$

daß auch $\overline{\mu}$ ein Eigenwert von A ist.

Es sei nun

$$\sigma := \{\mu_1, \overline{\mu}_1, \ldots, \mu_\ell, \overline{\mu}_\ell\} \subset \sigma(A) , \qquad \ell \geq 1 ,$$

die Menge aller nichtreellen Eigenwerte von A, wobei wir ohne Beschränkung der Allgemeinheit annehmen können, daß $\mu_j = \alpha_j + i\omega_j$ mit $\alpha_j \in \mathbb{R}$ und $\omega_j > 0$. Besitzt A auch reelle Eigenwerte, so nennen wir diese $\lambda_1, \ldots, \lambda_k$.

Dann gilt: Es gibt eine Basis $\mathcal{E}$ von E und $p_1, \ldots, p_r, q_1, \ldots, q_s \in \mathbb{N}^\times$ mit

$$[A]_{\mathcal{E}} = \begin{bmatrix} J(\lambda_1, p_1) & & & & & \\ & \ddots & & & 0 & \\ & & J(\lambda_r, p_r) & & & \\ & & & \widetilde{J}(\mu_1, q_1) & & \\ & 0 & & & \ddots & \\ & & & & & \widetilde{J}(\mu_s, q_s) \end{bmatrix} \in \mathbb{R}^{n \times n} . \qquad (1.25)$$

Dabei sind $\lambda_j \in \sigma(A) \backslash \sigma$ für $j = 1, \ldots, r$ und $\mu_k \in \sigma$ für $k = 1, \ldots, s$. Man nennt (1.25) **erweiterte Jordansche Normalform** von A. Sie ist bis auf die Reihenfolge der einzelnen Matrizen eindeutig bestimmt (vgl. [Gab96, Abschnitt A5]). $\blacksquare$

Fundamentalmatrizen

Es seien E ein Vektorraum der Dimension n über $\mathbb{K}$ und $A \in \mathcal{L}(E)$. Ferner bezeichne $V \subset C^1(\mathbb{R}, E)$ den Lösungsraum der homogenen linearen Differentialgleichung $\dot{x} = Ax$. Gemäß Satz 1.16(iv) sind V und E isomorph, besitzen also insbesondere dieselbe Dimension. Jede Basis von V heißt **Fundamentalsystem** von $\dot{x} = Ax$.

1.20 Beispiele (a) Es sei

$$A := \begin{bmatrix} a & b \\ 0 & c \end{bmatrix} \in \mathbb{K}^{2 \times 2} .$$

Um ein Fundamentalsystem für $\dot{x} = Ax$ zu erhalten, lösen wir zuerst das Anfangswertproblem

$$
\begin{aligned}
\dot{x}^1 &= ax^1 + bx^2 , & x^1(0) &= 1 , \\
\dot{x}^2 &= cx^2 , & x^2(0) &= 0 .
\end{aligned}
\tag{1.26}
$$

Aus Anwendung IV.3.9(b) folgt $x^2 = 0$, und weiter $x^1(t) = e^{at}$ für $t \in \mathbb{R}$. Also ist
$x_1 := \big(t \mapsto (e^{at}, 0)\big)$ die Lösung von (1.26). Eine zweite, von x_1 linear unabhängige
Lösung x_2 erhalten wir durch Lösen von

$$
\begin{aligned}
\dot{x}^1 &= ax^1 + bx^2 , & x^1(0) &= 0 , \\
\dot{x}^2 &= cx^2 , & x^2(0) &= 1 .
\end{aligned}
$$

In diesem Fall gilt $x_2^2(t) = e^{ct}$ für $t \in \mathbb{R}$, und die Variation-der-Konstanten-Formel
liefert

$$
\begin{aligned}
x_2^1(t) = \int_0^t e^{a(t-\tau)} b e^{c\tau}\, d\tau = b e^{at} \int_0^t e^{\tau(c-a)}\, d\tau \\
= \begin{cases} b(e^{ct} - e^{at})/(c-a) , & a \neq c , \\ b t e^{ct} , & a = c . \end{cases}
\end{aligned}
$$

Somit ist

$$
x_1(t) = (e^{at}, 0) , \quad x_2(t) = \begin{cases} \big(b(e^{ct} - e^{at})/(c-a), e^{ct}\big) , & a \neq c , \\ (b t e^{at}, e^{at}) , & a = c , \end{cases}
$$

mit $t \in \mathbb{R}$, ein Fundamentalsystem von $\dot{x} = Ax$.

(b) Es seien $\omega > 0$ und

$$
A := \begin{bmatrix} 0 & -\omega \\ \omega & 0 \end{bmatrix} \in \mathbb{K}^{2\times 2} .
$$

Aus

$$
\dot{x}^1 = -\omega x^2 , \quad \dot{x}^2 = \omega x^1
$$

folgt $\ddot{x}^j + \omega^2 x^j = 0$ für $j = 0, 1$. Aufgabe IV.3.2(a) zeigt, daß

$$
x_1(t) = \big(\cos(\omega t), \sin(\omega t)\big) , \quad x_2(t) = \big(-\sin(\omega t), \cos(\omega t)\big) , \qquad t \in \mathbb{R} ,
$$

ein Fundamentalsystem von $\dot{x} = Ax$ ist. ∎

Sind $A \in \mathbb{K}^{n\times n}$ und $\{x_1, \dots, x_n\}$ ein Fundamentalsystem von $\dot{x} = Ax$, so
heißt die Abbildung

$$
X : \mathbb{R} \to \mathbb{K}^{n\times n} , \quad t \mapsto [x_1(t), \dots, x_n(t)] = \begin{bmatrix} x_1^1(t) & \cdots & x_n^1(t) \\ \vdots & & \vdots \\ x_1^n(t) & \cdots & x_n^n(t) \end{bmatrix}
$$

Fundamentalmatrix von $\dot{x} = Ax$. Gilt $X(0) = 1_n$, so nennt man X **Hauptfundamentalmatrix**.

1.21 Bemerkungen   Es sei $A \in \mathbb{K}^{n \times n}$.

(a) Die Abbildung

$$\mathbb{K}^{n \times n} \to \mathbb{K}^{n \times n} \,, \quad X \mapsto AX$$

ist linear. Somit können wir neben der linearen Differentialgleichung $\dot{x} = Ax$ in $\mathbb{K}^n$ auch die lineare Differentialgleichung $\dot{X} = AX$ in $\mathbb{K}^{n \times n}$ betrachten. Jede Fundamentalmatrix von $\dot{x} = Ax$ ist eine Lösung von $\dot{X} = AX$ in $\mathbb{K}^{n \times n}$.

(b) Es seien X eine Fundamentalmatrix von $\dot{x} = Ax$ und $t \in \mathbb{R}$. Dann gelten:

(i) $X(t) \in \mathcal{L}\mathrm{aut}(\mathbb{K}^n)$;

(ii) $X(t) = e^{tA} X(0)$.

Beweis   (i) ist eine Konsequenz von Satz 1.16(v).
(ii) folgt aus (a), Theorem 1.11 und Satz 1.16(iii). ∎

(c) Die Abbildung $t \mapsto e^{tA}$ ist die eindeutig bestimmte Hauptfundamentalmatrix von $\dot{x} = Ax$.

Beweis   Dies folgt aus (b). ∎

(d) Für $s, t \in \mathbb{R}$ gilt

$$e^{(t-s)A} = X(t) X^{-1}(s) \,.$$

Beweis   Dies ist eine Konsequenz von (b). ∎

(e) Mittels der Jordanschen Normalform und der Beispiele 1.13(b)–(e) kann e^{tA} berechnet werden. Wir wollen dies im Fall $n = 2$ durchführen.

Das charakteristische Polynom von

$$A := \begin{bmatrix} a & b \\ c & d \end{bmatrix} \in \mathbb{R}^{2 \times 2}$$

lautet $\det(\lambda - A) = \lambda^2 - \lambda(a + d) + ad - bc$ und besitzt die Nullstellen

$$\lambda_{1,2} = (a + d \pm \sqrt{D})/2 \,, \qquad D := (a - d)^2 + 4bc \,.$$

1. Fall: $\mathbb{K} = \mathbb{C}$, $D < 0$ Dann besitzt A die beiden einfachen, konjugiert komplexen Eigenwerte $\lambda := \lambda_1$ und $\overline{\lambda} = \lambda_2$. Gemäß Bemerkung 1.19(e) gibt es eine Basis $\mathcal{B}$ von $\mathbb{C}^2$ mit $[A]_\mathcal{B} = \mathrm{diag}[\lambda, \overline{\lambda}]$, und Beispiel 1.13(e) impliziert

$$e^{t[A]_\mathcal{B}} = \mathrm{diag}[e^{\lambda t}, e^{\overline{\lambda} t}] \,, \qquad t \in \mathbb{R} \,.$$

Bezeichnet $T \in \mathcal{L}\mathrm{aut}(\mathbb{C}^2)$ den Basiswechsel von der Standardbasis zu $\mathcal{B}$, so gilt aufgrund von Theorem 1.9

$$[A]_\mathcal{B} = [TAT^{-1}] = [T]A[T]^{-1} \,.$$

Also folgt aus Aufgabe 11

$$e^{t[A]_{\mathcal{B}}} = [T]e^{tA}[T]^{-1} \; ,$$

und wir finden

$$e^{tA} = [T]^{-1} \operatorname{diag}[e^{\lambda t}, e^{\bar{\lambda} t}][T] \; , \qquad t \in \mathbb{R} \; .$$

2. Fall: $\mathbb{K} = \mathbb{C}$ oder $\mathbb{K} = \mathbb{R}$, $D > 0$ Dann besitzt A die beiden einfachen reellen Eigenwerte λ_1 und λ_2, und es folgt wie im ersten Fall

$$e^{tA} = [T]^{-1} \operatorname{diag}[e^{\lambda_1 t}, e^{\lambda_2 t}][T] \; , \qquad t \in \mathbb{R} \; .$$

3. Fall: $\mathbb{K} = \mathbb{C}$ oder $\mathbb{K} = \mathbb{R}$, $D = 0$ In diesem Fall besitzt A den Eigenwert $\lambda := \overline{(a+d)/2}$, dessen algebraische Vielfachheit 2 ist. Folglich gibt es gemäß Bemerkung 1.19(e) eine Basis $\mathcal{B}$ von $\mathbb{K}^2$ mit

$$[A]_{\mathcal{B}} = \begin{bmatrix} \lambda & 1 \\ 0 & \lambda \end{bmatrix} \; .$$

Weil

$$\begin{bmatrix} \lambda & 0 \\ 0 & \lambda \end{bmatrix} \quad \text{und} \quad \begin{bmatrix} 0 & 1 \\ 0 & 0 \end{bmatrix}$$

kommutieren, folgt aus Aufgabe 11 und Beispiel 1.13(e)

$$e^{t[A]_{\mathcal{B}}} = e^{\lambda t} \exp\left(t \begin{bmatrix} 0 & 1 \\ 0 & 0 \end{bmatrix} \right) = e^{\lambda t} \left(1_2 + t \begin{bmatrix} 0 & 1 \\ 0 & 0 \end{bmatrix} \right) = e^{\lambda t} \begin{bmatrix} 1 & t \\ 0 & 1 \end{bmatrix} \; .$$

Somit erhalten wir

$$e^{tA} = e^{\lambda t}[T]^{-1} \begin{bmatrix} 1 & t \\ 0 & 1 \end{bmatrix} [T] \; , \qquad t \in \mathbb{R} \; .$$

4. Fall: $\mathbb{K} = \mathbb{R}$, $D < 0$ In diesem Fall besitzt A die beiden konjugiert komplexen Eigenwerte $\lambda := \alpha + i\omega$ und $\bar{\lambda}$ mit $\alpha := (a+d)/2$ und $\omega := \sqrt{-D}/2$. Gemäß Bemerkung 1.19(g) gibt es eine Basis $\mathcal{B}$ von $\mathbb{R}^2$ mit

$$[A]_{\mathcal{B}} = \begin{bmatrix} \alpha & -\omega \\ \omega & \alpha \end{bmatrix} \; .$$

Die Matrizen

$$\begin{bmatrix} \alpha & 0 \\ 0 & \alpha \end{bmatrix} \quad \text{und} \quad \begin{bmatrix} 0 & -\omega \\ \omega & 0 \end{bmatrix}$$

kommutieren. Somit folgt aus Beispiel 1.13(f)

$$\exp\left(t \begin{bmatrix} \alpha & -\omega \\ \omega & \alpha \end{bmatrix} \right) = e^{t\alpha} \exp\left(t\omega \begin{bmatrix} 0 & -1 \\ 1 & 0 \end{bmatrix} \right) = e^{t\alpha} \begin{bmatrix} \cos(\omega t) & -\sin(\omega t) \\ \sin(\omega t) & \cos(\omega t) \end{bmatrix} \; .$$

Hieraus leiten wir

$$e^{tA} = e^{\alpha t}[T]^{-1} \begin{bmatrix} \cos(\omega t) & -\sin(\omega t) \\ \sin(\omega t) & \cos(\omega t) \end{bmatrix} [T] \; , \qquad t \in \mathbb{R} \; ,$$

ab, mit dem Basiswechsel T von der Standardbasis zu $\mathcal{B}$ (vgl. Beispiel 1.13(f)). ∎

Lineare Differentialgleichungen zweiter Ordnung

Bis jetzt haben wir ausschließlich lineare Differentialgleichungen erster Ordnung betrachtet, also lineare Relationen zwischen der gesuchten Funktion und ihrer ersten Ableitung. In vielen Anwendungen sind lineare Differentialgleichungen höherer, insbesondere zweiter Ordnung, auf die wir nun kurz eingehen wollen, von großer Bedeutung.[12]

Im folgenden seien

- $b, c \in \mathbb{R}$ und $g \in C(\mathbb{R}, \mathbb{K})$.

Unter einer **Lösung** der **linearen Differentialgleichung zweiter Ordnung mit konstanten Koeffizienten**

$$\ddot{u} + b\dot{u} + cu = g(t) \, , \qquad t \in \mathbb{R} \, , \tag{1.27}$$

verstehen wir eine Funktion $u \in C^2(\mathbb{R}, \mathbb{K})$, die (1.27) punktweise erfüllt. Unser nächstes Resultat zeigt, daß (1.27) zu einer Differentialgleichung erster Ordnung der Form (1.8) in der $(u, \dot{u})$-Ebene, der **Phasenebene**, „äquivalent" ist.

1.22 Lemma

(i) *Ist* $u \in C^2(\mathbb{R}, \mathbb{K})$ *eine Lösung von* (1.27), *so ist* $(u, \dot{u}) \in C^1(\mathbb{R}, \mathbb{K}^2)$ *eine Lösung der Gleichung*

$$\dot{x} = Ax + f(t) \tag{1.28}$$

in $\mathbb{K}^2$ *mit*

$$A := \begin{bmatrix} 0 & 1 \\ -c & -b \end{bmatrix} \, , \quad f := (0, g) \, . \tag{1.29}$$

(ii) *Löst* $x \in C^1(\mathbb{R}, \mathbb{K}^2)$ *die Gleichung* (1.28), *so stellt* $u := \mathrm{pr}_1 \, x$ *eine Lösung von* (1.27) *dar.*

Beweis (i) Wir setzen $x := (u, \dot{u})$ und erhalten aufgrund von (1.27)

$$\dot{x} = \begin{bmatrix} \dot{u} \\ \ddot{u} \end{bmatrix} = \begin{bmatrix} \dot{u} \\ -cu - b\dot{u} + g(t) \end{bmatrix} = Ax + f(t) \, .$$

(ii) Es sei $x = (u, v) \in C^1(\mathbb{R}, \mathbb{K}^2)$ eine Lösung von (1.28). Dann gelten

$$\dot{u} = v \, , \quad \dot{v} = -cu - bv + g(t) \, . \tag{1.30}$$

Aus der ersten Gleichung folgt, daß u zu $C^2(\mathbb{R}, \mathbb{K})$ gehört, und beide Gleichungen zusammen ergeben, daß u die Differentialgleichung (1.27) löst. ∎

---

[12]Für den Fall von Gleichungen höherer Ordnung verweisen wir auf die Literatur über Gewöhnliche Differentialgleichungen (z.B. [Ama95]).

Lemma 1.22 erlaubt es, unsere Kenntnisse über lineare Differentialgleichungen erster Ordnung auf (1.27) zu übertragen. Dazu berechnen wir die Eigenwerte von A. Aus $\det(\lambda - A) = \lambda(\lambda + b) + c$ folgt, daß die Eigenwerte λ_1 und λ_2 von A mit den Nullstellen des Polynoms $X^2 + bX + c$, des **charakteristischen Polynoms** von $\ddot{u} + b\dot{u} + cu = 0$, übereinstimmen, und wir erhalten

$$\lambda_{1,2} = \left(-b \pm \sqrt{D}\right)/2 \quad \text{mit} \quad D = b^2 - 4c .$$

Nun betrachten wir das **Anfangswertproblem**

$$\ddot{u} + b\dot{u} + cu = g(t) , \quad t \in \mathbb{R} , \qquad u(0) = a_1 , \quad \dot{u}(0) = a_2 \qquad (1.31)$$

mit $(a_1, a_2) \in \mathbb{K}^2$. Nach den obigen Vorbereitungen können wir leicht den folgenden grundlegenden Satz beweisen.

1.23 Theorem

  (i) *Zu jedem $(a_1, a_2) \in \mathbb{K}^2$ gibt es eine eindeutig bestimmte Lösung $u \in C^2(\mathbb{R}, \mathbb{K})$ des Anfangswertproblems (1.31).*

 (ii) *Die Gesamtheit der Lösungen von $\ddot{u} + b\dot{u} + cu = 0$ bildet einen zweidimensionalen Untervektorraum V von $C^2(\mathbb{R}, \mathbb{K})$, aufgespannt durch*

$$\left\{ e^{\lambda_1 t}, e^{\lambda_2 t} \right\} , \quad \textit{falls } D > 0 \textit{ oder } (D < 0 \textit{ und } \mathbb{K} = \mathbb{C}) ,$$
$$\left\{ e^{\alpha t}, t e^{\alpha t} \right\} , \quad \textit{falls } D = 0 ,$$
$$\left\{ e^{\alpha t} \cos(\omega t), e^{\alpha t} \sin(\omega t) \right\} , \quad \textit{falls } D < 0 \textit{ und } \mathbb{K} = \mathbb{R} ,$$

mit $\alpha := -b/2$ und $\omega := \sqrt{-D}/2$.

(iii) *Die Gesamtheit der Lösungen von (1.27) bildet den zweidimensionalen affinen Unterraum $v + V$ von $C^2(\mathbb{R}, \mathbb{K})$, wobei v eine beliebige Lösung von (1.27) bezeichnet.*

(iv) *Es seien $u_1, u_2 \in V$ linear unabhängige Lösungen von $\ddot{u} + b\dot{u} + cu = 0$ und $w := u_1 \dot{u}_2 - \dot{u}_1 u_2$. Dann wird durch*

$$v(t) := \int_0^t \frac{u_1(\tau) g(\tau)}{w(\tau)} \, d\tau \, u_2(t) - \int_0^t \frac{u_2(\tau) g(\tau)}{w(\tau)} \, d\tau \, u_1(t) , \qquad t \in \mathbb{R} ,$$

eine Lösung von (1.27) gegeben.

Beweis   (i) Dies folgt unmittelbar aus Lemma 1.22 und Theorem 1.17.

(ii) und (iii) Diese Aussagen ergeben sich aus Lemma 1.22, Satz 1.16(iv) und den Bemerkungen 1.14(d) und 1.21(e).

(iv) Es seien A und f wie in (1.29). Dann ist gemäß Lemma 1.22 und Bemerkung 1.21(a)

$$X := \begin{bmatrix} u_1 & u_2 \\ \dot{u}_1 & \dot{u}_2 \end{bmatrix}$$

eine Fundamentalmatrix von $\dot{x} = Ax$. Wegen

$$e^{(t-\tau)A} = X(t)X^{-1}(\tau) \,, \qquad t, \tau \in \mathbb{R} \,,$$

(Bemerkung 1.21(d)) folgt aus der Variation-der-Konstanten-Formel von Theorem 1.17, daß

$$y(t) = X(t) \int_0^t X^{-1}(\tau) f(\tau) \, d\tau \,, \qquad t \in \mathbb{R} \,, \tag{1.32}$$

eine Lösung von $\dot{x} = Ax + f(t)$ ist. Aufgrund von $\det(X) = w$ gilt

$$X^{-1} = \frac{1}{w} \begin{bmatrix} \dot{u}_2 & -u_2 \\ -\dot{u}_1 & u_1 \end{bmatrix} \,,$$

wobei die Funktion w wegen Satz 1.16(v) keine Nullstellen hat. Also erhalten wir $X^{-1}f = (-u_2 g/w, u_1 g/w)$. Die Behauptung ergibt sich nun aus Lemma 1.22 und (1.32). ∎

1.24 Beispiele (a) Das charakteristische Polynom $X^2 - 2X + 10$ von

$$\ddot{u} - 2\dot{u} + 10u = 0$$

besitzt die Nullstellen $1 \pm 3i$. Somit ist $\{e^t \cos(3t), e^t \sin(3t)\}$ ein Fundamentalsystem[13]. Die allgemeine Lösung lautet deshalb

$$u(t) = e^t\big(a_1 \cos(3t) + a_2 \sin(3t)\big) \,, \qquad t \in \mathbb{R} \,,$$

mit $a_1, a_2 \in \mathbb{R}$.

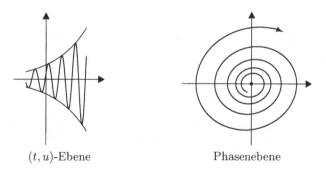

(t, u)-Ebene   Phasenebene

(b) Um die Lösung des Anfangswertproblems

$$\ddot{u} - 2\dot{u} + u = e^t \,, \qquad u(0) = 0 \,, \qquad \dot{u}(0) = 1 \tag{1.33}$$

---

[13]Wie im Fall linearer Differentialgleichungen erster Ordnung nennt man jede Basis des Lösungsraumes **Fundamentalsystem**.

zu berechnen, bestimmen wir zuerst ein Fundamentalsystem für die homogene Gleichung $\ddot{u} - 2\dot{u} + u = 0$. Das zugehörige charakteristische Polynom ist

$$X^2 - 2X + 1 = (X - 1)^2 \ .$$

Gemäß Theorem 1.23(iii) bilden somit $u_1(t) := e^t$ und $u_1(t) := te^t$ für $t \in \mathbb{R}$ ein Fundamentalsystem. Wegen

$$w(\tau) = u_1(\tau)\dot{u}_2(\tau) - \dot{u}_1(\tau)u_2(\tau) = e^{2\tau} \ , \qquad \tau \in \mathbb{R} \ ,$$

ist

$$v(t) = \int_0^t \frac{u_1 g}{w} \, d\tau \, u_2(t) - \int_0^t \frac{u_2 g}{w} \, d\tau \, u_1(t) = \frac{t^2}{2} e^t \ , \qquad t \in \mathbb{R} \ ,$$

eine partikuläre Lösung von (1.33). Somit lautet die allgemeine Lösung

$$x(t) = a_1 e^t + a_2 t e^t + \frac{t^2}{2} e^t \ , \qquad t \in \mathbb{R} \ , \quad a_1, a_2 \in \mathbb{R} \ .$$

Da $x(0) = a_1$ und $\dot{x}(0) = a_1 + a_2$ gelten, finden wir schließlich, daß die eindeutig bestimmte Lösung von (1.33) durch

$$u(t) = (t + t^2/2)e^t \ , \qquad t \in \mathbb{R} \ ,$$

gegeben ist.

(c) Die Differentialgleichung des **harmonischen Oszillators** (oder der **ungedämpften Schwingungen**) lautet

$$\ddot{u} + \omega_0^2 u = 0 \ ,$$

mit der **Kreisfrequenz** $\omega_0 > 0$. Gemäß Theorem 1.23 besitzt ihre allgemeine Lösung die Form

$$u(t) = a_1 \cos(\omega_0 t) + a_2 \sin(\omega_0 t) \ , \qquad t \in \mathbb{R} \ ,$$

mit $a_1, a_2 \in \mathbb{R}$. Offensichtlich sind alle Lösungen periodisch mit der Periode $2\pi/\omega_0$, und der Ursprung der Phasenebene ist ein „Zentrum".

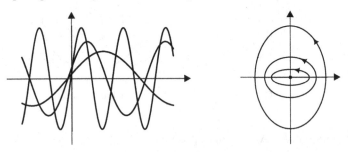

(d) Die Differentialgleichung der **gedämpften Schwingungen** besitzt die Form

$$\ddot{u} + 2\alpha\dot{u} + \omega_0^2 u = 0 \ .$$

Dabei bezeichnet $\alpha > 0$ die **Dämpfungskonstante**, und $\omega_0 > 0$ ist die Kreisfrequenz der ungedämpften Schwingung. Die Nullstellen des charakteristischen Polynoms sind

$$\lambda_{1,2} = -\alpha \pm \sqrt{\alpha^2 - \omega_0^2} \, .$$

(i) (Starke Dämpfung: $\alpha > \omega_0$) In diesem Fall liegen zwei negative Eigenwerte $\lambda_1 < \lambda_2 < 0$ vor, und die allgemeine Lösung lautet

$$u(t) = a_1 e^{\lambda_1 t} + a_2 e^{\lambda_2 t} \, , \qquad t \in \mathbb{R} \, , \quad a_1, a_2 \in \mathbb{R} \, .$$

Somit klingen alle Lösungen exponentiell ab. In der Phasenebene liegt ein „stabiler Knoten" im Ursprung vor.

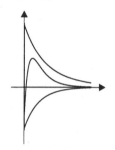
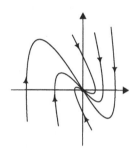

(ii) (Schwache Dämpfung: $\alpha < \omega_0$) In diesem Fall besitzt das charakteristische Polynom die zwei konjugiert komplexen Eigenwerte $\lambda_{1,2} = -\alpha \pm i\omega$ mit $\omega := \sqrt{\omega_0^2 - \alpha^2}$. Folglich wird die allgemeine Lösung gemäß Theorem 1.22 durch

$$u(t) = e^{-\alpha t}\big(a_1 \cos(\omega t) + a_2 \sin(\omega t)\big) \, , \qquad t \in \mathbb{R} \, , \quad a_1, a_2 \in \mathbb{R} \, ,$$

gegeben. Auch in diesem Fall klingen die Lösungen exponentiell ab, und der Ursprung der Phasenebene ist ein „stabiler Strudel".

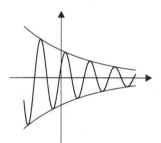
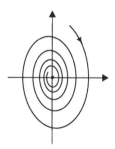

(iii) (Kritische Dämpfung: $\alpha = \omega_0$) Hier ist $\lambda = -\alpha$ ein Eigenwert der algebraischen Vielfachheit 2 des charakteristischen Polynoms. Also lautet die allgemeine Lösung

$$u(t) = e^{-\alpha t}(a_1 + a_2 t) \, , \qquad t \in \mathbb{R} \, , \quad a_1, a_2 \in \mathbb{R} \, .$$

Der Ursprung der Phasenebene wird in diesem Fall als „stabiler uneigentlicher Knoten" bezeichnet. ∎

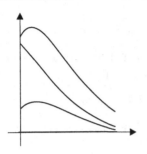   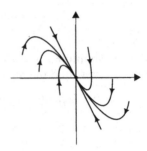

Aufgaben

1 Es seien E und F_j Banachräume sowie $A_j \in \mathrm{Hom}(E, F_j)$ für $j = 1, \ldots, m$. Außerdem sei $F := \prod_{j=1}^{m} F_j$. Für $A := \big(x \mapsto (A_1 x, \ldots, A_m x)\big) \in \mathrm{Hom}(E, F)$ gilt

$$A \in \mathcal{L}(E, F) \Longleftrightarrow \big(A_j \in \mathcal{L}(E, F_j), \ j = 1, \ldots, m\big) \ .$$

2 Für die quadratische Matrix $A := [a_k^j] \in \mathbb{K}^{m \times m}$ wird die **Spur** definiert durch

$$\mathrm{spur}(A) := \sum_{j=1}^{m} a_j^j$$

Man zeige:

(i) Die Abbildung $\mathrm{spur} : \mathbb{K}^{m \times m} \to \mathbb{K}$ ist linear.

(ii) $\mathrm{spur}(AB) = \mathrm{spur}(BA)$, $A, B \in \mathbb{K}^{m \times m}$.

3 Zwei quadratische Matrizen $A, B \in \mathbb{K}^{m \times m}$ sind **ähnlich**, wenn es eine invertierbare Matrix $S \in \mathbb{K}^{m \times m}$ gibt (d.h., wenn S zu $\mathcal{L}\mathrm{aut}(\mathbb{K}^m)$ gehört) mit $A = SBS^{-1}$. Man zeige: Sind A und B ähnlich, so gilt $\mathrm{spur}(A) = \mathrm{spur}(B)$.

4 Es sei E ein endlichdimensionaler normierter Vektorraum. Man beweise, daß für $A \in \mathcal{L}(E)$ gilt:

$$\mathrm{spur}\big([A]_{\mathcal{E}}\big) = \mathrm{spur}\big([A]_{\mathcal{F}}\big) \ ,$$

wobei $\mathcal{E}$ und $\mathcal{F}$ Basen von E sind.

Hieraus folgt, daß durch

$$\mathrm{spur}(A) := \mathrm{spur}\big([A]_{\mathcal{E}}\big)$$

die **Spur** von $A \in \mathcal{L}(E)$ wohldefiniert ist, wobei $\mathcal{E}$ eine beliebige Basis von E bezeichnet. Man zeige ferner:

(i) $\mathrm{spur} \in \mathcal{L}\big(\mathcal{L}(E), \mathbb{K}\big)$.

(ii) $\mathrm{spur}(AB) = \mathrm{spur}(BA)$, $A, B \in \mathcal{L}(E)$.

5 Es seien $\big(E,(\cdot|\cdot)_E\big)$ und $\big(F,(\cdot|\cdot)_F\big)$ endlichdimensionale Hilberträume. Man verifiziere: Zu $A \in \mathcal{L}(E,F)$ gibt es ein eindeutig bestimmtes $A^* \in \mathcal{L}(F,E)$, den zu A **adjungierten Operator** A^*, mit

$$(Ax|y)_F = (x|A^*y)_E \,, \qquad x \in E \,, \quad y \in F \,.$$

Die Abbildung

$$\mathcal{L}(E,F) \to \mathcal{L}(F,E) \,, \quad A \mapsto A^*$$

ist konjugiert linear und erfüllt

(i) $(AB)^* = B^*A^*$,

(ii) $(A^*)^* = A$,

(iii) $(C^{-1})^* = (C^*)^{-1}$

für $A, B \in \mathcal{L}(E,F)$ und $C \in \mathcal{L}\mathrm{is}(E,F)$. Für $A = [a_k^j] \in \mathbb{K}^{m \times n}$ gilt $A^* = \big[\,\overline{a_j^k}\,\big] \in \mathbb{K}^{n \times m}$, d.h., A^* ist die **hermitesch transponierte Matrix** von A.

Gilt $A = A^*$, also insbesondere $E = F$, so heißt A **selbstadjungiert** oder **symmetrisch**. Man zeige auch, daß A^*A und AA^* für $A \in \mathcal{L}(E,F)$ symmetrisch sind.

6 Es sei $E := \big(E,(\cdot|\cdot)\big)$ ein endlichdimensionaler Hilbertraum. Dann gilt für $A \in \mathcal{L}(E)$:

(i) $\mathrm{spur}(A^*) = \overline{\mathrm{spur}(A)}$.

(ii) $\mathrm{spur}(A) = \sum_{j=1}^n (A\varphi_j|\varphi_j)$, wobei $\{\varphi_1, \ldots, \varphi_n\}$ eine Orthonormalbasis von E ist.

7 Es seien E und F endlichdimensionale Hilberträume. Man beweise:

(i) $\mathcal{L}(E,F)$ ist ein Hilbertraum mit dem inneren Produkt

$$(A,B) \mapsto A : B := \mathrm{spur}(B^*A) \,.$$

(ii) Für $E := \mathbb{K}^n$ und $F := \mathbb{K}^m$ gilt

$$|A|_{\mathcal{L}(E,F)} \le \sqrt{A : A} = \|A\| \,, \qquad A \in \mathcal{L}(E,F) \,.$$

8 Es sei $[g_{jk}] \in \mathbb{R}^{n \times n}$ symmetrisch und **positiv definit**, d.h., es gelte $g_{jk} = g_{kj}$, und es gebe ein $\gamma > 0$ mit

$$\sum_{j,k=1}^n g_{jk}\xi^j\xi^k \ge \gamma\,|\xi|^2 \,, \qquad \xi \in \mathbb{R}^n \,.$$

Man zeige, daß durch

$$(x|y)^g := \sum_{j,k=1}^n g_{jk}x^jy^k \,, \qquad x,y \in \mathbb{R}^n \,,$$

ein Skalarprodukt auf $\mathbb{R}^n$ erklärt wird.

9 Es seien E ein Banachraum und $A, B \in \mathcal{L}(E)$ mit $AB = BA$. Man beweise $Ae^B = e^B A$ und $e^{A+B} = e^A e^B$.

10 Man finde $A, B \in \mathbb{K}^{2 \times 2}$ mit

(i) $AB \ne BA$ und $e^{A+B} \ne e^A e^B$;

(ii) $AB \neq BA$ und $e^{A+B} = e^A e^B$.

(Hinweis zu (ii): $e^{2k\pi i} = 1$, $k \in \mathbb{Z}$.)

11   Es seien E ein Banachraum, $A \in \mathcal{L}(E)$ und $B \in \mathcal{L}\mathrm{aut}(E)$. Dann gilt

$$e^{BAB^{-1}} = Be^A B^{-1} \ .$$

12   Es seien E ein endlichdimensionaler Hilbertraum und $A \in \mathcal{L}(E)$. Man zeige:

(i) $(e^A)^* = e^{A^*}$.

(ii) Ist A symmetrisch, so ist es auch e^A.

(iii) Ist A **antisymmetrisch**, d.h. $A^* = -A$, so gilt $[e^A]^* e^A = 1$.

13   Man berechne e^A, falls $A \in \mathcal{L}(\mathbb{R}^4)$ durch die folgenden Darstellungsmatrizen gegeben ist.

$$\begin{bmatrix} 1 & 1 & 1 & 1 \\ 1 & 1 & 1 & 1 \\ 1 & 1 & 1 & 1 \\ 1 & 1 & 1 & 1 \end{bmatrix}, \quad \begin{bmatrix} 2 & 1 & 0 & 0 \\ & 2 & 1 & 0 \\ 0 & & 2 & 1 \\ & & & 2 \end{bmatrix}, \quad \begin{bmatrix} 2 & 1 & 0 & 0 \\ & 2 & 1 & 0 \\ 0 & & 2 & 0 \\ & & & 2 \end{bmatrix}, \quad \begin{bmatrix} 2 & 1 & 0 & 0 \\ & 2 & 0 & 0 \\ 0 & & 2 & 0 \\ & & & 2 \end{bmatrix}.$$

14   Man bestimme $A \in \mathbb{R}^{3 \times 3}$ mit

$$e^{tA} = \begin{bmatrix} \cos t & -\sin t & 0 \\ \sin t & \cos t & 0 \\ 0 & 0 & 1 \end{bmatrix}, \quad t \in \mathbb{R} \ .$$

15   Man berechne die allgemeine Lösung von

$$\dot{x} = 3x - 2y + t \ ,$$
$$\dot{y} = 4x - y + t^2 \ .$$

16   Es ist das Anfangswertproblem

$$\dot{x} = z - y \ , \quad x(0) = 0 \ ,$$
$$\dot{y} = z + e^t \ , \quad y(0) = 3/2 \ ,$$
$$\dot{z} = z - x \ , \quad z(0) = 1$$

zu lösen.

17   Es sei $A = [a_k^j] \in \mathbb{R}^{n \times n}$ eine **Markoffmatrix**, d.h., es gelte $a_k^j \geq 0$ für alle $j \neq k$ und $\sum_{j=1}^n a_k^j = 0$ für $k = 1, \dots, n$. Ferner sei

$$H_c := \left\{ (x^1, \dots, x^n) \in \mathbb{R}^n \ ; \ \sum_{j=1}^n x^j = c \right\} , \quad c \in \mathbb{R} \ .$$

Man zeige, daß jede Lösung von $\dot{x} = Ax$ mit Anfangswert in H_c für alle Zeiten in H_c bleibt. Mit anderen Worten: $e^{tA} H_c \subset H_c$ für $t \in \mathbb{R}$.

18   Es seien $b, c \in \mathbb{R}$, und $z \in C^2(\mathbb{R}, \mathbb{C})$ sei eine Lösung von $\ddot{u} + b\dot{u} + cu = 0$. Man zeige, daß $\mathrm{Re}\,z$ und $\mathrm{Im}\,z$ reelle Lösungen von $\ddot{u} + b\dot{u} + cu = 0$ sind.

19 Es seien $b, c \in \mathbb{R}$, und u sei eine Lösung von $\ddot{u} + b\dot{u} + cu = g(t)$. Man zeige:

(i) $k \in \mathbb{N} \cup \{\infty\}$ und $g \in C^k(\mathbb{R}, \mathbb{K})$ implizieren $u \in C^{k+2}(\mathbb{R}, \mathbb{K})$.

(ii) Aus $g \in C^\omega(\mathbb{R})$ folgt $u \in C^\omega(\mathbb{R})$.

20 Man bestimme die allgemeine Lösung der Differentialgleichung der **erzwungenen gedämpften Schwingung**

$$\ddot{u} + 2\alpha\dot{u} + \omega_0^2 u = c\sin(\omega t) , \qquad t \in \mathbb{R} ,$$

mit $\alpha, \omega_0, \omega > 0$ und $c \in \mathbb{R}$.

21 Man berechne die allgemeine Lösung auf $(-\pi/2, \pi/2)$ von

(i) $\ddot{u} + u = 1/\cos t$;

(ii) $\ddot{u} + 4u = 2\tan t$.

22 Es seien E ein endlichdimensionaler Banachraum und $A \in \mathcal{L}(E)$. Dann sind die folgenden Aussagen äquivalent:

(i) Für jede Lösung u von $\dot{x} = Ax$ in E gilt $\lim_{t\to\infty} u(t) = 0$.

(ii) $\operatorname{Re}\lambda < 0$ für $\lambda \in \sigma(A)$.

In den folgenden Aufgaben bezeichnet E stets einen Banachraum, und $A \in \mathcal{L}(E)$.

23 Für $\lambda \in \mathbb{K}$ mit $\operatorname{Re}\lambda > \|A\|$ gilt

$$(\lambda - A)^{-1} = \int_0^\infty e^{-t(\lambda - A)} \, dt .$$

(Hinweis: Man setze $R(\lambda) := \int_0^\infty e^{-t(\lambda - A)} \, dt$ und berechne $(\lambda - A)R(\lambda)$.)

24 Für die Exponentialabbildung gilt die Darstellung

$$e^{tA} = \lim_{n\to\infty} \left(1 - \frac{t}{n} A\right)^{-n} .$$

(Hinweis: Beweis von Theorem III.6.23.)

25 Es sei C eine abgeschlossene konvexe Teilmenge von E. Dann sind äquivalent:

(i) $e^{tA}C \subset C$ für alle $t \in \mathbb{R}$;

(ii) $(\lambda - A)^{-1}C \subset C$ für alle $\lambda \in \mathbb{K}$ mit $\operatorname{Re}\lambda > \|A\|$.

(Hinweis: Aufgaben 23 und 24.)

2 Differenzierbarkeit

In diesem Paragraphen erklären wir die zentralen Konzepte „Differenzierbarkeit",
„Ableitung" und „Richtungsableitung" einer Funktion[1] $f \colon X \subset E \to F$. Dabei bezeichnen E und F Banachräume, und X eine offene Teilmenge von E. Nach allgemeinen Schlußfolgerungen veranschaulichen wir die große Tragfähigkeit und Flexi-
bilität dieser Konzepte anhand spezifischer Annahmen über die Räume E und F:

Im Fall $E = \mathbb{R}^n$ erklären wir den Begriff der partiellen Ableitung und untersuchen den Zusammenhang zwischen der Differenzierbarkeit und der Existenz der
partiellen Ableitungen.

Für die Anwendungen besonders wichtig ist der Fall $E = \mathbb{R}^n$ und $F = \mathbb{R}$. Hier
führen wir den Begriff des Gradienten ein und klären mit Hilfe des Rieszschen
Darstellungssatzes die Beziehung zwischen der Ableitung und dem Gradienten
einer Funktion $f \colon X \subset \mathbb{R}^n \to \mathbb{R}$.

Im Fall $E = F = \mathbb{C}$ leiten wir die wichtigen Cauchy-Riemannschen Differentialgleichungen her, welche den Zusammenhang zwischen der komplexen Differen-
zierbarkeit von $f = u + iv \colon \mathbb{C} \to \mathbb{C}$ und der Differenzierbarkeit von $(u, v) \colon \mathbb{R}^2 \to \mathbb{R}^2$
beschreiben.

Schließlich zeigen wir, daß die eingeführten Begriffe für $E = \mathbb{K}$ mit denen von
Paragraph IV.1 übereinstimmen.

Im folgenden seien

- $E = (E, \|\cdot\|)$ und $F = (F, \|\cdot\|)$ Banachräume über demselben Körper $\mathbb{K}$;
  X eine offene Teilmenge von E.

Die Definition

Eine Funktion $f \colon X \to F$ heißt in $x_0 \in X$ **differenzierbar**, wenn es ein $A_{x_0} \in \mathcal{L}(E, F)$
gibt mit

$$\lim_{x \to x_0} \frac{f(x) - f(x_0) - A_{x_0}(x - x_0)}{\|x - x_0\|} = 0 \ . \tag{2.1}$$

Der folgende Satz enthält einige Umformulierungen dieser Definition sowie erste
Eigenschaften differenzierbarer Funktionen.

2.1 Satz   *Es seien $f \colon X \to F$ und $x_0 \in X$.*

(i) *Die folgenden Aussagen sind äquivalent:*

     (α) *f ist in x_0 differenzierbar;*

     (β) *Es existieren $A_{x_0} \in \mathcal{L}(E, F)$ und $r_{x_0} \colon X \to F$, wobei r_{x_0} in x_0 stetig ist
     und $r_{x_0}(x_0) = 0$ erfüllt, so daß gilt*

$$f(x) = f(x_0) + A_{x_0}(x - x_0) + r_{x_0}(x) \|x - x_0\| \ , \qquad x \in X \ ;$$

---

[1] Die Notation $f \colon X \subset E \to F$ ist eine Kurzschreibweise für $X \subset E$ und $f \colon X \to F$.

(γ) *Es existiert* $A_{x_0} \in \mathcal{L}(E, F)$ *mit*

$$f(x) = f(x_0) + A_{x_0}(x - x_0) + o(\|x - x_0\|) \quad (x \to x_0) ; \qquad (2.2)$$

(ii) *Ist* f *in* x_0 *differenzierbar, so ist* f *in* x_0 *stetig;*

(iii) *Es sei* f *in* x_0 *differenzierbar. Dann ist der lineare Operator* $A_{x_0} \in \mathcal{L}(E, F)$ *in* (2.1) *eindeutig bestimmt.*

Beweis (i) Der Beweis dieser Aussage kann völlig analog zum Beweis von Theorem IV.1.1 geführt werden und bleibt dem Leser überlassen.

(ii) Ist f in x_0 differenzierbar, so folgt die Stetigkeit von f in x_0 direkt aus (iβ).

(iii) Es sei $B \in \mathcal{L}(E, F)$, und es gelte

$$f(x) = f(x_0) + B(x - x_0) + o(\|x - x_0\|) \quad (x \to x_0) . \qquad (2.3)$$

Subtrahieren wir (2.3) von (2.2) und dividieren das Resultat durch $\|x - x_0\|$, so finden wir

$$\lim_{x \to x_0} (A_{x_0} - B)\left(\frac{x - x_0}{\|x - x_0\|}\right) = 0 .$$

Es seien $y \in E$ mit $\|y\| = 1$ und $x_n := x_0 + y/n$ für $n \in \mathbb{N}^\times$. Wegen $\lim x_n = x_0$ und $(x_n - x_0)/\|x_n - x_0\| = y$ finden wir dann

$$(A_{x_0} - B)y = \lim_n (A_{x_0} - B)\left(\frac{x_n - x_0}{\|x_n - x_0\|}\right) = 0 .$$

Da dies für jedes $y \in \partial \mathbb{B}_E$ gilt, folgt $A_{x_0} = B$. ∎

Die Ableitung

Es sei $f : X \to F$ in $x_0 \in X$ differenzierbar. Dann bezeichnen wir den nach Satz 2.1 eindeutig bestimmten linearen Operator $A_{x_0} \in \mathcal{L}(E, F)$ mit $\partial f(x_0)$. Er heißt **Ableitung** von f in x_0 und wird auch mit

$$Df(x_0) \quad \text{oder} \quad f'(x_0)$$

bezeichnet. Also gilt: $\partial f(x_0) \in \mathcal{L}(E, F)$ und

$$\lim_{x \to x_0} \frac{f(x) - f(x_0) - \partial f(x_0)(x - x_0)}{\|x - x_0\|} = 0 .$$

Ist $f : X \to F$ in jedem Punkt $x \in X$ differenzierbar, so heißt f **differenzierbar**, und die Abbildung[2]

$$\partial f : X \to \mathcal{L}(E, F) , \quad x \mapsto \partial f(x)$$

ist die **Ableitung** von f.

Da $\mathcal{L}(E, F)$ ein Banachraum ist, kann sinnvollerweise von der Stetigkeit der Ableitung gesprochen werden. Ist ∂f stetig, d.h. gilt $\partial f \in C(X, \mathcal{L}(E, F))$, so heißt f **stetig differenzierbar**. Wir setzen

$$C^1(X, F) := \{ f : X \to F ; f \text{ ist stetig differenzierbar} \} .$$

2.2 Bemerkungen (a) Die folgenden Aussagen sind äquivalent:

(i) $f : X \to F$ ist in $x_0 \in X$ differenzierbar;

(ii) Es gibt ein $\partial f(x_0) \in \mathcal{L}(E, F)$ mit

$$f(x) = f(x_0) + \partial f(x_0)(x - x_0) + o(\|x - x_0\|) \quad (x \to x_0) ;$$

(iii) Es gibt ein $\partial f(x_0) \in \mathcal{L}(E, F)$ und ein $r_{x_0} : X \to F$, das in x_0 stetig ist und $r_{x_0}(x_0) = 0$ erfüllt, so daß

$$f(x) = f(x_0) + \partial f(x_0)(x - x_0) + r_{x_0}(x) \|x - x_0\| , \quad x \in X ,$$

gilt.

(b) Aus (a) folgt, daß f genau dann in x_0 differenzierbar ist, wenn f in x_0 durch die affine Abbildung

$$g : E \to F , \quad x \mapsto f(x_0) + \partial f(x_0)(x - x_0)$$

so approximierbar ist, daß der Fehler schneller gegen Null geht als der Abstand von x zu x_0, d.h., es gilt:

$$\lim_{x \to x_0} \frac{\|f(x) - g(x)\|}{\|x - x_0\|} = 0 .$$

Also *ist die Abbildung f genau dann in x_0 differenzierbar, wenn sie in x_0 linear approximierbar ist* (vgl. Korollar IV.1.3).

(c) Die Begriffe „Differenzierbarkeit" und „Ableitung" sind unabhängig von der Wahl äquivalenter Normen in E und F.

Beweis Dies folgt z.B. aus Bemerkung II.3.13(d). ∎

---

[2]Um die Ableitung $\partial f(x_0) \in \mathcal{L}(E, F)$ im Punkt x_0 und die Ableitung $\partial f : X \to \mathcal{L}(E, F)$ deutlich zu unterscheiden, spricht man auch von der **Ableitungsfunktion** $\partial f : X \to \mathcal{L}(E, F)$.

(d) Statt „differenzierbar" sagt man auch „total differenzierbar" oder „Fréchet differenzierbar".

(e) (Der Fall $E = \mathbb{K}$) In Bemerkung 1.3(a) haben wir gesehen, daß die Abbildung $\mathcal{L}(\mathbb{K}, F) \to F$, $A \mapsto A1$ ein isometrischer Isomorphismus ist, mit dem wir $\mathcal{L}(\mathbb{K}, F)$ und F kanonisch identifizieren. Diese Identifizierung zeigt, daß im Fall $E = \mathbb{K}$ die obigen Definitionen von Differenzierbarkeit und Ableitung mit denen aus Paragraph IV.1 übereinstimmen.

(f) $C^1(X, F) \subset C(X, F)$, d.h., *jede stetig differenzierbare Funktion ist stetig.* ∎

2.3 Beispiele (a) Für $A \in \mathcal{L}(E, F)$ gilt: Die Funktion $A = (x \mapsto Ax)$ ist stetig differenzierbar, und $\partial A(x) = A$ für $x \in E$.

Beweis Mit $Ax = Ax_0 + A(x - x_0)$ folgt die Behauptung aus Bemerkung 2.2(a). ∎

(b) Es sei $y_0 \in F$. Dann ist die konstante Abbildung $k_{y_0} : E \to F$, $x \mapsto y_0$ stetig differenzierbar, und $\partial k_{y_0} = 0$.

Beweis Dies ist wegen $k_{y_0}(x) = k_{y_0}(x_0)$ für $x, x_0 \in E$ unmittelbar klar. ∎

(c) Es seien H ein Hilbertraum und $b : H \to \mathbb{K}$, $x \mapsto \|x\|^2$. Dann ist b stetig differenzierbar, und es gilt:

$$\partial b(x) = 2 \operatorname{Re}(x \,|\, \cdot) , \qquad x \in H .$$

Beweis Für jede Wahl von $x, x_0 \in H$ mit $x \neq x_0$ gilt

$$\|x\|^2 - \|x_0\|^2 = \|x - x_0 + x_0\|^2 - \|x_0\|^2 = \|x - x_0\|^2 + 2 \operatorname{Re}(x_0 \,|\, x - x_0) ,$$

also

$$\frac{b(x) - b(x_0) - 2 \operatorname{Re}(x_0 \,|\, x - x_0)}{\|x - x_0\|} = \|x - x_0\| .$$

Dies impliziert $\partial b(x_0)h = 2 \operatorname{Re}(x_0 \,|\, h)$ für $h \in H$. ∎

Richtungsableitungen

Es seien $f : X \to F$, $x_0 \in X$ und $v \in E \backslash \{0\}$. Da X offen ist, gibt es ein $\varepsilon > 0$ mit $x_0 + tv \in X$ für $|t| < \varepsilon$. Also ist die Funktion

$$(-\varepsilon, \varepsilon) \to F , \qquad t \mapsto f(x_0 + tv)$$

wohldefiniert. Ist diese Funktion im Punkt 0 differenzierbar, so heißt ihre Ableitung **Richtungsableitung** von f an der Stelle x_0 in der Richtung v und wird mit $D_v f(x_0)$ bezeichnet. Folglich gilt

$$D_v f(x_0) = \lim_{t \to 0} \frac{f(x_0 + tv) - f(x_0)}{t} .$$

2.4 Bemerkung Die Funktion

$$f_{v,x_0} : (-\varepsilon, \varepsilon) \to F , \quad t \mapsto f(x_0 + tv)$$

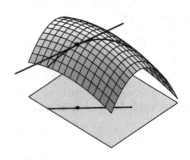

kann als „Kurve" in $E \times F$ interpretiert
werden, die offensichtlich „auf dem Graphen von f liegt". Dann stellt $D_v f(x_0)$ für
$\|v\| = 1$ die Steigung der Tangente an diese Kurve im Punkt $(x_0, f(x_0))$ dar (vgl.
Bemerkung IV.1.4(a)). ∎

Der nächste Satz zeigt, daß f in x_0 in jeder Richtung eine Richtungsableitung
besitzt, wenn f in x_0 differenzierbar ist.

2.5 Satz *Es sei $f : X \to F$ differenzierbar in $x_0 \in X$. Dann existiert $D_v f(x_0)$ für
jedes $v \in E \backslash \{0\}$, und es gilt $D_v f(x_0) = \partial f(x_0)v$.*

Beweis Für $v \in E \backslash \{0\}$ folgt aus Bemerkung 2.2(a)

$$f(x_0 + tv) = f(x_0) + \partial f(x_0)(tv) + o(\|tv\|) = f(x_0) + t\partial f(x_0)v + o(|t|)$$

für $t \to 0$. Somit ergibt sich die Behauptung aus Bemerkung IV.3.1(c). ∎

2.6 Bemerkung Die Umkehrung von Satz 2.5 ist falsch, d.h., eine Funktion,
die Richtungsableitungen in jeder Richtung besitzt, braucht nicht differenzierbar
zu sein.

Beweis Wir betrachten die Funktion $f : \mathbb{R}^2 \to \mathbb{R}$ mit

$$f(x,y) := \begin{cases} \dfrac{x^2 y}{x^2 + y^2} , & (x,y) \neq (0,0) , \\ 0 , & (x,y) = (0,0) . \end{cases}$$

Für jedes $v = (\xi, \eta) \in \mathbb{R}^2 \backslash \{(0,0)\}$ gilt

$$f(tv) = \frac{t^3 \xi^2 \eta}{t^2(\xi^2 + \eta^2)} = tf(v) .$$

Hieraus folgt

$$D_v f(0) = \lim_{t \to 0} f(tv)/t = f(v) .$$

Wäre f in 0 differenzierbar, würde aus Satz 2.5 folgen, daß $\partial f(0)v = D_v f(0) = f(v)$ für
jedes $v \in \mathbb{R}^2 \backslash \{(0,0)\}$ gilt. Da $v \mapsto \partial f(0)v$ linear ist, f aber nicht, ist dies nicht möglich.
Also ist f in 0 nicht differenzierbar. ∎

Partielle Ableitungen

Im Fall $E = \mathbb{R}^n$ kommt aus praktischen und historischen Gründen den Ableitungen in Richtung der Koordinatenachsen eine besondere Bedeutung zu, und es ist zweckmäßig, für sie eine eigene Bezeichnung einzuführen. Wir schreiben daher ∂_k oder $\partial/\partial x^k$ für die Ableitungen in Richtung der Standardbasisvektoren[3] e_k, $k = 1, \ldots, n$. Also gilt

$$\partial_k f(x_0) := \frac{\partial f}{\partial x^k}(x_0) := D_{e_k} f(x_0) = \lim_{t \to 0} \frac{f(x_0 + t e_k) - f(x_0)}{t} , \qquad 1 \le k \le n ,$$

und $\partial_k f(x_0)$ heißt **partielle Ableitung** bezügl. x^k von f in x_0. Die Funktion f heißt **in x_0 partiell differenzierbar**, wenn alle $\partial_1 f(x_0), \ldots, \partial_n f(x_0)$ existieren, und sie heißt [stetig] **partiell differenzierbar**, wenn sie in jedem Punkt von X partiell differenzierbar ist [und wenn $\partial_k f : X \to F$ stetig ist für $1 \le k \le n$].

2.7 Bemerkungen (a) Existiert die k-te partielle Ableitung in $x_0 \in X$, so gilt

$$\partial_k f(x_0) = \lim_{h \to 0} \frac{f(x_0^1, \ldots, x_0^{k-1}, x_0^k + h, x_0^{k+1}, \ldots, x_0^n) - f(x_0)}{h} , \qquad 1 \le k \le n .$$

Also ist f in x_0 genau dann nach der k-ten Koordinate partiell differenzierbar, wenn die Funktion $t \mapsto f(x_0^1, \ldots, x_0^{k-1}, t, x_0^{k+1}, \ldots, x_0^n)$ einer reellen Variablen im Punkt x_0^k differenzierbar ist.

(b) Die partielle Ableitung $\partial_k f(x_0)$ kann definiert werden, falls x_0^k ein Häufungspunkt der Menge

$$\{ \xi \in \mathbb{R} ; (x_0^1, \ldots, x_0^{k-1}, \xi, x_0^{k+1}, \ldots, x_0^n) \in X \}$$

ist. Insbesondere muß X nicht offen sein.

(c) Ist f in x_0 differenzierbar, so ist f in x_0 partiell differenzierbar.

Beweis Dies ist ein Spezialfall von Satz 2.5. ∎

(d) Wenn f in x_0 partiell differenzierbar ist, folgt nicht, daß f in x_0 differenzierbar ist.

Beweis Bemerkung 2.6. ∎

(e) Ist f in x_0 partiell differenzierbar, so braucht f in x_0 nicht stetig zu sein.

Beweis Wir betrachten $f : \mathbb{R}^2 \to \mathbb{R}$ mit

$$f(x, y) := \begin{cases} \dfrac{xy}{(x^2 + y^2)^2} , & (x, y) \ne (0, 0) , \\ 0 , & (x, y) = (0, 0) . \end{cases}$$

Dann gilt $f(h, 0) = f(0, h) = 0$ für alle $h \in \mathbb{R}$. Also folgt $\partial_1 f(0, 0) = \partial_2 f(0, 0) = 0$. Somit ist f in $(0, 0)$ partiell differenzierbar.

Wegen $f(0, 0) = 0$ und $f(1/n, 1/n) = n^2/4$ für $n \in \mathbb{N}^\times$ ist f in $(0, 0)$ nicht stetig. ∎

---

[3]Gelegentlich schreiben wir auch ∂_{x^k} für $\partial/\partial x^k$.

(f) Um die „Differenzierbarkeit" deutlich von der „partiellen Differenzierbarkeit" zu unterscheiden, sagt man manchmal auch, f sei [in x_0] **total differenzierbar**, wenn f [in x_0] differenzierbar ist. ∎

Im folgenden geht es darum, konkrete Darstellungen für $\partial f(x_0)$ zu finden, falls $E = \mathbb{R}^n$ oder $F = \mathbb{R}^m$ gilt. Diese Darstellungen werden es uns später erlauben, Ableitungen gegebener Funktionen explizit zu bestimmen.

2.8 Satz

(i) Es sei $E = \mathbb{R}^n$, und $f : X \to F$ sei in x_0 differenzierbar. Dann gilt

$$\partial f(x_0)h = \sum_{k=1}^n \partial_k f(x_0)h^k , \qquad h = (h^1, \dots, h^n) \in \mathbb{R}^n .$$

(ii) Es seien E ein Banachraum und $f = (f^1, \dots, f^m) : X \to \mathbb{K}^m$. Dann ist f genau dann in x_0 differenzierbar, wenn jede der Koordinatenfunktionen f^j, $1 \le j \le m$, in x_0 differenzierbar ist. Dann gilt

$$\partial f(x_0) = \big(\partial f^1(x_0), \dots, \partial f^m(x_0)\big) ,$$

d.h., Vektoren werden komponentenweise differenziert.

Beweis (i) Wegen $h = \sum_k h^k e_k$ für $h = (h^1, \dots, h^n) \in \mathbb{R}^n$ folgt aus der Linearität von $\partial f(x_0)$ und Satz 2.5

$$\partial f(x_0)h = \sum_{k=1}^n h^k \partial f(x_0)e_k = \sum_{k=1}^n \partial_k f(x_0)h^k .$$

(ii) Für $A = (A^1, \dots, A^m) \in \mathrm{Hom}(E, \mathbb{K}^m)$ gilt

$$A \in \mathcal{L}(E, \mathbb{K}^m) \Longleftrightarrow A^j \in \mathcal{L}(E, \mathbb{K}), \; 1 \le j \le m ,$$

(vgl. Aufgabe 1.1). Nun folgt aus Satz II.3.14 und Satz 2.1(iii), daß die Aussage

$$\lim_{x \to x_0} \frac{f(x) - f(x_0) - \partial f(x_0)(x - x_0)}{\|x - x_0\|} = 0$$

äquivalent ist zu

$$\lim_{x \to x_0} \frac{f^j(x) - f^j(x_0) - \partial f^j(x_0)(x - x_0)}{\|x - x_0\|} = 0 , \quad 1 \le j \le m ,$$

was die Behauptung beweist. ∎

Die Jacobimatrix

Es sei X offen in $\mathbb{R}^n$, und $f = (f^1, \ldots, f^m) \colon X \to \mathbb{R}^m$ sei in x_0 partiell differenzierbar. Dann heißt die Matrix

$$[\partial_k f^j(x_0)] = \begin{bmatrix} \partial_1 f^1(x_0) & \cdots & \partial_n f^1(x_0) \\ \vdots & & \vdots \\ \partial_1 f^m(x_0) & \cdots & \partial_n f^m(x_0) \end{bmatrix}$$

Jacobimatrix oder **Funktionalmatrix** von f in x_0.

2.9 Korollar *Ist f in x_0 differenzierbar, so ist jede Koordinatenfunktion f^j in x_0 partiell differenzierbar, und es gilt*

$$[\partial f(x_0)] = [\partial_k f^j(x_0)] = \begin{bmatrix} \partial_1 f^1(x_0) & \cdots & \partial_n f^1(x_0) \\ \vdots & & \vdots \\ \partial_1 f^m(x_0) & \cdots & \partial_n f^m(x_0) \end{bmatrix},$$

d.h., die Darstellungsmatrix (bezüglich der Standardbasen) der Ableitung von f ist die Jacobimatrix von f.

Beweis Für $k = 1, \ldots, n$ gilt $\partial f(x_0) e_k = \sum_{j=1}^m a_k^j e_j$ mit eindeutig bestimmten $a_k^j \in \mathbb{R}$. Aus der Linearität von $\partial f(x_0)$ und aus Satz 2.8 folgt

$$\partial f(x_0) e_k = \big(\partial f^1(x_0) e_k, \ldots, \partial f^m(x_0) e_k\big) = \big(\partial_k f^1(x_0), \ldots, \partial_k f^m(x_0)\big)$$
$$= \sum_{j=1}^m \partial_k f^j(x_0) e_j \, .$$

Also ist $a_k^j = \partial_k f^j$ richtig. ∎

Ein Differenzierbarkeitskriterium

Bemerkung 2.6 zeigt, daß die Existenz aller partiellen Ableitungen einer Funktion nicht ihre (totale) Differenzierbarkeit impliziert. Um die Differenzierbarkeit zu garantieren, sind zusätzliche Voraussetzungen notwendig. Der nächste Satz — das fundamentale Differenzierbarkeitskriterium — zeigt, daß die Stetigkeit der partiellen Ableitungen eine solche hinreichende Bedingung darstellt. Ist sie erfüllt, ist die Abbildung sogar stetig differenzierbar.

2.10 Theorem *Es seien X offen in $\mathbb{R}^n$ und F ein Banachraum. Dann ist $f \colon X \to F$ genau dann stetig differenzierbar, wenn f stetig partiell differenzierbar ist.*

Beweis „$\Rightarrow$" folgt leicht aus Satz 2.5.

„$\Leftarrow$" Es sei $x \in X$. Wir definieren eine lineare Abbildung $A(x) : \mathbb{R}^n \to F$ durch

$$h := (h^1, \ldots, h^n) \mapsto A(x)h := \sum_{k=1}^{n} \partial_k f(x) h^k \ .$$

Aufgrund von Theorem 1.6 gehört $A(x)$ zu $\mathcal{L}(\mathbb{R}^n, F)$. Unser Ziel ist es zu zeigen, daß $\partial f(x) = A(x)$, d.h.,

$$\lim_{h \to 0} \frac{f(x+h) - f(x) - A(x)h}{|h|} = 0$$

gilt. Wir wählen $\varepsilon > 0$ mit $\mathbb{B}(x, \varepsilon) \subset X$ und setzen $x_0 := x$ und $x_k := x_0 + \sum_{j=1}^{k} h^j e_j$ für $1 \le k \le n$ und $h = (h^1, \ldots, h^n) \in \mathbb{B}(x, \varepsilon)$. Dann erhalten wir

$$f(x+h) - f(x) = \sum_{k=1}^{n} \left(f(x_k) - f(x_{k-1}) \right) \ ,$$

und der Fundamentalsatz der Differential- und Integralrechnung ergibt

$$f(x+h) - f(x) = \sum_{k=1}^{n} h^k \int_0^1 \partial_k f(x_{k-1} + t h^k e_k) \, dt \ .$$

Hiermit finden wir die Darstellung

$$f(x+h) - f(x) - A(x)h = \sum_{k=1}^{n} h^k \int_0^1 \left(\partial_k f(x_{k-1} + t h^k e_k) - \partial_k f(x) \right) dt \ .$$

Diese zieht

$$\|f(x+h) - f(x) - A(x)h\|_F \le |h|_\infty \sum_{k=1}^{n} \sup_{|y-x|_\infty \le |h|_\infty} \|\partial_k f(y) - \partial_k f(x)\|_F$$

nach sich. Die Stetigkeit der $\partial_k f$ impliziert

$$\lim_{h \to 0} \left(\sum_{k=1}^{n} \sup_{|y-x|_\infty \le |h|_\infty} \|\partial_k f(y) - \partial_k f(x)\|_F \right) = 0 \ .$$

Also gilt

$$f(x+h) - f(x) - A(x)h = o(|h|_\infty) \quad (h \to 0) \ .$$

Folglich ist f aufgrund der Bemerkungen 2.2(a) und 2.2(c) in x differenzierbar, und $\partial f(x) = A(x)$. Wegen

$$\left\| (\partial f(x) - \partial f(y))h \right\|_F \le \sum_{k=1}^{n} \|\partial_k f(x) - \partial_k f(y)\|_F \, |h^k|$$

$$\le \left(\sum_{k=1}^{n} \|\partial_k f(x) - \partial_k f(y)\|_F \right) |h|_\infty$$

und der Äquivalenz der Normen auf $\mathbb{R}^n$ folgt die Stetigkeit von ∂f aus derjenigen der $\partial_k f$, $1 \le k \le n$. ∎

2.11 Korollar *Es sei X offen in $\mathbb{R}^n$. Dann ist $f: X \to \mathbb{R}^m$ genau dann stetig differenzierbar, wenn jede Koordinatenfunktion $f^j: X \to \mathbb{R}$ stetig partiell differenzierbar ist. In diesem Fall gilt*

$$\left[\partial f(x) \right] = \left[\partial_k f^j(x) \right] \in \mathbb{R}^{m \times n} \ .$$

2.12 Beispiel Die Funktion

$$f: \mathbb{R}^3 \to \mathbb{R}^2 \ , \quad (x, y, z) \mapsto \left(e^x \cos y, \sin(xz) \right)$$

ist stetig differenzierbar, und

$$\left[\partial f(x, y, z) \right] = \left[\begin{array}{ccc} e^x \cos y & -e^x \sin y & 0 \\ z \cos(xz) & 0 & x \cos(xz) \end{array} \right]$$

für $(x, y, z) \in \mathbb{R}^3$. ∎

Im Spezialfall einer differenzierbaren reellwertigen Funktion mehrerer reeller Variabler wollen wir eine wichtige geometrische Interpretation der Ableitung geben. Dazu benötigen wir einige Vorbereitungen.

Der Rieszsche Darstellungssatz

Es sei E ein normierter Vektorraum über $\mathbb{K}$. Dann heißt $E' := \mathcal{L}(E, \mathbb{K})$ (stetiger) **Dualraum** von E. Die Elemente von E' sind die **stetigen Linearformen** auf E.

2.13 Bemerkungen **(a)** Gemäß unserer Vereinbarung ist E' mit der Operatornorm von $\mathcal{L}(E, \mathbb{K})$,

$$\|f\| := \sup_{\|x\| \le 1} |f(x)| \ , \qquad f \in E' \ ,$$

versehen. Also garantiert Korollar 1.2, daß $E' := (E', \|\cdot\|)$ ein Banachraum ist. Man sagt auch, die Norm von E' sei die (zur Norm von E) **duale Norm**.

(b) Es sei $\left(E, (\cdot|\cdot) \right)$ ein Innenproduktraum. Für $y \in E$ setzen wir

$$f_y(x) := (x|y) \ , \qquad x \in E \ .$$

Dann ist f_y eine stetige Linearform auf E, und es gilt $\|f_y\|_{E'} = \|y\|_E$.

Beweis Da das Innenprodukt im ersten Argument linear ist, gilt $f_y \in \mathrm{Hom}(E, \mathbb{K})$. Wegen $f_0 = 0$ genügt es, den Fall $y \in E \setminus \{0\}$ zu betrachten.

Aus der Cauchy-Schwarzschen Ungleichung erhalten wir

$$|f_y(x)| = |(x\,|\,y)| \le \|x\|\,\|y\| \;, \qquad x \in E \;.$$

Also gilt $f_y \in \mathcal{L}(E,\mathbb{K}) = E'$ mit $\|f_y\| \le \|y\|$. Aus $f_y(y/\|y\|) = (y/\|y\|\,|\,y) = \|y\|$ folgt

$$\|f_y\| = \sup_{\|x\| \le 1} |f_y(x)| \ge |f_y(y/\|y\|)| = \|y\| \;.$$

Insgesamt finden wir $\|f_y\| = \|y\|$. ∎

(c) Es sei $\big(E, (\cdot\,|\,\cdot)\big)$ ein Innenproduktraum. Dann ist die Abbildung

$$T : E \to E' \;, \qquad y \mapsto f_y := (\cdot\,|\,y)$$

konjugiert linear und isometrisch.

Beweis Dies folgt aus $T(y + \lambda z) = (\cdot\,|\,y + \lambda z) = (\cdot\,|\,y) + \overline{\lambda}(\cdot\,|\,z) = Ty + \overline{\lambda}Tz$ und (b). ∎

Gemäß Bemerkung 2.13(b) erzeugt jedes $y \in E$ eine stetige Linearform f_y auf E. Der folgende Satz zeigt, daß es auf endlichdimensionalen Hilberträumen keine weiteren stetigen Linearformen gibt.[4] Mit anderen Worten: Jedes $f \in E'$ besitzt genau eine Darstellung der Form $f = f_y$ mit einem geeigneten $y \in E$.

2.14 Theorem (Rieszscher Darstellungssatz) *Es sei $\big(E, (\cdot\,|\,\cdot)\big)$ ein endlichdimensionaler Hilbertraum. Dann gibt es zu jedem $f \in E'$ ein eindeutig bestimmtes $y \in E$, so daß $f(x) = (x\,|\,y)$ für alle $x \in E$ gilt. Also ist*

$$T : E \to E' \;, \qquad y \mapsto (\cdot\,|\,y)$$

eine bijektive konjugiert lineare Isometrie.

Beweis Aus Bemerkung 2.13(c) wissen wir, daß $T : E \to E'$ eine konjugiert lineare Isometrie ist. Insbesondere ist T injektiv. Mit $n := \dim(E)$ folgt aus Theorem 1.9 und Satz 1.8(ii)

$$E' = \mathcal{L}(E,\mathbb{K}) \cong \mathbb{K}^{1 \times n} \cong \mathbb{K}^n \;,$$

und damit $\dim(E') = \dim(E)$. Die **Rangformel** der Linearen Algebra

$$\dim\big(\ker(T)\big) + \dim\big(\operatorname{im}(T)\big) = \dim E \tag{2.4}$$

(z.B. [Gab96, Abschnitt D.5.4]) impliziert nun die Surjektivität von T. ∎

---

[4]Aus Theorem 1.6 wissen wir, daß auf einem endlichdimensionalen Hilbertraum jede Linearform stetig ist. Ferner garantiert Korollar 1.5, daß jeder endlichdimensionale Innenproduktraum ein Hilbertraum ist.

2.15 Bemerkungen (a) Mit den Bezeichnungen von Theorem 2.14 setzen wir

$$[\cdot\,|\,\cdot] : E' \times E' \to \mathbb{K}\,, \qquad [f\,|\,g] := (T^{-1}g\,|\,T^{-1}f)\,.$$

Dann ist $\big(E', [\cdot\,|\,\cdot]\big)$ ein Hilbertraum.

Beweis Die einfache Verifikation bleibt dem Leser überlassen. ∎

(b) Es sei $\big(E, (\cdot\,|\,\cdot)\big)$ ein *reeller* endlichdimensionaler Hilbertraum. Dann ist die Abbildung $E \to E'$, $y \mapsto (\cdot\,|\,y)$ ein isometrischer Isomorphismus. Insbesondere ist $(\mathbb{R}^m)'$ isometrisch isomorph zu $\mathbb{R}^m$ vermöge dieses **kanonischen Isomorphismus**, wobei $(\cdot\,|\,\cdot)$ das euklidische Innenprodukt auf $\mathbb{R}^m$ bezeichnet. Sehr oft identifiziert man die Räume $\mathbb{R}^m$ und $(\mathbb{R}^m)'$ mit Hilfe dieses Isomorphismus.

(c) Der Rieszsche Darstellungssatz ist auch für unendlichdimensionale Hilberträume richtig. Für einen Beweis in dieser Allgemeinheit müssen wir auf die Literatur zur Funktionalanalysis oder entsprechende Vorlesungen im Hauptstudium verweisen. ∎

Der Gradient

Es sei X offen in $\mathbb{R}^n$, und $f : X \to \mathbb{R}$ sei in $x_0 \in X$ differenzierbar. Dann nennt man die Ableitung $\partial f(x_0)$ auch **Differential** von f in x_0, und man schreibt dafür[5] $df(x_0)$. Das Differential von f in x_0 ist also eine (stetige) Linearform auf $\mathbb{R}^n$. Aufgrund des Rieszschen Darstellungssatzes gibt es ein eindeutig bestimmtes $y \in \mathbb{R}^n$ mit

$$df(x_0)h = (h\,|\,y) = (y\,|\,h)\,, \qquad h \in \mathbb{R}^n\,.$$

Dieses durch f und x_0 eindeutig festgelegte Element $y \in \mathbb{R}^n$ heißt **Gradient** von f im Punkt x_0 und wird mit $\nabla f(x_0)$ oder $\operatorname{grad} f(x_0)$ bezeichnet. Das Differential und der Gradient von f in x_0 sind also durch die fundamentale Beziehung

$$df(x_0)h = \big(\nabla f(x_0)\,|\,h\big)\,, \qquad h \in \mathbb{R}^n\,,$$

miteinander verknüpft. Man beachte, daß das Differential $df(x_0)$ eine Linearform auf $\mathbb{R}^n$, der Gradient $\nabla f(x_0)$ aber ein Vektor in $\mathbb{R}^n$ ist.

2.16 Satz *Es gilt*

$$\nabla f(x_0) = \big(\partial_1 f(x_0), \dots, \partial_n f(x_0)\big) \in \mathbb{R}^n\,.$$

Beweis Wegen Satz 2.5 gilt $df(x_0)e_k = \partial_k f(x_0)$ für $k = 1, \dots, n$. Nun folgt

$$\big(\nabla f(x_0)\,|\,h\big) = df(x_0)h = df(x_0)\sum_{k=1}^{n} h^k e_k = \sum_{k=1}^{n} \partial_k f(x_0)h^k = (y\,|\,h)$$

---

[5]Eine Klärung des Zusammenhangs mit dem in Bemerkung VI.5.2 eingeführten Differential werden wir in Paragraph VIII.3 vornehmen.

für $h = (h^1, \ldots, h^n) \in \mathbb{R}^n$ mit $y := \left(\partial_1 f(x_0), \ldots, \partial_n f(x_0)\right) \in \mathbb{R}^n$. Da dies für jedes $h \in \mathbb{R}^n$ gilt, folgt die Behauptung. ∎

2.17 Bemerkungen (a) Der Punkt x_0 heißt **kritisch** für f, falls $\nabla f(x_0) = 0$ gilt.

(b) Es sei x_0 nicht kritisch für f. Setzen wir $h_0 := \nabla f(x_0)/|\nabla f(x_0)|$, so zeigt der Beweis von Bemerkung 2.13(b), daß

$$df(x_0)h_0 = |\nabla f(x_0)| = \max_{\substack{h \in \mathbb{R}^n \\ |h| \leq 1}} df(x_0)h$$

gilt. Da $df(x_0)h$ die Richtungsableitung von f in x_0 in Richtung h ist, ergibt sich

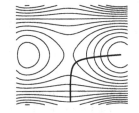

$$f(x_0 + th_0) = f(x_0) + t\,df(x_0)h_0 + o(t)$$
$$= f(x_0) + t \max_{|h|=1} df(x_0)h + o(t)$$

für $t \to 0$, d.h., der Vektor $\nabla f(x_0)$ gibt die Richtung an, in der die Richtungsableitung von f maximal ist, die Richtung des **steilsten Anstiegs** von f.

Im Fall $n = 2$ kann der Graph von f,

$$M := \left\{ \left(x, f(x)\right) \; ; \; x \in X \right\} \subset \mathbb{R}^2 \times \mathbb{R} \cong \mathbb{R}^3 \, ,$$

als „Fläche" im $\mathbb{R}^3$ interpretiert werden.[6] Wir stellen uns nun vor, auf M bewege sich ein Punkt m wie folgt: Startpunkt der „Bewegung" von m sei ein Punkt $\left(x_0, f(x_0)\right) \in M$, derart, daß x_0 nicht kritisch für f ist. Die Richtung der Bewegung sei so, daß die Projektion des „Geschwindigkeitsvektors" der Richtung des Gradienten von f folgt. Dann bewegt sich m auf einer **Kurve des steilsten Anstiegs**. Auf dem Rückweg folgt m der entsprechenden „Kurve des steilsten Abstiegs".

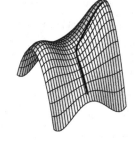

(c) Die obigen Ausführungen zeigen, daß $\nabla f(x_0)$ eine geometrische Bedeutung zukommt, die unabhängig ist von der speziellen Wahl der Koordinaten oder des Skalarproduktes. Hingegen hängt die *Darstellung* von $\nabla f(x_0)$ von der Wahl des Skalarproduktes ab. Insbesondere gilt die Darstellung von Satz 2.16 nur dann, wenn $\mathbb{R}^n$ mit dem euklidischen Skalarprodukt versehen ist.

Beweis Es sei $[g_{jk}] \in \mathbb{R}^{n \times n}$ eine symmetrische, positiv definite Matrix, d.h., es gelte $g_{jk} = g_{kj}$ für $1 \leq j, k \leq n$ und es gebe ein $\gamma > 0$ mit

$$\sum_{j,k=1}^{n} g_{jk} \xi^j \xi^k \geq \gamma |\xi|^2 \, , \qquad \xi \in \mathbb{R}^n \, .$$

---

[6]Vgl. Korollar 8.9.

Dann wird durch

$$(x \mid y)^g := \sum_{j,k=1}^{n} g_{jk} x^j y^k , \qquad x, y \in \mathbb{R}^n ,$$

ein Skalarprodukt auf $\mathbb{R}^n$ erklärt[7] (vgl. Aufgabe 1.8). Somit sichert Theorem 2.14 die Existenz eines eindeutig bestimmten $y \in \mathbb{R}^n$ mit $df(x_0)h = (y \mid h)^g$ für $h \in \mathbb{R}^n$. Wir nennen $\nabla^g f(x_0) := y$ **Gradient von** f **in** x_0 **bezüglich des Skalarprodukts** $(\cdot \mid \cdot)^g$. Um seine Komponenten zu bestimmen, beachten wir

$$\sum_{j=1}^{n} \partial_j f(x_0) h^j = df(x_0)h = (y \mid h)^g = \sum_{j,k=1}^{n} g_{jk} y^k h^j , \qquad h \in \mathbb{R}^n .$$

Also gilt

$$\sum_{k=1}^{n} g_{jk} y^k = \partial_j f(x_0) , \qquad j = 1, \dots, n . \tag{2.5}$$

Aufgrund unserer Voraussetzung ist die Matrix g invertierbar und ihre Inverse ist wiederum symmetrisch und positiv definit.[8] Wir bezeichnen die Einträge der Inversen von $[g_{jk}]$ mit g^{jk}, d.h. $[g^{jk}] = [g_{jk}]^{-1}$. Aus (2.5) folgt dann

$$y^k = \sum_{j=1}^{n} g^{kj} \partial_j f(x_0) , \qquad k = 1, \dots, n .$$

Dies bedeutet, daß der Gradient von f bezüglich des von $g = [g_{jk}]$ induzierten Skalarproduktes durch

$$\nabla^g f(x_0) = \Big(\sum_{k=1}^{n} g^{1k} \partial_k f(x_0), \dots, \sum_{k=1}^{n} g^{nk} \partial_k f(x_0) \Big) \tag{2.6}$$

gegeben wird. ∎

Komplexe Differenzierbarkeit

Wegen der Identifizierungen $\mathcal{L}(\mathbb{C}) = \mathbb{C}$ und $\mathbb{C}^{1 \times 1} = \mathbb{C}$ können wir $A \in \mathcal{L}(\mathbb{C})$ mit seiner Matrixdarstellung identifizieren. Also gilt $Az = a \cdot z$ für $z \in \mathbb{C}$ mit $a \in \mathbb{C}$. Wie üblich identifizieren wir $\mathbb{C} = \mathbb{R} + i\mathbb{R}$ mit $\mathbb{R}^2$:

$$\mathbb{C} = \mathbb{R} + i\mathbb{R} \ni z = x + iy \longleftrightarrow (x, y) \in \mathbb{R}^2 , \qquad x = \operatorname{Re} z , \quad y = \operatorname{Im} z .$$

Für die Wirkung von A bezüglich dieser Identifikation finden wir wegen der Identifikation $a = \alpha + i\beta \longleftrightarrow (\alpha, \beta)$

$$Az = a \cdot z = (\alpha + i\beta)(x + iy) = (\alpha x - \beta y) + i(\beta x + \alpha y) ,$$

also

$$Az \longleftrightarrow \begin{bmatrix} \alpha & -\beta \\ \beta & \alpha \end{bmatrix} \begin{bmatrix} x \\ y \end{bmatrix} . \tag{2.7}$$

---

[7]Es gilt auch die Umkehrung: Jedes Skalarprodukt auf $\mathbb{R}^n$ ist von der Form $(\cdot \mid \cdot)^g$ (vgl. z.B. [Art93, Paragraph VII.1]).
[8]Vgl. Aufgabe 5.18.

Es sei X offen in $\mathbb{C}$. Für $f: X \to \mathbb{C}$ setzen wir $u := \operatorname{Re} f$ und $v := \operatorname{Im} f$. Dann gilt

$$\mathbb{C}^X \ni f = u + iv \longleftrightarrow (u, v) =: F \in \left(\mathbb{R}^2\right)^X \ ,$$

wobei im letzten Ausdruck X als Teilmenge von $\mathbb{R}^2$ aufzufassen ist. Mit diesen Bezeichnungen gilt der folgende fundamentale Satz über den Zusammenhang zwischen komplexer[9] und totaler Differenzierbarkeit.

2.18 Theorem *Die Funktion f ist genau dann in $z_0 = x_0 + iy_0$ komplex differenzierbar, wenn $F := (u, v)$ in (x_0, y_0) total differenzierbar ist und die* **Cauchy-Riemannschen Differentialgleichungen**[10]

$$u_x = v_y \ , \quad u_y = -v_x \ ,$$

in (x_0, y_0) erfüllt sind. In diesem Fall gilt

$$f'(z_0) = u_x(x_0, y_0) + i\, v_x(x_0, y_0) \ .$$

Beweis (i) Es sei f in z_0 komplex differenzierbar. Wir setzen

$$A := \begin{bmatrix} \alpha & -\beta \\ \beta & \alpha \end{bmatrix}$$

mit $\alpha := \operatorname{Re} f'(z_0)$ und $\beta := \operatorname{Im} f'(z_0)$. Dann gilt für $h = \xi + i\eta \longleftrightarrow (\xi, \eta)$

$$\lim_{(\xi,\eta)\to(0,0)} \frac{|F(x_0 + \xi, y_0 + \eta) - F(x_0, y_0) - A(\xi, \eta)|}{|(\xi, \eta)|}$$

$$= \lim_{h\to 0}\left| \frac{f(z_0 + h) - f(z_0) - f'(z_0)h}{h}\right| = 0 \ .$$

Also ist F in (x_0, y_0) total differenzierbar (vgl. Bemerkung II.2.1(a)) mit

$$[\partial F(x_0, y_0)] = \begin{bmatrix} \partial_1 u(x_0, y_0) & \partial_2 u(x_0, y_0) \\ \partial_1 v(x_0, y_0) & \partial_2 v(x_0, y_0) \end{bmatrix} = \begin{bmatrix} \alpha & -\beta \\ \beta & \alpha \end{bmatrix} \ .$$

Folglich gelten die Cauchy-Riemannschen Differentialgleichungen

$$\partial_1 u(x_0, y_0) = \partial_2 v(x_0, y_0) \ , \quad \partial_2 u(x_0, y_0) = -\partial_1 v(x_0, y_0) \ . \tag{2.8}$$

(ii) Ist F in (x_0, y_0) total differenzierbar und gilt (2.8), so setzen wir

$$a := \partial_1 u(x_0, y_0) + i\, \partial_1 v(x_0, y_0) \ .$$

_____

[9]Es sei daran erinnert, daß f genau dann im Punkt z_0 komplex differenzierbar ist, wenn $\left(f(z_0 + h) - f(z_0)\right)/h$ für $h \to 0$ in $\mathbb{C}$ einen Grenzwert in $\mathbb{C}$ besitzt.

[10]Für Funktionen f mit zwei oder drei reellen Variablen sind die Bezeichnungsweisen $f_x := \partial_1 f$, $f_y := \partial_2 f$ und, gegebenenfalls, $f_z := \partial_3 f$ sehr gebräuchlich.

Dann folgt wegen (2.7)

$$\lim_{h\to 0}\left|\frac{f(z_0 + h) - f(z_0) - ah}{h}\right|$$

$$= \lim_{(\xi,\eta)\to(0,0)}\frac{|F(x_0 + \xi, y_0 + \eta) - F(x_0, y_0) - \partial F(x_0, y_0)(\xi, \eta)|}{|(\xi, \eta)|} = 0 .$$

Somit ist f in z_0 komplex differenzierbar mit $f'(z_0) = a$. ∎

2.19 Beispiele   (a) Gemäß Beispiel IV.1.13(b) ist $f : \mathbb{C} \to \mathbb{C}, \ z \mapsto z^2$ überall komplex differenzierbar mit $f'(z) = 2z$. Wegen

$$f(x + iy) = (x + iy)^2 = x^2 - y^2 + i(2xy) \longleftrightarrow \big(u(x,y), v(x,y)\big)$$

gilt

$$u_x = v_y = 2x , \quad u_y = -v_x = -2y .$$

Also sind die Cauchy-Riemannschen Differentialgleichungen erfüllt (wie es sein muß), und es gilt $f'(z) = f'(x + iy) = 2x + i2y = 2(x + iy) = 2z$.

(b) Die Abbildung $f : \mathbb{C} \to \mathbb{C}, \ z \mapsto \bar{z}$ ist in keinem Punkt komplex differenzierbar,[11] denn mit

$$f(x + iy) = x - iy \longleftrightarrow \big(u(x,y), v(x,y)\big)$$

gilt

$$u_x = 1 , \quad u_y = 0 , \quad v_x = 0 , \quad v_y = -1 .$$

Folglich sind die Cauchy-Riemannschen Differentialgleichungen nirgends erfüllt.

Die obige Abbildung stellt ein sehr einfaches Beispiel einer stetigen, aber nirgends differenzierbaren komplexwertigen Funktion einer komplexen Variablen dar. Man beachte, daß

$$F = (u,v) : \mathbb{R}^2 \to \mathbb{R}^2 , \quad (x,y) \mapsto (x, -y) ,$$

in jedem Punkt total differenzierbar ist mit der konstanten Ableitung

$$[\partial F(x_0, y_0)] = \begin{bmatrix} 1 & 0 \\ 0 & -1 \end{bmatrix}$$

für $(x_0, y_0) \in \mathbb{R}^2$. Also ist F sogar stetig differenzierbar. ∎

Aufgaben

1   Man berechne $\partial_2 f(1, y)$ für $f : (0, \infty)^2 \to \mathbb{R}$ mit

$$f(x, y) := \big(((x^x)^x)^x\big)^y + \log(x)\arctan\Big(\arctan\big(\arctan\big(\sin\big(\cos(xy) - \log(x + y)\big)\big)\big)\Big) .$$

---

[11]Vgl. Aufgabe IV.1.4.

2   Es sei $f \colon \mathbb{R}^2 \to \mathbb{R}$ gegeben durch

$$f(x,y) := \begin{cases} \sqrt{x^2 + y^2}\,, & y > 0\,, \\ x\,, & y = 0\,, \\ -\sqrt{x^2 + y^2}\,, & y < 0\,. \end{cases}$$

Man zeige:

(a) f ist in $(0,0)$ nicht differenzierbar.

(b) Jede Richtungsableitung von f existiert in $(0,0)$.

3   In welchen Punkten ist

$$\mathbb{R}^2 \to \mathbb{R}\,, \quad (x,y) \mapsto \begin{cases} x^3/\sqrt{x^2 + y^2}\,, & (x,y) \neq (0,0)\,, \\ 0\,, & (x,y) = (0,0)\,, \end{cases}$$

differenzierbar?

4   Es sei $f \colon \mathbb{R}^2 \to \mathbb{R}$ definiert durch

$$f(x,y) := \begin{cases} xy/\sqrt{x^2 + y^2}\,, & (x,y) \neq (0,0)\,, \\ 0\,, & (x,y) = (0,0)\,. \end{cases}$$

Man zeige:

(a) $\partial_1 f(0,0)$ und $\partial_2 f(0,0)$ existieren.

(b) $D_v f(0,0)$ existiert nicht für $v \in \mathbb{R}^2 \backslash \{e_1, e_2\}$.

(c) f ist in $(0,0)$ nicht differenzierbar.

5   Man berechne die Jacobimatrizen von

$$\mathbb{R}^3 \to \mathbb{R}\,, \quad (x,y,z) \mapsto 3x^2 y + e^{xz^2} + 4z^3\,;$$
$$\mathbb{R}^2 \to \mathbb{R}^3\,, \quad (x,y) \mapsto \big(xy, \cosh(xy), \log(1 + x^2)\big)\,;$$
$$\mathbb{R}^3 \to \mathbb{R}^3\,, \quad (x,y,z) \mapsto \big(\log(1 + x^2 + z^2), z^2 + y^2 - x^2, \sin(xz)\big)\,;$$
$$\mathbb{R}^3 \to \mathbb{R}^3\,, \quad (x,y,z) \mapsto (x \sin y \cos z, x \sin y \sin z, x \cos y)\,.$$

6   Es seien X offen in $\mathbb{R}^n$ und F ein Banachraum sowie $f \colon X \to F$. Ferner seien $x_0 \in X$ und $\varepsilon > 0$ mit $\mathbb{B}(x_0, \varepsilon) \subset X$. Schließlich sei

$$x_k(h) := x_0 + h^1 e_1 + \cdots + h^k e_k\,, \qquad k = 1, \ldots, n\,, \quad h \in \mathbb{B}(x_0, \varepsilon)\,.$$

Man beweise, daß f in x_0 genau dann differenzierbar ist, wenn für jedes $h \in \mathbb{B}(x_0, \varepsilon)$ mit $h^k \neq 0$ für $1 \leq k \leq n$ der Grenzwert

$$\lim_{\substack{h^k \to 0 \\ h^k \neq 0}} \frac{f\big(x_k(h)\big) - f\big(x_{k-1}(h)\big)}{h^k}\,, \qquad 1 \leq k \leq n\,,$$

in F existiert.

7   Man beweise Bemerkung 2.15(a). (Hinweis: Theorem 2.14.)

8   Die Gradienten der folgenden Funktionen sind zu bestimmen:

$$\mathbb{R}^m \to \mathbb{R} \ , \quad x \mapsto (x_0 \,|\, x) \ ;$$
$$\mathbb{R}^m \backslash \{0\} \to \mathbb{R} \ , \quad x \mapsto |x| \ ;$$
$$\mathbb{R}^m \to \mathbb{R} \ , \quad x \mapsto |(x_0 \,|\, x)|^2 \ ;$$
$$\mathbb{R}^m \backslash \{0\} \to \mathbb{R} \ , \quad x \mapsto 1/|x| \ .$$

9   In welchen Punkten ist $\mathbb{C} \to \mathbb{C}$, $z \mapsto z\,|z|$ differenzierbar? Man bestimme gegebenenfalls die Ableitung.

10   In welchen Punkten ist $\mathbb{R}^m \to \mathbb{R}^m$, $x \mapsto x\,|x|^k$ mit $k \in \mathbb{N}$ differenzierbar? Man berechne die Ableitung, wenn sie existiert.

11   Man gebe alle differenzierbaren Funktionen $f : \mathbb{C} \to \mathbb{C}$ mit $f(\mathbb{C}) \subset \mathbb{R}$ an.

12   Für $p \in [1, \infty]$ sei $f_p : \mathbb{R}^m \to \mathbb{R}$, $x \mapsto |x|_p$. Wo ist f_p differenzierbar? Man finde gegebenenfalls $\nabla f_p(x)$.

13   Es seien X offen in $\mathbb{C}$ und $f : X \to \mathbb{C}$ differenzierbar. Ferner sei $f^*(z) := \overline{f(\overline{z})}$ für $z \in X^* := \{\,\overline{z} \in \mathbb{C} \ ; \ z \in X\,\}$. Man zeige, daß $f^* : X^* \to \mathbb{C}$ differenzierbar ist.

3   Rechenregeln

Wir stellen einige wichtige Rechenregeln für differenzierbare Abbildungen zusammen. Dazu seien im folgenden, wie üblich,

- E und F Banachräume über demselben Körper $\mathbb{K}$;
  X eine offene Teilmenge von E.

Linearität

Der nächste Satz zeigt, daß — wie im Fall einer Variablen — das Differenzieren eine lineare Operation ist.

3.1 Satz   *Es seien $f, g : X \to F$ in x_0 differenzierbar und $\alpha \in \mathbb{K}$. Dann ist auch $f + \alpha g$ in x_0 differenzierbar mit*

$$\partial(f + \alpha g)(x_0) = \partial f(x_0) + \alpha \partial g(x_0) \ .$$

Beweis   Gemäß Voraussetzung können wir schreiben

$$f(x) = f(x_0) + \partial f(x_0)(x - x_0) + r_{x_0}(x)\, \|x - x_0\| \ ,$$
$$g(x) = g(x_0) + \partial g(x_0)(x - x_0) + s_{x_0}(x)\, \|x - x_0\| \ ,$$

mit Funktionen $r_{x_0}, s_{x_0} : X \to F$, die in x_0 stetig sind und dort verschwinden. Also folgt

$$(f + \alpha g)(x) = (f + \alpha g)(x_0) + \big[\partial f(x_0) + \alpha \partial g(x_0)\big](x - x_0) + t_{x_0}(x)\, \|x - x_0\|$$

mit $t_{x_0} := r_{x_0} + \alpha s_{x_0}$. Somit ergibt sich die Behauptung aus Satz 2.1. ∎

3.2 Korollar   *$C^1(X, F)$ ist ein Untervektorraum von $C(X, F)$, und*

$$\partial : C^1(X, F) \to C\big(X, \mathcal{L}(E, F)\big) \ , \quad f \mapsto \partial f$$

ist linear.

Die Kettenregel

Im Fall von Funktionen einer Variablen haben wir die große Bedeutung der Kettenregel bereits in Kapitel IV erkannt. Der analogen Regel im Fall von Funktionen mehrerer Variabler wird eine ähnliche Bedeutung zukommen.

3.3 Theorem (Kettenregel)   *Es sei Y offen in F, und G sei ein Banachraum. Ferner seien $f : X \to F$ in x_0 und $g : Y \to G$ in $y_0 := f(x_0)$ differenzierbar, und es gelte*

$f(X) \subset Y$. Dann ist $g \circ f : X \to G$ in x_0 differenzierbar, und für die Ableitung gilt

$$\partial(g \circ f)(x_0) = \partial g\big(f(x_0)\big) \partial f(x_0) \ .$$

Beweis[1] Für $A := \partial g\big(f(x_0)\big) \partial f(x_0)$ gilt $A \in \mathcal{L}(E, G)$. Satz 2.1 impliziert

$$
\begin{aligned}
f(x) &= f(x_0) + \partial f(x_0)(x - x_0) + r(x) \, \|x - x_0\| \ , & x \in X \ , \\
g(y) &= g(y_0) + \partial g(y_0)(y - y_0) + s(y) \, \|y - y_0\| \ , & y \in Y \ ,
\end{aligned}
\tag{3.1}
$$

wobei $r : X \to F$ in x_0 und $s : Y \to G$ in y_0 stetig sind sowie $r(x_0) = 0$ und $s(y_0) = 0$ erfüllen. Wir definieren $t : X \to G$ durch $t(x_0) := 0$ und

$$t(x) := \partial g\big(f(x_0)\big) r(x) + s\big(f(x)\big) \left\| \partial f(x_0) \frac{x - x_0}{\|x - x_0\|} + r(x) \right\| \ , \qquad x \ne x_0 \ .$$

Dann ist t in x_0 stetig. Aus (3.1) leiten wir mit $y := f(x)$ die Relation

$$
\begin{aligned}
(g \circ f)(x) &= g\big(f(x_0)\big) + A(x - x_0) + \partial g\big(f(x_0)\big) r(x) \, \|x - x_0\| \\
&\quad + s\big(f(x)\big) \, \big\| \partial f(x_0)(x - x_0) + r(x) \, \|x - x_0\| \big\| \\
&= (g \circ f)(x_0) + A(x - x_0) + t(x) \, \|x - x_0\|
\end{aligned}
$$

ab. Nun folgt die Behauptung aus Satz 2.1. ∎

3.4 Korollar (Kettenregel in Koordinatendarstellung) *Es seien X offen in $\mathbb{R}^n$ und Y offen in $\mathbb{R}^m$. Ferner seien $f : X \to \mathbb{R}^m$ in x_0 und $g : Y \to \mathbb{R}^\ell$ in $y_0 := f(x_0)$ differenzierbar, und es gelte $f(X) \subset Y$. Dann ist $h := g \circ f : X \to \mathbb{R}^\ell$ in x_0 differenzierbar und*

$$\big[\partial h(x_0)\big] = \big[\partial g\big(f(x_0)\big)\big] \big[\partial f(x_0)\big] \ , \tag{3.2}$$

d.h., die Jacobimatrix der Komposition $h = g \circ f$ ist das Produkt der Jacobimatrizen von g und f.

Beweis Dies folgt aus Theorem 3.3, Korollar 2.9 und Theorem 1.9(ii). ∎

3.5 Bemerkung Mit den Bezeichnungen von Korollar 3.4 gilt für die Einträge der Jacobimatrix von h

$$\frac{\partial h^j(x_0)}{\partial x^k} = \sum_{i=1}^{m} \frac{\partial g^j\big(f(x_0)\big)}{\partial y^i} \frac{\partial f^i(x_0)}{\partial x^k} \ , \qquad 1 \le j \le \ell \ , \quad 1 \le k \le n \ .$$

(Mit dieser fundamentalen Formel werden partielle Ableitungen zusammengesetzter Funktionen in konkreten Fällen berechnet.)

Beweis Unter Verwendung der Regeln für die Multiplikation von Matrizen folgt dies unmittelbar aus (3.2). ∎

---

[1]Man vergleiche den Beweis von Theorem IV.1.7.

3.6 Beispiele **(a)** Wir betrachten die Abbildungen

$$f : \mathbb{R}^2 \to \mathbb{R}^3 , \qquad (x, y) \mapsto (x^2, xy, xy^2) ,$$
$$g : \mathbb{R}^3 \to \mathbb{R}^2 , \qquad (\xi, \eta, \zeta) \mapsto \big(\sin \xi, \cos(\xi \eta \zeta)\big) .$$

Für $h := g \circ f : \mathbb{R}^2 \to \mathbb{R}^2$ gilt dann $h(x, y) = \big(\sin x^2, \cos(x^4 y^3)\big)$. Folglich ist h stetig differenzierbar mit

$$\big[\partial h(x, y)\big] = \begin{bmatrix} 2x \cos x^2 & 0 \\ -4x^3 y^3 \sin(x^4 y^3) & -3x^4 y^2 \sin(x^4 y^3) \end{bmatrix} . \tag{3.3}$$

Für die Jacobimatrix von g bzw. f finden wir

$$\begin{bmatrix} \cos \xi & 0 & 0 \\ -\eta \zeta \sin(\xi \eta \zeta) & -\xi \zeta \sin(\xi \eta \zeta) & -\xi \eta \sin(\xi \eta \zeta) \end{bmatrix} \quad \text{bzw.} \quad \begin{bmatrix} 2x & 0 \\ y & x \\ y^2 & 2xy \end{bmatrix} .$$

Nun prüft man leicht nach, daß das Produkt dieser zwei Matrizen an der Stelle $(\xi, \eta, \zeta) = f(x, y)$ mit (3.3) übereinstimmt.

(b) Es seien X offen in $\mathbb{R}^n$ und $f \in C^1(X, \mathbb{R})$. Ferner seien I ein offenes Intervall in $\mathbb{R}$ und $\varphi \in C^1(I, \mathbb{R}^n)$ mit $\varphi(I) \subset X$. Dann gehört $f \circ \varphi$ zu $C^1(I, \mathbb{R})$, und es gilt

$$(f \circ \varphi)^{\cdot}(t) = \big(\nabla f\big(\varphi(t)\big) \big| \dot{\varphi}(t)\big) , \qquad t \in I .$$

Beweis Aus der Kettenregel folgt

$$(f \circ \varphi)^{\cdot}(t) = df\big(\varphi(t)\big) \dot{\varphi}(t) = \big(\nabla f\big(\varphi(t)\big) \big| \dot{\varphi}(t)\big) , \qquad t \in I ,$$

also die Behauptung. ∎

(c) Wir verwenden die obigen Bezeichnungen und betrachten einen Weg $\varphi : I \to X$, der ganz in einer „Niveaufläche" von f verläuft, d.h., es gebe ein $y \in \mathrm{im}(f)$ mit $f\big(\varphi(t)\big) = y$ für $t \in I$. Aus (b) folgt dann

$$\big(\nabla f\big(\varphi(t)\big) \big| \dot{\varphi}(t)\big) = 0$$

für $t \in I$. Dies zeigt, daß der Gradient $\nabla f(x)$ im Punkt $x = \varphi(t)$ senkrecht auf dem Weg φ, also auf der Tangente von φ durch $\big(t, \varphi(t)\big)$, steht (vgl. Bemerkung IV.1.4(a)). Etwas unpräzise halten wir fest: „Der Gradient steht senkrecht auf den Niveauflächen." ∎

Niveauflächen der Funktion
$(x, y, z) \mapsto x^2 + y^2 - z^2$

Die Produktregel

Als eine weitere Anwendung der Kettenregel beweisen wir die Produktregel für reellwertige Funktionen.[2]

3.7 Satz *Es seien* $f, g \in C^1(X, \mathbb{R})$. *Dann gehört auch* fg *zu* $C^1(X, \mathbb{R})$, *und es gilt die* Produktregel

$$\partial(fg) = g\partial f + f\partial g \ . \tag{3.4}$$

Beweis Für

$$m : \mathbb{R}^2 \to \mathbb{R} \ , \quad (\alpha, \beta) \mapsto \alpha\beta$$

gelten $m \in C^1(\mathbb{R}^2, \mathbb{R})$ und $\nabla m(\alpha, \beta) = (\beta, \alpha)$. Setzen wir $F := m \circ (f, g)$, so erhalten wir $F(x) = f(x)g(x)$ für $x \in X$, und aus der Kettenregel folgt $F \in C^1(X, \mathbb{R})$ mit

$$\partial F(x) = \partial m\big(f(x), g(x)\big) \circ \big(\partial f(x), \partial g(x)\big) = g(x)\partial f(x) + f(x)\partial g(x) \ .$$

Damit ist alles bewiesen. ∎

3.8 Korollar *Im Fall* $E = \mathbb{R}^n$ *gelten*

$$d(fg) = g\,df + f\,dg \quad \text{und} \quad \nabla(fg) = g\nabla f + f\nabla g \ .$$

Beweis Die erste Formel ist eine andere Schreibweise für (3.4). Wegen

$$\big(\nabla(fg)(x)\,\big|\,h\big) = d(fg)(x)h = f(x)dg(x)h + g(x)df(x)h$$
$$= \big(f(x)\nabla g(x) + g(x)\nabla f(x)\,\big|\,h\big)$$

für $x \in X$ und $h \in \mathbb{R}^n$ folgt die Gültigkeit der zweiten Relation. ∎

Mittelwertsätze

Wie im Fall einer Variablen gelten auch in der allgemeinen Situation Mittelwertsätze. Mit ihrer Hilfe kann die Differenz von Funktionswerten mittels der Ableitung abgeschätzt werden, was weitreichende Konsequenzen hat.

Für das Folgende erinnern wir an die in Paragraph III.4 eingeführte Notation $[\![x, y]\!]$ für die Verbindungsstrecke $\big\{\, x + t(y - x) \ ; \ t \in [0, 1] \,\big\}$ zwischen den Punkten $x, y \in E$.

---

[2]Man vergleiche dazu auch Beispiel 4.8(b).

3.9 Theorem (Mittelwertsatz) *Es sei $f : X \to F$ differenzierbar. Dann gilt*

$$\|f(x) - f(y)\| \leq \sup_{0 \leq t \leq 1} \|\partial f(x + t(y - x))\| \, \|y - x\| \tag{3.5}$$

für alle $x, y \in X$ mit $[\![x, y]\!] \subset X$.

Beweis Wir setzen $\varphi(t) := f(x + t(y - x))$ für $t \in [0, 1]$. Wegen $[\![x, y]\!] \subset X$ ist φ definiert. Die Kettenregel zeigt, daß φ differenzierbar ist mit

$$\dot{\varphi}(t) = \partial f(x + t(y - x))(y - x) \ .$$

Aus Theorem IV.2.18, dem Mittelwertsatz für vektorwertige Funktionen einer Variablen, folgt

$$\|f(y) - f(x)\| = \|\varphi(1) - \varphi(0)\| \leq \sup_{0 \leq t \leq 1} \|\dot{\varphi}(t)\| \ .$$

Beachten wir noch

$$\|\dot{\varphi}(t)\| \leq \|\partial f(x + t(y - x))\| \, \|y - x\| \ , \qquad t \in [0, 1] \ ,$$

so ergibt sich die Behauptung. ∎

Unter der etwas stärkeren Voraussetzung der stetigen Differenzierbarkeit können wir eine sehr nützliche Variante des Mittelwertsatzes beweisen:

3.10 Theorem (Mittelwertsatz in Integralform) *Es sei $f \in C^1(X, F)$. Dann gilt*

$$f(y) - f(x) = \int_0^1 \partial f(x + t(y - x))(y - x) \, dt \tag{3.6}$$

für $x, y \in X$ mit $[\![x, y]\!] \subset X$.

Beweis Die Hilfsfunktion φ des vorstehenden Beweises ist nun stetig differenzierbar. Folglich ist der Fundamentalsatz der Differential- und Integralrechnung (Korollar VI.4.14) anwendbar und liefert

$$f(y) - f(x) = \varphi(1) - \varphi(0) = \int_0^1 \dot{\varphi}(t) \, dt = \int_0^1 \partial f(x + t(y - x))(y - x) \, dt \ ,$$

wie behauptet. ∎

3.11 Bemerkungen Es sei $f : X \to F$ differenzierbar.

(a) Falls ∂f stetig ist, hat die Darstellung (3.6) die Abschätzung (3.5) zur Folge.

Beweis Dies ist eine Konsequenz von Satz VI.4.3 und der Definition der Operatornorm. ∎

(b) Sind X konvex und $\partial f : X \to \mathcal{L}(E, F)$ beschränkt, so ist f Lipschitz-stetig.

Beweis Es sei $\alpha := \sup_{x \in X} \|\partial f(x)\|$. Dann erhalten wir aus Theorem 3.9

$$\|f(y) - f(x)\| \leq \alpha \|y - x\| , \qquad x, y \in X , \tag{3.7}$$

also die Behauptung.

(c) Ist X zusammenhängend und gilt $\partial f = 0$, so ist f konstant.

Beweis Es seien $x_0 \in X$ und $r > 0$ mit $\mathbb{B}(x_0, r) \subset X$. Mit $y_0 := f(x_0)$ folgt dann aus (3.7), daß $f(x) = y_0$ für alle $x \in \mathbb{B}(x_0, r)$ gilt. Da x_0 beliebig war, ist f lokal konstant. Also ist $f^{-1}(y_0)$ nicht leer und offen in X. Ferner ist $f^{-1}(y_0)$ aufgrund von Satz 2.1(ii) und Beispiel III.2.22(a) abgeschlossen in X. Mit Bemerkung III.4.3 folgt nun die Behauptung. ∎

Die Differenzierbarkeit von Funktionenfolgen

Es ist nun leicht, den Satz über die Differenzierbarkeit von Funktionenfolgen (Theorem V.2.8) auf den allgemeinen Fall zu erweitern.

3.12 Theorem *Es sei $f_k \in C^1(X, F)$ für $k \in \mathbb{N}$. Ferner gebe es Funktionen $f \in F^X$ und $g : X \to \mathcal{L}(E, F)$, so daß*

(i) *(f_k) punktweise gegen f konvergiert;*

(ii) *(∂f_k) lokal gleichmäßig gegen g konvergiert.*

Dann gehört f zu $C^1(X, F)$, und es gilt $\partial f = g$.

Beweis Unter Verwendung von Theorem 3.9 bleibt der Beweis von Theorem V.2.8 wörtlich gültig. ∎

Notwendige Bedingungen für lokale Extrema

In Theorem IV.2.1 haben wir ein wichtiges notwendiges Kriterium für das Vorliegen eines lokalen Extremums einer Funktion einer reellen Variablen bereitgestellt. Mit den hier entwickelten Methoden können wir jetzt den Fall von „mehreren Variablen" behandeln.

3.13 Theorem *Die Abbildung $f : X \to \mathbb{R}$ habe in x_0 ein lokales Extremum, und in x_0 mögen alle Richtungsableitungen von f existieren. Dann gilt*

$$D_v f(x_0) = 0 , \qquad v \in E \setminus \{0\} .$$

Beweis Es sei $v \in E \setminus \{0\}$. Wir wählen $r > 0$ mit $x_0 + tv \in X$ für $t \in (-r, r)$ und betrachten die Funktion einer reellen Variablen

$$\varphi : (-r, r) \to \mathbb{R} , \qquad t \mapsto f(x_0 + tv) .$$

Dann ist φ in 0 differenzierbar und hat in 0 ein lokales Extremum. Aus Theorem IV.2.1 folgt $\dot{\varphi}(0) = D_v f(x_0) = 0$. ∎

3.14 Bemerkungen (a) Es sei $f : X \to \mathbb{R}$ in x_0 differenzierbar. Dann heißt x_0 **kritischer Punkt** von f, wenn $df(x_0) = 0$ gilt. Besitzt f in x_0 ein lokales Extremum, so ist x_0 ein kritischer Punkt. Im Fall $E = \mathbb{R}^n$ stimmt diese Definition mit der von Bemerkung 2.17(a) überein.

Beweis Dies folgt aus Satz 2.5 und Theorem 3.13. ∎

(b) Ist x_0 ein kritischer Punkt, so folgt *nicht*, daß x_0 eine lokale Extremalstelle ist.[3]

Beweis Man betrachte

$$f : \mathbb{R}^2 \to \mathbb{R} , \quad (x,y) \mapsto x^2 - y^2 .$$

Dann gilt $\nabla f(0,0) = 0$, aber $(0,0)$ ist keine Extremalstelle von f, sondern ein „Sattelpunkt". ∎

Aufgaben

1 Eine Funktion $f : E \to F$ heißt **positiv homogen** vom Grad $\alpha \in \mathbb{R}$, falls gilt

$$f(tx) = t^\alpha f(x) , \qquad t > 0 , \quad x \in E \setminus \{0\} .$$

Man zeige: Ist $f \in C^1(E,F)$ positiv homogen vom Grad 1, so gilt $f \in \mathcal{L}(E,F)$.

2 Es sei $f : \mathbb{R}^m \to \mathbb{R}$ differenzierbar in $\mathbb{R}^m \setminus \{0\}$. Man beweise, daß f genau dann positiv homogen vom Grad α ist, wenn die **Eulersche Homogenitätsrelation**

$$\bigl(\nabla f(x) \big| x\bigr) = \alpha f(x) , \qquad x \in \mathbb{R}^m \setminus \{0\} ,$$

erfüllt ist.

3 Es seien X offen in $\mathbb{R}^m$ und $f \in C^1(X, \mathbb{R}^n)$. Man zeige, daß

$$g : X \to \mathbb{R} , \quad x \mapsto \sin\bigl(|f(x)|^2\bigr)$$

stetig differenzierbar ist, und man bestimme ∇g.

4 Für $f \in C^1(\mathbb{R}^n, \mathbb{R})$ und $A \in \mathcal{L}(\mathbb{R}^n)$ gilt

$$\nabla(f \circ A)(x) = A^* \nabla f(Ax) , \qquad x \in \mathbb{R}^n .$$

5 Es seien X offen in $\mathbb{R}^k$ und Y offen und beschränkt in $\mathbb{R}^n$. Ferner sei $f \in C\bigl(\overline{X \times Y}, \mathbb{R}\bigr)$ in $X \times Y$ differenzierbar, und es gebe ein $\xi \in C^1(X, \mathbb{R}^n)$ mit $\operatorname{im}(\xi) \subset Y$ und

$$m(x) := \min_{y \in \overline{Y}} f(x,y) = f(x, \xi(x)) , \quad x \in X .$$

Man berechne den Gradienten von $m : X \to \mathbb{R}$.

---

[3]Man vergleiche dazu auch Bemerkung IV.2.2(c).

6 Für $g \in C^1(\mathbb{R}^m, \mathbb{R})$ und $f_j \in C^1(\mathbb{R}, \mathbb{R})$, $j = 1, \ldots, m$, berechne man den Gradienten von

$$\mathbb{R}^m \to \mathbb{R} , \quad (x_1, \ldots, x_m) \mapsto g\big(f_1(x_1), \ldots, f_m(x_m)\big) .$$

7 Die Funktion $f \in C^1(\mathbb{R}^2, \mathbb{R})$ erfülle $\partial_1 f = \partial_2 f$ und $f(0,0) = 0$. Man zeige, daß es ein $g \in C(\mathbb{R}^2, \mathbb{R})$ gibt mit $f(x,y) = g(x,y)(x+y)$ für $(x,y) \in \mathbb{R}^2$.

8 Für die Exponentialabbildung verifiziere man:

$$\exp \in C^1\big(\mathcal{L}(E), \mathcal{L}(E)\big) \quad \text{und} \quad \partial \exp(0) = \mathrm{id}_{\mathcal{L}(E)} .$$

4 Multilineare Abbildungen

Es seien E und F Banachräume, und X sei eine offene Teilmenge von E. Für $f \in C^1(X, F)$ gilt $\partial f \in C(X, \mathcal{L}(E, F))$. Wir setzen $g := \partial f$ und $\mathbb{F} := \mathcal{L}(E, F)$. Dann ist $\mathbb{F}$ gemäß Theorem 1.1 ein Banachraum. Also können wir die Differenzierbarkeit der Abbildung $g \in C(X, \mathbb{F})$ studieren. Ist g [stetig] differenzierbar, so heißt f zweimal [stetig] differenzierbar, und $\partial^2 f := \partial g$ ist die zweite Ableitung von f. Somit gilt

$$\partial^2 f(x) \in \mathcal{L}(E, \mathcal{L}(E, F)) , \qquad x \in X .$$

Theorem 1.1 besagt, daß $\mathcal{L}(E, \mathcal{L}(E, F))$ wieder ein Banachraum ist. Folglich können wir die dritte Ableitung $\partial^3 f := \partial(\partial^2 f)$ studieren (falls sie existiert) und finden

$$\partial^3 f(x) \in \mathcal{L}(E, \mathcal{L}(E, \mathcal{L}(E, F))) , \qquad x \in X .$$

Offensichtlich wird der Bildraum von $\partial^n f$ mit wachsendem n sehr schnell sehr kompliziert und unübersichtlich. In diesem Paragraphen zeigen wir, daß der Raum $\mathcal{L}(E, \mathcal{L}(E, F))$ zum Raum aller stetigen bilinearen Abbildungen von $E \times E$ nach F isometrisch isomorph ist. Entsprechendes gilt für $\mathcal{L}(E, \mathcal{L}(E, \ldots, \mathcal{L}(E, F) \cdots))$ und geeignete Räume multilinearer Abbildungen. Bilineare [multilineare] Abbildungen stellen also einen adäquaten Rahmen für die Untersuchung zweiter [höherer] Ableitungen zur Verfügung.

Stetige multilineare Abbildungen

Im folgenden bezeichnen $E_1, \ldots, E_m$, $m \geq 2$, und E sowie F Banachräume über demselben Körper $\mathbb{K}$. Eine Abbildung $\varphi \colon E_1 \times \cdots \times E_m \to F$ heißt **multilinear** oder, genauer, m-**linear**[1], falls für jedes $k \in \{1, \ldots, m\}$ und jede Wahl von $x_j \in E_j$ für $j = 1, \ldots, m$ mit $j \neq k$ die Abbildung

$$\varphi(x_1, \ldots, x_{k-1}, \cdot, x_{k+1}, \ldots, x_m) \colon E_k \to F$$

linear ist, d.h., wenn φ in jeder Variablen linear ist.

Als erstes zeigen wir, daß multilineare Abbildungen genau dann stetig sind, wenn sie beschränkt sind.[2]

4.1 Satz Für die m-lineare Abbildung $\varphi \colon E_1 \times \cdots \times E_m \to F$ sind die folgenden Aussagen äquivalent:

  (i) φ ist stetig.

  (ii) φ ist stetig in 0.

  (iii) φ ist beschränkt auf beschränkten Mengen.

---

[1] Im Fall $m = 2$ [$m = 3$] spricht man von **bilinearen** [**trilinearen**] Abbildungen.
[2] Vgl. Theorem VI.2.5.

(iv) *Es gibt ein $\alpha \geq 0$ mit*

$$\|\varphi(x_1, \ldots, x_m)\| \leq \alpha \|x_1\| \cdot \ldots \cdot \|x_m\| , \qquad x_j \in E_j , \quad 1 \leq j \leq m .$$

Beweis Die Implikation „(i)⇒(ii)" ist klar.

„(ii)⇒(iii)" Es sei $B \subset E_1 \times \cdots \times E_m$ beschränkt. Gemäß Beispiel II.3.3(c) und Bemerkung II.3.2(a) gibt es ein $\beta > 0$ mit $\|x_j\| \leq \beta$ für $(x_1, \ldots, x_m) \in B$ und $1 \leq j \leq m$. Da φ in 0 stetig ist, gibt es ein $\delta > 0$ mit

$$\|\varphi(y_1, \ldots, y_m)\| \leq 1 , \qquad y_j \in E_j , \quad \|y_j\| \leq \delta , \quad 1 \leq j \leq m .$$

Für $(x_1, \ldots, x_m) \in B$ und $1 \leq j \leq m$ setzen wir $y_j := \delta x_j / \beta$. Dann gilt $\|y_j\| \leq \delta$, und wir erhalten

$$(\delta/\beta)^m \|\varphi(x_1, \ldots, x_m)\| = \|\varphi(y_1, \ldots, y_m)\| \leq 1 .$$

Also ist $\varphi(B)$ beschränkt.

„(iii)⇒(iv)" Nach Voraussetzung gibt es ein $\alpha > 0$ mit

$$\|\varphi(x_1, \ldots, x_m)\| \leq \alpha , \qquad (x_1, \ldots, x_m) \in \bar{\mathbb{B}} .$$

Für $y_j \in E_j \setminus \{0\}$ setzen wir $x_j := y_j / \|y_j\|$. Dann gehört $(x_1, \ldots, x_m)$ zu $\bar{\mathbb{B}}$, und wir finden

$$\frac{1}{\|y_1\| \cdot \ldots \cdot \|y_m\|} \|\varphi(y_1, \ldots, y_m)\| = \|\varphi(x_1, \ldots, x_m)\| \leq \alpha ,$$

woraus sich die Behauptung ergibt.

„(iv)⇒(i)" Es sei $y = (y_1, \ldots, y_m)$ ein Punkt von $E_1 \times \cdots \times E_m$, und es sei (x^n) eine Folge in $E_1 \times \cdots \times E_m$ mit $\lim_n x^n = y$. Mit $(x_1^n, \ldots, x_m^n) := x^n$ gilt gemäß Voraussetzung

$$\|\varphi(y_1, \ldots, y_m) - \varphi(x_1^n, \ldots, x_m^n)\|$$
$$\leq \|\varphi(y_1 - x_1^n, y_2, \ldots, y_m)\| + \|\varphi(x_1^n, y_2 - x_2^n, y_3, \ldots, y_m)\|$$
$$+ \cdots + \|\varphi(x_1^n, x_2^n, \ldots, y_m - x_m^n)\|$$
$$\leq \alpha \Big(\|y_1 - x_1^n\| \|y_2\| \cdot \ldots \cdot \|y_m\| + \|x_1^n\| \|y_2 - x_2^n\| \cdot \ldots \cdot \|y_m\|$$
$$+ \cdots + \|x_1^n\| \|x_2^n\| \cdot \ldots \cdot \|y_m - x_m^n\| \Big) .$$

Da die Folge (x^n) in $E_1 \times \cdots \times E_m$ beschränkt ist, zeigt diese Abschätzung, zusammen mit (dem Analogon zu) Satz II.3.14, daß $\varphi(x^n)$ gegen $\varphi(y)$ konvergiert. Damit ist alles bewiesen. ∎

Es ist nützlich, einige Abkürzungen einzuführen. Wir bezeichnen mit

$$\mathcal{L}(E_1, \ldots, E_m; F)$$

die Menge aller stetigen multilinearen Abbildungen von $E_1 \times \cdots \times E_m$ nach F. Offensichtlich ist $\mathcal{L}(E_1, \ldots, E_m; F)$ ein Untervektorraum von $C(E_1 \times \cdots \times E_m, F)$. Besondere Bedeutung kommt dem Fall zu, in dem alle E_j übereinstimmen. In dieser Situation verwenden wir die Bezeichnung

$$\mathcal{L}^m(E, F) := \mathcal{L}(E, \ldots, E; F) .$$

Außerdem setzen wir $\mathcal{L}^1(E, F) := \mathcal{L}(E, F)$ und $\mathcal{L}^0(E, F) := F$. Schließlich sei

$$\|\varphi\| := \inf\big\{ \alpha \geq 0 \; ; \; \|\varphi(x_1, \ldots, x_m)\| \leq \alpha \|x_1\| \cdot \cdots \cdot \|x_m\|, \; x_j \in E_j \big\} \qquad (4.1)$$

für $\varphi \in \mathcal{L}(E_1, \ldots, E_m; F)$.

4.2 Theorem

(i) *Für* $\varphi \in \mathcal{L}(E_1, \ldots, E_m; F)$ *gelten*

$$\|\varphi\| = \sup\big\{ \|\varphi(x_1, \ldots, x_m)\| \; ; \; \|x_j\| \leq 1, \; 1 \leq j \leq m \big\}$$

  und

$$\|\varphi(x_1, \ldots, x_m)\| \leq \|\varphi\| \|x_1\| \cdot \cdots \cdot \|x_m\|$$

für $(x_1, \ldots, x_m) \in E_1 \times \cdots \times E_m$.

(ii) *Durch (4.1) wird eine Norm erklärt, und*

$$\mathcal{L}(E_1, \ldots, E_m; F) := \big(\mathcal{L}(E_1, \ldots, E_m; F), \|\cdot\| \big)$$

ist ein Banachraum.

(iii) *Gilt* $\dim E_j < \infty$ *für* $1 \leq j \leq m$, *so ist jede* m-*lineare Abbildung stetig.*

Beweis Für $m = 1$ ergeben sich die Aussagen aus Satz VI.2.3, Folgerung VI.2.4(e) und den Theoremen 1.1 und 1.6. Der allgemeine Fall kann durch offensichtliche Modifikationen dieser Beweise verifiziert werden und bleibt dem Leser als Übung überlassen. ∎

Der kanonische Isomorphismus

Die Norm auf $\mathcal{L}(E_1, \ldots, E_m; F)$ stellt ein natürliches Analogon zur Operatornorm auf $\mathcal{L}(E, F)$ dar. Das folgende Theorem zeigt, daß diese Norm auch in anderer Hinsicht natürlich ist.

4.3 Theorem   *Die Räume $\mathcal{L}(E_1, \ldots, E_m; F)$ und $\mathcal{L}\big(E_1, \mathcal{L}(E_2, \ldots, \mathcal{L}(E_m, F) \cdots)\big)$ sind isometrisch isomorph.*

Beweis   Wir verifizieren die Aussage für den Fall $m = 2$. Den allgemeinen Fall beweist man durch ein einfaches Induktionsargument.

(i) Für $T \in \mathcal{L}\big(E_1, \mathcal{L}(E_2, F)\big)$ setzen wir

$$\varphi_T(x_1, x_2) := (Tx_1)x_2 \,, \qquad (x_1, x_2) \in E_1 \times E_2 \,.$$

Dann ist $\varphi_T : E_1 \times E_2 \to F$ bilinear mit

$$\|\varphi_T(x_1, x_2)\| \le \|T\| \, \|x_1\| \, \|x_2\| \,, \qquad (x_1, x_2) \in E_1 \times E_2 \,.$$

Also gehört φ_T zu $\mathcal{L}(E_1, E_2; F)$, und es gilt $\|\varphi_T\| \le \|T\|$.

(ii) Es sei $\varphi \in \mathcal{L}(E_1, E_2; F)$. Dann setzen wir

$$T_\varphi(x_1)x_2 := \varphi(x_1, x_2) \,, \qquad (x_1, x_2) \in E_1 \times E_2 \,.$$

Wegen

$$\|T_\varphi(x_1)x_2\| = \|\varphi(x_1, x_2)\| \le \|\varphi\| \, \|x_1\| \, \|x_2\| \,, \qquad (x_1, x_2) \in E_1 \times E_2 \,,$$

erhalten wir

$$T_\varphi(x_1) \in \mathcal{L}(E_2, F) \,, \qquad \|T_\varphi(x_1)\| \le \|\varphi\| \, \|x_1\|$$

für jedes $x_1 \in E_1$. Also gilt

$$T_\varphi := \big[x_1 \mapsto T_\varphi(x_1)\big] \in \mathcal{L}\big(E_1, \mathcal{L}(E_2, F)\big) \,, \qquad \|T_\varphi\| \le \|\varphi\| \,.$$

(iii) Zusammengefaßt haben wir bewiesen, daß die Abbildungen

$$T \mapsto \varphi_T : \mathcal{L}\big(E_1, \mathcal{L}(E_2, F)\big) \to \mathcal{L}(E_1, E_2; F)$$

und

$$\varphi \mapsto T_\varphi : \mathcal{L}(E_1, E_2; F) \to \mathcal{L}\big(E_1, \mathcal{L}(E_2, F)\big) \tag{4.2}$$

linear, stetig und zueinander invers — also topologische Isomorphismen — sind. Insbesondere gilt $T_{\varphi_T} = T$, und wir erhalten

$$\|T\| = \|T_{\varphi_T}\| \le \|\varphi_T\| \le \|T\| \,.$$

Folglich ist die Abbildung $T \mapsto \varphi_T$ isometrisch. ∎

Vereinbarung   Mittels des isometrischen Isomorphismus (4.2) identifizieren wir die Räume $\mathcal{L}(E_1, \ldots, E_m; F)$ und $\mathcal{L}\big(E_1, \mathcal{L}(E_2, \ldots, \mathcal{L}(E_m, F) \cdots)\big)$.

4.4 Folgerungen   (a) Für $m \in \mathbb{N}$ gilt

$$\mathcal{L}\big(E, \mathcal{L}^m(E, F)\big) = \mathcal{L}^{m+1}(E, F) \ .$$

Beweis   Dies folgt unmittelbar aus Theorem 4.3 und der obigen Vereinbarung. ∎

(b) $\mathcal{L}^m(E, F)$ ist ein Banachraum.

Beweis   Dies folgt aus Theorem 4.3 und Bemerkung 1.3(c). ∎

Symmetrische multilineare Abbildungen

Es sei $m \geq 2$, und $\varphi \colon E^m \to F$ sei m-linear. Dann heißt φ **symmetrisch**, falls

$$\varphi(x_{\sigma(1)}, \ldots, x_{\sigma(m)}) = \varphi(x_1, \ldots, x_m)$$

für jedes $(x_1, \ldots, x_m)$ und jede Permutation σ von $\{1, \ldots, m\}$ gilt. Wir setzen

$$\mathcal{L}^m_{\mathrm{sym}}(E, F) := \big\{ \varphi \in \mathcal{L}^m(E, F) \ ; \ \varphi \text{ ist symmetrisch} \big\} \ .$$

4.5 Satz $\mathcal{L}^m_{\mathrm{sym}}(E, F)$ *ist ein abgeschlossener Untervektorraum von* $\mathcal{L}^m(E, F)$, *und somit selbst ein Banachraum.*

Beweis   Es sei (φ_k) eine Folge in $\mathcal{L}^m_{\mathrm{sym}}(E, F)$, die in $\mathcal{L}^m(E, F)$ gegen φ konvergiert. Für jedes $(x_1, \ldots, x_m) \in E^m$ und jede Permutation[3] $\sigma \in \mathsf{S}_m$ gilt dann

$$\varphi(x_{\sigma(1)}, \ldots, x_{\sigma(m)}) = \lim_k \varphi_k(x_{\sigma(1)}, \ldots, x_{\sigma(m)}) = \lim_k \varphi_k(x_1, \ldots, x_m)$$

$$= \varphi(x_1, \ldots, x_m) \ .$$

Also ist φ symmetrisch. ∎

Die Ableitung multilinearer Abbildungen

Der nächste Satz zeigt, daß m-lineare Abbildungen sogar stetig differenzierbar und daß die Ableitungen Summen von $(m-1)$-linearen Funktionen sind.

4.6 Satz $\mathcal{L}(E_1, \ldots, E_m; F)$ *ist ein Untervektorraum von* $C^1(E_1 \times \cdots \times E_m, F)$. *Für* $\varphi \in \mathcal{L}(E_1, \ldots, E_m; F)$ *und* $(x_1, \ldots, x_m) \in E_1 \times \cdots \times E_m$ *gilt*

$$\partial \varphi(x_1, \ldots, x_m)(h_1, \ldots, h_m) = \sum_{j=1}^m \varphi(x_1, \ldots, x_{j-1}, h_j, x_{j+1}, \ldots, x_m)$$

für $(h_1, \ldots, h_m) \in E_1 \times \cdots \times E_m$.

---

[3]Wir erinnern daran, daß S_n die Permutationsgruppe der Menge $\{1, \ldots, n\}$ bezeichnet (vgl. das Ende von Paragraph I.7).

Beweis Wir bezeichnen mit A_x die Abbildung

$$(h_1, \ldots, h_m) \mapsto \sum_{j=1}^{m} \varphi(x_1, \ldots, x_{j-1}, h_j, x_{j+1}, \ldots, x_m)$$

von $E_1 \times \cdots \times E_m$ nach F. Dann ist es nicht schwierig nachzuprüfen, daß

$$(x \mapsto A_x) \in C\big(E_1 \times \cdots \times E_m, \mathcal{L}(E_1 \times \cdots \times E_m, F)\big)$$

gilt. Mit $y_k := x_k + h_k$ folgt aus der Multilinearität von φ

$$\varphi(y_1, \ldots, y_m) = \varphi(x_1, \ldots, x_m) + \sum_{k=1}^{m} \varphi(x_1, \ldots, x_{k-1}, h_k, y_{k+1}, \ldots, y_m) \ .$$

Da jede der Abbildungen

$$E_{k+1} \times \cdots \times E_m \to F \ , \quad (z_{k+1}, \ldots, z_m) \mapsto \varphi(x_1, \ldots, x_{k-1}, h_k, z_{k+1}, \ldots, z_m)$$

$(m - k)$-linear ist, erhalten wir analog

$$\varphi(x_1, \ldots, x_{k-1}, h_k, y_{k+1}, \ldots, y_m)$$
$$= \varphi(x_1, \ldots, x_{k-1}, h_k, x_{k+1}, \ldots, x_m)$$
$$+ \sum_{j=1}^{m-k} \varphi(x_1, \ldots, x_{k-1}, h_k, x_{k+1}, \ldots, x_{k+j-1}, h_{k+j}, y_{k+j+1}, \ldots, y_m) \ .$$

Somit finden wir

$$\varphi(x_1 + h_1, \ldots, x_m + h_m) - \varphi(x_1, \ldots, x_m) - A_x h = r(x, h) \ ,$$

wobei $r(x, h)$ eine Summe von Funktionswerten multilinearer Abbildungen ist, in der jeder Summand mindestens zwei verschiedene Einträge h_i für geeignete $i \in \{1, \ldots, m\}$ besitzt. Folglich impliziert Theorem 4.2(i), daß $r(x, h) = o(\|h\|)$ für $h \to 0$ gilt. Damit ist alles bewiesen. ∎

4.7 Korollar Es seien X offen in $\mathbb{K}$ und $\varphi \in \mathcal{L}(E_1, \ldots, E_m; F)$ sowie $f_j \in C^1(X, E_j)$ für $1 \leq j \leq m$. Dann gehört die Abbildung

$$\varphi(f_1, \ldots, f_m) \colon X \to F \ , \quad x \mapsto \varphi(f_1(x), \ldots, f_m(x))$$

zu $C^1(X, F)$, und es gilt

$$\partial\big(\varphi(f_1, \ldots, f_m)\big) = \sum_{j=1}^{m} \varphi(f_1, \ldots, f_{j-1}, f'_j, f_{j+1}, \ldots, f_m) \ .$$

Beweis Dies folgt wegen $f'_j(x) \in E_j$ aus Satz 4.6 und der Kettenregel. ∎

Die Signaturformel

$$\det[a_k^j] = \sum_{\sigma \in S_m} \operatorname{sign}(\sigma) a_{\sigma(1)}^1 \cdot \cdots \cdot a_{\sigma(m)}^m$$

zeigt, daß $\det[a_k^j]$ eine m-lineare Funktion der Zeilenvektoren $a_\bullet^j := (a_1^j, \ldots, a_m^j)$ bzw. der Spaltenvektoren $a_k^\bullet := (a_k^1, \ldots, a_k^m)$ ist.

Für $a_1, \ldots, a_m \in \mathbb{K}^m$ mit $a_k = (a_k^1, \ldots, a_k^m)$ setzen wir

$$[a_1, \ldots, a_m] := [a_k^j] \in \mathbb{K}^{m \times m} \ .$$

Mit anderen Worten: $[a_1, \ldots, a_m]$ ist die quadratische Matrix mit den Spaltenvektoren $a_k^\bullet := a_k$ für $1 \le k \le m$. Also ist die Determinantenfunktion

$$\det : \underbrace{\mathbb{K}^m \times \cdots \times \mathbb{K}^m}_{m} \to \mathbb{K} \ , \quad (a_1, \ldots, a_m) \mapsto \det[a_1, \ldots, a_m]$$

eine wohldefinierte m-lineare Abbildung.

4.8 Beispiele   Es sei X offen in $\mathbb{K}$.

(a) Für $a_1, \ldots, a_m \in C^1(X, \mathbb{K}^m)$ gilt: $\det[a_1, \ldots, a_m] \in C^1(X, \mathbb{K})$ und

$$\left(\det[a_1, \ldots, a_m]\right)' = \sum_{j=1}^m \det[a_1, \ldots, a_{j-1}, a_j', a_{j+1}, \ldots, a_m] \ .$$

(b) Es seien $\varphi \in \mathcal{L}(E_1, E_2; F)$ und $(f, g) \in C^1(X, E_1 \times E_2)$. Dann gilt die (**verallgemeinerte**) **Produktregel**

$$\partial \varphi(f, g) = \varphi(\partial f, g) + \varphi(f, \partial g) \ .$$

Aufgaben

1   Es sei $H := \big(H, (\cdot \,|\, \cdot)\big)$ ein endlichdimensionaler Hilbertraum. Man zeige:

(a) Zu jedem $a \in \mathcal{L}^2(H, \mathbb{K})$ gibt es genau ein $A \in \mathcal{L}(H)$, den von a **induzierten linearen Operator** mit

$$a(x, y) = (Ax \,|\, y) \ , \qquad x, y \in H \ .$$

Die hierdurch definierte Abbildung

$$\mathcal{L}^2(H, \mathbb{K}) \to \mathcal{L}(H) \ , \quad a \mapsto A \tag{4.3}$$

ist ein isometrischer Isomorphismus.

(b) Im reellen Fall gilt $a \in \mathcal{L}^2_{\mathrm{sym}}(H, \mathbb{R}) \Longleftrightarrow A = A^*$.

(c) Es seien $H = \mathbb{R}^m$ und $(\cdot | \cdot)$ das euklidische Skalarprodukt. Dann folgt

$$a(x,y) = \sum_{j,k=1}^{m} a_{jk} x^j y^k , \qquad x = (x^1, \ldots, x^m) , \quad y = (y^1, \ldots, y^m) , \quad x,y \in \mathbb{K}^m ,$$

wobei $[a_{jk}]$ die Matrixdarstellung des von a induzierten linearen Operators ist. (Hinweis zu (a): Rieszscher Darstellungssatz[4]).

2 Es sei X offen in E, und $f \in C^1(X, \mathcal{L}^m(E, F))$ erfülle $f(X) \subset \mathcal{L}^m_{\mathrm{sym}}(E, F)$. Dann gilt $\partial f(x)h \in \mathcal{L}^m_{\mathrm{sym}}(E, F)$ für $x \in X$ und $h \in E$.

3 Für $A \in \mathbb{K}^{n \times n}$ gilt $\det e^A = e^{\mathrm{spur}(A)}$. (Hinweis: Es sei $h(t) := \det e^{tA} - e^{t\,\mathrm{spur}(A)}$ für $t \in \mathbb{R}$. Mit Hilfe von Beispiel 4.8(a) schließe man auf $h' = 0$.)

4 Für $T_1, T_2 \in \mathcal{L}(F, E)$ und $S \in \mathcal{L}(E, F)$ sei $g(T_1, T_2)(S) := T_1 S T_2$. Man verifiziere:
(a) $g(T_1, T_2) \in \mathcal{L}(\mathcal{L}(E, F), \mathcal{L}(F, E))$.
(b) $g \in \mathcal{L}^2(\mathcal{L}(F, E); \mathcal{L}(\mathcal{L}(E, F), \mathcal{L}(F, E)))$.

5 Es seien H ein Hilbertraum, $A \in \mathcal{L}(H)$ und $a(x) := (Ax | x)$ für $x \in H$. Man zeige:
(a) $\partial a(x)y = (Ax | y) + (Ay | x)$ für $x, y \in H$.
(b) Im Fall $H = \mathbb{R}^n$ gilt $\nabla a(x) = (A + A^*)x$ für $x \in \mathbb{R}^n$.

---

[4]Da der Rieszsche Darstellungssatz auch in unendlichdimensionalen Hilberträumen gilt, ist (4.3) auch in solchen Räumen richtig.

5 Höhere Ableitungen

Nach den vorangehenden Vorbereitungen können wir nun höhere Ableitungen definieren. Dabei werden wir sehen, daß im Fall der stetigen Differenzierbarkeit die höheren Ableitungen symmetrische multilineare Abbildungen sind.

Das zentrale Ergebnis dieses Paragraphen ist die Verallgemeinerung der Taylorschen Formel für Funktionen einer Variablen auf den Fall mehrerer Veränderlichen. Wie im eindimensionalen Fall ergeben sich daraus insbesondere hinreichende Kriterien für die Existenz lokaler Extrema.

Im folgenden seien

- E und F Banachräume und X eine offene Teilmenge von E.

Definitionen

Wie wir bereits in der Einleitung von Paragraph 4 angedeutet haben, werden wir die höheren Ableitungen — wie auch im Fall einer Variablen — induktiv definieren.

Es seien $f: X \to F$ und $x_0 \in X$. Dann setzen wir $\partial^0 f := f$. Also gehört $\partial^0 f(x_0)$ zu $F = \mathcal{L}^0(E, F)$. Es sei nun $m \in \mathbb{N}^\times$, und $\partial^{m-1} f: X \to \mathcal{L}^{m-1}(E, F)$ sei bereits definiert. Existiert

$$\partial^m f(x_0) := \partial(\partial^{m-1} f)(x_0) \in \mathcal{L}\big(E, \mathcal{L}^{m-1}(E, F)\big) = \mathcal{L}^m(E, F) \ ,$$

so heißt $\partial^m f(x_0)$ m**-te Ableitung von** f **in** x_0, und f ist in x_0 m**-mal differenzierbar**. Existiert $\partial^m f(x)$ für jedes $x \in X$, so heißt

$$\partial^m f: X \to \mathcal{L}^m(E, F)$$

m**-te Ableitung** von f, und f ist m**-mal differenzierbar**. Ist $\partial^m f$ außerdem stetig, so heißt f m**-mal stetig differenzierbar**. Wir setzen

$$C^m(X, F) := \{\, f: X \to F \ ; \ f \text{ ist } m\text{-mal stetig differenzierbar} \,\}$$

und

$$C^\infty(X, F) := \bigcap_{m \in \mathbb{N}} C^m(X, F) \ .$$

Offensichtlich ist $C^0(X, F) = C(X, F)$, und f heißt **glatt** oder **unendlich oft stetig differenzierbar**, wenn f zu $C^\infty(X, F)$ gehört.

Statt $\partial^m f$ verwendet man auch die Bezeichnungen $D^m f$ oder $f^{(m)}$, wobei man $f' := f^{(1)}$, $f'' := f^{(2)}$, $f''' := f^{(3)}$ etc. schreibt.

5.1 Bemerkungen   Es sei $m \in \mathbb{N}$.

(a) Die m-te Ableitung ist linear, d.h., es gilt

$$\partial^m (f + \alpha g)(x_0) = \partial^m f(x_0) + \alpha \partial^m g(x_0)$$

für $\alpha \in \mathbb{K}$ und $f, g \colon X \to F$, falls f und g in x_0 m-mal differenzierbar sind.

Beweis   Dies folgt durch Induktion aus Satz 3.1. ∎

(b) $C^m(X, F) = \{\, f \colon X \to F \,;\, \partial^j f \in C\big(X, \mathcal{L}^j(E, F)\big),\ 0 \le j \le m \,\}$.

Beweis   Dies ergibt sich aus Satz 2.1(ii) und der Definition der m-ten Ableitung. ∎

(c) Man prüft leicht nach, daß $C^{m+1}(X, F)$ ein Untervektorraum von $C^m(X, F)$ ist. Ferner ist $C^\infty(X, F)$ ein Untervektorraum von $C^m(X, F)$. Insbesondere gilt die Inklusionskette

$$C^\infty(X, F) \subset \cdots \subset C^{m+1}(X, F) \subset C^m(X, F) \subset \cdots \subset C(X, F) \, .$$

Außerdem ist für $k \in \mathbb{N}$ die Abbildung

$$\partial^k \colon C^{m+k}(X, F) \to C^m(X, F)$$

definiert und linear.

Beweis   Die einfache Verifikation dieser Aussage bleibt dem Leser überlassen. ∎

5.2 Theorem   Es sei $f \in C^2(X, F)$. Dann gilt

$$\partial^2 f(x) \in \mathcal{L}^2_{\mathrm{sym}}(E, F) \, , \qquad x \in X \, ,$$

d.h.[1]

$$\partial^2 f(x)[h, k] = \partial^2 f(x)[k, h] \, , \qquad x \in X \, , \quad h, k \in E \, .$$

Beweis   (i) Es seien $x \in X$ und $r > 0$ mit $\mathbb{B}(x, 2r) \subset X$ und $h, k \in r\mathbb{B}$. Wir setzen $g(y) := f(y + h) - f(y)$ und

$$r(h, k) := \int_0^1 \Big[\int_0^1 \{ \partial^2 f(x + sh + tk) - \partial^2 f(x) \} h \, ds \Big] k \, dt \, .$$

Aus dem Mittelwertsatz (Theorem 3.10) und wegen der Linearität der Ableitung erhalten wir

$$f(x + h + k) - f(x + k) - f(x + h) + f(x) = g(x + k) - g(x)$$

$$= \int_0^1 \partial g(x + tk) k \, dt = \int_0^1 \big(\partial f(x + h + tk) - \partial f(x + tk) \big) k \, dt$$

$$= \int_0^1 \Big(\int_0^1 \partial^2 f(x + sh + tk) h \, ds \Big) k \, dt = \partial^2 f(x)[h, k] + r(h, k) \, ,$$

da $x + sh + tk$ für $s, t \in [0, 1]$ zu $\mathbb{B}(x, 2r)$ gehört.

---

[1]Der Deutlichkeit halber setzen wir die Argumente multilinearer Abbildungen im folgenden in eckige Klammern.

(ii) Setzen wir $\widetilde{g}(y) := f(y + k) - f(y)$ und

$$\widetilde{r}(k, h) := \int_0^1 \left(\int_0^1 \{ \partial^2 f(x + sk + th) - \partial^2 f(x) \} k \, ds \right) h \, dt \ ,$$

so ergibt sich auf analoge Weise

$$f(x + h + k) - f(x + h) - f(x + k) + f(x) = \partial^2 f(x)[k, h] + \widetilde{r}(k, h) \ .$$

Folglich erhalten wir

$$\partial^2 f(x)[h, k] - \partial^2 f(x)[k, h] = \widetilde{r}(k, h) - r(h, k) \ .$$

Beachten wir ferner die Abschätzung

$$\| \widetilde{r}(k, h) \| \vee \| r(h, k) \| \leq \sup_{0 \leq s, t \leq 1} \| \partial^2 f(x + sh + tk) - \partial^2 f(x) \| \, \|h\| \, \|k\| \ ,$$

so finden wir

$$\| \partial^2 f(x)[h, k] - \partial^2 f(x)[k, h] \|$$
$$\leq 2 \sup_{0 \leq s, t \leq 1} \| \partial^2 f(x + sh + tk) - \partial^2 f(x) \| \, \|h\| \, \|k\| \ .$$

In dieser Ungleichung können wir h und k durch τh und τk mit $\tau \in (0, 1]$ ersetzen. Dann folgt

$$\| \partial^2 f(x)[h, k] - \partial^2 f(x)[k, h] \|$$
$$\leq 2 \sup_{0 \leq s, t \leq 1} \| \partial^2 f(x + \tau(sh + tk)) - \partial^2 f(x) \| \, \|h\| \, \|k\| \ .$$

Schließlich impliziert die Stetigkeit von $\partial^2 f$

$$\sup_{0 \leq s, t \leq 1} \| \partial^2 f(x + \tau(sh + tk)) - \partial^2 f(x) \| \to 0 \quad (\tau \to 0) \ .$$

Also gilt $\partial^2 f(x)[h, k] = \partial^2 f(x)[k, h]$ für $h, k \in r\mathbb{B}$, woraus die Behauptung folgt. ∎

5.3 Korollar Für $f \in C^m(X, F)$ mit $m \geq 2$ gilt

$$\partial^m f(x) \in \mathcal{L}^m_{\mathrm{sym}}(E, F) \ , \qquad x \in X \ .$$

Beweis Ausgehend von Theorem 5.2 führen wir einen Induktionsbeweis nach m. Der Induktionsschritt $m \to m + 1$ ergibt sich dabei wie folgt: Weil $\mathcal{L}^m_{\mathrm{sym}}(E, F)$ ein abgeschlossener Untervektorraum von $\mathcal{L}(E, F)$ ist, folgt aus der Induktionsvoraussetzung

$$\partial^{m+1} f(x) h_1 \in \mathcal{L}^m_{\mathrm{sym}}(E, F) \ , \qquad h_1 \in E \ ,$$

(vgl. Aufgabe 4.2). Insbesondere gilt deshalb

$$\partial^{m+1}f(x)[h_1, h_{\sigma(2)}, h_{\sigma(3)}, \ldots, h_{\sigma(m+1)}] = \partial^{m+1}f(x)[h_1, h_2, h_3, \ldots, h_{m+1}]$$

für jedes $(h_1, \ldots, h_{m+1}) \in E^{m+1}$ und jede Permutation σ von $\{2, \ldots, m+1\}$. Da sich jedes $\tau \in \mathsf{S}_{m+1}$ als Komposition von Transpositionen darstellen läßt, genügt es, die Beziehung

$$\partial^{m+1}f(x)[h_1, h_2, h_3, \ldots, h_{m+1}] = \partial^{m+1}f(x)[h_2, h_1, h_3, \ldots, h_{m+1}]$$

nachzuweisen. Wegen $\partial^{m+1}f(x) = \partial^2(\partial^{m-1}f)(x)$ folgt dies aus Theorem 5.2. ∎

Partielle Ableitungen höherer Ordnung

Wir betrachten nun den Fall $E = \mathbb{R}^n$ mit $n \geq 2$.

Für $q \in \mathbb{N}^\times$ und Indizes $j_1, \ldots, j_q \in \{1, \ldots, n\}$ heißt

$$\frac{\partial^q f(x)}{\partial x^{j_1} \partial x^{j_2} \cdots \partial x^{j_q}} := \partial_{j_1} \partial_{j_2} \cdots \partial_{j_q} f(x) , \qquad x \in X ,$$

partielle Ableitung q-ter Ordnung[2] von $f : X \to F$ in x. Die Abbildung f heißt q-**mal [stetig] partiell differenzierbar**, wenn alle Ableitungen bis zu und mit der Ordnung q existieren [und stetig sind].

5.4 Theorem *Es seien X offen in $\mathbb{R}^n$ und $f : X \to F$ sowie $m \in \mathbb{N}^\times$. Dann gelten die folgenden Aussagen:*

(i) *f gehört genau dann zu $C^m(X, F)$, wenn f m-mal stetig partiell differenzierbar ist.*

(ii) *Für $f \in C^m(X, F)$ gilt*

$$\frac{\partial^q f}{\partial x^{j_1} \cdots \partial x^{j_q}} = \frac{\partial^q f}{\partial x^{j_{\sigma(1)}} \cdots \partial x^{j_{\sigma(q)}}} , \qquad 1 \leq q \leq m ,$$

für jede Permutation $\sigma \in \mathsf{S}_q$,
d.h., die partiellen Ableitungen sind von der Differentiationsreihenfolge unabhängig.[3]

---

[2]Selbstverständlich verwenden wir bei mehrfach in Folge auftretenden Indizes die vereinfachende Schreibweise

$$\frac{\partial^3 f}{\partial x^1 \partial x^4 \partial x^4} = \frac{\partial^3 f}{\partial x^1 (\partial x^4)^2} , \qquad \frac{\partial^4 f}{\partial x^2 \partial x^3 \partial x^3 \partial x^2} = \frac{\partial^4 f}{\partial x^2 (\partial x^3)^2 \partial x^2}$$

etc. Die Differentiationsreihenfolge ist i. allg. wesentlich, d.h., i. allg. gilt

$$\frac{\partial^2 f}{\partial x^1 \partial x^2} \neq \frac{\partial^2 f}{\partial x^2 \partial x^1}$$

(vgl. Bemerkung 5.6).

[3]Man kann zeigen, daß die partiellen Ableitungen bereits dann von der Differentiationsreihenfolge unabhängig sind, wenn $f : X \subset \mathbb{R}^n \to F$ m-mal total differenzierbar ist (vgl. Aufgabe 17). Die Reihenfolge der partiellen Ableitungen kann jedoch i. allg. nicht vertauscht werden, wenn f nur m-mal partiell differenzierbar ist (vgl. Bemerkung 5.6).

Beweis Zuerst bemerken wir, daß für $h_1, \ldots, h_q \in \mathbb{R}^n$ mit $q \leq m$ gilt:

$$\partial^q f(x)[h_1, \ldots, h_q] = \partial\big(\cdots \partial(\partial f(x)h_1)h_2 \cdots\big)h_q , \qquad x \in X .$$

Insbesondere folgt

$$\partial^q f(x)[e_{j_1}, \ldots, e_{j_q}] = \partial_{j_q} \partial_{j_{q-1}} \cdots \partial_{j_1} f(x) , \qquad x \in X . \tag{5.1}$$

Somit finden wir

$$\partial^q f(x)[h_1, \ldots, h_q] = \sum_{j_1, \ldots, j_q = 1}^{n} \partial_{j_q} \partial_{j_{q-1}} \cdots \partial_{j_1} f(x) h_1^{j_1} \cdots h_q^{j_q} \tag{5.2}$$

für $x \in X$ und $h_i = (h_i^1, \ldots, h_i^n) \in \mathbb{R}^n$ mit $1 \leq i \leq q$.

(i) Aus (5.1) ergibt sich sofort, daß jedes Element aus $C^m(X, F)$ m-mal stetig partiell differenzierbar ist.

Es sei umgekehrt f m-mal stetig partiell differenzierbar. Im Fall $m = 1$ wissen wir aus Theorem 2.10, daß f zu $C^1(X, F)$ gehört. Nehmen wir an, die Aussage sei für $m - 1 \geq 1$ richtig. Aus dieser Voraussetzung und aus (5.2) lesen wir ab, daß $\partial_j(\partial^{m-1} f)$ für $j \in \{1, \ldots, n\}$ existiert und stetig ist. Aufgrund von Theorem 2.10 existiert deshalb

$$\partial(\partial^{m-1} f)\colon X \to \mathcal{L}\big(\mathbb{R}^n, \mathcal{L}^{m-1}(\mathbb{R}^n, F)\big) = \mathcal{L}^m(\mathbb{R}^n, F)$$

und ist stetig. Also gilt $f \in C^m(X, F)$.

(ii) Dies folgt unmittelbar aus Korollar 5.3 und (5.1). ∎

5.5 Korollar *Es sei $f\colon X \subset \mathbb{R}^n \to \mathbb{K}$. Dann sind die folgenden Aussagen richtig:*
  (i) *f gehört genau dann zu $C^2(X, \mathbb{K})$, wenn gilt*

$$f, \partial_j f, \partial_j \partial_k f \in C(X, \mathbb{K}) , \qquad 1 \leq j, k \leq n .$$

(ii) *(Satz von H.A. Schwarz)   Gehört f zu $C^2(X, \mathbb{K})$, so gilt*

$$\partial_j \partial_k f(x) = \partial_k \partial_j f(x) , \qquad x \in X , \quad 1 \leq j, k \leq n .$$

5.6 Bemerkung Der Satz von H.A. Schwarz ist falsch, wenn f nur zweimal partiell differenzierbar ist.

Beweis Wir betrachten $f\colon \mathbb{R}^2 \to \mathbb{R}$ mit

$$f(x, y) := \begin{cases} \dfrac{xy(x^2 - y^2)}{x^2 + y^2} , & (x, y) \neq (0, 0) , \\[2mm] 0 , & (x, y) = (0, 0) . \end{cases}$$

Dann gilt

$$\partial_1 f(x,y) = \begin{cases} \dfrac{y(x^4 + 4x^2y^2 - y^4)}{(x^2+y^2)^2} \,, & (x,y) \neq (0,0) \,, \\[2mm] 0 \,, & (x,y) = (0,0) \,, \end{cases}$$

und es folgt

$$\partial_2 \partial_1 f(0,0) = \lim_{h \to 0} \frac{\partial_1 f(0,h) - \partial_1 f(0,0)}{h} = -1 \,.$$

Berücksichtigen wir $f(y,x) = -f(x,y)$, so finden wir

$$\partial_2 f(y,x) = \lim_{h \to 0} \frac{f(y, x+h) - f(y,x)}{h} = -\lim_{h \to 0} \frac{f(x+h, y) - f(x,y)}{h} = -\partial_1 f(x,y) \,.$$

Also gilt $\partial_1 \partial_2 f(y,x) = -\partial_2 \partial_1 f(x,y)$ für $(x,y) \in \mathbb{R}^2$. Wegen $\partial_2 \partial_1 f(0,0) \neq 0$ ergibt sich somit $\partial_1 \partial_2 f(0,0) \neq -\partial_2 \partial_1 f(0,0)$. ∎

Die Kettenregel

Auch im Falle höherer Ableitungen gilt die wichtige Kettenregel. Allerdings gibt es i. allg. keine einfache Darstellung für höhere Ableitungen zusammengesetzter Funktionen.

5.7 Theorem (Kettenregel) *Es sei Y offen in F, und G sei ein Banachraum. Ferner seien $m \in \mathbb{N}^\times$ sowie $f \in C^m(X,F)$ mit $f(X) \subset Y$ und $g \in C^m(Y,G)$. Dann gilt $g \circ f \in C^m(X,G)$.*

Beweis Ausgehend von Theorem 3.3 folgt die Aussage durch Induktion nach m. Eine ausführlichere Argumentation bleibt dem Leser als Aufgabe überlassen. ∎

Taylorsche Formeln

Wir erweitern nun den Taylorschen Satz auf den Fall von Funktionen mehrerer Variabler. Dabei verwenden wir folgende Bezeichnung:

$$\partial^k f(x)[h]^k := \begin{cases} \partial^k f(x)[\underbrace{h, \ldots, h}_{k\text{-mal}}] \,, & 1 \leq k \leq q \,, \\[4mm] f(x) \,, & k = 0 \,, \end{cases}$$

für $x \in X$, $h \in E$ und $f \in C^q(X,F)$.

5.8 Theorem (Taylorsche Formel) *Es sei X offen in E, $q \in \mathbb{N}^\times$, und f gehöre zu $C^q(X,F)$. Dann gilt*

$$f(x+h) = \sum_{k=0}^{q} \frac{1}{k!} \partial^k f(x)[h]^k + R_q(f,x;h)$$

für $x \in X$ und $h \in E$ mit $[\![x, x+h]\!] \subset X$ mit

$$R_q(f, x; h) := \int_0^1 \frac{(1-t)^{q-1}}{(q-1)!} \left[\partial^q f(x+th) - \partial^q f(x)\right][h]^q \, dt \in F ,$$

dem **Restglied q-ter Ordnung** von f im Punkt x.

Beweis Im Fall $q = 1$ reduziert sich die Behauptung auf den Mittelwertsatz in Integralform (Theorem 3.10):

$$f(x + h) = f(x) + \int_0^1 \partial f(x + th)h \, dt$$

$$= f(x) + \partial f(x)h + \int_0^1 \left[\partial f(x + th) - \partial f(x)\right] h \, dt .$$

Es sei nun $q = 2$. Für $u(t) := \partial f(x + th)h$ und $v(t) := t - 1$, $t \in [0, 1]$, gelten $u'(t) = \partial^2 f(x + th)[h]^2$ und $v' = 1$. Also folgt aus der verallgemeinerten Produktregel (Beispiel 4.8(b)) und aus der obigen Formel durch Integration[4]

$$f(x + h) = f(x) + \partial f(x)h + \int_0^1 (1 - t)\partial^2 f(x + th)[h]^2 \, dt$$

$$= \sum_{k=0}^2 \frac{1}{k!} \partial^k f(x) [h]^k + R_2(f, x; h) .$$

Für $q = 3$ setzen wir $u(t) := \partial^2 f(x + th)[h]^2$ und $v(t) := -(1 - t)^2/2$ und erhalten in analoger Weise

$$f(x + h) = f(x) + \partial f(x)h + \frac{1}{2}\partial^2 f(x)[h]^2 + \int_0^1 \frac{(1 - t)^2}{2} \partial^3 f(x + th)[h]^3 \, dt .$$

Im allgemeinen Fall $q > 3$ folgt die Behauptung mittels eines einfachen Induktionsarguments. ∎

5.9 Bemerkung Für $f \in C^q(X, F)$ und $x, h \in E$ mit $[\![x, x+h]\!] \subset X$ gilt

$$\|R_q(f, x; h)\| \leq \frac{1}{q!} \max_{0 \leq t \leq 1} \|\partial^q f(x + th) - \partial^q f(x)\| \, \|h\|^q .$$

Insbesondere folgt

$$R_q(f, x; h) = o(\|h\|^q) \quad (h \to 0) .$$

Beweis Dies folgt aus Satz VI.4.3 und der Stetigkeit von $\partial^q f$. ∎

----
[4]Vgl. den Beweis von Satz VI.5.4.

5.10 Korollar *Es seien* $f \in C^q(X, F)$ *mit* $q \in \mathbb{N}^{\times}$ *und* $x \in X$. *Dann gilt*[5]

$$f(x+h) = \sum_{k=0}^{q} \frac{1}{k!} \partial^k f(x)[h]^k + o(\|h\|^q) \quad (h \to 0) .$$

Funktionen von m Variablen

Im restlichen Teil dieses Paragraphen betrachten wir Funktionen von m reellen Variablen, d.h., wir setzen $E = \mathbb{R}^m$. In diesem Fall ist es zweckmäßig, die partiellen Ableitungen mit Hilfe von Multiindizes darzustellen.

Es seien $\alpha = (\alpha_1, \ldots, \alpha_m) \in \mathbb{N}^m$ ein Multiindex der Länge[6] $|\alpha| = \sum_{j=1}^{m} \alpha_j$ und $f \in C^{|\alpha|}(X, F)$. Dann schreiben wir

$$\partial^\alpha f := \partial_1^{\alpha_1} \partial_2^{\alpha_2} \cdots \partial_m^{\alpha_m} f = \frac{\partial^{|\alpha|} f}{(\partial x^1)^{\alpha_1} (\partial x^2)^{\alpha_2} \cdots (\partial x^m)^{\alpha_m}} , \qquad \alpha \neq 0 ,$$

und $\partial^0 f := f$.

5.11 Theorem (Taylorscher Satz) *Es seien* $f \in C^q(X, F)$ *mit* $q \in \mathbb{N}^{\times}$ *und* $x \in X$. *Dann gilt*

$$f(y) = \sum_{|\alpha| \leq q} \frac{\partial^\alpha f(x)}{\alpha!} (y-x)^\alpha + o(|x-y|^q) \quad (x \to y) .$$

Beweis Wir setzen $h := y - x$ und schreiben $h = \sum_{j=1}^{m} h_j e_j$. Dann gilt

$$\partial^k f(x)[h]^k = \partial^k f(x) \left[\sum_{j_1=1}^{m} h_{j_1} e_{j_1}, \ldots, \sum_{j_k=1}^{m} h_{j_k} e_{j_k} \right]$$

$$= \sum_{j_1=1}^{m} \cdots \sum_{j_k=1}^{m} \partial^k f(x)[e_{j_1}, \ldots, e_{j_k}] h_{j_1} \cdot \ldots \cdot h_{j_k} \tag{5.3}$$

für $1 \leq k \leq q$. Die Anzahl der k-Tupel $(j_1, \ldots, j_k)$ von Zahlen $1 \leq j_i \leq m$, bei denen jede der Zahlen $\ell \in \{1, \ldots, m\}$ genau α_ℓ-mal vorkommt, ist gleich

$$\frac{k!}{(\alpha_1)! (\alpha_2)! \cdot \ldots \cdot (\alpha_m)!} = \frac{k!}{\alpha!} . \tag{5.4}$$

Aus (5.1) und Korollar 5.3 folgt die Beziehung

$$\partial^k f(x)[e_{j_1}, e_{j_2}, \ldots, e_{j_k}] = \partial_m^{\alpha_m} \partial_{m-1}^{\alpha_{m-1}} \cdots \partial_1^{\alpha_1} f(x) = \partial^\alpha f(x) . \tag{5.5}$$

---

[5]Für genügend kleines h liegt $[\![x, x+h]\!]$ in X.
[6]Vgl. Paragraph I.8.

Zusammenfassend erhalten wir aus (5.3)–(5.5)

$$\partial^k f(x)[h]^k = \sum_{|\alpha|=k} \frac{k!}{\alpha!} \partial^\alpha f(x) h^\alpha , \qquad |\alpha| = k ,$$

und die Behauptung folgt aus Korollar 5.10. ∎

5.12 Bemerkungen Es sei $f \in C^q(X, \mathbb{R})$ für ein $q \in \mathbb{N}^\times$.

(a) Im Fall $q = 1$ gilt

$$f(y) = f(x) + df(x)(y - x) + o(|y - x|) = f(x) + \big(\nabla f(x)\,\big|\,y - x\big) + o(|y - x|)$$

für $y \to x$.

(b) Im Fall $q = 2$ gilt

$$f(y) = f(x) + df(x)(y - x) + \frac{1}{2}\partial^2 f(x)[y - x]^2 + o(|y - x|^2)$$

$$= f(x) + \big(\nabla f(x)\,\big|\,y - x\big) + \frac{1}{2}\big(H_f(x)(y - x)\,\big|\,y - x\big) + o(|y - x|^2)$$

für $y \to x$. Dabei bezeichnet[7]

$$H_f(x) := \big[\partial_j \partial_k f(x)\big] \in \mathbb{R}^{m \times m}_{\text{sym}}$$

die **Hessesche Matrix** von f in x. Mit anderen Worten: $H_f(x)$ ist die Darstellungs-matrix des von der Bilinearform $\partial^2 f(x)[\cdot, \cdot]$ in $\mathbb{R}^m$ induzierten linearen Operators (vgl. Aufgabe 4.1). ∎

Hinreichende Kriterien für lokale Extrema

In den folgenden Bemerkungen stellen wir einige Resultate der Linearen Algebra zusammen.

5.13 Bemerkungen   **(a)** Es sei $H := \big(H, (\cdot\,|\,\cdot)\big)$ ein endlichdimensionaler reeller Hilbertraum. Die Bilinearform $b \in \mathcal{L}^2(H, \mathbb{R})$ heißt **positiv [semi-]definit**, wenn sie symmetrisch ist und wenn gilt

$$b(x, x) > 0 \quad \big[b(x, x) \geq 0\big] , \qquad x \in H \setminus \{0\} .$$

Sie heißt **negativ [semi-]definit**, wenn $-b$ **positiv [semi-]definit** ist. Ist b weder positiv noch negativ semidefinit, so ist b **indefinit**. Der von b induzierte lineare

---

[7]Wir schreiben $\mathbb{R}^{m \times m}_{\text{sym}}$ für den Untervektorraum von $\mathbb{R}^{m \times m}$, der aus allen symmetrischen $(m \times m)$-Matrizen besteht.

Operator[8] $B \in \mathcal{L}(H)$ mit $(Bx \mid y) = b(x, y)$ für $x, y \in H$ heißt **positiv** bzw. **negativ** [**semi-**]**definit**, wenn b die entsprechende Eigenschaft besitzt.

Es sei $A \in \mathcal{L}(H)$. Dann sind die folgenden Aussagen äquivalent:

(i) A ist positiv [semi-]definit.

(ii) $A = A^*$ und $(Ax \mid x) > 0 \, [\geq 0]$, $x \in H \setminus \{0\}$.

(iii) $A = A^*$ und es gibt ein $\alpha > 0 \, [\alpha \geq 0]$ mit $(Ax \mid x) \geq \alpha \, |x|^2$ für $x \in H$.

Beweis Dies folgt aus den Aufgaben 4.1 und III.4.11. ∎

(b) Es sei $H = (H, (\cdot \mid \cdot))$ ein Hilbertraum der Dimension m, und $A \in \mathcal{L}(H)$ sei selbstadjungiert, d.h. $A = A^*$. Dann sind alle Eigenwerte von A reell und halb-einfach. Zudem gibt es eine ONB von Eigenvektoren $h_1, \ldots, h_m$, derart daß A die **Spektraldarstellung**

$$A = \sum_{j=1}^{m} \lambda_j(\cdot \mid h_j) h_j \tag{5.6}$$

besitzt, wobei $\lambda_1, \ldots, \lambda_m$ die gemäß ihrer Vielfachheit gezählten Eigenwerte von A sind und $Ah_j = \lambda_j h_j$ für $1 \leq j \leq m$ gilt. Dies bedeutet insbesondere, daß die Matrix von A bezüglich dieser Basis Diagonalgestalt besitzt: $[A] = \mathrm{diag}(\lambda_1, \ldots, \lambda_m)$.

Schließlich ist A genau dann positiv [semi-]definit, wenn alle Eigenwerte positiv [nicht negativ] sind.

Beweis Für die Aussagen, daß $\sigma(A) \subset \mathbb{R}$ gilt und die Spektraldarstellung existiert, sei auf die Lineare Algebra verwiesen (z.B. [Art93, Paragraph VII.5]).[9]

Aus (5.6) lesen wir die Relation

$$(Ax \mid x) = \sum_{j=1}^{m} \lambda_j \, |(x \mid h_j)|^2 \, , \qquad x \in H \, ,$$

ab. Hieraus ergibt sich leicht die angegebene Charakterisierung der positiven [Semi-] Definitheit mittels der Eigenwerte. ∎

Nach diesen Vorbereitungen können wir — in (partieller) Verallgemeinerung der Resultate von Anwendung IV.3.9 — hinreichende Kriterien für Maxima und Minima reellwertiger Funktionen von mehreren reellen Variablen herleiten.

5.14 Theorem *Es sei X offen in $\mathbb{R}^m$, und $x_0 \in X$ sei ein kritischer Punkt von $f \in C^2(X, \mathbb{R})$. Dann gelten die folgenden Aussagen:*

(i) *Ist $\partial^2 f(x_0)$ positiv definit, so hat f in x_0 ein isoliertes lokales Minimum.*

(ii) *Ist $\partial^2 f(x_0)$ negativ definit, so hat f in x_0 ein isoliertes lokales Maximum.*

(iii) *Ist $\partial^2 f(x_0)$ indefinit, so ist x_0 keine lokale Extremalstelle von f.*

---

[8]Vgl. Aufgabe 4.1.
[9]Siehe auch Beispiel 10.17(b).

Beweis   Weil x_0 ein kritischer Punkt von f ist, gilt gemäß Bemerkung 5.12(b)

$$f(x_0 + \xi) = f(x_0) + \frac{1}{2}\partial^2 f(x_0)[\xi]^2 + o(|\xi|^2) \quad (\xi \to 0) .$$

(i) Ist $\partial^2 f(x_0)$ positiv definit, so gibt es ein $\alpha > 0$ mit

$$\partial^2 f(x_0)[\xi]^2 \geq \alpha |\xi|^2 , \qquad \xi \in \mathbb{R}^m .$$

Wir fixieren ein $\delta > 0$ mit $\left|o(|\xi|^2)\right| \leq \alpha |\xi|^2 /4$ für $\xi \in \bar{\mathbb{B}}^m(0, \delta)$ und finden dann die Abschätzung

$$f(x_0 + \xi) \geq f(x_0) + \frac{\alpha}{2}|\xi|^2 - \frac{\alpha}{4}|\xi|^2 = f(x_0) + \frac{\alpha}{4}|\xi|^2 , \qquad |\xi| \leq \delta .$$

Also ist x_0 ein lokales Minimum von f.

(ii) Die Aussage folgt durch Anwenden von (i) auf $-f$.

(iii) Ist $\partial^2 f(x_0)$ indefinit, so gibt es $\xi_1, \xi_2 \in \mathbb{R}^m \backslash \{0\}$ mit

$$\alpha := \partial^2 f(x_0)[\xi_1]^2 > 0 \quad \text{und} \quad \beta := \partial^2 f(x_0)[\xi_2]^2 < 0 .$$

Außerdem finden wir $t_j > 0$ mit $[\![x_0, x_0 + t_j\xi_j]\!] \subset X$ und

$$\frac{\alpha}{2} + \frac{o(t^2 |\xi_1|^2)}{t^2 |\xi_1|^2}|\xi_1|^2 > 0 \quad \text{bzw.} \quad \frac{\beta}{2} + \frac{o(t^2 |\xi_2|^2)}{t^2 |\xi_2|^2}|\xi_2|^2 < 0$$

für $0 < t < t_1$ bzw. $0 < t < t_2$. Somit folgen

$$f(x_0 + t\xi_1) = f(x_0) + t^2\Big(\frac{\alpha}{2} + \frac{o(t^2 |\xi_1|^2)}{t^2 |\xi_1|^2}|\xi_1|^2\Big) > f(x_0) , \qquad 0 < t < t_1 ,$$

und

$$f(x_0 + t\xi_2) = f(x_0) + t^2\Big(\frac{\beta}{2} + \frac{o(t^2 |\xi_2|^2)}{t^2 |\xi_2|^2}|\xi_2|^2\Big) < f(x_0) , \qquad 0 < t < t_2 .$$

Also ist x_0 keine lokale Extremalstelle von f. ∎

5.15 Beispiele   Wir betrachten

$$f: \mathbb{R}^2 \to \mathbb{R} , \quad (x, y) \mapsto c + \delta x^2 + \varepsilon y^2$$

mit $c \in \mathbb{R}$ und $\delta, \varepsilon \in \{-1, 1\}$. Dann gelten

$$\nabla f(x, y) = 2(\delta x, \varepsilon y) \quad \text{und} \quad H_f(x, y) = 2\begin{bmatrix} \delta & 0 \\ 0 & \varepsilon \end{bmatrix} .$$

Folglich ist $(0, 0)$ der einzige kritische Punkt von f.

(a) Gilt $f(x,y) = c + x^2 + y^2$, also $\delta = \varepsilon = 1$, so ist $H_f(0,0)$ positiv definit. Deshalb ist $(0,0)$ ein isoliertes (absolutes) Minimum von f.

(b) Im Fall $f(x,y) = c - x^2 - y^2$ ist $H_f(0,0)$ negativ definit, und f hat in $(0,0)$ ein isoliertes (absolutes) Maximum.

(c) Im Fall $f(x,y) = c + x^2 - y^2$ ist $H_f(0,0)$ indefinit. Also ist $(0,0)$ keine Extremalstelle von f, sondern ein „Sattelpunkt".

 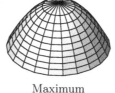 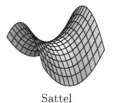

Minimum   Maximum   Sattel

(d) Ist $\partial^2 f$ in einem kritischen Punkt von f semidefinit, so kann aus dem Studium der zweiten Ableitung keine allgemeine Aussage gewonnen werden. Dazu betrachten wir Abbildungen $f_j : \mathbb{R}^2 \to \mathbb{R}$, $j = 1,2,3$, mit

$$f_1(x,y) := x^2 + y^4 , \quad f_2(x,y) := x^2 , \quad f_3(x,y) := x^2 + y^3 .$$

In jedem Fall ist $(0,0)$ ein kritischer Punkt von f_j, und die Hessesche Matrix $H_{f_j}(0,0)$ ist positiv semidefinit.

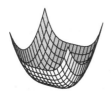  

Man überprüft sofort, daß $(0,0)$ für f_1 ein isoliertes Minimum, für f_2 ein *nicht* isoliertes Minimum und für f_3 keine lokale Extremalstelle ist. ∎

Aufgaben

1 Für $A \in \mathcal{L}(E,F)$ gilt $A \in C^\infty(E,F)$ mit $\partial^2 A = 0$.

2 Für $\varphi \in \mathcal{L}(E_1, \ldots, E_m; F)$ gilt $\varphi \in C^\infty(E_1 \times \cdots \times E_m, F)$ mit $\partial^{m+1}\varphi = 0$.

3 Es sei X offen in $\mathbb{R}^m$. Der (m-dimensionale) **Laplaceoperator**, Δ, wird durch

$$\Delta : C^2(X,\mathbb{R}) \to C(X,\mathbb{R}) , \quad u \mapsto \Delta u := \sum_{j=1}^m \partial_j^2 u$$

erklärt. Die Funktion $u \in C^2(X,\mathbb{R})$ heißt **harmonisch** in X, falls $\Delta u = 0$ ist. Die harmonischen Funktionen bilden also den Kern der linearen Abbildung Δ. Man verifiziere, daß

$g_m : \mathbb{R}^m \backslash \{0\} \to \mathbb{R}$ mit

$$g_m(x) := \begin{cases} \log |x| \,, & m = 2 \,, \\ |x|^{2-m} \,, & m > 2 \,, \end{cases}$$

in $\mathbb{R}^m \backslash \{0\}$ harmonisch ist.

4 Für $f, g \in C^2(X, \mathbb{R})$ gilt

$$\Delta(fg) = g\Delta f + 2(\nabla f \,|\, \nabla g) + f\Delta g \,.$$

5 Es sei $g : [0, \infty) \times \mathbb{R} \to \mathbb{R}^2$, $(r, \varphi) \mapsto (r\cos\varphi, r\sin\varphi)$. Man verifiziere:

(a) $g \,|\, (0, \infty) \times (-\pi, \pi) \to \mathbb{R}^2 \backslash H$ mit $H := \{ (x, y) \in \mathbb{R}^2 \;;\; x \leq 0, \; y = 0 \} = (-\mathbb{R}^+) \times \{0\}$ ist topologisch.

(b) $\mathrm{im}(g) = \mathbb{R}^2$.

(c) Sind X offen in $\mathbb{R}^2 \backslash H$ und $f \in C^2(X, \mathbb{R})$, so gilt

$$(\Delta f) \circ g = \frac{\partial^2 (f \circ g)}{\partial r^2} + \frac{1}{r} \frac{\partial (f \circ g)}{\partial r} + \frac{1}{r^2} \frac{\partial^2 (f \circ g)}{\partial \varphi^2}$$

auf $g^{-1}(X)$.

6 Es seien $X := \mathbb{R}^n \times (0, \infty)$ und $p(x, y) := y/(|x|^2 + y^2)$ für $(x, y) \in X$. Man berechne Δp.

7 Man verifiziere

$$(\Delta u) \circ A = \Delta(u \circ A) \,, \qquad u \in C^2(\mathbb{R}^n, \mathbb{R}) \,,$$

falls $A \in \mathcal{L}(\mathbb{R}^n)$ **orthogonal** ist, d.h. $A^* A = 1$ erfüllt.

8 Es seien X offen in $\mathbb{R}^m$ und E ein Banachraum, und für $k \in \mathbb{N}$ sei

$$BC^k(X, E) := \Big(\big\{ u \in BC(X, E) \;;\; \partial^\alpha u \in BC(X, E), \; |\alpha| \leq k \big\}, \; \|\cdot\|_{k,\infty} \Big)$$

mit

$$\|u\|_{k,\infty} := \max_{|\alpha| \leq k} \|\partial^\alpha u\|_\infty \,.$$

Man verifiziere:

(a) $BC^k(X, E)$ ist ein Banachraum.

(b) $BUC^k(X, E) := \{ u \in BC(X, E) \;;\; \partial^\alpha u \in BUC(X, E), \; |\alpha| \leq k \}$ ist ein abgeschlossener Untervektorraum von $BC^k(X, E)$, also selbst ein Banachraum.

9 Es seien $q \in \mathbb{N}$ und $a_\alpha \in \mathbb{K}$ für $\alpha \in \mathbb{N}^m$ mit $|\alpha| \leq q$. Ferner gelte $a_\alpha \neq 0$ für ein $\alpha \in \mathbb{N}^m$ mit $|\alpha| = q$. Dann heißt

$$\mathcal{A}(\partial) : C^q(X, \mathbb{K}) \to C(X, \mathbb{K}) \,, \qquad u \mapsto \mathcal{A}(\partial)u := \sum_{|\alpha| \leq q} a_\alpha \partial^\alpha u$$

linearer Differentialoperator der Ordnung q mit konstanten Koeffizienten.

Man zeige für $k \in \mathbb{N}$:

(a) $\mathcal{A}(\partial) \in \mathcal{L}\big(BC^{k+q}(X,\mathbb{K}), BC^k(X,\mathbb{K})\big)$;

(b) $\mathcal{A}(\partial) \in \mathcal{L}\big(BUC^{k+q}(X,\mathbb{K}), BUC^k(X,\mathbb{K})\big)$.

10 Für $u \in C^2(\mathbb{R} \times \mathbb{R}^m, \mathbb{R})$ und $(t,x) \in \mathbb{R} \times \mathbb{R}^m$ setzen wir

$$\Box u := \partial_t^2 u - \Delta_x u$$

und

$$(\partial_t - \Delta)u := \partial_t u - \Delta_x u \ ,$$

wobei Δ_x den Laplaceoperator bezüglich $x \in \mathbb{R}^m$ bezeichnet. Man nennt $\Box$ **Wellen-** (oder **d'Alembert-)operator** und $\partial_t - \Delta$ **Wärmeleitungsoperator**.

(a) Man berechne $(\partial_t - \Delta)k$ in $(0,\infty) \times \mathbb{R}^m$ für

$$k(t,x) := t^{-m/2} \exp\big(-|x|^2/4t\big) \ , \qquad (t,x) \in (0,\infty) \times \mathbb{R}^m \ .$$

(b) Es seien $g \in C^2(\mathbb{R}, \mathbb{R})$ und $c > 0$ sowie $v \in S^{m-1}$. Man berechne $\Box w$ für

$$w(t,x) := g(v \cdot x - tc) \ , \qquad (t,x) \in \mathbb{R} \times \mathbb{R}^m \ .$$

11 Es seien X eine offene konvexe Teilmenge eines Banachraumes E und $f \in C^2(X,\mathbb{R})$. Dann sind die folgenden Aussagen äquivalent:

(i) f ist konvex;

(ii) $f(x) \geq f(a) + \partial f(a)(x-a)$, $a, x \in X$;

(iii) $\partial^2 f(a)[h]^2 \geq 0$, $a \in X$, $h \in E$.

Im Fall $E = \mathbb{R}^m$ sind diese Aussagen außerdem äquivalent zu

(iv) $H_f(a)$ ist positiv semidefinit für $a \in X$.

12 Man klassifiziere die kritischen Punkte der Funktion

$$f_\alpha : \mathbb{R}^2 \to \mathbb{R} \ , \qquad (x,y) \mapsto x^3 - y^3 + 3\alpha xy$$

nach Maxima, Minima und Sattelpunkten in Abhängigkeit von $\alpha \in \mathbb{R}$.

13 Es sei $f : \mathbb{R}^2 \to \mathbb{R}$, $(x,y) \mapsto (y - x^2)(y - 2x^2)$. Man beweise:

(a) f hat in $(0,0)$ kein lokales Minimum.

(b) Für jedes $(x_0, y_0) \in \mathbb{R}^2 \setminus \{(0,0)\}$ hat $\mathbb{R} \to \mathbb{R}$, $t \mapsto f(tx_0, ty_0)$ in 0 ein isoliertes lokales Minimum.

14 Man bestimme die Taylorentwicklung von

$$(0,\infty) \times (0,\infty) \to \mathbb{R} \ , \qquad (x,y) \mapsto (x-y)/(x+y)$$

im Punkt $(1,1)$ bis einschließlich der Glieder zweiter Ordnung.

15 Es sei X offen in $\mathbb{R}^m$. Für $f, g \in C^1(X, \mathbb{R}^m)$ wird $[f,g] \in C(X, \mathbb{R}^m)$ durch

$$[f,g](x) := \partial f(x)g(x) - \partial g(x)f(x) \ , \qquad x \in X \ ,$$

definiert. Man nennt $[f,g]$ **Liesche(s) Klammer(produkt)** von f und g.

Es sind folgende Aussagen zu verifizieren:

(i) $[f, g] = -[g, f]$;

(ii) $[\alpha f + \beta g, h] = \alpha[f, h] + \beta[g, h]$, $\alpha, \beta \in \mathbb{R}$, $h \in C^1(X, \mathbb{R}^m)$;

(iii) $[\varphi f, \psi g] = \varphi\psi[f, g] + (\nabla\varphi \mid f)\psi f - (\nabla\psi \mid g)\varphi g$, $\varphi, \psi \in C^1(X, \mathbb{R})$;

(iv) **(Jacobi-Identität)**

Für $f, g, h \in C^2(X, \mathbb{R}^m)$ gilt: $[[f, g], h] + [[g, h], f] + [[h, f], g] = 0$.

16   Es ist zu zeigen, daß

$$\mathbb{R}^n \to \mathbb{R}, \quad x \mapsto \begin{cases} \exp\big(1/(|x|^2 - 1)\big), & |x| < 1, \\ 0, & |x| \geq 1, \end{cases}$$

glatt ist.

17   Es sei X offen in $\mathbb{R}^m$, und $f: X \to F$ sei m-mal differenzierbar. Dann gilt

$$\partial^q f(x) \in \mathcal{L}_{\text{sym}}^q(X, F), \quad x \in X, \quad 1 \leq q \leq m.$$

Insbesondere gilt für jede Permutation $\sigma \in \mathsf{S}_q$:

$$\frac{\partial^q f(x)}{\partial x^{j_1} \cdot \ldots \cdot \partial x^{j_q}} = \frac{\partial^q f(x)}{\partial x^{j_{\sigma(1)}} \cdot \ldots \cdot \partial x^{j_{\sigma(q)}}}, \quad x \in X.$$

(Hinweis: Es genügt, den Fall $q = m = 2$ zu betrachten. Man wende den Mittelwertsatz auf

$$[0, 1] \to F, \quad t \mapsto f(x + tsh_1 + tsh_2) - f(x + tsh_1)$$

an und verifiziere, daß

$$\lim_{\substack{s \to 0 \\ s > 0}} \frac{f(x + sh_1 + sh_2) - f(x + sh_1) - f(x + sh_2) + f(x)}{s^2} = \partial^2 f(x)[h_1, h_2]$$

gilt.)

18   Es sei H ein endlichdimensionaler Hilbertraum, und $A \in \mathcal{L}(H)$ sei positiv [bzw. negativ] definit. Dann gehört A zu $\mathcal{L}\text{aut}(H)$, und A^{-1} ist positiv [bzw. negativ] definit.

19   Es seien H ein endlichdimensionaler Hilbertraum und $A \in C^1\big([0, T], \mathcal{L}(H)\big)$. Ferner sei $A(t)$ für jedes $t \in [0, T]$ symmetrisch. Man beweise:

(a) $\partial A(t)$ ist symmetrisch für $t \in [0, T]$;

(b) Ist $\partial A(t)$ für jedes $t \in [0, T]$ positiv definit, so gilt für $0 \leq \sigma < \tau \leq T$:

(i) $A(\tau) - A(\sigma)$ ist positiv definit;

(ii) $A^{-1}(\tau) - A^{-1}(\sigma)$ ist negativ definit, wenn $A(t)$ für jedes $t \in [0, T]$ ein Automorphismus ist.

(Hinweis zu (ii): Man differenziere $t \mapsto A^{-1}(t)A(t)$.)

20   Es seien H ein endlichdimensionaler Hilbertraum und $A, B \in \mathcal{L}(H)$. Sind A, B sowie $A - B$ positiv definit, so ist $A^{-1} - B^{-1}$ negativ definit.

(Hinweis: Man betrachte $t \mapsto B + t(A - B)$ für $t \in [0, 1]$ und beachte Aufgabe 19.)

21 Es seien X offen in $\mathbb{R}^m$ und $f, g \in C^q(X, \mathbb{K})$. Man zeige, daß fg zu $C^q(X, \mathbb{K})$ gehört und daß die **Leibnizsche Regel**

$$\partial^\alpha(fg) = \sum_{\beta \leq \alpha} \binom{\alpha}{\beta} \partial^\beta f \, \partial^{\alpha-\beta} g \, , \qquad \alpha \in \mathbb{N}^m \, , \quad |\alpha| \leq q \, ,$$

gilt. Hierbei bedeutet $\beta \leq \alpha$, daß $\beta_j \leq \alpha_j$ für $1 \leq j \leq m$ erfüllt ist, und

$$\binom{\alpha}{\beta} := \binom{\alpha_1}{\beta_1} \cdot \ \cdots \ \cdot \binom{\alpha_m}{\beta_m}$$

für $\alpha, \beta \in \mathbb{N}^m$ mit $\alpha = (\alpha_1, \ldots, \alpha_m)$ und $\beta = (\beta_1, \ldots, \beta_m)$. (Hinweis: Theorem IV.1.12(ii) und Induktion.)

6 Nemytskiioperatoren und Variationsrechnung

Obwohl wir die Differentialrechnung in allgemeinen Banachräumen entwickelten, haben wir uns bei den Beispielen fast ausschließlich auf den endlichdimensionalen Fall zurückgezogen. In diesem Paragraphen wollen wir dem Leser einen Eindruck von der Tragweite der allgemeinen Theorie geben. Dazu betrachten wir zuerst die einfachste nichtlineare Abbildung zwischen Funktionenräumen, nämlich den „Überlagerungsoperator", der dadurch entsteht, daß Funktionen einer gegebenen Klasse mit einer festen nichtlinearen Abbildung verknüpft werden. Wir beschränken uns auf den Fall von Überlagerungsoperatoren in Banachräumen stetiger Funktionen und untersuchen ihre Stetigkeits- und Differenzierbarkeitseigenschaften.

Als eine Anwendung dieser allgemeinen Betrachtungen studieren wir die Grundaufgabe der „Variationsrechnung", nämlich das Problem, Minima von reellwertigen Funktionen „unendlich vieler Variabler" aufzufinden und zu charakterisieren. Insbesondere leiten wir die Euler-Lagrangesche Differentialgleichung her als notwendige Bedingung für das Vorliegen eines lokalen Extremums von Variationsintegralen.

Nemytskiioperatoren

Es seien T, X und Y nichtleere Mengen und φ eine Abbildung von $T \times X$ in Y. Dann wird der von φ **induzierte Nemytskii-** oder **Überlagerungsoperator** $\varphi^\natural$ durch

$$\varphi^\natural : X^T \to Y^T , \quad u \mapsto \varphi\big(\cdot, u(\cdot)\big)$$

definiert. Dies bedeutet: $\varphi^\natural$ ist die Abbildung, welche jeder Funktion $u : T \to X$ die Funktion $\varphi^\natural(u) : T \to Y$, $t \mapsto \varphi\big(t, u(t)\big)$ zuordnet.

Im folgenden seien

- T ein kompakter metrischer Raum;
  E und F Banachräume;
  X offen in E.

Die Normen von E und F bezeichnen wir einfach mit $|\cdot|$, falls keine Mißverständnisse zu befürchten sind.

6.1 Lemma $C(T, X)$ *ist offen im Banachraum* $C(T, E)$.

Beweis Aus Theorem V.2.6 wissen wir, daß $C(T, E)$ ein Banachraum ist.

Es genügt, den Fall $X \neq E$ zu betrachten. Dazu sei $u \in C(T, X)$. Dann ist $u(T)$ als stetiges Bild eines kompakten metrischen Raumes eine kompakte Teilmenge von X (vgl. Theorem III.3.6). Also gibt es gemäß Beispiel III.3.9(c) ein $r > 0$ mit $d\big(u(T), X^c\big) \geq 2r$. Dann gilt für $v \in u + r\mathbb{B}_{C(T,E)}$, wegen $|u(t) - v(t)| < r$ für $t \in T$, daß $v(T)$ in der r-Umgebung von $u(T)$ in E, also in X, liegt. Folglich gehört v zu $C(T, X)$. ∎

Die Stetigkeit von Nemytskiioperatoren

Als erstes zeigen wir, daß stetige Abbildungen stetige Nemytskiioperatoren in Räumen stetiger Funktionen induzieren.

6.2 Theorem *Es sei $\varphi \in C(T \times X, F)$ Dann gilt:*

(i) $\varphi^\natural \in C\big(C(T, X), C(T, F)\big)$.

(ii) *Ist φ beschränkt auf beschränkten Mengen, so gilt dies auch für $\varphi^\natural$.*

Beweis Für $u \in C(T, X)$ sei $\widetilde{u}(t) := \big(t, u(t)\big)$, $t \in T$. Dann gehört $\widetilde{u}$ offensichtlich zu $C(T, T \times X)$ (vgl. Satz III.1.10). Folglich impliziert Theorem III.1.8, daß $\varphi^\natural(u) = \varphi \circ \widetilde{u}$ zu $C(T, F)$ gehört.

(i) Es sei (u_j) eine Folge in $C(T, X)$ mit $u_j \to u_0$ in $C(T, X)$. Dann ist die Menge $M := \{\, u_j \;;\; j \in \mathbb{N}^\times \,\} \cup \{u_0\}$ gemäß Beispiel III.3.1(a) kompakt in $C(T, X)$.

Wir setzen $M(T) := \bigcup\{\, m(T) \;;\; m \in M \,\}$ und zeigen, daß $M(T)$ kompakt in X ist. Um dies zu sehen, sei (x_j) eine Folge in $M(T)$. Dann gibt es $t_j \in T$ und $m_j \in M$ mit $x_j = m_j(t_j)$. Aufgrund der Folgenkompaktheit von T und M und wegen Aufgabe III.3.1 finden wir $(t, m) \in T \times M$ und eine Teilfolge $\big((t_{j_k}, m_{j_k})\big)_{k \in \mathbb{N}}$, die in $T \times M$ gegen (t, m) konvergiert. Hieraus folgt

$$|x_{j_k} - m(t)| \leq |m_{j_k}(t_{j_k}) - m(t_{j_k})| + |m(t_{j_k}) - m(t)|$$
$$\leq \|m_{j_k} - m\|_\infty + |m(t_{j_k}) - m(t)| \to 0$$

für $k \to \infty$ wegen der Stetigkeit von m. Somit konvergiert (x_{j_k}) gegen das Element $m(t)$ von $M(T)$, was die Folgenkompaktheit, also die Kompaktheit, von $M(T)$ beweist.

Folglich ist $T \times M(T)$ gemäß Aufgabe III.3.1 kompakt. Nun zeigt Theorem III.3.13, daß die Einschränkung von φ auf $T \times M(T)$ gleichmäßig stetig ist. Hieraus folgt

$$\|\varphi^\natural(u_j) - \varphi^\natural(u_0)\|_\infty = \max_{t \in T}|\varphi\big(t, u_j(t)\big) - \varphi\big(t, u_0(t)\big)| \to 0$$

für $j \to \infty$ wegen $\|u_j - u_0\|_\infty \to 0$ und da $\big(t, u_j(t)\big)$ und $\big(t, u_0(t)\big)$ für $t \in T$ und $j \in \mathbb{N}$ zu $T \times M(T)$ gehören. Also ist $\varphi^\natural$ folgenstetig, somit wegen Theorem III.1.4 stetig.

(ii) Es sei $B \subset C(T, X)$ und es gebe ein $R > 0$ mit $\|u\|_\infty \leq R$ für $u \in B$. Dann gilt

$$B(T) := \bigcup\{\, u(T) \;;\; u \in B \,\} \subset X \,,$$

und $|x| \leq R$ für $x \in B(T)$. Also ist $B(T)$ beschränkt in X. Folglich ist $T \times B(T)$ beschränkt in $T \times X$. Wenn φ beschränkt auf beschränkten Mengen ist, gibt es ein $r > 0$ mit $|\varphi(t, x)| \leq r$ für $(t, x) \in T \times B(T)$. Dies impliziert $\|\varphi^\natural(u)\|_\infty \leq r$ für $u \in B$. Also ist $\varphi^\natural$ beschränkt auf beschränkten Mengen, wenn dies für φ der Fall ist. ∎

6.3 Bemerkung Ist E endlichdimensional, so ist jedes $\varphi \in C(T \times X, F)$ beschränkt auf Mengen der Form $T \times B$, wobei B in E beschränkt ist und $\overline{B}$, der Abschluß von B in E, in X liegt.

Beweis Dies folgt aus Theorem III.3.5, Korollar III.3.7 und Theorem 1.4. ∎

Die Differenzierbarkeit von Nemytskiioperatoren

Es sei $p \in \mathbb{N} \cup \{\infty\}$. Dann schreiben wir

$$\varphi \in C^{0,p}(T \times X, F) \ ,$$

wenn für jedes $t \in T$ die Funktion $\varphi(t, \cdot) : X \to F$ p-mal differenzierbar ist und wenn ihre Ableitungen, die wir mit $\partial_2^q \varphi$ bezeichnen,

$$\partial_2^q \varphi \in C\big(T \times X, \mathcal{L}^q(E, F)\big) \ , \qquad q \in \mathbb{N} \ , \quad q \leq p \ ,$$

erfüllen. Somit gilt $C^{0,0}(T \times X, F) = C(T \times X, F)$.

6.4 Theorem Für $\varphi \in C^{0,p}(T \times X, F)$ gehört $\varphi^\natural$ zu $C^p\big(C(T, X), C(T, F)\big)$, und[1]

$$\big[\partial\varphi^\natural(u)h\big](t) = \partial_2\varphi\big(t, u(t)\big)h(t) \ , \qquad t \in T \ ,$$

für $u \in C(T, X)$ und $h \in C(T, E)$.

Beweis Wegen Theorem 6.2 können wir $p \geq 1$ voraussetzen. Zuerst halten wir fest, daß

$$G : C(T, X) \times C(T, E) \to F^T \ , \qquad (u, h) \mapsto \partial_2\varphi\big(\cdot, u(\cdot)\big)h(\cdot)$$

der Nemytskiioperator ist, der von der Abbildung

$$\big[(t, (x, \xi)) \mapsto \partial_2\varphi(t, x)\xi\big] \in C\big(T \times (X \times E), F\big)$$

induziert wird.[2] Folglich impliziert Theorem 6.2, daß $G(u, h)$ zu $C(T, F)$ gehört. Offensichtlich gilt

$$\|G(u, h)\|_{C(T,F)} \leq \max_{t \in T}\big\|\partial_2\varphi\big(t, u(t)\big)\big\|_{\mathcal{L}(E,F)} \|h\|_{C(T,E)} \ , \tag{6.1}$$

und $G(u, \cdot)$ ist linear. Somit sehen wir, daß

$$A(u) := G(u, \cdot) \in \mathcal{L}\big(C(T, E), C(T, F)\big) \ , \qquad u \in C(T, X) \ ,$$

richtig ist.

---

[1]Hier und in ähnlichen Situationen beziehen sich alle Aussagen über Ableitungen natürlich auf den Fall $p \geq 1$.

[2]Natürlich werden $C(T, X) \times C(T, E)$ und $C\big(T, X \times E\big)$ miteinander identifiziert.

Wir bezeichnen mit $\widetilde{A}$ den von der Funktion $\partial_2\varphi \in C(T \times X, \mathcal{L}(E,F))$ induzierten Nemytskiioperator. Dann folgt aus den Theoremen 6.2 und 1.1

$$\widetilde{A} \in C\big(C(T,X), C(T,\mathcal{L}(E,F))\big) \ . \tag{6.2}$$

Es sei nun $u \in C(T,X)$. Wir wählen $\varepsilon > 0$ mit $u(T) + \varepsilon\mathbb{B}_E \subset X$. Dann gehört $u + h$ für jedes $h \in C(T,E)$ mit $\|h\|_\infty < \varepsilon$ zu $C(T,X)$, und der Mittelwertsatz in Integralform (Theorem 3.10) impliziert

$$
\begin{aligned}
&\big|\varphi^\natural(u+h)(t) - \varphi^\natural(u)(t) - \big(A(u)h\big)(t)\big| \\
&= \big|\varphi\big(t, u(t) + h(t)\big) - \varphi\big(t, u(t)\big) - \partial_2\varphi\big(t, u(t)\big)h(t)\big| \\
&= \left|\int_0^1 \big[\partial_2\varphi\big(t, u(t) + \tau h(t)\big) - \partial_2\varphi\big(t, u(t)\big)\big]h(t)\, d\tau\right| \\
&\leq \|h\|_{C(T,E)} \int_0^1 \big\|\widetilde{A}(u + \tau h) - \widetilde{A}(u)\big\|_{C(T,\mathcal{L}(E,F))}\, d\tau \ .
\end{aligned}
$$

Somit folgt aus (6.2)

$$\varphi^\natural(u+h) - \varphi^\natural(u) - A(u)h = o(\|h\|_{C(T,E)}) \quad (h \to 0) \ .$$

Folglich existiert $\partial\varphi^\natural(u)$ und ist gleich $A(u)$. Analog zu (6.1) erhalten wir

$$\|\partial\varphi^\natural(u) - \partial\varphi^\natural(v)\|_{\mathcal{L}(C(T,E),C(T,F))} \leq \big\|\widetilde{A}(u) - \widetilde{A}(v)\big\|_{C(T,\mathcal{L}(E,F))} \ ,$$

was wegen (6.2)

$$\partial\varphi^\natural \in C\big(C(T,X), \mathcal{L}\big(C(T,E), C(T,F)\big)\big)$$

impliziert. Dies beweist die Behauptung für $p = 1$.

Der allgemeine Fall folgt nun leicht durch vollständige Induktion und bleibt dem Leser zur Ausführung überlassen. ∎

6.5 Korollar *Ist $\partial_2\varphi$ beschränkt auf beschränkten Mengen, so gilt dies auch für $\partial\varphi^\natural$.*

Beweis Dies folgt aus (6.1) und Theorem 6.2(ii). ∎

6.6 Beispiele (a) Es seien $\varphi(\xi) := \sin\xi$ für $\xi \in \mathbb{R}$ und $T := [0,1]$. Dann ist der von φ induzierte Nemytskiioperator

$$\varphi^\natural : C(T) \to C(T) \ , \quad u \mapsto \sin u(\cdot)$$

eine C^∞-Abbildung, und

$$\big(\partial\varphi^\natural(u)h\big)(t) = \big[\cos u(t)\big]h(t) \ , \qquad t \in T \ ,$$

für $u, h \in C(T)$. Dies bedeutet, daß die lineare Abbildung $\partial\varphi^\natural(u) \in \mathcal{L}(C(T))$ durch die Funktion $\cos u(\cdot)$ dargestellt wird, wobei letztere als **Multiplikationsoperator**

aufgefaßt wird:
$$C(T) \to C(T) \ , \quad h \mapsto \big[\cos u(\cdot)\big]h \ .$$

(b) Es seien $-\infty < \alpha < \beta < \infty$ und $\varphi \in C^{0,p}\big([\alpha,\beta] \times X, F\big)$ sowie

$$f(u) := \int_\alpha^\beta \varphi\big(t, u(t)\big)\, dt \ , \quad u \in C\big([\alpha,\beta], X\big) \ . \tag{6.3}$$

Dann gelten $f \in C^p\big(C([\alpha,\beta], X), F\big)$ und

$$\partial f(u)h = \int_\alpha^\beta \partial_2\varphi\big(t, u(t)\big)h(t)\, dt \ , \quad u \in C\big([\alpha,\beta], X\big) \ , \quad h \in C\big([\alpha,\beta], E\big) \ .$$

Beweis Mit $T := [\alpha,\beta]$ folgt aus Theorem 6.4, daß $\varphi^\natural$ zu $C^p\big(C(T,X), C(T,F)\big)$ gehört und daß $\partial\varphi^\natural(u)$ der „Multiplikationsoperator"

$$C(T,E) \to C(T,F) \ , \quad h \mapsto \partial_2\varphi\big(\cdot, u(\cdot)\big)h$$

ist. Aus Paragraph VI.3 wissen wir, daß $\int_\alpha^\beta$ zu $\mathcal{L}\big(C(T,F), F\big)$ gehört. Also folgen aus der Kettenregel (Theorem 3.3) und Beispiel 2.3(a)

$$f = \int_\alpha^\beta \circ \varphi^\natural \in C^p\big(C(T,X), F\big)$$

und

$$\partial f(u) = \int_\alpha^\beta \circ \partial\varphi^\natural(u)$$

für $u \in C(T,X)$. Nun ist die Behauptung klar. ∎

(c) Es seien $-\infty < \alpha < \beta < \infty$ und $\varphi \in C^{0,p}\big([\alpha,\beta] \times (X \times E), F\big)$. Dann ist die Menge $C^1\big([\alpha,\beta], X\big)$ offen in $C^1\big([\alpha,\beta], E\big)$, und für die durch

$$\Phi(u)(t) := \varphi\big(t, u(t), \dot{u}(t)\big) \ , \quad u \in C^1\big([\alpha,\beta], X\big) \ , \quad \alpha \le t \le \beta \ ,$$

definierte Abbildung gelten

$$\Phi \in C^p\big(C^1\big([\alpha,\beta], X\big), C\big([\alpha,\beta], F\big)\big)$$

und

$$\big[\partial\Phi(u)h\big](t) = \partial_2\varphi\big(t, u(t), \dot{u}(t)\big)h(t) + \partial_3\varphi\big(t, u(t), \dot{u}(t)\big)\dot{h}(t)$$

für $t \in [\alpha,\beta]$, $u \in C^1\big([\alpha,\beta], X\big)$ und $h \in C^1\big([\alpha,\beta], E\big)$.

Beweis Die kanonische Inklusion

$$i: C^1\big([\alpha,\beta], E\big) \to C\big([\alpha,\beta], E\big) \ , \quad u \mapsto u \tag{6.4}$$

ist linear und stetig, da die von $C\big([\alpha,\beta], E\big)$ auf $C^1\big([\alpha,\beta], E\big)$ induzierte Maximumsnorm schwächer ist als die C^1-Norm. Also ist

$$C^1\big([\alpha,\beta], X\big) = i^{-1}\big(C\big([\alpha,\beta], X\big)\big)$$

wegen Lemma 6.1 und Theorem III.2.20 offen in $C^1\big([\alpha,\beta], E\big)$.

Aus (6.4) folgt sofort

$$\Psi := \big[u \mapsto (u, \dot{u})\big] \in \mathcal{L}\big(C^1(T, X), C(T, X) \times C(T, E)\big)$$

für $T := [\alpha, \beta]$. Wegen $\Phi = \varphi^\natural \circ \Psi$ erhalten wir somit die Behauptung leicht aus Theorem 6.4 und der Kettenregel. ∎

(d) Es seien die Voraussetzungen von (c) erfüllt und

$$f(u) := \int_\alpha^\beta \varphi\big(t, u(t), \dot{u}(t)\big)\, dt \,, \qquad u \in C^1\big([\alpha, \beta], X\big) \,.$$

Dann gelten

$$f \in C^p\big(C^1([\alpha, \beta], X), F\big)$$

und

$$\partial f(u)h = \int_\alpha^\beta \Big\{ \partial_2 \varphi\big(t, u(t), \dot{u}(t)\big) h(t) + \partial_3 \varphi\big(t, u(t), \dot{u}(t)\big) \dot{h}(t) \Big\}\, dt$$

für $u \in C^1\big([\alpha, \beta], X\big)$ und $h \in C^1\big([\alpha, \beta], E\big)$.

Beweis Wegen $f = \int_\alpha^\beta \circ \Phi$ folgt dies aus (c) und der Kettenregel. ∎

Die Differenzierbarkeit von Parameterintegralen

Als eine einfache Konsequenz der obigen Beispiele wollen wir **Parameterintegrale**

$$\int_\alpha^\beta \varphi(t, x)\, dt$$

studieren. Im dritten Band werden wir im Rahmen der Lebesgueschen Integrationstheorie eine allgemeinere Version des nachfolgenden Satzes über die Stetigkeit und die Differenzierbarkeit von Parameterintegralen beweisen.

6.7 Satz *Es seien* $-\infty < \alpha < \beta < \infty$ *und* $p \in \mathbb{N} \cup \{\infty\}$. *Ferner gehöre* φ *zu* $C^{0,p}\big([\alpha, \beta] \times X, F\big)$, *und es sei*

$$\Phi(x) := \int_\alpha^\beta \varphi(t, x)\, dt \,, \qquad x \in X \,.$$

Dann gelten $\Phi \in C^p(X, F)$ *und*

$$\partial \Phi = \int_\alpha^\beta \partial_2 \varphi(t, \cdot)\, dt \,. \tag{6.5}$$

Beweis[3] Für $x \in X$ sei u_x die konstante Abbildung $[\alpha, \beta] \to E$, $t \mapsto x$. Dann gilt für die durch $x \mapsto u_x$ definierte Funktion ψ offensichtlich

$$\psi \in C^\infty\big(X, C([\alpha, \beta], X)\big)$$

---

[3]Es wird dem Leser empfohlen, einen direkten Beweis des Satzes zu geben, der nicht von den Beispielen 6.6 Gebrauch macht.

mit $\partial\psi(x)\xi = u_\xi$ für $\xi \in E$. Mit (6.3) erhalten wir $\Phi(x) = f(u_x) = f \circ \psi(x)$. Also folgen aus Beispiel 6.6(b) und der Kettenregel $\Phi \in C^p(X, F)$ und[4]

$$\partial\Phi(x)\xi = \partial f\big(\psi(x)\big)\partial\psi(x)\xi = \partial f(u_x)u_\xi = \int_\alpha^\beta \partial_2\varphi(t, x)\xi\, dt$$

für $x \in X$ und $\xi \in E$. Wegen $\partial_2\varphi(\cdot, x) \in C\big([\alpha, \beta], \mathcal{L}(E, F)\big)$ für $x \in X$ ergibt sich

$$\int_\alpha^\beta \partial_2\varphi(t, x)\, dt \in \mathcal{L}(E, F)\ ,$$

und somit

$$\int_\alpha^\beta \partial_2\varphi(t, x)\, dt\, \xi = \int_\alpha^\beta \partial_2\varphi(t, x)\xi\, dt\ ,\qquad \xi \in E\ ,$$

(vgl. Aufgabe VI.3.3). Damit erhalten wir

$$\partial\Phi(x)\xi = \int_\alpha^\beta \partial\varphi(t, x)\, dt\, \xi\ ,\qquad x \in X\ ,\quad \xi \in E\ ,$$

also (6.5). ∎

6.8 Korollar   Es seien die Voraussetzungen von Satz 6.7 erfüllt mit $p \leq 1$ und $E := \mathbb{R}^m$ sowie

$$\Psi(x) := \int_{a(x)}^{b(x)} \varphi(t, x)\, dt\ ,\qquad x \in X\ ,$$

mit $a, b \in C\big(X, (\alpha, \beta)\big)$. Dann gehört Ψ zu $C^p(X, F)$, und es gilt

$$\partial\Psi(x) = \int_{a(x)}^{b(x)} \partial_2\varphi(t, x)\, dt + \varphi\big(b(x), x\big)\partial b(x) - \varphi\big(a(x), x\big)\partial a(x)$$

für $x \in X$.

Beweis   Wir setzen

$$\Phi(x, y, z) := \int_y^z \varphi(t, x)\, dt\ ,\qquad (x, y, z) \in X \times (\alpha, \beta) \times (\alpha, \beta)\ .$$

Satz 6.7 sichert $\Phi(\cdot, y, z) \in C^p(X, F)$ mit

$$\partial_1\Phi(x, y, z) := \int_y^z \partial_2\varphi(t, x)\, dt$$

für jede Wahl von $(x, y, z) \in X \times (\alpha, \beta) \times (\alpha, \beta)$, falls $p = 1$.

---

[4]Selbstverständlich beziehen sich hier und im folgenden alle Aussagen über Ableitungen auf den Fall $p \geq 1$.

Es sei $(x, y) \in X \times (\alpha, \beta)$. Dann folgt aus Theorem VI.4.12, daß $\Phi(x, y, \cdot)$ zu $C^p\big((\alpha, \beta), F\big)$ gehört mit

$$\partial_3 \Phi(x, y, z) = \varphi(z, x) , \qquad z \in (\alpha, \beta) .$$

Analog gilt bei festgehaltenem $(x, z) \in X \times (\alpha, \beta)$ wegen (VI.4.3), daß $\Phi(x, \cdot, z)$ zu $C^p\big((\alpha, \beta), F\big)$ gehört mit

$$\partial_2 \Phi(x, y, z) = -\varphi(y, x) , \qquad y \in (\alpha, \beta) .$$

Hieraus leiten wir leicht

$$\partial_k \Phi \in C\big(X \times (\alpha, \beta) \times (\alpha, \beta), F\big) , \qquad 1 \le k \le 3 ,$$

ab, und wir erhalten $\Phi \in C^p\big(X \times (\alpha, \beta) \times (\alpha, \beta), F\big)$ aus Theorem 2.10. Die Kettenregel impliziert nun

$$\Psi = \Phi\big(\cdot, a(\cdot), b(\cdot)\big) \in C^p(X, F)$$

mit

$$\begin{aligned} \partial \Psi(x) &= \partial_1 \Phi\big(x, a(x), b(x)\big) + \partial_2 \Phi\big(x, a(x), b(x)\big) \partial a(x) \\ &\quad + \partial_3 \Phi\big(x, a(x), b(x)\big) \partial b(x) \\ &= \int_{a(x)}^{b(x)} \partial_2 \varphi(t, x) \, dt + \varphi\big(b(x), x\big) \partial b(x) - \varphi\big(a(x), x\big) \partial a(x) \end{aligned}$$

für $x \in X$. ∎

Aus der Formel für $\partial \Psi$ folgt durch Induktion leicht $\Psi \in C^p(X, F)$ für $p \ge 2$, falls φ zu $C^{p-1,p}\big([0, 1] \times X, F\big)$ gehört, wobei $C^{p-1,p}$ in der offensichtlichen Weise definiert ist.

Variationsprobleme

Im restlichen Teil dieses Paragraphen seien folgende Voraussetzungen erfüllt:[5]

- $-\infty < \alpha < \beta < \infty$;
  X ist offen in $\mathbb{R}^m$;
  $a, b \in X$;
  $L \in C^{0,1}\big([\alpha, \beta] \times (X \times \mathbb{R}^m), \mathbb{R}\big)$.

---

[5]In manchen Anwendungen ist L nur auf einer Menge der Form $[\alpha, \beta] \times X \times Y$ definiert, wobei Y offen in $\mathbb{R}^m$ ist (vgl. Aufgabe 10). Wir überlassen es dem Leser, die einfachen Modifikationen der nachfolgenden Überlegungen duchzuführen, die nötig sind, um diesen Fall einzuschließen.

Dann existiert das Integral

$$f(u) := \int_\alpha^\beta L\big(t, u(t), \dot{u}(t)\big)\, dt \tag{6.6}$$

für jedes $u \in C^1\big([\alpha, \beta], X\big)$. Unter dem **Variationsproblem mit freien Randbedingungen** für (6.6) versteht man die Aufgabe, diesem Integral den minimalen Wert zu erteilen, wenn alle C^1-Wege u in X zur Konkurrenz zugelassen werden. Wir schreiben dafür

$$\int_\alpha^\beta L(t, u, \dot{u})\, dt \Rightarrow \text{Min} , \qquad u \in C^1\big([\alpha, \beta], X\big) . \tag{6.7}$$

Somit handelt es sich bei (6.7) um das Problem, die Funktion f auf der Menge $U := C^1\big([\alpha, \beta], X\big)$ zu minimieren.

Neben diesem Problem betrachten wir auch das **Variationsproblem mit festen Randbedingungen** für das Integral (6.6). Diesmal handelt es sich um das Problem, die Funktion f auf der Menge

$$U_{a,b} := \big\{ u \in C^1\big([\alpha, \beta], X\big) ;\ u(\alpha) = a,\ u(\beta) = b \big\}$$

zu minimieren. Hierfür schreiben wir

$$\int_\alpha^\beta L(t, u, \dot{u})\, dt \Rightarrow \text{Min} , \qquad u \in C^1\big([\alpha, \beta], X\big) ,\quad u(\alpha) = a ,\quad u(\beta) = b . \tag{6.8}$$

Jede Lösung von (6.7) bzw. (6.8) heißt **Extremale**[6] des Variationsproblems (6.7) bzw. (6.8).

Um diese Aufgaben effizient behandeln zu können, benötigen wir die folgenden Hilfsbetrachtungen.

6.9 Lemma   *Es seien* $E := C^1\big([\alpha, \beta], \mathbb{R}^m\big)$ *und*

$$E_0 := \big\{ u \in E ;\ u(\alpha) = u(\beta) = 0 \big\} =: C_0^1\big([\alpha, \beta], \mathbb{R}^m\big) .$$

Dann ist E_0 *ein abgeschlossener Untervektorraum von* E*, also selbst ein Banachraum. Für* $\overline{u} \in U_{a,b}$ *ist* $U_{a,b} - \overline{u}$ *offen in* E_0*.*

Beweis   Es ist klar, daß E_0 ein abgeschlossener Untervektorraum von E ist. Da U gemäß Beispiel 6.6(c) offen ist in E und da $U_{a,b} = U \cap (\overline{u} + E_0)$, ist $U_{a,b}$ in dem affinen Raum $\overline{u} + E_0$ offen. Nun ist offensichtlich, daß $U_{a,b} - \overline{u}$ in E_0 offen ist. ∎

---

[6]In der Variationsrechnung wird auch jede Lösung der Euler-Lagrangeschen Gleichung als Extremale bezeichnet.

6.10 Lemma

(i) $f \in C^1(U, \mathbb{R})$ und

$$\partial f(u)h = \int_\alpha^\beta \left\{ \partial_2 L\big(t, u(t), \dot{u}(t)\big) h(t) + \partial_3 L\big(t, u(t), \dot{u}(t)\big) \dot{h}(t) \right\} dt$$

für $u \in U$ und $h \in E$.

(ii) Es seien $\overline{u} \in U_{a,b}$ und $g(v) := f(\overline{u} + v)$ für $v \in V := U_{a,b} - \overline{u}$. Dann gehört g zu $C^1(V, \mathbb{R})$ mit

$$\partial g(v)h = \partial f(\overline{u} + v)h , \qquad v \in V , \quad h \in E_0 . \qquad (6.9)$$

Beweis (i) ist eine Konsequenz von Beispiel 6.6(d), und (ii) folgt aus (i). ∎

6.11 Lemma   Für $u \in C\big([\alpha, \beta], \mathbb{R}^m\big)$ sei

$$\int_\alpha^\beta \big(u(t) \,\big|\, v(t)\big) \, dt = 0 , \qquad v \in C_0^1\big([\alpha, \beta], \mathbb{R}^m\big) , \qquad (6.10)$$

erfüllt. Dann gilt $u = 0$.

Beweis   Es sei $u \neq 0$. Dann gibt es ein $k \in \{1, \dots, m\}$ und ein $t_0 \in (\alpha, \beta)$ mit $u_k(t_0) \neq 0$. Es genügt, den Fall $u_k(t_0) > 0$ zu betrachten. Aufgrund der Stetigkeit von u_k gibt es $\alpha < \alpha' < \beta' < \beta$ mit $u_k(t) > 0$ für $t \in (\alpha', \beta')$ (vgl. Beispiel III.1.3(d)).

Wählen wir $v \in C_0^1\big([\alpha, \beta], \mathbb{R}^m\big)$ mit $v_j = 0$ für $j \neq k$, so folgt aus (6.10)

$$\int_\alpha^\beta u_k(t)w(t) \, dt = 0 , \qquad w \in C_0^1\big([\alpha, \beta], \mathbb{R}\big) . \qquad (6.11)$$

Nun sei $w \in C_0^1\big([\alpha, \beta], \mathbb{R}\big)$ mit $w(t) > 0$ für $t \in (\alpha', \beta')$ und $w(t) = 0$ für t außerhalb des Intervalls (α', β') (vgl. Aufgabe 7). Dann gilt

$$\int_\alpha^\beta u_k(t)w(t) \, dt = \int_{\alpha'}^{\beta'} u_k(t)w(t) \, dt > 0 ,$$

was (6.11) widerspricht. ∎

Die Euler-Lagrangesche Gleichung

Nach den vorangehenden Hilfsbetrachtungen können wir das folgende grundlegende Resultat der Variationsrechnung beweisen.

6.12 Theorem   *Es sei u eine Extremale des Variationsproblems (6.7) mit freien Randbedingungen bzw. des Variationsproblems (6.8) mit festen Randbedingungen. Außerdem sei*

$$[t \mapsto \partial_3 L(t, u(t), \dot{u}(t))] \in C^1([\alpha, \beta], \mathbb{R}) \ . \tag{6.12}$$

Dann genügt u der **Euler-Lagrangeschen Gleichung**

$$[\partial_3 L(\cdot, u, \dot{u})]^{\cdot} = \partial_2 L(\cdot, u, \dot{u}) \ . \tag{6.13}$$

Im Falle des Variationsproblems mit freien Randbedingungen erfüllt u außerdem die **natürlichen Randbedingungen**

$$\partial_3 L(\alpha, u(\alpha), \dot{u}(\alpha)) = \partial_3 L(\beta, u(\beta), \dot{u}(\beta)) = 0 \ , \tag{6.14}$$

während im Falle fester Randbedingungen

$$u(\alpha) = a \ , \quad u(\beta) = b \tag{6.15}$$

gelten.

Beweis   (i) Wir betrachten zuerst Problem (6.7). Voraussetzungsgemäß nimmt die in (6.6) definierte Funktion f in $u \in U$ ein Minimum an. Somit folgt aus Lemma 6.10(i), Theorem 3.13 und Satz 2.5

$$\int_\alpha^\beta \left\{ \partial_2 L(t, u(t), \dot{u}(t))h(t) + \partial_3 L(t, u(t), \dot{u}(t))\dot{h}(t) \right\} dt = 0 \tag{6.16}$$

für $h \in E = C^1([\alpha, \beta], \mathbb{R}^m)$. Aufgrund der Zusatzvoraussetzung (6.12) können wir die partielle Integration

$$\int_\alpha^\beta \partial_3 L(\cdot, u, \dot{u})\dot{h} \, dt = \partial_3 L(\cdot, u, \dot{u})h \Big|_\alpha^\beta - \int_\alpha^\beta [\partial_3 L(\cdot, u, \dot{u})]^{\cdot} h \, dt$$

durchführen und erhalten aus (6.16)

$$\int_\alpha^\beta \left\{ \partial_2 L(\cdot, u, \dot{u}) - [\partial_3 L(\cdot, u, \dot{u})]^{\cdot} \right\} h \, dt + \partial_3 L(\cdot, u, \dot{u})h \Big|_\alpha^\beta = 0 \tag{6.17}$$

für $h \in E$. Insbesondere gilt

$$\int_\alpha^\beta \left\{ \partial_2 L(\cdot, u, \dot{u}) - [\partial_3 L(\cdot, u, \dot{u})]^{\cdot} \right\} h \, dt = 0 \ , \qquad h \in E_0 \ , \tag{6.18}$$

wegen

$$\partial_3 L(\cdot, u, \dot{u})h \Big|_\alpha^\beta = 0 \ , \qquad h \in E_0 \ . \tag{6.19}$$

Nun ergibt sich die Gültigkeit der Euler-Lagrangeschen Gleichung (6.13) aus (6.18) und Lemma 6.11. Somit folgt aus (6.17)

$$\partial_3 L(\cdot, u, \dot{u})h \Big|_\alpha^\beta = 0 \ , \qquad h \in E_0 \ . \tag{6.20}$$

Für $\xi, \eta \in \mathbb{R}^m$ setzen wir

$$h_{\xi,\eta}(t) := \frac{\beta - t}{\beta - \alpha} \xi + \frac{t - \alpha}{\beta - \alpha} \eta , \qquad \alpha \leq t \leq \beta .$$

Dann gehört $h_{\xi,\eta}$ zu E, und aus (6.20) erhalten wir für $h = h_{\xi,\eta}$

$$\partial_3 L\big(\beta, u(\beta), \dot{u}(\beta)\big)\eta - \partial_3 L\big(\alpha, u(\alpha), \dot{u}(\alpha)\big)\xi = 0 . \tag{6.21}$$

Da (6.21) für jede Wahl von $\xi, \eta \in \mathbb{R}^m$ richtig ist, ergeben sich die natürlichen Randbedingungen (6.14).

(ii) Nun betrachten wir Problem (6.8). Dazu fixieren wir ein $\overline{u} \in U_{a,b}$ und setzen $v := u - \overline{u}$. Dann folgt aus Lemma 6.10(ii), daß g im Punkt v der offenen Menge $V := U_{a,b} - \overline{u}$ des Banachraums E_0 das Minimum annimmt. Also folgt aus Lemma 6.10(ii), Theorem 3.13 und Satz 2.5, daß auch in diesem Fall (6.16) gilt, allerdings nur für $h \in E_0$. Wegen (6.19) erhalten wir wiederum aus (6.17) die Gültigkeit von (6.18), und somit die Euler-Lagrangesche Gleichung. Die Aussage (6.15) ist trivial. ∎

6.13 Bemerkungen (a) In Theorem 6.12 wird vorausgesetzt, daß die entsprechenden Variationsprobleme Lösungen besitzen, d.h., daß es Extremalen gibt. *Zusätzlich* wird die Voraussetzung (6.12) gemacht, welche eine implizite Regularitätsbedingung an die Extremale u ist. Nur unter diesen Zusatzannahmen ist die Euler-Lagrangesche Gleichung eine notwendige Bedingung für das Vorliegen einer Extremale.

Die **indirekte Methode der Variationsrechnung** stellt die Euler-Lagrangesche Gleichung in den Mittelpunkt der Betrachtungen. Dabei wird versucht nachzuweisen, daß es Funktionen u gibt, welche der Gleichung (6.13) und den Randbedingungen (6.14) bzw. (6.15) genügen. Die Euler-Lagrangesche Gleichung ist eine (i. allg. nichtlineare) Differentialgleichung. Also geht es darum, **Randwertprobleme** für Differentialgleichungen zu studieren. Kann nachgewiesen werden, daß es Lösungen gibt, so sind in einem zweiten Schritt diejenigen herauszusuchen, welche Extremalen sind, falls überhaupt welche existieren.

Im Gegensatz dazu steht die **direkte Methode der Variationsrechnung**, bei der man direkt zeigt, daß die Funktion f in einem Punkt $u \in U$ bzw. die Funktion g in einem Punkt $v \in V$ ein Minimum annimmt. Dann sagen Theorem 3.13 und Satz 2.5, daß $\partial f(u) = 0$ bzw. $\partial g(v) = 0$ gilt, daß also die Beziehung (6.16) für alle $h \in E_1$ bzw. alle $h \in E_0$ erfüllt ist. Kann zusätzlich das „Regularitätsproblem" gelöst, nämlich der Nachweis erbracht werden, daß die Extremale u der Bedingung (6.12) genügt, so erfüllt sie die Euler-Lagrangesche Differentialgleichung.

Wir sehen also, daß Theorem 6.12 zwei verschiedene Anwendungsmöglichkeiten besitzt. Im ersten Fall zieht man die Theorie der Randwertprobleme bei Differentialgleichungen heran, um über die Euler-Lagrangesche Gleichung Variationsprobleme zu lösen, d.h. Integrale zu minimieren. Dies ist die klassische Methode der Variationsrechnung.

Nun zeigt es sich, daß es im allgemeinen sehr schwierig ist, Existenzaussagen für Randwertprobleme zu gewinnen. Deshalb — und dies ist der zweite Fall — versucht man, einem gegebenen Randwertproblem ein Variationsproblem so zuzuordnen, daß die entsprechende Differentialgleichung als Euler-Lagrangesche Gleichung interpretiert werden kann. Gelingt es dann zu zeigen, daß das Variationsproblem eine Lösung besitzt, und kann man auch zeigen, daß die entsprechende Extremale die Regularitätsbedingung (6.12) erfüllt, ist nachgewiesen, daß das ursprüngliche Randwertproblem lösbar ist. Dies ist ein sehr wichtiges Verfahren zum Studium von Randwertproblemen.

Für Einzelheiten, die weit über den Rahmen dieses Lehrbuches hinausgehen, muß auf die Literatur und Vorlesungen über Variationsmethoden, Differentialgleichungen und (nichtlineare) Funktionalanalysis des fortgeschrittenen Studiums verwiesen werden.

(b) Offensichtlich gilt Theorem 6.12 auch dann, wenn u nur ein kritischer Punkt von f bzw. g ist, d.h., wenn $\partial f(u) = 0$ bzw. $\partial g(v) = 0$ (mit $v := u - \overline{u}$) gilt. In diesem Fall sagt man, u erteile dem Integral (6.6) einen **stationären Wert**.

(c) Es seien E ein Banachraum, Z offen in E und $F : Z \to \mathbb{R}$. Existiert die Richtungsableitung von F für ein $h \in E \setminus \{0\}$ in $z_0 \in Z$, so nennt man (in der Variationsrechnung) $D_h F(z_0)$ **erste Variation** von F **in Richtung** h, und schreibt dafür $\delta F(z_0; h)$. Existiert die erste Variation von F in jeder Richtung, so heißt

$$\delta F(z_0) := \delta F(z_0; \cdot) : E \to \mathbb{R}$$

erste Variation von F in z_0.

Besitzt F in $z_0 \in Z$ ein lokales Extremum und existiert dort die erste Variation, so gilt $\delta F(z_0) = 0$. Mit anderen Worten: Das Verschwinden der ersten Variation ist eine notwendige Bedingung für das Vorliegen eines lokalen Extremums.

Beweis   Dies ist eine Reformulierung von Theorem 3.13. ∎

(d) Unter unseren Voraussetzungen ist f bzw. g stetig differenzierbar. Also existiert die erste Variation und stimmt mit ∂f bzw. ∂g überein. In manchen Fällen kann die Euler-Lagrangesche Differentialgleichung jedoch bereits unter schwächeren Annahmen, die nur die Existenz der ersten Variation garantieren, hergeleitet werden.

(e) In der Variationsrechnung ist es üblich, für $\partial_2 L$ bzw. $\partial_3 L$ die Notation L_u bzw. $L_{\dot{u}}$ zu verwenden. Dann lautet die Euler-Lagrangesche Gleichung in Kurzform, d.h unter Weglassen der Argumente,

$$\frac{d}{dt}(L_{\dot{u}}) = L_u \; . \tag{6.22}$$

Wenn wir zusätzlich annehmen, daß L und die Extremale u zweimal differenzierbar seien, können wir (6.22) in der Form $L_{t,\dot{u}} + L_{u,\dot{u}}\dot{u} + L_{\dot{u},\dot{u}}\ddot{u} = L_u$ schreiben mit $L_{t,\dot{u}} = \partial_1 \partial_3 L$ etc. ∎

Klassische Mechanik

Wichtige Anwendungen der Variationsrechnung findet man in der Physik. Um eine solche aufzuzeigen, betrachten wir ein System von Massenpunkten mit m Freiheitsgraden, welches durch die (verallgemeinerten) **Lagekoordinaten** $q = (q^1, \ldots, q^m)$ beschrieben werde. Das Grundproblem der klassischen Mechanik besteht in der Bestimmung der Lage $q(t)$ des Systems zu einem beliebigen Zeitpunkt t, falls seine Position q_0 zur Zeit t_0 bekannt ist.

Wir bezeichnen mit $\dot{q} := dq/dt$ die (verallgemeinerten) **Geschwindigkeitskoordinaten**, mit $T(t, q, \dot{q})$ die **kinetische** und mit $U(t, q)$ die **potentielle Energie**. Dann machen wir die fundamentale Annahme, daß das **Hamiltonsche Prinzips** der **kleinsten Wirkung** gelte. Dieses besagt: Zwischen je zwei Zeitpunkten t_0 und t_1 bewegt sich das System derart von q_0 nach q_1, daß das **Wirkungsintegral**

$$\int_{t_0}^{t_1} \left[T(t, q, \dot{q}) - U(t, q) \right] dt$$

den kleinstmöglichen Wert annimmt im Vergleich zu allen (virtuellen) Bewegungen, bei denen sich das System zur Zeit t_0 bzw. t_1 ebenfalls in der Position q_0 bzw. q_1 befindet. In diesem Zusammenhang heißt $L := T - U$ **Lagrangefunktion** des Systems.

Somit besagt das Hamiltonsche Prinzip, daß die „Bahn" $\left\{ q(t) \; ; \; t_0 \leq t \leq t_1 \right\}$, längs derer sich das System bewegt, eine Extremale des Variationsproblems mit festen Randbedingungen

$$\int_{t_0}^{t_1} L(t, q, \dot{q}) \, dt \Rightarrow \text{Min} \;, \qquad q \in C^1\left([t_0, t_1], \mathbb{R}^m\right) \;, \quad q(t_0) = q_0 \;, \quad q(t_1) = q_1 \;,$$

ist. Also folgt aus Theorem 6.12, daß q der Euler-Lagrangeschen Gleichung

$$\frac{d}{dt}(L_{\dot{q}}) = L_q$$

genügt, falls die entsprechenden Regularitätsbedingungen erfüllt sind.

In der Physik, den Ingenieurwissenschaften und anderen Bereichen, in denen Variationsmethoden angewendet werden (z.B. in den Wirtschaftswissenschaften), ist es allgemein üblich, die entsprechenden Regularitätsannahmen als erfüllt anzusehen und die Gültigkeit der Euler-Lagrangeschen Gleichung zu postulieren (ebenso wie die Existenz von Extremalen als Selbstverständlichkeit betrachtet wird). Die Euler-Lagrangesche Gleichung wird dann dazu verwendet, Aufschluß über die Gestalt von Extremalen zu gewinnen und weitergehende Aussagen über das Verhalten des zu beschreibenden Systems herzuleiten.

6.14 Beispiele (a) Wir betrachten die Bewegung eines frei beweglichen Massenpunktes der positiven Masse m im dreidimensionalen Raum unter dem Einfluß eines zeitunabhängigen Potentialfeldes $U(t, q) = U(q)$ und mit der nur von $\dot{q}$

abhängigen kinetischen Energie

$$T(\dot{q}) = m \left| \dot{q} \right|^2 / 2 .$$

Die Euler-Lagrangesche Differentialgleichung hat die Gestalt

$$m\ddot{q} = -\nabla U(q) . \tag{6.23}$$

Da $\ddot{q}$ die **Beschleunigung** des Systems darstellt, ist (6.23) das **Newtonsche Bewegungsgesetz** für die Bewegung eines Teilchens unter dem Einfluß der **konservativen**[7] **Kraft** $-\nabla U$.

Beweis Wir identifizieren $(\mathbb{R}^3)' = \mathcal{L}(\mathbb{R}^3, \mathbb{R})$ mittels des Rieszschen Darstellungssatzes mit $\mathbb{R}^3$. Dann erhalten wir aus $L(t, q, \dot{q}) = T(\dot{q}) - U(q)$ die Beziehungen

$$\partial_2 L(t, q, \dot{q}) = -\nabla U(q) , \quad \partial_3 L(t, q, \dot{q}) = \nabla T(\dot{q}) = m\dot{q} ,$$

woraus die Behauptung folgt. ∎

(b) In Verallgemeinerung von (a) betrachten wir die Bewegung von N frei beweglichen Massenpunkten in einem Potentialfeld. Dazu schreiben wir $x = (x_1, \ldots, x_N)$ für die Lagekoordinaten, wobei $x_j \in \mathbb{R}^3$ die Position des j-ten Massenpunktes angibt. Ferner seien X offen in $\mathbb{R}^{3N}$ und $U \in C^1(X, \mathbb{R})$. Bezeichnet m_j die Masse des j-ten Massenpunktes, so sei die kinetische Energie des Systems durch

$$T(\dot{x}) := \sum_{j=1}^{N} \frac{m_j}{2} \left| \dot{x}_j \right|^2$$

gegeben. Dann erhalten wir ein System von N Euler-Lagrangeschen Gleichungen:

$$-m_j \ddot{x}_j = \nabla_{x_j} U(x) , \qquad 1 \leq j \leq N .$$

Hierbei bezeichnet ∇_{x_j} natürlich den Gradienten von U bezüglich der Variablen $x_j \in \mathbb{R}^3$. ∎

Aufgaben

1 Es seien $I = [\alpha, \beta]$, $-\infty < \alpha < \beta < \infty$, $k \in C(I \times I, \mathbb{R})$ und $\varphi \in C^{0,1}(I \times E, F)$. Ferner sei

$$\Phi(u)(t) := \int_{\alpha}^{\beta} k(t, s) \varphi\big(s, u(s)\big) \, ds , \qquad t \in I ,$$

für $u \in C(I, E)$. Man beweise: $\Phi \in C^1\big(C(I, E), C(I, F)\big)$ und

$$\big(\partial \Phi(u) h\big)(t) = \int_{\alpha}^{\beta} k(t, s) \partial_2 \varphi\big(s, u(s)\big) h(s) \, ds , \qquad t \in I ,$$

für $u, h \in C(I, E)$.

---

[7]Ein Kraftfeld heißt **konservativ**, falls es ein Potential besitzt (vgl. Bemerkung VIII.4.10(c)).

2 Es seien I und $J := [\alpha, \beta]$ kompakte perfekte Intervalle und $f \in C(I \times J, E)$. Dann gilt

$$\int_J \left(\int_I f(s,t) \, ds \right) dt = \int_I \left(\int_J f(s,t) \, dt \right) ds \ .$$

(Hinweis: Man betrachte

$$J \to E \ , \quad y \mapsto \int_I \left(\int_\alpha^y f(s,t) \, dt \right) ds$$

und verwende Satz 6.7 und Korollar VI.4.14.)

3 Für $f \in C([\alpha, \beta], E)$ gilt

$$\int_\alpha^s \left(\int_\alpha^t f(\tau) \, d\tau \right) dt = \int_\alpha^s (s-t) f(t) \, dt \ , \qquad s \in [\alpha, \beta] \ .$$

4 Es seien I und J kompakte perfekte Intervalle und $\rho \in C(I \times J, \mathbb{R})$. Man verifiziere, daß

$$u(x,y) := \int_I \left(\int_J \log\big(((x-s)^2 + (y-t)^2)\rho(s,t) \, dt \right) ds \ , \qquad (x,y) \in \mathbb{R}^2 \backslash (I \times J) \ ,$$

harmonisch ist.

5 Es sei

$$h : \mathbb{R} \to [0, 1) \ , \quad s \mapsto \begin{cases} e^{-1/s^2} \ , & s > 0 \ , \\ 0 \ , & s \leq 0 \ , \end{cases}$$

und für $-\infty < \alpha < \beta < \infty$ seien $k : \mathbb{R} \to \mathbb{R}$, $s \mapsto h(s - \alpha) h(\beta - s)$ sowie

$$\ell : \mathbb{R} \to \mathbb{R} \ , \quad t \mapsto \int_\alpha^t k(s) \, ds \Big/ \int_\alpha^\beta k(s) \, ds \ .$$

Dann gelten:

(a) $\ell \in C^\infty(\mathbb{R}, \mathbb{R})$;

(b) ℓ ist wachsend;

(c) $\ell(t) = 0$ für $t \leq \alpha$ und $\ell(t) = 1$ für $t \geq \beta$.

6 Es seien $-\infty < \alpha_j < \beta_j < \infty$ für $j = 1, \dots, m$ und $A := \prod_{j=1}^m (\alpha_j, \beta_j) \subset \mathbb{R}^m$. Man zeige, daß es ein $g \in C^\infty(\mathbb{R}^m, \mathbb{R})$ gibt mit $g(x) > 0$ für $x \in A$ und $g(x) = 0$ für $x \in A^c$.
(Hinweis: Man betrachte

$$g(x_1, \dots, x_m) := k_1(x_1) \cdot \ \cdots \ \cdot k_m(x_m) \ , \qquad (x_1, \dots, x_m) \in \mathbb{R}^m \ ,$$

mit $k_j(t) := h(t - \alpha_j) h(\beta_j - t)$ für $t \in [\alpha_j, \beta_j]$ und $j = 1, \dots, m$.)

7 Es seien $K \subset \mathbb{R}^m$ kompakt und U eine offene Umgebung von K. Dann gibt es ein $f \in C^\infty(\mathbb{R}^m, \mathbb{R})$ mit

(a) $f(x) \in [0, 1]$, $x \in \mathbb{R}^m$;

(b) $f(x) = 1$, $x \in K$;

(c) $f(x) = 0$, $x \in U^c$.

(Hinweis: Zu $x \in K$ gibt es ein $\varepsilon_x > 0$ mit $A_x := \bar{\mathbb{B}}(x, \varepsilon_x) \subset U$. Man wähle $g_x \in C^\infty(\mathbb{R}^m, \mathbb{R})$ mit $g_x(y) > 0$ für $y \in A_x$ (vgl. Aufgabe 6) und $x_0, \ldots, x_n \in K$ mit $K \subset \bigcup_{j=0}^n A_{x_j}$. Dann gehört $G := g_{x_0} + \cdots + g_{x_n}$ zu $C^\infty(\mathbb{R}^m, \mathbb{R})$, und $\delta := \min_{x \in K} G(x) > 0$. Schließlich seien ℓ wie in Aufgabe 5 mit $\alpha = 0$ und $\beta = \delta$ und $f := \ell \circ G$.)

8   Es seien $E_0 := \{ u \in C^1([0,1], \mathbb{R}) \; ; \; u(0) = 0, \, u(1) = 1 \}$ und $f(u) := \int_0^1 [t\dot{u}(t)]^2 \, dt$ für $u \in E_0$. Dann gilt $\inf\{ f(u) \; ; \; u \in E_0 \} = 0$, aber es gibt kein $u_0 \in E_0$ mit $f(u_0) = 0$.

9   Für $a, b \in \mathbb{R}^m$ betrachte man das Variationsproblem mit festen Randbedingungen

$$\int_\alpha^\beta |\dot{u}(t)| \, dt \Rightarrow \mathrm{Min} \,, \quad u \in C^1([\alpha, \beta], \mathbb{R}^m) \,, \qquad u(\alpha) = a \,, \quad u(\beta) = b \,. \tag{6.24}$$

(a) Man bestimme alle Lösungen der Euler-Lagrangeschen Differentialgleichungen zu (6.24) mit der Eigenschaft $|\dot{u}(t)| = \mathrm{const}$.

(b) Wie lauten die Euler-Lagrangeschen Differentialgleichungen zu (6.24) im Fall $m = 2$ unter der Voraussetzung $\dot{u}_1(t) \neq 0$, $\dot{u}_2(t) \neq 0$ für $t \in [\alpha, \beta]$?

10   Man bestimme die Euler-Lagrangeschen Differentialgleichungen von

(a) $\int_\alpha^\beta u\sqrt{1 + \dot{u}^2} \, dt \Rightarrow \mathrm{Min}$, $u \in C^1([\alpha, \beta], \mathbb{R})$,

(b) $\int_\alpha^\beta \sqrt{(1 + \dot{u}^2)/u} \, dt \Rightarrow \mathrm{Min}$, $u \in C^1([\alpha, \beta], (0, \infty))$.

11   Es sei f durch (6.6) definiert mit $L \in C^{0,2}([\alpha, \beta] \times (X \times \mathbb{R}^m), \mathbb{R})$. Man zeige: $f \in C^2(U, \mathbb{R})$ und

$$\partial^2 f(u)[h, k] = \int_\alpha^\beta \left\{ \partial_2^2 L(\cdot, u, \dot{u})[h, k] + \partial_2 \partial_3 L(\cdot, u, \dot{u})[h, \dot{k}] \right.$$
$$\left. + \partial_2 \partial_3 L(\cdot, u, \dot{u})[\dot{h}, k] + \partial_3^2 L(\cdot, u, \dot{u})[\dot{h}, \dot{k}] \right\} dt$$

für $h, k \in E_1$. Man leite hieraus eine hinreichende Bedingung dafür ab, daß eine Lösung u der Euler-Lagrangeschen Gleichung ein lokales Minimum von f darstellt.

12   Es gelten $T(\dot{q}) := m|\dot{q}|^2/2$ und $U(t, q) = U(q)$ für $q \in \mathbb{R}^3$. Man beweise, daß längs jeder Lösung q der Euler-Lagrangeschen Differentialgleichung des Variationsproblems

$$\int_{t_0}^{t_1} [T(\dot{q}) - U(q)] \, dt \Rightarrow \mathrm{Min} \,, \qquad q \in C^2([t_0, t_1], \mathbb{R}^3) \,,$$

die **Gesamtenergie** $E := T + U$ konstant ist.

7 Umkehrabbildungen

Es sei J ein offenes Intervall in $\mathbb{R}$, und $f : J \to \mathbb{R}$ sei differenzierbar. Ferner gebe es ein $a \in J$ mit $f'(a) \neq 0$. Dann ist die lineare Approximation

$$\mathbb{R} \to \mathbb{R}, \quad x \mapsto f(a) + f'(a)(x - a)$$

von f in a invertierbar. Lokal bleibt dies auch für f richtig, d.h., es gibt ein $\varepsilon > 0$, so daß f auf $X := (a - \varepsilon, a + \varepsilon)$ invertierbar ist. Außerdem ist $Y = f(X)$ ein offenes Intervall, und die Umkehrabbildung $f^{-1} : Y \to \mathbb{R}$ ist differenzierbar mit

$$(f^{-1})'\big(f(x)\big) = \big(f'(x)\big)^{-1}, \qquad x \in X,$$

(man vergleiche dazu Theorem IV.1.8).

In diesem Paragraphen leiten wir eine natürliche Verallgemeinerung dieses Sachverhaltes auf den Fall von Funktionen mehrerer Variabler her.

Die Ableitung der Inversion linearer Abbildungen

Im folgenden seien

- E und F Banachräume über demselben Körper $\mathbb{K}$.

Wir wollen die Abbildung

$$\text{inv} : \mathcal{L}\text{is}(E, F) \to \mathcal{L}(F, E), \quad A \mapsto A^{-1}$$

auf ihre Differenzierbarkeit hin untersuchen und gegebenenfalls die Ableitung bestimmen. Damit diese Fragestellung überhaupt sinnvoll angegangen werden kann, muß vorab sichergestellt werden, daß $\mathcal{L}\text{is}(E, F)$ eine offene Teilmenge des Banachraumes $\mathcal{L}(E, F)$ ist. Um dies zu zeigen, beweisen wir zuerst den folgenden Satz über die „geometrische Reihe" in der Banachalgebra $\mathcal{L}(E)$. Hierbei ist $I := 1_E$.

7.1 Satz *Es sei $A \in \mathcal{L}(E)$ mit $\|A\| < 1$. Dann gehört $I - A$ zu $\mathcal{L}\text{aut}(E)$, und es gelten $(I - A)^{-1} = \sum_{k=0}^{\infty} A^k$ sowie die Abschätzung $\|(I - A)^{-1}\| \leq (1 - \|A\|)^{-1}$.*

Beweis Wir betrachten die geometrische Reihe $\sum A^k$ in der Banachalgebra $\mathcal{L}(E)$. Wegen $\|A^k\| \leq \|A\|^k$ und

$$\sum_{k=0}^{\infty} \|A\|^k = 1/(1 - \|A\|) \tag{7.1}$$

folgt aus dem Majorantenkriterium (Theorem II.8.3), daß $\sum A^k$ in $\mathcal{L}(E)$ absolut konvergiert. Insbesondere ist der Wert der Reihe,

$$B := \sum_{k=0}^{\infty} A^k,$$

ein wohldefiniertes Element von $\mathcal{L}(E)$. Offensichtlich gilt $AB = BA = \sum_{k=1}^{\infty} A^k$. Also folgt $(I - A)B = B(I - A) = I$, und somit $(I - A)^{-1} = B$. Zudem liefern Bemerkung II.8.2(c) und (7.1) die Abschätzung

$$\|(I - A)^{-1}\| = \|B\| \le (1 - \|A\|)^{-1} \; .$$

Damit ist alles bewiesen. ∎

7.2 Satz

(i) $\mathcal{L}is(E, F)$ ist offen in $\mathcal{L}(E, F)$.

(ii) Die Abbildung

$$\mathrm{inv} : \mathcal{L}is(E, F) \to \mathcal{L}(F, E) \; , \quad A \mapsto A^{-1}$$

ist unendlich oft stetig differenzierbar, und es gilt[1]

$$\partial \, \mathrm{inv}(A)B = -A^{-1}BA^{-1} \; , \qquad A \in \mathcal{L}is(E, F) \; , \quad B \in \mathcal{L}(E, F) \; . \qquad (7.2)$$

Beweis (i) Es seien $A_0 \in \mathcal{L}is(E, F)$ und $A \in \mathcal{L}(E, F)$ mit $\|A - A_0\| < 1/\|A_0^{-1}\|$. Wegen

$$A = A_0 + A - A_0 = A_0 \big[I + A_0^{-1}(A - A_0) \big] \qquad (7.3)$$

genügt es nachzuweisen, daß $I + A_0^{-1}(A - A_0)$ zu $\mathcal{L}aut(E)$ gehört. Aufgrund von

$$\| - A_0^{-1}(A - A_0)\| \le \|A_0^{-1}\| \, \|A - A_0\| < 1$$

folgt dies aus Satz 7.1. Also gehört der offene Ball in $\mathcal{L}(E, F)$ mit Mittelpunkt A_0 und Radius $1/\|A_0^{-1}\|$ zu $\mathcal{L}is(E, F)$.

(ii) Es gelte $2\|A - A_0\| < 1/\|A_0^{-1}\|$. Aus (7.3) erhalten wir

$$A^{-1} = \big[I + A_0^{-1}(A - A_0) \big]^{-1} A_0^{-1} \; ,$$

und folglich

$$A^{-1} - A_0^{-1} = \big[I + A_0^{-1}(A - A_0) \big]^{-1} \Big(I - \big[I + A_0^{-1}(A - A_0) \big] \Big) A_0^{-1} \; ,$$

d.h.

$$\mathrm{inv}(A) - \mathrm{inv}(A_0) = - \big[I + A_0^{-1}(A - A_0) \big]^{-1} A_0^{-1}(A - A_0) A_0^{-1} \; . \qquad (7.4)$$

Hieraus und aus Satz 7.1 leiten wir

$$\| \mathrm{inv}(A) - \mathrm{inv}(A_0)\| \le \frac{\|A_0^{-1}\|^2 \, \|A - A_0\|}{1 - \|A_0^{-1}(A - A_0)\|} < 2 \|A_0^{-1}\|^2 \, \|A - A_0\| \qquad (7.5)$$

ab. Also ist inv stetig.

---

[1]Man beachte, daß diese Formel sich im Fall $E = F = \mathbb{K}$ wegen Bemerkung 2.2(e) auf $(1/z)' = -1/z^2$ reduziert.

(iii) Wir weisen nach, daß inv differenzierbar ist. Dazu sei $A \in \mathcal{L}\mathrm{is}(E, F)$. Für $B \in \mathcal{L}(E, F)$ mit $\|B\| < 1/\|A^{-1}\|$ gehört $A + B$ gemäß (i) zu $\mathcal{L}\mathrm{is}(E, F)$, und es gilt

$$(A + B)^{-1} - A^{-1} = (A + B)^{-1}[A - (A + B)]A^{-1} = -(A + B)^{-1}BA^{-1} .$$

Hieraus folgt

$$\mathrm{inv}(A + B) - \mathrm{inv}(A) + A^{-1}BA^{-1} = [\mathrm{inv}(A) - \mathrm{inv}(A + B)]BA^{-1} .$$

Somit gilt

$$\mathrm{inv}(A + B) - \mathrm{inv}(A) + A^{-1}BA^{-1} = o(\|B\|) \quad (B \to 0)$$

aufgrund der Stetigkeit von inv. Also ist $\mathrm{inv}: \mathcal{L}\mathrm{is}(E, F) \to \mathcal{L}(F, E)$ differenzierbar, und (7.2) ist richtig.

(iv) Wir erklären

$$g: \mathcal{L}(F, E)^2 \to \mathcal{L}\big(\mathcal{L}(E, F), \mathcal{L}(F, E)\big)$$

durch

$$g(T_1, T_2)(S) := -T_1 S T_2 , \qquad T_1, T_2 \in \mathcal{L}(F, E) , \quad S \in \mathcal{L}(E, F) .$$

Dann ist es leicht einzusehen, daß g bilinear und stetig ist, und deshalb folgt

$$g \in C^\infty\big(\mathcal{L}(F, E)^2, \mathcal{L}\big(\mathcal{L}(E, F), \mathcal{L}(F, E)\big)\big)$$

(vgl. die Aufgaben 4.4 und 5.2). Außerdem gilt

$$\partial \mathrm{inv}(A) = g\big(\mathrm{inv}(A), \mathrm{inv}(A)\big) , \qquad A \in \mathcal{L}\mathrm{is}(E, F) . \tag{7.6}$$

Also erhalten wir aus (ii) die Stetigkeit von $\partial \mathrm{inv}$. Folglich gehört die Abbildung inv zu $C^1\big(\mathcal{L}\mathrm{is}(E, F), \mathcal{L}(F, E)\big)$. Schließlich folgt aus (7.6) mit Hilfe der Kettenregel und eines einfachen Induktionsarguments, daß diese Abbildung glatt ist. ∎

Der Satz über die Umkehrabbildung

Nach diesen Vorbereitungen können wir ein zentrales Resultat über das lokale Verhalten differenzierbarer Abbildungen beweisen, das — wie wir im weiteren sehen werden — äußerst weitreichende Konsequenzen hat.

7.3 Theorem (über die Umkehrabbildung) *Es seien X offen in E und $x_0 \in X$ sowie $q \in \mathbb{N}^\times \cup \{\infty\}$ und $f \in C^q(X, F)$. Ferner gelte*

$$\partial f(x_0) \in \mathcal{L}\mathrm{is}(E, F) .$$

Dann gibt es eine offene Umgebung U von x_0 in X und eine offene Umgebung V von $y_0 := f(x_0)$ mit folgenden Eigenschaften:

(i) $f : U \to V$ ist bijektiv.

(ii) $f^{-1} \in C^q(V, E)$, und für jedes $x \in U$ gilt:

$$\partial f(x) \in \mathcal{L}\mathrm{is}(E, F) \quad \text{und} \quad \partial f^{-1}(f(x)) = [\partial f(x)]^{-1} .$$

Beweis (i) Wir setzen $A := \partial f(x_0)$ und $h := A^{-1} f : X \to E$. Dann folgt aus Aufgabe 5.1 und der Kettenregel (Theorem 5.7), daß h zu $C^q(X, E)$ gehört und $\partial h(x_0) = A^{-1} \partial f(x_0) = I$ gilt. Also können wir ohne Beschränkung der Allgemeinheit den Fall $E = F$ und $\partial f(x_0) = I$ betrachten (vgl. Aufgabe 5.1).

(ii) Wir nehmen eine weitere Vereinfachung vor und setzen dazu

$$h(x) := f(x + x_0) - f(x_0) , \qquad x \in X_1 := X - x_0 .$$

Dann ist X_1 offen in E, und $h \in C^q(X_1, E)$ mit $h(0) = 0$ und $\partial h(0) = \partial f(x_0) = I$. Somit genügt es, den Fall

$$E = F , \quad x_0 = 0 , \quad f(0) = 0 , \quad \partial f(0) = I$$

zu betrachten.

(iii) Wir zeigen, daß f um 0 lokal bijektiv ist. Genauer weisen wir nach, daß es Nullumgebungen[2] U und V gibt, so daß die Gleichung $f(x) = y$ für jedes $y \in V$ eindeutig in U lösbar ist und $f(U) \subset V$ gilt. Diese Aufgabe ist offensichtlich äquivalent zur Bestimmung von Nullumgebungen U und V, so daß die Abbildung

$$g_y : U \to E , \quad x \mapsto x - f(x) + y$$

für jedes $y \in V$ genau einen Fixpunkt besitzt. Dazu setzen wir $g := g_0$. Wegen $\partial f(0) = I$ gilt $\partial g(0) = 0$, und wir finden wegen der Stetigkeit von ∂g ein $r > 0$ mit

$$\|\partial g(x)\| \leq 1/2 , \qquad x \in 2r\overline{\mathbb{B}} . \tag{7.7}$$

Aufgrund von $g(0) = 0$ liefert der Mittelwertsatz in Integralform (Theorem 3.10) die Beziehung $g(x) = \int_0^1 \partial g(tx) x \, dt$, woraus sich

$$\|g(x)\| \leq \int_0^1 \|\partial g(tx)\| \, \|x\| \, dt \leq \|x\|/2 , \qquad x \in 2r\overline{\mathbb{B}} , \tag{7.8}$$

ergibt. Also gilt für jedes $y \in r\overline{\mathbb{B}}$ die Abschätzung

$$\|g_y(x)\| \leq \|y\| + \|g(x)\| \leq 2r , \qquad x \in 2r\overline{\mathbb{B}} ,$$

d.h., g_y ist für jedes $y \in r\overline{\mathbb{B}}$ eine Selbstabbildung von $2r\overline{\mathbb{B}}$.

---

[2]D.h. Umgebungen von 0.

Für $x_1, x_2 \in 2r\bar{\mathbb{B}}$ finden wir mit Hilfe des Mittelwertsatzes

$$\|g_y(x_1) - g_y(x_2)\| = \left\|\int_0^1 \partial g\big(x_2 + t(x_1 - x_2)\big)(x_1 - x_2)\, dt\right\| \leq \frac{1}{2} \|x_1 - x_2\| \ .$$

Somit ist g_y für jedes $y \in r\bar{\mathbb{B}}$ eine Kontraktion auf $2r\bar{\mathbb{B}}$. Daher sichert der Banachsche Fixpunktsatz (Theorem IV.4.3) die Existenz eines eindeutig bestimmten $x \in 2r\bar{\mathbb{B}}$ mit $g_y(x) = x$, also mit $f(x) = y$.

Wir setzen $V := r\mathbb{B}$ und $U := f^{-1}(V) \cap 2r\mathbb{B}$. Dann ist U eine offene Nullumgebung, und $f\,|\,U : U \to V$ ist bijektiv.

(iv) Nun zeigen wir, daß $f^{-1} : V \to E$ stetig ist. Dazu beachten wir

$$x = x - f(x) + f(x) = g(x) + f(x) \ , \qquad x \in U \ .$$

Also gilt

$$\|x_1 - x_2\| \leq \frac{1}{2} \|x_1 - x_2\| + \|f(x_1) - f(x_2)\| \ , \qquad x_1, x_2 \in U \ ,$$

und somit

$$\|f^{-1}(y_1) - f^{-1}(y_2)\| \leq 2 \|y_1 - y_2\| \ , \qquad y_1, y_2 \in V \ . \tag{7.9}$$

Folglich ist $f^{-1} : V \to E$ Lipschitz-stetig.

(v) Wir zeigen die Differenzierbarkeit von $f^{-1} : V \to E$ und weisen nach, daß die Ableitung durch

$$\partial f^{-1}(y) = \big[\partial f(x)\big]^{-1} \quad \text{mit} \quad x := f^{-1}(y) \tag{7.10}$$

gegeben ist.

Zuerst halten wir fest, daß $\partial f(x)$ für $x \in U$ zu $\mathcal{L}\mathrm{aut}(E)$ gehört. In der Tat, aus $f(x) = x - g(x)$ folgt $\partial f(x) = I - \partial g(x)$ für $x \in U$. Beachten wir (7.7), so folgt $\partial f(x) \in \mathcal{L}\mathrm{aut}(E)$ aus Satz 7.1.

Es seien nun $y, y_0 \in V$, und $x := f^{-1}(y)$, $x_0 := f^{-1}(y_0)$. Dann gilt

$$f(x) - f(x_0) = \partial f(x_0)(x - x_0) + o(\|x - x_0\|) \ (x \to x_0) \ ,$$

und wir erhalten für $x \to x_0$

$$\begin{aligned}
\big\|f^{-1}&(y) - f^{-1}(y_0) - \big[\partial f(x_0)\big]^{-1}(y - y_0)\big\| \\
&= \big\|x - x_0 - \big[\partial f(x_0)\big]^{-1}\big(f(x) - f(x_0)\big)\big\| \leq c \big\|o(\|x - x_0\|)\big\|
\end{aligned}$$

mit $c = \big\|\big[\partial f^{-1}(x_0)\big]^{-1}\big\|$. Da wegen (7.9) die Abschätzung $2\|y - y_0\| \geq \|x - x_0\|$ richtig ist, ergibt sich schließlich

$$\frac{\big\|f^{-1}(y) - f^{-1}(y_0) - \big[\partial f(x_0)\big]^{-1}(y - y_0)\big\|}{\|y - y_0\|} \leq \frac{2c\big\|o(\|x - x_0\|)\big\|}{\|x - x_0\|} \tag{7.11}$$

für $x \to x_0$. Führen wir nun den Grenzübergang $y \to y_0$ durch, so folgt $x \to x_0$ aus (iv), und (7.11) zeigt, daß f^{-1} in y_0 differenzierbar und die Ableitung durch $[\partial f(x_0)]^{-1}$ gegeben ist.

(vi) Es bleibt nachzuweisen, daß f^{-1} zu $C^q(V, E)$ gehört. Dazu beachten wir, daß (7.10) zeigt:

$$\partial f^{-1} = (\partial f \circ f^{-1})^{-1} = \text{inv} \circ \partial f \circ f^{-1} . \tag{7.12}$$

Wir wissen aus (iv), daß f^{-1} zu $C(V, E)$ gehört mit $f^{-1}(V) \cap \mathbb{B}(x_0, 2r) = U$, und gemäß Voraussetzung gilt $\partial f \in C(U, \mathcal{L}(E))$. Mit Satz 7.2 folgt deshalb, daß ∂f^{-1} zu $C(V, \mathcal{L}(E))$ gehört, was $f^{-1} \in C^1(V, E)$ beweist. Im Fall $q > 1$ erhält man die Aussage aus (7.12) mittels der Kettenregel durch vollständige Induktion. ∎

Diffeomorphismen

Es seien X offen in E und Y offen in F sowie $q \in \mathbb{N} \cup \{\infty\}$. Wir nennen die Abbildung $f: X \to Y$ C^q-**Diffeomorphismus** von X auf Y, falls sie bijektiv ist und

$$f \in C^q(X, Y) \quad \text{und} \quad f^{-1} \in C^q(Y, E)$$

gelten. Statt C^0-Diffeomorphismus sagt man **Homöomorphismus** oder **topologische Abbildung**. Wir setzen

$$\text{Diff}^q(X, Y) := \{ f: X \to Y \; ; \; f \text{ ist ein } C^q\text{-Diffeomorphismus} \} .$$

Die Abbildung $g: X \to F$ heißt **lokaler** C^q-**Diffeomorphismus**[3], falls es zu jedem $x_0 \in X$ offene Umgebungen $U \in \mathfrak{U}_X(x_0)$ und $V \in \mathfrak{U}_F(g(x_0))$ gibt, so daß $g \,|\, U$ zu $\text{Diff}^q(U, V)$ gehört. Die Menge aller lokalen C^q-Diffeomorphismen von X nach F bezeichnen wir mit $\text{Diff}^q_{\text{loc}}(X, F)$.

7.4 Bemerkungen Es seien X offen in E und Y offen in F.

(a) Für jedes $q \in \mathbb{N}$ gelten die Inklusionen

$$\text{Diff}^\infty(X, Y) \subset \text{Diff}^{q+1}(X, Y) \subset \text{Diff}^q(X, Y) \subset \text{Diff}^q_{\text{loc}}(X, F) ,$$
$$\text{Diff}^\infty_{\text{loc}}(X, F) \subset \text{Diff}^{q+1}_{\text{loc}}(X, F) \subset \text{Diff}^q_{\text{loc}}(X, F) .$$

(b) Es sei $f \in C^{q+1}(X, Y)$, und es gelte $f \in \text{Diff}^q(X, Y)$. Dann folgt i. allg. nicht, daß f zu $\text{Diff}^{q+1}(X, Y)$ gehört.

Beweis Wir setzen $E := F := \mathbb{R}$, $X := Y := \mathbb{R}$ und betrachten $f(x) := x^3$. Dann ist f eine glatte topologische Abbildung, d.h., es gilt $f \in C^\infty(X, Y) \cap \text{Diff}^0(X, Y)$. Aber f^{-1} ist in 0 nicht differenzierbar. ∎

---

[3]Im Fall $q = 0$ spricht man von **lokalen Homöomorphismen** oder **lokal topologischen Abbildungen**.

(c) Lokal topologische Abbildungen sind **offen**, d.h., sie bilden offene Mengen auf offene Mengen ab (vgl. Aufgabe III.2.14).

Beweis Dies ergibt sich leicht mit den Sätzen I.3.8(ii) und III.2.4(ii). ∎

(d) Für $f \in \mathrm{Diff}^1_{\mathrm{loc}}(X, Y)$ gilt $\partial f(x) \in \mathcal{L}\mathrm{is}(E, F)$ für $x \in X$.

Beweis Dies ist eine Konsequenz der Kettenregel (vgl. Aufgabe 1). ∎

7.5 Korollar *Es seien X offen in E, $q \in \mathbb{N}^\times \cup \{\infty\}$ und $f \in C^q(X, F)$. Dann gilt*

$$f \in \mathrm{Diff}^q_{\mathrm{loc}}(X, F) \Longleftrightarrow \partial f(x) \in \mathcal{L}\mathrm{is}(E, F) , \quad x \in X .$$

Beweis „$\Rightarrow$" Aus Bemerkung 7.4(a) folgt durch Induktion, daß f zu $\mathrm{Diff}^1_{\mathrm{loc}}(X, F)$ gehört. Nun erhalten wir die Aussage aus Bemerkung 7.4(d).

„$\Leftarrow$" Diese Implikation ergibt sich aus dem Satz über die Umkehrabbildung. ∎

7.6 Bemerkung Unter den Voraussetzungen von Korollar 7.5 gehöre $\partial f(x)$ zu $\mathcal{L}\mathrm{is}(E, F)$ für $x \in X$. Dann ist f lokal topologisch und, folglich, $Y := f(X)$ offen. Im allgemeinen ist f jedoch *kein* C^q-Diffeomorphismus von X auf Y.

Beweis Es seien $X := E := F := \mathbb{C}$ und $f(z) := e^z$. Dann ist f glatt und $\partial f(z) = e^z \neq 0$ für $z \in \mathbb{C}$. Wegen der $2\pi i$-Periodizität ist f aber nicht injektiv. ∎

Die Lösbarkeit nichtlinearer Gleichungssysteme

Im folgenden soll der Satz über die Umkehrabbildung für den Fall $E = F = \mathbb{R}^m$ formuliert werden. Dabei können wir ausnutzen, daß jede lineare Abbildung auf $\mathbb{R}^m$ stetig ist und daß die Frage, ob eine lineare Abbildung invertierbar sei, durch Berechnung ihrer Determinante entschieden werden kann.

Im restlichen Teil dieses Paragraphen seien X offen in $\mathbb{R}^m$ und $x_0 \in X$ sowie $q \in \mathbb{N}^\times \cup \{\infty\}$ und $f = (f^1, \ldots, f^m) \in C^q(X, \mathbb{R}^m)$.

7.7 Theorem *Gilt $\det\big(\partial f(x_0)\big) \neq 0$, so gibt es offene Umgebungen U von x_0 und V von $f(x_0)$ derart, daß $f \,|\, U$ zu $\mathrm{Diff}^q(U, V)$ gehört.*

Beweis Aus Theorem 1.6 wissen wir, daß $\mathrm{Hom}(\mathbb{R}^m, \mathbb{R}^m) = \mathcal{L}(\mathbb{R}^m)$ gilt. Somit lehrt die Lineare Algebra

$$\partial f(x_0) \in \mathcal{L}\mathrm{aut}(\mathbb{R}^m) \Longleftrightarrow \det\big(\partial f(x_0)\big) \neq 0$$

(z.B. [Gab96, A3.6(a)]). Nun folgt die Behauptung aus Theorem 7.3. ∎

7.8 Korollar *Ist $\det\big(\partial f(x_0)\big) \neq 0$, so gibt es offene Umgebungen U von x_0 und V*

von $f(x_0)$, *derart daß das Gleichungssystem*

$$f^1(x^1, \ldots, x^m) = y^1 \,,$$

$$\vdots \qquad\qquad (7.13)$$

$$f^m(x^1, \ldots, x^m) = y^m$$

für jedes m-*Tupel* $(y^1, \ldots, y^m) \in V$ *genau eine Lösung*

$$x^1 = \boldsymbol{x}^1(y^1, \ldots, y^m), \ldots, x^m = \boldsymbol{x}^m(y^1, \ldots, y^m)$$

in U *besitzt. Die Funktionen* $\boldsymbol{x}^1, \ldots, \boldsymbol{x}^m$ *gehören zu* $C^q(V, \mathbb{R})$.

7.9 Bemerkungen (a) Gemäß Bemerkung 1.18(b) und Korollar 2.9 kann die Determinante der linearen Abbildung $\partial f(x)$ mittels der Jacobimatrix $[\partial_k f^j(x)]$ berechnet werden, d.h., es gilt $\det(\partial f(x)) = \det[\partial_k f^j(x)]$. Sie heißt **Funktional-determinante** von f (im Punkt x) und wird auch mit

$$\frac{\partial(f^1, \ldots, f^m)}{\partial(x^1, \ldots, x^m)}(x)$$

bezeichnet.

(b) Der Beweis des Satzes über die Umkehrabbildung ist konstruktiv und kann also im Prinzip zur (näherungsweisen) Berechnung von $f^{-1}(x)$ verwendet werden. Insbesondere können in dem in Korollar 7.8 beschriebenen endlichdimensionalen Fall Lösungen des Gleichungssystems (7.13), die nahe bei x_0 liegen, näherungsweise berechnet werden.

Beweis Dies folgt aus der Tatsache, daß der Beweis von Theorem 7.3 auf dem Kontraktionssatz, also auf der Methode der sukzessiven Approximation, basiert. ∎

Aufgaben

1 Es seien X offen in E und Y offen in F sowie $f \in \mathrm{Diff}^1_{\mathrm{loc}}(X, Y)$. Dann gehört $\partial f(x_0)$ zu $\mathcal{L}\mathrm{is}(E, F)$ für $x_0 \in X$, und $\partial f^{-1}(y_0) = [\partial f(x_0)]^{-1}$ mit $y_0 := f(x_0)$.

2 Es seien $m, n \in \mathbb{N}^\times$, und X sei offen in $\mathbb{R}^n$.
Man zeige: Ist $\mathrm{Diff}^1_{\mathrm{loc}}(X, \mathbb{R}^m)$ nicht leer, so gilt $m = n$.

3 Für die in (a)–(d) definierten Abbildungen bestimme man $Y := f(X)$ und f^{-1}. Ferner entscheide man, ob $f \in \mathrm{Diff}^q_{\mathrm{loc}}(X, \mathbb{R}^2)$ oder $f \in \mathrm{Diff}^q(X, Y)$ gilt.
(a) $X := \mathbb{R}^2$, $f(x, y) := (x + a, y + b)$, $(a, b) \in \mathbb{R}^2$;
(b) $X := \mathbb{R}^2$, $f(x, y) := (x^2 - x - 2, 3y)$;
(c) $X := \mathbb{R}^2 \setminus \{(0, 0)\}$, $f(x, y) := (x^2 - y^2, 2xy)$;
(d) $X := \{(x, y) \in \mathbb{R}^2 \;;\; 0 < y < x\}$, $f(x, y) := (\log xy, 1/(x^2 + y^2))$.
(Hinweis zu (c): $\mathbb{R}^2 \longleftrightarrow \mathbb{C}$.)

4 Es seien
$$f: \mathbb{R}^2 \to \mathbb{R}^2 , \quad (x,y) \mapsto (\cosh x \cos y, \sinh x \sin y)$$
sowie $X := \{ (x,y) \in \mathbb{R}^2 \ ; \ x > 0 \}$ und $Y := f(X)$. Man zeige:

(a) $f \mid X \in \text{Diff}^\infty_{\text{loc}}(X, \mathbb{R}^2)$;

(b) $f \mid X \notin \text{Diff}^\infty(X, Y)$;

(c) Für $U := \{ (x,y) \in X \ ; \ 0 < y < 2\pi \}$ und $V := Y \setminus ([0,\infty) \times \{0\})$ gehört $f \mid U$ zu $\text{Diff}^\infty(U, V)$;

(d) $Y = \mathbb{R}^2 \setminus ([-1,1] \times \{0\})$.

5 Es seien X offen in $\mathbb{R}^m$ und $f \in C^1(X, \mathbb{R}^m)$. Man zeige:

(a) Gilt $\partial f(x) \in \mathcal{L}\text{is}(\mathbb{R}^m)$ für $x \in X$, so besitzt $x \mapsto |f(x)|$ in X kein Maximum.

(b) Gelten $\partial f(x) \in \mathcal{L}\text{is}(\mathbb{R}^m)$ und $f(x) \neq 0$ für $x \in X$, so besitzt $x \mapsto |f(x)|$ kein Minimum.

6 Es seien H ein reeller Hilbertraum und
$$f: H \to H , \quad x \mapsto x / \sqrt{1 + |x|^2} .$$
Man bestimme $Y := \text{im}(f)$ und zeige $f \in \text{Diff}^\infty(H, Y)$. Wie lauten f^{-1} und ∂f?

7 Es seien X offen in $\mathbb{R}^m$ und $f \in C^1(X, \mathbb{R}^m)$. Ferner gebe es ein $\alpha > 0$ mit
$$|f(x) - f(y)| \geq \alpha |x - y| , \quad x,y \in X . \tag{7.14}$$
Man zeige: $Y := f(X)$ ist offen in $\mathbb{R}^m$ und $f \in \text{Diff}^1(X, Y)$. Für $X = \mathbb{R}^m$ gilt $Y = \mathbb{R}^m$. (Hinweise: Aus (7.14) folgt $\partial f(x) \in \mathcal{L}\text{is}(X, Y)$ für $x \in X$. Ist $X = \mathbb{R}^m$, so ergibt sich aus (7.14), daß Y in $\mathbb{R}^m$ abgeschlossen ist.)

8 Es seien $f \in \text{Diff}^1(\mathbb{R}^m, \mathbb{R}^m)$ und $g \in C^1(\mathbb{R}^m, \mathbb{R}^m)$, und eine der Voraussetzungen

(a) f^{-1} und g sind Lipschitz-stetig,

(b) g verschwindet außerhalb einer beschränkten Teilmenge von $\mathbb{R}^m$,

sei erfüllt. Dann gibt es ein $\varepsilon_0 > 0$ mit $f + \varepsilon g \in \text{Diff}^1(\mathbb{R}^m, \mathbb{R}^m)$ für $\varepsilon \in (-\varepsilon_0, \varepsilon_0)$. (Hinweis: Man betrachte $\text{id}_{\mathbb{R}^m} + f^{-1} \circ (\varepsilon g)$ und verwende Aufgabe 7.)

8 Implizite Funktionen

Im vorangehenden Paragraphen haben wir uns (im endlichdimensionalen Fall) mit der Lösbarkeit nichtlinearer Gleichungssysteme befaßt. Dabei haben wir uns auf die Situation beschränkt, in der die Anzahl der Gleichungen mit der Zahl der Variablen übereinstimmt. Nun untersuchen wir die Lösbarkeit von nichtlinearen Gleichungssystemen, bei denen mehr Variablen als Gleichungen vorhanden sind.

Das Hauptresultat dieses Paragraphen, den Satz über implizite Funktionen, werden wir ohne wesentliche zusätzliche Mühe in der allgemeinen Banachraumversion beweisen. Zur Illustration dieses fundamentalen Theorems beweisen wir den grundlegenden Existenz- und Stetigkeitssatz für gewöhnliche Differentialgleichungen. Endlichdimensionale Anwendungen des Satzes über implizite Funktionen werden in den beiden nachfolgenden Paragraphen behandelt.

Zur Motivation für das folgende betrachten wir die Funktion $f \colon \mathbb{R}^2 \to \mathbb{R}$, $(x, y) \mapsto x^2 + y^2 - 1$. Es sei $(a, b) \in \mathbb{R}^2$ mit $a \neq \pm 1$, $b > 0$ und $f(a, b) = 0$. Dann gibt es offene Intervalle A und B mit $a \in A$ und $b \in B$, so daß zu jedem $x \in A$ genau

ein $y \in B$ existiert mit $f(x, y) = 0$. Durch die Zuordnung $x \mapsto y$ wird eine Abbildung $g \colon A \to B$ erklärt mit $f\bigl(x, g(x)\bigr) = 0$ für $x \in A$. Offensichtlich gilt in diesem Fall $g(x) = \sqrt{1 - x^2}$. Außerdem gibt es ein offenes Intervall $\widetilde{B}$ mit $-b \in \widetilde{B}$ und ein $\widetilde{g} \colon A \to \widetilde{B}$ mit $f\bigl(x, \widetilde{g}(x)\bigr) = 0$ für $x \in A$. Natürlich gilt hier $\widetilde{g}(x) = -\sqrt{1 - x^2}$. Die Funktion g bzw. $\widetilde{g}$ wird durch f und (a, b) bzw. f und $(a, -b)$ auf A eindeutig festgelegt. Man sagt deshalb, daß g bzw. $\widetilde{g}$ in der Nähe von (a, b) bzw. $(a, -b)$ durch f

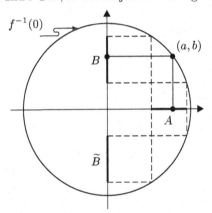

implizit definiert sei. Die Funktion g bzw. $\widetilde{g}$ ist eine **Auflösung** der Gleichung $f(x, y) = 0$ nach y (als Funktion von x) in der Nähe von (a, b) bzw. $(a, -b)$.

Solche Auflösungen lassen sich offensichtlich in keiner Umgebung von $(1, 0)$ bzw. von $(-1, 0)$ angeben. Man beachte dazu, daß für $a = \pm 1$ die Gleichung $\partial_2 f(a, b) = 0$ gilt, während für $a \neq \pm 1$ die Beziehung $\partial_2 f(a, b) = 2b \neq 0$ richtig ist.

Differenzierbare Abbildungen auf Produkträumen

Im folgenden seien

- E_1, E_2 und F Banachräume über $\mathbb{K}$;
  $q \in \mathbb{N}^\times \cup \{\infty\}$.

Es seien X_j offen in E_j für $j = 1, 2$, und $f \colon X_1 \times X_2 \to F$ sei in (a, b) differenzierbar. Dann ist auch die Funktion $f(\cdot, b) \colon X_1 \to F$ bzw. $f(a, \cdot) \colon X_2 \to F$ in a

bzw. b differenzierbar. Wir schreiben $D_1f(a,b)$ bzw. $D_2f(a,b)$ für die Ableitung von $f(\cdot,b)$ in a, bzw. von $f(a,\cdot)$ in b, um Verwechslungen mit den klassischen partiellen Ableitungen zu vermeiden.

8.1 Bemerkungen (a) Offensichtlich gilt $D_jf : X_1 \times X_2 \to \mathcal{L}(E_j, F)$ für $j = 1, 2$.

(b) Die Aussagen

(i) $f \in C^q(X_1 \times X_2, F)$,

(ii) $D_jf \in C^{q-1}\big(X_1 \times X_2, \mathcal{L}(E_j, F)\big)$ für $j = 1, 2$,

sind äquivalent. Sind sie erfüllt, so gilt

$$\partial f(a,b)(h,k) = D_1f(a,b)h + D_2f(a,b)k$$

für $(a,b) \in X_1 \times X_2$ und $(h,k) \in E_1 \times E_2$ (vgl. Theorem 5.4 und Satz 2.8).

Beweis Die Implikation „(i)$\Rightarrow$(ii)" ist klar.

„(ii)$\Rightarrow$(i)" Es seien $(a,b) \in X_1 \times X_2$ und

$$A(h,k) := D_1f(a,b)h + D_2f(a,b)k \;, \qquad (h,k) \in E_1 \times E_2 \;.$$

Man prüft leicht nach, daß A zu $\mathcal{L}(E_1 \times E_2, F)$ gehört. Der Mittelwertsatz in Integralform (Theorem 3.10) liefert

$$
\begin{aligned}
f(a&+h,b+k) - f(a,b) - A(h,k) \\
&= f(a+h,b+k) - f(a,b+k) + f(a,b+k) - f(a,b) - A(h,k) \\
&= \int_0^1 [D_1f(a+th,b+k) - D_1f(a,b)]h \, dt + f(a,b+k) - f(a,b) - D_2f(a,b)k \;,
\end{aligned}
$$

falls $\max\{\|h\|, \|k\|\}$ hinreichend klein ist. Hieraus folgt die Abschätzung

$$\|f(a+h,b+k) - f(a,b) - A(h,k)\| \le \varphi(h,k) \max\{\|h\|, \|k\|\}$$

mit

$$
\begin{aligned}
\varphi(h,k) := \max_{0 \le t \le 1} &\|D_1f(a+th,b+k) - D_1f(a,b)\| \\
&+ \frac{\|f(a,b+k) - f(a,b) - D_2f(a,b)k\|}{\|k\|} \;.
\end{aligned}
$$

Aufgrund der Stetigkeit von D_1f gilt $\varphi(h,k) \to 0$ für $(h,k) \to (0,0)$. Somit sehen wir, daß

$$f(a+h,b+k) - f(a,b) - A(h,k) = o\big(\|(h,k)\|\big) \quad \big((h,k) \to (0,0)\big)$$

gilt. Also ist f in (a,b) differenzierbar mit $\partial f(a,b) = A$. Schließlich implizieren die Regularitätsvoraussetzungen an D_jf und die Definition von A, daß $\partial f \in C^{q-1}(X_1 \times X_2, F)$ gilt, also $f \in C^q(X_1 \times X_2, F)$. ∎

(c) Im Spezialfall $E_1 = \mathbb{R}^m$, $E_2 = \mathbb{R}^n$ und $F = \mathbb{R}^\ell$ gelten

$$[D_1 f] = \begin{bmatrix} \partial_1 f^1 & \cdots & \partial_m f^1 \\ \vdots & & \vdots \\ \partial_1 f^\ell & \cdots & \partial_m f^\ell \end{bmatrix} , \quad [D_2 f] = \begin{bmatrix} \partial_{m+1} f^1 & \cdots & \partial_{m+n} f^1 \\ \vdots & & \vdots \\ \partial_{m+1} f^\ell & \cdots & \partial_{m+n} f^\ell \end{bmatrix}$$

mit $f = (f^1, \ldots, f^\ell)$.

Beweis Dies folgt aus (b) und Korollar 2.9. ∎

Der Satz über implizite Funktionen

Nach diesen vorbereitenden Überlegungen wenden wir uns der Auflösbarkeit von nichtlinearen Gleichungen zu. Von fundamentaler Bedeutung ist dabei das folgende Resultat.

8.2 Theorem (über implizite Funktionen) *Es seien W offen in $E_1 \times E_2$ und $f \in C^q(W, F)$. Ferner sei $(x_0, y_0) \in W$ mit*

$$f(x_0, y_0) = 0 \quad und \quad D_2 f(x_0, y_0) \in \mathcal{L}\mathrm{is}(E_2, F) .$$

Dann gibt es offene Umgebungen $U \in \mathfrak{U}_W(x_0, y_0)$ und $V \in \mathfrak{U}_{E_1}(x_0)$ sowie ein eindeutig bestimmtes $g \in C^q(V, E_2)$ mit:

$$\big((x, y) \in U \ und \ f(x, y) = 0 \big) \Longleftrightarrow \big(x \in V \ und \ y = g(x) \big) . \tag{8.1}$$

Außerdem gilt

$$\partial g(x) = -\big[D_2 f\big(x, g(x)\big) \big]^{-1} D_1 f\big(x, g(x)\big) , \qquad x \in V . \tag{8.2}$$

Beweis (i) Es seien $A := D_2 f(x_0, y_0) \in \mathcal{L}\mathrm{is}(E_2, F)$ und $\widetilde{f} := A^{-1} f \in C^q(W, E_2)$. Dann gelten

$$\widetilde{f}(x_0, y_0) = 0 \quad und \quad D_2 \widetilde{f}(x_0, y_0) = I_{E_2} .$$

Somit können wir wegen Aufgabe 5.1 ohne Beschränkung der Allgemeinheit den Fall $F = E_2$ und $D_2 f(x_0, y_0) = I_{E_2}$ betrachten. Außerdem können wir annehmen, $W = W_1 \times W_2$ mit offenen Umgebungen $W_1 \in \mathfrak{U}_{E_1}(x_0)$ und $W_2 \in \mathfrak{U}_{E_2}(y_0)$.

(ii) Für die Abbildung

$$\varphi : W_1 \times W_2 \to E_1 \times E_2 , \quad (x, y) \mapsto \big(x, f(x, y) \big)$$

gilt $\varphi \in C^q(W_1 \times W_2, E_1 \times E_2)$ mit[1]

$$\partial \varphi(x_0, y_0) = \begin{bmatrix} I_{E_1} & 0 \\ D_1 f(x_0, y_0) & I_{E_2} \end{bmatrix} \in \mathcal{L}(E_1 \times E_2) .$$

---

[1]Hier und in ähnlichen Situationen verwenden wir die natürliche Matrixschreibweise.

Man verifiziert sofort, daß

$$\begin{bmatrix} I_{E_1} & 0 \\ -D_1 f(x_0, y_0) & I_{E_2} \end{bmatrix} \in \mathcal{L}(E_1 \times E_2)$$

die Inverse von $\partial\varphi(x_0, y_0)$ ist. Somit gilt $\partial\varphi(x_0, y_0) \in \mathcal{L}\mathrm{aut}(E_1 \times E_2)$, und wegen $\varphi(x_0, y_0) = (x_0, 0)$ garantiert der Satz über die Umkehrabbildung (Theorem 7.3) die Existenz von offenen Umgebungen $U \in \mathfrak{U}_{E_1 \times E_2}(x_0, y_0)$ und $X \in \mathfrak{U}_{E_1 \times E_2}(x_0, 0)$, derart daß $\varphi|U \in \mathrm{Diff}^q(U, X)$ gilt. Wir setzen $\psi := (\varphi|U)^{-1} \in \mathrm{Diff}^q(X, U)$ und schreiben ψ in der Form

$$\psi(\xi, \eta) = \big(\psi_1(\xi, \eta), \psi_2(\xi, \eta)\big) , \qquad (\xi, \eta) \in X .$$

Dann gilt $\psi_j \in C^q(X, E_2)$ für $j = 1, 2$, und die Definition von φ zeigt

$$(\xi, \eta) = \varphi\big(\psi(\xi, \eta)\big) = \big(\psi_1(\xi, \eta), f\big(\psi_1(\xi, \eta), \psi_2(\xi, \eta)\big)\big) , \qquad (\xi, \eta) \in X .$$

Also erkennen wir

$$\psi_1(\xi, \eta) = \xi , \quad \eta = f\big(\xi, \psi_2(\xi, \eta)\big) , \qquad (\xi, \eta) \in X . \tag{8.3}$$

Weiterhin ist $V := \big\{ x \in E_1 \;;\; (x, 0) \in X \big\}$ eine offene Umgebung von x_0 in E_1, und für $g(x) := \psi_2(x, 0)$ mit $x \in V$ gelten $g \in C^q(V, E_2)$ sowie

$$\begin{aligned} \big(x, f\big(x, g(x)\big)\big) &= \big(\psi_1(x, 0), f\big(\psi_1(x, 0), \psi_2(x, 0)\big)\big) \\ &= \varphi\big(\psi_1(x, 0), \psi_2(x, 0)\big) = \varphi \circ \psi(x, 0) = (x, 0) \end{aligned}$$

für $x \in V$. Zusammen mit (8.3) ergibt sich (8.1). Die Eindeutigkeit von g ist klar.

(iii) Wir setzen $h(x) := f\big(x, g(x)\big)$ für $x \in V$. Dann gilt $h = 0$, und die Kettenregel ergibt, zusammen mit Bemerkung 8.1(b),

$$\partial h(x) = D_1 f\big(x, g(x)\big) I_{E_1} + D_2 f\big(x, g(x)\big) \partial g(x) = 0 , \qquad x \in V . \tag{8.4}$$

Aus $q \geq 1$ folgt

$$D_2 f \in C^{q-1}\big(U, \mathcal{L}(E_2)\big) \subset C\big(U, \mathcal{L}(E_2)\big) .$$

Gemäß Satz 7.2(i) ist $\mathcal{L}\mathrm{aut}(E_2)$ offen in $\mathcal{L}(E_2)$. Also ist

$$\big((D_2 f)^{-1}\big(\mathcal{L}\mathrm{aut}(E_2)\big)\big) \cap U = \big\{ (x, y) \in U \;;\; D_2 f(x, y) \in \mathcal{L}\mathrm{aut}(E_2) \big\}$$

eine offene Umgebung von (x_0, y_0) in U. Durch Verkleinern von U können wir also annehmen, $D_2 f(x, y) \in \mathcal{L}\mathrm{aut}(E_2)$ für $(x, y) \in U$. Aus (8.4) folgt nun (8.2). ∎

8.3 Bemerkung Theorem 8.2 besagt, daß in der Nähe von (x_0, y_0) die Faser $f^{-1}(0)$ Graph einer C^q-Funktion ist. ∎

Wir formulieren den Satz über implizite Funktionen im Spezialfall $E_1 = \mathbb{R}^m$ und $E_2 = F = \mathbb{R}^n$ und erhalten so eine Aussage über die „lokale Auflösbarkeit nichtlinearer Gleichungssysteme in Abhängigkeit von Parametern".

8.4 Korollar *Es seien W offen in $\mathbb{R}^{m+n}$ und $f \in C^q(W, \mathbb{R}^n)$. Ferner sei $(a, b) \in W$ mit $f(a, b) = 0$, d.h.*

$$f^1(a^1, \ldots, a^m, b^1, \ldots, b^n) = 0 \,,$$

$$\vdots$$

$$f^n(a^1, \ldots, a^m, b^1, \ldots, b^n) = 0 \,.$$

Gilt dann

$$\frac{\partial(f^1, \ldots, f^n)}{\partial(x^{m+1}, \ldots, x^{m+n})}(a, b) := \det\left[\partial_{m+k} f^j(a, b)\right]_{1 \leq j, k \leq n} \neq 0 \,,$$

so gibt es offene Umgebungen U von (a, b) in W und V von a in $\mathbb{R}^m$ sowie ein $g \in C^q(V, \mathbb{R}^n)$ mit

$$\big((x, y) \in U \text{ und } f(x, y) = 0 \big) \Longleftrightarrow \big(x \in V \text{ und } y = g(x) \big) \,.$$

D.h., es gibt eine Umgebung V von a in $\mathbb{R}^m$, so daß das Gleichungssystem

$$f^1(x^1, \ldots, x^m, y^1, \ldots, y^n) = 0 \,,$$

$$\vdots$$

$$f^n(x^1, \ldots, x^m, y^1, \ldots, y^n) = 0$$

für jedes m-Tupel $(x^1, \ldots, x^m) \in V$ genau eine Lösung

$$y^1 = g^1(x^1, \ldots, x^m) \,,$$

$$\vdots$$

$$y^n = g^n(x^1, \ldots, x^m)$$

in der Nähe von $b = (b^1, \ldots, b^n)$ besitzt. Außerdem sind die Lösungen $g^1, \ldots, g^n$ C^q-Funktionen der „Parameter" $(x^1, \ldots, x^m)$ aus V, und

$$[\partial g(x)] = - \begin{bmatrix} \partial_{m+1} f^1 & \cdots & \partial_{m+n} f^1 \\ \vdots & & \vdots \\ \partial_{m+1} f^n & \cdots & \partial_{m+n} f^n \end{bmatrix}^{-1} \begin{bmatrix} \partial_1 f^1 & \cdots & \partial_m f^1 \\ \vdots & & \vdots \\ \partial_1 f^n & \cdots & \partial_m f^n \end{bmatrix}$$

für $x \in V$, wobei die Ableitungen $\partial_k f^j$ an der Stelle $\big(x, g(x) \big)$ auszuwerten sind.

Beweis Da $D_2 f(x, y)$ genau dann zu $\mathcal{L}\text{aut}(\mathbb{R}^n)$ gehört, wenn

$$\frac{\partial(f^1, \ldots, f^n)}{\partial(x^{m+1}, \ldots, x^{m+n})}(x, y) \neq 0$$

erfüllt ist, erhalten wir alle Aussagen aus Theorem 8.2 und Bemerkung 8.1(c). ∎

Reguläre Werte

Es sei X offen in $\mathbb{R}^m$, und $f: X \to \mathbb{R}^n$ sei differenzierbar. Dann heißt $x \in X$ **regulärer Punkt** von f, falls $\partial f(x) \in \mathcal{L}(\mathbb{R}^m, \mathbb{R}^n)$ surjektiv ist. Die Abbildung heißt **regulär** oder **Submersion**, falls jeder Punkt in X regulär ist. Schließlich bezeichnet man $y \in \mathbb{R}^n$ als **regulären Wert** von f, falls die Faser $f^{-1}(y)$ nur aus regulären Punkten besteht.

8.5 Bemerkungen (a) Gilt $m < n$, so hat f keine regulären Punkte.

Beweis Dies folgt aus $\mathrm{Rang}\big(\partial f(x)\big) \leq m$. ∎

(b) Im Fall $n \leq m$ ist $x \in X$ genau dann ein regulärer Punkt von f, wenn $\partial f(x)$ Rang^2 n hat.

(c) Im Fall $n = 1$ ist x genau dann ein regulärer Punkt von f, wenn $\nabla f(x) \neq 0$ gilt.

(d) Jedes $y \in \mathbb{R}^n \setminus \mathrm{im}(f)$ ist ein regulärer Wert von f.

(e) Es sei $x_0 \in X$ ein regulärer Punkt von f. Dann gibt es n Variablen, so daß das Gleichungssystem

$$f^1(x^1, \ldots, x^m) = 0 \,,$$
$$\vdots$$
$$f^n(x^1, \ldots, x^m) = 0$$

in einer Umgebung von x_0 eindeutig nach diesen Variablen als Funktionen der $m - n$ übrigen Variablen aufgelöst werden kann. Gehört f zur Klasse C^q, so sind auch die Lösungen C^q-Funktionen.

Beweis Aufgrund von (a) gilt $m \geq n$. Außerdem können wir durch geeignetes Permutieren der Koordinaten in $\mathbb{R}^m$, d.h. durch Anwendung einer geeigneten orthogonalen Transformation des $\mathbb{R}^m$ erreichen, daß

$$\frac{\partial(f^1, \ldots, f^n)}{\partial(x^{m-n+1}, \ldots, x^m)}(x_0) \neq 0$$

gilt. Die Behauptung folgt nun aus Korollar 8.4. ∎

(f) Es sei $0 \in \mathrm{im}(f)$ ein regulärer Wert von $f \in C^q(X, \mathbb{R}^n)$. Dann gibt es zu jedem $x_0 \in f^{-1}(0)$ eine Umgebung U in $\mathbb{R}^m$, so daß sich $f^{-1}(0) \cap U$ als Graph einer C^q-Funktion von $m - n$ Variablen darstellen läßt.

Beweis Dies folgt aus (e) und Bemerkung 8.3. ∎

---

^{2}Es seien E und F endlichdimensionale Banachräume und $A \in \mathcal{L}(E, F)$. Dann wird der **Rang** von A durch $\mathrm{Rang}(A) := \dim\big(\mathrm{im}(A)\big)$ definiert. Offensichtlich ist $\mathrm{Rang}(A)$ gleich dem aus der Linearen Algebra bekannten Rang der Darstellungsmatrix $[A]_{\mathcal{E}, \mathcal{F}}$ bezüglich irgendwelcher Basen $\mathcal{E}$ von E und $\mathcal{F}$ von F.

Gewöhnliche Differentialgleichungen

In Paragraph 1 haben wir mit Hilfe der Exponentialabbildung Existenz- und Eindeutigkeitsfragen für *lineare* Differentialgleichungen untersucht. Im folgenden sollen allgemeinere Differentialgleichungen der Form $\dot{x} = f(t, x)$ behandelt werden, wobei wir nun auch „nichtlineare" Funktionen f in Betracht ziehen.

Im restlichen Teil dieses Paragraphen sind

- J ein offenes Intervall in $\mathbb{R}$;
  E ein Banachraum;
  D eine offene Teilmenge von E;
  $f \in C(J \times D, E)$.

Die Funktion $u : J_u \to D$ heißt **Lösung der Differentialgleichung** $\dot{x} = f(t, x)$ in E, falls J_u ein perfektes Teilintervall von J ist und $u \in C^1(J_u, D)$ sowie

$$\dot{u}(t) = f\big(t, u(t)\big) , \qquad t \in J_u ,$$

gelten. Bei gegebenem $(t_0, x_0) \in J \times D$ ist

$$\dot{x} = f(t, x) , \quad x(t_0) = x_0 \qquad\qquad (8.5)_{(t_0, x_0)}$$

ein **Anfangswertproblem** für $\dot{x} = f(t, x)$. Die Abbildung $u : J_u \to D$ heißt **Lösung** von $(8.5)_{(t_0, x_0)}$, falls u der Differentialgleichung $\dot{x} = f(t, x)$ genügt und $u(t_0) = x_0$ gilt. Sie ist **nicht fortsetzbar** (oder **maximal**), wenn es keine Lösung $v : J_v \to D$ von $(8.5)_{(t_0, x_0)}$ gibt mit $v \supset u$ und $v \neq u$. In diesem Fall ist J_u ein **maximales Existenzintervall** für $(8.5)_{(t_0, x_0)}$. Gilt $J_u = J$, so nennt man u **globale** Lösung von $(8.5)_{(t_0, x_0)}$.

8.6 Bemerkungen   (a) Globale Lösungen sind nicht fortsetzbar.

(b) Es sei J_u ein perfektes Teilintervall von J. Dann ist $u \in C(J_u, D)$ genau dann eine Lösung von $(8.5)_{(t_0, x_0)}$, wenn u der Integralgleichung

$$u(t) = x_0 + \int_{t_0}^{t} f\big(s, u(s)\big)\, ds , \qquad t \in J_u ,$$

genügt.

Beweis Da $s \mapsto f\big(s, u(s)\big)$ stetig ist, folgt die Behauptung leicht aus dem Fundamentalsatz der Differential- und Integralrechnung. ∎

(c) Es seien $A \in \mathcal{L}(E)$ und $g \in C(\mathbb{R}, E)$. Dann besitzt das Anfangswertproblem

$$\dot{x} = Ax + g(t) , \quad x(t_0) = x_0$$

die eindeutig bestimmte globale Lösung

$$u(t) = e^{(t-t_0)A}x_0 + \int_{t_0}^{t} e^{(t-s)A}g(s)\,ds\;,\qquad t \in \mathbb{R}\;.$$

Beweis Dies ist eine Konsequenz von Theorem 1.17. ■

(d) Im Fall $E = \mathbb{R}$ sagt man, $\dot{x} = f(t,x)$ sei eine **skalare** Differentialgleichung.

(e) Das Anfangswertproblem

$$\dot{x} = x^2\;,\qquad x(t_0) = x_0 \tag{8.6}$$

besitzt für jedes $(t_0, x_0) \in \mathbb{R}^2$ höchstens eine Lösung.

Beweis Es seien $u \in C^1(J_u, \mathbb{R})$ und $v \in C^1(J_v, \mathbb{R})$ Lösungen von (8.6). Für $t \in J_u \cap J_v$ sei $w(t) := u(t) - v(t)$, und I sei ein kompaktes Teilintervall von $J_u \cap J_v$ mit $t_0 \in I$. Dann genügt es nachzuweisen, daß w auf I verschwindet. Aufgrund von (b) gilt

$$w(t) = u(t) - v(t) = \int_{t_0}^{t} \big(u^2(s) - v^2(s)\big)\,ds = \int_{t_0}^{t} \big(u(s) + v(s)\big)w(s)\,ds\;,\qquad t \in I\;.$$

Mit $\alpha := \max_{s \in I} |u(s) + v(s)|$ folgt hieraus

$$|w(t)| \le \alpha \left| \int_{t_0}^{t} |w(s)|\,ds \right|\;,\qquad t \in I\;,$$

und die Behauptung ergibt sich aus dem Gronwallschen Lemma. ■

(f) Das Anfangswertproblem (8.6) besitzt für $x_0 \ne 0$ keine globale Lösung.

Beweis Es sei $u \in C^1(J_u, \mathbb{R})$ eine Lösung von (8.6) mit $x_0 \ne 0$. Weil 0 die eindeutig bestimmte globale Lösung zum Anfangswert $(t_0, 0)$ ist, impliziert (e), daß $u(t) \ne 0$ für $t \in J_u$ gilt. Somit folgt aus (8.6)

$$\frac{\dot{u}}{u^2} = \left(-\frac{1}{u}\right)^{\displaystyle\cdot} = 1$$

auf J_u. Durch Integration finden wir

$$\frac{1}{x_0} - \frac{1}{u(t)} = t - t_0\;,\qquad t \in J_u\;,$$

also

$$u(t) = 1/(t_0 - t + 1/x_0)\;,\qquad t \in J_u\;.$$

Folglich gilt $J_u \ne J = \mathbb{R}$. ■

(g) Das Anfangswertproblem (8.6) besitzt für jedes $(t_0, x_0) \in \mathbb{R}^2$ die eindeutig bestimmte nichtfortsetzbare Lösung $u(\cdot, t_0, x_0) \in C^1\big(J(t_0, x_0), \mathbb{R}\big)$ mit

$$J(t_0, x_0) = \begin{cases} (t_0 + 1/x_0, \infty)\;, & x_0 < 0\;, \\[4pt] \mathbb{R}\;, & x_0 = 0\;, \\[4pt] (-\infty, t_0 + 1/x_0)\;, & x_0 > 0\;, \end{cases}$$

und

$$u(t, t_0, x_0) = \begin{cases} 0 \, , & x_0 = 0 \, , \\ 1/(t_0 - t + 1/x_0) \, , & x_0 \neq 0 \, . \end{cases}$$

Beweis Dies folgt aus (e) und dem Beweis von (f). ∎

(h) Das skalare Anfangswertproblem

$$\dot{x} = 2\sqrt{|x|} \, , \quad x(0) = 0 \tag{8.7}$$

besitzt überabzählbar viele globale Lösungen.

Beweis Offensichtlich ist $u_0 \equiv 0$ eine globale
Lösung. Für $\alpha < 0 < \beta$ sei

$$u_{\alpha,\beta}(t) := \begin{cases} -(t - \alpha)^2 \, , & t \in (-\infty, \alpha] \, , \\ 0 \, , & t \in (\alpha, \beta) \, , \\ (t - \beta)^2 \, , & t \in [\beta, \infty) \, . \end{cases}$$

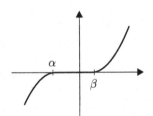

Man überprüft leicht, daß $u_{\alpha,\beta}$ eine globale
Lösung von (8.7) ist. ∎

Separation der Variablen

Im allgemeinen ist es nicht möglich, eine gegebene Differentialgleichung „explizit"
zu lösen. Für gewisse skalare Differentialgleichungen läßt sich jedoch mit Hilfe
des Satzes über implizite Funktionen eine lokal eindeutig bestimmte Lösung des
entsprechenden Anfangswertproblems angeben.

Die Funktion $\Phi\colon J \times D \to \mathbb{R}$ heißt **erstes Integral** von $\dot{x} = f(t, x)$, falls für
jede Lösung $u\colon J_u \to D$ von $\dot{x} = f(t, x)$ die Abbildung

$$J_u \to \mathbb{R} \, , \quad t \mapsto \Phi\big(t, u(t)\big)$$

konstant ist. Gelten zusätzlich

$$\Phi \in C^1(J \times D, \mathbb{R}) \quad \text{und} \quad \partial_2\Phi(t, x) \neq 0 \, , \qquad (t, x) \in J \times D \, ,$$

so ist Φ ein **reguläres erstes Integral**.

8.7 Satz *Es sei Φ ein reguläres erstes Integral der skalaren Differentialgleichung*
$\dot{x} = f(t, x)$, und es gelte

$$f(t, x) = -\partial_1\Phi(t, x)/\partial_2\Phi(t, x) \, , \qquad (t, x) \in J \times D \, .$$

Dann gibt es zu jedem $(t_0, x_0) \in J \times D$ offene Intervalle I von J und U von D mit
$(t_0, x_0) \in I \times U$, so daß das Anfangswertproblem

$$\dot{x} = f(t, x) \, , \quad x(t_0) = x_0$$

auf I genau eine Lösung u hat mit u(I) ⊂ U. Sie kann durch Auflösen der Gleichung
$\Phi(t, x) = \Phi(t_0, x_0)$ *nach x gewonnen werden.*

Beweis Dies folgt unmittelbar aus Theorem 8.2. ∎

Durch geeignete Wahl von Φ erhalten wir die wichtige Klasse der skalaren Differentialgleichungen mit „getrennten Variablen". Wie das nachfolgende Korollar zeigt, können diese Gleichungen durch Quadratur gelöst werden.

8.8 Satz *Es seien $g \in C(J, \mathbb{R})$ und $h \in C(D, \mathbb{R})$ mit $h(x) \neq 0$ für $x \in D$. Ferner sei $G \in C^1(J, \mathbb{R})$ bzw. $H \in C^1(D, \mathbb{R})$ eine Stammfunktion von g bzw. h. Dann ist*

$$\Phi(t, x) := G(t) - H(x) , \qquad (t, x) \in J \times D ,$$

ein reguläres erstes Integral von $\dot{x} = g(t)/h(x)$.

Beweis Offensichtlich gehört Φ zu $C^1(J \times D, \mathbb{R})$, und $\partial_2\Phi(t, x) = -h(x) \neq 0$. Es sei $u \in C^1(J_u, D)$ eine Lösung von $\dot{x} = g(t)/h(x)$. Dann folgt aus der Kettenregel

$$\left[\Phi\big(t, u(t)\big)\right]^{\cdot} = \partial_1\Phi\big(t, u(t)\big) + \partial_2\Phi\big(t, u(t)\big)\dot{u}(t)$$

$$= g(t) - h\big(u(t)\big) \cdot \frac{g(t)}{h\big(u(t)\big)} = 0 .$$

Also ist $t \mapsto \Phi\big(t, u(t)\big)$ auf J_u konstant. ∎

8.9 Korollar (Separation der Variablen) *Es seien $g \in C(J, \mathbb{R})$ und $h \in C(D, \mathbb{R})$ mit $h(x) \neq 0$ für $x \in D$. Dann besitzt das Anfangswertproblem*

$$\dot{x} = g(t)/h(x) , \quad x(t_0) = x_0$$

für jedes $(t_0, x_0) \in J \times D$ eine eindeutig bestimmte lokale Lösung. Sie kann durch Auflösen der Gleichung

$$\int_{x_0}^{x} h(\xi) \, d\xi = \int_{t_0}^{t} g(\tau) \, d\tau \tag{8.8}$$

nach x gewonnen werden.

Beweis Dies ist eine unmittelbare Konsequenz aus den Sätzen 8.7 und 8.8. ∎

8.10 Bemerkung Unter den Voraussetzungen von Korollar 8.9 folgt formal aus

$$\frac{dx}{dt} = \frac{g(t)}{h(x)} , \quad x(t_0) = x_0$$

die „Gleichung mit getrennten Variablen" $h(x) \, dx = g(t) \, dt$. Formale Integration liefert (8.8). ∎

8.11 Beispiele (a) Wir betrachten das Anfangswertproblem

$$\dot{x} = 1 + x^2 \, , \quad x(t_0) = x_0 \, . \tag{8.9}$$

Mit $g := 1$ und $h := 1/(1 + X^2)$ folgt aus Korollar 8.9

$$\arctan x - \arctan x_0 = \int_{x_0}^{x} \frac{d\xi}{1 + \xi^2} = \int_{t_0}^{t} d\tau = t - t_0 \, .$$

Somit ist

$$x(t) = \tan(t - \alpha) \, , \quad t \in (\alpha - \pi/2, \alpha + \pi/2) \, ,$$

mit $\alpha := t_0 - \arctan x_0$ die eindeutig bestimmte maximale Lösung von (8.9). Insbesondere besitzt (8.9) keine globalen Lösungen.

(b) Es seien $\alpha > 0$, $D := (0, \infty)$ und $x_0 > 0$. Für

$$\dot{x} = x^{1+\alpha} \, , \quad x(0) = x_0 \tag{8.10}$$

ergibt Korollar 8.9

$$\int_{x_0}^{x} \xi^{-1-\alpha} \, d\xi = t \, .$$

Folglich ist

$$x(t) = (x_0^{-\alpha} - \alpha t)^{-1/\alpha} \, , \quad -\infty < t < x_0^{-\alpha}/\alpha \, ,$$

die eindeutig bestimmte maximale Lösung von (8.10). Also ist (8.10) nicht global lösbar.

(c) Auf $D := (1, \infty)$ betrachten wir das Anfangswertproblem

$$\dot{x} = x \log x \, , \quad x(0) = x_0 \, . \tag{8.11}$$

Weil $\log \circ \log$ auf D eine Stammfunktion von $x \mapsto 1/(x \log x)$ ist, erhalten wir aus Korollar 8.9

$$\log(\log x) - \log(\log x_0) = \int_{x_0}^{x} \frac{d\xi}{\xi \log \xi} = \int_{0}^{t} d\tau = t \, .$$

Hieraus leiten wir ab, daß

$$x(t) = x_0^{(e^t)} \, , \quad t \in \mathbb{R} \, ,$$

die eindeutig bestimmte globale Lösung von (8.11) ist.

(d) Es seien $-\infty < a < b < \infty$ und $f \in C((a, \infty), \mathbb{R})$ mit $f(x) > 0$ für $x \in (a, b)$ und $f(b) = 0$. Für $x_0 \in (a, b)$ und $t_0 \in \mathbb{R}$ betrachten wir das Anfangswertproblem

$$\dot{x} = f(x) \, , \quad x(t_0) = x_0 \, .$$

Gemäß Korollar 8.9 erhalten wir die lokal eindeutige Lösung $u : J_u \to (a, b)$ durch Auflösen von

$$t = t_0 + \int_{x_0}^{x} \frac{d\xi}{f(\xi)} =: H(x)$$

nach x. Wegen $H' = 1/f$ ist H strikt wachsend. Also gilt $u = H^{-1}$, und J_u stimmt mit $H\big((a, b)\big)$ überein. Ferner existiert

$$T^* := \lim_{x \to b-0} H(x) = \sup J_u$$

in $\bar{\mathbb{R}}$, und es gilt

$$T^* < \infty \Leftrightarrow \int_{x_0}^{b} \frac{d\xi}{f(\xi)} < \infty \; .$$

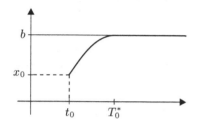 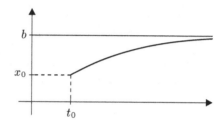

Aus $\lim_{t \to T^*-0} u(t) = b$ ergibt sich

$$\lim_{t \to T^*-0} \dot{u}(t) = \lim_{t \to T^*-0} f\big(u(t)\big) = 0 \; .$$

Im Fall $T^* < \infty$ folgt somit aus Satz IV.1.16, daß durch

$$v(t) := \begin{cases} u(t) \, , & t \in J_u \, , \\ b \, , & t \in [T^*, \infty) \, , \end{cases}$$

eine Fortsetzung von u gegeben ist. Analoge Betrachtungen für

$$T_* := \lim_{x \to a+0} H(x) = \inf J_u$$

bleiben dem Leser überlassen.

(e) Für $a \in C(J, \mathbb{R})$ und $(t_0, x_0) \in J \times \mathbb{R}$ betrachten wir das Anfangswertproblem

$$\dot{x} = a(t)x \, , \quad x(t_0) = x_0 \tag{8.12}$$

für die **skalare lineare homogene Differentialgleichung** $\dot{x} = a(t)x$ mit **zeitabhängigem Koeffizienten** a. Hierfür gilt: (8.12) *besitzt die eindeutig bestimmte globale Lösung*

$$x(t) = x_0 e^{\int_{t_0}^{t} a(\tau)\,d\tau} \, , \qquad t \in J \; .$$

Beweis Aus dem Gronwallschen Lemma folgt, daß (8.12) höchstens eine Lösung besitzt. Ist $u \in C^1(J_u, \mathbb{R})$ eine Lösung und gibt es ein $t_1 \in J_u$ mit $u(t_1) = 0$, so ergibt sich aus der Eindeutigkeitsaussage für das Anfangswertproblem $\dot{x} = a(t)x$, $x(t_1) = 0$, daß $u = 0$ gilt.

Es sei also $x_0 \neq 0$. Dann erhalten wir durch Separation der Variablen

$$\log|x| - \log|x_0| = \int_{x_0}^{x} \frac{d\xi}{\xi} = \int_{t_0}^{t} a(\tau)\,d\tau \;,$$

also

$$|x(t)| = |x_0|\, e^{\int_{t_0}^{t} a(\tau)\,d\tau} \;, \qquad t \in J \;.$$

Wegen $x(t) \neq 0$ für $t \in J$ folgt die Behauptung. ∎

Lipschitz-Stetigkeit und Eindeutigkeit

Bemerkung 8.6(h) zeigt, daß das Anfangswertproblems $(8.5)_{(t_0,x_0)}$ im allgemeinen nicht eindeutig lösbar ist. Im folgenden werden wir sehen, daß wir Eindeutigkeit garantieren können, wenn wir von f bezüglich der Variablen x etwas mehr Regularität als nur Stetigkeit verlangen.

Es seien E und F Banachräume, $X \subset E$ und $I \subset \mathbb{R}$. Dann heißt die Funktion $f \in C(I \times X, F)$ **lokal Lipschitz-stetig bezügl.** $x \in X$, wenn es zu jedem (t_0, x_0) aus $I \times X$ eine Umgebung $U \times V$ von (t_0, x_0) in $I \times X$ und ein $L \geq 0$ gibt mit

$$\|f(t,x) - f(t,y)\| \leq L\,\|x - y\| \;, \qquad t \in U \;, \quad x, y \in V \;.$$

Wir setzen

$$C^{0,1^-}(I \times X, F) := \big\{\, f \in C(I \times X, F)\,;\; f \text{ ist lokal Lipschitz-stetig bezügl. } x \in X \,\big\} \;.$$

Wenn I einpunktig ist, also $f : X \to F$ gilt, so nennt man f **lokal Lipschitz-stetig**, und

$$C^{1^-}(X, F) := \{\, f : X \to F \;;\; f \text{ ist lokal Lipschitz-stetig} \,\} \;.$$

8.12 Bemerkungen (a) Offensichtlich gilt $C^{0,1^-}(I \times X, F) \subset C(I \times X, F)$.

(b) Es sei X offen in E, und für $f \in C(I \times X, F)$ existiere $\partial_2 f$ und gehöre zu $C\big(I \times X, \mathcal{L}(E, F)\big)$. Dann gilt $f \in C^{0,1^-}(I \times X, F)$.

Beweis Es sei $(t_0, x_0) \in I \times X$. Weil $\partial_2 f$ zu $C\big(I \times X, \mathcal{L}(E, F)\big)$ gehört und da X offen ist in E, gibt es ein $\varepsilon > 0$ mit $\mathbb{B}(x_0, \varepsilon) \subset X$ und

$$\|\partial_2 f(t_0, x_0) - \partial_2 f(t, x)\| \leq 1 \;, \qquad (t, x) \in U \times V \;, \tag{8.13}$$

wobei $U := (t_0 - \varepsilon, t_0 + \varepsilon) \cap I$ und $V := \mathbb{B}(x_0, \varepsilon)$ gesetzt sind. Mit $L := 1 + \|\partial_2 f(t_0, x_0)\|$ folgt aus dem Mittelwertsatz (Theorem 3.9) und (8.13)

$$\|f(t,x) - f(t,y)\| \leq \sup_{0 \leq s \leq 1} \big\|\partial_2 f\big(t, x + s(y - x)\big)\big\|\, \|x - y\| \leq L\,\|x - y\|$$

für $(t, x), (t, y) \in U \times V$. Also ist f ist lokal Lipschitz-stetig bezügl. x. ∎

(c) Polynome vom Grad ≥ 2 sind lokal Lipschitz-stetig, aber nicht Lipschitz-stetig.

(d) Es seien $I \times X$ kompakt und $f \in C^{0,1^-}(I \times X, F)$. Dann ist f **gleichmäßig Lipschitz-stetig bezüglich** $x \in X$, d.h., es gibt ein $L \geq 0$ mit

$$\|f(t,x) - f(t,y)\| \leq L \|x - y\| , \qquad x, y \in X , \quad t \in I .$$

Beweis Zu jedem $(t,x) \in I \times X$ gibt es $\varepsilon_t > 0$, $\varepsilon_x > 0$ und $L(t,x) \geq 0$ mit

$$\|f(s,y) - f(s,z)\| \leq L(t,x) \|y - z\| , \qquad (s,y), (s,z) \in \mathbb{B}(t, \varepsilon_t) \times \mathbb{B}(x, \varepsilon_x) .$$

Weil $I \times X$ kompakt ist, existieren $(t_0, x_0), \dots, (t_m, x_m) \in I \times X$ mit

$$I \times X \subset \bigcup_{j=0}^{m} \mathbb{B}(t_j, \varepsilon_{t_j}) \times \mathbb{B}(x_j, \varepsilon_{x_j}/2) .$$

Da $f(I \times X)$ kompakt ist, gibt es ein $R > 0$ mit $f(I \times X) \subset R\mathbb{B}$. Wir setzen

$$\delta := \min\{\varepsilon_{x_0}, \dots, \varepsilon_{x_m}\}/2 > 0$$

und

$$L := \max\{L(t_0, x_0), \dots, L(t_m, x_m), 2R/\delta\} > 0 .$$

Es seien nun $(t,x), (t,y) \in I \times X$. Dann gibt es ein $k \in \{0, \dots, m\}$ mit

$$(t, x) \in \mathbb{B}(t_k, \varepsilon_{t_k}) \times \mathbb{B}(x_k, \varepsilon_{x_k}/2) .$$

Gilt $\|x - y\| < \delta$, so liegt (t, y) in $\mathbb{B}(t_k, \varepsilon_{t_k}) \times \mathbb{B}(x_k, \varepsilon_{x_k})$, und wir finden

$$\|f(t,x) - f(t,y)\| \leq L(t_k, x_k) \|x - y\| \leq L \|x - y\| .$$

Ist dagegen $\|x - y\| \geq \delta$, so folgt

$$\|f(t,x) - f(t,y)\| \leq \frac{2R}{\delta} \cdot \delta \leq L \|x - y\| .$$

Somit ist f gleichmäßig Lipschitz-stetig bezüglich $x \in X$. ∎

(e) Es seien X kompakt in E und $f \in C^{1^-}(X, F)$. Dann ist f Lipschitz-stetig.

Beweis Dies ist ein Spezialfall von (d). ∎

8.13 Theorem *Es sei $f \in C^{0,1^-}(J \times D, E)$, und $u : J_u \to D$ und $v : J_v \to D$ seien Lösungen von $\dot{x} = f(t,x)$ mit $u(t_0) = v(t_0)$ für ein $t_0 \in J_u \cap J_v$. Dann gilt $u(t) = v(t)$ für jedes $t \in J_u \cap J_v$.*

Beweis Es seien $I \subset J_u \cap J_v$ ein kompaktes Intervall mit $t_0 \in I$ und $w := u - v$. Es genügt nachzuweisen, daß $w \,|\, I = 0$ gilt.

Weil $K := u(I) \cup v(I) \subset D$ kompakt ist, garantiert Bemerkung 8.12(d) die Existenz eines $L \geq 0$ mit

$$\big\|f\big(s, u(s)\big) - f\big(s, v(s)\big)\big\| \leq L \|u(s) - v(s)\| = L \|w(s)\| , \qquad s \in I .$$

Somit folgt aus

$$w(t) = u(t) - v(t) = \int_{t_0}^{t} \big(f\big(s, u(s)\big) - f\big(s, v(s)\big)\big)\, ds \;, \qquad t \in J_u \cap J_v \;,$$

(vgl. Bemerkung 8.6(b)) die Ungleichung

$$\|w(t)\| \leq L \left| \int_{t_0}^{t} \|w(s)\|\, ds \right| \;, \qquad t \in I \;,$$

und das Gronwallsche Lemma impliziert $w \,|\, I = 0$. $\blacksquare$

Der Satz von Picard-Lindelöf

Im folgenden seien

- $J \subset \mathbb{R}$ ein offenes Intervall;
  E ein endlichdimensionaler Banachraum;
  D offen in E;
  $f \in C^{0,1\text{-}}(J \times D, E)$.

Wir beweisen nun den grundlegenden lokalen Existenz- und Eindeutigkeitssatz der Theorie der Gewöhnlichen Differentialgleichungen.

8.14 Theorem (Picard-Lindelöf) *Es sei* $(t_0, x_0) \in J \times D$. *Dann gibt es ein* $\alpha > 0$, *so daß das Anfangswertproblem*

$$\dot{x} = f(t, x) \;, \quad x(t_0) = x_0 \tag{8.14}$$

auf $I := [t_0 - \alpha, t_0 + \alpha]$ *eine eindeutig bestimmte Lösung besitzt.*

Beweis (i) Weil $J \times D \subset \mathbb{R} \times E$ offen ist, gibt es $a, b > 0$ mit

$$R := [t_0 - a, t_0 + a] \times \bar{\mathbb{B}}(x_0, b) \subset J \times D \;.$$

Aufgrund der lokalen Lipschitzstetigkeit von f bezügl. x finden wir ein $L > 0$ mit

$$\|f(t, x) - f(t, y)\| \leq L \|x - y\| \;, \qquad (t, x), (t, y) \in R \;.$$

Schließlich folgt aus der Kompaktheit von R und Bemerkung 8.12(a), daß es ein $M > 0$ gibt mit

$$\|f(t, x)\| \leq M \;, \qquad (t, x) \in R \;.$$

(ii) Es seien $\alpha := \min\{a, b/M, 1/(2L)\} > 0$ und $I := [t_0 - \alpha, t_0 + \alpha]$. Wir setzen

$$T(y)(t) := x_0 + \int_{t_0}^{t} f\big(\tau, y(\tau)\big)\, d\tau \;, \qquad y \in C(I, D) \;, \quad t \in I \;.$$

Wenn wir zeigen, daß die Abbildung $T \colon C(I, D) \to C(I, E)$ genau einen Fixpunkt u besitzt, folgt aus Bemerkung 8.6(b), daß u die eindeutig bestimmte Lösung von (8.14) ist.

(iii) Es sei

$$X := \left\{ y \in C(I, E) \; ; \; y(t_0) = x_0, \; \max_{t \in I} \|y(t) - x_0\| \leq b \right\} .$$

Dann ist X eine abgeschlossene Teilmenge des Banachraumes $C(I, E)$, also ein vollständiger metrischer Raum (vgl. Aufgabe II.6.4).

Für $y \in X$ gilt $y(t) \in \bar{\mathbb{B}}(x_0, b) \subset D$ für $t \in I$. Also ist $T(y)$ definiert, und es gelten $T(y)(t_0) = x_0$ sowie

$$\|T(y)(t) - x_0\| = \left\| \int_{t_0}^{t} f(\tau, y(\tau)) \, d\tau \right\| \leq \alpha \sup_{(t, \xi) \in R} \|f(t, \xi)\| \leq \frac{b}{M} \cdot M = b .$$

Dies zeigt, daß T den Raum X in sich abbildet.

(iv) Für $y, z \in X$ finden wir

$$\|T(y)(t) - T(z)(t)\| = \left\| \int_{t_0}^{t} \left(f(\tau, y(\tau)) - f(\tau, z(\tau)) \right) d\tau \right\|$$

$$\leq \alpha \max_{t \in I} \|f(t, y(t)) - f(t, z(t))\| \leq \alpha L \max_{t \in I} \|y(t) - z(t)\|$$

für $t \in I$. Aufgrund der Definition von α folgt deshalb

$$\|T(y) - T(z)\|_{C(I, E)} \leq \frac{1}{2} \|y - z\|_{C(I, E)} .$$

Also ist $T \colon X \to X$ eine Kontraktion. Somit sichert der Kontraktionssatz (Theorem IV.4.3) einen eindeutig bestimmten Fixpunkt u in X. ∎

8.15 Bemerkungen (a) Die Lösung von (8.14) auf I kann mittels der Methode der sukzessiven Approximation „berechnet" werden:

$$u_{m+1}(t) := x_0 + \int_{t_0}^{t} f(\tau, u_m(\tau)) \, d\tau , \qquad m \in \mathbb{N} , \quad t \in I ,$$

mit $u_0(t) = x_0$ für $t \in I$. Die Folge (u_m) konvergiert gleichmäßig auf I gegen u, und es gilt die Fehlerabschätzung

$$\|u_m - u\|_{C(I, E)} \leq \alpha M / 2^{m-1} , \qquad m \in \mathbb{N}^{\times} . \tag{8.15}$$

Beweis Die erste Aussage folgt unmittelbar aus dem vorstehenden Beweis und aus Theorem IV.4.3(ii). Aussage (iii) jenes Theorems liefert auch die Fehlerabschätzung

$$\|u_m - u\|_{C(I, E)} \leq 2^{-m+1} \|u_1 - u_0\|_{C(I, E)} .$$

Da für $t \in I$

$$\|u_1(t) - u_0(t)\| = \left\| \int_{t_0}^{t} f(\tau, u_0(\tau)) \, d\tau \right\| \leq \alpha M$$

gilt, folgt die Behauptung. ∎

(b) Die Fehlerabschätzung (8.15) kann zu

$$\|u_m - u\|_{C(I,E)} < \frac{M\alpha\sqrt{e}}{2^m(m+1)!} , \qquad m \in \mathbb{N} ,$$

verbessert werden (vgl. Aufgabe 11).

(c) Die Voraussetzung, daß E endlichdimensional sei, wurde nur zum Nachweis der Existenz der Schranke M für $f(R)$ verwendet. Somit bleiben Theorem 8.14 und dessen Beweis richtig, wenn die Voraussetzung „E ist endlichdimensional" ersetzt wird durch „f ist beschränkt auf beschränkten Mengen".

(d) Obwohl die Stetigkeit von f nicht ausreicht, um die Eindeutigkeit der Lösungen von (8.14) zu gewährleisten, genügt sie, um die Existenz von Lösungen zu beweisen (vgl. [Ama95, Theorem II.7.3]). ∎

Schließlich zeigen wir, daß die lokale Lösung von Theorem 8.14 zu einer eindeutig bestimmten nichtfortsetzbaren Lösung erweitert werden kann.

8.16 Theorem   *Zu jedem $(t_0, x_0) \in J \times D$ gibt es genau eine nichtfortsetzbare Lösung $u(\cdot, t_0, x_0) : J(t_0, x_0) \to D$ des Anfangswertproblems*

$$\dot{x} = f(t, x) , \qquad x(t_0) = x_0 .$$

Das maximale Existenzintervall ist offen: $J(t_0, x_0) = \big(t^-(t_0, x_0), t^+(t_0, x_0)\big)$.

Beweis   Es sei $(t_0, x_0) \in J \times D$. Gemäß Theorem 8.14 gibt es ein α_0 und eine eindeutig bestimmte Lösung u von $(8.5)_{(t_0, x_0)}$ auf $I_0 := [t_0 - \alpha_0, t_0 + \alpha_0]$. Wir setzen $x_1 := u(t_0 + \alpha_0)$ sowie $t_1 := t_0 + \alpha_0$ und wenden Theorem 8.14 auf das Anfangswertproblem $(8.5)_{(t_1, x_1)}$ an. Dann gibt es ein $\alpha_1 > 0$ und eine eindeutig bestimmte Lösung v von $(8.5)_{(t_1, x_1)}$ auf $I_1 := [t_1 - \alpha_1, t_1 + \alpha_1]$. Ferner zeigt Theorem 8.13, daß $u(t) = v(t)$ für $t \in I_0 \cap I_1$ gilt. Somit ist

$$u_1(t) := \begin{cases} u(t) , & t \in I_0 , \\ v(t) , & t \in I_1 , \end{cases}$$

eine Lösung von $(8.5)_{(t_0, x_0)}$ auf $I_0 \cup I_1$. Ein analoges Argument zeigt, daß u nach links über $t_0 - \alpha_0$ hinaus fortgesetzt werden kann. Es seien nun

$$t^+ := t^+(t_0, x_0) := \sup\big\{ \beta \in \mathbb{R} \ ; \ (8.5)_{(t_0, x_0)} \text{ hat eine Lösung auf } [t_0, \beta] \big\}$$

und

$$t^- := t^-(t_0, x_0) := \inf\big\{ \gamma \in \mathbb{R} \ ; \ (8.5)_{(t_0, x_0)} \text{ hat eine Lösung auf } [\gamma, t_0] \big\} .$$

Die obigen Überlegungen zeigen, daß $t^+ \in (t_0, \infty]$ und $t^- \in [-\infty, t_0)$ wohldefiniert sind und daß $(8.5)_{(t_0, x_0)}$ eine nichtfortsetzbare Lösung u auf (t^-, t^+) besitzt. Nun folgt aus Theorem 8.13, daß es u eindeutig ist. ∎

8.17 Beispiele (a) (Gewöhnliche Differentialgleichungen m-ter Ordnung) Es seien $E := \mathbb{R}^m$ und $g \in C^{0,1^-}(J \times D, \mathbb{R})$. Dann ist

$$x^{(m)} = g(t, x, \dot{x}, \ldots, x^{(m-1)}) \qquad (8.16)$$

eine **gewöhnliche Differentialgleichung m-ter Ordnung**. Die Funktion $u : J_u \to \mathbb{R}$ heißt **Lösung** von (8.14), wenn $J_u \subset J$ ein perfektes Intervall ist, u zu $C^m(J_u, \mathbb{R})$ gehört und

$$(u(t), \dot{u}(t), \ldots, u^{(m-1)}(t)) \in D , \qquad t \in J_u ,$$

sowie

$$u^{(m)}(t) = g(t, u(t), \dot{u}(t), \ldots, u^{(m-1)}(t)) , \qquad t \in J_u ,$$

gelten. Für $t_0 \in J$ und $x_0 := (x_0^0, \ldots, x_0^{m-1}) \in D$ heißt

$$\begin{aligned} x^{(m)} &= g(t, x, \dot{x}, \ldots, x^{(m-1)}) \\ x(t_0) &= x_0^0 , \ldots, \ x^{(m-1)}(t_0) = x_0^{m-1} \end{aligned} \qquad (8.17)_{(t_0,x_0)}$$

Anfangswertproblem für (8.16) zum **Anfangswert** x_0 und zur **Anfangszeit** t_0.

Mit diesen Bezeichnungen gilt: *Zu jedem $(t_0, x_0) \in J \times D$ gibt es eine eindeutig bestimmte maximale Lösung $u : J(t_0, x_0) \to \mathbb{R}$ von $(8.17)_{(t_0,x_0)}$. Das maximale Existenzintervall $J(t_0, x_0)$ ist offen.*

Beweis Wir erklären $f : J \times D \to \mathbb{R}^m$ durch

$$f(t, y) := (y^2, y^3, \ldots, y^m, g(t, y)) , \qquad t \in J , \quad y = (y^1, \ldots, y^m) \in D . \qquad (8.18)$$

Dann gehört f zu $C^{0,1^-}(J \times D, \mathbb{R}^m)$. Somit gibt es aufgrund von Theorem 8.16 eine eindeutig bestimmte nichtfortsetzbare Lösung $z : J(t_0, x_0) \to \mathbb{R}^m$ von $(8.5)_{(t_0,x_0)}$. Man überprüft sofort, daß $u := \mathrm{pr}_1 \circ z : J(t_0, x_0) \to \mathbb{R}$ eine Lösung von $(8.17)_{(t_0,x_0)}$ ist.

Ist umgekehrt $v : J(t_0, x_0) \to \mathbb{R}$ eine Lösung von $(8.17)_{(t_0,x_0)}$, so löst die Vektorfunktion $(v, \dot{v}, \ldots, v^{(m-1)})$ das Anfangswertproblem $(8.5)_{(t_0,x_0)}$ auf $J(t_0, x_0)$, wobei f durch (8.18) definiert ist. Hieraus folgt $v = u$. Eine analoge Argumentation zeigt, daß u nicht fortsetzbar ist. $\blacksquare$

(b) (Das eindimensionale Newtonsche Bewegungsgesetz) Es seien V offen in $\mathbb{R}$ und $f \in C^1(V, \mathbb{R})$. Mit einem $x_0 \in V$ seien

$$U(x) := \int_{x_0}^{x} f(\xi)\, d\xi , \quad x \in V , \qquad T(y) := y^2/2 , \quad y \in \mathbb{R} .$$

Schließlich seien $D := V \times \mathbb{R}$ und $L := T - U$. Gemäß Beispiel 6.14(a) können wir die Differentialgleichung

$$-\ddot{x} = f(x) \qquad (8.19)$$

als Newtonsches Bewegungsgesetz für die (eindimensionale) Bewegung eines Massenpunktes unter dem Einfluß der konservativen Kraft $-\nabla U = f$ auffassen. Aus (a) wissen wir, daß (8.19) äquivalent ist zum System

$$\dot{x} = y \, , \quad \dot{y} = -f(x) \, , \tag{8.20}$$

also zur Differentialgleichung erster Ordnung

$$\dot{u} = F(u) \tag{8.21}$$

mit $F(u) := \big(y, -f(x)\big)$ für $u = (x, y) \in D$.

Die Funktion $E := T + U : D \to \mathbb{R}$, die **Gesamtenergie**, ist ein erstes Integral von (8.21). Dies bedeutet, daß bei der Bewegung des Massenpunktes der **Energieerhaltungssatz**[3] gilt: $E\big(x(t), \dot{x}(t)\big) = E\big(x(t_0), \dot{x}(t_0)\big)$ für $t \in J$, jede Lösung $x \in C^2(J, V)$ von (8.21) und jedes $t_0 \in J$.

Beweis Offensichtlich gehört E zu $C^1(D, \mathbb{R})$. Für jede Lösung $u : J_u \to D$ von (8.20) gilt

$$\big[E(u(t))\big]^{\cdot} = \big[y^2(t)/2 + U\big(x(t)\big)\big]^{\cdot} = y(t)\dot{y}(t) + f\big(x(t)\big)\dot{x}(t) = 0 \, , \qquad t \in J_u \, .$$

Also ist $E(u)$ konstant. ∎

(c) Aufgrund von (b) liegt jede Lösung von (8.20) in einer Niveaumenge $E^{-1}(c)$ der Gesamtenergie.

Umgekehrt bedeutet die Existenzaussage von (a), daß es zu jedem Punkt (x_0, y_0) einer Niveaumenge von E eine Lösung von (8.20) gibt mit $u(0) = (x_0, y_0)$. Also stimmt die Menge der Niveaulinien von E mit der Menge aller (maximalen) Lösungskurven von (8.20), dem **Phasenporträt** von (8.19), überein.

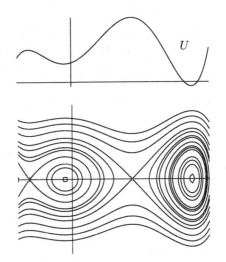

Das Phasenporträt besitzt die folgende Eigenschaften:

(i) Die kritischen Punkte von E sind genau die Punkte $(x, 0) \in D$ mit $f(x) = 0$. Dies bedeutet: Die Ruhelagen von (8.20) liegen alle auf der x-Achse und sind genau die kritischen Punkte des Potentials U.

(ii) Jede Niveaumenge ist symmetrisch zur x-Achse.

(iii) Ist c ein regulärer Wert von E, so läßt sich $E^{-1}(c)$ lokal als Graph einer C^2-Funktion darstellen. Genauer gibt es zu jedem $u_0 \in E^{-1}(c)$ positive Zahlen b und ε sowie ein $\varphi \in C^2\big((-\varepsilon, \varepsilon), \mathbb{R}\big)$ mit $\varphi(0) = 0$, so daß

$$E^{-1}(c) \cap \mathbb{B}(u_0, b) = \mathrm{spur}(g) \tag{8.22}$$

---

[3]Vgl. Aufgabe 6.12.

gilt, wobei $g \in C^2\big((-\varepsilon,\varepsilon),\mathbb{R}^2\big)$ durch

$$g(s) := \begin{cases} \big(s,\varphi(s)\big) + u_0 \,, & \partial_2 E(u_0) \neq 0 \,, \\ \big(\varphi(s),s\big) + u_0 \,, & \partial_1 E(u_0) \neq 0 \,, \end{cases}$$

erklärt ist.

(iv) Es seien $(x_0,0)$ ein regulärer Punkt von E und $c := U(x_0)$. Dann schneidet die Niveaumenge $E^{-1}(c)$ die x-Achse orthogonal.

Beweis (i) Dies folgt aus $\nabla E(x,y) = \big(y,f(x)\big)$.

(ii) Diese Aussage ist eine Konsequenz von $E(x,-y) = E(x,y)$ für $(x,y) \in D$.

(iii) folgt aus den Bemerkungen 8.4(e) und (f).

(iv) Wir verwenden die Bezeichnungen von (iii). Wegen

$$\nabla E(x_0,0) = \big(f(x_0),0\big) \neq (0,0)$$

gilt (8.22) mit $u_0 := (x_0,0)$ und $g(s) := \big(\varphi(s)+x_0,s\big)$ für $s \in (-\varepsilon,\varepsilon)$. Ferner folgt aus Beispiel 3.6(c)

$$0 = \big(\nabla E(x_0,0)\,\big|\,\dot{g}(0)\big) = \big(\big(f(x_0),0\big)\,\big|\,\big(\dot{\varphi}(0),1\big)\big) = f(x_0)\dot{\varphi}(0) \,.$$

Also gilt $\dot{\varphi}(0) = 0$, d.h., die Tangente an $E^{-1}(c)$ in $(x_0,0)$ ist parallel zur y-Achse (vgl. Bemerkung IV.1.4(a)). ∎

Aufgaben

1 Man zeige, daß das Gleichungssystem

$$x^2 + y^2 - u^2 - v = 0 \,,$$
$$x^2 + 2y^2 + 3u^2 + 4v^2 = 1$$

in der Nähe von $(1/2,0,1/2,0)$ nach (u,v) aufgelöst werden kann. Wie lauten die ersten Ableitungen von u und v bezügl. (x,y)?

2 Es seien E, F, G und H Banachräume, und X sei offen in H. Ferner seien

$$A \in C^1\big(X,\mathcal{L}(E,F)\big) \,, \quad B \in C^1\big(X,\mathcal{L}(E,G)\big) \,,$$

und es gelte

$$\big(A(x),B(x)\big) \in \mathcal{L}\mathrm{is}(E,F \times G) \,, \qquad x \in X \,.$$

Schließlich seien $(f,g) \in F \times G$ und

$$\varphi : X \to E \,, \quad x \mapsto \big(A(x),B(x)\big)^{-1}(f,g) \,.$$

Man zeige , daß

$$\partial\varphi(x)h = -S(x)\partial A(x)\big[h,\varphi(x)\big] - T(x)\partial B(x)\big[h,\varphi(x)\big] \,, \qquad (x,h) \in X \times H \,,$$

wobei

$$S(x) := \big(A(x),B(x)\big)^{-1}\big|(F \times \{0\}) \quad \text{und} \quad T(x) := \big(A(x),B(x)\big)^{-1}\big|(\{0\} \times G)$$

für $x \in X$ gesetzt sind.

3 Man bestimme die allgemeine Lösung der **skalaren linearen inhomogenen Differential-gleichung**

$$\dot{x} = a(t)x + b(t)$$

mit **zeitabhängigen Koeffizienten** $a, b \in C(J, \mathbb{R})$.

4 Es seien D offen in $\mathbb{R}$ und $f \in C(D, \mathbb{R})$. Man zeige, daß die **Ähnlichkeitsdifferential-gleichung**

$$\dot{x} = f(x/t)$$

vermöge der Transformation $y := x/t$ zur Differentialgleichung mit getrennten Variablen

$$\dot{y} = \big(f(y) - y\big)/t$$

äquivalent ist.

5 Wie lautet die allgemeine Lösung von $\dot{x} = (x^2 + tx + t^2)/t^2$? (Hinweis: Aufgabe 4.)

6 Man bestimme die Lösung des Anfangswertproblems $\dot{x} + tx^2 = 0$, $x(0) = 2$.

7 Es seien $a, b \in C(J, \mathbb{R})$ und $\alpha \neq 1$. Man zeige, daß die **Bernoullische Differentialgleichung**

$$\dot{x} = a(t)x + b(t)x^\alpha$$

durch die Transformation $y := x^{1-\alpha}$ in die lineare Differentialgleichung

$$\dot{y} = (1 - \alpha)\big(a(t)y + b(t)\big)$$

übergeführt wird.

8 Man berechne die allgemeine Lösung u der **logistischen Differentialgleichung**

$$\dot{x} = (\alpha - \beta x)x , \qquad \alpha, \beta > 0 .$$

Ferner untersuche man $\lim_{t \to t^+} u(t)$ und die Wendepunkte von u.

9 Mit Hilfe der Substitution $y = x/t$ ist die allgemeine Lösung von $\dot{x} = (t + x)/(t - x)$ zu bestimmen.

10 Es sei $f \in C^{1-}(D, E)$, und $u : J(\xi) \to \mathbb{R}$ bezeichne die nichtfortsetzbare Lösung von

$$\dot{x} = f(x) , \quad x(0) = \xi .$$

Man bestimme $\mathcal{D}(f) := \big\{ (t, \xi) \in \mathbb{R} \times D ; t \in J(\xi) \big\}$, falls f durch

$$\mathbb{R} \to \mathbb{R} , \quad x \mapsto x^{1+\alpha} , \quad \alpha \geq 0 ;$$
$$E \to E , \quad x \mapsto Ax , \quad A \in \mathcal{L}(E) ;$$
$$\mathbb{R} \to \mathbb{R} , \quad x \mapsto 1 + x^2$$

gegeben ist.

11 Man beweise die Fehlerabschätzung von Bemerkung 8.14(b). (Hinweis: Mit den Be-zeichnungen des Beweises von Theorem 8.13 folgt durch vollständige Induktion

$$\|u_{m+1}(t) - u_m(t)\| \leq ML^m \frac{|t - t_0|^{m+1}}{(m+1)!} , \qquad m \in \mathbb{N} , \quad t \in I ,$$

und somit $\|u_{m+1} - u_m\|_{C(I,E)} < M\alpha 2^{-m}/(m+1)!$ für $m \in \mathbb{N}$.)

12 Es seien $A \in C\big(J, \mathcal{L}(E)\big)$ und $b \in C(J, E)$. Man zeige, daß das Anfangswertproblem

$$\dot{x} = A(t)x + b(t) \ , \quad x(t_0) = x_0$$

für jedes $(t_0, x_0) \in J \times E$ eine eindeutig bestimmte globale Lösung besitzt. (Hinweise: Rückführung auf eine Integralgleichung, Aufgabe IV.4.1 und $\int_{t_0}^{t} \int_{t_0}^{s} d\sigma \, ds = (t - t_0)^2 / 2$.)

9 Mannigfaltigkeiten

Aus Bemerkung 8.5(e) wissen wir, daß die Lösungsmengen nichtlinearer Gleichungen in der Nähe regulärer Punkte durch Graphen beschrieben werden können. In diesem Paragraphen wollen wir diejenigen Teilmengen des $\mathbb{R}^n$, die sich lokal durch Graphen darstellen lassen, nämlich die Untermannigfaltigkeiten des $\mathbb{R}^n$, genauer studieren. Wir führen die wichtigen Konzepte der regulären Parametrisierung und der lokalen Karte ein, welche es erlauben, Untermannigfaltigkeiten lokal mittels Funktionen darzustellen.

- Im ganzen Paragraphen gehört q zu $\mathbb{N}^\times \cup \{\infty\}$.

Untermannigfaltigkeiten des $\mathbb{R}^n$

Eine Teilmenge M des $\mathbb{R}^n$ heißt m-**dimensionale** C^q-**Untermannigfaltigkeit** des $\mathbb{R}^n$, wenn es zu jedem $x_0 \in M$ eine in $\mathbb{R}^n$ offene Umgebung U von x_0, eine offene Menge V in $\mathbb{R}^n$ sowie ein $\varphi \in \mathrm{Diff}^q(U, V)$ gibt mit $\varphi(U \cap M) = V \cap (\mathbb{R}^m \times \{0\})$.

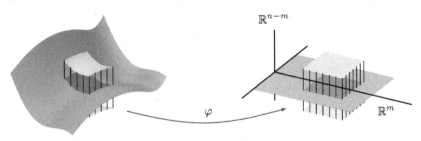

Ein- bzw. zweidimensionale Untermannigfaltigkeiten des $\mathbb{R}^n$ werden als in $\mathbb{R}^n$ (**eingebettete**) **Kurven** bzw. als in $\mathbb{R}^n$ (**eingebettete**) **Flächen** bezeichnet, und Untermannigfaltigkeiten des $\mathbb{R}^n$ der Dimension $n-1$ heißen (eingebettete) **Hyperflächen** (in $\mathbb{R}^n$). Statt C^q-Untermannigfaltigkeit des $\mathbb{R}^n$ werden wir oft — insbesondere dann, wenn der „umgebende Raum" $\mathbb{R}^n$ nicht wesentlich ist — einfach (C^q)-**Mannigfaltigkeit** sagen.[1]

Eine m-dimensionale Untermannigfaltigkeit des $\mathbb{R}^n$ liegt lokal, d.h. in der Nähe jedes ihrer Punkte, so — genauer: bis auf kleine Deformationen — in $\mathbb{R}^n$ wie $\mathbb{R}^m$ als Koordinatenuntervektorraum in $\mathbb{R}^n$ enthalten ist.

9.1 Beispiele (a) Eine Teilmenge X des $\mathbb{R}^n$ ist genau dann eine n-dimensionale C^∞-Untermannigfaltigkeit des $\mathbb{R}^n$, wenn X in $\mathbb{R}^n$ offen ist.

Beweis Sind X eine n-dimensionale C^∞-Untermannigfaltigkeit des $\mathbb{R}^n$ und $x_0 \in X$, so gibt es eine offene Umgebung U von x_0, eine offene Menge V in $\mathbb{R}^n$ und ein $\varphi \in \mathrm{Diff}^\infty(U, V)$

---

[1]Man beachte, daß die leere Menge eine Mannigfaltigkeit jeder Dimension $\leq n$ ist. Die Dimension einer nichtleeren Mannigfaltigkeit ist eindeutig bestimmt, wie in Bemerkung 9.16(a) gezeigt wird.

mit $\varphi(U \cap X) = V$. Also ist $U \cap X = \varphi^{-1}(V) = U$. Folglich gehört U zu X, was zeigt, daß X offen ist.

Es sei nun X offen in $\mathbb{R}^n$. Dann setzen wir $U := X$ und $V := X$ sowie $\varphi := \mathrm{id}_X$ und erkennen X als n-dimensionale C^∞-Untermannigfaltigkeit des $\mathbb{R}^n$. ∎

(b) Es sei $M := \{x_0, \ldots, x_k\} \subset \mathbb{R}^n$. Dann ist M eine 0-dimensionale C^∞-Untermannigfaltigkeit des $\mathbb{R}^n$.

Beweis Wie setzen $\alpha := \min\{ |x_i - x_j| \; ; \; 0 \le i, j \le k, \; i \ne j \}$ und wählen $y \in M$. Dann ist $\mathbb{B}(y, \alpha)$ eine offene Umgebung von y in $\mathbb{R}^n$, und für $\varphi(x) := x - y$ mit $x \in \mathbb{B}(y, \alpha)$ gelten $\varphi \in \mathrm{Diff}^\infty\big(\mathbb{B}(y, \alpha), \alpha\mathbb{B}\big)$ und $\varphi\big(\mathbb{B}(y, \alpha) \cap M\big) = \{0\}$. ∎

(c) Es sei $\psi \in \mathrm{Diff}^q(\mathbb{R}^n, \mathbb{R}^n)$, und M sei eine m-dimensionale C^q-Untermannigfaltigkeit des $\mathbb{R}^n$. Dann ist $\psi(M)$ eine m-dimensionale C^q-Untermannigfaltigkeit des $\mathbb{R}^n$.

Beweis Dies bleibt dem Leser als Aufgabe überlassen. ∎

(d) Jede C^q-Untermannigfaltigkeit von $\mathbb{R}^n$ ist auch eine C^r-Untermannigfaltigkeit von $\mathbb{R}^n$ für $1 \le r \le q$. ∎

(e) Der Diffeomorphismus φ und die offene Menge V des $\mathbb{R}^n$ in der obigen Definition können so gewählt werden, daß $\varphi(x_0) = 0$ gilt.

Beweis Es genügt, das gegebene φ mit dem C^∞-Diffeomorphismus $y \mapsto y - \varphi(x_0)$ zu verknüpfen. ∎

Graphen

Der nächste Satz zeigt, daß Graphen Mannigfaltigkeiten sind und liefert damit eine große Klasse von Beispielen.

9.2 Satz *Es seien X offen in $\mathbb{R}^m$ und $f \in C^q(X, \mathbb{R}^n)$. Dann ist $\mathrm{graph}(f)$ eine m-dimensionale C^q-Untermannigfaltigkeit des $\mathbb{R}^{m+n}$.*

Beweis Wir setzen $U := X \times \mathbb{R}^n$ und betrachten

$$\varphi : U \to \mathbb{R}^{m+n} = \mathbb{R}^m \times \mathbb{R}^n \; , \quad (x, y) \mapsto \big(x, y - f(x)\big) \; .$$

Dann gilt $\varphi \in C^q(U, \mathbb{R}^m \times \mathbb{R}^n)$ mit $\mathrm{im}(\varphi) = U$. Außerdem ist $\varphi : U \to U$ bijektiv mit $\varphi^{-1}(x, z) = (x, z + f(x))$. Also ist φ ein C^q-Diffeomorphismus von U auf sich, und $\varphi\big(U \cap \mathrm{graph}(f)\big) = X \times \{0\} = U \cap \big(\mathbb{R}^m \times \{0\}\big)$. ∎

Der Satz vom regulären Wert

Das folgende Theorem gibt eine neue Interpretation von Bemerkung 8.5(f). Es liefert eines der bequemsten und nützlichsten Hilfsmittel zum Erkennen von Untermannigfaltigkeiten.

9.3 Theorem (vom regulären Wert) *Es sei X offen in $\mathbb{R}^m$, und c sei ein regulärer Wert von $f \in C^q(X, \mathbb{R}^n)$. Dann ist $f^{-1}(c)$ eine $(m-n)$-dimensionale C^q-Untermannigfaltigkeit des $\mathbb{R}^m$.*

Beweis Dies folgt unmittelbar aus Bemerkung 8.5(f) und Satz 9.2. ∎

9.4 Korollar *Es seien X offen in $\mathbb{R}^n$ und $f \in C^q(X, \mathbb{R})$. Gilt $\nabla f(x) \neq 0$ für $x \in f^{-1}(c)$, so ist die **Niveaufläche** $f^{-1}(c)$ von f eine C^q-Hyperfläche des $\mathbb{R}^n$.*

Beweis Man beachte Bemerkung 8.5(c). ∎

9.5 Beispiele (a) Die Funktion

$$f : \mathbb{R}^2 \to \mathbb{R}, \quad (x, y) \mapsto x^2 - y^2$$

besitzt $(0, 0)$ als einzigen kritischen Punkt. Ihre Niveaukurven sind Hyperbeln.

(b) Die (**euklidische**) n-**Sphäre** $S^n := \{ x \in \mathbb{R}^{n+1} ; |x| = 1 \}$ ist eine n-dimensionale C^∞-Hyperfläche in $\mathbb{R}^{n+1}$.

Beweis Die Funktion $f : \mathbb{R}^{n+1} \to \mathbb{R}$, $x \mapsto |x|^2$ ist glatt, und $S^n = f^{-1}(1)$. Da offensichtlich $\nabla f(x) = 2x$ gilt, ist 1 ein regulärer Wert von f. Die Behauptung folgt nun aus Korollar 9.4 ∎

(c) Die **orthogonale Gruppe** $O(n) := \{ A \in \mathbb{R}^{n \times n} ; A^\top A = 1_n \}$[2] ist eine C^∞-Untermannigfaltigkeit des $\mathbb{R}^{n \times n}$ der Dimension $n(n-1)/2$.

Beweis (i) Aus Aufgabe 1.5 wissen wir (wegen $A^\top = A^*$), daß $A^\top A$ für jedes $A \in \mathbb{R}^{n \times n}$ symmetrisch ist. Es ist leicht zu verifizieren, daß $\mathbb{R}^{n \times n}_{\text{sym}}$ die Dimension $n(n+1)/2$ hat (denn $n(n+1)/2$ ist die Anzahl der Einträge in und oberhalb der Diagonalen einer $(n \times n)$-Matrix). Für die Abbildung

$$f : \mathbb{R}^{n \times n} \to \mathbb{R}^{n \times n}_{\text{sym}}, \quad A \mapsto A^\top A$$

gilt $O(n) = f^{-1}(1_n)$. Zuerst halten wir fest, daß

$$g : \mathbb{R}^{n \times n} \times \mathbb{R}^{n \times n} \to \mathbb{R}^{n \times n}, \quad (A, B) \mapsto A^\top B$$

bilinear und somit glatt ist. Also ist wegen $f(A) = g(A, A)$ auch die Abbildung f glatt. Ferner gilt (vgl. Satz 4.6)

$$\partial f(A)B = A^\top B + B^\top A, \qquad A, B \in \mathbb{R}^{n \times n}.$$

(ii) Es seien $A \in f^{-1}(1_n) = O(n)$ und $S \in \mathbb{R}^{n \times n}_{\text{sym}}$. Für $B := AS/2$ gilt dann

$$\partial f(A)B = \frac{1}{2} A^\top A S + \frac{1}{2} S A^\top A = S$$

---

[2] Hier bezeichnet 1_n die Einheitsmatrix in $\mathbb{R}^{n \times n}$. Zu $O(n)$ vergleiche man auch die Aufgaben 1 und 2.

wegen $A^\top A = 1_n$. Also ist $\partial f(A)$ für jedes $A \in f^{-1}(1_n)$ surjektiv. Folglich ist 1_n ein regulärer Wert von f. Wegen $\dim(\mathbb{R}^{n \times n}) = n^2$ und $n^2 - n(n+1)/2 = n(n-1)/2$ folgt die Behauptung aus Theorem 9.3. ■

Der Immersionssatz

Es sei X offen in $\mathbb{R}^m$. Die Abbildung $f \in C^1(X, \mathbb{R}^n)$ heißt **Immersion** (von X in $\mathbb{R}^n$), wenn $\partial f(x) \in \mathcal{L}(\mathbb{R}^m, \mathbb{R}^n)$ für jedes $x \in X$ injektiv ist. Dann ist f eine **reguläre Parametrisierung** von $F := f(X)$. Schließlich heißt F **m-dimensionale (regulär) parametrisierte Fläche**, und X ist ihr **Parameterbereich**. Eine 1-dimensionale bzw. 2-dimensionale parametrisierte Fläche ist eine (**regulär**) **parametrisierte Kurve** bzw. (**regulär**) **parametrisierte Fläche**.

9.6 Bemerkungen und Beispiele   **(a)** Ist $f \in C^1(X, \mathbb{R}^n)$ eine Immersion, so gilt $m \le n$.

Beweis   Für $n < m$ gibt es keine Injektion $A \in \mathcal{L}(\mathbb{R}^m, \mathbb{R}^n)$, wie sofort aus der Rangformel (2.4) folgt. ■

(b) Für jedes $\ell \in \mathbb{N}^\times$ ist die Einschränkung von $\mathbb{R} \to \mathbb{R}^2$, $t \mapsto (\cos(\ell t), \sin(\ell t))$ auf $(0, 2\pi)$ eine C^∞-Immersion. Das Bild von $[0, 2\pi)$ ist der Einheitskreis S^1, der ℓ-mal durchlaufen wird.

(c) Die Abbildung $(-\pi, \pi) \to \mathbb{R}^2$, $t \mapsto (1 + 2\cos t)(\cos t, \sin t)$ ist eine glatte Immersion. Der Abschluß ihres Bildes wird als **Limaçon** (Ohrschnecke) **von Pascal** bezeichnet.

(d) Es ist leicht zu sehen, daß $(-\pi/4, \pi/2) \to \mathbb{R}^2$, $t \mapsto \sin 2t(-\sin t, \cos t)$ eine injektive C^∞-Immersion ist. ■

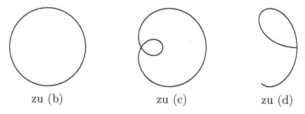

zu (b)   zu (c)   zu (d)

Das folgende Theorem zeigt, daß m-dimensionale parametrisierte Flächen lokal Mannigfaltigkeiten darstellen.

9.7 Theorem (Immersionssatz)   *Es sei X offen in $\mathbb{R}^m$, und $f \in C^q(X, \mathbb{R}^n)$ sei eine Immersion. Dann gibt es zu jedem $x_0 \in X$ eine offene Umgebung X_0 in X, so daß $f(X_0)$ eine m-dimensionale C^q-Untermannigfaltigkeit des $\mathbb{R}^n$ ist.*

Beweis   (i) Durch Permutieren der Koordinaten können wir ohne Beschränkung der Allgemeinheit annehmen, daß die ersten m Zeilen der Jacobimatrix $[\partial f(x_0)]$

linear unabhängig sind. Also gilt

$$\frac{\partial(f^1,\ldots,f^m)}{\partial(x^1,\ldots,x^m)}(x_0) \neq 0 \ .$$

(ii) Wir betrachten die in $\mathbb{R}^n$ offene Menge $X \times \mathbb{R}^{n-m}$ und die Abbildung

$$\psi \colon X \times \mathbb{R}^{n-m} \to \mathbb{R}^n \ , \quad (x,y) \mapsto f(x) + (0,y) \ .$$

Offensichtlich gehört ψ zur Klasse C^q, und $\partial\psi(x_0,0)$ besitzt die Darstellung

$$[\partial\psi(x_0,0)] = \begin{bmatrix} A & 0 \\ B & 1_{n-m} \end{bmatrix}$$

mit

$$A := \begin{bmatrix} \partial_1 f^1 & \cdots & \partial_m f^1 \\ \vdots & & \vdots \\ \partial_1 f^m & \cdots & \partial_m f^m \end{bmatrix}(x_0) \ , \quad B := \begin{bmatrix} \partial_1 f^{m+1} & \cdots & \partial_m f^{m+1} \\ \vdots & & \vdots \\ \partial_1 f^n & \cdots & \partial_m f^n \end{bmatrix}(x_0) \ .$$

Also gehört $\partial\psi(x_0,0)$ zu $\mathcal{L}\mathrm{aut}(\mathbb{R}^n)$, denn

$$\det[\partial\psi(x_0,0)] = \det A = \frac{\partial(f^1,\ldots,f^m)}{\partial(x^1,\ldots,x^m)}(x_0) \neq 0 \ .$$

Somit sichert der Satz über die Umkehrfunktion (Theorem 7.3) die Existenz offener Umgebungen $V \in \mathfrak{U}_{\mathbb{R}^n}(x_0,0)$ und $U \in \mathfrak{U}_{\mathbb{R}^n}\big(\psi(x_0,0)\big)$ mit $\psi|V \in \mathrm{Diff}^q(V,U)$.

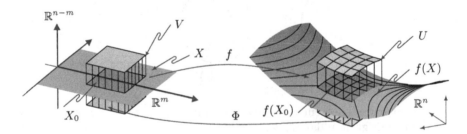

Wir setzen nun $\Phi := (\psi|V)^{-1} \in \mathrm{Diff}^q(U,V)$ und $X_0 := \big\{ x \in \mathbb{R}^m \ ; \ (x,0) \in V \big\}$. Dann ist X_0 eine offene Umgebung von x_0 in $\mathbb{R}^m$ mit

$$\Phi\big(U \cap f(X_0)\big) = \Phi\big(\psi(X_0 \times \{0\})\big) = X_0 \times \{0\} = V \cap \big(\mathbb{R}^m \times \{0\}\big) \ .$$

Damit ist alles bewiesen. ∎

9.8 Korollar *Es seien I ein offenes Intervall und $\gamma \in C^q(I, \mathbb{R}^n)$. Ferner seien $t_0 \in I$ und $\dot{\gamma}(t_0) \neq 0$. Dann gibt es ein offenes Teilintervall I_0 von I mit $t_0 \in I_0$, so daß die Spur von $\gamma | I_0$ eine in $\mathbb{R}^n$ eingebettete C^q-Kurve ist.*

Beweis Dies folgt unmittelbar aus Theorem 9.7. ∎

9.9 Bemerkungen (a) Der glatte Weg

$$\gamma : \mathbb{R} \to \mathbb{R}^2 , \quad t \mapsto (t^3, t^2)$$

erfüllt $\dot{\gamma}(t) \neq 0$ für $t \neq 0$. An der Stelle $t = 0$ verschwindet die Ableitung von γ. Die Spur von γ, die **Neilsche Parabel**, ist dort „nicht glatt", sondern hat eine Spitze.

(b) Es sei $f \in C^q(X, \mathbb{R}^n)$ eine Immersion. Dann ist $f(X)$ i. allg. keine C^q-Untermannigfaltigkeit des $\mathbb{R}^n$, denn $f(X)$ kann „Selbstdurchdringungen" besitzen, wie Beispiel 9.6(c) zeigt.

(c) Die in Beispiel 9.6(c) angegebene Immersion ist nicht injektiv. Doch auch Bilder injektiver Immersionen sind i. allg. keine Untermannigfaltigkeiten. Dies belegt Beispiel 9.6(d) (vgl. Aufgabe 16). Andererseits zeigt Beispiel 9.6(b), daß Bilder nichtinjektiver Immersionen durchaus Untermannigfaltigkeiten sein können.

(d) Es sei X offen in $\mathbb{R}^m = \mathbb{R}^m \times \{0\} \subset \mathbb{R}^n$, und $f \in C^q(X, \mathbb{R}^n)$ sei eine Immersion. Dann gibt es zu jedem $x_0 \in X$ eine offene Umgebung V von $(x_0, 0)$ in $\mathbb{R}^n$, eine offene Menge U in $\mathbb{R}^n$ und ein $\psi \in \mathrm{Diff}^q(V, U)$ mit $\psi(x, 0) = f(x)$ für $x \in X$ mit $(x, 0) \in V$.

Beweis Dies folgt unmittelbar aus dem Beweis von Theorem 9.7. ∎

Einbettungen

Es sei $g : I \to \mathbb{R}^2$ die injektive C^∞-Immersion von Beispiel 9.6(d) Wir haben bereits festgestellt, daß $S = \mathrm{im}(g)$ keine in $\mathbb{R}^2$ eingebettete Kurve darstellt. Es erhebt sich daher die Frage, welche zusätzlichen Eigenschaften eine injektive Immersion aufweisen muß, damit ihr Bild eine Untermannigfaltigkeit ist. Analysiert man das obige Beispiel, so ist es nicht schwierig einzusehen, daß $g^{-1} : S \to I$ nicht stetig ist. Also ist die Abbildung $g : I \to S$ nicht topologisch. Tatsächlich zeigt der nächste Satz, daß die Stetigkeit der Umkehrabbildung einer injektiven Immersion garantiert, daß ihr Bild eine Untermannigfaltigkeit ist. Dazu sagen wir: Eine (C^q-)Immersion $f : X \to \mathbb{R}^n$ heißt (C^q-)**Einbettung** von X in $\mathbb{R}^n$, wenn $f : X \to f(X)$ topologisch ist.[3]

---

[3]Natürlich trägt dabei $f(X)$ die von $\mathbb{R}^n$ induzierte Topologie. Ist aus dem Zusammenhang die Bedeutung von X und $\mathbb{R}^n$ unmißverständlich klar, so sprechen wir kurz von einer **Einbettung**.

9.10 Satz   *Es sei X offen in $\mathbb{R}^m$, und $f \in C^q(X, \mathbb{R}^n)$ sei eine Einbettung. Dann ist $f(X)$ eine m-dimensionale C^q-Untermannigfaltigkeit des $\mathbb{R}^n$.*

Beweis   Wir setzen $M := f(X)$ und wählen $y_0 \in M$. Gemäß Theorem 9.7 besitzt $x_0 := f^{-1}(y_0)$ eine offene Umgebung X_0 in X, so daß $M_0 := f(X_0)$ eine m-dimensionale Untermannigfaltigkeit des $\mathbb{R}^n$ ist.

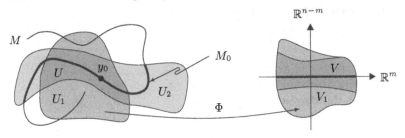

Also gibt es offene Umgebungen U_1 von y_0 und V_1 von 0 in $\mathbb{R}^n$ sowie einen C^q-Diffeomorphismus Φ von U_1 auf V_1 mit $\Phi(M_0 \cap U_1) = V_1 \cap (\mathbb{R}^m \times \{0\})$. Da f topologisch ist, ist M_0 offen in M. Somit gibt es eine offene Menge U_2 in $\mathbb{R}^n$ mit $M_0 = M \cap U_2$ (vgl. Satz III.2.26). Also sind $U := U_1 \cap U_2$ eine offene Umgebung von y_0 in $\mathbb{R}^n$ und $V := \Phi(U)$ eine offene Umgebung von 0 in $\mathbb{R}^n$ mit $\Phi(M \cap U) = V \cap (\mathbb{R}^m \times \{0\})$. Da dies für jedes $y_0 \in M$ gilt, ist die Behauptung bewiesen. ∎

9.11 Beispiele   **(a)** (Kugelkoordinaten)
Es sei

$$f_3 : \mathbb{R}^3 \to \mathbb{R}^3 , \qquad (r, \varphi, \vartheta) \mapsto (x, y, z)$$

durch

$$\begin{aligned} x &= r \cos\varphi \sin\vartheta , \\ y &= r \sin\varphi \sin\vartheta , \qquad\qquad (9.1) \\ z &= r \cos\vartheta \end{aligned}$$

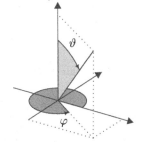

definiert, und $V_3 := (0, \infty) \times (0, 2\pi) \times (0, \pi)$. Dann ist $g_3 := f_3 | V_3$ eine C^∞-Einbettung von V_3 in $\mathbb{R}^3$, und $F_3 = g_3(V_3) = \mathbb{R}^3 \backslash H_3$, wobei H_3 die abgeschlossene Halbebene $\mathbb{R}^+ \times \{0\} \times \mathbb{R}$ bezeichnet.

Beschränkt man (r, φ, ϑ) auf eine Teilmenge von V_3 der Form

$$(r_0, r_1) \times (\varphi_0, \varphi_1) \times (\vartheta_0, \vartheta_1) ,$$

so erhält man eine reguläre Parametrisierung eines „Kugelschalensegments".

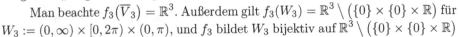

Man beachte $f_3(\overline{V}_3) = \mathbb{R}^3$. Außerdem gilt $f_3(W_3) = \mathbb{R}^3 \backslash (\{0\} \times \{0\} \times \mathbb{R})$ für $W_3 := (0, \infty) \times [0, 2\pi) \times (0, \pi)$, und f_3 bildet W_3 bijektiv auf $\mathbb{R}^3 \backslash (\{0\} \times \{0\} \times \mathbb{R})$

ab. Folglich kann jeder Punkt $(x, y, z) \in \mathbb{R}^3 \setminus (\{0\} \times \{0\} \times \mathbb{R})$ eindeutig vermöge (9.1) durch die **Kugelkoordinaten** $(r, \varphi, \vartheta) \in W_3$ beschrieben werden. Mit anderen Worten: $f_3 | W_3$ ist eine Parametrisierung des $\mathbb{R}^3$, aus dem die z-Achse entfernt wurde, aber W_3 ist nicht offen in $\mathbb{R}^3$.

Beweis Offensichtlich gilt $f_3 \in C^\infty(\mathbb{R}^3, \mathbb{R}^3)$, und $g_3 : V_3 \to F_3$ ist topologisch (vgl. Aufgabe 11). Ferner finden wir

$$[\partial f_3(r, \varphi, \vartheta)] = \begin{bmatrix} \cos\varphi\sin\vartheta & -r\sin\varphi\sin\vartheta & r\cos\varphi\cos\vartheta \\ \sin\varphi\sin\vartheta & r\cos\varphi\sin\vartheta & r\sin\varphi\cos\vartheta \\ \cos\vartheta & 0 & -r\sin\vartheta \end{bmatrix} .$$

Für die Determinante von ∂f_3 errechnet man durch Entwickeln nach der letzten Zeile den Wert $-r^2 \sin\vartheta \neq 0$ für $(r, \varphi, \vartheta) \in V_3$. Also ist g_3 eine Immersion, und somit eine Einbettung. Die restlichen Aussagen sind klar. ∎

(b) (Sphärische Koordinaten)
Wir definieren

$$f_2 : \mathbb{R}^2 \to \mathbb{R}^3 , \qquad (\varphi, \vartheta) \mapsto (x, y, z)$$

durch

$$\begin{aligned} x &= \cos\varphi\sin\vartheta , \\ y &= \sin\varphi\sin\vartheta , \qquad (9.2) \\ z &= \cos\vartheta \end{aligned}$$

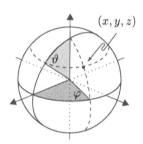

und setzen $V_2 := (0, 2\pi) \times (0, \pi)$. Dann ist $g_2 := f_2 | V_2$ eine C^∞-Einbettung von V_2 in $\mathbb{R}^3$ und $F_2 := g_2(V_2) = S^2 \setminus H_3$. Mit anderen Worten: F_2 entsteht aus S^2 durch Entfernen des Halbkreises, der von der Halbebene H_3 aus S^2 ausgeschnitten wird. Beschränkt man (φ, ϑ) auf eine Teilmenge von V_2 der Form $(\varphi_0, \varphi_1) \times (\vartheta_0, \vartheta_1)$, so erhält man eine reguläre Parametrisierung eines Ausschnittes von S^2, welcher deutlich macht, wie das Rechteck $\overline{V}_2$ durch f_2 „zur Sphäre S^2 zusammengebogen" wird. Man beachte auch, daß für $W_2 := [0, 2\pi) \times (0, \pi)$ gilt $f_2(W_2) = S^2 \setminus \{\pm e_3\}$, wobei e_3 der **Nordpol** und $-e_3$ der **Südpol** sind. Ferner bildet f_2 den Parameterbereich W_2 bijektiv auf $S^2 \setminus \{\pm e_3\}$ ab. Also kann $S^2 \setminus \{\pm e_3\}$ vermöge (9.2) durch **sphärische Koordinaten** $(\varphi, \vartheta) \in W_2$ beschrieben werden, aber $f_2 | W_2$ ist keine reguläre Parametrisierung von $S^2 \setminus \{\pm e_3\}$, da W_2 nicht offen in $\mathbb{R}^2$ ist.

Beweis Es ist klar, daß $f_2 = f_3(1, \cdot, \cdot) \in C^\infty(\mathbb{R}^2, \mathbb{R}^3)$ und $F_2 = S^2 \cap F_3$ gelten. Da F_3 offen ist in $\mathbb{R}^3$, ist folglich F_2 offen in S^2. Ferner ist $g_2 = g_3(1, \cdot, \cdot)$ bijektiv von V_2 auf F_2, und $g_2^{-1} = g_3^{-1} | F_2$. Also ist $g_2^{-1} : F_2 \to V_2$ stetig. Da

$$[\partial f_2(\varphi, \vartheta)] = \begin{bmatrix} -\sin\varphi\sin\vartheta & \cos\varphi\cos\vartheta \\ \cos\varphi\sin\vartheta & \sin\varphi\cos\vartheta \\ 0 & -\sin\vartheta \end{bmatrix} . \qquad (9.3)$$

aus den letzten beiden Spalten der regulären Matrix $[\partial f_3(1, \varphi, \vartheta)]$ besteht, ist $\partial g_2(\varphi, \vartheta)$ für $(\varphi, \vartheta) \in V_2$ injektiv. Folglich ist g_2 eine reguläre C^∞-Parametrisierung. ∎

(c) (Zylinderkoordinaten) Es sei

$$f : \mathbb{R}^3 \to \mathbb{R}^3 , \qquad (r, \varphi, z) \mapsto (x, y, z)$$

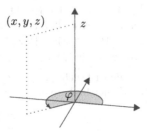

durch

$$x = r \cos \varphi ,$$
$$y = r \sin \varphi , \qquad (9.4)$$
$$z = z$$

definiert, und $V := (0, \infty) \times (0, 2\pi) \times \mathbb{R}$. Dann ist $g := f \,|\, V$ eine C^∞-Einbettung von V in $\mathbb{R}^3$ mit $g(V) = F_3 = \mathbb{R}^3 \setminus H_3$. Beschränkt man g auf eine Teilmenge von V der Form $R := (r_0, r_1) \times (\varphi_0, \varphi_1) \times (z_0, z_1)$, so erhält man eine reguläre Parametrisierung eines „Zylinderschalensegments". Mit anderen Worten: Der Quader R wird durch f zu einem Zylinderschalensegment „verbogen".

Ferner gelten $f(\overline{V}) = \mathbb{R}^3$ und $f(W) = \mathbb{R}^3 \setminus (\{0\} \times \{0\} \times \mathbb{R}) =: Z$ für $W := (0, \infty) \times [0, 2\pi) \times \mathbb{R}$, und $f \,|\, W$ bildet W bijektiv auf Z, d.h. den $\mathbb{R}^3$ ohne z-Achse, ab. Also kann Z mittels (9.4) durch **Zylinderkoordinaten** beschrieben werden, aber $f \,|\, W$ ist keine reguläre Parametrisierung von Z, da W nicht offen ist.

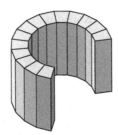

Beweis Es ist offensichtlich, daß g bijektiv auf F_3 ist, und es ist leicht zu sehen, daß g^{-1} glatt ist (vgl. Aufgabe 12). Ferner gilt

$$\big[\partial f(r, \varphi, z)\big] = \begin{bmatrix} \cos \varphi & -r \sin \varphi & 0 \\ \sin \varphi & r \cos \varphi & 0 \\ 0 & 0 & 1 \end{bmatrix} ,$$

was $\det \partial f(r, \varphi, z) = r$ impliziert. Also ist $f \,|\, (0, \infty) \times \mathbb{R} \times \mathbb{R}$ eine C^∞-Immersion des offenen Halbraumes $(0, \infty) \times \mathbb{R} \times \mathbb{R}$ in $\mathbb{R}^3$, und g ist eine C^∞-Einbettung von V in $\mathbb{R}^3$. Die verbleibenden Aussagen sind wiederum klar. ∎

(d) (Zylindermantelkoordinaten) Wir setzen $r = 1$ in (9.4). Dann stellt $g(1, \cdot, \cdot)$ eine C^∞-Einbettung von $(0, 2\pi) \times \mathbb{R}$ in $\mathbb{R}^3$ dar, für welche die offensichtlichen Analoga zu (c) gelten.

(e) (Rotationsflächen) Es seien J ein offenes Intervall in $\mathbb{R}$ und $\rho, \sigma \in C^q(J, \mathbb{R})$ mit $\rho(t) > 0$ und $\big(\dot{\rho}(t), \dot{\sigma}(t)\big) \neq (0, 0)$ für $t \in J$. Dann ist

$$r : J \times \mathbb{R} \to \mathbb{R}^3 , \qquad (t, \varphi) \mapsto \big(\rho(t) \cos \varphi, \rho(t) \sin \varphi, \sigma(t)\big)$$

eine C^q-Immersion von $J \times \mathbb{R}$ in $\mathbb{R}^3$.

Die Abbildung

$$\gamma : J \to \mathbb{R}^3 , \quad t \mapsto \big(\rho(t), 0, \sigma(t)\big)$$

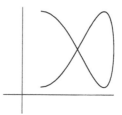

ist eine C^q-Immersion von J in $\mathbb{R}^3$. Das Bild Γ
von γ ist eine regulär parametrisierte Kurve, die
in der x-z-Ebene liegt, und $R := r(J \times \mathbb{R})$ entsteht
durch Rotation von Γ um die z-Achse. Also ist R
eine **Rotationsfläche**, und Γ ist eine **Meridiankurve**
von R. Ist γ nicht injektiv, so enthält R Kreise
in Ebenen parallel zur x-y-Ebene, in denen sich R
selbst durchdringt.

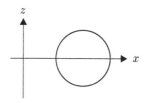

Es seien I ein offenes Teilintervall von J, derart daß $\gamma \,|\, I$ eine Einbettung ist, und
K sei ein offenes Teilintervall von $[0, 2\pi]$. Dann ist auch $r \,|\, I \times K$ eine Einbettung.

Beweis Die Jacobimatrix von r berechnet sich zu

$$\begin{bmatrix} \dot{\rho}(t)\cos\varphi & -\rho(t)\sin\varphi \\ \dot{\rho}(t)\sin\varphi & \rho(t)\cos\varphi \\ \dot{\sigma}(t) & 0 \end{bmatrix} . \tag{9.5}$$

Die Determinante der (2×2)-Matrix, die durch Streichen der letzten Zeile entsteht, hat
den Wert $\rho(t)\dot{\rho}(t)$. Also hat die Matrix (9.5) den Rang 2, falls $\dot{\rho}(t) \neq 0$ gilt. Ist $\dot{\rho}(t) = 0$,
so gilt $\dot{\sigma}(t) \neq 0$, und mindestens eine der beiden Determinanten, die aus (9.5) durch
Streichen der ersten oder zweiten Zeile entstehen, ist von 0 verschieden. Dies beweist,
daß r eine Immersion ist. Der Nachweis der verbleibenden Aussagen bleibt dem Leser
überlassen. ∎

(f) (Tori) Es gelte $0 < r < a$. Durch Rotation des durch $(x - a)^2 + z^2 = r^2$ beschriebenen in der x-z-Ebene liegenden Kreises um die z-Achse

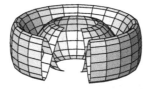
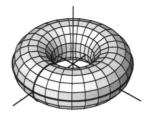

entsteht ein (2-)**Torus**, $\mathsf{T}^2_{a,r}$ (genauer: eine **Torusfläche**). Für $\tau_2 \in C^\infty(\mathbb{R}^2, \mathbb{R}^3)$ mit

$$\tau_2(t, \varphi) := \big((a + r\cos t)\cos\varphi, (a + r\cos t)\sin\varphi, r\sin t\big)$$

finden wir $\tau_2([0, 2\pi]^2) = \mathsf{T}_{a,r}^2$, und $\tau_2 \,|\, (0, 2\pi)^2$ ist eine Einbettung. Das Bild des Quadrates $(0, 2\pi)^2$ unter τ_2 besteht aus der Torusfläche, aus der die beiden durch die Gleichungen $x^2 + y^2 = (r + a)^2$ bzw. $(x - a)^2 + z^2 = r^2$ beschriebenen in der x-y-Ebene bzw. x-z-Ebene liegenden Kreise entfernt wurden.

Anschaulich ausgedrückt bewirkt die Abbildung τ_2 folgendes: Das Quadrat $[0, 2\pi]^2$ wird zuerst durch „Identifizieren" zweier einander gegenüber liegender Seiten zu einer Röhre zusammengebogen. Anschließend wird diese Röhre zu einem Ring verbogen und die beiden Enden werden ebenfalls miteinander „identifiziert".

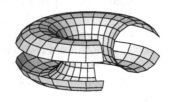

Beweis Die Abbildung $t \mapsto (a + r\cos t, 0, r\sin t)$ ist eine C^∞-Immersion von $\mathbb{R}$ in $\mathbb{R}^3$, deren Bild der durch $(x - a)^2 + z^2 = r^2$ beschriebene Kreis ist. Also folgt die Behauptung leicht aus (e) mit $\rho(t) := a + r\cos t$ und $\sigma(t) := r\sin t$. ∎

Die folgende Umkehrung von Satz 9.10 zeigt, daß jede Untermannigfaltigkeit lokal das Bild einer Einbettung ist.

9.12 Theorem *Es sei M eine m-dimensionale C^q-Untermannigfaltigkeit des $\mathbb{R}^n$. Dann besitzt jeder Punkt p von M eine Umgebung U in M, so daß U das Bild einer offenen Menge des $\mathbb{R}^m$ unter einer C^q-Einbettung ist.*

Beweis Zu jedem $p \in M$ gibt es offene Umgebungen $\widetilde{U}$ von p und $\widetilde{V}$ von 0 in $\mathbb{R}^n$ sowie einen C^q-Diffeomorphismus $\Phi : \widetilde{U} \to \widetilde{V}$ mit $\Phi(M \cap \widetilde{U}) = \widetilde{V} \cap (\mathbb{R}^m \times \{0\})$. Wir setzen $U := M \cap \widetilde{U}$ und $V := \{ x \in \mathbb{R}^m \;;\; (x, 0) \in \widetilde{V} \}$ sowie

$$ g : V \to \mathbb{R}^n , \quad x \mapsto \Phi^{-1}\big((x, 0)\big) . $$

Dann sind U offen in M und V offen in $\mathbb{R}^m$, und g gehört zu $C^q(V, \mathbb{R}^n)$. Außerdem bildet g die Menge V bijektiv auf U ab, und es gilt Rang $\partial g(x) = m$ für $x \in V$, da $[\partial g(x)]$ aus den ersten m Spalten der regulären Matrix $[\partial \Phi^{-1}((x, 0))]$ besteht. Da offensichtlich $g^{-1} = \Phi \,|\, U$ gilt, ist g, aufgefaßt als Abbildung in den topologischen Teilraum U von $\mathbb{R}^n$, eine topologische Abbildung von V auf U. ∎

Lokale Karten und Parametrisierungen

Wir benutzen nun die vorangehenden Überlegungen dazu, eine m-dimensionale Untermannigfaltigkeit M des $\mathbb{R}^n$ lokal durch Abbildungen zwischen offenen Teilmengen von M und $\mathbb{R}^m$ zu beschreiben. Im dritten Band werden wir sehen, wie wir — mit Hilfe lokaler Karten — „abstrakte" Mannigfaltigkeiten beschreiben können, die nicht (von vornherein) in einen euklidischen Raum eingebettet sind. Diese Darstellung ist weitgehend unabhängig vom „umgebenden Raum".

Es seien M eine Teilmenge von $\mathbb{R}^n$ und $p \in M$. Wir bezeichnen mit

$$i_M : M \to \mathbb{R}^n , \quad x \mapsto x$$

die kanonische Injektion von M in $\mathbb{R}^n$. Die Abbildung φ heißt m-dimensionale (**lokale**) C^q-**Karte von** M **um** p, wenn gilt:

- $U := \mathrm{dom}(\varphi)$ ist eine offene Umgebung von p in M;
- φ ist ein Homöomorphismus von U auf eine offene Teilmenge $V := \varphi(U)$ von $\mathbb{R}^m$;
- $g := i_M \circ \varphi^{-1}$ ist eine C^q-Immersion.

Die Menge U ist das zu φ gehörende **Kartengebiet**, V ist der **Parameterbereich** und g die **Parametrisierung** von U bezüglich φ. Gelegentlich schreiben wir (φ, U) für φ und (g, V) für g. Ein m-dimensionaler C^q-**Atlas** für M ist eine Familie $\{\varphi_\alpha ; \alpha \in \mathsf{A}\}$ von m-dimensionalen C^q-Karten von M derart, daß die Kartengebiete $U_\alpha := \mathrm{dom}(\varphi_\alpha)$ die Menge M überdecken: $M = \bigcup_\alpha U_\alpha$. Schließlich heißen $(x^1, \ldots, x^m) := \varphi(p)$ **lokale Koordinaten** von $p \in U$ bezüglich der Karte φ.

Der nächste Satz zeigt, daß Mannigfaltigkeiten durch Karten beschrieben werden können. Dies bedeutet insbesondere, daß eine m-dimensionale Untermannigfaltigkeit von $\mathbb{R}^n$ lokal „wie $\mathbb{R}^m$ aussieht", da sie lokal zu einer offenen Teilmenge von $\mathbb{R}^m$ homöomorph ist.

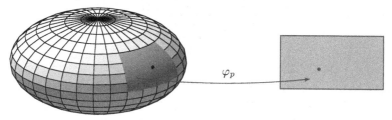

9.13 Theorem *Es sei M eine m-dimensionale C^q-Untermannigfaltigkeit des $\mathbb{R}^n$. Dann gibt es zu jedem $p \in M$ eine m-dimensionale C^q-Karte von M um p. Also besitzt M einen m-dimensionalen C^q-Atlas. Ist M kompakt, so gibt es für M einen endlichen Atlas.*

Beweis Theorem 9.12 garantiert, daß es zu jedem $p \in M$ eine m-dimensionale C^q-Karte φ_p um p gibt. Also ist $\{\varphi_p ; p \in M\}$ ein Atlas. Da die Kartengebiete dieses Atlas eine offene Überdeckung von M bilden, folgt die letzte Aussage aus der Definition der Kompaktheit. ∎

9.14 Beispiele (a) Es sei X offen in $\mathbb{R}^n$. Dann besitzt X einen C^∞-Atlas mit nur einer Karte, nämlich der **trivialen**, id_X.

(b) Es seien X offen in $\mathbb{R}^m$ und $f \in C^q(X, \mathbb{R}^n)$. Dann ist $\mathrm{graph}(f)$ gemäß Satz 9.2 eine m-dimensionale C^q-Untermannigfaltigkeit von $\mathbb{R}^{m+n}$, und diese besitzt einen Atlas, der aus der einzigen Karte φ mit $\varphi\bigl((x, f(x))\bigr) = x$ für $x \in X$ besteht.

(c) Die Sphäre S^2 besitzt einen C^∞-Atlas aus genau zwei Karten.

Beweis Mit den Notationen von Beispiel 9.11(b) seien $U_2 := g_2(V_2)$ und $\varphi_2 : U_2 \to V_2$, $(x, y, z) \mapsto (\varphi, \vartheta)$ die zu g_2 inverse Abbildung. Dann ist φ_2 eine C^∞-Karte von S^2.

Nun definieren wir $\widetilde{g}_2 : \widetilde{V}_2 \to S^2$ durch $\widetilde{V}_2 := (\pi, 3\pi) \times (0, \pi)$ und

$$\widetilde{g}_2(\varphi, \vartheta) := (\cos\varphi \sin\vartheta, \cos\vartheta, \sin\varphi \sin\vartheta) \ .$$

Dann entsteht $\widetilde{g}_2(\widetilde{V}_2)$ aus S^2 durch Weglassen des Halbkreises, der von der Koordinatenhalbebene $(-\mathbb{R}^+) \times \mathbb{R} \times \{0\}$ ausgeschnitten wird. Offensichtlich gilt $U_2 \cup \widetilde{U}_2 = S^2$ mit $\widetilde{U}_2 := \widetilde{g}_2(\widetilde{V}_2)$, und der Beweis von Beispiel 9.11(b) zeigt, daß $\widetilde{\varphi}_2 := g_2^{-1}$ eine C^∞-Karte von S^2 ist. ∎

(d) Für jedes $n \in \mathbb{N}$ besitzt die n-Sphäre S^n einen Atlas aus genau zwei glatten Karten. Für $n \geq 1$ werden sie durch die **stereographischen Projektionen**, $\varphi_\pm$, gegeben, wobei φ_+ [bzw. φ_-] jedem $p \in S^n \backslash \{e_{n+1}\}$ [bzw. $p \in S^n \backslash \{-e_{n+1}\}$] den „Durchstoßpunkt" zuordnet, den die Gerade, welche durch den **Nordpol** e_{n+1} [bzw. **Südpol** $-e_{n+1}$] und p geht, in der **Äquatorhyperebene** $\mathbb{R}^n \times \{0\}$ besitzt.

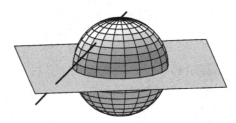

Beweis Wir wissen bereits aus Beispiel 9.5(b), daß S^n eine n-dimensionale C^∞-Untermannigfaltigkeit von $\mathbb{R}^n$ ist. Im Fall $n = 0$ besteht S^n aus den beiden Punkten ± 1 von $\mathbb{R}$, und die Aussage ist trivial.

Es sei also $n \in \mathbb{N}^\times$. Die Gerade $t \mapsto tp \pm (1 - t)e_{n+1}$ durch p und $\pm e_{n+1} \in S^n$ schneidet die Hyperebene $x^{n+1} = 0$ für $t = 1/(1 \mp p^{n+1})$. Also hat der Durchstoßpunkt die Koordinaten $x = p'/(1 \mp p^{n+1}) \in \mathbb{R}^n$ mit $p = (p', p^{n+1}) \in \mathbb{R}^n \times \mathbb{R}$. Dadurch sind die Abbildungen $\varphi_\pm : S^n \backslash \{\pm e_{n+1}\} \to \mathbb{R}^n$, $p \mapsto x$ definiert, und sie sind offensichtlich stetig.

Zur Berechnung ihrer Umkehrabbildungen betrachten wir die Gerade

$$t \mapsto t(x, 0) \pm (1 - t)e_{n+1}$$

durch $(x, 0) \in \mathbb{R}^n \times \mathbb{R}$ und $\pm e_{n+1} \in S^n$. Sie schneidet $S^n \backslash \{\pm e_{n+1}\}$ dort, wo $t > 0$ und $t^2 |x|^2 + (1 - t)^2 = 1$ gelten, also für $t = 2/(1 + |x|^2)$. Hiermit erhalten wir

$$\varphi_\pm^{-1}(x) = \frac{\left(2x, \pm(|x|^2 - 1)\right)}{1 + |x|^2} \ , \qquad x \in \mathbb{R}^n \ .$$

Folglich gehört $g_\pm := i_{S^n} \circ \varphi_\pm^{-1}$ zu $C^\infty(\mathbb{R}^n, \mathbb{R}^{n+1})$, und es ist nicht schwer nachzuprüfen, daß Rang $\partial g_\pm(x) = n$ für $x \in \mathbb{R}^n$ gilt. ∎

(e) Der Torus $\mathsf{T}_{a,r}^2$ ist eine C^∞-Hyperfläche in $\mathbb{R}^3$ und besitzt einen Atlas mit drei Karten.

Beweis Es seien $X := \mathbb{R}^3 \setminus \{0\} \times \{0\} \times \mathbb{R}$ und

$$f : X \to \mathbb{R} , \quad (x, y, z) \mapsto \left(\sqrt{x^2 + y^2} - a \right)^2 + z^2 - r^2 .$$

Dann ist $f \in C^\infty(X, \mathbb{R})$, und 0 ist ein regulärer Wert von f. Man verifiziert leicht, daß $f^{-1}(0) = \mathsf{T}_{a,r}^2$. Also ist $\mathsf{T}_{a,r}^2$ gemäß Theorem 9.3 eine glatte Fläche in $\mathbb{R}^3$. Die Umkehrabbildung φ von $\tau_2 \,|\, (0, 2\pi)^2$ ist eine zweidimensionale C^∞-Karte von $\mathsf{T}_{a,r}^2$. Eine zweite derartige Karte $\widetilde{\varphi}$ erhält man als Umkehrabbildung von $\tau_2 \,|\, (\pi, 3\pi)^2$. Schließlich wird durch $\tau_2 \,|\, (\pi/2, 5\pi/2)^2$ eine dritte Karte $\widehat{\varphi}$ definiert, und $\{\varphi, \widetilde{\varphi}, \widehat{\varphi}\}$ ist ein Atlas für $\mathsf{T}_{a,r}^2$. ∎

Kartenwechsel

Die lokale geometrische Gestalt einer Kurve oder Fläche (allgemeiner: einer Untermannigfaltigkeit des $\mathbb{R}^n$) ist unabhängig von ihrer Beschreibung durch lokale Karten. Für konkrete Berechnungen werden sich im allgemeinen entsprechend angepaßte Karten besonders gut eignen. Deshalb müssen wir in der Lage sein, die „Karten zu wechseln", um von einer Beschreibung zu einer anderen übergehen zu können. Außerdem werden „Kartenwechsel" es erlauben, Mannigfaltigkeiten dadurch, daß die lokalen Beschreibungen „zusammengesetzt" werden können, global zu behandeln.

Es sei $\{ (\varphi_\alpha, U_\alpha) \, ; \, \alpha \in \mathsf{A} \}$ ein m-dimensionaler C^q-Atlas für $M \subset \mathbb{R}^n$. Dann heißen die Abbildungen[4]

$$\varphi_\beta \circ \varphi_\alpha^{-1} : \varphi_\alpha(U_\alpha \cap U_\beta) \to \varphi_\beta(U_\alpha \cap U_\beta) , \qquad \alpha, \beta \in \mathsf{A} ,$$

Kartenwechsel. Sie geben an, wie die einzelnen Karten des Atlas $\{ \varphi_\alpha \, ; \, \alpha \in \mathsf{A} \}$ miteinander „verklebt" werden.

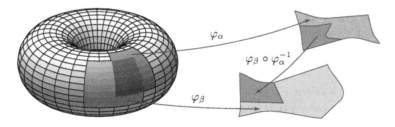

9.15 Satz Sind $(\varphi_\alpha, U_\alpha)$ und (φ_β, U_β) m-dimensionale C^q-Karten einer m-dimensionalen C^q-Mannigfaltigkeit, so gilt

$$\varphi_\beta \circ \varphi_\alpha^{-1} \in \mathrm{Diff}^q \big(\varphi_\alpha(U_\alpha \cap U_\beta), \varphi_\beta(U_\alpha \cap U_\beta) \big)$$

mit $(\varphi_\beta \circ \varphi_\alpha^{-1})^{-1} = \varphi_\alpha \circ \varphi_\beta^{-1}$.

---

[4]Hier und im folgenden setzen wir stets voraus, daß $U_\alpha \cap U_\beta \neq \emptyset$ gilt, wenn wir vom Kartenwechsel $\varphi_\beta \circ \varphi_\alpha^{-1}$ sprechen.

Beweis (i) Es ist klar, daß $\varphi_\beta \circ \varphi_\alpha^{-1}$ bijektiv ist mit der Inversen $\varphi_\alpha \circ \varphi_\beta^{-1}$. Somit genügt es nachzuweisen, daß $\varphi_\beta \circ \varphi_\alpha^{-1}$ zu $C^q\big(\varphi_\alpha(U_\alpha \cap U_\beta), \mathbb{R}^m\big)$ gehört.

(ii) Wir setzen $V_\gamma := \varphi_\gamma(U_\gamma)$, und g_γ ist die zu $(\varphi_\gamma, U_\gamma)$ gehörige Parametrisierung für $\gamma \in \{\alpha, \beta\}$. Ferner sei $x_\gamma \in \varphi_\gamma(U_\alpha \cap U_\beta)$ mit $g_\alpha(x_\alpha) = g_\beta(x_\beta) =: p$. Da g_γ eine injektive C^q-Immersion ist, gibt es aufgrund von Bemerkung 9.9(d) offene Umgebungen $\widetilde{U}_\gamma$ von p und $\widetilde{V}_\gamma$ von $(x_\gamma, 0)$ in $\mathbb{R}^n$ sowie ein $\psi_\gamma \in \mathrm{Diff}^q(\widetilde{V}_\gamma, \widetilde{U}_\gamma)$ mit $\psi_\gamma(y, 0) = g_\gamma(y)$ für alle $y \in V_\gamma$ mit $(y, 0) \in \widetilde{V}_\gamma$. Wir setzen nun

$$V := \big\{\, x \in V_\alpha \;;\; (x, 0) \in \widetilde{V}_\alpha \,\big\} \cap \varphi_\alpha(U_\alpha \cap U_\beta) \,.$$

Offensichtlich ist V eine offene Umgebung von x_α in $\mathbb{R}^m$. Außerdem können wir (durch ein eventuelles Verkleinern von V) aufgrund der Stetigkeit von g_α annehmen, daß $g_\alpha(V)$ in $\widetilde{U}_\beta$ enthalten sei. Also gilt

$$\varphi_\beta \circ \varphi_\alpha^{-1}(x) = \psi_\beta^{-1} \circ g_\alpha(x) \,, \qquad x \in V \,.$$

Wegen $g_\alpha \in C^q(V_\alpha, \mathbb{R}^n)$ folgt aus der Kettenregel, daß $\psi_\beta^{-1} \circ g_\alpha$ zu $C^q(V, \mathbb{R}^n)$ gehört.[5] Also folgt $\varphi_\beta \circ \varphi_\alpha^{-1} \in C^q(V, \mathbb{R}^m)$, weil das Bild von $\psi_\beta^{-1} \circ g_\alpha$ mit dem von $\varphi_\beta \circ \varphi_\alpha^{-1}$ übereinstimmt, also in $\mathbb{R}^m$ liegt. Da dies für jedes $x_\alpha \in \varphi_\alpha(U_\alpha \cap U_\beta)$ gilt und die Zugehörigkeit zur Klasse C^q eine lokale Eigenschaft ist, erhalten wir die Behauptung. ∎

9.16 Bemerkungen (a) Die Dimension einer Untermannigfaltigkeit des $\mathbb{R}^n$ ist eindeutig bestimmt. Folglich genügt es im Fall von m-dimensionalen Mannigfaltigkeiten, von Karten statt von „m-dimensionalen Karten" zu sprechen.

Beweis Es seien M eine m-dimensionale C^q-Untermannigfaltigkeit des $\mathbb{R}^n$ und $p \in M$. Dann gibt es gemäß Theorem 9.13 eine m-dimensionale C^q-Karte (φ, U) um p. Es sei (ψ, V) eine m'-dimensionale C^q-Karte um p. Dann zeigt der Beweis von Satz 9.15, daß

$$\psi \circ \varphi^{-1} \in \mathrm{Diff}^q\big(\varphi(U \cap V), \psi(U \cap V)\big)$$

gilt, wobei $\varphi(U \cap V)$ offen in $\mathbb{R}^m$ und $\psi(U \cap V)$ offen in $\mathbb{R}^{m'}$ sind. Dies impliziert $m = m'$ (vgl. (7.2), was die Behauptung beweist. ∎

(b) Durch die Karte (φ_1, U_1) wird das Kartengebiet U_1 mittels der lokalen Koordinaten $(x^1, \ldots, x^m) = \varphi_1(q) \in \mathbb{R}^m$ für $q \in U$ beschrieben. Ist (φ_2, U_2) eine zweite Karte, so wird U_2 durch die lokalen Koordinaten $(y^1, \ldots, y^m) = \varphi_2(q) \in \mathbb{R}^m$ beschrieben. Folglich besitzt $U_1 \cap U_2$ Beschreibungen durch die zwei Koordinatensysteme $(x^1, \ldots, x^m)$ und $(y^1, \ldots, y^m)$. Der Kartenwechsel $\varphi_2 \circ \varphi_1^{-1}$ ist nichts anderes als die **Koordinatentransformation** $(x^1, \ldots, x^m) \mapsto (y^1, \ldots, y^m)$, die besagt, wie die x-Koordinaten in die y-Koordinaten umzurechnen sind.[6] ∎

---

[5] Hier und im folgenden verwenden wir oft dasselbe Symbol für eine Abbildung und ihre Restriktion auf eine Teilmenge ihres Definitionsbereiches.

[6] Koordinatentransformationen werden im dritten Band ausführlicher diskutiert werden.

Aufgaben

1 Es sei H eine endlichdimensionaler reeller Hilbertraum, und $\varphi : H \to H$ sei eine Isometrie mit $\varphi(0) = 0$. Man verifiziere:

(a) φ ist linear;

(b) $\varphi^* \varphi = \mathrm{id}_H$;

(c) $\varphi \in \mathcal{L}\mathrm{aut}(H)$, und φ^{-1} ist eine Isometrie.

2 (a) Für $A \in \mathbb{R}^{n \times n}$ sind die folgenden Aussagen äquivalent:

(i) A ist eine Isometrie;

(ii) $A \in O(n)$;

(iii) $|\det A| = 1$;

(iv) Die Spaltenvektoren $a_k^\bullet = (a_k^1, \ldots, a_k^n)$, $k = 1, \ldots, n$, bilden eine ONB des $\mathbb{R}^n$;

(v) Die Zeilenvektoren $a_\bullet^j = (a_1^j, \ldots, a_n^j)$, $k = 1, \ldots, n$, bilden eine ONB des $\mathbb{R}^n$.

(b) $O(n)$ ist bezüglich der Multiplikation von Matrizen eine Gruppe.

3 Man beweise die Aussage von Beispiel 9.1(c).

4 Es sei M bzw. N eine m- bzw. n-dimensionale C^q-Untermannigfaltigkeit des $\mathbb{R}^k$ bzw. $\mathbb{R}^\ell$. Dann ist $M \times N$ eine $(m + n)$-dimensionale C^q-Untermannigfaltigkeit des $\mathbb{R}^{k+\ell}$.

5 Man entscheide, ob $\mathcal{L}\mathrm{aut}(\mathbb{R}^n)$ eine Untermannigfaltigkeit von $\mathcal{L}(\mathbb{R}^n)$ ist.

6 Es sei $f : \mathbb{R}^3 \to \mathbb{R}^2$ durch

$$f(x, y, z) := (x^2 + xy - y - z, 2x^2 + 3xy - 2y - 3z)$$

gegeben. Man zeige, daß $f^{-1}(0)$ eine in $\mathbb{R}^3$ eingebettete Kurve ist.

7 Es seien $f, g : \mathbb{R}^4 \to \mathbb{R}^3$ gegeben durch

$$f(x, y, z, u) := (xz - y^2, yu - z^2, xu - yz) \,,$$
$$g(x, y, z, u) := \big(2(xz + yu), 2(xu - yz), z^2 + u^2 - x^2 - y^2\big) \,.$$

Man verifiziere:

(a) $f^{-1}(0) \setminus \{0\}$ ist eine in $\mathbb{R}^4$ eingebettete Fläche.

(b) Für jedes $a \in \mathbb{R}^3 \setminus \{0\}$ ist $g^{-1}(a)$ eine in $\mathbb{R}^4$ eingebettete Kurve.

8 Welche der Mengen

(a) $K := \big\{ (x, y) \in \mathbb{R}^n \times \mathbb{R} \; ; \; |x|^2 = y^2 \big\}$,

(b) $\big\{ (x, y) \in K \; ; \; y > 0 \big\}$,

(c) $K \setminus \big\{ (0, 0) \big\}$

stellt eine Untermannigfaltigkeit des $\mathbb{R}^{n+1}$ dar?

9 Für $A \in \mathbb{R}^{n \times n}_{\mathrm{sym}}$ ist $\big\{ x \in \mathbb{R}^n \; ; \; (x \,|\, Ax) = 1 \big\}$ eine glatte Hyperfläche des $\mathbb{R}^n$. Man skizziere diese Kurven bzw. Flächen im Fall $n = 2$ bzw. $n = 3$. (Hinweis: Aufgabe 4.5.)

10 Man zeige: Für die **spezielle orthogonale Gruppe** $SO(n) := \{ A \in O(n) \; ; \; \det A = 1 \}$ gelten:

(a) $SO(n)$ ist eine Untergruppe von $O(n)$;

(b) $SO(n)$ ist eine glatte Untermannigfaltigkeit von $\mathbb{R}^{n \times n}$. Welches ist ihre Dimension?

11   Es seien $f_n \in C^\infty(\mathbb{R}^n, \mathbb{R}^n)$ durch

$$f_2(y) := (y^1 \cos y^2, y^1 \sin y^2) , \qquad\qquad y = (y^1, y^2) \in \mathbb{R}^2 ,$$

und

$$f_{n+1}(y) := (f_n(y') \sin y^{n+1}, y^1 \cos y^{n+1}) , \qquad y = (y', y^{n+1}) \in \mathbb{R}^n \times \mathbb{R} ,$$

rekursiv definiert. Ferner seien $V_2 := (0, \infty) \times (0, 2\pi)$ und $V_n := V_2 \times (0, \pi)^{n-2}$ für $n \geq 3$.

(a) Man bestimme f_n in expliziter Form.

(b) Man zeige:

  (i) $|f_n(1, y^2, \ldots, y^n)| = 1$ und $|f_n(y)| = |y^1|$;

  (ii) $f_n(V_n) = \mathbb{R}^n \setminus H_n$ mit $H_n := \mathbb{R}^+ \times \{0\} \times \mathbb{R}^{n-2}$;

  (iii) $f_n(\overline{V}_n) = \mathbb{R}^n$;

  (iv) $g_n := f_n | V_n : V_n \to \mathbb{R}^n \setminus H_n$ ist topologisch;

  (v) $\det \partial f_n(y) = (-1)^n (y^1)^{n-1} \sin^{n-2}(y^n) \cdot \ldots \cdot \sin(y^3)$, $y \in V_n$, $n \geq 3$.

Folglich ist g_n eine C^∞-Einbettung von V_n in $\mathbb{R}^n$. Die durch f_n induzierten Koordinaten heißen n-**dimensionale Polar-** (oder **Kugel-)koordinaten** (vgl. Beispiel 9.11(a)).

12   Es bezeichne $f : \mathbb{R}^3 \to \mathbb{R}^3$ die Zylinderkoordinaten in $\mathbb{R}^3$ (vgl. Beispiel 9.11(c)). Ferner seien $V := (0, \infty) \times (0, 2\pi) \times \mathbb{R}$ und $g := f | V$. Man beweise:

(a) g ist eine C^∞-Einbettung von V in $\mathbb{R}^3$;

(b) $g(1, \cdot, \cdot)$ ist eine C^∞-Einbettung von $(0, 2\pi) \times \mathbb{R}$ in $\mathbb{R}^3$;

(c) $f(V) = \mathbb{R}^3 \setminus H_3$ (vgl. Aufgabe 11);

(d) $f(\overline{V}) = \mathbb{R}^3$.

13   (a) Der **elliptische Zylinder**[7]

$$M_{a,b} := \{ (x, y, z) \in \mathbb{R}^3 \; ; \; x^2/a^2 + y^2/b^2 = 1 \} , \qquad a, b \in (0, \infty) ,$$

ist eine C^∞-Hyperfläche des $\mathbb{R}^3$.

(b) Es seien $W := (0, 2\pi) \times \mathbb{R}$ und

$$f_1 : W \to \mathbb{R}^3 , \qquad (\varphi, z) \mapsto (a \cos \varphi, b \sin \varphi, z) ,$$
$$f_2 : W \to \mathbb{R}^3 , \qquad (\varphi, z) \mapsto (-a \sin \varphi, b \cos \varphi, z) .$$

Ferner seien $U_j := f_j | W$ und $\varphi_j := (f_j | U_j)^{-1}$ für $j = 1, 2$. Man zeige, daß $\{(\varphi_1, \varphi_2)\}$ ein Atlas von M ist, und man berechne den Kartenwechsel $\varphi_1 \circ \varphi_2^{-1}$.

14   Es sei M eine nichtleere kompakte m-dimensionale C^1-Untermannigfaltigkeit von $\mathbb{R}^n$ mit $m \geq 1$. Man beweise, daß M keinen Atlas mit nur einer Karte besitzt.

15   Man zeige, daß die in der letzten Abbildung von Beispiel 9.11(e) dargestellte Fläche keine Untermannigfaltigkeit des $\mathbb{R}^3$ ist.

---

[7]$M_{a,a}$ ist ein **gerader Kreiszylinder**.

16 Für $g : (-\pi/4, \pi/2) \to \mathbb{R}^2$, $t \mapsto \sin(2t)(-\sin t, \cos t)$ verifiziere man

(a) g ist eine injektive C^∞-Immersion;

(b) $\operatorname{im}(g)$ ist keine in $\mathbb{R}^2$ eingebettete Kurve.

17 Man berechne den Kartenwechsel $\varphi_- \circ \varphi_+^{-1}$ für den Atlas $\{\varphi_-, \varphi_+\}$ der stereographischen Projektionen $\varphi_\pm$ von S^n.

18 Es sei M bzw. N eine Untermannigfaltigkeit des $\mathbb{R}^m$ bzw. $\mathbb{R}^n$, und $\{(\varphi_\alpha, U_\alpha)\, ;\, \alpha \in \mathsf{A}\}$ bzw. $\{(\psi_\beta, V_\beta)\, ;\, \beta \in \mathsf{B}\}$ sei ein Atlas von M bzw. N. Man verifiziere, daß

$$\{(\varphi_\alpha \times \psi_\beta, U_\alpha \times V_\beta)\, ;\, (\alpha, \beta) \in \mathsf{A} \times \mathsf{B}\}$$

mit $\varphi_\alpha \times \psi_\beta(p, q) := \big(\varphi_\alpha(p), \psi_\beta(q)\big)$ ein Atlas von $M \times N$ ist.

10   Tangenten und Normalen

Wir wollen nun lineare Strukturen einführen, die es ermöglichen, die Konzepte der
Differentialrechnung auf Abbildungen zwischen Untermannigfaltigkeiten zu übertragen. Diese Strukturen werden wir mit Hilfe lokaler Koordinaten beschreiben,
was sich bei konkreten Berechnungen als sehr nützlich erweisen wird.

Zur Illustration der zu erwartenden Schwierigkeiten betrachten wir eine reelle
Funktion $f : S^2 \to \mathbb{R}$ auf der Einheitssphäre S^2 in $\mathbb{R}^3$. Der naive Versuch, die Differenzierbarkeit von f durch einen Grenzwert von Differenzenquotienten zu erklären,
ist unmittelbar zum Scheitern verurteilt: Für $p \in S^2$ und $h \in \mathbb{R}^3$ mit $h \neq 0$ liegt
$p + h$ nämlich i. allg. nicht auf S^2, und folglich ist der „Zuwachs" $f(p + h) - f(p)$
von f an der Stelle p gar nicht erklärt.

Das Tangential in $\mathbb{R}^n$

Wir beginnen mit der sehr einfachen Situation einer n-dimensionalen Untermannigfaltigkeit des $\mathbb{R}^n$ (vgl. Beispiel 9.1(a)). Es seien also X offen in $\mathbb{R}^n$ und $p \in X$.
Der **Tangentialraum** T_pX an X im Punkt p ist die Menge $\{p\} \times \mathbb{R}^n$, versehen mit
der von $\mathbb{R}^n = \big(\mathbb{R}^n, (\cdot\,|\,\cdot)\big)$ induzierten euklidischen Vektorraumstruktur:

$$(p, v) + \lambda(p, w) := (p, v + \lambda w) , \quad \big((p, v)\,\big|\,(p, w)\big)_p := (v\,|\,w)$$

für $(p, v), (p, w) \in T_pX$ und $\lambda \in \mathbb{R}$. Das Element $(p, v) \in T_pX$ heißt **Tangential-**
vektor an X in p und wird auch mit $(v)_p$ bezeichnet. Ferner nennt man v **Haupt-**
teil von $(v)_p$.

10.1 Bemerkung   Der Tangentialraum T_pX ist ein zu $\mathbb{R}^n$ isometrisch isomorpher
Hilbertraum. Einen isometrischen Isomorphismus erhält man, anschaulich ausgedrückt, durch „Anheften" des $\mathbb{R}^n$ im Punkt $p \in X$. ∎

Es seien Y offen in $\mathbb{R}^\ell$ und $f \in C^1(X, Y)$. Dann heißt die lineare Abbildung

$$T_pf : T_pX \to T_{f(p)}Y , \quad (p, v) \mapsto \big(f(p), \partial f(p)v\big)$$

Tangential von f im Punkt p.

10.2 Bemerkungen   (a) Offensichtlich gilt

$$T_pf \in \mathcal{L}(T_pX, T_{f(p)}Y) .$$

Da $v \mapsto f(p) + \partial f(p)v$ für v in einer Nullumgebung von $\mathbb{R}^n$ die Abbildung f im
Punkt p (von höherer als erster Ordnung) approximiert, ist $\mathrm{im}(T_pf)$ ein Untervektorraum von $T_{f(p)}Y$, der $f(X)$ im Punkt $f(p)$ (von höherer als erster Ordnung)
approximiert.

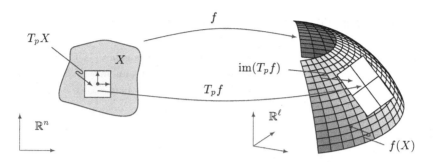

(b) Sind Z offen in $\mathbb{R}^s$ und $g \in C^1(Y, Z)$, so gilt die **Kettenregel**

$$T_p(g \circ f) = T_{f(p)}g \circ T_p f \ .$$

Mit anderen Worten: Die Diagramme

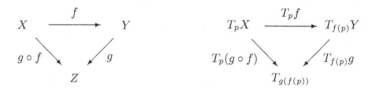

sind kommutativ.

Beweis Dies folgt aus der Kettenregel für C^1-Abbildungen (vgl. Theorem 3.3). ∎

(c) Für $f \in \mathrm{Diff}^1(X, Y)$ gelten

$$T_p f \in \mathcal{L}\mathrm{is}(T_p X, T_{f(p)}Y) \quad \text{und} \quad (T_p f)^{-1} = T_{f(p)}f^{-1} \ , \qquad p \in X \ .$$

Beweis Die Behauptung ist eine Konsequenz von (b). ∎

Der Tangentialraum

Im restlichen Teil dieses Paragraphen seien

- M eine m-dimensionale C^q-Untermannigfaltigkeit des $\mathbb{R}^n$;
  $q \in \mathbb{N}^\times \cup \{\infty\}$;
  $p \in M$ und (φ, U) eine Karte von M um p;
  (g, V) die zu (φ, U) gehörige Parametrisierung.

Der **Tangentialraum** $T_p M$ an M im Punkt p ist das Bild von $T_{\varphi(p)}V$ unter $T_{\varphi(p)}g$, also: $T_p M = \mathrm{im}(T_{\varphi(p)}g)$. Die Elemente von $T_p M$ heißen **Tangentialvektoren** an M in p, und $TM := \bigcup_{p \in M} T_p M$ ist das **Tangentialbündel**[1] von M.

---

[1] Für $p \in M$ gilt die Inklusion $T_p M \subset M \times \mathbb{R}^n$. Also ist TM eine Teilmenge von $M \times \mathbb{R}^n$.

10.3 Bemerkungen (a) T_pM ist wohldefiniert, d.h. unabhängig von der speziellen Karte (φ, U).

Beweis Es sei $(\widetilde{\varphi}, \widetilde{U})$ eine weitere Karte von M um p mit zugehöriger Parametrisierung $(\widetilde{g}, \widetilde{V})$. Wir können ohne Beschränkung der Allgemeinheit annehmen, daß die Kartengebiete U und $\widetilde{U}$ übereinstimmen. Anderenfalls betrachte man $U \cap \widetilde{U}$. Aufgrund der Kettenregel (Bemerkung 10.2(b)) ist das Diagramm

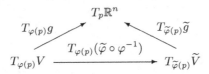

kommutativ. Wegen Satz 9.15 und Bemerkung 10.2(c) ist $T_{\varphi(p)}(\widetilde{\varphi} \circ \varphi^{-1})$ ein Isomorphismus, woraus sich sofort die Behauptung ergibt. ∎

(b) Ist M eine offene Teilmenge des $\mathbb{R}^n$, so stimmt die obige Definition von T_pM mit der von Bemerkung 10.1 überein. Insbesondere gilt $TM = M \times \mathbb{R}^n$.

(c) Der Tangentialraum T_pM ist ein m-dimensionaler Untervektorraum von $T_p\mathbb{R}^n$, also ein m-dimensionaler Hilbertraum mit dem von $T_p\mathbb{R}^n$ induzierten Skalarprodukt $(\cdot|\cdot)_p$.

Beweis Es sei $x_0 := \varphi(p)$. Für $(v)_{x_0} \in T_{x_0}V$ gilt $(T_{x_0}g)(v)_{x_0} = (p, \partial g(x_0)v)$. Also folgt

$$\operatorname{Rang} T_{x_0}g = \operatorname{Rang} \partial g(x_0) = m \ ,$$

was die Behauptung impliziert. ∎

(d) Da $T_{\varphi(p)}g : T_{\varphi(p)}V \to T_p\mathbb{R}^n$ injektiv ist und $T_pM = \operatorname{im}(T_{\varphi(p)}g)$ gilt, gibt es genau ein $A \in \mathcal{L}\mathrm{is}(T_pM, T_{\varphi(p)}V)$ mit $(T_{\varphi(p)}g)(A) = i_{T_pM}$, wobei i_{T_pM} die kanonische Injektion von T_pM in $T_p\mathbb{R}^n$ ist. Mit anderen Worten: A ist die Inverse von $T_{\varphi(p)}g$, wenn $T_{\varphi(p)}g$ als Abbildung von $T_{\varphi(p)}V$ auf ihr Bild T_pM aufgefaßt wird. Wir nennen $T_p\varphi := A$ **Tangential der Karte** φ im Punkt p. Ferner ist $(T_p\varphi)v \in T_{\varphi(p)}V$ die **Darstellung** des Tangentialvektors $v \in T_pM$ **in** den von φ induzierten **lokalen Koordinaten**. Ist $(\widetilde{\varphi}, \widetilde{U})$ eine weitere Karte von M um p, so ist das Diagramm

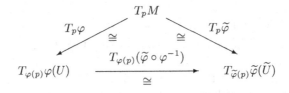

kommutativ, wobei $\cong$ „isomorph" bedeutet.

Beweis Ohne Beschränkung der Allgemeinheit gelte $U = \widetilde{U}$. Für $\widetilde{g} := i_M \circ \widetilde{\varphi}^{-1}$ folgt aus $\widetilde{g} = (i_M \circ \varphi^{-1}) \circ (\varphi \circ \widetilde{\varphi}^{-1}) = g \circ (\varphi \circ \widetilde{\varphi}^{-1})$ und der Kettenregel von Bemerkung 10.2(b)

$$T_{\widetilde{\varphi}(p)}\widetilde{g} = T_{\varphi(p)}g \, T_{\widetilde{\varphi}(p)}(\varphi \circ \widetilde{\varphi}^{-1}) \ .$$

Hieraus erhalten wir aufgrund der Definition von $T_p\varphi$ und $T_p\widetilde{\varphi}$ wegen Bemerkung 10.2(c) und Satz 9.15 die Relation

$$T_p\widetilde{\varphi} = \big(T_{\widetilde{\varphi}(p)}(\varphi \circ \widetilde{\varphi}^{-1})\big)^{-1} T_p\varphi = T_{\varphi(p)}(\widetilde{\varphi} \circ \varphi^{-1}) T_p\varphi \ ,$$

welche die Behauptung beweist. ∎

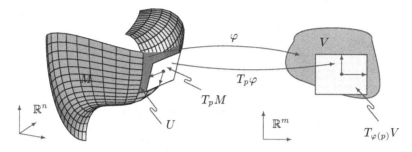

(e) (Das Skalarprodukt in lokalen Koordinaten) Es seien $x_0 := \varphi(p)$ und

$$g_{jk}(x_0) := \big(\partial_j g(x_0) \,\big|\, \partial_k g(x_0)\big) \ , \qquad 1 \le j,k \le m \ .$$

Dann heißt $[g_{jk}] \in \mathbb{R}^{m\times m}_{\mathrm{sym}}$ (**erste**) **Fundamentalmatrix** von M bezüglich der Karte φ in p (oder der Parametrisierung g in x_0). Sie ist positiv definit.

Für $v,w \in T_pM$ gilt[2]

$$(v\,|\,w)_p = \sum_{j,k=1}^{m} g_{jk}(x_0) v^j w^k \ , \tag{10.1}$$

wobei v^j bzw. w^k die Komponenten der lokalen Darstellungen des Hauptteils von $(T_p\varphi)v$ bzw. $(T_p\varphi)w$ bezüglich der Standardbasis sind.

Beweis Für $\xi, \eta \in \mathbb{R}^m$ gilt

$$\sum_{j,k=1}^{m} g_{jk}(x_0) \xi^j \eta^k = \big(\partial g(x_0)\xi \,\big|\, \partial g(x_0)\eta\big) \ , \tag{10.2}$$

also insbesondere, da $\partial g(x_0)$ injektiv ist,

$$\big([g_{jk}](x_0)\xi\,|\,\xi\big) = |\partial g(x_0)\xi|^2 > 0 \ , \qquad \xi \in \mathbb{R}^m\backslash\{0\} \ .$$

Folglich ist die Fundamentalmatrix positiv definit.

Wegen $v = T_{x_0}g\,(T_p\varphi)v$ und $(T_p\varphi)v = \sum_{j=1}^{m} v^j e_j$ folgt aus der Definition von $(\cdot\,|\,\cdot)_p$

$$(v\,|\,w)_p = \big((T_{x_0}g)(T_p\varphi)v \,\big|\, (T_{x_0}g)(T_p\varphi)w\big)_p = \Big(\partial g(x_0) \sum_{j=1}^{m} v^j e_j \,\Big|\, \partial g(x_0) \sum_{k=1}^{m} w^k e_k\Big) \ .$$

Somit ergibt sich (10.1) aus (10.2). ∎

---

[2]Vgl. auch Bemerkung 2.17(c).

10.4 Beispiel (Der Tangentialraum an einen Graphen) Es seien X offen in $\mathbb{R}^m$ und $f \in C^q(X, \mathbb{R}^\ell)$. Gemäß Satz 9.2 ist $M := \text{graph}(f)$ eine m-dimensionale C^q-Untermannigfaltigkeit des $\mathbb{R}^m \times \mathbb{R}^\ell = \mathbb{R}^{m+\ell}$. Eine C^q-Parametrisierung von M wird durch $g(x) := \big(x, f(x)\big)$ für $x \in X$ gegeben, und mit $p = \big(x_0, f(x_0)\big) \in M$ gilt

$$(T_{x_0} g)(v)_{x_0} = \big(p, (v, \partial f(x_0)v)\big) \,, \qquad (v)_{x_0} \in T_{x_0} X \,.$$

Somit finden wir

$$T_p M = \big\{ \, (p, (v, \partial f(x_0)v)) \; ; \; v \in \mathbb{R}^m \, \big\} \,,$$

d.h., $T_p M$ ist der „im Punkt $p = \big(x_0, f(x_0)\big)$ angeheftete Graph" von $\partial f(x_0)$.

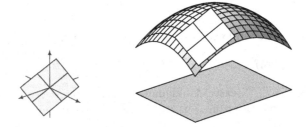

Eine Darstellung von $T_p M$ in $\mathbb{R}^n$ mit $n = m + \ell$ erhält man durch Identifikation von $(\eta)_p = (p, \eta) \in T_p \mathbb{R}^n$ mit $p + \eta \in \mathbb{R}^n$. Dann folgt

$$T_p M \ni \Big((x_0, f(x_0)), (v, \partial f(x_0)v) \Big)$$
$$= \big(x_0 + v, f(x_0) + \partial f(x_0)v \big) \in \mathbb{R}^m \times \mathbb{R}^\ell = \mathbb{R}^n \,,$$

und wir erhalten

$$T_p M = \big\{ \, (x, f(x_0) + \partial f(x_0)(x - x_0)) \; ; \; x \in \mathbb{R}^m \, \big\}$$
$$= \text{graph}\big(x \mapsto f(x_0) + \partial f(x_0)(x - x_0) \big) \,.$$

Diese Darstellung zeigt einmal mehr, daß $T_p M$ die höherdimensionale Verallgemeinerung des Begriffes der Tangente an eine Kurve ist (vgl. Bemerkung IV.1.4). ∎

Es sei $\varepsilon > 0$ mit $\varphi(p) + t e_j \in V$ für $t \in (-\varepsilon, \varepsilon)$ und $j \in \{1, \ldots, m\}$. Dann heißt

$$\gamma_j(t) := g\big(\varphi(p) + t e_j \big) \,, \qquad t \in (-\varepsilon, \varepsilon) \,,$$

j-ter **Koordinatenweg** oder j-te **Parameterlinie** durch p.

10.5 Bemerkung Mit $x_0 := \varphi(p)$ gilt

$$T_pM = \mathrm{span}\big\{\, (\partial_1 g(x_0))_p, \ldots, (\partial_m g(x_0))_p \,\big\}\,,$$

d.h., *die Tangentialvektoren in p an die Koordinaten-
wege γ_j bilden eine Basis von T_pM.*

Beweis Für die j-te Spalte von $[\partial g(x_0)]$ gilt

$$\partial_j g(x_0) = \partial g(x_0)e_j = \dot\gamma_j(0)\,.$$

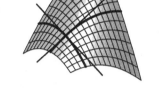

Nun folgt die Behauptung, da g eine Immersion ist, somit die Spaltenvektoren von $[\partial g(x_0)]$ linear unabhängig sind und $\dim T_pM = m$ gilt. ∎

Charakterisierungen des Tangentialraumes

Tangentialvektoren an M in p lassen sich als Tangentialvektoren von regulären Wegen in M beschreiben. Genauer ist die folgende Aussage richtig, welche eine geometrisch anschauliche Charakterisierung der Tangentialräume enthält.

10.6 Theorem *Für jedes $p \in M$ gilt*

$$T_pM = \Big\{ (v)_p \in T_p\mathbb{R}^n \;;$$
$$\exists\, \varepsilon > 0,\ \exists\, \gamma \in C^1\big((-\varepsilon,\varepsilon),\mathbb{R}^n\big)\ \textit{mit}\ \mathrm{im}(\gamma) \subset M,\ \gamma(0) = p,\ \dot\gamma(0) = v \Big\}\,.$$

Mit anderen Worten: Zu jedem $(v)_p \in T_pM \subset T_p\mathbb{R}^n$ gibt es einen C^1-Weg in $\mathbb{R}^n$ durch p, der ganz in M verläuft und $(v)_p$ als Tangentialvektor in p besitzt. Jeder Tangentialvektor an einen solchen Weg gehört zu T_pM.

Beweis (i) Es seien $(v)_p \in T_pM$ und $x_0 := \varphi(p)$. Dann gibt es ein $\xi \in \mathbb{R}^m$ mit $v = \partial g(x_0)\xi$. Da $V = \varphi(U)$ in $\mathbb{R}^m$ offen ist, gibt es ein $\varepsilon > 0$ mit $x_0 + t\xi \in V$ für $t \in (-\varepsilon,\varepsilon)$. Setzen wir nun $\gamma(t) := g(x_0 + t\xi)$ für $t \in (-\varepsilon,\varepsilon)$, so ist γ ein C^1-Weg in M mit $\gamma(0) = p$ und $\dot\gamma(0) = \partial g(x_0)\xi = v$.

(ii) Es sei $\gamma \in C^1\big((-\varepsilon,\varepsilon),\mathbb{R}^n\big)$ mit $\mathrm{im}(\gamma) \subset M$ und $\gamma(0) = p$. Gemäß Bemerkung 9.9(d) gibt es eine offene Umgebung $\widetilde{V}$ von $(x_0,0)$ in $\mathbb{R}^n$, eine offene Umgebung $\widetilde{U}$ in $\mathbb{R}^n$ und ein $\psi \in \mathrm{Diff}^q(\widetilde{V},\widetilde{U})$ mit $\psi(x,0) = g(x)$ für $x \in V$. Durch Verkleinern von ε können wir annehmen, daß $\mathrm{im}(\gamma) \subset U \cap \widetilde{U}$ gilt. Hieraus folgt

$$\gamma(t) = (g \circ \varphi \circ \gamma)(t) = (g \circ \mathrm{pr}_{\mathbb{R}^m} \circ \psi^{-1} \circ \gamma)(t)\,,$$

und wir erhalten aus der Kettenregel

$$\dot\gamma(0) = \partial g(x_0)(\mathrm{pr}_{\mathbb{R}^m} \circ \psi^{-1} \circ \gamma)^{\cdot}(0)\,.$$

Für $\xi := (\mathrm{pr}_{\mathbb{R}^m} \circ \psi^{-1} \circ \gamma)^{\cdot}(0) \in \mathbb{R}^m$ und $v := \partial g(x_0)\xi \in \mathbb{R}^n$ gilt $(v)_p \in T_pM$. Damit ist alles bewiesen. ∎

Wenn X in $\mathbb{R}^n$ offen ist und $f \in C^q(X, \mathbb{R}^\ell)$ den Punkt $c \in \mathbb{R}^\ell$ als regulären Wert besitzt, wissen wir aus Theorem 9.3, daß $M = f^{-1}(c)$ eine C^q-Untermannigfaltigkeit des $\mathbb{R}^n$ der Dimension $(n - \ell)$ ist. Im nächsten Theorem zeigen wir, daß für die „Linearisierungen" die analoge Aussage richtig ist, d.h.

$$T_p M = (T_p f)^{-1}(c) = \ker(T_p f) .$$

10.7 Theorem (vom regulären Wert) *Es sei X offen in $\mathbb{R}^n$, und $f \in C^q(X, \mathbb{R}^\ell)$ besitze $c \in \mathbb{R}^\ell$ als regulären Wert. Für die $(n - \ell)$-dimensionale C^q-Untermannigfaltigkeit $M := f^{-1}(c)$ des $\mathbb{R}^n$ gilt dann $T_p M = \ker(T_p f)$ für $p \in M$.*

Beweis Es sei $(v)_p \in T_p M \subset T_p \mathbb{R}^n$. Gemäß Theorem 10.6 gibt es ein $\varepsilon > 0$ und einen Weg $\gamma \in C^1\big((-\varepsilon, \varepsilon), \mathbb{R}^n\big)$ mit $\operatorname{im}(\gamma) \subset M$, $\gamma(0) = p$ und $\dot{\gamma}(0) = v$. Insbesondere gilt $f\big(\gamma(t)\big) = c$ für jedes $t \in (-\varepsilon, \varepsilon)$, und wir finden durch Differenzieren dieser Relation

$$\partial f\big(\gamma(0)\big)\dot{\gamma}(0) = \partial f(p)v = 0 .$$

Hieraus folgt $T_p M \subset \ker(T_p f)$.

Da p ein regulärer Punkt von f ist, gilt

$$\dim\big(\operatorname{im}(T_p f)\big) = \dim\big(\operatorname{im}(\partial f(p))\big) = \ell .$$

Somit liefert die Rangformel (2.4)

$$\dim\big(\ker(T_p f)\big) = n - \ell = \dim(T_p M) .$$

Also ist $T_p M$ kein echter Untervektorraum von $\ker(T_p f)$. $\blacksquare$

Differenzierbare Abbildungen

Es seien N eine C^r-Untermannigfaltigkeit des $\mathbb{R}^\ell$ und $1 \leq s \leq \min\{q, r\}$. Ferner seien $f \in C(M, N)$ und (ψ, W) eine Karte von N um $f(p)$. Dann ist $U \cap f^{-1}(W)$ eine offene Umgebung von p in M. Also können wir durch Verkleinern von U ohne Beschränkung der Allgemeinheit annehmen, daß $f(U) \subset W$. Die Funktion f heißt (*s-mal*) [*stetig*] **differenzierbar** in p, wenn die Abbildung

$$f_{\varphi,\psi} := \psi \circ f \circ \varphi^{-1} : \varphi(U) \to \psi(W)$$

im Punkt $\varphi(p)$ (*s-mal*) [*stetig*] differenzierbar ist.

Die Abbildung $f \in C(M, N)$ heißt (*s-mal*) [**stetig**] **differenzierbar**, wenn f in jedem Punkt von M (*s-mal*) [*stetig*] differenzierbar ist. Die Menge aller *s*-mal stetig differenzierbaren Funktionen von M nach N bezeichnen wir mit $C^s(M, N)$, und

$$\operatorname{Diff}^s(M, N) := \big\{ f \in C^s(M, N) \,;\, f \text{ ist bijektiv, } f^{-1} \in C^s(N, M) \big\}$$

ist die Menge aller C^s-**Diffeomorphismen** von M auf N. Schließlich heißen M und N C^s-**diffeomorph**, wenn $\operatorname{Diff}^s(M, N)$ nicht leer ist.

10.8 Bemerkungen (a) Die vorstehenden Definitionen sind unabhängig von der Wahl der Karten.

Beweis Ist $(\widetilde{\varphi}, \widetilde{U})$ bzw. $(\widetilde{\psi}, \widetilde{W})$ eine weitere Karte von M um p bzw. von N um $f(p)$ mit $f(\widetilde{U}) \subset \widetilde{W}$, so gilt

$$f_{\widetilde{\varphi},\widetilde{\psi}} = \widetilde{\psi} \circ f \circ \widetilde{\varphi}^{-1} = (\widetilde{\psi} \circ \psi^{-1}) \circ f_{\varphi,\psi} \circ (\varphi \circ \widetilde{\varphi}^{-1}) \ . \tag{10.3}$$

Hieraus ergibt sich wegen Satz 9.15 und der Kettenregel die Behauptung. ∎

(b) Besitzt M bzw. N die Dimension n bzw. ℓ, d.h., sind M offen in $\mathbb{R}^n$ und N offen in $\mathbb{R}^\ell$, so stimmen die obigen Definitionen mit denen von Paragraph 5 überein.

(c) Die Funktion $f_{\varphi,\psi}$ ist die **lokale Darstellung** von f bezüglich der Karten φ und ψ, oder die **Darstellung in lokalen Koordinaten**. Im Gegensatz zur Funktion f, die zwischen den „krummen Mengen" M und N abbildet, ist $f_{\varphi,\psi}$ eine Abbildung zwischen offenen Teilmengen euklidischer Räume.

(d) Es ist i. allg. nicht möglich, den Begriff einer C^s-Abbildung zwischen M und N sinnvoll, d.h. koordinatenunabhängig, zu definieren, wenn $s > \min\{q,r\}$ gilt.

Beweis Dies folgt aus (10.3), da die Kartenwechsel nur zu C^q bzw. C^r gehören. ∎

Es sei $f: M \to N$ in p differenzierbar, und (ψ, W) sei eine Karte von N um $f(p)$ mit $f(U) \subset W$. Dann ist das Diagramm

$$\begin{array}{ccc} M \supset U & \xrightarrow{\ f\ } & W \subset N \\ \varphi \downarrow \cong & & \cong \downarrow \psi \\ \mathbb{R}^m \supset \varphi(U) & \xrightarrow{\ f_{\varphi,\psi}\ } & \psi(W) \subset \mathbb{R}^{\overline{n}} \end{array} \tag{10.4}$$

kommutativ, wobei $\cong$ C^1-diffeomorph[3] bedeutet und $\overline{n}$ die Dimension von N ist. Wir definieren nun das **Tangential**, $T_p f$, **von** f **in** p durch die Forderung, das Diagramm

$$\begin{array}{ccc} T_p M & \xrightarrow{\ T_p f\ } & T_{f(p)} N \\ T_p\varphi \downarrow \cong & & \cong \downarrow T_{f(p)}\psi \\ T_{\varphi(p)}\varphi(U) & \xrightarrow{\ T_{\varphi(p)} f_{\varphi,\psi}\ } & T_{\psi(f(p))}\psi(W) \end{array} \tag{10.5}$$

sei kommutativ, wobei nun $\cong$ „isomorph" bedeutet.

---

[3] Man beachte die lokale Darstellung $\varphi_{\varphi,\mathrm{id}} = \mathrm{id}_{\varphi(U)}$.

10.9 Bemerkungen   (a) Das Tangential $T_p f$ ist koordinatenunabhängig, und $T_p f \in \mathcal{L}(T_p M, T_{f(p)} N)$.

Beweis Es seien $(\widetilde{\varphi}, \widetilde{U})$ eine Karte von M um p und $(\widetilde{\psi}, \widetilde{W})$ eine Karte um $f(p)$ mit $f(\widetilde{U}) \subset \widetilde{W}$. Dann ergeben (10.3) und die Kettenregel von Bemerkung 10.2(b)

$$T_{\widetilde{\varphi}(p)} f_{\widetilde{\varphi}, \widetilde{\psi}} = T_{\widetilde{\varphi}(p)} \big((\widetilde{\psi} \circ \psi^{-1}) \circ f_{\varphi, \psi} \circ (\varphi \circ \widetilde{\varphi}^{-1}) \big)$$

$$= T_{\psi(f(p))} (\widetilde{\psi} \circ \psi^{-1}) \circ T_{\varphi(p)} f_{\varphi, \psi} \circ T_{\widetilde{\varphi}(p)} (\varphi \circ \widetilde{\varphi}^{-1}) \ .$$

Nun folgt die Behauptung aus Bemerkung 10.3(d). ∎

(b) Es sei O eine weitere Mannigfaltigkeit, und $g \colon N \to O$ sei in $f(p)$ differenzierbar. Dann gelten die **Kettenregel**

$$T_p(g \circ f) = T_{f(p)} g \, T_p f \tag{10.6}$$

sowie

$$T_p \mathrm{id}_M = \mathrm{id}_{T_p M} \ . \tag{10.7}$$

Gehört f zu $\mathrm{Diff}^1(M, N)$, so gelten

$$T_p f \in \mathcal{L}\mathrm{is}(T_p M, T_{f(p)} N) \quad \text{und} \quad (T_p f)^{-1} = T_{f(p)} f^{-1} \ , \qquad p \in M \ .$$

Beweis Die Aussagen (10.6) und (10.7) ergeben sich leicht aus der Kommutativität des Diagramms (10.5) und der Kettenregel von Bemerkung 10.2(b). Die verbleibenden Behauptungen sind unmittelbare Konsequenzen von (10.6) und (10.7). ∎

10.10 Beispiele **(a)** Die kanonische Injektion i_M von M in $\mathbb{R}^n$ gehört zu $C^q(M, \mathbb{R}^n)$, und mit $\psi := \mathrm{id}_{\mathbb{R}^n}$ gilt

$$T_{\varphi(p)}(i_M)_{\varphi, \psi} = T_{\varphi(p)} g \ .$$

Folglich ist $T_p i_M$ die kanonische Injektion von $T_p M$ in $T_p \mathbb{R}^n$.

Beweis Wegen $(i_M)_{\varphi, \psi} = i_M \circ \varphi^{-1} = g$ sind die Aussagen offensichtlich. ∎

(b) Es seien X eine offene Umgebung von M und $\widetilde{f} \in C^s(X, \mathbb{R}^\ell)$. Ferner gelte $\widetilde{f}(M) \subset N$. Dann gehört $f := \widetilde{f} \, | \, M$ zu $C^s(M, N)$ und

$$T_{f(p)} i_N \, T_p f = T_p \widetilde{f} \, T_p i_M \ , \qquad p \in M \ ,$$

d.h., die Diagramme

$$
\begin{array}{ccc}
M & \xrightarrow{\ i_M\ } & X \\
\downarrow{\scriptstyle f} & & \downarrow{\scriptstyle \widetilde{f}} \\
N & \xrightarrow{\ i_N\ } & \mathbb{R}^\ell
\end{array}
\qquad\qquad
\begin{array}{ccc}
T_p M & \xrightarrow{\ T_p i_M\ } & T_p X \\
\downarrow{\scriptstyle T_p f} & & \downarrow{\scriptstyle T_p \widetilde{f}} \\
T_{f(p)} N & \xrightarrow{\ T_{f(p)} i_N\ } & T_{f(p)} \mathbb{R}^\ell
\end{array}
$$

sind kommutativ.

Beweis Da N eine C^r-Untermannigfaltigkeit von $\mathbb{R}^\ell$ ist, können wir nach eventuellem Verkleinern von W annehmen, daß es eine offene Umgebung $\widetilde{W}$ von W in $\mathbb{R}^\ell$ und einen C^r-Diffeomorphismus Ψ von $\widetilde{W}$ auf eine offene Teilmenge von $\mathbb{R}^\ell$ gebe mit $\Psi \supset \psi$. Folglich finden wir

$$f_{\varphi,\psi} = \psi \circ f \circ \varphi^{-1} = \Psi \circ \widetilde{f} \circ g \in C^s(V, \mathbb{R}^\ell) \ .$$

Da dies für jedes Paar von Karten (φ, U) von M und (ψ, W) von N mit $f(U) \subset W$ gilt, gehört f zu $C^s(M, N)$. Wegen $i_N \circ f = \widetilde{f} \circ i_M$ ist der letzte Teil der Behauptung eine Konsequenz der Kettenregel. ∎

(c) Es seien X offen in $\mathbb{R}^n$ und Y offen in $\mathbb{R}^\ell$ sowie $f \in C^q(X, \mathbb{R}^\ell)$ mit $f(X) \subset Y$. Dann gehört f zu $C^q(X, Y)$, wenn X bzw. Y als n- bzw. ℓ-dimensionale Untermannigfaltigkeit von $\mathbb{R}^n$ bzw. $\mathbb{R}^\ell$ aufgefaßt wird. Außerdem gilt

$$T_p f = \big(f(p), \partial f(p) \big) \ , \qquad p \in X \ .$$

Beweis Dies ist ein Spezialfall von (b). ∎

Das Differential und der Gradient

Ist $f : M \to \mathbb{R}$ in p differenzierbar, so gilt

$$T_p f : T_p M \to T_{f(p)} \mathbb{R} = \big\{ f(p) \big\} \times \mathbb{R} \subset \mathbb{R} \times \mathbb{R} \ .$$

Mit der kanonischen Projektion $\mathrm{pr}_2 : \mathbb{R} \times \mathbb{R} \to \mathbb{R}$ auf den zweiten Faktor setzen wir

$$d_p f := \mathrm{pr}_2 \circ T_p f \in \mathcal{L}(T_p M, \mathbb{R}) = (T_p M)' \ .$$

Dann heißt $d_p f$ **Differential** von f im Punkt p. Also ist $d_p f$ eine stetige Linearform auf $T_p M$. Da der Tangentialraum ein m-dimensionaler Hilbertraum ist, gibt es aufgrund des Rieszschen Darstellungssatzes einen eindeutig bestimmten Vektor $\nabla_p f := \nabla_p^M f \in T_p M$ mit

$$(d_p f)v = (\nabla_p f \,|\, v)_p \ , \qquad v \in T_p M \ ,$$

den **Gradienten von f im Punkt p**.

10.11 Bemerkungen **(a)** Es seien X offen in $\mathbb{R}^n$ und $f \in C^1(X, \mathbb{R})$. Dann gilt

$$\nabla_p f = \big(p, \nabla f(p) \big) \ , \qquad p \in X \ ,$$

wobei $\nabla f(p)$ der in Paragraph 2 definierte Gradient von f im Punkt p ist. Folglich sind die Definitionen von $\nabla_p f$ und $\nabla f(p)$ konsistent.

Beweis Wir beschreiben die Mannigfaltigkeit X durch die triviale Karte (id_X, X). Dann stimmt die lokale Darstellung von $d_p f$ mit $\partial f(p)$ überein. Nun folgt die Behauptung aus der Definition von $(\cdot \,|\, \cdot)_p$ und der des Gradienten. ∎

(b) (Darstellung in lokalen Koordinaten) Es sei $f \in C^1(M, \mathbb{R})$, und $f_\varphi := f \circ \varphi^{-1}$ sei die lokale Darstellung von f bezüglich der Karten φ von M und $\mathrm{id}_\mathbb{R}$ von $\mathbb{R}$, d.h. $f_\varphi = f_{\varphi, \mathrm{id}_\mathbb{R}}$. Ferner sei $[g^{jk}]$ die Inverse der Fundamentalmatrix $[g_{jk}]$ bezügl. φ in p. Dann gilt für den Hauptteil der lokalen Darstellung $(T_p\varphi)\nabla_p f$ des Gradienten $\nabla_p f \in T_p M$ bezüglich der von φ induzierten lokalen Koordinaten[4]

$$\left(\sum_{k=1}^{m} g^{1k}(x_0)\partial_k f_\varphi(x_0), \ldots, \sum_{k=1}^{m} g^{mk}(x_0)\partial_k f_\varphi(x_0) \right)$$

mit $x_0 := \varphi(p)$.

Beweis Mit den Definitionen von $\nabla_p f$ und $d_p f$ folgt aus Satz 2.8(i)

$$(\nabla_p f \,|\, v)_p = (d_p f)v = \partial(f \circ \varphi^{-1})(x_0)(T_p\varphi)v = \sum_{j=1}^{m} \partial_j f_\varphi(x_0)v^j \qquad (10.8)$$

für $v \in T_p M$ und $(T_p\varphi)v = \sum_{j=1}^{m} v^j e_j$. Mit $(T_p\varphi)\nabla_p f = \sum_{j=1}^{m} w^j e_j$ erhalten wir aufgrund von Bemerkung 10.3(e)

$$(\nabla_p f \,|\, v)_p = \sum_{j,k=1}^{m} g_{jk}(x_0)w^j v^k \,, \qquad v \in T_p M \,. \qquad (10.9)$$

Aus (10.8) und (10.9) sowie aus der Symmetrie von $[g_{jk}]$ ergibt sich

$$\sum_{k=1}^{m} g_{jk}(x_0)w^k = \partial_j f_\varphi(x_0) \,, \qquad 1 \le j \le m \,,$$

also, nach Multiplikation mit $[g_{jk}]^{-1} = [g^{jk}]$, die Behauptung. ∎

Das folgende Theorem gibt eine notwendige Bedingung dafür an, daß $p \in M$ eine Extremalstelle einer differenzierbaren reellwertigen Funktion auf M ist. Es verallgemeinert Theorem 3.13.

10.12 Theorem *Falls* $p \in M$ *eine lokale Extremalstelle von* $f \in C^1(M, \mathbb{R})$ *ist, gilt* $\nabla_p f = 0$.

Beweis Weil $f_\varphi \in C^1(V, \mathbb{R})$ in $x_0 = \varphi(p)$ eine lokale Extremalstelle besitzt, gilt $\partial f_\varphi(x_0) = 0$ (vgl. Satz 2.5 und Theorem 3.13). Also erhalten wir für $v \in T_p M$ und den Hauptteil ξ von $(T_p\varphi)v$

$$(\nabla_p f \,|\, v)_p = (d_p f)v = \partial f_\varphi(x_0)\xi = 0 \,,$$

was die Behauptung zeigt. ∎

---

[4]Man vergleiche dazu Formel (2.6).

Normalen

Das Orthogonalkomplement von T_pM in $T_p\mathbb{R}^n$ heißt **Normalenraum** von M in p und wird mit $T_p^\perp M$ bezeichnet. Die Vektoren in $T_p^\perp M$ sind die **Normalen** an M in p, und $T^\perp M := \bigcup_{p\in M} T_p^\perp M$ ist das **Normalenbündel** von M.

10.13 Satz *Es sei X offen in $\mathbb{R}^n$, und c sei ein regulärer Wert von $f \in C^q(X, \mathbb{R}^\ell)$. Ist $M := f^{-1}(c)$ nicht leer, so ist $\{\nabla_p f^1, \ldots, \nabla_p f^\ell\}$ eine Basis von $T_p^\perp M$.*

Beweis (i) Gemäß Bemerkung 10.11(a) besitzt $\nabla_p f^j$ den Hauptteil $\nabla f^j(p)$. Aus der Surjektivität von $\partial f(p)$ folgt, daß die Vektoren $\nabla f^1(p), \ldots, \nabla f^\ell(p)$ in $\mathbb{R}^n$, und somit $\nabla_p f^1, \ldots, \nabla_p f^\ell$ in $T_p\mathbb{R}^n$, linear unabhängig sind.

(ii) Es sei $v \in T_pM$. Aus Theorem 10.6 wissen wir, daß es ein $\varepsilon > 0$ und ein $\gamma \in C^1\big((-\varepsilon, \varepsilon), \mathbb{R}^n\big)$ gibt mit $\operatorname{im}(\gamma) \subset M$, $\gamma(0) = p$ und $\dot\gamma(0) = v$. Da $f^j\big(\gamma(t)\big) = c^j$ für $t \in (-\varepsilon, \varepsilon)$ gilt, folgt

$$0 = (f^j \circ \gamma)^\cdot(0) = \big(\nabla f^j\big(\gamma(0)\big) \,\big|\, \dot\gamma(0)\big) = (\nabla_p f^j \,|\, v)_p, \qquad 1 \le j \le \ell.$$

Weil dies für jedes $v \in T_pM$ richtig ist, gehören $\nabla_p f^1, \ldots, \nabla_p f^\ell$ zu $T_p^\perp M$. Wegen $\dim(T_p^\perp M) = n - \dim(T_pM) = \ell$ erhalten wir nun die Behauptung. ∎

10.14 Beispiele
(a) Für die Sphäre S^{n-1} in $\mathbb{R}^n$ gilt $S^{n-1} = f^{-1}(1)$ mit

$$f : \mathbb{R}^n \to \mathbb{R}, \quad x \mapsto |x|^2.$$

Wegen $\nabla_p f = (p, 2p)$ ergibt sich folglich $T_p^\perp S^{n-1} = (p, \mathbb{R}p)$.

(b) Mit $X := \mathbb{R}^3 \setminus (\{0\} \times \{0\} \times \mathbb{R})$ und

$$f(x_1, x_2, x_3) := \left(\sqrt{x_1^2 + x_2^2} - 2\right)^2 + x_3^2$$

gilt $f \in C^\infty(X, \mathbb{R})$, und[5] $f^{-1}(1) = \mathsf{T}_{2,1}^2$. Ein Normalenvektor im Punkt $p = (p_1, p_2, p_3)$ wird durch $\nabla_p f = (p, 2(p - k))$ mit

$$k := \left(\frac{2p_1}{\sqrt{p_1^2 + p_2^2}}, \frac{2p_2}{\sqrt{p_1^2 + p_2^2}}, 0\right)$$

gegeben.

[5]Vgl. Beispiel 9.11(f).

Beweis Dies folgt aus Beispiel 9.14(e) und durch Nachrechnen. ■

(c) Es seien X offen in $\mathbb{R}^n$ und $f \in C^q(X, \mathbb{R})$. Dann wird eine **Einheitsnormale**, d.h. ein Normalenvektor der Länge 1, an $M := \mathrm{graph}(f)$ im Punkt $p := (x, f(x))$ durch $\nu_p := (p, \nu(x)) \in T_p\mathbb{R}^{n+1}$ mit

$$\nu(x) := \frac{(-\nabla f(x), 1)}{\sqrt{1 + |\nabla f(x)|^2}} \in \mathbb{R}^{n+1}$$

gegeben.

Beweis Für die Parametrisierung g mit $g(x) := (x, f(x))$ für $x \in X$ gilt

$$\partial_j g(x) := (e_j, \partial_j f(x)) , \qquad x \in X , \quad 1 \le j \le n .$$

Offensichtlich ist $\nu(x)$ ein Vektor der Länge 1 in $\mathbb{R}^{n+1}$, der zu jedem Vektor $\partial_j g(x)$ orthogonal ist. Somit folgt die Behauptung aus Bemerkung 10.5. ■

Extrema mit Nebenbedingungen

In vielen Anwendungen sind Extremalstellen einer Funktion $F : \mathbb{R}^n \to \mathbb{R}$ unter Nebenbedingungen zu bestimmen. Mit anderen Worten: Es sind nicht alle Punkte des $\mathbb{R}^n$ zur Konkurrenz zugelassen, F zu einem Extremum zu führen, sondern nur die Punkte einer Teilmenge M. Sehr oft sind diese Nebenbedingungen zudem durch Gleichungen beschrieben, $h^1(p) = 0, \ldots, h^\ell(p) = 0$, und die Lösungsmenge dieser Gleichungen bildet eine Untermannigfaltigkeit, nämlich gerade die Menge M. Besitzt dann $F | M$ in $p \in M$ ein lokales Extremum, so heißt p **Extremalpunkt** von F **unter den Nebenbedingungen** $h^1(p) = 0, \ldots, h^\ell(p) = 0$..

Das folgende Theorem gibt eine in der Praxis wichtige notwendige Bedingung dafür an, daß ein Punkt extremal ist unter Nebenbedingungen.

10.15 Theorem (Lagrangesche Multiplikatorenregel) *Es seien X offen in $\mathbb{R}^n$ und $F, h^1, \ldots, h^\ell \in C^1(X, \mathbb{R})$ mit $\ell < n$. Ferner sei 0 ein regulärer Wert der Abbildung $h := (h^1, \ldots, h^\ell)$, und $M := h^{-1}(0)$ sei nicht leer. Ist $p \in M$ ein Extremalpunkt von F unter den Nebenbedingungen $h^1(p) = 0, \ldots, h^\ell(p) = 0$, so gibt es eindeutig bestimmte reelle Zahlen $\lambda_1, \ldots, \lambda_\ell$, **Lagrangesche Multiplikatoren**, derart, daß p ein kritischer Punkt von*

$$F - \sum_{j=1}^{\ell} \lambda_j h^j \in C^1(X, \mathbb{R})$$

ist.

Beweis Aus dem Satz vom regulären Wert wissen wir, daß M eine $(n - \ell)$-dimensionale C^1-Untermannigfaltigkeit von $\mathbb{R}^n$ ist. Gemäß Beispiel 10.10(b) gehört

$f := F | M$ zu $C^1(M, \mathbb{R})$, und wegen $i_\mathbb{R} = \mathrm{id}_\mathbb{R}$ gilt $T_p f = T_p F \, T_p i_M$. Hieraus folgt $d_p f = d_p F \, T_p i_M$, also

$$\left(\nabla_p f \, | \, (v)_p \right)_p = d_p F T_p i_M (v)_p = \left(\nabla_p F \, | \, T_p i_M (v)_p \right)_p = \left(\nabla F(p) \, | \, v \right) \qquad (10.10)$$

für $(v)_p \in T_p M \subset T_p \mathbb{R}^n$.

Falls p ein kritischer Punkt von f ist, gilt $\nabla_p f = 0$ gemäß Theorem 10.12. Nun folgt $\nabla F(p) \in T_p^\perp M$ aus (10.10). Somit zeigt Satz 10.13, daß es eindeutig bestimmte reelle Zahlen $\lambda_1, \ldots, \lambda_\ell$ gibt mit

$$\nabla F(p) = \sum_{j=1}^\ell \lambda_j \nabla h^j(p) \, ,$$

was wegen Bemerkung 3.14(a) die Behauptung beweist. ∎

10.16 Bemerkung Durch die Lagrangesche Multiplikatorenregel wird die Aufgabe, Extrema von F unter den Nebenbedingungen $h^1(p) = 0, \ldots, h^\ell(p) = 0$ zu bestimmen, zurückgeführt auf das Problem, kritische Punkte der Funktion

$$F - \sum_{j=1}^\ell \lambda_j h^j \in C^1(X, \mathbb{R})$$

(ohne Nebenbedingungen) zu suchen. Die kritischen Punkte und die Lagrangeschen Multiplikatoren werden durch Auflösen der $\ell + n$ Gleichungen

$$h^j(p) = 0 \, , \qquad 1 \le j \le \ell \, ,$$

$$\partial_k \Big(F - \sum_{j=1}^\ell \lambda_j h^j \Big)(p) = 0 \, , \qquad 1 \le k \le n \, ,$$

nach den $n + \ell$ Unbekannten $p_1, \ldots, p_n, \lambda_1, \ldots, \lambda_\ell$ bestimmt mit $p = (p^1, \ldots, p^n)$. Anschließend ist zu untersuchen, welche dieser kritischen Punkte tatsächlich Extrema realisieren. ∎

Anwendungen der Lagrangeschen Multiplikatorenregel

Mit den nachfolgenden Beispielen, die von eigenständigem Interesse sind, zeigen wir nichttriviale Anwendungen der Lagrangeschen Multiplikatorenregel auf. Insbesondere geben wir einen kurzen Beweis des Satzes über die Hauptachsentransformation, der in der Linearen Algebra mit anderen Mitteln gezeigt wird.

10.17 Beispiele **(a)** Für beliebige Vektoren $a_j \in \mathbb{R}^n$, $1 \le j \le n$, gilt die **Hadamardsche Determinantenungleichung**

$$\left| \det [a_1, \ldots, a_n] \right| \le \prod_{j=1}^n |a_j| \, .$$

Beweis (i) Aus der Linearen Algebra ist bekannt, daß die Determinante eine n-lineare Funktion der Spaltenvektoren ist. Deshalb genügt es, die Gültigkeit von

$$-1 \leq \det[a_1, \dots, a_n] \leq 1 \ , \qquad a_j \in S^{n-1} \ , \quad 1 \leq j \leq n \ ,$$

nachzuweisen.

(ii) Wir setzen

$$F(x) := \det[x_1, \dots, x_n] \ , \qquad h^j(x) := |x_j|^2 - 1 \ , \quad h = (h^1, \dots, h^n) \ ,$$

für $x = (x_1, \dots, x_n) \in \mathbb{R}^n \times \cdots \times \mathbb{R}^n = \mathbb{R}^{n^2}$. Dann gehören F zu $C^\infty(\mathbb{R}^{n^2}, \mathbb{R})$ und h zu $C^\infty(\mathbb{R}^{n^2}, \mathbb{R}^n)$, und[6]

$$[\partial h(x)] = 2 \begin{bmatrix} x_1^\top & & & & \\ & x_2^\top & & \mathbf{0} & \\ & & \ddots & & \\ & \mathbf{0} & & x_{n-1}^\top & \\ & & & & x_n^\top \end{bmatrix} \in \mathbb{R}^{n \times n^2} \ .$$

Offensichtlich ist der Rang von $\partial h(x)$ für jedes $x \in h^{-1}(0)$ maximal. Also ist 0 ein regulärer Wert von h, und $M := h^{-1}(0)$ ist eine $n(n-1)$-dimensionale C^∞-Untermannigfaltigkeit des $\mathbb{R}^{n^2}$. Ferner ist M kompakt, denn es gilt $M = S^{n-1} \times \cdots \times S^{n-1}$. Somit nimmt $f := F \mid M \in C^\infty(M, \mathbb{R})$ das Minimum und das Maximum an.

(iii) Es sei $p = (p_1, \dots, p_n) \in M$ eine Extremalstelle von f. Aufgrund der Lagrangeschen Multiplikatorenregel gibt es $\lambda_1, \dots, \lambda_n \in \mathbb{R}$ mit

$$\nabla F(p) = \sum_{j=1}^n \lambda_j \nabla h^j(p) = 2 \sum_{j=1}^n \lambda_j (0, \dots, 0, p_j, 0, \dots, 0)$$
$$= 2(\lambda_1 p_1, \dots, \lambda_n p_n) \in \mathbb{R}^{n^2} \ . \tag{10.11}$$

Außerdem gilt wegen Beispiel 4.8(a)

$$\frac{\partial F}{\partial x_j^k}(p) = \det[p_1, \dots, p_{j-1}, e_k, p_{j+1}, \dots, p_n] \ , \qquad 1 \leq j, k \leq n \ . \tag{10.12}$$

Wir setzen $B := [p_1, \dots, p_n]$ und bezeichnen mit $B^\sharp := [b_{jk}^\sharp]_{1 \leq j, k \leq n}$ die zu B **assoziierte Matrix** mit $b_{jk}^\sharp := (-1)^{j+k} \det B_{jk}$, wobei B_{jk} aus B durch Streichen der k-ten Zeile und der j-ten Spalte entsteht (vgl. [Gab96, § A.3.7]). Dann ergeben (10.11) und (10.12)

$$\frac{\partial F}{\partial x_j^k}(p) = b_{jk}^\sharp = 2\lambda_j p_j^k \ .$$

Wegen $B^\sharp B = (\det B) 1_n$ gilt

$$\delta_{ij} \det B = \sum_{k=1}^n b_{ik}^\sharp p_j^k = 2\lambda_i(p_i \mid p_j) \ , \qquad 1 \leq i, j \leq n \ . \tag{10.13}$$

---

[6] $x_j^\top$ bedeutet, daß x_j als Zeilenvektor aufzufassen ist.

Wählen wir in (10.13) speziell $i = j$, so finden wir

$$2\lambda_1 = \cdots = 2\lambda_n = \det B .\qquad(10.14)$$

Im Fall $\det B = 0$ ist die zu beweisende Aussage offensichtlich richtig. Gilt $\det B \neq 0$, so zeigen (10.13) und (10.14), daß p_i und p_j für $i \neq j$ senkrecht aufeinander stehen. Also gehört B zu $O(n)$, und wir erhalten $|\det B| = 1$ (vgl. Aufgabe 9.2). Nun folgt die Behauptung wegen $F(p) = \det B$. $\blacksquare$

(b) (Hauptachsentransformation) Es sei $A \in \mathcal{L}_{\mathrm{sym}}(\mathbb{R}^n)$. Dann gibt es reelle Zahlen $\lambda_1 \geq \lambda_2 \geq \cdots \geq \lambda_n$ und $x_1, \ldots, x_n \in S^{n-1}$ mit $A x_k = \lambda_k x_k$ für $1 \leq k \leq n$, d.h., x_k ist ein Eigenvektor zum Eigenwert λ_k. Die $x_1, \ldots, x_n$ bilden eine ONB des $\mathbb{R}^n$. Bezüglich dieser Basis besitzt A die Matrixdarstellung $[A] = \mathrm{diag}(\lambda_1, \ldots, \lambda_n)$. Ferner gilt

$$\lambda_k = \max\big\{ (Ax\,|\,x) \;;\; x \in S^{n-1} \cap E_k \big\} , \qquad k = 1, \ldots, n ,$$

mit $E_1 := \mathbb{R}^n$ und $E_k := \big(\mathrm{span}\{x_1, \ldots, x_{k-1}\}\big)^\perp$ für $k = 2, \ldots, n$.

Beweis (i) Wir setzen $h^0(x) := |x|^2 - 1$ und $F(x) := (Ax\,|\,x)$ für $x \in \mathbb{R}^n$. Dann ist 0 ein regulärer Wert von $h^0 \in C^\infty(\mathbb{R}^n, \mathbb{R})$, und F nimmt auf $S^{n-1} = h^{-1}(0)$ das Maximum an. Es seien $x_1 \in S^{n-1}$ eine Maximalstelle von $f := F\,|\,S^{n-1}$. Aufgrund der Lagrangeschen Multiplikatorenregel gibt es ein $\lambda_1 \in \mathbb{R}$ mit $\nabla F(x_1) = 2A x_1 = 2\lambda_1 x_1$ (vgl. Aufgabe 4.5). Also ist x_1 ein Eigenvektor von A zum Eigenwert λ_1. Ferner gilt

$$\lambda_1 = \lambda_1(x_1\,|\,x_1) = (A x_1\,|\,x_1) = f(x_1) ,$$

da $x_1 \in S^{n-1}$.

(ii) Wir konstruieren nun $x_2, \ldots, x_n$ rekursiv. Sind $x_1, \ldots, x_{k-1}$ für $k \geq 2$ bereits gefunden, so setzen wir $h := (h^0, h^1, \ldots, h^{k-1})$ mit $h^j(x) := 2(x_j\,|\,x)$ für $1 \leq j \leq k-1$. Dann ist $h^{-1}(0) = S^{n-1} \cap E_k$ kompakt, und es gibt ein $x_k \in S^{n-1} \cap E_k$ mit $f(x) \leq f(x_k)$ für $x \in S^{n-1} \cap E_k$. Außerdem verifiziert man (wegen Rang B = Rang $B^\top$ für $B \in \mathbb{R}^{k \times n}$)

$$\mathrm{Rang}\,\partial h(x) = \mathrm{Rang}[x, x_1, \ldots, x_{k-1}] = k , \qquad x \in S^{n-1} \cap E_k .$$

Somit ist 0 ein regulärer Wert von h, und wir finden aufgrund von Theorem 10.15 reelle Zahlen $\mu_0, \ldots, \mu_{k-1}$ mit

$$2A x_k = \nabla F(x_k) = \sum_{j=0}^{k-1} \mu_j \nabla h^j(x_k) = 2\mu_0 x_k + 2\sum_{j=1}^{k-1} \mu_j x_j .\qquad(10.15)$$

Wegen $(x_k\,|\,x_j) = 0$ für $1 \leq j \leq k-1$ gilt

$$(A x_k\,|\,x_j) = (x_k\,|\,A x_j) = \lambda_j(x_k\,|\,x_j) = 0 , \qquad 1 \leq j \leq k-1 .$$

Deshalb folgt aus (10.15):

$$0 = (A x_k\,|\,x_j) = \mu_j , \qquad j = 1, \ldots, k-1 ,$$

und wir finden, wiederum aus (10.15), daß x_k ein Eigenvektor von A zum Eigenwert μ_0 ist. Schließlich erhalten wir

$$\mu_0 = \mu_0(x_k\,|\,x_k) = (A x_k\,|\,x_k) = f(x_k) .$$

Damit ist alles bewiesen (vgl. Bemerkung 5.13(b)). $\blacksquare$

10.18 Bemerkung Es sei $A \in \mathcal{L}_{\text{sym}}(\mathbb{R}^n)$ mit $n \geq 2$, und $\lambda_1 \geq \lambda_2 \geq \cdots \geq \lambda_n$ seien die Eigenwerte von A. Ferner sei $x_1, \ldots, x_n$ eine ONB von $\mathbb{R}^n$, wobei x_k ein Eigenvektor von A zum Eigenwert λ_k sei. Für $x = \sum_{j=1}^n \xi^j x_j \in \mathbb{R}^n$ gilt dann

$$(Ax \,|\, x) = \sum_{j=1}^n \lambda_j (\xi^j)^2 \ . \tag{10.16}$$

Wir nehmen nun an, es gelte

$$\lambda_1 \geq \cdots \geq \lambda_k > 0 > \lambda_{k+1} \geq \cdots \geq \lambda_m$$

für ein $k \in \{0, \ldots, m\}$. Dann ist $\gamma \in \{-1, 1\}$ ein regulärer Wert der C^∞-Abbildung

$$a : \mathbb{R}^n \to \mathbb{R} \ , \quad x \mapsto (Ax \,|\, x)$$

(vgl. Aufgabe 4.5). Also ist aufgrund des Satzes vom regulären Wert

$$a^{-1}(\gamma) = \left\{ x \in \mathbb{R}^n \ ; \ (Ax \,|\, x) = \gamma \right\}$$

eine C^∞-Hyperfläche in $\mathbb{R}^n$. Mit $\alpha_j := 1/\sqrt{|\lambda_j|}$ folgt aus (10.16)

$$\sum_{j=1}^k \left(\frac{\xi^j}{\alpha_j} \right)^2 - \sum_{j=k+1}^n \left(\frac{\xi^j}{\alpha_j} \right)^2 = \gamma \tag{10.17}$$

für $x = \sum_{j=1}^n \xi^j x_j \in a^{-1}(\gamma)$.

Ist A positiv definit, so gilt $\lambda_1 \geq \cdots \geq \lambda_n > 0$, wie wir aus Bemerkung 5.13(b) wissen. In diesem Fall lesen wir aus (10.17) ab, daß $a^{-1}(1)$ eine $(n-1)$-dimensionale **Ellipsoidfläche** mit den **Hauptachsen** $\alpha_1 x_1, \ldots, \alpha_n x_n$ ist. Ist A indefinit, so zeigt (10.17), daß $a^{-1}(\pm 1)$ (verallgemeinerte) **Hyperboloidflächen** mit den **Hauptachsen** $\alpha_1 x_1, \ldots, \alpha_n x_n$ sind.

Dies erweitert den bekannten ebenen Fall auf die höherdimensionale Situation.

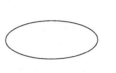

Außerdem erklärt diese Betrachtung den Namen „Hauptachsentransformation". Sind ein oder mehrere Eigenwerte von A gleich Null, so stellen $a^{-1}(\gamma)$ Zylinder mit ellipsoid- bzw. hyperboloidförmigen Querschnitten dar. ∎

Aufgaben

1 Es bezeichne (g_n, V_n) die reguläre Parametrisierung von $F_n := \mathbb{R}^n \setminus H_n$ durch n-dimensionale Polarkoordinaten (vgl. Aufgabe 9.11).

(a) Man zeige, daß die erste Fundamentalmatrix $\big[(g_n)_{jk}\big]$ von F_n bezüglich g_n gegeben ist durch

$$\begin{bmatrix} 1 & 0 \\ 0 & r^2 \end{bmatrix}, \qquad n = 2,$$

bzw., im Fall $n \geq 3$, durch

$$\mathrm{diag}\big(1, r^2 \sin^2(y^3) \cdot \,\cdots\, \cdot \sin^2(y^n), r^2 \sin^2(y^3) \cdot \,\cdots\, \cdot r^2 \sin^2(y^{n-1}), \ldots, r^2 \sin^2(y^3), r^2\big)$$

für $(r, y^2, \ldots, y^n) \in V_n$.

(b) Es sei $f \in C^1(F_n, \mathbb{R})$, und φ_n bezeichne die zu g_n gehörende Karte. Man berechne die Darstellung von $\nabla_p f$ in n-dimensionalen Polarkoordinaten, d.h. bezüglich der von φ_n induzierten lokalen Koordinaten.

2 Es sei (g, V) eine Parametrisierung einer m-dimensionalen C^1-Untermannigfaltigkeit M des $\mathbb{R}^n$. Ferner bezeichne

$$\sqrt{g}(y) := \sqrt{\det\big[g_{jk}(y)\big]}, \qquad y \in V,$$

die **Gramsche Determinante** von M bezüglich g. Man verifiziere:

(a) Für $m = 1$ gilt $\sqrt{g} = |\dot{g}|$.

(b) Für $m = 2$ und $n = 3$ gilt

$$\sqrt{g} = \sqrt{\Big(\frac{\partial(g^2, g^3)}{\partial(x, y)}\Big)^2 + \Big(\frac{\partial(g^3, g^1)}{\partial(x, y)}\Big)^2 + \Big(\frac{\partial(g^1, g^2)}{\partial(x, y)}\Big)^2} = |\partial_1 g \times \partial_2 g|,$$

wobei $\times$ das (von der Schule her bekannte) Vektorprodukt bezeichnet (vgl. auch Paragraph VIII.2).

(c) Es seien V offen in $\mathbb{R}^n$ und $f \in C^1(V, \mathbb{R})$. Für die Parametrisierung $g : V \to \mathbb{R}^{n+1}$, $x \mapsto \big(x, f(x)\big)$ des Graphen von f gilt $\sqrt{g} = \sqrt{1 + |\nabla f|^2}$.

3 Man bestimme $T_p S^2$ für $p = (0, 1, 0)$ in der Darstellung durch die

(a) Parametrisierung mittels sphärischer Koordinaten (vgl. Beispiel 9.11(b));

(b) zu einer stereographischen Projektion gehörenden Parametrisierung.

4 Man bestimme $T_p \mathsf{T}^2_{2,1}$ für $p = (\sqrt{2}, \sqrt{2}, 1)$.

5 Es seien M eine m-dimensionale C^q-Untermannigfaltigkeit des $\mathbb{R}^n$ und (φ, U) eine Karte um $p \in M$. Man zeige:

(a) Jede offene Teilmenge von M ist eine m-dimensionale C^q-Untermannigfaltigkeit von $\mathbb{R}^n$.

(b) Wird U als Mannigfaltigkeit aufgefaßt, so gehört φ zu $\mathrm{Diff}^q\big(U, \varphi(U)\big)$, und das Tangential der Karte $T_p \varphi$ stimmt mit dem Tangential von $\varphi \in C^q\big(U, \varphi(U)\big)$ im Punkt p überein.

6 Man bestimme $T_A GL(n)$ für $A \in GL(n) := \mathcal{L}\mathrm{aut}(\mathbb{R}^n)$.

7 Der Tangentialraum an die orthogonale Gruppe $O(n)$ in 1_n ist der Vektorraum der schiefsymmetrischen $(n \times n)$-Matrizen, d.h.:

$$T_{1_n}O(n) = \left(1_n, \ \{ A \in \mathbb{R}^{n \times n} \ ; \ A + A^\top = 0 \}\right) \ .$$

(Hinweis: Man beachte Beispiel 9.5(c) und Theorem 10.7.)

8 Man zeige, daß der Tangentialraum an die spezielle orthogonale Gruppe $SO(n)$ in 1_n gegeben ist durch

$$T_{1_n}SO(n) = \left(1_n, \ \{ A \in \mathbb{R}^{n \times n} \ ; \ \mathrm{spur}(A) = 0 \}\right)$$

(Hinweis: Für $A \in \mathbb{R}^{n \times n}$ mit $\mathrm{spur}(A) = 0$ betrachte man $\gamma(t) = e^{tA}$, $t \in \mathbb{R}$, und beachte Theorem 10.6.)

9 Man zeige:

(a) Für $\psi \in \mathrm{Diff}^q(M, N)$ und $p \in M$ gilt $T_p\psi \in \mathcal{L}\mathrm{is}(T_pM, T_{\psi(p)}N)$.

(b) Sind M und N diffeomorphe C^q-Untermannigfaltigkeiten von $\mathbb{R}^n$, so stimmen ihre Dimensionen überein.

10 Es ist zu zeigen:

(a) $S^1 \times \mathbb{R}$ (vgl. Aufgabe 9.4) und $\{ (x, y, z) \in \mathbb{R}^3 \ ; \ x^2 + y^2 = 1 \}$ sind diffeomorph;

(b) $S^1 \times S^1$ und $\mathsf{T}^2_{2,1}$ sind diffeomorph;

(c) S^n und rS^n, $r > 0$, sind diffeomorph.

11 Es seien $M := \{ (x, y, z) \in \mathbb{R}^3 \ ; \ x^2 + y^2 = 1 \}$ und

$$\nu : M \to S^2 \ , \quad (x, y, z) \mapsto (x, y, 0) \ .$$

Dann gilt $\nu \in C^\infty(M, S^2)$. Ferner ist $T_p\nu$ symmetrisch für $p \in M$ und besitzt die Eigenwerte 0 und 1.

12 Es seien X offen in $\mathbb{R}^n$ und $f \in C^1(X, \mathbb{R})$. Ferner sei $\nu : M \to S^n$ eine Einheitsnormale an $M := \mathrm{graph}(f)$. Man zeige: ν gehört zu $C^\infty(M, S^n)$, und $T_p\nu$ ist symmetrisch für $p \in M$.

13 Es seien M und ν wie in Aufgabe 12. Ferner sei

$$\varphi_\alpha : M \to \mathbb{R}^{n+1} \ , \quad p \mapsto p + \alpha\nu(p)$$

für $\alpha \in \mathbb{R}$. Man zeige, daß es ein $\alpha_0 > 0$ gibt, so daß $\varphi_\alpha(M)$ für jedes $\alpha \in (-\alpha_0, \alpha_0)$ eine glatte, zu M diffeomorphe Hyperfläche ist.

14 Man finde den achsenparallelen Quader größten Volumens, welcher der Ellipsoidfläche $\{ (x, y, z) \in \mathbb{R}^3 \ ; \ (x/a)^2 + (y/b)^2 + (z/c)^2 = 1 \}$ mit $a, b, c > 0$ einbeschrieben ist.

Kapitel VIII

Kurvenintegrale

In diesem Kapitel kehren wir zurück zur Integrationstheorie von Funktionen einer reellen Variablen. Allerdings wollen wir nun Integrale betrachten, die sich nicht nur über Intervalle, sondern über stetig differenzierbare Bilder von Intervallen, nämlich über Kurven, erstrecken. Wir werden sehen, daß diese Erweiterung des Integralbegriffes wichtige und tiefgründige Konsequenzen hat.

Natürlich müssen wir zuerst das Konzept einer Kurve mathematisch präzisieren, was im ersten Paragraphen geschieht. Außerdem werden dort der Begriff der Bogenlänge eingeführt und eine Integralformel zu ihrer Berechnung hergeleitet.

Im zweiten Paragraphen diskutieren wir die Grundbegriffe der Differentialgeometrie von Kurven. Insbesondere beweisen wir die Existenz eines begleitenden n-Beins und studieren die Krümmung ebener Kurven sowie die Krümmung und die Torsion von Raumkurven. Des Stoff dieses Paragraphen gehört weitgehend zur mathematischen Allgemeinbildung. Er wird im restlichen Teil dieses Kapitels nicht benötigt.

Der dritte Paragraph ist den Differentialformen ersten Grades gewidmet. Hier präzisieren wir einerseits den Begriff des in Kapitel VI ad hoc eingeführten Differentials. Andererseits leiten wir einige einfache Rechenregeln für den Umgang mit solchen Differentialformen her. Diese Regeln stellen die Grundlage dar für die Theorie der Kurvenintegrale, die wir im darauffolgenden Paragraphen entwickeln. Differentialformen ersten Grades tauchen dort nämlich als die Integranden der Kurvenintegrale wieder auf. Wir beweisen den Hauptsatz über Kurvenintegrale, der u.a. jene Vektorfelder charakterisiert, welche als Gradienten von Potentialen erhalten werden können.

Besonders wichtige Anwendungen der Theorie der Kurvenintegrale finden wir in der Funktionentheorie, d.h. der Theorie der Funktionen einer komplexen Variablen, welche in den beiden letzten Paragraphen behandelt wird. In Paragraph 5 leiten wir die Grundtatsachen über holomorphe Funktionen her, insbesondere den Integralsatz und die Integralformel von Cauchy. Mit diesen Hilfsmitteln beweisen wir das fundamentale Resultat, welches besagt, daß eine Funktion genau dann holomorph ist, wenn sie analytisch ist. Als eine Anwendung der allgemeinen Theorie zeigen wir anhand der Fresnelschen Integrale, wie der Cauchysche Integralsatz zur Berechnung reeller Integrale verwendet werden kann.

Schließlich studieren wir im letzten Paragraphen meromorphe Funktionen und beweisen den wichtigen Residuensatz, und zwar in seiner homologietheoretischen Version. Zu diesem Zweck führen wir das Konzept der Windungszahl ein und leiten ihre wichtigsten Eigenschaften her. Zum Abschluß illustrieren wir die Tragweite des Residuensatzes mit der Berechnung einiger Fourierscher Integrale.

1 Kurven und ihre Länge

Das Hauptergebnis dieses Paragraphen ist der Nachweis, daß eine stetig differenzierbare kompakte Kurve Γ eine endliche Länge $L(\Gamma)$ besitzt und daß die Formel

$$L(\Gamma) = \int_a^b |\dot{\gamma}(t)| \, dt$$

gilt. Dabei steht γ für eine beliebige Parametrisierung von Γ.

Im folgenden seien

- $E = (E, |\cdot|)$ ein Banachraum über dem Körper $\mathbb{K}$;
  $I = [a, b]$ ein kompaktes Intervall.

Die totale Variation

Es seien $f : I \to E$ und $\mathfrak{z} := (t_0, \ldots, t_n)$ eine
Zerlegung von I. Dann ist

$$L_{\mathfrak{z}}(f) := \sum_{j=1}^{n} |f(t_j) - f(t_{j-1})|$$

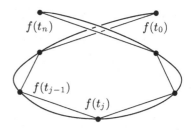

die **Länge des Streckenzuges** $\big(f(t_0), \ldots, f(t_n)\big)$
in E, und

$$\mathrm{Var}(f, I) := \sup\big\{\, L_{\mathfrak{z}}(f) \;;\; \mathfrak{z} = (t_0, \ldots, t_n) \text{ ist eine Zerlegung von } I \,\big\}$$

heißt **totale Variation** (kurz: **Variation**) von f über I. Man nennt f von **beschränkter Variation**, falls $\mathrm{Var}(f, I) < \infty$.

1.1 Lemma Für $f : [a, b] \to E$ und $c \in [a, b]$ gilt

$$\mathrm{Var}\big(f, [a, b]\big) = \mathrm{Var}\big(f, [a, c]\big) + \mathrm{Var}\big(f, [c, b]\big) \, . \tag{1.1}$$

Beweis (i) Es sei $c \in [a, b]$. Wir können ohne Beschänkung der Allgemeinheit annehmen, es gelten $\mathrm{Var}\big(f, [a, c]\big) < \infty$ und $\mathrm{Var}\big(f, [c, b]\big) < \infty$, da andernfalls die Funktion $f : [a, b] \to E$ nicht von beschränkter Variation wäre, und die zu beweisende Aussage offensichtlich gälte.

(ii) Es seien $\mathfrak{z}$ eine Zerlegung von $[a, b]$ und $\widetilde{\mathfrak{z}}$ eine Verfeinerung von $\mathfrak{z}$, die den Teilpunkt c enthält. Außerdem setzen wir $\widetilde{\mathfrak{z}}_1 := \widetilde{\mathfrak{z}} \cap [a, c]$ und $\widetilde{\mathfrak{z}}_2 := \widetilde{\mathfrak{z}} \cap [c, b]$.
Dann folgt

$$L_{\mathfrak{z}}(f) \le L_{\widetilde{\mathfrak{z}}}(f) = L_{\widetilde{\mathfrak{z}}_1}(f) + L_{\widetilde{\mathfrak{z}}_2}(f) \le \mathrm{Var}\big(f, [a, c]\big) + \mathrm{Var}\big(f, [c, b]\big) \, .$$

Nach Supremumsbildung bezüglich 3 finden wir

$$\text{Var}(f, [a, b]) \leq \text{Var}(f, [a, c]) + \text{Var}(f, [c, b]) \; .$$

(iii) Zu $\varepsilon > 0$ gibt es Zerlegungen 3_1 von $[a, c]$ und 3_2 von $[c, b]$ mit

$$L_{3_1}(f) \geq \text{Var}(f, [a, c]) - \varepsilon/2 \; , \quad L_{3_2}(f) \geq \text{Var}(f, [c, b]) - \varepsilon/2 \; .$$

Für $3 := 3_1 \vee 3_2$ gilt

$$L_{3_1}(f) + L_{3_2}(f) = L_3(f) \leq \text{Var}(f, [a, b]) \; ,$$

und folglich

$$\text{Var}(f, [a, c]) + \text{Var}(f, [c, b]) \leq L_{3_1}(f) + L_{3_2}(f) + \varepsilon \leq \text{Var}(f, [a, b]) + \varepsilon \; .$$

Nun ergibt sich wegen (ii) die Behauptung. ∎

Rektifizierbare Wege

Interpretiert man $\gamma \in C(I, E)$ als einen stetigen Weg in E, so nennt man $\text{Var}(\gamma, I)$ auch **Länge** (oder **Bogenlänge**) von γ und schreibt dafür $L(\gamma)$. Gilt $L(\gamma) < \infty$, d.h., hat γ eine endliche Länge, so heißt γ **rektifizierbar**.

1.2 Bemerkungen (a) Es gibt stetige Wege, die nicht rektifizierbar sind.[1]

Beweis Wir betrachten $\gamma \colon [0, 1] \to \mathbb{R}$ mit $\gamma(0) := 0$ und $\gamma(t) := t \cos^2(\pi/2t)$ für $t \in (0, 1]$. Dann ist γ stetig (vgl. Satz III.2.24). Für $n \in \mathbb{N}^\times$ sei $3_n = (t_0, \dots, t_{2n})$ die Zerlegung von $[0, 1]$ mit $t_0 = 0$ und $t_j = 2/(2n + 1 - j)$ für $1 \leq j \leq 2n$. Wegen

$$\gamma(t_j) = \begin{cases} 0 \; , & j = 2k, & 0 \leq k \leq n \; , \\ t_j \; , & j = 2k + 1, & 0 \leq k < n \; , \end{cases}$$

folgt

$$L_{3_n}(\gamma) = \sum_{j=1}^{2n} |\gamma(t_j) - \gamma(t_{j-1})| = \sum_{k=0}^{n-1} t_{2k+1} = \frac{1}{2} \sum_{k=1}^{n} \frac{1}{k} \to \infty$$

für $n \to \infty$. Also ist γ nicht rektifizierbar. ∎

(b) Es sei $\gamma \colon [a, b] \to E$ Lipschitz-stetig mit der Lipschitz-Konstanten λ. Dann ist γ rektifizierbar, und es gilt $L(\gamma) \leq \lambda(b - a)$.

Beweis Für jede Zerlegung $3 = (t_0, \dots, t_n)$ von $[a, b]$ gilt

$$L_3(\gamma) = \sum_{j=1}^{n} |\gamma(t_j) - \gamma(t_{j-1})| \leq \lambda \sum_{j=1}^{n} |t_j - t_{j-1}| = \lambda(b - a) \; ,$$

was die Behauptung impliziert. ∎

---

[1]Man kann auch zeigen, daß es stetige Wege in $\mathbb{R}^2$ gibt, deren Spuren die gesamte Einheitskreisscheibe $\overline{\mathbb{B}}$ ausfüllen (vgl. Aufgabe 8). Solche „flächenfüllenden" Wege heißen „**Peano-Kurven**".

(c) Die Länge eines Weges γ hängt selbstverständlich von der Norm von E ab. Die Rektifizierbarkeit ist aber invariant unter dem Übergang zu einer äquivalenten Norm. ∎

Der in Bemerkung 1.2(a) betrachtete Weg ist zwar stetig, aber in 0 nicht differenzierbar. Das nächste Resultat zeigt, daß stetig differenzierbare Wege stets rektifizierbar sind.

1.3 Theorem *Es sei $\gamma \in C^1(I, E)$. Dann ist γ rektifizierbar, und es gilt*

$$L(\gamma) = \int_a^b |\dot{\gamma}(t)|\, dt .$$

Beweis (i) Es genügt, den Fall $a < b$ zu betrachten, in dem I nicht nur aus einem Punkt besteht.

(ii) Die Rektifizierbarkeit von γ folgt unmittelbar aus dem Fundamentalsatz der Differential- und Integralrechnung. Ist nämlich $\mathfrak{Z} = (t_0, \ldots, t_n)$ eine Zerlegung von $[a, b]$, so gilt

$$L_{\mathfrak{Z}}(\gamma) = \sum_{j=1}^n |\gamma(t_j) - \gamma(t_{j-1})| = \sum_{j=1}^n \left| \int_{t_{j-1}}^{t_j} \dot{\gamma}(t)\, dt \right|$$
$$\leq \sum_{j=1}^n \int_{t_{j-1}}^{t_j} |\dot{\gamma}(t)|\, dt = \int_a^b |\dot{\gamma}(t)|\, dt .$$

Also ist die Ungleichung

$$L(\gamma) = \mathrm{Var}\big(\gamma, [a, b]\big) \leq \int_a^b |\dot{\gamma}(t)|\, dt \tag{1.2}$$

richtig.

(iii) Es sei nun $s_0 \in [a, b)$. Aufgrund von Lemma 1.1 gilt für jedes $s \in (s_0, b)$:

$$\mathrm{Var}\big(\gamma, [a, s]\big) - \mathrm{Var}\big(\gamma, [a, s_0]\big) = \mathrm{Var}\big(\gamma, [s_0, s]\big) .$$

Außerdem finden wir

$$|\gamma(s) - \gamma(s_0)| \leq \mathrm{Var}\big(\gamma, [s_0, s]\big) \leq \int_{s_0}^s |\dot{\gamma}(t)|\, dt .$$

Hierbei ergeben sich das erste Ungleichheitszeichen aus der Tatsache, daß (s_0, s) eine Zerlegung von $[s_0, s]$ ist, und das zweite aus (1.2).

Wegen $s_0 < s$ gilt somit

$$\left| \frac{\gamma(s) - \gamma(s_0)}{s - s_0} \right| \leq \frac{\mathrm{Var}\big(\gamma, [a, s]\big) - \mathrm{Var}\big(\gamma, [a, s_0]\big)}{s - s_0} \leq \frac{1}{s - s_0} \int_{s_0}^s |\dot{\gamma}(t)|\, dt . \tag{1.3}$$

Da γ stetig differenzierbar ist, folgt aus dem Mittelwertsatz in Integralform und aus Theorem VI.4.12

$$|\dot{\gamma}(s_0)| = \lim_{s \to s_0} \left| \frac{\gamma(s) - \gamma(s_0)}{s - s_0} \right| \leq \lim_{s \to s_0} \left[\frac{1}{s - s_0} \int_{s_0}^{s} |\dot{\gamma}(t)| \, dt \right] = |\dot{\gamma}(s_0)| \ .$$

Folglich zeigen (1.3) und eine analoge Betrachtung für $s < s_0$, daß $s \mapsto \mathrm{Var}\big(\gamma, [a, s]\big)$ differenzierbar ist mit

$$\frac{d}{ds} \mathrm{Var}\big(\gamma, [a, s]\big) = |\dot{\gamma}(s)| \ , \qquad s \in [a, b] \ .$$

Also gehört $s \mapsto \mathrm{Var}\big(\gamma, [a, s]\big)$ zu $C^1(I, \mathbb{R})$. Außerdem liefert der Fundamentalsatz der Differential- und Integralrechnung

$$\mathrm{Var}\big(\gamma, [a, b]\big) = \int_a^b |\dot{\gamma}(t)| \, dt$$

wegen $\mathrm{Var}\big(\gamma, [a, a]\big) = 0$. ∎

1.4 Korollar   *Für $\gamma = (\gamma_1, \ldots, \gamma_n) \in C^1(I, \mathbb{R}^n)$ gilt*

$$L(\gamma) = \int_a^b \sqrt{\big(\dot{\gamma}_1(t)\big)^2 + \cdots + \big(\dot{\gamma}_n(t)\big)^2} \, dt \ .$$

Differenzierbare Kurven

Die Spur eines Weges ist eine Punktmenge in E, die nicht davon abhängt, welche Funktion zu ihrer Beschreibung verwendet wird. Anders ausgedrückt: Der Spur eines Weges kommt eine geometrische Bedeutung zu, welche von der speziellen Parametrisierung unabhängig ist. Um diese geometrische Eigenschaft erfassen zu können, müssen wir präzisieren, welches die Parametrisierungen der Spur eines Weges sind, die diese Spur unverändert lassen.

Es seien J_1 und J_2 Intervalle sowie $q \in \mathbb{N} \cup \{\infty\}$. Die Abbildung $\varphi \colon J_1 \to J_2$ heißt (**orientierungserhaltender**) C^q-**Parameterwechsel**, wenn φ zu $\mathrm{Diff}^q(J_1, J_2)$ gehört[2] und strikt wachsend ist. Gilt $\gamma_j \in C^q(J_j, E)$ für $j = 1, 2$, so heißt γ_1 (**orientierungserhaltende**) C^q-**Umparametrisierung** von γ_2, wenn es einen C^q-Parameterwechsel φ gibt mit $\gamma_1 = \gamma_2 \circ \varphi$.

---

[2]Dies bedeutet, auch wenn J_1 und J_2 nicht offen sind, daß $\varphi \colon J_1 \to J_2$ bijektiv ist und daß sowohl φ als auch φ^{-1} zur Klasse C^q gehören. Insbesondere ist $\mathrm{Diff}^0(J_1, J_2)$ die Menge aller topologischen Abbildungen (Homöomorphismen) von J_1 auf J_2.

1.5 Bemerkungen (a) Ist $\varphi \in \mathrm{Diff}^q(J_1, J_2)$ streng fallend, so heißt φ **orientierungsumkehrender C^q-Parameterwechsel**. Im weiteren verstehen wir unter einem **Parameterwechsel** immer einen, der die Orientierung erhält.

(b) Eine Abbildung $\varphi \colon J_1 \to J_2$ ist genau dann ein C^q-Parameterwechsel, wenn φ zu $C^q(J_1, J_2)$ gehört, surjektiv ist und $\dot{\varphi}(t) > 0$ für $t \in J_1$ erfüllt.

Beweis Dies folgt aus den Theoremen III.5.7 und IV.2.8. ∎

(c) Es seien I_1 und I_2 kompakte Intervalle, und $\gamma_1 \in C(I_1, E)$ sei eine stetige Umparametrisierung von $\gamma_2 \in C(I_2, E)$. Dann gilt

$$\mathrm{Var}(\gamma_1, I_1) = \mathrm{Var}(\gamma_2, I_2) \ .$$

Beweis Es sei $\varphi \in \mathrm{Diff}^0(I_1, I_2)$ ein Parameterwechsel mit $\gamma_1 = \gamma_2 \circ \varphi$. Ist $\mathfrak{Z} = (t_0, \dots, t_n)$ eine Zerlegung von I_1, so ist $\varphi(\mathfrak{Z}) := \big(\varphi(t_0), \dots, \varphi(t_n)\big)$ eine Zerlegung von I_2, und es gilt

$$L_{\mathfrak{Z}}(\gamma_1, I_1) = L_{\mathfrak{Z}}(\gamma_2 \circ \varphi, I_1) = L_{\varphi(\mathfrak{Z})}(\gamma_2, I_2) \le \mathrm{Var}(\gamma_2, I_2) \ .$$

Folglich ist die Beziehung

$$\mathrm{Var}(\gamma_1, I_1) = \mathrm{Var}(\gamma_2 \circ \varphi, I_1) \le \mathrm{Var}(\gamma_2, I_2) \tag{1.4}$$

richtig. Beachten wir $\gamma_2 = (\gamma_2 \circ \varphi) \circ \varphi^{-1}$, so folgt aus (1.4) (wenn wir γ_2 durch $\gamma_2 \circ \varphi$ und φ durch φ^{-1} ersetzen)

$$\mathrm{Var}(\gamma_2, I_2) = \mathrm{Var}\big((\gamma_2 \circ \varphi) \circ \varphi^{-1}, I_2\big) \le \mathrm{Var}(\gamma_2 \circ \varphi, I_1) = \mathrm{Var}(\gamma_1, I_1) \ .$$

Damit ist alles bewiesen. ∎

Auf der Menge aller C^q-Wege in E erklären wir die Relation $\sim$ durch die Festsetzung

$$\gamma_1 \sim \gamma_2 :\Longleftrightarrow \gamma_1 \text{ ist eine } C^q\text{-Umparametrisierung von } \gamma_2 \ .$$

Es ist nicht schwer einzusehen, daß $\sim$ eine Äquivalenzrelation ist (vgl. Aufgabe 5). Die zugehörigen Äquivalenzklassen heißen C^q-**Kurven** in E. Jeder Repräsentant einer C^q-Kurve Γ ist eine C^q-**Parametrisierung** von Γ. Statt C^0-Kurve sagt man **stetige Kurve**, eine C^1-Kurve ist eine **stetig differenzierbare Kurve** und eine C^∞-Kurve ist eine **glatte Kurve**. Besitzt die Kurve Γ eine Parametrisierung mit kompaktem Definitionsbereich, also mit einem kompakten **Parameterintervall**, so heißt sie **kompakt**. Wegen Theorem III.3.6 ist dann auch die Spur von Γ kompakt. Eine Parametrisierung γ von Γ heißt **regulär**, wenn $\dot{\gamma}(t) \ne 0$ für $t \in \mathrm{dom}(\gamma)$ gilt. Besitzt Γ eine reguläre Parametrisierung, so nennt man Γ **reguläre Kurve**. Manchmal schreiben wir $\Gamma = [\gamma]$, um anzudeuten, daß Γ die Äquivalenzklasse der Parametrisierungen ist, welche γ enthält.

1.6 Bemerkungen   (a) Ist Γ eine kompakte Kurve [reguläre C^1-Kurve], so hat jede Parametrisierung von Γ einen kompakten Definitionsbereich [ist jede Parametrisierung regulär].

Beweis Es sei $\gamma \in C^q(J, E)$ eine Parametrisierung von Γ, und $\gamma_1 \in C^q(J_1, E)$ sei eine Umparametrisierung von γ. Dann gibt es ein $\varphi \in \mathrm{Diff}^q(J_1, J)$ mit $\gamma_1 = \gamma \circ \varphi$. Ist J kompakt, so gilt dies auch für $J_1 = \varphi^{-1}(J)$, da stetige Bilder kompakter Mengen kompakt sind (Theorem III.3.6). Aus der Kettenregel folgt

$$\dot{\gamma}_1(t) = \dot{\gamma}\big(\varphi(t)\big)\dot{\varphi}(t) \ , \qquad t \in J_1 \ ,$$

für $q \geq 1$. Also ergibt sich aus $\dot{\gamma}(s) \neq 0$ für $s \in J$ wegen $\dot{\varphi}(t) \neq 0$ für $t \in J_1$ auch $\dot{\gamma}_1(t) \neq 0$ für $t \in J_1$. ∎

(b) Reguläre Kurven können (nichtäquivalente) nichtreguläre Parametrisierungen besitzen.

Beweis Wir betrachten die reguläre glatte Kurve Γ, die durch die Funktion

$$[-1, 1] \to \mathbb{R}^2 \ , \quad t \mapsto \gamma(t) := (t, t)$$

parametrisiert ist, und den glatten Weg $\tilde{\gamma} : [-1, 1] \to \mathbb{R}^2$ mit $\tilde{\gamma}(t) := (t^3, t^3)$. Dann gelten $\mathrm{spur}(\gamma) = \mathrm{spur}(\tilde{\gamma})$ und $\dot{\tilde{\gamma}}(0) = (0, 0)$. Also ist $\tilde{\gamma}$ keine C^1-Umparametrisierung von γ. ∎

(c) Es sei $I \to E$, $t \mapsto \gamma(t)$ eine reguläre C^1-Parametrisierung einer Kurve Γ. Dann kann

$$\dot{\gamma}(t) = \lim_{s \to t} \frac{\gamma(s) - \gamma(t)}{s - t} \ , \qquad t \in I \ ,$$

als „Momentangeschwindigkeit" interpretiert werden, mit der „der Punkt $\gamma(t)$ die Kurve Γ durchläuft". ∎

Es sei Γ eine stetige Kurve in E, und γ sowie γ_1 seien (äquivalente) Parametrisierungen von Γ. Dann gilt offensichtlich $\mathrm{spur}(\gamma) = \mathrm{spur}(\gamma_1)$. Also ist die **Spur** von Γ durch

$$\mathrm{spur}(\Gamma) := \mathrm{spur}(\gamma)$$

wohldefiniert. Ist Γ kompakt und gelten $\mathrm{dom}(\gamma) = [a, b]$ sowie $\mathrm{dom}(\gamma_1) = [a_1, b_1]$, so sind die Relationen

$$\gamma(a) = \gamma_1(a_1) \ , \quad \gamma(b) = \gamma_1(b_1)$$

richtig. Somit ist der **Anfangspunkt**, A_Γ, bzw. der **Endpunkt**, E_Γ, einer kompakten Kurve durch $A_\Gamma := \gamma(a)$ bzw. $E_\Gamma := \gamma(b)$ wohldefiniert.

Stimmen A_Γ und E_Γ überein, so ist Γ **geschlossen**. Schließlich schreiben wir der Einfachheit halber oft $p \in \Gamma$ für $p \in \mathrm{spur}(\Gamma)$.

Rektifizierbare Kurven

Es sei Γ eine stetige Kurve in E, und $\gamma \in C(J, E)$ sei eine Parametrisierung von Γ. Ferner seien $\alpha := \inf J$ und $\beta := \sup J$. Dann ist $\mathrm{Var}\big(\gamma, [a, b]\big)$ für $\alpha < a < b < \beta$ definiert. Lemma 1.1 impliziert, daß für jedes $c \in (\alpha, \beta)$ die Funktion

$$[c, \beta) \to \bar{\mathbb{R}} \ , \quad b \mapsto \mathrm{Var}\big(\gamma, [c, b]\big)$$

wachsend und die Abbildung

$$(\alpha, c] \to \bar{\mathbb{R}} \ , \quad a \mapsto \mathrm{Var}\big(\gamma, [a, c]\big)$$

fallend sind. Somit existiert aufgrund von (1.1) der Grenzwert

$$\mathrm{Var}(\gamma, J) := \lim_{\substack{a \downarrow \alpha \\ b \uparrow \beta}} \mathrm{Var}\big(\gamma, [a, b]\big) \tag{1.5}$$

in $\bar{\mathbb{R}}$, die (**totale**) **Variation** von γ über J. Ist $\gamma_1 \in C(J_1, E)$ eine Umparametrisierung von γ, so folgt aus Bemerkung 1.5(c), daß $\mathrm{Var}(\gamma, J) = \mathrm{Var}(\gamma_1, J_1)$ gilt. Also ist die **totale Variation** oder **Länge** (oder auch **Bogenlänge**) von Γ durch

$$L(\Gamma) := \mathrm{Var}(\Gamma) := \mathrm{Var}(\gamma, J)$$

wohldefiniert. Die Kurve Γ heißt **rektifizierbar**, falls sie eine endliche Länge hat, d.h., wenn $L(\Gamma) < \infty$ gilt.

1.7 Theorem *Es sei $\gamma \in C^1(J, E)$ eine Parametrisierung der C^1-Kurve Γ. Dann gilt*

$$L(\Gamma) = \int_J |\dot{\gamma}(t)| \, dt \ . \tag{1.6}$$

Ist Γ kompakt, so ist Γ rektifizierbar.

Beweis Dies folgt unmittelbar aus (1.5), Theorem 1.3 und der Definition uneigentlicher Integrale. ∎

1.8 Bemerkungen (a) Theorem 1.7 besagt insbesondere, daß $L(\Gamma)$, und damit auch das Integral in (1.6), von der speziellen Parametrisierung γ unabhängig ist.

(b) Es sei $\widetilde{\Gamma}$ eine in $\mathbb{R}^n$ eingebettete C^q-Kurve im Sinne von Paragraph VII.8. Ferner seien (φ, U) eine Karte von $\widetilde{\Gamma}$ und (g, V) die zugehörige Parametrisierung. Dann ist[3] $\Gamma := \widetilde{\Gamma} \cap U$ eine reguläre C^q-Kurve, und g ist eine reguläre C^q-Parametrisierung von Γ.

---

[3]Hier und in ähnlichen Situationen schreiben wir der Einfachheit halber einfach Γ für spur(Γ), wenn keine Mißverständnisse zu befürchten sind.

(c) Reguläre C^q-Kurven sind i. allg. keine eingebetteten C^q-Kurven.

Beweis Dies folgt aus Beispiel VII.9.6(c) (man vgl. dazu auch Bemerkung VIII.2.4(f)). ∎

(d) Da wir nur orientierungserhaltende Parameterwechsel zulassen, sind alle unsere Kurven **orientiert**, d.h. mit einer „Durchlaufungsrichtung" versehen. ∎

1.9 Beispiele **(a)** (Graphen reellwertiger Funktionen) Es seien $f \in C^q(J, \mathbb{R})$ und $\Gamma := \mathrm{graph}(f)$. Dann ist Γ eine reguläre C^q-Kurve in $\mathbb{R}^2$, und die Abbildung $J \to \mathbb{R}^2$, $t \mapsto \big(t, f(t)\big)$ ist eine reguläre C^q-Parametrisierung von Γ. Ferner gilt:

$$L(\Gamma) = \int_J \sqrt{1 + \big[f'(t)\big]^2}\, dt \ .$$

(b) (Ebene Kurven in Polarkoordinatendarstellung) Es seien $r, \varphi \in C^q(J, \mathbb{R})$, und es gelte $r(t) \geq 0$ für $t \in J$. Ferner sei

$$\gamma(t) := r(t)\big(\cos(\varphi(t)), \sin(\varphi(t))\big) \ , \qquad t \in J \ .$$

Identifizieren wir $\mathbb{R}^2$ mit $\mathbb{C}$, so hat γ die Darstellung

$$\gamma(t) = r(t)e^{i\varphi(t)} \ , \qquad t \in J \ .$$

Gilt $\big[\dot{r}(t)\big]^2 + \big[r(t)\dot{\varphi}(t)\big]^2 > 0$, so ist γ eine reguläre C^q-Parametrisierung einer Kurve Γ mit

$$L(\Gamma) = \int_J \sqrt{\big[\dot{r}(t)\big]^2 + \big[r(t)\dot{\varphi}(t)\big]^2}\, dt \ .$$

Beweis Es gilt

$$\dot{\gamma}(t) := \big(\dot{r}(t) + i r(t)\dot{\varphi}(t)\big)e^{i\varphi(t)} \ ,$$

und somit $|\dot{\gamma}(t)|^2 = \big[\dot{r}(t)\big]^2 + \big[r(t)\dot{\varphi}(t)\big]^2$, woraus die Behauptung folgt. ∎

(c) Es sei $0 < b \leq 2\pi$. Für den durch

$$\gamma \colon [0, b] \to \mathbb{R}^2 \ , \quad t \mapsto R(\cos t, \sin t)$$

bzw. bei Identifikation von $\mathbb{R}^2$ mit $\mathbb{C}$ durch

$$\gamma \colon [0, b] \to \mathbb{C} \ , \quad t \mapsto R e^{it}$$

parametrisierten Kreisbogen[4] gilt $L(\Gamma) = bR$.

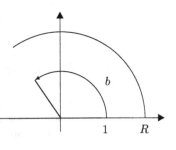

Beweis Dies folgt aus (b). ∎

(d) (Die logarithmische Spirale) Für $\lambda < 0$ und $a \in \mathbb{R}$ ist

$$\gamma_{a,\infty} \colon [a, \infty) \to \mathbb{R}^2 \ , \quad t \mapsto e^{\lambda t}(\cos t, \sin t)$$

eine glatte reguläre Parametrisierung der Kurve $\Gamma_{a,\infty} := [\gamma_{a,\infty}]$. Sie hat die endliche Länge $e^{\lambda a}\sqrt{1 + \lambda^2}/|\lambda|$.

[4]Man vgl. dazu Aufgabe III.6.12.

Im Fall $\lambda > 0$ gilt analog:

$$\gamma_{-\infty,a} : (-\infty, a] \to \mathbb{R}^2 , \quad t \mapsto e^{\lambda t}(\cos t, \sin t)$$

ist eine glatte reguläre Parametrisierung der Kurve $\Gamma_{-\infty,a} := [\gamma_{-\infty,a}]$ mit der endlichen Länge $e^{\lambda a}\sqrt{1 + \lambda^2}/\lambda$. Die Abbildung

$$\mathbb{R} \to \mathbb{R}^2 , \quad t \mapsto e^{\lambda t}(\cos t, \sin t)$$

ist für $\lambda \neq 0$ eine glatte reguläre Parametrisierung einer **logarithmischen Spirale**, welche unendlich lang ist. Ist $\lambda > 0$ [bzw. $\lambda < 0$], so „dreht sich diese Spirale nach außen" [bzw. „nach innen"]. Identifizieren wir $\mathbb{R}^2$ mit $\mathbb{C}$, so hat die logarithmische Spirale die einfache Parametrisierung $t \mapsto e^{(\lambda+i)t}$.

Beweis Es sei $\lambda < 0$. Wir setzen $r(t) = e^{\lambda t}$ und $\varphi(t) = t$ für $t \in [a, \infty)$. Gemäß (b) gilt dann

$$L(\Gamma_{a,\infty}) = \lim_{b \to \infty} \int_a^b \sqrt{1 + \lambda^2}\, e^{\lambda t}\, dt = \frac{\sqrt{1 + \lambda^2}}{\lambda} \lim_{b \to \infty} (e^{\lambda b} - e^{\lambda a}) = \frac{\sqrt{1 + \lambda^2}}{|\lambda|} e^{\lambda a} .$$

Der Fall $\lambda > 0$ ergibt sich in analoger Weise. ∎

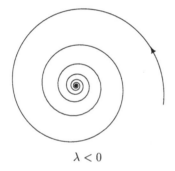

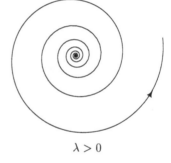

$$\lambda < 0 \qquad\qquad\qquad \lambda > 0$$

(e) Für $R > 0$ und $h > 0$ heißt die durch

$$\gamma : \mathbb{R} \to \mathbb{R}^3 , \quad t \mapsto (R\cos t, R\sin t, ht) \quad (1.7)$$

parametrisierte reguläre glatte Kurve Γ **Schraubenlinie** mit Radius R und Ganghöhe $2\pi h$. Identifizieren wir[5] $\mathbb{R}^2$ mit $\mathbb{C}$, also $\mathbb{R}^3$ mit $\mathbb{C} \times \mathbb{R}$, so hat (1.7) die Form $t \mapsto (Re^{it}, ht)$. Es gilt

$$L(\gamma \,|\, [a, b]) = (b - a)\sqrt{R^2 + h^2}$$

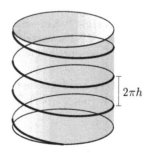

$2\pi h$

für $-\infty < a < b < \infty$. Dabei liegt Γ auf dem Zylindermantel mit Radius R, dessen Achse mit der z-Achse übereinstimmt, und der „Zuwachs bei einer Umdrehung" ist gleich der Ganghöhe $2\pi h$ in der z-Richtung.

---

[5] als metrischen Raum

Beweis   Wegen $|\dot{\gamma}(t)|^2 = R^2 + h^2$ folgt die Behauptung aus Theorem 1.7. ∎

Aufgaben

1   Eine Kreisscheibe rolle auf einer Geraden, ohne zu gleiten. Welche Parametrisierung ergibt sich für die Bahn eines beliebigen, fest mit der Kreisscheibe verbundenen (inneren oder äußeren) Punktes? Man bestimme die Bogenlänge der entsprechenden Bahnkurve bei einer Umdrehung der Kreisscheibe.

2   Es seien $-\infty < \alpha < \beta < \infty$. Man berechne die Länge folgender Wege:

$$[0,\pi] \to \mathbb{R}^2 \,, \quad t \mapsto (\cos t + t \sin t, \sin t - t \cos t) \;;$$

$$[1,\infty) \to \mathbb{R}^2 \,, \quad t \mapsto t^{-2}(\cos t, \sin t) \;;$$

$$[\alpha,\beta] \to \mathbb{R}^2 \,, \quad t \mapsto (t^3, 3t^2/2) \;;$$

$$[\alpha,\beta] \to \mathbb{R}^2 \,, \quad t \mapsto (t, t^2/2) \,.$$

3   Man berechne näherungsweise (z.B. mit Hilfe der Sehnentrapezregel) die Länge des Pascalschen Limaçons (vgl. Beispiel VII.9.1(c)).

4   Man skizziere die Raumkurve $\Gamma = [\gamma]$ mit

$$\gamma \colon [-3\pi, 3\pi] \to \mathbb{R}^3 \,, \quad t \mapsto t(\cos t, \sin t, 1)$$

und berechne ihre Bogenlänge.

5   Es seien $\mathfrak{Z} = (\alpha_0, \dots, \alpha_m)$ mit $m \in \mathbb{N}^\times$ eine Zerlegung eines kompakten Intervalls I und $q \in \mathbb{N}^\times \cup \{\infty\}$. Der stetige Weg $\gamma \in C(I, E)$ heißt **stückweise-C^q-Weg** in E (bezügl. $\mathfrak{Z}$), falls gilt $\gamma_j := \gamma \,|\, [\alpha_{j-1}, \alpha_j] \in C^q([\alpha_{j-1}, \alpha_j], E)$ für $j = 1, \dots, m$. Der stückweise-C^q-Weg $\eta \in C(J, E)$ bezügl. der Zerlegung $\mathfrak{Z}' = (\beta_0, \dots, \beta_m)$ von J heißt **C^q-Umparametrisierung** von γ, falls es C^q-Parameterwechsel $\varphi_j \in \mathrm{Diff}^q([\alpha_{j-1}, \alpha_j], [\beta_{j-1}, \beta_j])$ gibt mit $\gamma_j := \eta_j \circ \varphi_j$ für $j = 1, \dots, m$. Auf der Menge aller stückweise-C^q-Wege in E wird $\sim$ durch

$$\gamma \sim \eta :\Longleftrightarrow \eta \text{ ist eine Umparametrisierung von } \gamma$$

erklärt.

(a) Man zeige, daß $\sim$ eine Äquivalenzrelation ist. Die entsprechenden Äquivalenzklassen heißen **stückweise-C^q-Kurven** in E. Jeder Repräsentant einer stückweise-C^q-Kurve Γ ist eine **stückweise-C^q-Parametrisierung** von Γ. Ist $\gamma \in C(I, E)$ eine stückweise-C^q-Parametrisierung von Γ, so schreibt man symbolisch $\Gamma = \sum_{j=1}^m \Gamma_j$, wobei $\Gamma_j := [\gamma_j]$ für $j = 1, \dots, m$ gilt.

(b) Es sei Γ eine stückweise-C^q-Kurve in E mit der Parametrisierung $\gamma \in C(I, E)$ zur Zerlegung $\mathfrak{Z} = (\alpha_0, \dots, \alpha_m)$. Dann wird die **Länge** (oder auch **Bogenlänge**) von Γ durch

$$L(\Gamma) := \mathrm{Var}(\gamma, I)$$

erklärt. Man zeige, daß $L(\Gamma)$ wohldefiniert ist und daß gilt

$$L(\Gamma) = \sum_{j=1}^m L(\Gamma_j) = \sum_{j=1}^m \int_{\alpha_{j-1}}^{\alpha_j} |\dot{\gamma}_j(t)| \, dt \,.$$

(Hinweis: Bemerkung 1.5(c) und Lemma 1.1.)

6 Sind $\Gamma = [\gamma]$ eine ebene geschlossene stückweise-C^q-Kurve und $(\alpha_0, \ldots, \alpha_m)$ eine Zerlegung für γ, so ist

$$A(\Gamma) := \frac{1}{2} \sum_{j=1}^{m} \int_{\alpha_{j-1}}^{\alpha_j} \det[\gamma_j(t), \dot\gamma_j(t)] \, dt$$

der **von Γ eingeschlossene orientierte Flächeninhalt.**

(a) Man zeige, daß $A(\Gamma)$ wohldefiniert ist.

(b) Es seien $-\infty < \alpha < \beta < \infty$, und $f \in C^1([\alpha, \beta], \mathbb{R})$ erfülle $f(\alpha) = f(\beta) = 0$. Man setze $a := \alpha$ und $b := 2\beta - \alpha$ und definiere $\gamma : [a, b] \to \mathbb{R}^2$ durch

$$\gamma(t) := \begin{cases} (\alpha + \beta - t, f(\alpha + \beta - t)) \, , & t \in [\alpha, \beta] \, , \\ (\alpha - \beta + t, 0) \, , & t \in [\beta, b] \, . \end{cases}$$

Dann gelten

(α) $\Gamma := [\gamma]$ ist eine geschlossene stückweise-C^q-Kurve (Skizze).

(β) $A(\Gamma) = \int_\alpha^\beta f(t) \, dt$, d.h., der orientierte Flächeninhalt $A(\Gamma)$ stimmt mit dem orientierten Inhalt der Fläche zwischen dem Graphen von f und $[\alpha, \beta]$ überein (vgl. Bemerkung VI.3.3(a)).

(c) Man berechne den Flächeninhalt der durch $[0, 2\pi] \to \mathbb{R}^2$, $t \mapsto (a \cos t, b \sin t)$ parametrisierten Ellipse mit den Halbachsen $a, b > 0$.

(d) Es sei $\gamma : [-\pi/4, 3\pi/4] \to \mathbb{R}^2$,

$$t \mapsto \begin{cases} \sqrt{\cos(2t)}(\cos t, \sin t) \, , & t \in [-\pi/4, \pi/4] \, , \\ \sqrt{|\cos(2t)|}(-\sin t, -\cos t) \, , & t \in [\pi/4, 3\pi/4] \, , \end{cases}$$

eine Parametrisierung der **Lemniskate**. Man verifiziere, daß $\Gamma = [\gamma]$ eine ebene stückweise-C^∞-Kurve ist, und berechne $A(\Gamma)$.

7 Man berechne $A(\Gamma)$, falls Γ ein ebenes Quadrat „berandet".

8 Es sei $f : \mathbb{R} \to [0, 1]$ stetig und 2-periodisch mit

$$f(t) = \begin{cases} 0 \, , & t \in [0, 1/3] \, , \\ 1 \, , & t \in [2/3, 1] \, . \end{cases}$$

Ferner seien

$$r(t) := \sum_{k=1}^{\infty} 2^{-k} f(3^{2k} t) \, , \quad \alpha(t) := 2\pi \sum_{k=1}^{\infty} 2^{-k} f(3^{2k-1} t) \, , \qquad t \in \mathbb{R} \, .$$

Man zeige:

(a) $\gamma : \mathbb{R} \to \mathbb{R}^2$, $t \mapsto r(t)(\cos \alpha(t), \sin \alpha(t))$ ist stetig;

(b) $\gamma([0, 1]) = \bar{\mathbb{B}}$.

(Hinweis: Es seien $(r_0, \alpha_0) \in [0, 1] \times [0, 2\pi]$ die Polarkoordinaten von $(x_0, y_0) \in \bar{\mathbb{B}} \setminus \{0, 0\}$. Ferner sei $\sum_{k=1}^{\infty} g_k 2^{-k}$ bzw. $\sum_{k=1}^{\infty} h_k 2^{-k}$ die Dualbruchentwicklung von r_0 bzw. $\alpha_0/2\pi$. Für

$$a_n := \begin{cases} g_k \, , & n = 2k \, , \\ h_k \, , & n = 2k - 1 \, , \end{cases}$$

gelten $t_0 := 2 \sum_{n=1}^{\infty} a_n 3^{-n-1} \in [0, 1]$ und $f(3^n t_0) = a_n$ für $n \in \mathbb{N}$ sowie $\gamma(t_0) = (x_0, y_0)$.)

2 Kurven in $\mathbb{R}^n$

In Paragraph VII.6 haben wir gesehen, daß es angebracht ist, Kurven in unendlich-dimensionalen Vektorräumen zu betrachten, wie wir dies im vorigen Paragraphen getan haben. Die klassischen Konzepte der (Differential-)Geometrie sind jedoch endlichdimensional und an die euklidische Struktur des $\mathbb{R}^n$ gebunden. Wir wollen in diesem Paragraphen einige dieser Konzepte kennenlernen und lokale Eigenschaften von Kurven in $\mathbb{R}^n$ untersuchen.

Im folgenden seien

- $n \geq 2$ und $\gamma \in C^1(J, \mathbb{R}^n)$ eine reguläre Parametrisierung einer Kurve Γ.

Tangenteneinheitsvektoren

Für $t \in J$ ist

$$\mathfrak{t}(t) := \mathfrak{t}_\gamma(t) := \big(\gamma(t), \dot{\gamma}(t)/|\dot{\gamma}(t)|\big) \in T_{\gamma(t)}\mathbb{R}^n$$

ein Tangentialvektor des $\mathbb{R}^n$ der Länge 1, ein **Tangenteneinheitsvektor** an Γ im Punkt $\gamma(t)$, und

$$\mathbb{R}\mathfrak{t}(t) := \big(\gamma(t), \mathbb{R}\dot{\gamma}(t)\big) \subset T_{\gamma(t)}\mathbb{R}^n$$

ist eine **Tangente** an Γ in $\gamma(t)$.

2.1 Bemerkungen (a) Der Tangenteneinheitsvektor $\mathfrak{t}$ ist invariant unter Parameterwechseln. Genauer bedeutet dies folgendes: Ist $\zeta = \gamma \circ \varphi$ eine Umparametrisierung von γ, so gilt $\mathfrak{t}_\gamma(t) = \mathfrak{t}_\zeta(s)$ mit $t = \varphi(s)$. Deshalb ist es sinnvoll, von einem Tangenteneinheitsvektor von Γ zu sprechen.

Beweis Dies folgt unmittelbar aus der Kettenregel und der Positivität von $\dot{\varphi}(s)$. ∎

(b) Gemäß Korollar VII.9.8 gibt es zu $t_0 \in \overset{\circ}{J}$ ein offenes Teilintervall J_0 von J um t_0, derart daß $\Gamma_0 := \mathrm{spur}(\gamma_0)$ mit $\gamma_0 := \gamma | J_0$ eine eindimensionale C^1-Untermannigfaltigkeit von $\mathbb{R}^n$ ist. Durch Verkleinern von J_0 können wir annehmen, daß Γ_0 durch eine einzige Karte (U_0, φ_0) beschrieben werde, wobei $\gamma_0 = i_{\Gamma_0} \circ \varphi_0^{-1}$ gilt. Dann stimmt offensichtlich die Tangente an die *Kurve* Γ_0 in $p := \gamma(t_0)$ mit dem Tangentialraum an die *Mannigfaltigkeit* Γ_0 im Punkt p überein, d.h. $T_p\Gamma_0 = \mathbb{R}\mathfrak{t}(t_0)$.

   Nun kann es vorkommen, daß es ein $t_1 \neq t_0$ in $\overset{\circ}{J}$ gibt mit $\gamma(t_1) = p = \gamma(t_0)$. Dann gibt es wieder ein offenes Intervall J_1 um t_1, derart daß $\Gamma_1 := \mathrm{spur}(\gamma_1)$ mit $\gamma_1 := \gamma | J_1$ eine C^1-Untermannigfaltigkeit von $\mathbb{R}^n$ ist, für die $T_p\Gamma_1 = \mathbb{R}\mathfrak{t}(t_1)$ gilt. Dabei wird i. allg. $T_p\Gamma_0 \neq T_p\Gamma_1$ gelten, d.h. $\mathfrak{t}(t_0) \neq \pm\mathfrak{t}(t_1)$. Dies zeigt, daß Γ in solchen „Doppelpunkten" mehrere Tangenten besitzen kann. Insbesondere ist Γ in diesem Fall keine Untermannigfaltigkeit des $\mathbb{R}^n$, obwohl dies für jedes hinreichend kleine „Kurvenstück" gilt, wobei „hinreichend klein" im Parameterintervall gemessen wird.

Ein konkretes Beispiel für eine derartige Situation
liefert das Pascalsche Limaçon von Beispiel VII.9.6(c). Genauer sei Γ die kompakte reguläre Kurve in $\mathbb{R}^2$, die durch

$$\gamma \colon [-\pi, \pi] \to (1 + 2\cos t)(\cos t, \sin t)$$

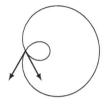

parametrisiert wird. Mit $t_0 := \arccos(-1/2)$ und $t_1 := -t_0$
gilt $\gamma(t_0) = \gamma(t_1) = (0, 0) \in \Gamma$. Für die entsprechenden
Tangenteneinheitsvektoren finden wir

$$\mathfrak{t}(t_j) = \big((0,0), \big((-1)^j, -\sqrt{3}\big)/2\big) , \qquad j = 0, 1 ,$$

also $\mathfrak{t}(t_0) \neq \mathfrak{t}(t_1)$. ∎

Parametrisierungen nach der Bogenlänge

Ist $\gamma \colon J \to \mathbb{R}^n$ eine Parametrisierung von Γ mit $|\dot{\gamma}(t)| = 1$ für jedes $t \in J$, so gilt
offensichtlich $L(\Gamma) = \int_J dt$. Also stimmt die Länge des Parameterintervalls J mit
der Länge von Γ überein. Man sagt deshalb in diesem Fall, daß die Kurve Γ
durch γ **nach der Bogenlänge parametrisiert** sei. Der nächste Satz zeigt, daß jede
reguläre C^1-Kurve eine Parametrisierung nach der Bogenlänge besitzt und daß
diese Parametrisierung im wesentlichen eindeutig festgelegt ist.

2.2 Satz   *Jede reguläre C^1-Kurve in $\mathbb{R}^n$ kann nach der Bogenlänge parametrisiert werden. Diese Parametrisierung ist bis auf Parameterwechsel der Form
$s \mapsto s + \mathrm{const}$ eindeutig. Ist $\eta \colon I \to \mathbb{R}^n$ eine Parametrisierung nach der Bogenlänge, so gilt $\mathfrak{t}_\eta(s) = \big(\eta(s), \dot{\eta}(s)\big)$ für $s \in I$.*

Beweis   Es sei $\gamma \in C^1(J, \mathbb{R}^n)$ eine reguläre Parametrisierung von Γ. Wir fixieren
ein $a \in J$ und setzen

$$\varphi(t) := \int_a^t |\dot{\gamma}(\tau)|\, d\tau , \quad t \in J , \qquad I := \varphi(J) .$$

Die Regularität von γ und $|\cdot| \in C(\mathbb{R}^n \backslash \{0\}, \mathbb{R})$ zeigen, daß φ zu $C^1(J, \mathbb{R}^n)$ gehört.
Außerdem gilt $\dot{\varphi}(t) = |\dot{\gamma}(t)| > 0$. Aufgrund von Bemerkung 1.5(b) ist deshalb φ
ein C^1-Parameterwechsel von J auf $I := \varphi(J)$. Mit $\eta := \gamma \circ \varphi^{-1}$ ergibt sich

$$|\dot{\eta}(s)| = \big|\dot{\gamma}\big(\varphi^{-1}(s)\big)(\varphi^{-1})^{\cdot}(s)\big| = \frac{\big|\dot{\gamma}\big(\varphi^{-1}(s)\big)\big|}{\big|\dot{\varphi}\big(\varphi^{-1}(s)\big)\big|} = \frac{\big|\dot{\gamma}\big(\varphi^{-1}(s)\big)\big|}{\big|\dot{\gamma}\big(\varphi^{-1}(s)\big)\big|} = 1$$

für $s \in I$. Somit ist η eine Parametrisierung von Γ nach der Bogenlänge.

Es sei $\widetilde{\eta} \in C^1\big(\widetilde{I}, \mathbb{R}^n\big)$ eine weitere Parametrisierung nach der Bogenlänge, und
$\psi \in \mathrm{Diff}^1\big(I, \widetilde{I}\big)$ erfülle $\eta = \widetilde{\eta} \circ \psi$. Dann gilt

$$1 = |\dot{\eta}(s)| = \big|\dot{\widetilde{\eta}}\big(\psi(s)\big)\dot{\psi}(s)\big| = \dot{\psi}(s) , \qquad s \in I ,$$

und wir finden $\psi(s) = s + \mathrm{const}$. ∎

2.3 Bemerkungen   (a) Es seien Γ eine reguläre C^2-Kurve und $\gamma : I \to \mathbb{R}^n$ eine Parametrisierung nach der Bogenlänge. Dann gilt $\big(\dot\gamma(s) \,\big|\, \ddot\gamma(s)\big) = 0$ für $s \in I$. Also ist der Vektor $\big(\gamma(s), \ddot\gamma(s)\big) \subset T_{\gamma(s)}\mathbb{R}^n$ zur Tangente $\mathbb{R}t(s) \subset T_{\gamma(s)}\mathbb{R}^n$ orthogonal.

Beweis   Aus $|\dot\gamma(s)|^2 = 1$ folgt $(|\dot\gamma|^2)^{\boldsymbol{\cdot}}(s) = 2\big(\dot\gamma(s) \,\big|\, \ddot\gamma(s)\big) = 0$ für $s \in I$. $\blacksquare$

(b) Eine Parametrisierung einer Kurve nach der Bogenlänge ist für viele theoretische Untersuchungen sehr zweckmäßig (vgl. z.B. den Beweis von Satz 2.12). Ist eine Kurve Γ durch eine reguläre C^1-Parametrisierung γ repräsentiert, so ist es i. allg. selbst dann unmöglich, eine Umparametrisierung auf Bogenlänge *konkret* vorzunehmen, wenn γ durch elementare Funktionen definiert ist.

Beweis   Wir betrachten die reguläre Parametrisierung

$$\gamma : [0, 2\pi] \to \mathbb{R}^2 \,, \quad t \mapsto (a \cos t, b \sin t)$$

der durch die Gleichung $(x/a)^2 + (y/b)^2 = 1$ mit $a, b > 0$ beschriebenen Ellipse. Der Beweis von Satz 2.2 zeigt, daß jeder Wechsel von γ auf eine Bogenlängeparametrisierung die Form

$$\varphi(t) := \int_0^t \sqrt{a^2 \sin^2 s + b^2 \cos^2 s} \, ds + \text{const} \,, \qquad 0 \le t \le 2\pi \,,$$

hat. Man kann zeigen, daß φ nicht durch elementare Funktionen darstellbar ist.[1] $\blacksquare$

Orientierte Basen

Es seien $\mathcal{B} = (b_1, \ldots, b_n)$ und $\mathcal{C} = (c_1, \ldots, c_n)$ geordnete Basen eines reellen Vektorraumes E der Dimension n. Ferner bezeichne $T_{\mathcal{B},\mathcal{C}} = [t_{jk}]$ die Übergangsmatrix von $\mathcal{B}$ nach $\mathcal{C}$, d.h., es gelte $c_j = \sum_{k=1}^n t_{jk} b_k$ für $1 \le j \le n$. Man nennt $\mathcal{B}$ und $\mathcal{C}$ **gleich** [bzw. **verschieden**] **orientiert**, falls $\det T_{\mathcal{B},\mathcal{C}}$ positiv [bzw. negativ] ist.

2.4 Bemerkungen   (a) Auf der Menge aller geordneten Basen von E wird durch die Festsetzung

$$\mathcal{B} \sim \mathcal{C} :\Longleftrightarrow \mathcal{B} \text{ und } \mathcal{C} \text{ sind gleich orientiert}$$

eine Äquivalenzrelation erklärt. Sie besitzt genau zwei Äquivalenzklassen, die beiden **Orientierungen** von E. Wird eine der beiden Orientierungen, sie heiße $\mathcal{O}r$, ausgewählt, so sagt man, $(E, \mathcal{O}r)$ sei **orientiert**. Jede Basis dieser Orientierung ist **positiv orientiert**, und jede Basis der verbleibenden Orientierung, wir nennen sie $-\mathcal{O}r$, ist **negativ orientiert**.

(b) Zwei geordnete Orthonormalbasen $\mathcal{B}$ und $\mathcal{C}$ eines n-dimensionalen Innenproduktraumes sind genau dann gleich orientiert, wenn $T_{\mathcal{B},\mathcal{C}}$ zu $SO(n)$ gehört.[2]

(c) Die Elemente von $SO(2)$ heißen auch **Drehmatrizen**. Es gibt nämlich zu jedem $T \in SO(2)$ einen eindeutig bestimmten **Drehwinkel** $\alpha \in [0, 2\pi)$, so daß T die

---

[1] Bei φ handelt es sich um ein **elliptisches Integral**. Für die zugehörige Theorie sei z.B. auf [FB95] verwiesen.

[2] Siehe die Aufgaben VII.9.2 und VII.9.10.

Darstellung

$$T = \begin{bmatrix} \cos\alpha & -\sin\alpha \\ \sin\alpha & \cos\alpha \end{bmatrix}$$

besitzt (vgl. Aufgabe 10). Also können je zwei gleich orientierte Orthonormalbasen eines zweidimensionalen Innenproduktraumes durch eine Drehung ineinander übergeführt werden.

(d) Sind E ein Innenproduktraum und $\mathcal{B}$ eine ONB, so gilt $T_{\mathcal{B},\mathcal{C}} = [(c_j \,|\, b_k)]$.

Beweis Dies folgt unmittelbar aus der Definition von $T_{\mathcal{B},\mathcal{C}}$. ∎

(e) Eine geordnete Basis von $\mathbb{R}^n$ heißt **positiv orientiert**, wenn sie gleich orientiert ist wie die kanonische Basis. ∎

Das Frenetsche n-Bein

Im folgenden wollen wir etwas stärkere Differenzierbarkeitsforderungen an Γ stellen und stets annehmen, daß Γ eine reguläre C^n-Kurve in $\mathbb{R}^n$ mit $n \geq 2$ bezeichne. Wie üblich sei $\gamma \in C^n(J, \mathbb{R}^n)$ eine Parametrisierung von Γ. Wir nennen Γ **vollständig**, falls die Vektoren $\dot{\gamma}(t), \ldots, \gamma^{(n-1)}(t)$ für jedes $t \in J$ linear unabhängig sind.

Es sei Γ eine vollständige Kurve in $\mathbb{R}^n$. Ein n-Tupel $\mathsf{e} = (\mathsf{e}_1, \ldots, \mathsf{e}_n)$ von Funktionen $J \to \mathbb{R}^n$ heißt **begleitendes n-Bein** oder **Frenetsches n-Bein** für Γ, wenn gilt:

(FB₁) $\mathsf{e}_j \in C^1(J, \mathbb{R}^n)$, $1 \leq j \leq n$.

(FB₂) $\mathsf{e}(t)$ ist für $t \in J$ eine positive Orthonormalbasis von $\mathbb{R}^n$.

(FB₃) $\gamma^{(k)}(t) \in \mathrm{span}\{\mathsf{e}_1(t), \ldots, \mathsf{e}_k(t)\}$, $1 \leq k \leq n-1$, $t \in J$.

(FB₄) $\big(\dot{\gamma}(t), \ldots, \gamma^{(k)}(t)\big)$ und $\big(\mathsf{e}_1(t), \ldots, \mathsf{e}_k(t)\big)$ sind für jedes $k \in \{1, \ldots, n-1\}$ und jedes $t \in J$ gleich orientiert (als Basen von $\mathrm{span}\{\mathsf{e}_1(t), \ldots, \mathsf{e}_k(t)\}$).

2.5 Bemerkungen **(a)** Aus der Kettenregel folgt unmittelbar, daß die vorstehenden Begriffe wohldefiniert, d.h. unabhängig von der speziellen Parametrisierung von Γ sind, und zwar in folgendem Sinn: Ist $\widetilde{\gamma} := \gamma \circ \varphi$ eine Umparametrisierung von γ und ist $\widetilde{\mathsf{e}}$ ein begleitendes n-Bein für Γ, welches (FB₃) und (FB₄) erfüllt, wenn dort γ durch $\widetilde{\gamma}$ ersetzt wird, so gilt $\widetilde{\mathsf{e}}(s) = \mathsf{e}(t)$ für $t = \varphi(s)$.

(b) Eine C^2-Kurve in $\mathbb{R}^2$ ist genau dann vollständig, wenn sie regulär ist.

(c) Es sei $\Gamma = [\gamma]$ eine reguläre C^2-Kurve in $\mathbb{R}^2$. Ferner seien $\mathsf{e}_1 := \dot{\gamma}/|\dot{\gamma}| =: (e_1^1, e_1^2)$ sowie $\mathsf{e}_2 := (-e_1^2, e_1^1)$. Dann ist $(\mathsf{e}_1, \mathsf{e}_2)$ ein Frenetsches Zweibein für Γ.

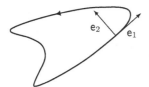 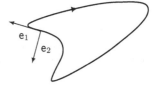

(In diesen und ähnlichen Abbildungen identifizieren wir $e_j(t) \in \mathbb{R}^2$ mit dem Hauptteil von $\left(\gamma(t), e_j(t)\right) \in T_{\gamma(t)}\Gamma$.)

Beweis Offensichtlich ist $\left(e_1(t), e_2(t)\right)$ eine ONB von $\mathbb{R}^2$, die wegen

$$\det[e_1, e_2] = (e_1^1)^2 + (e_1^2)^2 = |e_1|^2 = 1$$

positiv ist. ∎

2.6 Theorem *Jede vollständige C^n-Kurve in $\mathbb{R}^n$ besitzt ein eindeutig bestimmtes begleitendes n-Bein.*

Beweis (i) Es bezeichne $\Gamma = [\gamma]$ eine vollständige C^n-Kurve in $\mathbb{R}^n$. Die Existenz eines Frenetschen n-Beins gewinnt man mit dem Gram-Schmidtschen Orthonormalisierungsverfahren (vgl. z.B. [Art93, VII.1.22]). In der Tat, Γ ist als vollständige Kurve insbesondere regulär. Also ist $e_1(t) := \dot{\gamma}(t)/|\dot{\gamma}(t)|$ für $t \in I$ definiert. Für $k \in \{2, \ldots, n-1\}$ erklären wir e_k rekursiv. Sind $e_1, \ldots, e_{k-1}$ bereits konstruiert, so setze man

$$\widetilde{e}_k := \gamma^{(k)} - \sum_{j=1}^{k-1} (\gamma^{(k)} \,|\, e_j)e_j \,, \quad e_k := \widetilde{e}_k/|\widetilde{e}_k| \,. \tag{2.1}$$

Wegen

$$\mathrm{span}\big(\dot{\gamma}(t), \ldots, \gamma^{(k-1)}(t)\big) = \mathrm{span}\big(e_1(t), \ldots, e_{k-1}(t)\big) \tag{2.2}$$

und $\gamma^{(k)}(t) \notin \mathrm{span}\big(\dot{\gamma}(t), \ldots, \gamma^{(k-1)}(t)\big)$ ist $\widetilde{e}_k(t) \neq 0$ für $t \in J$, und somit e_k wohldefiniert. Außerdem gelten

$$\big(e_j(t) \,|\, e_k(t)\big) = \delta_{jk} \quad \text{und} \quad \gamma^{(k)}(t) \in \mathrm{span}\big(e_1(t), \ldots, e_k(t)\big) \tag{2.3}$$

für $1 \leq j, k \leq n-1$ und $t \in J$.

(ii) Im folgenden sei $T_k(t)$ die Übergangsmatrix von $\big(\dot{\gamma}(t), \ldots, \gamma^{(k)}(t)\big)$ zu $\big(e_1(t), \ldots, e_k(t)\big)$. Aus (2.1) folgt für $k \in \{2, \ldots, n-1\}$ die Rekursionsformel

$$T_1(t) = |\dot{\gamma}(t)|^{-1} \,, \quad T_k(t) = \begin{bmatrix} T_{k-1}(t) & 0 \\ * & |\widetilde{e}_k(t)|^{-1} \end{bmatrix} \,.$$

Somit hat $T_k(t)$ eine positive Determinante, was zeigt, daß $\big(\dot{\gamma}(t), \ldots, \gamma^{(k)}(t)\big)$ und $\big(e_1(t), \ldots, e_k(t)\big)$ gleich orientierte Basen sind.

(iii) Schließlich erklären wir $e_n(t)$ für $t \in J$ als Lösung des linearen Gleichungssystems

$$\big(e_j(t) \,|\, x\big) = 0 \,, \quad j = 1, \ldots, n-1 \,, \quad \det\big[e_1(t), \ldots e_{n-1}(t), x\big] = 1 \tag{2.4}$$

für $x \in \mathbb{R}^n$. Da $\big\{e_1(t), \ldots e_{n-1}(t)\big\}^{\perp}$ die Dimension 1 besitzt, ist (2.4) eindeutig lösbar. Aus (2.3) und (2.4) folgt nun leicht, daß $e = (e_1, \ldots, e_n)$ die Forderungen (FB$_2$)–(FB$_4$) erfüllt. ∎

(iv) Es bleibt, (FB_1) nachzuweisen. Aus (2.1) folgt unmittelbar $e_k \in C^1(J, \mathbb{R}^n)$ für $k = 1, \ldots, n - 1$. Somit zeigen (2.4) und die Cramersche Regel (vgl. [Art93, § I.5]), daß auch e_n zu $C^1(J, \mathbb{R}^n)$ gehört. Zusammenfassend ist gezeigt, daß e ein Frenetsches n-Bein für Γ ist.

(v) Um die Eindeutigkeit von e nachzuweisen, sei $(\delta_1, \ldots, \delta_n)$ ein weiteres Frenetsches n-Bein für Γ. Dann gilt offensichtlich $e_1 = \delta_1 = \dot{\gamma}/|\dot{\gamma}|$. Ferner folgt aus (FB_2) und (FB_3) für jedes $k \in \{1, \ldots, n - 1\}$ die Entwicklung

$$\gamma^{(k)} = \sum_{j=1}^{k} (\gamma^{(k)} \,|\, \delta_j) \delta_j \ .$$

Gilt also $e_j = \delta_j$ für $1 \leq j \leq k - 1$ und $k \in \{2, \ldots, n - 1\}$, so impliziert (2.1) die Beziehung $(\gamma^{(k)} \,|\, \delta_k)\delta_k = e_k \,|\widetilde{e}_k|$. Also gibt es zu jedem $t \in J$ eine reelle Zahl $\alpha(t)$ mit $|\alpha(t)| = 1$ und $\delta_k(t) = \alpha(t)e_k(t)$. Weil $\big(\delta_1(t), \ldots, \delta_k(t)\big)$ und $\big(e_1(t), \ldots, e_k(t)\big)$ gleich orientiert sind, folgt $\alpha(t) = 1$. Somit sind $(e_1, \ldots, e_{n-1})$, und deshalb auch e_n, eindeutig festgelegt. $\blacksquare$

2.7 Korollar *Es sei $\Gamma = [\gamma]$ eine vollständige C^n-Kurve in $\mathbb{R}^n$, und $e = (e_1, \ldots, e_n)$ sei ein Frenetsches n-Bein für Γ. Dann gelten die* **Frenetschen Ableitungsformeln**

$$\dot{e}_j = \sum_{k=1}^{n} (\dot{e}_j \,|\, e_k)e_k \ , \qquad j = 1, \ldots, n \ . \tag{2.5}$$

Ferner sind die Beziehungen

$$(\dot{e}_j \,|\, e_k) = -(e_j \,|\, \dot{e}_k) \ , \quad 1 \leq j, k \leq n \ , \qquad (\dot{e}_j \,|\, e_k) = 0 \ , \quad |k - j| > 1 \ ,$$

erfüllt.

Beweis Da $\big(e_1(t), \ldots, e_n(t)\big)$ für jedes $t \in J$ eine ONB des $\mathbb{R}^n$ ist, gilt (2.5). Differentiation von $(e_j \,|\, e_k) = \delta_{jk}$ ergibt $(\dot{e}_j \,|\, e_k) = -(e_j \,|\, \dot{e}_k)$. Schließlich zeigen (2.1) und (2.2), daß $e_j(t)$ für $1 \leq j < n$ zu $\mathrm{span}\big(\dot{\gamma}(t), \ldots, \gamma^{(j)}(t)\big)$ gehört. Somit folgt

$$\dot{e}_j(t) \in \mathrm{span}\big(\dot{\gamma}(t), \ldots, \gamma^{(j+1)}(t)\big) = \mathrm{span}\big(e_1(t), \ldots, e_{j+1}(t)\big) \ , \qquad t \in J \ ,$$

für $1 \leq j < n - 1$, und wir finden $(\dot{e}_j \,|\, e_k) = 0$ für $k > j + 1$, also für $|k - j| > 1$. $\blacksquare$

2.8 Bemerkungen Es sei $\Gamma = [\gamma]$ eine vollständige C^n-Kurve in $\mathbb{R}^n$.

(a) Die **Krümmungen**

$$\kappa_j := (\dot{e}_j \,|\, e_{j+1})/|\dot{\gamma}| \in C(J) \ , \qquad 1 \leq j \leq n - 1 \ ,$$

sind wohldefiniert, d.h., unabhängig von der speziellen Parametrisierung γ.

Beweis Die Behauptung ist eine einfache Konsequenz von Bemerkung 2.5(a) und der Kettenregel. $\blacksquare$

(b) Mit $\omega_{jk} := (\dot{\mathsf{e}}_j \,|\, \mathsf{e}_k)$ lauten die Frenetschen Ableitungsformeln

$$\dot{\mathsf{e}}_j = \sum_{k=1}^{n} \omega_{jk}\mathsf{e}_k \,, \qquad 1 \le j \le n \,,$$

wobei die Matrix $[\omega_{jk}]$ durch

$$|\dot{\gamma}| \begin{bmatrix} 0 & \kappa_1 & & & & & \\ -\kappa_1 & 0 & \kappa_2 & & & & \\ & -\kappa_2 & 0 & \kappa_3 & & \text{\Large 0} & \\ & & \ddots & \ddots & \ddots & & \\ & \text{\Large 0} & & \ddots & \ddots & \ddots & \\ & & & & -\kappa_{n-2} & 0 & \kappa_{n-1} \\ & & & & & -\kappa_{n-1} & 0 \end{bmatrix}$$

gegeben ist.

Beweis Dies folgt aus Korollar 2.7 und (a). ∎

Im restlichen Teil dieses Paragraphen wollen wir die allgemeinen Ergebnisse von Theorem 2.6 und Korollar 2.7 im Falle ebener Kurven und für Raumkurven etwas ausführlicher diskutieren.

Die Krümmung ebener Kurven

Im folgenden bezeichnen $\Gamma = [\gamma]$ eine ebene reguläre C^2-Kurve und $(\mathsf{e}_1, \mathsf{e}_2)$ das zugehörige begleitende Zweibein. Dann stimmt e_1 mit dem Hauptteil des Tangenteneinheitsvektors $\mathsf{t} = (\gamma, \dot{\gamma}/|\dot{\gamma}|)$ überein. Für jedes $t \in J$ heißt

$$\mathfrak{n}(t) := \big(\gamma(t), \mathsf{e}_2(t)\big) \in T_{\gamma(t)}\mathbb{R}^2$$

Normaleneinheitsvektor an Γ im Punkt $\gamma(t)$. Im ebenen Fall ist nur κ_1 definiert, die **Krümmung** κ der Kurve Γ. Also gilt

$$\kappa = (\dot{\mathsf{e}}_1 \,|\, \mathsf{e}_2)/|\dot{\gamma}| \,. \tag{2.6}$$

2.9 Bemerkungen (a) Die Frenetschen Ableitungsformeln lauten[3]

$$\dot{\mathsf{t}} = |\dot{\gamma}|\,\kappa\mathfrak{n} \,, \qquad \dot{\mathfrak{n}} = -|\dot{\gamma}|\,\kappa\mathsf{t} \,. \tag{2.7}$$

Ist $\eta \in C^2(I, \mathbb{R}^2)$ eine Parametrisierung von Γ nach der Bogenlänge, so nehmen die Gleichungen (2.7) die einfache Gestalt

$$\dot{\mathsf{t}} = \kappa\mathfrak{n} \,, \qquad \dot{\mathfrak{n}} = -\kappa\mathsf{t} \tag{2.8}$$

---

[3]Unter $\dot{\mathsf{t}}(t)$ ist natürlich der Vektor $\big(\gamma(t), \dot{\mathsf{e}}_1(t)\big) \in T_{\gamma(t)}\mathbb{R}^2$ zu verstehen, etc.

an. Außerdem gilt dann

$$\kappa(s) = \big(\dot{\mathfrak{e}}_1(s)\,\big|\,\mathfrak{e}_2(s)\big) = \big(\dot{\mathfrak{t}}(s)\,\big|\,\mathfrak{n}(s)\big)_{\eta(s)}\,, \qquad s \in I\ .$$

Aus (2.8) folgt $\ddot{\eta}(s) = \kappa(s)\mathfrak{e}_2(s)$, also $|\ddot{\eta}(s)| = |\kappa(s)|$, für $s \in I$. Aus diesem Grund wird $\kappa(s)\mathfrak{n}(s) \in T_{\eta(s)}\mathbb{R}^2$ auch **Krümmungsvektor** von Γ im Punkt $\eta(s)$ genannt.

Im Fall $\kappa(s) > 0$ [bzw. $\kappa(s) < 0$] dreht sich der Tangenteneinheitsvektor $\mathfrak{t}(s)$ in positiver [bzw. negativer] Richtung (da $\big(\dot{\mathfrak{t}}(s)\,\big|\,\mathfrak{n}(s)\big)_{\eta(s)}$ die Projektion der momentanen Änderung auf den Normalenvektor ist). Man sagt auch, daß der Normaleneinheitsvektor $\mathfrak{n}(s)$ zur **konvexen** [bzw. **konkaven**] **Seite** von Γ zeige.

(b) Ist $\eta\colon I \to \mathbb{R}^2$, $s \mapsto \big(x(s), y(s)\big)$ eine Parametrisierung von Γ nach der Bogenlänge, so gelten $\mathfrak{e}_2 = (-\dot{y}, \dot{x})$ sowie

$$\kappa = \dot{x}\ddot{y} - \dot{y}\ddot{x} = \det[\dot{\eta}, \ddot{\eta}]\ .$$

Beweis Dies folgt aus Bemerkung 2.5(c) und aus (2.6). ∎

Für konkrete Berechnungen ist es nützlich, die Krümmung durch eine beliebige reguläre Parametrisierung ausdrücken zu können, was der folgende Satz erlaubt.

2.10 Satz *Ist $\gamma\colon J \to \mathbb{R}^2$, $t \mapsto \big(x(t), y(t)\big)$ eine reguläre Parametrisierung einer ebenen C^2-Kurve, so gilt*

$$\kappa = \frac{\dot{x}\ddot{y} - \dot{y}\ddot{x}}{\big((\dot{x})^2 + (\dot{y})^2\big)^{3/2}} = \frac{\det[\dot{\gamma}, \ddot{\gamma}]}{|\dot{\gamma}|^3}\ .$$

Beweis Aus $\mathfrak{e}_1 = \dot{\gamma}/|\dot{\gamma}|$ folgt

$$\dot{\mathfrak{e}}_1 = \frac{\ddot{\gamma}}{|\dot{\gamma}|} - \frac{\dot{x} + \dot{y}}{|\dot{\gamma}|^2}\frac{\dot{\gamma}}{|\dot{\gamma}|} = \frac{\ddot{\gamma}}{|\dot{\gamma}|} - \frac{\dot{x} + \dot{y}}{|\dot{\gamma}|^2}\mathfrak{e}_1\ .$$

Da gemäß Bemerkung 2.5(c) gilt $\mathfrak{e}_2 = (-\dot{y}, \dot{x})/|\dot{\gamma}|$, folgt die Behauptung aus (2.6). ∎

2.11 Beispiel (Krümmung eines Graphen)   Es sei $f \in C^2(J, \mathbb{R})$. Dann gilt für die Krümmung der durch $J \to \mathbb{R}^2$, $x \mapsto \bigl(x, f(x)\bigr)$ parametrisierten Kurve

$$\kappa = \frac{f''}{\bigl(1 + (f')^2\bigr)^{3/2}} \; .$$

Beweis   Dies folgt unmittelbar aus Satz 2.10. ∎

Aus der Charakterisierung konvexer Funktionen von Korollar IV.2.13 und der obigen Formel entnehmen wir, daß graph(f) im Punkt $\bigl(x, f(x)\bigr)$ genau dann positiv gekrümmt ist, wenn f in der Nähe von x konvex ist. Da gemäß Bemerkung 2.9(b) der Normaleneinheitsvektor an graph(f) eine positive zweite Komponente hat, erklärt dies die in Bemerkung 2.9(a) angegebene Konvention über die konvexe bzw. konkave Seite einer ebenen Kurve.

Eine Kennzeichnung von Geraden und Kreisen

Im folgenden Satz verwenden wir die Frenetschen Formeln, um zu zeigen, daß sich Geradenstücke und Kreisbogen mit Hilfe der Krümmung charakterisieren lassen.

2.12 Satz   *Es sei $\Gamma = [\gamma]$ eine ebene reguläre C^2-Kurve. Dann sind die folgenden Aussagen richtig:*

(i) *Γ ist genau dann ein Geradenstück, wenn $\kappa(t) = 0$ für $t \in J$ gilt.*

(ii) *Γ ist genau dann ein Kreisbogen mit Radius r, wenn $|\kappa(t)| = 1/r$ für $t \in J$ erfüllt ist.*

Beweis   (i) Es ist klar, daß für jedes Geradenstück die Krümmung verschwindet (vgl. Satz 2.10).

Umgekehrt gelte $\kappa = 0$. Da wir ohne Beschränkung der Allgemeinheit annehmen können, daß Γ durch η nach der Bogenlänge parametrisiert sei, folgt $\ddot{\eta}(s) = 0$ für $s \in J$ aus Bemerkung 2.9(a). Somit impliziert die Taylorsche Formel von Theorem IV.3.2, daß es $a, b \in \mathbb{R}^2$ gibt mit $\eta(s) = a + bs$.

(ii) Es sei Γ ein Kreisbogen mit Radius r. Dann gibt es ein $m \in \mathbb{R}^2 = \mathbb{C}$ und ein Intervall J, so daß Γ durch $J \to \mathbb{C}$, $t \mapsto re^{it} + m$ oder $t \mapsto re^{-it} + m$ parametrisiert wird. Die Behauptung folgt nun aus Satz 2.10.

Umgekehrt gelte $\kappa = \delta/r$ mit $\delta = 1$ oder $\delta = -1$. Wir können wieder annehmen, daß Γ durch η nach der Bogenlänge parametrisiert sei. Bezeichnet $(\mathsf{e}_1, \mathsf{e}_2)$ das begleitende Zweibein von Γ, so liefern die Frenetschen Formeln (2.8)

$$\dot{\eta} = \mathsf{e}_1 \; , \quad \dot{\mathsf{e}}_1 = (\delta/r)\mathsf{e}_2 \; , \quad \dot{\mathsf{e}}_2 = -(\delta/r)\mathsf{e}_1 \; .$$

Hieraus folgt

$$\bigl(\eta(s) + (r/\delta)\mathsf{e}_2\bigr)^{\textstyle\cdot} = \dot{\eta}(s) + (r/\delta)\dot{\mathsf{e}}_2(s) = 0 \; , \qquad s \in I \; ,$$

Also gibt es ein $m \in \mathbb{R}^2$ mit $\eta(s) + (r/\delta)e_2(s) = m$ für $s \in I$. Somit erhalten wir

$$|\eta(s) - m| = |re_2(s)| = r , \qquad s \in I ,$$

was zeigt, daß η einen Kreisbogen mit Radius r parametrisiert. ∎

Krümmungskreise und Evoluten

Es sei $\Gamma = [\gamma]$ eine ebene reguläre C^2-Kurve. Gilt $\kappa(t_0) \neq 0$ für ein $t_0 \in J$, so heißen

$$r(t_0) := 1/|\kappa(t_0)|$$

Krümmungsradius und

$$m(t_0) := \gamma(t_0) + r(t_0)e_2(t_0) \in \mathbb{R}^2$$

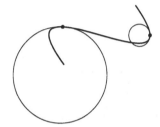

Krümmungsmittelpunkt von Γ im Punkt $\gamma(t_0)$. Die Kreislinie in $\mathbb{R}^2$ mit Mittelpunkt $m(t_0)$ und Radius $r(t_0)$ nennt man **Krümmungskreis** oder **Schmiegkreis** von Γ in $\gamma(t_0)$.

2.13 Bemerkungen (a) Der Krümmungskreis in $\gamma(t_0)$ besitzt die Parametrisierung

$$[0, 2\pi] \to \mathbb{R}^2 , \quad t \mapsto m(t_0) + |\kappa(t_0)|^{-1} (\cos t, \sin t) .$$

(b) Der Krümmungskreis ist der einzige Kreis, der Γ in $\gamma(t_0)$ von mindestens zweiter Ordnung berührt.

Beweis Wir können annehmen, daß η eine Parametrisierung von Γ nach der Bogenlänge sei mit $\eta(s_0) = \gamma(t_0)$. Ferner sei (a, b) eine positive ONB von $\mathbb{R}^2$. Schließlich sei

$$\widetilde{\gamma} : [s_0, s_0 + 2\pi r] \to \mathbb{R}^2 , \quad s \mapsto \widetilde{\gamma}(s)$$

mit

$$\widetilde{\gamma}(s) := m + r \cos((s - s_0)/r)a + r \sin((s - s_0)/r)b$$

die Parametrisierung eines Kreises K mit Mittelpunkt m und Radius r mittels der Bogenlänge. Dann berühren sich Γ und K in $\eta(s_0)$ von mindestens zweiter Ordnung, wenn $\eta^{(j)}(s_0) = \widetilde{\gamma}^{(j)}(s_0)$ für $0 \leq j \leq 2$ gilt, wenn also die Gleichungen

$$\eta(s_0) = m + ra , \quad \dot{\eta}(s_0) = b , \quad \ddot{\eta}(s_0) = -a/r$$

bestehen. Wegen $e_1 = \dot{\eta}$ ergibt die erste Frenetsche Formel $\kappa(s_0)e_2(s_0) = -a/r$. Da die Orthonormalbasis $(-e_2(s_0), e_1(s_0))$ positiv orientiert ist, finden wir $|\kappa(s_0)| = 1/r$ und $(a, b) = (-e_2(s_0), e_1(s_0))$ sowie $m = \eta(s_0) + re_2(s_0) = \gamma(t_0) + [\kappa(t_0)]^{-1}e_2(t_0)$, was die Behauptung beweist. ∎

(c) Gilt $\kappa(t) \neq 0$ für $t \in J$, so ist

$$t \mapsto m(t) := \gamma(t) + e_2(t)/\kappa(t)$$

eine stetige Parametrisierung einer ebenen Kurve, der **Evolute** von Γ. ∎

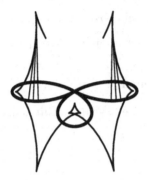

Das Vektorprodukt

Aus der Linearen Algebra ist bekannt, daß im $\mathbb{R}^3$ neben dem inneren Produkt auch ein „äußeres Produkt" definiert werden kann, welches den zwei Vektoren a und b wieder einen Vektor, das Vektor- oder Kreuzprodukt $a \times b$ von a und b, zuordnet. Der Vollständigkeit halber erinnern wir an die Definition und stellen die wichtigsten Eigenschaften dieses Produktes zusammen.

Für $a, b \in \mathbb{R}^3$ ist

$$\mathbb{R}^3 \to \mathbb{R} , \quad c \mapsto \det[a, b, c]$$

eine (stetige) Linearform auf $\mathbb{R}^3$. Also gibt es aufgrund des Rieszschen Darstellungssatzes genau einen Vektor, er heiße $a \times b$, mit

$$(a \times b \,|\, c) = \det[a, b, c] , \qquad c \in \mathbb{R}^3 . \tag{2.9}$$

Dadurch ist die Abbildung

$$\times : \mathbb{R}^3 \times \mathbb{R}^3 \to \mathbb{R}^3 , \quad (a, b) \mapsto a \times b ,$$

das **Vektor-** oder **Kreuzprodukt**, definiert.

2.14 Bemerkungen **(a)** Das Kreuzprodukt ist eine **alternierende** bilineare Abbildung, d.h., $\times$ ist bilinear und es gilt

$$a \times b = -b \times a , \qquad a, b \in \mathbb{R}^3 .$$

Beweis Dies folgt sofort aus der definierenden Gleichung (2.9), da die Determinante eine alternierende[4] Trilinearform ist. ∎

---

[4] Eine m-lineare Abbildung heißt **alternierend**, wenn sie bei Vertauschung zweier Argumente ihr Vorzeichen ändert.

(b) Für $a, b \in \mathbb{R}^3$ gilt $a \times b \neq 0$ genau dann, wenn a und b linear unabhängig sind. Ist letzteres der Fall, so ist $(a, b, a \times b)$ eine positiv orientierte Basis von $\mathbb{R}^3$.

Beweis Wegen (2.9) gilt $a \times b = 0$ genau dann, wenn $\det[a, b, c]$ für jede Wahl von $c \in \mathbb{R}^3$ verschwindet. Wären a und b linear unabhängig, so gälte $\det[a, b, c] \neq 0$, falls wir c so wählen, daß a, b und c linear unabhängig sind, was wegen (2.9) der Annahme $a \times b = 0$ widerspricht. Dies impliziert die erste Behauptung. Da aus (2.9)

$$\det[a, b, a \times b] = |a \times b|^2 \geq 0$$

folgt, ergibt sich die zweite Behauptung. ∎

(c) Für $a, b \in \mathbb{R}^3$ steht der Vektor $a \times b$ senkrecht auf a und auf b.

Beweis Dies folgt aus (2.9), da für $c \in \{a, b\}$ die rechtsstehende Determinante zwei identische Spalten besitzt. ∎

(d) Für $a, b \in \mathbb{R}^3$ gilt

$$a \times b = (a_2 b_3 - a_3 b_2, a_3 b_1 - a_1 b_3, a_1 b_2 - a_2 b_1) .$$

Beweis Dies folgt wiederum aus (2.9), nämlich durch Entwickeln der Determinante nach der letzten Spalte. ∎

(e) Für $a, b \in \mathbb{R}^3 \backslash \{0\}$ wird der (unorientierte) **Winkel** $\varphi := \sphericalangle(a, b) \in [0, \pi]$ **zwischen** a **und** b durch $\cos \varphi := (a \,|\, b)/|a| \,|b|$ definiert.[5] Dann gilt

$$|a \times b| = \sqrt{|a|^2 \,|b|^2 - (a \,|\, b)^2} = |a| \,|b| \sin \varphi .$$

Dies bedeutet, daß $|a \times b|$ gleich dem (unorientierten) Flächeninhalt des von a und b aufgespannten Parallelogramms ist.

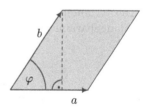

Beweis Aufgrund der Cauchy-Schwarzschen Ungleichung ist $\sphericalangle(a, b) \in [0, \pi]$ wohldefiniert. Die Gültigkeit des ersten Gleichheitszeichens verifiziert man mittels (d) durch Nachrechnen. Die Richtigkeit des zweiten folgt aus $\cos^2 \varphi + \sin^2 \varphi = 1$ wegen $\sin \varphi \geq 0$. ∎

(f) Sind a und b orthonormierte Vektoren in $\mathbb{R}^3$, so ist $(a, b, a \times b)$ eine positive ONB von $\mathbb{R}^3$.

Beweis Dies folgt aus (b) und (e). ∎

---

[5] Diese Definition ist offensichtlich nicht nur in $\mathbb{R}^3$, sondern in jedem Innenproduktraum gültig. Ferner gilt $\sphericalangle(a, b) = \sphericalangle(b, a)$.

Die Krümmung und die Torsion von Raumkurven

Wir betrachten nun den Fall $n = 3$. Es sei also $\Gamma = [\gamma]$ eine vollständige C^3-Kurve in $\mathbb{R}^3$. Dann gibt es zwei Krümmungen κ_1 und κ_2, und man nennt $\kappa := \kappa_1$ einfach **Krümmung** und $\tau := \kappa_2$ **Torsion** von Γ. Also gelten

$$\kappa = (\dot{e}_1 \,|\, e_2)/|\dot{\gamma}| \,, \quad \tau = (\dot{e}_2 \,|\, e_3)/|\dot{\gamma}| \,. \tag{2.10}$$

Auch hier heißt

$$\mathfrak{n}(t) := \big(\gamma(t), e_2(t)\big) \in T_{\gamma(t)}\mathbb{R}^3$$

Normaleneinheitsvektor, während

$$\mathfrak{b}(t) := \big(\gamma(t), e_3(t)\big) \in T_{\gamma(t)}\mathbb{R}^3$$

der **Binormaleneinheitsvektor** an Γ im Punkt $\gamma(t)$ ist. Die Vektoren $\mathfrak{t}(t)$ und $\mathfrak{n}(t)$ spannen die **Schmiegebene** an Γ im Punkt $\gamma(t)$ auf. Die von $\mathfrak{n}(t)$ und $\mathfrak{b}(t)$ aufgespannte Ebene ist die **Normalenebene** an Γ in $\gamma(t)$.

2.15 Bemerkungen (a) Es gilt $e_3 = e_1 \times e_2$, d.h., $\mathfrak{b} = \mathfrak{t} \times \mathfrak{n}$.

(b) Ist Γ auf Bogenlänge parametrisiert, so lauten die Frenetschen Formeln

$$\dot{e}_1 = \kappa e_2 \,, \quad \dot{e}_2 = -\kappa e_1 + \tau e_3 \,, \quad \dot{e}_3 = -\tau e_2 \,,$$

also

$$\dot{\mathfrak{t}} = \kappa\mathfrak{n} \,, \quad \dot{\mathfrak{n}} = -\kappa\mathfrak{t} + \tau\mathfrak{b} \,, \quad \dot{\mathfrak{b}} = -\tau\mathfrak{n} \,.$$

(c) Die Krümmung einer vollständigen Raumkurve ist stets positiv. Ist η eine Bogenlängeparametrisierung, so gilt

$$\kappa = |\ddot{\eta}| = |\dot{\eta} \times \ddot{\eta}| \,.$$

Beweis Wegen $e_1 = \dot{\eta}$ und da aus (2.1) und Bemerkung 2.3(a) folgt, daß $e_2 = \ddot{\eta}/|\ddot{\eta}|$ gilt, erhalten wir

$$\kappa = (\dot{e}_1 \,|\, e_2) = \big(\ddot{\eta} \,|\, \ddot{\eta}/|\ddot{\eta}|\big) = |\ddot{\eta}| > 0 \,.$$

Die Gültigkeit der zweiten behaupteten Gleichheit folgt nun aus Bemerkung 2.14(e). ∎

(d) Ist η eine Bogenlängeparametrisierung von Γ, so gilt $\tau = \det[\dot{\eta}, \ddot{\eta}, \dddot{\eta}]/\kappa^2$.

Beweis Aus $\ddot{\eta} = e_2 |\ddot{\eta}| = \kappa e_2$ und der Frenetschen Ableitungsformel für e_2 erhalten wir $\dddot{\eta} = \dot{\kappa}e_2 - \kappa^2 e_1 + \kappa\tau e_3$. Somit folgt $\det[\dot{\eta}, \ddot{\eta}, \dddot{\eta}] = \det[e_1, \kappa e_2, \kappa\tau e_3] = \kappa^2\tau$, woraus sich die Behauptung ergibt, da κ aufgrund der Vollständigkeit von Γ in keinem Punkt null ist, wie (c) zeigt. ∎

Die Torsion $\tau(t)$ ist ein Maß dafür, wie sich die Raumkurve $\Gamma = [\gamma]$ in der Nähe von $\gamma(t)$ aus der Schmiegebene „heraus-windet". In der Tat werden ebe-ne Raumkurven durch das Ver-schwinden der Torsion charak-terisiert, wie der folgende Satz zeigt.

2.16 Satz *Eine vollständige Raumkurve liegt genau dann in einer Ebene, wenn ihre Torsion überall verschwindet.*

Beweis Wir können annehmen, daß η eine Bogenlängeparametrisierung von Γ sei. Liegt $\eta(s)$ für jedes $s \in I$ in einer Ebene, so trifft dies auch für $\dot{\eta}(s)$, $\ddot{\eta}(s)$ und $\dddot{\eta}(s)$ zu. Mit Bemerkung 2.15(d) ergibt sich deshalb $\tau = \det[\dot{\eta}, \ddot{\eta}, \dddot{\eta}]/\kappa^2 = 0$. Gilt umgekehrt $\tau = 0$, so folgt aus der dritten Frenetschen Ableitungsformel, daß $e_3(s) = e_3(\alpha)$ für jedes $s \in I$ und ein $\alpha \in I$ gilt. Wegen $e_1(s) \perp e_3(s)$ gilt

$$\big(\eta(s)\,\big|\,e_3(\alpha)\big)^{\cdot} = \big(\dot{\eta}(s)\,\big|\,e_3(\alpha)\big) = \big(e_1(s)\,\big|\,e_3(s)\big) = 0 \;, \qquad s \in I \;,$$

ab. Also ist $\big(\eta(\cdot)\,\big|\,e_3(\alpha)\big)$ auf I konstant, was bedeutet, daß die Orthogonalprojek-tion von $\eta(s)$ auf die Gerade $\mathbb{R}e_3(\alpha)$ von $s \in I$ unabhängig ist. Folglich liegt Γ in einer Ebene, die zu $e_3(\alpha)$ orthogonal ist. ∎

Aufgaben

1 Es seien $r \in C^2(J, \mathbb{R}^+)$ mit $\big[r(t)\big]^2 + \big[\dot{r}(t)\big]^2 > 0$ für $t \in J$ und $\gamma(t) := r(t)(\cos t, \sin t)$. Dann besitzt die durch γ parametrisierte Kurve die Krümmung

$$\kappa = \frac{2[\dot{r}]^2 - r\ddot{r} + r^2}{\big(r^2 + [\dot{r}]^2\big)^{3/2}} \;.$$

2 Man berechne die Krümmung

des Pascalschen Limaçons	$[-\pi, \pi] \to \mathbb{R}^2$,	$t \mapsto (1 + 2\cos t)(\cos t, \sin t)$;
der logarithmischen Spirale	$\mathbb{R} \to \mathbb{R}^2$,	$t \mapsto e^{\lambda t}(\cos t, \sin t)$;
der **Zykloide**	$[0, 2\pi] \to \mathbb{R}^2$,	$t \mapsto R(t - \sin t, 1 - \cos t)$.

3 Es sei $\gamma : J \to \mathbb{R}^3$, $t \mapsto \big(x(t), y(t)\big)$ eine reguläre C^2-Parametrisierung einer ebenen Kurve Γ, und es gelte $\kappa(t) \neq 0$ für $t \in J$. Man zeige, daß die Evolute von Γ durch $t \mapsto m(t)$ mit

$$m := \left(x - \frac{\dot{x}^2 + \dot{y}^2}{\dot{x}\ddot{y} - \ddot{x}\dot{y}}\,\dot{y},\, y + \frac{\dot{x}^2 + \dot{y}^2}{\dot{x}\ddot{y} - \ddot{x}\dot{y}}\,\dot{x} \right)$$

parametrisiert ist.

4 Man beweise: Die Evolute

(a) der Parabel $y = x^2/2$ ist die Neilsche Parabel $\mathbb{R} \to \mathbb{R}^2$, $t \mapsto (-t^3, 1 + 3t^2/2)$;

(b) der logarithmischen Spirale $\mathbb{R} \to \mathbb{R}^2$, $t \mapsto e^{\lambda t}(\cos t, \sin t)$ ist die logarithmische Spirale
$\mathbb{R} \to \mathbb{R}^2$, $t \mapsto \lambda e^{\lambda(t - \pi/2)}(\cos t, \sin t)$;

 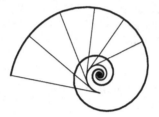 

(c) der Zykloide $\mathbb{R} \to \mathbb{R}^2$, $t \mapsto (t - \sin t, 1 - \cos t)$ ist die Zykloide mit der Parametrisierung $\mathbb{R} \to \mathbb{R}^2$, $t \mapsto (t + \sin t, \cos t - 1)$.

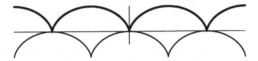

5 Es sei $\gamma \in C^3(J, \mathbb{R}^2)$ eine reguläre Parametrisierung einer ebenen Kurve Γ, und es gelte $\kappa(t)\dot{\kappa}(t) \ne 0$ für $t \in J$. Ferner bezeichne m die in Bemerkung 2.13(c) angegebene Parametrisierung der Evolute M von Γ. Man zeige:

(a) M ist eine reguläre C^1-Kurve.

(b) Die Tangente an Γ in $\gamma(t)$ steht senkrecht auf der Tangente an M in $m(t)$.

(c) Die Bogenlänge von M ist gegeben durch

$$L(M) = \int_J |\dot{\kappa}_\gamma|\, \kappa_\gamma^{-2}\, dt \ .$$

(Hinweise zu (b) und (c): Frenetsche Ableitungsformeln.)

6 Man zeige, daß die logarithmische Spirale Γ jede Gerade durch den Ursprung unter einem konstanten Winkel schneidet, d.h., der Winkel zwischen der Geraden und der Tangente an Γ ist unabhängig von der Lage des Schnittpunktes.

7 Man berechne die Krümmung und die Torsion

(a) der **elliptischen Schraubenlinie** $\mathbb{R} \to \mathbb{R}^3$, $t \mapsto (a \cos t, b \sin t, ct)$ mit $ab \ne 0$, $a, b, c \in \mathbb{R}$;

(b) der Raumkurve $\mathbb{R} \to \mathbb{R}^3$, $t \mapsto t(\cos t, \sin t, 1)$.

8 Es sei Γ eine reguläre ebene geschlossene C^1-Kurve. Man beweise die **isoperimetrische Ungleichung**
$$4\pi A(\Gamma) \le \big[L(\Gamma)\big]^2$$

(vgl. Aufgabe 1.6).

(Hinweise: (i) Man identifiziere $\mathbb{R}^2$ mit $\mathbb{C}$ und betrachte zuerst den Fall $L(\Gamma) = 2\pi$. Dann sei $\gamma \in C^1\big([0, 2\pi], \mathbb{C}\big)$ ohne Beschränkung der Allgemeinheit eine Parametrisierung von Γ

nach der Bogenlänge. Aus der Parsevalschen Gleichung (Korollar VI.7.16) und Bemerkung VI.7.20(b) folgt

$$1 = \frac{1}{2\pi} \int_0^{2\pi} |\dot{\gamma}|^2 \, dt = \sum_{k=-\infty}^{\infty} k^2 \, |\widehat{\gamma}_k|^2 \ .$$

Ferner gilt

$$A(\Gamma) = \frac{1}{2} \int_0^{2\pi} \operatorname{Im} \overline{\gamma} \dot{\gamma} \, dt \ .$$

Somit ergibt sich aus Aufgabe VI.7.11 und Bemerkung VI.7.20(b)

$$A(\Gamma) = \pi \sum_{k=-\infty}^{\infty} k \, |\widehat{\gamma}_k|^2 \ ,$$

und folglich

$$A(\Gamma) \leq \pi \sum_{k=-\infty}^{\infty} k^2 \, |\widehat{\gamma}_k|^2 = \pi = \left[L(\Gamma) \right]^2 / 4\pi \ .$$

(ii) Den Fall $L(\Gamma) \neq 2\pi$ führe man durch die Transformation $\gamma \to 2\pi\gamma/L(\Gamma)$ auf (i) zurück.)

9 Es seien I und J kompakte Intervalle, und U sei eine offene Umgebung von $I \times J$ in $\mathbb{R}^2$. Ferner erfülle $\gamma \in C^3(U, \mathbb{R}^2)$ die Bedingungen

(i) Für jedes $\lambda \in I$ ist $\gamma_\lambda := \gamma(\lambda, \cdot) \, | \, J : J \to \mathbb{R}^2$ eine reguläre Parametrisierung einer C^3-Kurve Γ_λ.

(ii) Es gilt

$$\partial_1 \gamma(\lambda, t) = \kappa_{\Gamma_\lambda}(t) \mathfrak{n}_{\Gamma_\lambda}(t) \ , \qquad (\lambda, t) \in I \times J \ .$$

Man zeige, daß die Funktion

$$\ell : I \to \mathbb{R} \ , \qquad \lambda \mapsto L(\Gamma_\lambda)$$

stetig differenzierbar ist, und daß

$$\ell'(\lambda) = - \int_0^{\ell(\lambda)} \left[\kappa\big(s(\lambda)\big) \right]^2 ds(\lambda) \ , \qquad \lambda \in I \ ,$$

gilt. Dabei bezeichnet $s(\lambda)$ den Bogenlängeparameter von Γ_λ für $\lambda \in I$.
(Hinweis: Es sei $v : I \times J \to \mathbb{R}$, $(\lambda, t) \mapsto |\partial_1 \gamma(\lambda, t)|$. Mit Hilfe der Frenetschen Formeln und (ii) schließe man auf $\partial_1 v = -\kappa^2 v$.)

10 Man zeige, daß es zu jedem $T \in SO(2)$ ein eindeutig bestimmtes $\alpha \in [0, 2\pi)$ gibt mit

$$T = \begin{bmatrix} \cos\alpha & -\sin\alpha \\ \sin\alpha & \cos\alpha \end{bmatrix} \ .$$

(Hinweis: Aufgabe VII.9.2.)

3 Pfaffsche Formen

In Paragraph VI.5 haben wir Ad-hoc-Differentiale eingeführt, um einige Integrationsregeln einfach darstellen zu können. Wir wollen jetzt einen Kalkül entwickeln, in den sich die damals als formale Objekte eingeführten Größen mit ihren einfachen Rechenregeln in natürlicher Weise einbetten lassen. Wir gewinnen dadurch nicht nur an Transparenz der Darstellung und Verständnis, sondern legen gleichzeitig das Fundament, um den bis jetzt nur für Intervalle bekannten Integralbegriff zu einem für Kurven zu erweitern.

Im folgenden seien

- X offen in $\mathbb{R}^n$ und nicht leer und $q \in \mathbb{N} \cup \{\infty\}$.

Vektorfelder und Pfaffsche Formen

Eine Abbildung $\boldsymbol{v} \colon X \to TX$ mit $\boldsymbol{v}(p) \in T_pX$ für $p \in X$ heißt **Vektorfeld** auf X. Zu jedem Vektorfeld $\boldsymbol{v}$ gibt es eine eindeutig bestimmte Funktion $v \colon X \to \mathbb{R}^n$, den **Hauptteil** von $\boldsymbol{v}$, mit $\boldsymbol{v}(p) = \big(p, v(p)\big)$. Mit der natürlichen Projektion

$$\mathrm{pr}_2 \colon TX = X \times \mathbb{R}^n \to \mathbb{R}^n \ , \quad (p, \xi) \mapsto \xi$$

gilt $v = \mathrm{pr}_2 \circ \boldsymbol{v}$.

Ein Vektorfeld $\boldsymbol{v}$ gehört zur **Klasse** C^q, wenn $v \in C^q(X, \mathbb{R}^n)$ gilt. Die Menge aller Vektorfelder der Klasse C^q auf X bezeichnen wir mit $\mathcal{V}^q(X)$.

Es seien E ein Banachraum über $\mathbb{K}$ und $E' := \mathcal{L}(E, \mathbb{K})$ sein Dualraum. Die Abbildung

$$\langle \cdot, \cdot \rangle \colon E' \times E \to \mathbb{K} \ , \quad (e', e) \mapsto \langle e', e \rangle := e'(e) \ ,$$

die jedem Paar $(e', e) \in E' \times E$ den Wert von e' an der Stelle e zuordnet, heißt **Dualitätspaarung** zwischen E und E'.

Wir wollen uns im folgenden mit den Dualräumen der Tangentialräume von X befassen. Für $p \in X$ heißt der Dualraum von T_pX **Kotangentialraum** von X im Punkt p und wird mit T_p^*X bezeichnet. Ferner ist

$$T^*X := \bigcup_{p \in X} T_p^*X$$

das **Kotangentialbündel** von X. Die Elemente von T_p^*X, die **Kotangentialvektoren** in p, sind also Linearformen auf dem Tangentialraum von X in p. Die entsprechende Dualitätspaarung wird mit

$$\langle \cdot, \cdot \rangle_p \colon T_p^*X \times T_pX \to \mathbb{R}$$

bezeichnet. Jede Abbildung $\boldsymbol{\alpha} \colon X \to T^*X$ mit $\boldsymbol{\alpha}(p) \in T_p^*X$ für $p \in X$ heißt **Pfaffsche Form** auf X. Statt Pfaffsche Form sagt man auch **Differentialform vom Grad 1** oder **1-Form**.

3.1 Bemerkungen (a) Ist E ein Banachraum über $\mathbb{K}$, so gilt $\langle \cdot, \cdot \rangle \in \mathcal{L}(E', E; \mathbb{K})$.

Beweis Es ist klar, daß die Dualitätspaarung bilinear ist. Ferner ergibt sich aus Folgerung VI.2.4(a) die Abschätzung

$$|\langle e', e \rangle| = |e'(e)| \le \|e'\|_{E'} \|e\|_E \ , \qquad (e', e) \in E' \times E \ .$$

Also zeigt Satz VII.4.1, daß $\langle \cdot, \cdot \rangle$ zu $\mathcal{L}(E', E; \mathbb{K})$ gehört. $\blacksquare$

(b) Für $(p, e') \in \{p\} \times (\mathbb{R}^n)'$ sei $J(p, e') \in T_p^* X$ durch

$$\big\langle J(p, e'), (p, e) \big\rangle_p = \langle e', e \rangle \ , \qquad e \in \mathbb{R}^n \ , \tag{3.1}$$

erklärt, wobei $\langle \cdot, \cdot \rangle$ die Dualitätspaarung zwischen $\mathbb{R}^n$ und $(\mathbb{R}^n)'$ bezeichnet. Dann ist J ein isometrischer Isomorphismus von $\{p\} \times (\mathbb{R}^n)'$ auf $T_p^* X$. *Vermöge dieses Isomorphismus identifizieren wir $T_p^* X$ mit $\{p\} \times (\mathbb{R}^n)'$.*

Beweis Offensichtlich ist J linear. Gilt $J(p, e') = 0$ für ein $(p, e') \in \{p\} \times (\mathbb{R}^n)'$, so folgt $e' = 0$ aus (3.1). Also ist J injektiv. Da

$$\dim\big(\{p\} \times (\mathbb{R}^n)'\big) = \dim\big(\{p\} \times \mathbb{R}^n\big) = \dim(T_p X) = \dim(T_p^* X)$$

gilt, ist J auch surjektiv. Nun folgt die Behauptung aus Theorem VII.1.6. $\blacksquare$

Wegen $T_p^* X = \{p\} \times (\mathbb{R}^n)'$ gibt es zu jeder Pfaffschen Form $\boldsymbol{\alpha}$ eine eindeutig bestimmte Abbildung $\alpha : X \to (\mathbb{R}^n)'$, den **Hauptteil** von $\boldsymbol{\alpha}$, mit $\boldsymbol{\alpha}(p) = (p, \alpha(p))$. Eine 1-Form $\boldsymbol{\alpha}$ gehört zur **Klasse** C^q, wenn $\alpha \in C^q\big(X, (\mathbb{R}^n)'\big)$ gilt. Die Gesamtheit aller 1-Formen der Klasse C^q auf X bezeichnen wir mit $\Omega_{(q)}(X)$.

Auf $\mathcal{V}^q(X)$ bzw. auf $\Omega_{(q)}(X)$ definieren wir eine äußere Multiplikation mit Funktionen von $C^q(X)$

$$C^q(X) \times \mathcal{V}^q(X) \to \mathcal{V}^q(X) \ , \qquad (a, \boldsymbol{v}) \mapsto a\boldsymbol{v}$$

bzw.

$$C^q(X) \times \Omega_{(q)}(X) \to \Omega_{(q)}(X) \ , \qquad (a, \boldsymbol{\alpha}) \mapsto a\boldsymbol{\alpha}$$

durch die punktweise Multiplikation

$$(a\boldsymbol{v})(p) := a(p)\boldsymbol{v}(p) \quad \text{bzw.} \quad (a\boldsymbol{\alpha})(p) := a(p)\boldsymbol{\alpha}(p)$$

für $p \in X$. Dann prüft man leicht nach, daß $\mathcal{V}^q(X)$ und $\Omega_{(q)}(X)$ Moduln[1] über dem (kommutativen) Ring $C^q(X)$ sind. Da $C^q(X)$ in natürlicher Weise $\mathbb{R}$ als Unterring enthält (mittels der Identifikation von $\lambda \in \mathbb{R}$ und $\lambda \mathbf{1} \in C^q(X)$), sind $\mathcal{V}^q(X)$ und $\Omega_{(q)}(X)$ insbesondere reelle Vektorräume.

---

[1]Der Vollständigkeit halber haben wir die für unsere Zwecke relevanten Definitionen und Eigenschaften von Moduln am Ende dieses Paragraphen zusammengestellt.

3.2 Bemerkungen (a) Für $\alpha \in \Omega_{(q)}(X)$ und $v \in \mathcal{V}^q(X)$ gilt

$$\left(p \mapsto \langle \alpha(p), v(p) \rangle_p = \langle \alpha(p), v(p) \rangle \right) \in C^q(X) \ .$$

(b) Sind keine Unklarheiten zu befürchten, so identifizieren wir $\alpha \in \Omega_{(q)}(X)$ bzw. $v \in \mathcal{V}^q(X)$ mit dem entsprechenden Hauptteil $\alpha = \mathrm{pr}_2 \circ \boldsymbol{\alpha}$ bzw. $v = \mathrm{pr}_2 \circ \boldsymbol{v}$. Dann gilt

$$\mathcal{V}^q(X) = C^q(X, \mathbb{R}^n) \quad \text{bzw.} \quad \Omega_{(q)}(X) = C^q\big(X, (\mathbb{R}^n)'\big) \ .$$

(c) Es sei $f \in C^{q+1}(X)$, und

$$d_p f = \mathrm{pr}_2 \circ T_p f \ , \qquad p \in X \ ,$$

sei das Differential von f (vgl. Paragraph VII.10). Dann gehört die Abbildung $df := (p \mapsto d_p f)$ zu $\Omega_{(q)}(X)$ und es gilt $d_p f = \partial f(p)$. Von nun an schreiben wir $df(p)$ für $d_p f$. ∎

Die kanonischen Basen

Im folgenden bezeichnen $(e_1, \dots, e_n)$ die Standardbasis des $\mathbb{R}^n$ und $(\varepsilon^1, \dots, \varepsilon^n)$ die zugehörige Dualbasis[2] von $(\mathbb{R}^n)'$, d.h.,[3]

$$\langle \varepsilon^j, e_k \rangle = \delta_k^j \ , \qquad j, k \in \{1, \dots, n\} \ .$$

Ferner setzen wir

$$dx^j := d(\mathrm{pr}_j) \in \Omega_{(\infty)}(X) \ , \qquad j = 1, \dots, n \ ,$$

mit der j-ten Projektion $\mathrm{pr}_j : \mathbb{R}^n \to \mathbb{R}$, $x = (x_1, \dots, x_n) \mapsto x_j$.

3.3 Bemerkungen (a) Gemäß Bemerkung 3.1(b) gehört $(\varepsilon^j)_p = (p, \varepsilon^j)$ für jedes $j = 1, \dots, n$ zu $T_p^* X$, und $\big((\varepsilon^1)_p, \dots, (\varepsilon^n)_p\big)$ ist die Dualbasis zur kanonischen Basis $\big((e_1)_p, \dots, (e_n)_p\big)$ von $T_p X$.

(b) Es gilt

$$dx^j(p) = (p, \varepsilon^j) \ , \qquad p \in X \ , \quad j = 1, \dots, n \ .$$

Beweis Aus Satz VII.2.8 folgt

$$\big\langle dx^j(p), (e_k)_p \big\rangle_p = \big\langle \partial(\mathrm{pr}_j)(p), e_k \big\rangle = \partial_k \mathrm{pr}_j(p) = \delta_{jk} \ ,$$

woraus sich die Behauptung ergibt. ∎

---

[2]Die Existenz von Dualbasen wird in den Vorlesungen und Büchern über Lineare Algebra gezeigt.

[3]$\delta_k^j := \delta^{jk} := \delta_{jk}$ bezeichnet das Kroneckersymbol.

(c) Wir setzen $e_j(p) := (p, e_j)$ für $1 \leq j \leq n$ und $p \in X$. Dann ist $(e_1, \ldots, e_n)$ eine Modulbasis von $\mathcal{V}^q(X)$, und $(dx^1, \ldots, dx^n)$ ist eine Modulbasis von $\Omega_{(q)}(X)$. Ferner gilt

$$\langle dx^j(p), e_k(p) \rangle_p = \delta_k^j \,, \qquad 1 \leq j, k \leq n \,, \tag{3.2}$$

für $p \in X$, und $(e_1, \ldots, e_n)$ bzw. $(dx^1, \ldots, dx^n)$ heißt **kanonische Basis**[4] von $\mathcal{V}^q(X)$ bzw. $\Omega_{(q)}(X)$.

Schließlich definieren wir

$$\langle \boldsymbol{\alpha}, \boldsymbol{v} \rangle : \Omega_{(q)}(X) \times \mathcal{V}^q(X) \to C^q(X)$$

durch

$$\langle \boldsymbol{\alpha}, \boldsymbol{v} \rangle(p) := \langle \boldsymbol{\alpha}(p), \boldsymbol{v}(p) \rangle_p \,, \qquad p \in X \,.$$

Dann nimmt (3.2) die Form

$$\langle dx^j, e_k \rangle = \delta_k^j \,, \qquad 1 \leq j, k \leq n \,,$$

an.

Beweis Es sei $\boldsymbol{\alpha} \in \Omega_{(q)}(X)$. Wir setzen

$$a_j(p) := \langle \boldsymbol{\alpha}(p), e_j(p) \rangle_p \,, \qquad p \in X \,.$$

Dann gehört a_j wegen Bemerkung 3.2(a) zu $C^q(X)$, also $\boldsymbol{\beta} := \sum a_j\, dx^j$ zu $\Omega_{(q)}(X)$. Ferner ist

$$\langle \boldsymbol{\beta}(p), e_k(p) \rangle_p = \sum_{j=1}^n a_j(p) \langle dx^j(p), e_k(p) \rangle_p = a_k(p) = \langle \boldsymbol{\alpha}(p), e_k(p) \rangle_p \,, \qquad p \in X \,,$$

für $k = 1, \ldots, n$. Also gilt $\boldsymbol{\alpha} = \boldsymbol{\beta}$, was zeigt, daß $(e_1, \ldots e_n)$ und $(dx^1, \ldots, dx^n)$ Modulbasen sind und daß (3.2) gilt. ∎

(d) Jedes $\boldsymbol{\alpha} \in \Omega_{(q)}(X)$ besitzt die **kanonische Basisdarstellung**

$$\boldsymbol{\alpha} = \sum_{j=1}^n \langle \boldsymbol{\alpha}, e_j \rangle \, dx^j \,.$$

(e) Für $f \in C^{q+1}(X)$ gilt

$$df = \partial_1 f \, dx^1 + \cdots + \partial_n f \, dx^n \,.$$

Die Abbildung $d : C^{q+1}(X) \to \Omega_{(q)}(X)$ ist $\mathbb{R}$-linear.

Beweis Wegen

$$\langle df(p), e_j(p) \rangle_p = \partial_j f(p) \,, \qquad p \in X \,,$$

folgt die erste Behauptung aus (d); die zweite ist evident. ∎

---

[4]Diese beiden Basen sind dual zueinander im Sinne der Moduldualität (vgl. [SS88, § 70]).

(f) $\mathcal{V}^q(X)$ und $\Omega_{(q)}(X)$ sind unendlichdimensionale Vektorräume über $\mathbb{R}$.

Beweis Wir betrachten den Fall $X = \mathbb{R}$ und überlassen die entsprechenden Überlegungen für die allgemeine Situation dem Leser. Aus den Fundamentalsatz der Algebra folgt leicht, daß die Menge $\{\, X^m \,;\, m \in \mathbb{N} \,\}$ der Monome in $\mathcal{V}^q(\mathbb{R}) = C^q(\mathbb{R})$ über $\mathbb{R}$ linear unabhängig ist. Also ist $\mathcal{V}^q(\mathbb{R})$ ein unendlichdimensionaler Vektorraum. Wir wissen bereits, daß $\Omega_{(q)}(\mathbb{R})$ ein $\mathbb{R}$-Vektorraum ist. Wie im Fall von $\mathcal{V}^q(\mathbb{R})$ sieht man, daß $\{\, X^m\,dx \,;\, m \in \mathbb{N} \,\} \subset \Omega_{(q)}(\mathbb{R})$ über $\mathbb{R}$ linear unabhängig ist. Also ist $\Omega_{(q)}(\mathbb{R})$ ebenfalls ein unendlichdimensionaler $\mathbb{R}$-Vektorraum. ∎

(g) Die $C^q(X)$-Moduln $\mathcal{V}^q(X)$ und $\Omega_{(q)}(X)$ sind isomorph. Ein Modul-Isomorphismus, der **kanonische Isomorphismus**, wird durch

$$\Theta : \mathcal{V}^q(X) \to \Omega_{(q)}(X) \,, \quad \sum_{j=1}^n a_j e_j \mapsto \sum_{j=1}^n a_j\,dx^j$$

erklärt.

Beweis Dies folgt aus (c) und (d). ∎

(h) Für $f \in C^{q+1}(X)$ gilt $\Theta^{-1}\,df = \operatorname{grad} f$, d.h., das Diagramm[5]

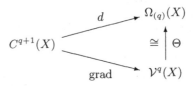

ist kommutativ.

Beweis Aufgrund von (e) gilt

$$\Theta^{-1}\,df = \Theta^{-1}\Big(\sum_{j=1}^n \partial_j f\,dx^j\Big) = \sum_{j=1}^n \partial_j f\,e_j = \operatorname{grad} f$$

für $f \in C^{q+1}(X)$. ∎

Exakte Formen und Gradientenfelder

Wir haben gesehen, daß jede Funktion $f \in C^{q+1}(X)$ eine Pfaffsche Form induziert, nämlich df. Nun wollen wir uns der Frage zuwenden, ob jede Pfaffsche Form so erzeugt werden kann.

---

[5]Analog zur Bezeichnung df schreiben wir $\operatorname{grad} f$, oder auch ∇f, für die Abbildung $p \mapsto \nabla_p f$ (vgl. Paragraph VII.10). In jedem konkreten Fall wird es klar sein, ob mit $\operatorname{grad} f(p)$ der Wert dieser Funktion an der Stelle p oder der Hauptteil von $\nabla_p f$ gemeint ist, so daß Verwechslungen nicht zu befürchten sind.

Es sei $\alpha \in \Omega_{(q)}(X)$, wobei wir im folgenden in der Regel die Identifikationen von Bemerkung 3.2(b) verwenden. Gibt es ein $f \in C^{q+1}(X)$ mit $df = \alpha$, so heißt α **exakt**, und f ist eine **Stammfunktion** von α.

3.4 Bemerkungen (a) Es sei X ein Gebiet, und $\alpha \in \Omega_{(0)}(X)$ sei exakt. Sind f und g Stammfunktionen von α, so ist $f - g$ konstant.

Beweis Aus $\alpha = df = dg$ folgt $d(f - g) = 0$, und die Behauptung ergibt sich aus Bemerkung VII.3.11(c). ∎

(b) Es sei $\alpha = \sum_{j=1}^{n} a_j \, dx^j \in \Omega_{(1)}(X)$ exakt. Dann sind die **Integrabilitätsbedingungen**

$$\partial_k a_j = \partial_j a_k , \qquad 1 \leq j, k \leq n ,$$

erfüllt.

Beweis Es sei $f \in C^2(X)$ mit $df = \alpha$. Aufgrund der Bemerkungen 3.3(d) und (e) gilt $a_j = \partial_j f$. Somit folgt aus dem Satz von H.A. Schwarz (Korollar VII.5.5(ii))

$$\partial_k a_j = \partial_k \partial_j f = \partial_j \partial_k f = \partial_j a_k$$

für $1 \leq j, k \leq n$. ∎

(c) Im Fall $X \subset \mathbb{R}$ ist jede Form $\alpha \in \Omega_{(q)}(X)$ exakt.

Beweis Weil X eine disjunkte Vereinigung offener Intervalle ist (vgl. Aufgabe III.4.6), genügt es, den Fall $X = (a, b)$ mit $a < b$ zu betrachten. Gemäß Bemerkung 3.3(c) gibt es zu jedem $\alpha \in \Omega_{(q)}(X)$ ein $a \in C^q(X)$ mit $\alpha = a \, dx$. Es seien $p_0 \in (a, b)$ und

$$f(p) := \int_{p_0}^{p} a(x) \, dx , \qquad p \in (a, b) .$$

Dann gehört f zu $C^{q+1}(X)$ mit $f' = a$. Also folgt $df = a \, dx = \alpha$ aus Bemerkung 3.3(e). ∎

Mit Hilfe des kanonischen Isomorphismus $\Theta : \mathcal{V}^q(X) \to \Omega_{(q)}(X)$ können Eigenschaften Pfaffscher Formen auf Vektorfelder übertragen werden. Wir führen dazu folgende Bezeichnungen ein: Ein Vektorfeld $v \in \mathcal{V}^q(X)$ heißt **Gradientenfeld**, wenn es ein $f \in C^{q+1}(X)$ gibt mit $v = \nabla f$. In diesem Zusammenhang nennt man f **Potential** von v.

Die Bemerkungen 3.3 und 3.4 implizieren unmittelbar die folgenden Aussagen über Gradientenfelder.

3.5 Bemerkungen (a) Ist X ein Gebiet, so unterscheiden sich zwei Potentiale eines Gradientenfeldes nur durch eine additive Konstante.

(b) Ist $v = (v_1, \ldots, v_n) \in \mathcal{V}^1(X)$ ein Gradientenfeld, so gelten die Integrabilitätsbedingungen $\partial_k v_j = \partial_j v_k$ für $1 \leq j, k \leq n$.

(c) Eine Pfaffsche Form $\alpha \in \Omega_{(q)}(X)$ ist genau dann exakt, wenn $\Theta^{-1}\alpha \in \mathcal{V}^q(X)$ ein Gradientenfeld ist. ∎

3.6 Beispiele **(a)** (Zentralfelder) Es sei $X := \mathbb{R}^n \setminus \{0\}$, und für die Komponenten der Pfaffschen Form

$$\alpha = \sum_{j=1}^n a_j \, dx^j \in \Omega_{(q)}(X)$$

gelte die Darstellung

$$a_j(x) := x^j \varphi(|x|) \,, \qquad x = (x^1, \ldots, x^n) \,, \quad 1 \le j \le n \,,$$

mit einer Funktion $\varphi \in C^q\big((0,\infty),\mathbb{R}\big)$. Dann ist α exakt. Eine Stammfunktion f wird durch $f(x) := \Phi(|x|)$ gegeben mit

$$\Phi(r) := \int_{r_0}^r t\varphi(t) \, dt \,, \qquad r > 0 \,,$$

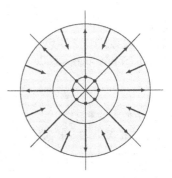

wobei r_0 eine feste positive Zahl ist. Also ist das Vektorfeld $v := \sum_{j=1}^n a_j \boldsymbol{e}_j = \Theta^{-1}\alpha$ ein Gradientenfeld, wobei der Vektor $v(x) \in T_x(X)$ für jedes $x \in X$ auf der Geraden durch x und 0 liegt. Die **Äquipotentialflächen**, d.h. die Niveauflächen von f, sind die Sphären rS^{n-1} für $r > 0$, auf denen das Gradientenfeld senkrecht steht (vgl. Beispiel VII.3.6(c)).

Beweis Es ist klar, daß Φ zu $C^{q+1}\big((0,\infty),\mathbb{R}\big)$ gehört und $\Phi'(r) = r\varphi(r)$ gilt. Also folgt aus der Kettenregel

$$\partial_j f(x) = \Phi'(|x|) \, x^j/|x| = x^j \varphi(|x|) = a_j(x) \,, \qquad j = 1,\ldots,n \,, \quad x \in X \,.$$

Die übrigen Aussagen sind klar. ∎

(b) Das Zentralfeld $x \mapsto cx/|x|^n$ mit $c \in \mathbb{R}^\times$ und $n \ge 2$ ist ein Gradientenfeld. Ein Potential U wird durch

$$U(x) := \begin{cases} c \log |x| \,, & n = 2 \,, \\ c \, |x|^{2-n} / (2-n), & n > 2 \,, \end{cases}$$

für $x \ne 0$ gegeben. Es spielt in der Physik eine wichtige Rolle, wo es je nach Kontext **Newtonsches** oder **Coulombsches Potential** heißt.[6]

Beweis Dies ist ein Spezialfall von (a). ∎

---

[6]Von diesem Beispiel rührt die Bezeichnung „Potential" eines Gradientenfeldes her.

Das Poincarésche Lemma

Die exakten 1-Formen bilden eine besonders wichtige Klasse von Differentialformen. Wir wissen bereits, daß jede exakte 1-Form die Integrabilitätsbedingungen
erfüllt. Andererseits kennt man 1-Formen, die nicht exakt sind, aber trotzdem die
Integrabilitätsbedingungen erfüllen. Es ist also sinnvoll, nach zusätzlichen Kriterien zu suchen, die sicherstellen, daß die Integrabilitätsbedingungen bereits hinreichend sind für die Existenz einer Stammfunktion. Wir werden nun sehen, daß
überraschenderweise topologische Eigenschaften des zugrunde liegenden Gebietes
ausschlaggebend sind.

Eine stetig differenzierbare Pfaffsche Form heißt **geschlossen**, wenn sie die
Integrabilitätsbedingungen erfüllt. Eine Teilmenge M von $\mathbb{R}^n$ heißt **sternförmig**
(bezüglich $x_0 \in M$), wenn es ein $x_0 \in M$ gibt, so daß für jedes $x \in M$ die Verbindungsstrecke $[\![x_0, x]\!]$ von x_0 nach x in M liegt.

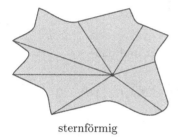
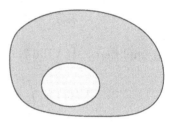

sternförmig   nicht sternförmig

3.7 Bemerkungen (a) Jede exakte stetig differenzierbare 1-Form ist geschlossen.

(b) Ist M sternförmig, so ist M zusammenhängend.

Beweis Dies folgt aus Satz III.4.8. ∎

(c) Jede konvexe Menge ist sternförmig bezüglich jedes ihrer Punkte. ∎

Es sei X sternförmig bezüglich 0, und $f \in C^1(X)$ sei eine Stammfunktion für
$\alpha = \sum_{j=1}^n a_j \, dx^j$. Dann gilt $a_j = \partial_j f$, und Bemerkung 3.3(c) liefert

$$\langle \alpha(tx), e_j \rangle = a_j(tx) = \partial_j f(tx) = \big(\nabla f(tx) \,\big|\, e_j\big) , \qquad j = 1, \ldots, n .$$

Also gilt $\langle \alpha(tx), x \rangle = \big(\nabla f(tx) \,\big|\, x\big)$ für $x \in X$, und aus dem Mittelwertsatz in In-
tegralform (Theorem VII.3.10) folgt die Darstellung

$$f(x) - f(0) = \int_0^1 \big(\nabla f(tx) \,\big|\, x\big) \, dt = \int_0^1 \langle \alpha(tx), x \rangle \, dt , \tag{3.3}$$

die den Kern des Beweises des folgenden Satzes bildet.

3.8 Theorem (Lemma von Poincaré)   *Es seien X sternförmig und $q \geq 1$. Ist*
$\alpha \in \Omega_{(q)}(X)$ *geschlossen, so ist α exakt.*

Beweis Es seien X sternförmig bezüglich 0 und $\alpha = \sum_{j=1}^{n} a_j \, dx^j$. Da für $x \in X$
die Verbindungsstrecke $[\![0, x]\!]$ in X liegt, ist

$$f(x) := \int_0^1 \langle \alpha(tx), x \rangle \, dt = \sum_{k=1}^{n} \int_0^1 a_k(tx) x^k \, dt \,, \qquad x \in X \,, \qquad (3.4)$$

wohldefiniert. Ferner gilt

$$\big[(t, x) \mapsto \langle \alpha(tx), x \rangle\big] \in C^q\big([0, 1] \times X\big) \,,$$

und aus den Integrabilitätsbedingungen $\partial_j a_k = \partial_k a_j$ folgt

$$\frac{\partial}{\partial x^j} \langle \alpha(tx), x \rangle = a_j(tx) + \sum_{k=1}^{n} t x^k \partial_k a_j(tx) \,.$$

Somit impliziert Satz VII.6.7, daß f zu $C^q(X)$ gehört und daß

$$\partial_j f(x) = \int_0^1 a_j(tx) \, dt + \int_0^1 t \Big(\sum_{k=1}^{n} x^k \partial_k a_j(tx) \Big) \, dt$$

gilt. Partielle Integration im zweiten Integral mit $u(t) := t$ und $v_j(t) := a_j(tx)$
liefert

$$\partial_j f(x) = \int_0^1 a_j(tx) \, dt + t a_j(tx) \big|_0^1 - \int_0^1 a_j(tx) \, dt = a_j(x) \,, \qquad x \in X \,.$$

Da $\partial_j f = a_j$ für $j = 1, \dots, n$ zu $C^q(X)$ gehört, folgen schließlich $f \in C^{q+1}(X)$ und
$df = \alpha$ (vgl. Bemerkung 3.3(e)).

Der Fall, in dem X bezügl. eines Punktes $x_0 \in X$ sternförmig ist, wird durch
die Translation $x \mapsto x - x_0$ in offensichtlicher Weise auf die oben behandelte Situation zurückgeführt. ∎

3.9 Bemerkungen   (a) Die Zentralfelder von Beispiel 3.6(a) zeigen, daß die
Sternförmigkeit keine notwendige Bedingung für die Existenz eines Potentials bzw.
einer Stammfunktion ist.

(b) Man beachte, daß der Beweis von Theorem 3.8 konstruktiv ist, d.h., durch die
Formel (3.4) wird eine Stammfunktion gegeben. ∎

Bis jetzt haben wir in $\Omega_{(q)}(X)$ ausschließlich die kanonische Modulbasis, bestehend aus den 1-Formen $dx^1, \dots, dx^n$, verwendet. Diese Wahl ist natürlich, wenn
in $V^q(X)$ die kanonische Basis $(e_1, \dots, e_n)$ verwendet wird (vgl. Bemerkung 3.3(c)).

Mit anderen Worten: Fassen wir X als eine Untermannigfaltigkeit von $\mathbb{R}^n$ auf, so ist die Modulbasis $(dx^1, \ldots, dx^n)$ der trivialen Karte $\varphi = \mathrm{id}_X$ angepaßt. Beschreiben wir X mittels einer anderen Karte ψ, so ist zu erwarten, daß $\alpha \in \Omega_{(q)}(X)$ besser in einer Modulbasis darstellbar ist, welche der Karte ψ angepaßt ist.[7] Deshalb müssen wir das Transformationsverhalten von Pfaffschen Formen bei Kartenwechseln studieren, um von einer Darstellung zu einer anderen übergehen zu können. Dies ist das Ziel der nachfolgenden Betrachtungen.

Duale Operatoren

Zuerst führen wir — in Verallgemeinerung der Transponierten einer Matrix — den Begriff des „transponierten" oder „dualen" linearen Operators ein.

Es seien E und F Banachräume. Dann wird der zu $A \in \mathcal{L}(E, F)$ **duale** oder **transponierte Operator** durch

$$A^\top : F' \to E' , \quad f' \mapsto f' \circ A$$

definiert.

3.10 Bemerkungen   (a) Der zu A duale Operator ist linear und stetig, d.h. $A^\top \in \mathcal{L}(F', E')$. Ferner gelten[8]

$$\langle A^\top f', e \rangle = \langle f', Ae \rangle , \qquad e \in E , \quad f' \in F' , \tag{3.5}$$

und

$$\| A^\top \|_{\mathcal{L}(F', E')} \leq \| A \|_{\mathcal{L}(E, F)} , \qquad A \in \mathcal{L}(E, F) . \tag{3.6}$$

Beweis   Aus $A \in \mathcal{L}(E, F)$ folgt, daß $A^\top f'$ für $f' \in F'$ zu E' gehört. Die Linearität von $A^\top : F' \to E'$ und die Relation (3.5) sind offensichtlich. Letztere impliziert

$$|\langle A^\top f', e \rangle| = |\langle f', Ae \rangle| \leq \| f' \| \, \| Ae \| \leq \| f' \| \, \| A \| \, \| e \|$$

für $e \in E$ und $f' \in F'$. Hieraus lesen wir (vgl. Bemerkung VII.2.13(a)) die Ungleichung

$$\| A^\top f' \| \leq \| A \| \, \| f' \| , \qquad f' \in F' ,$$

ab. Folglich ist aufgrund der Definition der Operatornorm (vgl. Paragraph VI.2) die Ungleichung (3.6) richtig. Nun garantiert Theorem VI.2.5, daß $A^\top$ stetig ist. ∎

(b) Ist $\mathcal{E} = (e_1, \ldots, e_n)$ bzw. $\mathcal{F} = (f_1, \ldots, f_m)$ eine Basis für den endlichdimensionalen Banachraum E bzw. F, so gilt $[A^\top]_{\mathcal{E}', \mathcal{F}'} = \big([A]_{\mathcal{E}, \mathcal{F}}\big)^\top$, wobei $M^\top \in \mathbb{K}^{n \times m}$ die zu $M \in \mathbb{K}^{m \times n}$ transponierte Matrix bezeichnet und $\mathcal{E}'$ bzw. $\mathcal{F}'$ die zu $\mathcal{E}$ bzw. $\mathcal{F}$ duale Basis ist.

---

[7]Ein besseres Verständis dieses Sachverhaltes werden wir im dritten Band gewinnen, wenn wir Differentialformen auf Mannigfaltigkeiten studieren.

[8]In der Funktionalanalysis wird gezeigt, daß $A^\top$ durch (3.5) charakterisiert wird und daß in (3.6) das Gleichheitszeichen gilt.

Beweis Dies folgt leicht aus der Definition der Darstellungsmatrix (vgl. Paragraph VII.1) und durch Entwickeln von f' nach der Dualbasis von $\mathcal{F}$. ∎

(c) Ist G ein weiterer Banachraum, so gelten

$$(BA)^\top = A^\top B^\top , \qquad A \in \mathcal{L}(E,F) , \quad B \in \mathcal{L}(F,G)$$

und $(1_E)^\top = 1_{E'}$.

(d) Für $A \in \mathcal{L}\mathrm{is}(E,F)$ gehört $A^\top$ zu $\mathcal{L}\mathrm{is}(F',E')$, und $(A^\top)^{-1} = (A^{-1})^\top$.

Beweis Dies folgt unmittelbar aus (c). ∎

Transformationsregeln

Im folgenden seien X offen in $\mathbb{R}^n$ und Y offen in $\mathbb{R}^m$. Im Spezialfall $n = 1$ bzw. $m = 1$ wollen wir außerdem zulassen, daß X bzw. Y ein perfektes Intervall ist. Ferner sei stets $\varphi \in C^q(X,Y)$ mit $q \in \mathbb{N}^\times \cup \{\infty\}$.

Wir definieren die Abbildung

$$\varphi^* : \mathbb{R}^Y \to \mathbb{R}^X ,$$

die **Rücktransformation** (den **pull back**) mittels φ durch

$$\varphi^* f := f \circ \varphi , \qquad f \in \mathbb{R}^Y .$$

Genauer ist φ^* die **Rücktransformation von Funktionen**.[9]

Für Pfaffsche Formen definieren wir die **Rücktransformation** (den **pull back**) mittels φ durch

$$\varphi^* : \Omega_{(q-1)}(Y) \to \Omega_{(q-1)}(X) , \quad \alpha \mapsto \varphi^* \alpha$$

mit

$$\varphi^* \alpha(p) := (T_p \varphi)^\top \alpha\big(\varphi(p)\big) .$$

Aus dem Zusammenhang wird immer ersichtlich sein, ob mit φ^* die Rücktransformation von Funktionen oder von 1-Formen gemeint ist. Rücktransformationen holen Funktionen bzw. 1-Formen, die auf Y „leben", auf X zurück.

3.11 Bemerkungen (a) Für $f \in C^q(Y)$ und $\alpha \in \Omega_{(q-1)}(Y)$ sind die „zurückgeholten" Größen durch die Kommutativität der Diagramme

---

[9]Diese Definition ist offensichtlich sinnvoll für $f \in Z^Y$ und beliebige Mengen X, Y und Z.

definiert, wobei $(T\varphi)\boldsymbol{v} \in TY$ für $\boldsymbol{v} \in TX$ durch

$$\big((T\varphi)\boldsymbol{v}\big)\big(\varphi(p)\big) := (T_p\varphi)\boldsymbol{v}(p) \ , \qquad p \in X \ ,$$

festgelegt ist.

(b) Für $\boldsymbol{\alpha} \in \Omega_{(q-1)}(Y)$ gilt

$$\varphi^*\boldsymbol{\alpha}(p) = (T_p\varphi)^\top \boldsymbol{\alpha}\big(\varphi(p)\big) = \big(p, \big(\partial\varphi(p)\big)^\top \boldsymbol{\alpha}\big(\varphi(p)\big)\big) \in T_p^*X \ , \qquad p \in X \ .$$

Beweis Aus der Definition von $\varphi^*\boldsymbol{\alpha}$ folgt

$$\begin{aligned}
\big\langle \varphi^*\boldsymbol{\alpha}(p), \boldsymbol{v}(p) \big\rangle_p &= \big\langle \boldsymbol{\alpha}\big(\varphi(p)\big), (T_p\varphi)\boldsymbol{v}(p) \big\rangle_{\varphi(p)} \\
&= \big\langle \boldsymbol{\alpha}\big(\varphi(p)\big), \partial\varphi(p)v(p) \big\rangle = \big\langle \big(\partial\varphi(p)\big)^\top \boldsymbol{\alpha}\big(\varphi(p)\big), v(p) \big\rangle
\end{aligned}$$

für $p \in X$ und $\boldsymbol{v} \in \mathcal{V}^q(X)$, also die Behauptung. ∎

(c) Die Abbildungen

$$\varphi^* : C^q(Y) \to C^q(X) \tag{3.7}$$

und

$$\varphi^* : \Omega_{(q-1)}(Y) \to \Omega_{(q-1)}(X) \tag{3.8}$$

sind wohldefiniert und $\mathbb{R}$-linear. Es sei ausdrücklich darauf hingewiesen, daß in (3.8) die „Regularitätsordnung" der betrachteten Pfaffschen Formen $q-1$ und nicht q ist, während q die richtige Regularitätsordnung in (3.7) ist. Da die Definition die Tangentialabbildung involviert, „geht eine Ableitungsordnung verloren".

Beweis Die Aussagen über die Abbildung (3.7) folgen unmittelbar aus der Kettenregel. Die Eigenschaften von (3.8) ergeben sich ebenfalls aus der Kettenregel und aus (b). ∎

Im nächsten Satz stellen wir die Rechenregeln für die Rücktransformation zusammen.

3.12 Satz *Es sei Z offen in $\mathbb{R}^\ell$ oder (im Fall $\ell = 1$) ein perfektes Intervall. Dann gelten*

(i) $(\mathrm{id}_X)^* = \mathrm{id}_{\mathcal{F}(X)}$ *für* $\mathcal{F}(X) := C^q(X)$ *oder* $\mathcal{F}(X) := \Omega_{(q-1)}(X)$,
und
$(\psi \circ \varphi)^* = \varphi^*\psi^*$, $\varphi \in C^q(X,Y)$, $\psi \in C^q(Y,Z)$.

(ii) $\varphi^*(fg) = (\varphi^*f)(\varphi^*g)$, $f, g \in C^q(Y)$,
und
$\varphi^*(h\boldsymbol{\alpha}) = (\varphi^*h)\varphi^*\boldsymbol{\alpha}$, $h \in C^{(q-1)}(Y)$, $\boldsymbol{\alpha} \in \Omega_{(q-1)}(Y)$.

(iii) $\varphi^*(df) = d(\varphi^* f)$ für $f \in C^q(Y)$, d.h., das Diagramm

$$
\begin{array}{ccc}
C^q(Y) & \xrightarrow{\quad d \quad} & \Omega_{(q-1)}(Y) \\
\varphi^* \downarrow & & \downarrow \varphi^* \\
C^q(X) & \xrightarrow{\quad d \quad} & \Omega_{(q-1)}(X)
\end{array}
$$

ist kommutativ.

Beweis (i) Die erste Behauptung ist klar. Zum Beweis der zweiten Formel müssen

$$(\psi \circ \varphi)^* f = (\varphi^* \circ \psi^*) f , \qquad f \in C^q(Z) ,$$

und

$$(\psi \circ \varphi)^* \boldsymbol{\alpha} = (\varphi^* \circ \psi^*) \boldsymbol{\alpha} , \qquad \boldsymbol{\alpha} \in \Omega_{(q-1)}(Z) ,$$

gezeigt werden.

Für $f \in C^q(Z)$ gilt

$$(\psi \circ \varphi)^* f = f \circ (\psi \circ \varphi) = (f \circ \psi) \circ \varphi = (\psi^* f) \circ \varphi = (\varphi^* \circ \psi^*) f .$$

Für $\boldsymbol{\alpha} \in \Omega_{(q-1)}(Y)$ folgt aus der Kettenregel von Bemerkung VII.10.2(b) und aus Bemerkung 3.10(c)

$$
\begin{aligned}
(\psi \circ \varphi)^* \boldsymbol{\alpha}(p) &= \big(T_p(\psi \circ \varphi)\big)^{\top} \boldsymbol{\alpha}\big(\psi \circ \varphi(p)\big) = \big((T_{\varphi(p)}\psi) \circ T_p\varphi\big)^{\top} \boldsymbol{\alpha}\big(\psi(\varphi(p))\big) \\
&= (T_p\varphi)^{\top} (T_{\varphi(p)}\psi)^{\top} \boldsymbol{\alpha}\big(\psi(\varphi(p))\big) = (T_p\varphi)^{\top} \psi^* \boldsymbol{\alpha}(\varphi(p)) \\
&= \varphi^* \psi^* \boldsymbol{\alpha}(p)
\end{aligned}
$$

für $p \in X$.

(ii) Die erste Aussage ist klar. Die zweite folgt aus

$$
\begin{aligned}
\varphi^*(h\boldsymbol{\alpha})(p) &= (T_p\varphi)^{\top} (h\boldsymbol{\alpha})\big(\varphi(p)\big) = (T_p\varphi)^{\top} h\big(\varphi(p)\big) \boldsymbol{\alpha}\big(\varphi(p)\big) \\
&= h\big(\varphi(p)\big)(T_p\varphi)^{\top} \boldsymbol{\alpha}\big(\varphi(p)\big) = \big((\varphi^* h)\varphi^* \boldsymbol{\alpha}\big)(p)
\end{aligned}
$$

für $p \in X$.

(iii) Aus der Kettenregel für die Tangentialabbildung und der Definition des Differentials erhalten wir

$$
\begin{aligned}
\varphi^*(df)(p) &= (T_p\varphi)^{\top} df\big(\varphi(p)\big) = df\big(\varphi(p)\big) \circ T_p\varphi \\
&= \mathrm{pr}_2 \circ T_{\varphi(p)}f \circ T_p\varphi = \mathrm{pr}_2 \circ T_p(f \circ \varphi) = d(\varphi^* f)(p) ,
\end{aligned}
$$

also die Behauptung. ∎

3.13 Korollar *Für $\varphi \in \mathrm{Diff}^q(X, Y)$ sind die Abbildungen*

$$\varphi^* : C^q(Y) \to C^q(X)$$

und

$$\varphi^* : \Omega_{(q-1)}(Y) \to \Omega_{(q-1)}(X)$$

bijektiv mit $(\varphi^*)^{-1} = (\varphi^{-1})^*$.

Beweis Dies folgt aus Satz 3.12(i). ∎

3.14 Beispiele **(a)** Bezeichnet $x = (x^1, \ldots, x^n) \in X$ bzw. $y = (y^1, \ldots, y^m) \in Y$ den allgemeinen Punkt von X bzw. Y, so gilt

$$\varphi^* \, dy^j = d\varphi^j = \sum_{k=1}^{n} \partial_k \varphi^j \, dx^k \,, \qquad 1 \le j \le m \,.$$

Beweis Aus Satz 3.12(iii) folgt

$$\varphi^* \, dy^j = \varphi^* \, d(\mathrm{pr}_j) = d(\varphi^* \, \mathrm{pr}_j) = d\varphi^j = \sum_{k=1}^{n} \partial_k \varphi^j \, dx^k \,,$$

wobei sich das letzte Gleichheitszeichen aus Bemerkung 3.3(e) ergibt. ∎

(b) Für $\alpha = \sum_{j=1}^{m} a_j \, dy^j \in \Omega_{(0)}(Y)$ gilt

$$\varphi^* \alpha = \sum_{j=1}^{m} \sum_{k=1}^{n} (a_j \circ \varphi) \partial_k \varphi^j \, dx^k \,.$$

Beweis Die Linearität von φ^* und Satz 3.12(ii) liefern

$$\varphi^* \left(\sum_{j=1}^{m} a_j \, dy^j \right) = \sum_{j=1}^{m} \varphi^* (a_j \, dy^j) = \sum_{j=1}^{m} (\varphi^* a_j)(\varphi^* \, dy^j) \,.$$

Mit (a) folgt deshalb die Behauptung. ∎

(c) Es seien X offen in $\mathbb{R}$ und $\alpha \in \Omega_{(0)}(Y)$. Dann gilt

$$\varphi^* \alpha(t) = \langle \alpha(\varphi(t)), \dot{\varphi}(t) \rangle \, dt \,, \qquad t \in X \,.$$

Beweis Dies ist ein Spezialfall von (b). ∎

(d) Es seien $Y \subset \mathbb{R}$ ein kompaktes Intervall, $f \in C(Y)$ und $\alpha := f \, dy \in \Omega_{(0)}(Y)$. Ferner seien $X := [a, b]$ und $\varphi \in C^1(X, Y)$. Dann gilt gemäß (b)

$$\varphi^* \alpha = \varphi^* (f \, dy) = (f \circ \varphi) \, d\varphi = (f \circ \varphi) \varphi' \, dx \,.$$

Somit läßt sich die Substitutionsregel für Integrale (Theorem VI.5.1),

$$\int_a^b (f \circ \varphi)\varphi'\, dx = \int_{\varphi(a)}^{\varphi(b)} f\, dy \ ,$$

formal mit Hilfe der Pfaffschen Formen $\alpha = f\, dy$ und $\varphi^* \alpha$ in der Gestalt

$$\int_X \varphi^* \alpha = \int_{\varphi(X)} \alpha \tag{3.9}$$

schreiben.

Da $\Omega_{(0)}(X)$ ein eindimensionaler $C(X)$-Modul ist, kann jede stetige 1-Form β auf X in eindeutiger Weise in der Form $\beta = b\, dx$ mit $b \in C(X)$ dargestellt werden. Motiviert durch (3.9) definieren wir das **Integral von** $\beta = b\, dx \in \Omega_{(0)}(X)$ **über** X durch

$$\int_X \beta := \int_X b \ , \tag{3.10}$$

wobei die rechte Seite als Cauchy-Riemannsches Integral zu interpretieren ist. Damit haben wir die formale Einführung der „Differentiale", die wir in den Bemerkungen VI.5.2 vorgenommen haben, durch eine mathematisch präzise Definition ersetzt (zumindest im Falle reellwertiger Funktionen). ∎

Moduln

Der Vollständigkeit halber stellen wir zum Schluß die für uns wichtigen Fakten aus der Theorie der Moduln zusammen. Außer den in diesem Paragraphen auftretenden Moduln $\mathcal{V}^q(X)$ und $\Omega_{(q)}(X)$ werden wir im dritten Band weitere Beispiele kennenlernen.

Es sei $R = (R, +, \cdot)$ ein kommutativer Ring mit Eins. Ein **Modul über dem Ring** R, ein R-**Modul**, ist ein Tripel $(M, +, \cdot)$, bestehend aus einer nichtleeren Menge M, einer „inneren" Verknüpfung $+$, der **Addition**, und einer „äußeren" Verknüpfung $\cdot$, der **Multiplikation** mit Elementen von R, mit folgenden Eigenschaften:

(M_1) $(M, +)$ ist eine abelsche Gruppe.

(M_2) Es gelten die Distributivgesetze:

$$\lambda \cdot (v + w) = \lambda \cdot v + \lambda \cdot w \ , \quad (\lambda + \mu) \cdot v = \lambda \cdot v + \mu \cdot v \ , \qquad \lambda, \mu \in R \ , \quad v, w \in M \ .$$

(M_3) $\lambda \cdot (\mu \cdot v) = (\lambda \cdot \mu) \cdot v \ , \quad 1 \cdot v = v \ , \qquad \lambda, \mu \in R \ , \quad v \in M.$

3.15 Bemerkungen Es sei $M = (M, +, \cdot)$ ein R-Modul.

(a) Wie im Fall von Vektorräumen vereinbaren wir, daß die Multiplikation stärker binde als die Addition, und schreiben meistens einfach λv für $\lambda \cdot v$.

(b) Das Axiom (M_3) bedeutet offenbar, daß der Ring R (von links) auf der Menge M operiert (vgl. Aufgabe I.7.6).

(c) Die Additionen in R und in M werden beide mit $+$ bezeichnet. Ebenso werden sowohl die Ringmultiplikation in R als auch die Operation von R auf M mit $\cdot$ bezeichnet. Schließlich schreiben wir 0 für die neutralen Elemente von $(R, +)$ und von $(M, +)$. Die Erfahrung zeigt, daß diese Vereinfachung der Notation zu keinen Mißverständnissen führt.

(d) Ist R ein Körper, so ist M ein Vektorraum über R. $\blacksquare$

3.16 Beispiele (a) Jeder kommutative Ring R mit Eins ist ein R-Modul.

(b) Es sei $G = (G, +)$ eine abelsche Gruppe. Für $(z, g) \in \mathbb{Z} \times G$ sei[10]

$$z \cdot g := \begin{cases} \sum_{k=1}^{z} g \,, & z > 0 \,, \\ 0 \,, & z = 0 \,, \\ -\sum_{k=1}^{-z} g \,, & z < 0 \,. \end{cases}$$

Dann ist $G = (G, +, \cdot)$ ein $\mathbb{Z}$-Modul.

(c) Es sei G eine abelsche Gruppe, und R sei ein kommutativer Unterring des Ringes aller Endomorphismen von G. Dann ist G zusammen mit der Verknüpfung

$$R \times G \to G \,, \quad (T, g) \mapsto Tg$$

ein R-Modul.

(d) Es sei M ein R-Modul. Eine nichtleere Teilmenge U von M heißt **Untermodul** von M, wenn gilt

(UM$_1$) U ist Untergruppe von M.

(UM$_2$) $R \cdot U \subseteq U$.

Es ist nicht schwierig nachzuprüfen, daß eine nichtleere Teilmenge U von M genau dann ein Untermodul von M ist, wenn U mit den von M induzierten Verknüpfungen ein Modul ist.

Ist $\{ U_\alpha \,;\, \alpha \in \mathsf{A} \}$ eine Familie von Untermoduln von M, so ist auch $\bigcap_{\alpha \in \mathsf{A}} U_\alpha$ ein Untermodul von M. $\blacksquare$

Es seien M und N Moduln über R. Die Abbildung $T : M \to N$ heißt **Modul-Homomorphismus**, wenn gilt

$$T(\lambda v + \mu w) = \lambda T(v) + \mu T(w) \,, \quad \lambda, \mu \in R \,, \quad v, w \in M \,.$$

Ein bijektiver Modul-Homomorphismus ist ein **Modul-Isomorphismus**. Dann ist die Umkehrabbildung $T^{-1} : N \to M$ ebenfalls ein Modul-Homomorphismus. Gibt es einen Modul-Isomorphismus von M auf N, so heißen M und N **isomorph**, und wir schreiben $M \cong N$.

Es seien M ein R-Modul und $A \subset M$. Dann heißt

$$\mathrm{span}(A) := \bigcap \{ U \,;\, U \text{ ist Untermodul von } M \text{ mit } U \supseteq A \}$$

Spann von A in M. Offensichtlich ist $\mathrm{span}(A)$ der kleinste Untermodul von M, der A enthält. Ist $\mathrm{span}(A)$ gleich M, so heißt A **Erzeugendensystem** von M.

---

[10]Man vergleiche dazu Beispiel I.5.12.

Die Elemente $v_0, \ldots, v_k \in M$ heißen **linear unabhängig** über R, wenn aus $\lambda_j \in R$ und $\sum_{j=0}^{k} \lambda_j v_j = 0$ folgt $\lambda_0 = \cdots = \lambda_k = 0$. Eine Teilmenge B von M heißt **frei** über R, wenn jede endliche Teilmenge von B linear unabhängig ist. Gilt $\operatorname{span}(B) = M$ für eine freie Teilmenge B über R, so wird B als **Basis** von M bezeichnet. Jeder R-Modul, der eine Basis besitzt, heißt **freier R-Modul.**

3.17 Bemerkungen (a) Folgende Aussagen sind äquivalent:

(i) M ist ein freier R-Modul mit Basis B.

(ii) Jedes $v \in M$ läßt sich in der Form $v = \sum_{j=0}^{k} \lambda_j v_j$ schreiben mit eindeutig bestimmten $\lambda_j \in R^{\times}$ und $v_j \in B$.

Beweis Hierfür verweisen wir auf Bücher über Algebra (z.B. [SS88, §§ 19 und 22]). ∎

(b) Es seien M und N Moduln über R, und M sei frei mit Basis B. Ferner seien S und T Modul-Homomorphismen von M nach N mit $S\,|\,B = T\,|\,B$. Dann gilt $S = T$, d.h., *Homomorphismen über freien Moduln sind durch ihre Bilder auf einer Basis eindeutig bestimmt.*

(c) Es seien B und B' Basen eines freien R-Moduls M. Dann kann man zeigen, daß $\operatorname{Anz}(B) = \operatorname{Anz}(B')$ gilt, falls R nicht der Nullring ist (z.B. [Art93, § XII.2]). Somit ist durch $\dim(M) := \operatorname{Anz}(B)$ die **Dimension** von M definiert.

(d) $\mathbb{Z}_2$ ist *kein* freier $\mathbb{Z}$-Modul.

Beweis Aus Aufgabe I.9.2 wissen wir, daß $\mathbb{Z}_2$ ein Ring ist. Also ist $(\mathbb{Z}_2, +)$ eine abelsche Gruppe, und Beispiel 3.16(b) zeigt, daß $\mathbb{Z}_2$ ein $\mathbb{Z}$-Modul ist. Es sei B eine Basis von $\mathbb{Z}_2$ über $\mathbb{Z}$. Dann gehört die Restklasse $[1]$ zu B. Andererseits zeigt $[0] = 2 \cdot [1]$, daß $[1]$ über $\mathbb{Z}$ nicht linear unabhängig ist, d.h. $[1] \notin B$. ∎

(e) Es sei M ein R-Modul, und für $B \subset M$ gelte $M = \operatorname{span}(B)$. Dann[11] enthält B i. allg. keine Basis von M.

Beweis Wir betrachten im $\mathbb{Z}$-Modul[12] $\mathbb{Z}$ die Menge $B = \{2, 3\}$. Wegen $\mathbb{Z} = \mathbb{Z}(3 - 2)$ gilt $\operatorname{span}(B) = \mathbb{Z}$. Ferner folgt aus

$$3 \cdot 2 - 2 \cdot 3 = 0, \quad z \cdot 2 \neq 5 \neq z \cdot 3, \qquad z \in \mathbb{Z},$$

daß weder $\{2, 3\}$ noch $\{2\}$ noch $\{3\}$ eine Basis von $\mathbb{Z}$ ist. ∎

(f) Es seien M ein freier R-Modul und U ein freier Untermodul von M mit Basis B'. Dann läßt sich B' i. allg. nicht zu einer Basis von M erweitern.

Beweis $\mathbb{Z}$ ist ein freier Modul über $\mathbb{Z}$. Außerdem bilden die geraden Zahlen, $2\mathbb{Z}$, einen freien Untermodul von $\mathbb{Z}$. Aber weder $\{2\}$ noch $\{-2\}$ läßt sich zu einer Basis von $\mathbb{Z}$ erweitern. Außerdem gilt $\dim(\mathbb{Z}) = \dim(2\mathbb{Z}) = 1$. ∎

(g) Ist R ein Körper, so stimmen die obigen Begriffe „Spann", „lineare Unabhängigkeit", „Basis" und „Dimension" mit denen von Paragraph I.12 überein. ∎

---

[11]Es sei V ein K-Vektorraum, und es gelte $V = \operatorname{span}(B)$. Dann zeigt man in der Linearen Algebra, daß B eine Basis von V enthält.

[12]Man beachte, daß $\mathbb{Z}$ ein freier $\mathbb{Z}$-Modul ist.

Aufgaben

1 Es seien E, F und G Banachräume, sowie $A \in \mathcal{L}(E, F)$ und $B \in \mathcal{L}(G, E)$. Man beweise:

(a) $(AB)^\top = B^\top A^\top$;

(b) Für $A \in \mathcal{L}\mathrm{is}(E, F)$ gelten $A^\top \in \mathcal{L}\mathrm{is}(F', E')$ und $[A^\top]^{-1} = [A^{-1}]^\top$.

2 Welche der 1-Formen

(a) $2xy^3 \, dx + 3x^2 y^2 \, dy \in \Omega_{(\infty)}(\mathbb{R}^2)$;

(b) $\dfrac{2(x^2 - y^2 - 1) \, dy - 4xy \, dx}{(x^2 + y^2 - 1)^2 + 4y^2} \in \Omega_{(\infty)}(X)$, $X := \mathbb{R}^2 \setminus \{(-1, 0), (1, 0)\}$;

ist geschlossen?

3 Es seien $X := \mathbb{R}^2 \setminus \{(-1, 0), (1, 0)\}$,

$$\varphi : X \to \mathbb{R}^2 \setminus \{(0, 0)\} \ , \quad (x, y) \mapsto (x^2 + y^2 - 1, 2y)$$

und

$$\alpha := \frac{u \, dv - v \, du}{u^2 + v^2} \in \Omega(\mathbb{R}^2 \setminus \{(0, 0)\}) \ .$$

Man zeige, daß $\varphi^* \alpha$ mit der 1-Form von Aufgabe 2(b) übereinstimmt.

4 Es seien X offen in $\mathbb{R}^n$ und $\alpha \in \Omega_{(1)}(X)$. Bezeichnet $a \in C^1(X, \mathbb{R}^n)$ den Hauptteil von $\Theta^{-1}\alpha$, so beweise man, daß α genau dann geschlossen ist, wenn $\partial a(x)$ für jedes $x \in X$ symmetrisch ist.

5 Es seien

$$\alpha := x \, dy - y \, dx \in \Omega_{(\infty)}(\mathbb{R}^2) \ , \quad \beta := \alpha / (x^2 + y^2) \in \Omega_{(\infty)}\big(\mathbb{R}^2 \setminus \{(0, 0)\}\big)$$

und

$$\varphi : (0, \infty) \times (0, 2\pi) \to \mathbb{R}^2 \setminus \{(0, 0)\} \ , \quad (r, \theta) \mapsto (r \cos \theta, r \sin \theta) \ .$$

Man berechne $\varphi^* \alpha$ und $\varphi^* \beta$.

6 Man bestimme $\varphi^* \alpha$ für $\alpha := x \, dy - y \, dx - (x + y) \, dz \in \Omega_{(\infty)}(\mathbb{R}^3)$ und

$$\varphi : (0, 2\pi) \times (0, \pi) \to \mathbb{R}^3 \ , \quad (\theta_1, \theta_2) \mapsto (\cos \theta_1 \sin \theta_2, \sin \theta_1 \sin \theta_2, \cos \theta_2) \ .$$

7 Es seien X und Y offen in $\mathbb{R}^n$, $\varphi \in \mathrm{Diff}^q(X, Y)$ und $\alpha \in \Omega_{(q-1)}(Y)$ für ein $q \geq 1$. Man beweise:

(a) α ist genau dann exakt, wenn $\varphi^* \alpha$ exakt ist.

(b) Für $q \geq 2$ gilt: α ist genau dann geschlossen, wenn $\varphi^* \alpha$ geschlossen ist.

8 Es seien X offen in $\mathbb{R}^2$ und $\alpha \in \Omega_{(1)}(X)$. Eine Funktion $h \in C^1(X)$ heißt **Eulerscher Multiplikator** (oder **integrierender Faktor**) für α, falls $h\alpha$ geschlossen ist und $h(x, y) \neq 0$ für $(x, y) \in X$ gilt.

(a) Man zeige: Ist $h \in C^1(X)$ mit $h(x,y) \neq 0$ für $(x,y) \in X$, so ist h genau dann ein Eulerscher Multiplikator für $\alpha = a\,dx + b\,dy$, wenn gilt

$$ah_y - bh_x + (a_y - b_x)h = 0 \ . \tag{3.11}$$

(b) Es seien $a, b, c, e > 0$ und

$$\beta := (c - ex)y\,dx + (a - by)x\,dy \ .$$

Man zeige, daß β einen integrierenden Faktor der Form $h(x,y) = m(xy)$ auf $X = (0, \infty)^2$ besitzt. (Hinweis: Man verwende (3.11), um eine Differentialgleichung für m herzuleiten, für die man eine Lösung erraten kann.)

9   Es seien J und D offene Intervalle, $f \in C(J \times D, \mathbb{R})$ und $\alpha := dx - f\,dt \in \Omega_{(0)}(J \times D)$. Ferner seien $u \in C^1(J, D)$ und $\varphi_u : J \to \mathbb{R}^2$, $t \mapsto (t, u(t))$. Man beweise, daß genau dann $\varphi_u^*\alpha = 0$ gilt, wenn u eine Lösung von $\dot{x} = f(t,x)$ ist.

10   Man verifiziere, daß $\mathcal{V}^q(X)$ bzw. $\Omega_{(q)}(X)$ ein $C^q(X)$-Modul ist, und daß $\mathcal{V}^{q+1}(X)$ bzw. $\Omega_{(q+1)}(X)$ ein Untermodul von $\mathcal{V}^q(X)$ bzw. $\Omega_{(q)}(X)$ ist.

11   Es seien R ein kommutativer Ring mit Eins und $a \in R$. Man beweise:

(a) aR ist ein Untermodul von R;

(b) $aR \neq 0 \Longleftrightarrow a \neq 0$;

(c) $aR \neq R \Longleftrightarrow a$ besitzt kein inverses Element.

Ein Untermodul U eines R-Moduls M heißt **nichttrivial**, falls $U \neq \{0\}$ und $U \neq M$. Welche nichttrivialen Untermoduln besitzt $\mathbb{Z}_2$ bzw. $\mathbb{Z}_6$?

12   Man beweise die Aussagen von Beispiel 3.16(d).

13   Es seien M und N R-Moduln, und $T : M \to N$ sei ein Modul-Homomorphismus. Man verifiziere, daß $\ker(T) := \{v \in M \ ; \ Tv = 0\}$ bzw. $\mathrm{im}(T)$ ein Untermodul von M bzw. N ist.

4 Kurvenintegrale

In Kapitel VI haben wir die Integrationstheorie für Funktionen einer reellen Variablen entwickelt. Intervalle können wir als (Spuren besonders einfacher) Kurven interpretieren. Deshalb ist es naheliegend, den Begriff des Integrals so zu verallgemeinern, daß „über beliebige Kurven integriert" werden kann. Dies werden wir im vorliegenden Paragraphen tun. Dabei wird sich herausstellen, daß man als Integranden nicht Funktionen sondern Pfaffsche Formen zulassen muß, um ein Integral zu erhalten, das unabhängig ist von der Wahl einer speziellen Parametrisierung.

In diesem Paragraphen seien

- X offen in $\mathbb{R}^n$,
  I sowie I_1 kompakte perfekte Intervalle.

Außerdem identifizieren wir Vektorfelder und Pfaffsche Formen stets mit ihren Hauptteilen.

Die Definition

Wir greifen noch einmal die Substitutionsregel für Integrale auf. Es seien I und J kompakte Intervalle und $\varphi \in C^1(I, J)$. Ferner sei $a \in C(J)$, und $\alpha = a\,dy$ sei eine stetige 1-Form auf J. Dann hat die Substitutionsregel gemäß Beispiel 3.14(d) und Definition (3.10) die Form

$$\int_{\varphi(I)} \alpha = \int_I \varphi^* \alpha = \int_I (a \circ \varphi)\dot{\varphi}\, dt. \tag{4.1}$$

Da $\Omega_{(0)}(J)$ ein eindimensionaler $C(J)$-Modul ist, besitzt jedes $\alpha \in \Omega_{(0)}(J)$ eine eindeutige Darstellung $\alpha = a\,dy$ mit $a \in C(J)$. Somit ist (4.1) für jedes $\alpha \in \Omega_{(0)}(J)$ erklärt. Den Integranden des letzten Integrals können wir auch in der Form

$$\langle \alpha(\varphi(t)), \dot{\varphi}(t)\rangle\, dt = \langle \alpha(\varphi(t)), \dot{\varphi}(t)1\rangle\, dt$$

schreiben. Diese Beobachtung bildet die Grundlage für die Definition des Kurvenintegrals von 1-Formen.

Für $\alpha \in \Omega_{(0)}(X)$ und $\gamma \in C^1(I, X)$ heißt

$$\int_\gamma \alpha := \int_I \gamma^* \alpha = \int_I \langle \alpha(\gamma(t)), \dot{\gamma}(t)\rangle\, dt$$

Integral von α **längs des Weges** γ.

4.1 Bemerkungen   (a) Mit der Basisdarstellung $\alpha = \sum_{j=1}^n a_j\, dx^j$ gilt

$$\int_\gamma \alpha = \sum_{j=1}^n \int_I (a_j \circ \gamma)\dot{\gamma}^j\, dt \ .$$

Beweis Dies folgt unmittelbar aus Beispiel 3.14(b). ∎

(b) Es seien $\varphi \in C^1(I_1, I)$ und $\gamma_1 := \gamma \circ \varphi$. Dann gilt

$$\int_\gamma \alpha = \int_{\gamma_1} \alpha \ , \qquad \alpha \in \Omega_{(0)}(X) \ .$$

Beweis Aus Satz 3.12(i) und der Substitutionsregel (3.9) folgt

$$\int_{\gamma_1} \alpha = \int_{I_1} (\gamma \circ \varphi)^* \alpha = \int_{I_1} \varphi^*(\gamma^* \alpha) = \int_I \gamma^* \alpha = \int_\gamma \alpha$$

für $\alpha \in \Omega_{(0)}(X)$. $\blacksquare$

Wir haben eben gesehen, daß sich das Integral von α längs γ unter Umparametrisierungen nicht ändert. Dies bedeutet, daß für jede kompakte C^1-Kurve Γ in X und jedes $\alpha \in \Omega_{(0)}(X)$ das **Kurvenintegral** (oder **Linienintegral**) **von α längs Γ**

$$\int_\Gamma \alpha := \int_\gamma \alpha$$

wohldefiniert ist, wenn γ eine beliebige C^1-Parametrisierung von Γ bezeichnet.

4.2 Beispiele **(a)** Es sei Γ die durch $\gamma \colon [0, 2\pi] \to \mathbb{R}^2$, $t \mapsto R(\cos t, \sin t)$ parametrisierte Kreislinie. Dann gilt

$$\int_\Gamma X \, dy - Y \, dx = 2\pi R^2 \ .$$

Beweis Mit

$$\gamma^* \, dx = d\gamma^1 = -(R\sin) \, dt \ , \quad \gamma^* \, dy = d\gamma^2 = (R\cos) \, dt$$

folgt $\gamma^*(X \, dy - Y \, dx) = R^2 \, dt$, woraus sich die Behauptung ergibt. $\blacksquare$

(b) Es sei $\alpha \in \Omega_{(0)}(X)$ exakt. Ist $f \in C^1(X)$ eine Stammfunktion, so gilt[1]

$$\int_\Gamma \alpha = \int_\Gamma df = f(E_\Gamma) - f(A_\Gamma) \ ,$$

wobei A_Γ bzw. E_Γ den Anfangs- bzw. Endpunkt von Γ bezeichnet.

Beweis Wir fixieren eine C^1-Parametrisierung $\gamma \colon [a, b] \to X$ von Γ. Dann folgt aus Satz 3.12(iii)

$$\gamma^* \, df = d(\gamma^* f) = d(f \circ \gamma) = (f \circ \gamma)^{\boldsymbol{\cdot}} \, dt \ .$$

Folglich finden wir

$$\int_\Gamma \alpha = \int_\Gamma df = \int_a^b \gamma^* \, df = \int_a^b (f \circ \gamma)^{\boldsymbol{\cdot}} \, dt = f \circ \gamma \big|_a^b = f(E_\Gamma) - f(A_\Gamma)$$

wegen $E_\Gamma = \gamma(b)$ und $A_\Gamma = \gamma(a)$. $\blacksquare$

---

[1]Diese Aussage stellt eine Verallgemeinerung von Korollar VI.4.14 dar.

(c) Das Kurvenintegral einer exakten Pfaffschen Form längs einer C^1-Kurve Γ hängt nur vom Anfangs- und vom Endpunkt ab, aber nicht vom Verlauf der Kurve. Ist Γ geschlossen, hat es den Wert 0.

Beweis Dies folgt unmittelbar aus (b). ∎

(d) Es gibt geschlossene 1-Formen, die nicht exakt sind.

Beweis Es seien $X := \mathbb{R}^2 \setminus \{(0,0)\}$ und $\alpha \in \Omega_{(\infty)}(X)$ mit

$$\alpha(x,y) := \frac{x\,dy - y\,dx}{x^2 + y^2} \,, \qquad (x,y) \in X \,.$$

Man überprüft leicht, daß α geschlossen ist. Für die Parametrisierung $\gamma : [0, 2\pi] \to X$, $t \mapsto (\cos t, \sin t)$ der Kreislinie Γ folgt $\gamma^* \alpha = dt$, also

$$\int_\Gamma \alpha = \int_0^{2\pi} dt = 2\pi \neq 0 \,.$$

Somit zeigt (c), daß α nicht exakt ist. ∎

(e) Es seien $x_0 \in X$ und $\gamma_{x_0} : I \to X$, $t \mapsto x_0$. Dies bedeutet, daß γ_{x_0} die **Punktkurve** Γ, deren Spur $\{x_0\}$ ist, parametrisiert. Dann gilt

$$\int_{\gamma_{x_0}} \alpha = 0 \,, \qquad \alpha \in \Omega_{(0)}(X) \,.$$

Beweis Dies ist wegen $\dot\gamma_{x_0} = 0$ klar. ∎

Elementare Eigenschaften

Es seien $I = [a,b]$ und $\gamma \in C(I,X)$. Dann wird durch

$$\gamma^- : I \to X \,, \qquad t \mapsto \gamma(a+b-t)$$

der zu γ **inverse Weg** γ^- definiert, und $-\Gamma := [\gamma^-]$ ist die zu $\Gamma := [\gamma]$ **inverse Kurve** (Man beachte, daß Γ und $-\Gamma$ dieselbe Spur, aber entgegengesetzte Orientierungen besitzen).

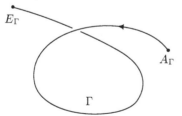
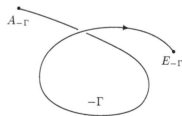

Im folgenden sei $q \in \mathbb{N}^\times \cup \{\infty\}$. Ferner seien $\gamma \in C(I,X)$ und $(t_0, \ldots, t_m)$ eine Zerlegung von I. Gilt[2]

$$\gamma_j := \gamma|[t_{j-1}, t_j] \in C^q([t_{j-1}, t_j], X) \,, \qquad 1 \leq j \leq m \,,$$

[2]Vgl. Aufgabe 1.5 und die Definition einer stückweise stetig differenzierbaren Funktion in Paragraph VI.7. Hier wird zusätzlich vorausgesetzt, daß γ stetig sei.

so heißt γ **stückweise-C^q-Weg** in X oder **Summenweg** der C^q-Wege γ_j. Die durch den Summenweg γ parametrisierte Kurve $\Gamma = [\gamma]$ heißt **stückweise-C^q-Kurve** in X, und wir schreiben $\Gamma := \Gamma_1 + \cdots + \Gamma_m$ mit $\Gamma_j := [\gamma_j]$. Für eine stückweise-C^1-Kurve $\Gamma = \Gamma_1 + \cdots + \Gamma_m$ in X und $\alpha \in \Omega_{(0)}(X)$ erklären wir das **Kurvenintegral** von α **längs** Γ durch

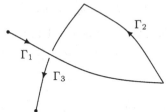

$$\int_\Gamma \alpha := \sum_{j=1}^m \int_{\Gamma_j} \alpha \ .$$

Schließlich wollen wir auch stückweise-C^q-Kurven zusammensetzen. Dazu seien $\Gamma := \sum_{j=1}^m \Gamma_j$ und $\widetilde{\Gamma} := \sum_{j=1}^{\widetilde{m}} \widetilde{\Gamma}_j$ stückweise-C^q-Kurven mit $E_\Gamma = A_{\widetilde{\Gamma}}$. Dann ist $\Sigma = \Sigma_1 + \cdots + \Sigma_{m+\widetilde{m}}$ mit

$$\Sigma_j := \begin{cases} \Gamma_j \ , & 1 \le j \le m \ , \\ \widetilde{\Gamma}_{j-m} \ , & m+1 \le j \le m+\widetilde{m} \ , \end{cases}$$

eine stückweise-C^q-Kurve, die **Summe**[3] von Γ und $\widetilde{\Gamma}$. In diesem Fall schreiben wir $\Gamma + \widetilde{\Gamma} := \Sigma$ und setzen

$$\int_{\Gamma+\widetilde{\Gamma}} \alpha := \int_\Sigma \alpha \ , \qquad \alpha \in \Omega_{(0)}(X) \ .$$

Selbstverständlich sind diese Notationen konsistent mit der bereits eingeführten Bezeichnung $\Gamma = \Gamma_1 + \cdots + \Gamma_m$ für eine stückweise-C^q-Kurve und der Schreibweise $\int_\Gamma \alpha = \int_{\Gamma_1+\cdots+\Gamma_m} \alpha$ für das Kurvenintegral.

Im nächsten Satz stellen wir die Rechenregeln für Kurvenintegrale zusammen.

4.3 Satz *Es seien Γ, Γ_1 und Γ_2 stückweise-C^1-Kurven und $\alpha, \alpha_1, \alpha_2 \in \Omega_{(0)}(X)$. Dann gelten folgende Aussagen:*

(i) $\int_\Gamma (\lambda_1\alpha_1 + \lambda_2\alpha_2) = \lambda_1 \int_\Gamma \alpha_1 + \lambda_2 \int_\Gamma \alpha_2$, $\lambda_1, \lambda_2 \in \mathbb{R}$,
    d.h., $\int_\Gamma : \Omega_{(0)}(X) \to \mathbb{R}$ ist ein Vektorraumhomomorphismus.

(ii) $\int_{-\Gamma} \alpha = - \int_\Gamma \alpha$,
     d.h., das Kurvenintegral ist orientiert.

(iii) *Ist $\Gamma_1 + \Gamma_2$ erklärt, so gilt*

$$\int_{\Gamma_1+\Gamma_2} \alpha = \int_{\Gamma_1} \alpha + \int_{\Gamma_2} \alpha \ ,$$

d.h., das Kurvenintegral ist additiv bezügl. der Integrationskurve.

---

[3]Man beachte, daß für zwei stückweise-C^q-Kurven Γ und $\widetilde{\Gamma}$ die Summe $\Gamma + \widetilde{\Gamma}$ nur dann definiert ist, wenn der Endpunkt von Γ mit dem Anfanspunkt von $\widetilde{\Gamma}$ übereinstimmt.

(iv) *Für $\alpha = \sum_{j=1}^{n} a_j\, dx^j$ und $a := \Theta^{-1}\alpha = \sum_{j=1}^{n} a_j e_j = (a_1, \ldots, a_n) \in \mathcal{V}^0(X)$ gilt*

$$\left| \int_\Gamma \alpha \right| \le \max_{x \in \Gamma} |a(x)|\, L(\Gamma) \ .$$

Beweis Die Aussagen (i) und (iii) sind klar.

(ii) Aufgrund von (iii) genügt es, den Fall zu betrachten, in dem Γ eine C^q-Kurve ist.

Es sei $\gamma \in C^1\big([a,b], X\big)$ eine Parametrisierung von Γ. Dann schreiben wir γ^- in der Form $\gamma^- = \gamma \circ \varphi$ mit $\varphi(t) := a + b - t$ für $t \in [a,b]$. Wegen $\varphi(a) = b$ und $\varphi(b) = a$ folgt aus Satz 3.12(i) und (3.9)

$$\int_{-\Gamma} \alpha = \int_a^b (\gamma^-)^*\alpha = \int_a^b (\gamma \circ \varphi)^*\alpha = \int_a^b \varphi^*(\gamma^*\alpha) = \int_b^a \gamma^*\alpha = -\int_a^b \gamma^*\alpha$$
$$= -\int_\Gamma \alpha \ .$$

(iv) Die Länge der stückweise-C^1-Kurve $\Gamma = \Gamma_1 + \cdots + \Gamma_m$ ist offensichtlich gleich der Summe der Längen ihrer Stücke[4] Γ_j. Somit genügt es, die Aussage für eine C^1-Kurve $\Gamma := [\gamma]$ zu beweisen. Mit Hilfe des Cauchy-Schwarzschen Ungleichung und Satz VI.4.3 folgt

$$\left| \int_\Gamma \alpha \right| = \left| \int_I \gamma^*\alpha \right| = \left| \int_I \langle \alpha(\gamma(t)), \dot\gamma(t) \rangle\, dt \right| = \left| \int_I \big(a(\gamma(t))\,|\,\dot\gamma(t)|\big)\, dt \right|$$
$$\le \int_I \big|a(\gamma(t))\big|\,|\dot\gamma(t)|\, dt \le \max_{x \in \Gamma} |a(x)| \int_I |\dot\gamma(t)|\, dt$$
$$= \max_{x \in \Gamma} |a(x)|\, L(\Gamma) \ ,$$

wobei wir $(\mathbb{R}^n)'$ mit $\mathbb{R}^n$ identifiziert und im letzten Schritt Theorem 1.3 verwendet haben. ■

Der Hauptsatz über Kurvenintegrale

Nach diesen Vorbereitungen können wir das zentrale Resultat über Kurvenintegrale beweisen.

4.4 Theorem *Es seien $X \subset \mathbb{R}^n$ ein Gebiet und $\alpha \in \Omega_{(0)}(X)$. Dann sind die Aussagen*

(i) *α ist exakt;*

(ii) *$\int_\Gamma \alpha = 0$ für jede geschlossene stückweise-C^1-Kurve in X;*

äquivalent.

---

[4]Vgl. Aufgabe 1.5.

Beweis Die Implikation „(i)⇒(ii)" folgt aus Beispiel 4.2(b) und Satz 4.3(iii).

„(ii)⇒(i)" Es sei $x_0 \in X$. Gemäß Theorem III.4.10 gibt es zu jedem $x \in X$ einen stetigen Streckenzug in X, der x mit x_0 verbindet. Somit gibt es zu jedem $x \in X$ eine stückweise-C^1-Kurve Γ_x in X mit Anfangspunkt x_0 und Endpunkt x. Wir setzen

$$f : X \to \mathbb{R} , \quad x \mapsto \int_{\Gamma_x} \alpha .$$

Um nachzuweisen, daß f wohldefiniert ist, d.h. unabhängig von der speziellen Kurve Γ_x, wählen wir eine zweite stückweise-C^1-Kurve $\widetilde{\Gamma}_x$ in X mit Anfangspunkt x_0 und Endpunkt x. Dann ist $\Sigma := \Gamma_x + \left(-\widetilde{\Gamma}_x\right)$ eine geschlossene stückweise-C^1-Kurve in X. Gemäß Voraussetzung gilt $\int_\Sigma \alpha = 0$, und wir schließen mit Satz 4.3 auf $0 = \int_{\Gamma_x} \alpha - \int_{\widetilde{\Gamma}_x} \alpha$. Also ist f wohldefiniert.

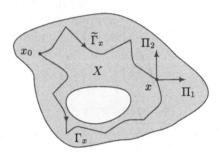

Es seien nun $h \in \mathbb{R}^+$ mit $\bar{\mathbb{B}}(x,h) \subset X$ und $\Pi_j := [\pi_j]$ mit

$$\pi_j : [0,1] \to X , \quad t \mapsto x + the_j , \quad j = 1, \dots, n .$$

Dann sind $\Gamma_x + \Pi_j$ und $\Pi_j = (-\Gamma_x) + (\Gamma_x + \Pi_j)$ Kurven in X. Da Γ_x und $\Gamma_x + \Pi_j$ beide den Anfangspunkt x_0 besitzen, gilt

$$f(x + he_j) - f(x) = \int_{\Gamma_x + \Pi_j} \alpha - \int_{\Gamma_x} \alpha = \int_{\Pi_j} \alpha .$$

Mit $a_j := \langle \alpha, e_j \rangle$ finden wir

$$\int_{\Pi_j} \alpha = \int_0^1 \pi_j^* \alpha = \int_0^1 \langle \alpha(x + the_j), he_j \rangle \, dt = h \int_0^1 a_j(x + the_j) \, dt .$$

Also folgt

$$f(x + he_j) - f(x) - a_j(x)h = h \int_0^1 \left[a_j(x + the_j) - a_j(x) \right] dt = o(h)$$

für $h \to 0$. Folglich ist f stetig partiell differenzierbar mit $\partial_j f = a_j$ für $j = 1, \dots, n$. Nun zeigt Korollar VII.2.11, daß f zu $C^1(X)$ gehört, und Bemerkung 3.3(e) liefert $df = \alpha$. ∎

4.5 Korollar *Es seien X offen in $\mathbb{R}^n$ und sternförmig sowie $x_0 \in X$. Ferner sei $q \in \mathbb{N}^\times \cup \{\infty\}$, und $\alpha \in \Omega_{(q)}(X)$ sei geschlossen. Dann wird durch*

$$f(x) := \int_{\Gamma_x} \alpha , \qquad x \in X ,$$

wobei Γ_x eine stückweise-C^1-Kurve in X mit Anfangspunkt x_0 und Endpunkt x ist, eine Funktion definiert, für die gilt: $f \in C^{q+1}(X)$ und $df = \alpha$.

Beweis Die Beweise des Lemmas von Poincaré (Theorem 3.8) und von Theorem 4.4 garantieren, daß $f \in C^1(X)$ und $df = \alpha$ gelten. Wegen $\partial_j f = a_j \in C^q(X)$ für $j = 1, \dots, n$ folgt aus Theorem VII.5.4, daß f zu $C^{q+1}(X)$ gehört. ∎

Das vorstehende Korollar gibt eine Vorschrift zur Konstruktion von Stammfunktionen einer geschlossenen Pfaffschen Form auf einem sternförmigen Gebiet an. Bei konkreten Berechnungen wird man natürlich die Kurven Γ_x so wählen, daß die Integration möglichst einfach wird (vgl. Aufgabe 7).

Einfach zusammenhängende Mengen

Im folgenden bezeichne $M \subset \mathbb{R}^n$ eine nichtleere wegzusammenhängende Menge. Jeder geschlossene stetige Weg in M heißt **Schleife** in M. Zwei Schleifen[5] $\gamma_0, \gamma_1 \in C(I, M)$ heißen **homotop**, wenn es ein $H \in C(I \times [0,1], M)$, eine (**Schleifen-**)**Homotopie**, gibt mit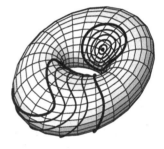

(i) $H(\cdot, 0) = \gamma_0$, $H(\cdot, 1) = \gamma_1$.

(ii) $\gamma_s := H(\cdot, s)$ ist für jedes $s \in (0, 1)$ eine Schleife in M.

Sind zwei Schleifen γ_0 und γ_1 homotop, so schreiben wir dafür $\gamma_0 \sim \gamma_1$. Die **Punktschleife** $[t \mapsto x_0]$ mit $x_0 \in M$ bezeichnen wir mit γ_{x_0}. Jede Schleife in M, die zu einer Punktschleife homotop ist, heißt **nullhomotop**. Schließlich heißt M **einfach zusammenhängend**, wenn jede Schleife in M nullhomotop ist.

4.6 Bemerkungen **(a)** Auf der Menge aller Schleifen in M ist $\sim$ eine Äquivalenzrelation.

Beweis (i) Es ist klar, daß jede Schleife zu sich selbst homotop ist, d.h., die Relation $\sim$ ist reflexiv.

(ii) Es seien H eine Homotopie von γ_0 zu γ_1 und

$$H^-(t, s) := H(t, 1 - s) , \qquad (t, s) \in I \times [0, 1] .$$

Dann ist H^- eine Homotopie von γ_1 zu γ_0. Also ist die Relation $\sim$ symmetrisch.

---

[5]Es ist leicht zu sehen, daß wir ohne Einschränkung der Allgemeinheit für γ_0 und γ_1 dasselbe Parameterintervall verwenden können. Insbesondere kann $I = [0, 1]$ gewählt werden.

(iii) Schließlich seien H_0 eine Homotopie von γ_0 zu γ_1 und H_1 eine Homotopie von γ_1 zu γ_2. Wir setzen

$$H(t,s) := \begin{cases} H_0(t, 2s) , & (t,s) \in I \times [0, 1/2] , \\ H_1(t, 2s-1) , & (t,s) \in I \times [1/2, 1] . \end{cases}$$

Es ist nicht schwierig nachzuprüfen, daß H zu $C\big(I \times [0,1], M\big)$ gehört (vgl. Aufgabe III.2.13). Ferner gelten $H(\cdot, 0) = \gamma_0$ sowie $H(\cdot, 1) = \gamma_2$, und jedes $H(\cdot, s)$ ist eine Schleife in M. ∎

(b) Es sei γ eine Schleife in M. Die folgenden Aussagen sind äquivalent:

(i) γ ist nullhomotop;

(ii) $\gamma \sim \gamma_{x_0}$ für ein $x_0 \in M$;

(iii) $\gamma \sim \gamma_x$ für jedes $x \in M$.

Beweis Es genügt, die Implikation „(ii)⇒(iii)" zu verifizieren. Dazu sei $\gamma \in C(I, M)$ eine Schleife mit $\gamma \sim \gamma_{x_0}$ für ein $x_0 \in M$. Ferner sei $x \in M$. Da M wegzusammenhängend ist, gibt es einen stetigen Weg $w \in C(I, M)$, der x_0 mit x verbindet. Setzen wir

$$H(t,s) := w(s) , \qquad (t,s) \in I \times [0,1] ,$$

so sehen wir, daß γ_{x_0} und γ_x homotop sind. Die Behauptung folgt nun mit Hilfe von (a). ∎

(c) Jede sternförmige Menge ist einfach zusammenhängend.

Beweis Es sei M sternförmig bezüglich x_0, und $\gamma \in C(I, M)$ sei eine Schleife in M. Wir setzen

$$H(t,s) := x_0 + s\big(\gamma(t) - x_0\big) , \qquad (t,s) \in I \times [0,1] .$$

Dann ist H eine Homotopie von γ_{x_0} zu γ. ∎

(d) Die Menge $Q := \mathbb{B}_2 \setminus T$ mit $T := \big((-1/2, 1/2) \times \{0\}\big) \cup \big(\{0\} \times (-1, 0)\big)$ ist einfach zusammenhängend, aber nicht sternförmig.

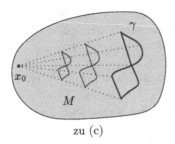

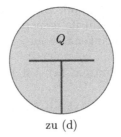

zu (c)   zu (d)

Die Homotopieinvarianz des Kurvenintegrals

Der nächste Satz zeigt, daß das Wegintegral geschlossener Pfaffscher Formen invariant ist unter Schleifenhomotopien.

4.7 Satz   Es sei $\alpha \in \Omega_{(1)}(X)$ geschlossen, und γ_0 sowie γ_1 seien homotope stückweise-C^1-Schleifen in X. Dann gilt $\int_{\gamma_0} \alpha = \int_{\gamma_1} \alpha$.

Beweis   (i) Es sei $H \in C\big(I \times [0,1], X\big)$ eine Homotopie von γ_0 zu γ_1. Da $I \times [0,1]$ kompakt ist, folgt aus Theorem III.3.6, daß $K := H\big(I \times [0,1]\big)$ kompakt ist. Weil X^c abgeschlossen ist und $X^c \cap K = \emptyset$ gilt, gibt es gemäß Beispiel III.3.9(c) ein $\varepsilon > 0$ mit

$$|H(t,s) - y| \geq \varepsilon , \qquad (t,s) \in I \times [0,1] , \quad y \in X^c .$$

Theorem III.3.13 garantiert, daß H gleichmäßig stetig ist. Folglich gibt es ein $\delta > 0$ mit

$$|H(t,s) - H(\tau,\sigma)| < \varepsilon , \qquad |t - \tau| < \delta , \quad |s - \sigma| < \delta .$$

(ii) Nun wählen wir eine Zerlegung $(t_0, \ldots, t_m)$ von I bzw. $(s_0, \ldots, s_\ell)$ von $[0,1]$ der Feinheit $< \delta$. Mit $A_{j,k} := H(t_j, s_k)$ setzen wir

$$\widetilde{\gamma}_k(t) := A_{j-1,k} + \frac{t - t_{j-1}}{t_j - t_{j-1}}\,(A_{j,k} - A_{j-1,k}) , \qquad t_{j-1} \leq t \leq t_j ,$$

für $1 \leq j \leq m$ und $0 \leq k \leq \ell$.

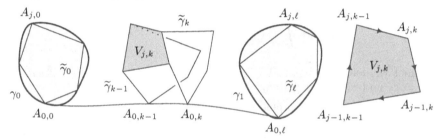

Offensichtlich ist jedes $\widetilde{\gamma}_k$ eine stückweise-C^1-Schleife in X. Ferner zeigt die Wahl von δ, daß wir in der konvexen Umgebung $\mathbb{B}(A_{j-1,k-1}, \varepsilon)$ des Punktes $A_{j-1,k-1}$ das Lemma von Poincaré anwenden können. Somit erhalten wir aus Theorem 4.4

$$\int_{\partial V_{j,k}} \alpha = 0 , \qquad 1 \leq j \leq m , \quad 1 \leq k \leq \ell ,$$

wobei $\partial V_{j,k}$ die geschlossene stückweise affine Kurve von $A_{j-1,k-1}$ über $A_{j,k-1}$, $A_{j,k}$ und $A_{j-1,k}$ nach $A_{j-1,k-1}$ bezeichnet. Also folgt

$$\int_{\widetilde{\gamma}_{k-1}} \alpha = \int_{\widetilde{\gamma}_k} \alpha , \qquad 1 \leq k \leq \ell ,$$

da sich die Integrale über die „Verbindungsstücke" zwischen $\widetilde{\gamma}_{k-1}$ und $\widetilde{\gamma}_k$ aufheben. Ebenfalls mit Hilfe des Lemmas von Poincaré schließt man in ähnlicher Weise, daß $\int_{\widetilde{\gamma}_0} \alpha = \int_{\gamma_0} \alpha$ und $\int_{\widetilde{\gamma}_\ell} \alpha = \int_{\gamma_\ell} \alpha$ gelten, was die Behauptung impliziert. $\blacksquare$

Als eine Anwendung des vorangehenden Homotopieinvarianzsatzes erhalten wir nun eine weitreichende Verallgemeinerung des Poincaréschen Lemmas.

4.8 Theorem *Es sei X offen in $\mathbb{R}^n$ und einfach zusammenhängend. Ist $\alpha \in \Omega_{(1)}(X)$ geschlossen, so ist α exakt.*

Beweis Es seien γ eine stückweise-C^1-Schleife in X und $x_0 \in X$. Gemäß Bemerkung 4.6(b) sind γ und γ_{x_0} homotop. Also ergeben Satz 4.7 und Beispiel 4.2(e) $\int_\gamma \alpha = \int_{\gamma_{x_0}} \alpha = 0$, und die Behauptung folgt aus Theorem 4.4. ∎

4.9 Beispiele **(a)** Die „punktierte Ebene" $\mathbb{R}^2 \setminus \{(0,0)\}$ ist nicht einfach zusammenhängend.

Beweis Dies folgt aus Theorem 4.8 und Beispiel 4.2(d). ∎

(b) Für $n \geq 3$ ist $\mathbb{R}^n \setminus \{0\}$ einfach zusammenhängend.

Beweis Vgl. Aufgabe 12. ∎

4.10 Bemerkungen **(a)** Es sei X offen in $\mathbb{R}^n$ und einfach zusammenhängend. Ferner erfülle das Vektorfeld $v = (v_1, \ldots, v_n) \in \mathcal{V}^1(X)$ die Integrabilitätsbedingungen $\partial_j v_k = \partial_k v_j$ für $1 \leq j, k \leq n$. Dann besitzt v ein Potential U, d.h., v ist ein Gradientenfeld. Ist x_0 ein beliebiger Punkt von X, so kann U durch

$$U(x) := \int_0^1 \left(v\big(\gamma_x(t)\big) \,\big|\, \dot\gamma_x(t) \right) dt \,, \qquad x \in X \,,$$

berechnet werden, wobei $\gamma_x : [0,1] \to X$ ein stückweise-C^1-Weg in X ist, für den $\gamma_x(0) = x_0$ und $\gamma_x(1) = x$ gelten.

Beweis Der kanonische Isomorphismus Θ von Bemerkung 3.3(g) ordnet v die Pfaffsche Form $\alpha := \Theta v \in \Omega_{(1)}(X)$ zu. Da v die Integrabilitätsbedingungen erfüllt, ist α geschlossen, also exakt aufgrund von Theorem 4.8. Weil wir im Beweis von Korollar 4.5 das Lemma von Poincaré durch Theorem 4.8 ersetzen können, folgt, daß mit $\Gamma_x := [\gamma_x]$ durch

$$U(x) := \int_{\Gamma_x} \alpha \,, \qquad x \in X \,,$$

ein Potential für α definiert wird. Nun ist die Behauptung klar. ∎

(b) Es sei $\alpha = \sum_{j=1}^n a_j \, dx^j \in \Omega_{(0)}(X)$, und $\boldsymbol{a} := \Theta^{-1}\alpha = (\alpha_1, \ldots, \alpha_n) \in \mathcal{V}^0(X)$ sei das „zugehörige" Vektorfeld. Es ist oft üblich, α symbolisch als Skalarprodukt zu schreiben:

$$\alpha = \boldsymbol{a} \cdot d\boldsymbol{s}$$

mit dem **vektoriellen Linienelement** $d\boldsymbol{s} := (dx^1, \ldots, dx^n)$. Dann ist aufgrund von Bemerkung 3.3(g) für jedes Vektorfeld $\boldsymbol{a} \in \mathcal{V}(X)$ das Kurvenintegral

$$\int_\Gamma \boldsymbol{a} \cdot d\boldsymbol{s} := \int_\Gamma \Theta \boldsymbol{a}$$

für jede stückweise-C^1-Kurve Γ in X wohldefiniert.

(c) Es sei F ein stetiges Kraftfeld in einer offenen Teilmenge X des (dreidimensionalen euklidischen) Raumes (z.B. ein elektrisches Kraftfeld oder ein Gravitationsfeld). Wird ein (kleines Probe-)Teilchen längs der stückweise-C^1-Kurve $\Gamma = [\gamma]$ verschoben, so wird die von F geleistete **Arbeit** durch das Kurvenintegral

$$\int_\Gamma F \cdot ds$$

gegeben. Ist nämlich γ eine stückweise-C^1-Parametrisierung von Γ, so ist

$$A := \int_\Gamma F \cdot ds = \int_I \left(F\big(\gamma(t)\big) \,\big|\, \dot\gamma(t) \right) dt$$

ein Cauchy-Riemannsches Integral. Also wird es durch die Riemannsche Summe

$$\sum_{j=1}^{n} F\big(\gamma(t_{j-1})\big) \cdot \dot\gamma(t_{j-1})(t_j - t_{j-1})$$

approximiert, wobei $\mathfrak{Z} := (t_0, \ldots, t_n)$ eine geeignete Zerlegung von I ist. Wegen

$$\gamma(t_j) - \gamma(t_{j-1}) = \dot\gamma(t_{j-1})(t_j - t_{j-1}) + o(\triangle_\mathfrak{Z}) \,,$$

mit der Feinheit $\triangle_\mathfrak{Z}$ von $\mathfrak{Z}$, stellt bei einer genügend feinen Zerlegung die Summe

$$\sum_{j=1}^{n} F\big(\gamma(t_{j-1})\big) \cdot \big(\gamma(t_j) - \gamma(t_{j-1})\big)$$

eine gute Approximation für A dar, welche beim Grenzübergang $\triangle_\mathfrak{Z} \to 0$ gegen A konvergiert (vgl. Theorem VI.3.4). Das Skalarprodukt

$$F\big(\gamma(t_{j-1})\big) \cdot \big(\gamma(t_j) - \gamma(t_{j-1})\big)$$

ist die Arbeit der (konstanten) Kraft $F\big(\gamma(t_{j-1})\big)$ bei der geradlinigen Verschiebung des Teilchens von $\gamma(t_{j-1})$ nach $\gamma(t_j)$ („Arbeit = Kraft × Weg", oder genauer: Arbeit = Kraft × Verschiebung in Richtung der Kraft).

Bekanntlich heißt ein Kraftfeld F **konservativ**, wenn es ein Potential besitzt. In diesem Fall ist gemäß Beispiel 4.2(c) die Arbeit „wegunabhängig" und allein durch die Anfangs- und die Endlage bestimmt. Ist X einfach zusammenhängend, ist X z.B. der ganze Raum und ist F stetig differenzierbar, so ist F gemäß (a) und Theorem 4.8 genau dann konservativ, wenn die Integrabilitätsbedingungen erfüllt sind. Ist letzteres der Fall, so sagt man, das Kraftfeld sei **wirbelfrei**.[6] ∎

Aufgaben

1 Man berechne

$$\int_\Gamma (x^2 - y^2) \, dx + 3z \, dy + 4xy \, dz$$

längs einer Windung einer Schraubenlinie.

---

[6]Eine Erklärung für diese Sprechweise werden wir in Band III kennenlernen.

2 Es seien $\varphi \in C^1((0,\infty), \mathbb{R})$ und

$$\alpha(x,y) := x\varphi\big(\sqrt{x^2 + y^2}\big)\, dy - y\varphi\big(\sqrt{x^2 + y^2}\big)\, dx \, , \qquad (x,y) \in \mathbb{R}^2 \, .$$

Welchen Wert hat $\int_\Gamma \alpha$, falls Γ die positiv orientierte[7] Kreislinie um 0 mit Radius $R > 0$ ist?

3 Man berechne

$$\int_\Gamma 2xy^3\, dx + 3x^2 y^2\, dy \, ,$$

falls Γ durch $[\alpha, \beta] \to \mathbb{R}^2$, $t \mapsto (t, t^2/2)$ parametrisiert ist.

4 Es seien Γ_+ bzw. Γ_- die positiv orientierte Kreislinie mit Radius 1 um $(1,0)$ bzw. $(-1,0)$ und

$$\alpha := \frac{2(x^2 - y^2 - 1)\, dy - 4xy\, dx}{(x^2 + y^2 - 1)^2 + 4y^2} \in \Omega_{(\infty)}\big(\mathbb{R}^2 \setminus \{(-1,0), (1,0)\}\big) \, .$$

Man beweise:

$$\frac{1}{2\pi} \int_{\Gamma_\pm} \alpha = \pm 1 \, .$$

(Hinweis: Aufgabe 3.3.)

5 Es seien X offen in $\mathbb{R}^n$ und Γ eine C^1-Kurve in X. Für $q \geq 0$ beweise oder widerlege man:

$$\int_\Gamma : \Omega_{(q)}(X) \to \mathbb{R} \, , \quad \alpha \mapsto \int_\Gamma \alpha$$

ist ein $C^q(X)$-Modul-Homomorphismus.

6 Es seien X bzw. Y offen in $\mathbb{R}^n$ bzw. $\mathbb{R}^m$ und $\alpha \in \Omega_{(q)}(X \times Y)$. Ferner sei Γ eine C^1-Kurve in X. Man zeige, daß

$$f : Y \to \mathbb{R} \, , \quad y \mapsto \int_\Gamma \alpha(\cdot, y)$$

zu $C^q(Y, \mathbb{R})$ gehört. Im Fall $q \geq 1$ berechne man ∇f.

7 Es seien $-\infty \leq \alpha_j < \beta_j \leq \infty$ für $j = 1, \dots, n$ und $X := \prod_{j=1}^n (\alpha_j, \beta_j)$. Außerdem sei $\alpha = \sum_{j=1}^n a_j\, dx^j \in \Omega_{(1)}(X)$ geschlossen. Man bestimme (in möglichst einfacher Weise) alle Stammfunktionen von α.

8 Es seien $X := (0,\infty)^2$ und $a, b, c, e > 0$. Gemäß Aufgabe 3.8(b) besitzt

$$\alpha := (c - ex)y\, dx + (a - by)x\, dy$$

einen Eulerschen Multiplikator h der Form $h(x,y) = m(xy)$. Man bestimme alle Stammfunktionen von $h\alpha$. (Hinweis: Aufgabe 7.)

9 Es seien X offen in $\mathbb{R}^n$ und Γ eine kompakte stückweise-C^1-Kurve in X mit der Parametrisierung γ. Ferner seien $f, f_k \in C(X, \mathbb{R}^n)$, $k \in \mathbb{N}$. Man beweise:

---

[7]Eine Kreislinie ist definitionsgemäß dann positiv orientiert, wenn sie im Gegenuhrzeigersinn durchlaufen wird (vgl. Bemerkung 5.8).

(a) Konvergiert $(\gamma^* f_k)$ gleichmäßig gegen $\gamma^* f$, so gilt

$$\lim_k \int_\Gamma \sum_{j=1}^n f_k^j \, dx^j = \int_\Gamma \sum_{j=1}^n f^j \, dx^j \ .$$

(b) Konvergiert $\sum_k \gamma^* f_k$ gleichmäßig gegen $\gamma^* f$, so gilt

$$\sum_k \int_\Gamma \sum_{j=1}^n f_k^j \, dx^j = \int_\Gamma \sum_{j=1}^n f^j \, dx^j \ .$$

10 Es seien $a_j \in C^1(\mathbb{R}^n, \mathbb{R})$ positiv homogen vom Grad $\lambda \neq -1$, und $\alpha := \sum_{j=1}^n a_j \, dx^j$ sei geschlossen. Dann wird durch

$$f(x) := \frac{1}{\lambda+1} \sum_{j=1}^n x^j a_j(x) \ , \qquad x = (x^1, \ldots, x^n) \in \mathbb{R}^n \ ,$$

eine Stammfunktion für α definiert. (Hinweis: Man verwende die Eulersche Homogenitätsrelation (vgl. Aufgabe VII.3.2).)

11 Ist $\gamma \in C(I, X)$ eine Schleife in X, so gibt es einen Parameterwechsel $\varphi: [0,1] \to I$, so daß $\gamma \circ \varphi$ eine Schleife in X ist.

12 (a) Es sei X offen in $\mathbb{R}^n$, und γ sei eine Schleife in X. Man zeige, daß γ zu einer polygonalen Schleife in X homotop ist.

(b) Es ist zu zeigen, daß $\mathbb{R}^n \backslash \mathbb{R}^+ a$ für $a \in \mathbb{R}^n \backslash \{0\}$ einfach zusammenhängend ist.

(c) Es sei γ eine polygonale Schleife in $\mathbb{R}^n \backslash \{0\}$, $n \geq 3$. Man zeige, daß es einen Halbstrahl $\mathbb{R}^+ a$ mit $a \in \mathbb{R}^n \backslash \{0\}$ gibt, der die Spur von γ nicht trifft.

(d) Man beweise, daß $\mathbb{R}^n \backslash \{0\}$ für $n \geq 3$ einfach zusammenhängend ist.

13 Man beweise oder widerlege: Jede geschlossene 1-Form in $\mathbb{R}^n \backslash \{0\}$, $n \geq 3$, ist exakt.

14 Es sei $X \subset \mathbb{R}^n$ nicht leer und wegzusammenhängend. Für $\gamma_1, \gamma_2 \in C([0,1], X)$ mit $\gamma_1(1) = \gamma_2(0)$ heißt

$$\gamma_2 \oplus \gamma_1 : [0,1] \to X \ , \quad t \mapsto \begin{cases} \gamma_1(2t) \ , & 0 \leq t \leq 1/2 \ , \\ \gamma_2(2t-1) \ , & 1/2 \leq t \leq 1 \ , \end{cases}$$

Summenweg von γ_1 und γ_2. Für $x_0 \in X$ sei

$$S_{x_0} := \left\{ \gamma \in C([0,1], X) \ ; \ \gamma(0) = \gamma(1) = x_0 \right\} \ .$$

Außerdem bezeichne $\sim$ die von der Schleifenhomotopie auf S_{x_0} induzierte Äquivalenzrelation (vgl. Beispiel I.4.2(d)).

Man verifiziere:

(a) Die Abbildung

$$(S_{x_0}/\sim) \times (S_{x_0}/\sim) \to S_{x_0}/\sim \ , \quad ([\gamma_1], [\gamma_2]) \mapsto [\gamma_2 \oplus \gamma_1]$$

ist eine wohldefinierte Verknüpfung auf $S_{x_0}/\sim$, und $\Pi_1(X, x_0) := (S_{x_0}/\sim, \oplus)$ ist eine Gruppe, die **Fundamentalgruppe** oder **1. Homotopiegruppe** von X bezüglich x_0.

(b) Für $x_0, x_1 \in X$ sind die Gruppen $\Pi_1(X, x_0)$ und $\Pi_1(X, x_1)$ isomorph.

Bemerkung Wegen (b) ist es gerechtfertigt, von **der** „Fundamentalgruppe" $\Pi_1(X)$ von X zu sprechen (vgl. die Ausführungen nach Beispiel I.7.8(g)). Die Menge X ist genau dann einfach zusammenhängend, wenn $\Pi_1(X)$ trivial ist, d.h. nur aus dem neutralen Element besteht.

(Hinweis zu (b): Es sei $w \in C\big([0,1], X\big)$ ein Weg in X mit $w(0) = x_0$ und $w(1) = x_1$. Dann ist die Abbildung $[\gamma] \mapsto [w \oplus \gamma \oplus w^-]$ ein Gruppen-Isomorphismus von $\Pi_1(X, x_0)$ auf $\Pi_1(X, x_1)$.)

5 Holomorphe Funktionen

Die Theorie der Kurvenintegrale läßt sich besonders gewinnbringend bei der Untersuchung komplexer Funktionen einsetzen. So werden wir mit Hilfe der Resultate des vorhergehenden Paragraphen beinahe mühelos den (globalen) Cauchyschen Integralsatz und die Cauchysche Integralformel herleiten. Diese Sätze bilden den Kern der Funktionentheorie und sind von weitreichender Bedeutung, wie wir in diesem und dem nächsten Paragraphen sehen werden.

Im folgenden seien

- U offen in $\mathbb{C}$ und $f: U \to \mathbb{C}$ stetig.

Außerdem verwenden wir im ganzen Paragraphen die Zerlegung von $z \in U$ und f in Real- und Imaginärteil, d.h., wir schreiben

$$z = x + iy \in \mathbb{R} + i\mathbb{R} , \quad f(z) = u(x,y) + iv(x,y) \in \mathbb{R} + i\mathbb{R} .$$

Komplexe Kurvenintegrale

Es sei $I \subset \mathbb{R}$ ein kompaktes Intervall, und Γ sei eine stückweise-C^1-Kurve in U, parametrisiert durch

$$I \to U , \quad t \mapsto z(t) = x(t) + iy(t) .$$

Dann heißt

$$\int_\Gamma f \, dz := \int_\Gamma f(z) \, dz := \int_\Gamma u \, dx - v \, dy + i \int_\Gamma u \, dy + v \, dx$$

komplexes Kurvenintegral von f längs Γ.

5.1 Bemerkungen (a) Wir bezeichnen mit $\Omega(U, \mathbb{C})$ den Raum der **stetigen komplexen 1-Formen**, der wie folgt erklärt wird:

Auf der Produktgruppe $\big(\Omega_{(0)}(U) \times \Omega_{(0)}(U), +\big)$ definieren wir eine äußere Multiplikation

$$C(U, \mathbb{C}) \times \big[\Omega_{(0)}(U) \times \Omega_{(0)}(U)\big] \to \Omega_{(0)}(U) \times \Omega_{(0)}(U) , \quad (f, \alpha) \mapsto f\alpha$$

durch

$$f\alpha := \big((ua_1 - vb_1) \, dx + (ua_2 - vb_2) \, dy, (ub_1 + va_1) \, dx + (va_2 + ub_2) \, dy\big)$$

für $\alpha = (a_1 \, dx + a_2 \, dy, b_1 \, dx + b_2 \, dy)$. Dann überprüft man sofort, daß

$$\Omega(U, \mathbb{C}) := \big(\Omega_{(0)}(U) \times \Omega_{(0)}(U), +, \cdot\big)$$

ein freier Modul über $C(U, \mathbb{C})$ ist. Außerdem gelten

$$1(a_1\, dx + a_2\, dy, 0) = (a_1\, dx + a_2\, dy, 0) \ ,$$
$$i\, (a_1\, dx + a_2\, dy, 0) = (0, a_1\, dx + a_2\, dy)$$

für $a_1\, dx + a_2\, dy \in \Omega_{(0)}(U)$. Deshalb können wir $\Omega_{(0)}(U)$ mit $\Omega_{(0)}(U) \times \{0\}$ in $\Omega(U, \mathbb{C})$ identifizieren und $(a_1\, dx + a_2\, dy, b_1\, dx + b_2\, dy) \in \Omega(U, \mathbb{C})$ eindeutig in der Form

$$a_1\, dx + a_2\, dy + i\, (b_1\, dx + b_2\, dy)$$

darstellen, was wir durch die Bezeichnung

$$\Omega(U, \mathbb{C}) = \Omega_{(0)}(U) + i\, \Omega_{(0)}(U)$$

zum Ausdruck bringen. Schließlich gelten

$$(a_1 + i\, b_1)(dx, 0) = (a_1\, dx, b_1\, dx) \ ,$$
$$(a_2 + i\, b_2)(dy, 0) = (a_2\, dy, b_2\, dy) \ ,$$

und folglich

$$(a_1 + i\, b_1)(dx, 0) + (a_2 + i\, b_2)(dy, 0) = (a_1\, dx + a_2\, dy, b_1\, dx + b_2\, dy) \ ,$$

so daß wir $(a_1\, dx + a_2\, dy, b_1\, dx + b_2\, dy) \in \Omega(U, \mathbb{C})$ auch eindeutig als

$$(a_1 + i\, b_1)\, dx + (a_2 + i\, b_2)\, dy$$

schreiben können, d.h.

$$\Omega(U, \mathbb{C}) = \big\{\, a\, dx + b\, dy \ ; \ a, b \in C(U, \mathbb{C}) \,\big\} \ .$$

(b) Mit $u_x := \partial_1 u$ etc. heißt

$$df := (u_x + i\, v_x)\, dx + (u_y + i\, v_y)\, dy \in \Omega(U, \mathbb{C})$$

komplexes Differential von f. Offensichtlich gilt $dz = dx + i\, dy$, und wir erhalten[1]

$$f\, dz = (u + iv)(dx + i\, dy) = u\, dx - v\, dy + i\, (u\, dy + v\, dx) \qquad (5.1)$$

für $f = u + iv \in C(U, \mathbb{C})$. ∎

---

[1] Man vergleiche (5.1) mit der Definition des komplexen Kurvenintegrals von f.

5.2 Satz *Es sei Γ eine stückweise-C^1-Kurve, parametrisiert durch $I \to U$, $t \mapsto z(t)$. Dann gelten*

(i) $\int_\Gamma f(z)\,dz = \int_I f(z(t))\dot{z}(t)\,dt$;

(ii) $\left| \int_\Gamma f(z)\,dz \right| \leq \max_{z \in \Gamma} |f(z)|\, L(\Gamma)$.

Beweis (i) Für den stückweise-C^1-Weg $\gamma : I \to \mathbb{R}^2$, $t \mapsto (x(t), y(t))$ gilt

$$
\int_\Gamma f\,dz = \int_I \gamma^*(u\,dx - v\,dy) + i\int_I \gamma^*(u\,dy + v\,dx)
$$
$$
= \int_I \left[(u \circ \gamma)\dot{x} - (v \circ \gamma)\dot{y} \right] dt + i\int_I \left[(u \circ \gamma)\dot{y} + (v \circ \gamma)\dot{x} \right] dt
$$
$$
= \int_I (u \circ \gamma + iv \circ \gamma)(\dot{x} + i\dot{y})\,dt
$$
$$
= \int_I f(z(t))\dot{z}(t)\,dt \ .
$$

(ii) Diese Aussage folgt aus (i) durch Abschätzen des letzten Integrals unter Verwendung von Theorem 1.3 und Satz VI.4.3. ∎

5.3 Beispiele (a) Es seien $z_0 \in \mathbb{C}$ und $r > 0$ sowie $z(t) := z_0 + re^{it}$ für $t \in [0, 2\pi]$. Dann gilt für $\Gamma := [z]$:

$$
\int_\Gamma (z - z_0)^m\,dz = \left\{ \begin{array}{ll} 0\,, & m \in \mathbb{Z}\backslash\{-1\}\,, \\ 2\pi i\,, & m = -1\,. \end{array} \right.
$$

Beweis Wegen

$$
\int_\Gamma (z - z_0)^m\,dz = \int_0^{2\pi} r^m e^{itm} ire^{it}\,dt = ir^{m+1} \int_0^{2\pi} e^{i(m+1)t}\,dt
$$

folgt die Behauptung aus der $2\pi i$-Periodizität der Exponentialfunktion. ∎

(b) Es sei Γ wie in (a) mit $z_0 = 0$. Dann gilt für $z \in \mathbb{C}$:

$$
\frac{1}{2\pi i} \int_\Gamma \lambda^{-k-1} e^{\lambda z}\,d\lambda = \frac{z^k}{k!}\,, \qquad k \in \mathbb{N}\,.
$$

Beweis Aus Aufgabe 4.9 folgt

$$
\int_\Gamma \lambda^{-k-1} e^{\lambda z}\,d\lambda = \sum_{n=0}^\infty \frac{z^n}{n!} \int_\Gamma \lambda^{n-k-1}\,d\lambda\,,
$$

und die Behauptung ergibt sich aus (a). ∎

(c) Es sei Γ die durch $I \to \mathbb{C}$, $t \mapsto t$ parametrisierte Kurve in $\mathbb{R}$. Dann gilt

$$\int_\Gamma f(z)\,dz = \int_I f(t)\,dt\ ,$$

d.h., das komplexe Kurvenintegral und das Cauchy-Riemannsche Integral von Kapitel VI stimmen in diesem Fall überein.

Beweis Dies folgt aus Satz 5.2(i). ∎

(d) Für die durch

$$[0,\pi] \to \mathbb{C}\ ,\qquad t \mapsto e^{i\,(\pi-t)}$$

bzw.

$$[-1,1] \to \mathbb{C}\ ,\qquad t \mapsto t$$

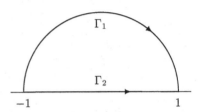

parametrisierte Kurve Γ_1 bzw. Γ_2 gilt

$$\int_{\Gamma_1} |z|\,dz = -i \int_0^\pi e^{i\,(\pi-t)}\,dt = e^{i\,(\pi-t)}\Big|_0^\pi = 2$$

bzw.

$$\int_{\Gamma_2} |z|\,dz = \int_{-1}^1 |t|\,dt = 1\ .$$

Folglich hängen komplexe Kurvenintegrale i. allg. vom Integrationsweg ab und nicht nur von dessen Anfangs- und Endpunkt. ∎

Holomorphie

Die Funktion f heißt **holomorph**, wenn sie stetig komplex differenzierbar ist, d.h., wenn $f \in C^1(U,\mathbb{C})$ gilt. Wir nennen f **stetig reell differenzierbar**, falls

$$U \to \mathbb{R}^2\ ,\qquad (x,y) \mapsto \big(u(x,y), v(x,y)\big)$$

zu $C^1(U,\mathbb{R}^2)$ gehört (vgl. Paragraph VII.2).

5.4 Bemerkungen **(a)** Am Ende dieses Paragraphen werden wir zeigen, daß die Voraussetzung der Stetigkeit der komplexen Ableitung überflüssig ist, d.h., jede komplex differenzierbare Funktion besitzt eine stetige Ableitung, ist also holomorph. Wir verwenden hier die stärkere Voraussetzung der *stetig* komplexen Differenzierbarkeit, um möglichst schnell zu den Hauptsätzen der **Funktionentheorie**, d.h. der Theorie der komplexwertigen Funktionen einer komplexen Variablen, vordringen zu können.

(b) Die Funktion f ist genau dann holomorph, wenn sie stetig reell differenzierbar ist und die Cauchy-Riemannschen Differentialgleichungen

$$u_x = v_y , \quad u_y = -v_x$$

erfüllt. In diesem Fall gilt $f' = u_x + i v_x$.

Beweis Dies ist eine Umformulierung von Theorem VII.2.18. ∎

(c) Gemäß Bemerkung 5.1(b) gilt:

$$f\,dz = u\,dx - v\,dy + i\,(u\,dy + v\,dx) .$$

Ist f holomorph, so besagen die Cauchy-Riemannschen Differentialgleichungen, daß die 1-Formen $u\,dx - v\,dy$ und $u\,dy + v\,dx$ geschlossen sind.

(d) Es sei U ein Gebiet, und f sei holomorph. Dann ist f genau dann konstant, wenn eine der Bedingungen

  (i) $u = $ const;

 (ii) $v = $ const;

(iii) $\overline{f}$ ist holomorph;

(iv) $|f| = $ const

erfüllt ist.[2]

Beweis Wenn f konstant ist, sind (i)–(iv) offensichtlich richtig.

Wegen $f' = u_x + i v_x$ folgt aus den Cauchy-Riemannschen Differentialgleichungen und aus Bemerkung VII.3.11(c), daß (i) bzw. (ii) impliziert, daß f konstant ist.

(iii) Sind f und $\overline{f}$ holomorph, so gilt dies auch für $u = (f + \overline{f})/2$. Wegen $\text{Im}(u) = 0$ folgt aus (ii), daß u konstant ist. Also gilt dies aufgrund von (i) auch für f.

(iv) Es genügt, den Fall $f \neq 0$ zu betrachten. Da $|f|$ konstant ist, ist f überall von Null verschieden. Also ist $1/f$ auf U definiert und holomorph. Damit ist auch $\overline{f} = |f|^2/f$ in U holomorph, und die Behauptung folgt aus (iii). ∎

Der Cauchysche Integralsatz

Wie wir in Beispiel 5.3(d) gesehen haben, hängen komplexe Kurvenintegrale i. allg. außer vom Anfangs- und Endpunkt auch vom Integrationsweg ab. Im Falle holomorpher Integranden liefern jedoch die Sätze des vorangehenden Paragraphen die beiden folgenden wichtigen Aussagen über die Unabhängigkeit vom Kurvenverlauf.

---

[2]Vgl. Aufgabe V.3.5.

5.5 Theorem (Cauchyscher Integralsatz) *Es seien U einfach zusammenhängend und f holomorph. Dann gilt für jede geschlossene stückweise-C^1-Kurve Γ in U:*

$$\int_\Gamma f\,dz = 0\ .$$

Beweis Gemäß Bemerkung 5.4(c) sind die beiden 1-Formen $\alpha_1 := u\,dx - v\,dy$ und $\alpha_2 := u\,dy + v\,dx$ geschlossen. Weil U einfach zusammenhängend ist, folgt aus Theorem 4.8, daß α_1 und α_2 exakt sind. Nun ergibt Theorem 4.4

$$\int_\Gamma f\,dz = \int_\Gamma \alpha_1 + i \int_\Gamma \alpha_2 = 0$$

für jede geschlossene stückweise-C^1-Kurve Γ in U. ∎

5.6 Theorem *Es seien U einfach zusammenhängend und f holomorph. Dann besitzt f eine holomorphe Stammfunktion. Jede Stammfunktion φ von f erfüllt*

$$\int_\Gamma f\,dz = \varphi(E_\Gamma) - \varphi(A_\Gamma)$$

für jede stückweise-C^1-Kurve Γ in U.

Beweis Wir verwenden die Bezeichnungen des vorangehenden Beweises. Da α_1 und α_2 exakt sind, gibt es $h_1, h_2 \in C^2(U, \mathbb{R})$ mit $dh_1 = \alpha_1$ und $dh_2 = \alpha_2$. Hieraus lesen wir

$$(h_1)_x = u\ ,\quad (h_1)_y = -v\ ,\quad (h_2)_x = v\ ,\quad (h_2)_y = u$$

ab. Somit erfüllt $\varphi := h_1 + i\,h_2$ die Cauchy-Riemannschen Differentialgleichungen. Folglich ist φ holomorph, und

$$\varphi' = (h_1)_x + i(h_2)_x = u + iv = f\ .$$

Dies zeigt, daß φ eine Stammfunktion von f ist. Die zweite Aussage ergibt sich aus Beispiel 4.2(b). ∎

5.7 Satz *Es seien f holomorph und γ_1 und γ_2 homotope stückweise-C^1-Schleifen in U. Dann gilt*

$$\int_{\gamma_1} f\,dz = \int_{\gamma_2} f\,dz\ .$$

Beweis Dies folgt aus Bemerkung 5.4(c) und Satz 4.7 (vgl. den Beweis von Theorem 5.5). ∎

Die Orientierung der Kreislinie

5.8 Bemerkung Wir erinnern an die Bezeichnung $\mathbb{D}(a, r) = a + r\mathbb{D}$ für die offene Kreisscheibe in $\mathbb{C}$ mit Mittelpunkt $a \in \mathbb{C}$ und Radius $r > 0$. Im folgenden verstehen wir unter $\partial\mathbb{D}(a, r) = a + r\partial\mathbb{D}$ die **positiv orientierte Kreislinie** mit Mittelpunkt a und Radius r. Dies bedeutet, daß wir unter $\partial\mathbb{D}(a, r)$ die Kurve $\Gamma = [\gamma]$ mit $\gamma: [0, 2\pi] \to \mathbb{C}$, $t \mapsto a + re^{it}$ verstehen. Bei dieser Orientierung wird die Kreislinie so durchlaufen, daß die Kreisscheibe $\mathbb{D}(a, r)$ immer auf der linken Seite liegt, also im „Gegenuhrzeigersinn". Dies ist gleichbedeutend damit, daß der negative Normaleneinheitsvektor $-\mathsf{n}$ in jedem Punkt „nach außen" zeigt.

Beweis Aus Bemerkung 2.5(c) und mit der kanonischen Identifikation von $\mathbb{C}$ mit $\mathbb{R}^2$ folgt, daß das Frenetsche Zweibein durch $\mathsf{e}_1 = (-\sin, \cos)$ und $\mathsf{e}_2 = (-\cos, -\sin)$ gegeben ist. Also gilt für $x(t) = a + r(\cos t, \sin t) \in \partial\mathbb{D}(a, r)$ die Relation

$$x(t) + r\mathsf{e}_2(t) = a, \qquad 0 \leq t \leq 2\pi .$$

Folglich zeigt der negative Normaleneinheitsvektor in jedem Punkt von $\partial\mathbb{D}(a, r)$ vom Mittelpunkt der Kreisscheibe weg, also nach außen. ∎

Die Cauchysche Integralformel

Holomorphe Funktionen besitzen eine bemerkenswerte Integraldarstellung, die wir im nächsten Theorem herleiten werden. Die große Bedeutung dieser Formel werden wir anhand der nachfolgenden Anwendungen kennenlernen.

5.9 Theorem (Cauchysche Integralformel) *Es seien f holomorph und $\bar{\mathbb{D}}(z_0, r) \subset U$. Dann gilt*

$$f(z) = \frac{1}{2\pi i} \int_{\partial\mathbb{D}(z_0, r)} \frac{f(\zeta)}{\zeta - z} \, d\zeta , \qquad z \in \mathbb{D}(z_0, r) .$$

Beweis Es seien $z \in \mathbb{D}(z_0, r)$ und $\varepsilon > 0$. Dann gibt es ein $\delta > 0$ mit $\bar{\mathbb{D}}(z, \delta) \subset U$ und

$$|f(\zeta) - f(z)| \leq \varepsilon , \qquad \zeta \in \bar{\mathbb{D}}(z, \delta) . \tag{5.2}$$

Wir setzen $\Gamma_\delta := \partial\mathbb{D}(z, \delta)$ und $\Gamma := \partial\mathbb{D}(z_0, r)$. Aufgabe 6 zeigt, daß Γ_δ und Γ in $U \backslash \{z\}$ homotop sind. Außerdem ist

$$U \backslash \{z\} \to \mathbb{C} , \quad \zeta \mapsto 1/(\zeta - z)$$

holomorph. Also folgt aus Satz 5.7 und Beispiel 5.3(a)

$$\int_\Gamma \frac{d\zeta}{\zeta - z} = \int_{\Gamma_\delta} \frac{d\zeta}{\zeta - z} = 2\pi i . \tag{5.3}$$

Weil auch

$$U \backslash \{z\} \to \mathbb{C} , \quad \zeta \mapsto (f(\zeta) - f(z))/(\zeta - z)$$

holomorph ist, gilt nach Satz 5.7

$$\int_\Gamma \frac{f(\zeta) - f(z)}{\zeta - z} \, d\zeta = \int_{\Gamma_\delta} \frac{f(\zeta) - f(z)}{\zeta - z} \, d\zeta \ . \tag{5.4}$$

Kombinieren wir (5.3) mit (5.4), so erhalten wir

$$\frac{1}{2\pi i} \int_\Gamma \frac{f(\zeta)}{\zeta - z} \, d\zeta = \frac{1}{2\pi i} \int_\Gamma \frac{f(z)}{\zeta - z} \, d\zeta + \frac{1}{2\pi i} \int_\Gamma \frac{f(\zeta) - f(z)}{\zeta - z} \, d\zeta$$

$$= f(z) + \frac{1}{2\pi i} \int_{\Gamma_\delta} \frac{f(\zeta) - f(z)}{\zeta - z} \, d\zeta \ .$$

Aus Satz 5.2(ii) und (5.2) ergibt sich die Abschätzung

$$\left| \frac{1}{2\pi i} \int_{\Gamma_\delta} \frac{f(\zeta) - f(z)}{\zeta - z} \, d\zeta \right| \leq \frac{\varepsilon}{2\pi\delta} 2\pi\delta = \varepsilon \ ,$$

und wir finden

$$\left| \frac{1}{2\pi i} \int_\Gamma \frac{f(\zeta)}{\zeta - z} \, d\zeta - f(z) \right| \leq \varepsilon \ .$$

Da $\varepsilon > 0$ beliebig war, ist die Behauptung bewiesen. ∎

5.10 Bemerkungen **(a)** Unter den Voraussetzungen von Theorem 5.9 gilt

$$f(z) = \frac{r}{2\pi} \int_0^{2\pi} \frac{f(z_0 + re^{it})}{z_0 + re^{it} - z} e^{it} \, dt \ , \qquad z \in \mathbb{D}(z_0, r) \ ,$$

insbesondere

$$f(z_0) = \frac{1}{2\pi} \int_0^{2\pi} f(z_0 + re^{it}) \, dt \ .$$

(b) Die Funktion f besitzt die **Mittelwerteigenschaft**, falls es zu jedem $z_0 \in U$ ein $r_0 > 0$ gibt mit

$$f(z_0) = \frac{1}{2\pi} \int_0^{2\pi} f(z_0 + re^{it}) \, dt \ , \qquad r \in [0, r_0] \ .$$

Somit folgt aus (a): *Holomorphe Funktionen besitzen die Mittelwerteigenschaft.*

(c) Besitzt f die Mittelwerteigenschaft, so gilt dies auch für $\operatorname{Re} f$, $\operatorname{Im} f$, $\overline{f}$ und λf mit $\lambda \in \mathbb{C}$. Genügt $g \in C(U, \mathbb{C})$ ebenfalls der Mittelwerteigenschaft, so ist dies auch für $f + g$ der Fall.

Beweis Dies folgt aus den Sätzen III.1.5 und III.1.10 und Korollar VI.4.10. ∎

(d) Die Aussage der Cauchyschen Integralformel bleibt für wesentlich allgemeinere Kurven richtig, wie wir im nächsten Paragraphen zeigen werden. ∎

Analytische Funktionen

Als eine weitere Konsequenz der Cauchyschen Integralformel beweisen wir nun das fundamentale Theorem, welches besagt, daß aus der Holomorphie einer Funktion bereits ihre Analytizität folgt. Dabei gehen wir wie folgt vor: Es seien $z_0 \in U$ und $r > 0$ mit $\bar{\mathbb{D}}(z_0, r) \subset U$. Dann ist die Funktion

$$\mathbb{D}(z_0, r) \to \mathbb{C} , \quad z \mapsto f(\zeta)/(\zeta - z)$$

für jedes $\zeta \in \partial \mathbb{D}(z_0, r)$ analytisch und läßt sich somit in eine Potenzreihe entwickeln. Mit Hilfe der Cauchyschen Integralformel können wir dann diese Entwicklung auf f übertragen.

5.11 Theorem *Die Funktion f ist genau dann holomorph, wenn sie analytisch ist. Somit gilt*

$$C^1(U, \mathbb{C}) = C^\omega(U, \mathbb{C}) .$$

Beweis (i) Es sei f holomorph und es seien $z_0 \in U$ und $r > 0$ mit $\bar{\mathbb{D}}(z_0, r) \subset U$. Wir wählen $z \in \mathbb{D}(z_0, r)$ und setzen $r_0 := |z - z_0|$. Dann gilt $r_0 < r$, und

$$\frac{|z - z_0|}{|\zeta - z_0|} = \frac{r_0}{r} < 1 , \quad \zeta \in \Gamma := \partial \mathbb{D}(z_0, r) .$$

Also konvergiert die geometrische Reihe $\sum a^k$ mit $a := (z - z_0)/(\zeta - z_0)$ und hat den Wert

$$\sum_{k=0}^{\infty} \left(\frac{z - z_0}{\zeta - z_0} \right)^k = \frac{1}{1 - (z - z_0)/(\zeta - z_0)} = \frac{\zeta - z_0}{\zeta - z} .$$

Hieraus folgt

$$\frac{f(\zeta)}{\zeta - z} = \frac{f(\zeta)}{\zeta - z_0} \sum_{k=0}^{\infty} \left(\frac{z - z_0}{\zeta - z_0} \right)^k = \sum_{k=0}^{\infty} \frac{f(\zeta)}{(\zeta - z_0)^{k+1}} (z - z_0)^k . \quad (5.5)$$

Weil Γ kompakt ist, gibt es ein $M \geq 0$ mit $|f(\zeta)| \leq M$ für $\zeta \in \Gamma$. Somit folgt

$$\left| \frac{f(\zeta)}{(\zeta - z_0)^{k+1}} (z - z_0)^k \right| \leq \frac{M}{r^{k+1}} r_0^k = \frac{M}{r} \left(\frac{r_0}{r} \right)^k , \quad \zeta \in \Gamma .$$

Wegen $r_0/r < 1$ zeigt das Weierstraßsche Majorantenkriterium (Theorem V.1.6), daß die Reihe in (5.5) gleichmäßig bezügl. $\zeta \in \Gamma$ konvergiert. Setzen wir

$$a_k := \frac{1}{2\pi i} \int_\Gamma \frac{f(\zeta)}{(\zeta - z_0)^{k+1}} \, d\zeta , \quad k \in \mathbb{N} , \quad (5.6)$$

so folgt[3] aus Satz VI.4.1

$$f(z) = \frac{1}{2\pi i} \int_\Gamma \frac{f(\zeta)}{(\zeta - z)} \, d\zeta$$

$$= \frac{1}{2\pi i} \int_\Gamma \sum_{k=0}^{\infty} \frac{f(\zeta)}{(\zeta - z_0)^{k+1}} (z - z_0)^k \, d\zeta$$

$$= \sum_{k=0}^{\infty} \left[\frac{1}{2\pi i} \int_\Gamma \frac{f(\zeta)}{(\zeta - z_0)^{k+1}} \, d\zeta \right] (z - z_0)^k$$

$$= \sum_{k=0}^{\infty} a_k (z - z_0)^k \ .$$

Da dies für jedes $z_0 \in U$ gilt, läßt sich f in der Nähe jedes Punktes von U in eine konvergente Potenzreihe entwickeln. Also ist f analytisch.

(ii) Wenn f analytisch ist, so ist f insbesondere stetig komplex differenzierbar, folglich holomorph. ∎

5.12 Korollar (Cauchysche Ableitungsformeln) *Es seien f holomorph, $z \in U$ und $r > 0$ mit $\bar{\mathbb{D}}(z, r) \subset U$. Dann gilt*

$$f^{(n)}(z) = \frac{n!}{2\pi i} \int_{\partial \mathbb{D}(z,r)} \frac{f(\zeta)}{(\zeta - z)^{n+1}} \, d\zeta \ , \qquad n \in \mathbb{N} \ .$$

Beweis Aus Theorem 5.11, Bemerkung V.3.4(b) und dem Identitätssatz für analytische Funktionen folgt, daß f in $\mathbb{D}(z, r)$ durch seine Taylorreihe dargestellt wird, d.h., es gilt $f = T(f, z)$. Die Behauptung folgt nun aus (5.6) und dem Eindeutigkeitssatz für Potenzreihen. ∎

5.13 Bemerkungen **(a)** Es seien f holomorph und $z \in U$. Dann zeigt der obige Beweis, daß die Taylorreihe $T(f, z)$ die Funktion f mindestens im größten Kreis um z, der noch ganz in U liegt, darstellt.

(b) Ist f holomorph, so gehören u und v zu $C^\infty(U, \mathbb{R})$.

Beweis Dies folgt aus Theorem 5.11. ∎

(c) Ist f analytisch, so gilt dies auch für $1/f$ (in $U \setminus f^{-1}(0)$).

Beweis Da $1/f$ aufgrund der Quotientenregel in $U \setminus f^{-1}(0)$ stetig differenzierbar ist, also holomorph, folgt die Behauptung aus Theorem 5.11. ∎

(d) Es sei V offen in $\mathbb{C}$. Sind $f : U \to \mathbb{C}$ und $g : V \to \mathbb{C}$ analytisch mit $f(U) \subset V$, so ist auch die Komposition $g \circ f : U \to \mathbb{C}$ analytisch.

Beweis Dies folgt aus der Kettenregel und Theorem 5.11. ∎

---

[3]Vgl. auch Aufgabe 4.9.

Der Satz von Liouville

Eine in ganz $\mathbb{C}$ holomorphe Funktion heißt **ganz**. Der nächste Satz zeigt, daß es neben den konstanten Funktionen keine *beschränkten* ganzen Funktionen gibt.

5.14 Theorem (Liouville) *Jede beschränkte ganze Funktion ist konstant.*

Beweis Gemäß Bemerkung 5.13(a) gilt

$$f(z) = \sum_{k=0}^{\infty} \frac{f^{(k)}(0)}{k!} z^k , \qquad z \in \mathbb{C} .$$

Voraussetzungsgemäß gibt es ein $M < \infty$ mit $|f(z)| \le M$ für $z \in \mathbb{C}$. Somit folgt aus Satz 5.2(ii) und Korollar 5.12

$$\left| \frac{f^{(k)}(0)}{k!} \right| \le \frac{M}{r^k} , \qquad r > 0 .$$

Für $k \ge 1$ zeigt der Grenzübergang $r \to \infty$, daß $f^{(k)}(0) = 0$ gilt. Also stimmt $f(z)$ für jedes $z \in \mathbb{C}$ mit $f(0)$ überein. ∎

5.15 Anwendung Mit Hilfe des Satzes von Liouville läßt sich leicht ein weiterer Beweis des Fundamentalsatzes der Algebra geben, d.h. für die Aussage: *Jedes nichtkonstante Polynom aus $\mathbb{C}[X]$ besitzt eine Nullstelle.*

Beweis Wir schreiben $p \in \mathbb{C}[X]$ in der Form $p(z) = \sum_{k=0}^{n} a_k z^k$ mit $n \ge 1$ und $a_n \ne 0$. Wegen

$$p(z) = z^n \left(a_n + \frac{a_{n-1}}{z} + \cdots + \frac{a_0}{z^n} \right)$$

gilt $|p(z)| \to \infty$ für $|z| \to \infty$. Somit gibt es ein $R > 0$ mit $|p(z)| \ge 1$ für $z \notin R\mathbb{D}$. Nehmen wir an, p besitze in $R\bar{\mathbb{D}}$ keine Nullstelle. Weil $R\bar{\mathbb{D}}$ kompakt ist, folgt aus dem Satz vom Minimum (Korollar III.3.8) die Existenz einer positiven Zahl ε mit $|p(z)| \ge \varepsilon$. Somit ist $1/p$ ganz und erfüllt $|1/p(z)| \le \max\{1, 1/\varepsilon\}$ für $z \in \mathbb{C}$. Nach dem Satz von Liouville bedeutet dies, daß $1/p$, und somit auch p, konstant ist, was wir ausgeschlossen haben. ∎

Die Fresnelschen Integrale

Der Cauchysche Integralsatz kann dazu verwendet werden, solche reellen Integrale zu berechnen, deren Integranden Einschränkungen holomorpher Funktionen sind. Dazu wird das Integral über das reelle Integrationsintervall geeignet in ein komplexes Kurvenintegral eingebettet. Die große Freiheit bei der Wahl der Integrationskurve, welche durch den Cauchyschen Integralsatz garantiert wird, erlaubt in vielen Fällen die Berechnung der auftretenden Integrale.

Im folgenden Satz führen wir diese Methode exemplarisch vor. Die Überlegungen, welche wir hierbei verwenden, werden wir im nächsten Paragraphen wesentlich verallgemeinern. Außerdem verweisen wir auf die Aufgaben.

5.16 Satz *Die folgenden uneigentlichen* Fresnel*schen Integrale konvergieren, und es gilt*

$$\int_0^\infty \cos(t^2)\, dt = \int_0^\infty \sin(t^2)\, dt = \frac{\sqrt{2\pi}}{4} \ .$$

Beweis Die Konvergenz dieser Integrale folgt aus Aufgabe VI.8.7.

Wir betrachten die ganze Funktion $z \mapsto e^{-z^2}$ auf der geschlossenen stückweise-C^1-Kurve $\Gamma = \Gamma_1 + \Gamma_2 + \Gamma_3$, die geradlinig von 0 nach $\alpha > 0$, dann nach $\alpha + i\alpha$ und schließlich zurück nach 0 läuft. Aufgrund des Cauchyschen Integralsatzes gilt

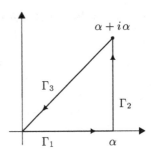

$$-\int_{\Gamma_3} e^{-z^2}\, dz = \int_{\Gamma_1} e^{-z^2}\, dz + \int_{\Gamma_2} e^{-z^2}\, dz \ .$$

Die Anwendung VI.9.7 zeigt

$$\int_{\Gamma_1} e^{-z^2}\, dz = \int_0^\alpha e^{-t^2}\, dt \to \int_0^\infty e^{-t^2}\, dt = \frac{\sqrt{\pi}}{2} \quad (\alpha \to \infty) \ .$$

Das Integral über Γ_2 können wir folgendermaßen abschätzen:

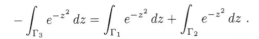

$$\left| \int_{\Gamma_2} e^{-z^2}\, dz \right| = \left| \int_0^\alpha e^{-(\alpha+it)^2} i\, dt \right| \leq \int_0^\alpha e^{-\operatorname{Re}(\alpha+it)^2}\, dt = e^{-\alpha^2} \int_0^\alpha e^{t^2}\, dt \ .$$

Beachten wir

$$\int_0^\alpha e^{t^2}\, dt \leq \int_0^\alpha e^{\alpha t}\, dt = \frac{1}{\alpha}(e^{\alpha^2} - 1) \ ,$$

so folgt

$$\left| \int_{\Gamma_2} e^{-z^2}\, dz \right| \leq \frac{1}{\alpha}(1 - e^{-\alpha^2}) \to 0 \quad (\alpha \to \infty) \ .$$

Somit erhalten wir

$$\lim_{\alpha \to \infty} \left(-\int_{\Gamma_3} e^{-z^2}\, dz \right) = \frac{\sqrt{\pi}}{2} \ . \tag{5.7}$$

Mit der Parametrisierung $t \mapsto t + it$ von $-\Gamma_3$ gilt

$$-\int_{\Gamma_3} e^{-z^2}\, dz = \int_0^\alpha e^{-(1+i)^2 t^2}(1+i)\, dt = (1+i) \int_0^\alpha e^{-2it^2}\, dt$$

$$= (1+i) \left(\int_0^\alpha \cos(2t^2)\, dt - i \int_0^\alpha \sin(2t^2)\, dt \right) \ .$$

Nach der Substitution $\sqrt{2}\,t = \tau$ und dem Grenzübergang $\alpha \to \infty$ folgt mit (5.7)

$$\int_0^\infty \cos(\tau^2)\, d\tau - i \int_0^\infty \sin(\tau^2)\, d\tau = \frac{\sqrt{2}\sqrt{\pi}}{2(1+i)} = \frac{\sqrt{2\pi}}{4}(1-i) \ ,$$

woraus sich die Behauptung ergibt. ∎

Das Maximumprinzip

Wir haben bereits in Bemerkung 5.10(b) gesehen, daß holomorphe Funktionen die Mittelwerteigenschaft besitzen. Daraus folgt insbesondere, daß der absolute Wert einer holomorphen Funktion f im Mittelpunkt einer Kreisscheibe nicht größer sein kann als das Maximum der Absolutbeträge der Funktionswerte von f auf dem Rand. Tatsächlich gilt allgemein der folgende Satz.

5.17 Theorem (Allgemeines Maximumprinzip) *Die Funktion f besitze die Mittelwerteigenschaft. Hat $|f|$ in $z_0 \in U$ ein lokales Maximum, so ist f in einer Umgebung von z_0 konstant.*

Beweis (i) Der Fall $f(z_0) = 0$ ist klar. Gilt $f(z_0) \neq 0$, so gibt es ein c mit $|c| = 1$ und $cf(z_0) > 0$. Weil mit f auch cf die Mittelwerteigenschaft besitzt, können wir ohne Beschränkung der Allgemeinheit annehmen, daß $f(z_0)$ reell und positiv sei. Nach Voraussetzung gibt es ein $r_0 > 0$ mit $\bar{\mathbb{D}}(z_0, r_0) \subset U$ sowie $|f(z)| \leq f(z_0)$ für $z \in \bar{\mathbb{D}}(z_0, r_0)$ und

$$ f(z_0) = \frac{1}{2\pi} \int_0^{2\pi} f(z_0 + re^{it})\, dt \,, \qquad r \in [0, r_0] \,. $$

(ii) Die Funktion $h : U \to \mathbb{R}$, $z \mapsto \operatorname{Re} f(z) - f(z_0)$ erfüllt $h(z_0) = 0$ und

$$ h(z) \leq |f(z)| - f(z_0) \leq 0 \,, \qquad z \in \mathbb{D}(z_0, r_0) \,. $$

Da h gemäß Bemerkung 5.10(c) auch die Mittelwerteigenschaft besitzt, folgt

$$ 0 = h(z_0) = \frac{1}{2\pi} \int_0^{2\pi} h(z_0 + re^{it})\, dt \,, \qquad 0 \leq r \leq r_0 \,. \tag{5.8} $$

Wegen $h(z_0 + re^{it}) \leq 0$ für $r \in [0, r_0]$ und $t \in [0, 2\pi]$ implizieren Satz VI.4.8 und (5.8), daß h auf $\mathbb{D}(z_0, r_0)$ identisch verschwindet. Also gilt $\operatorname{Re} f(z) = f(z_0)$ für $z \in \mathbb{D}(z_0, r_0)$. Nun folgt aus $|f(z)| \leq |f(z_0)| = \operatorname{Re} f(z_0)$, daß $\operatorname{Im}(f(z)) = 0$ gilt und somit $f(z)$ für jedes $z \in \mathbb{D}(z_0, r_0)$ mit $f(z_0)$ übereinstimmt. ∎

5.18 Korollar (Maximumprinzip) *Es sei U zusammenhängend, und f habe die Mittelwerteigenschaft.*

(i) *Besitzt $|f|$ in $z_0 \in U$ ein lokales Maximum, so ist f konstant.*

(ii) *Sind U beschränkt und $f \in C(\overline{U}, \mathbb{C})$, so nimmt $|f|$ sein Maximum auf ∂U an, d.h., es gibt ein $z_0 \in \partial U$ mit $|f(z_0)| = \max_{z \in \overline{U}} |f(z)|$.*

Beweis (i) Es seien $f(z_0) = w_0$ und $M := f^{-1}(w_0)$. Die Stetigkeit von f zeigt, daß M in U abgeschlossen ist (vgl. Beispiel III.2.22(a)). Ferner gibt es gemäß Theorem 5.17 zu jedem $z_1 \in M$ eine Umgebung V von z_1 mit $f(z) = f(z_0) = w_0$

für $z \in V$. Also ist M offen in U. Somit folgt aus Bemerkung III.4.3, daß M mit U übereinstimmt. Also gilt $f(z) = w_0$ für jedes $z \in U$.

(ii) Weil f auf der kompakten Menge $\overline{U}$ stetig ist, nimmt $|f|$ sein Maximum in einem Punkt $z_0 \in \overline{U}$ an. Gehört z_0 zu ∂U, so ist nichts zu beweisen. Liegt z_0 in U, so folgt die Behauptung aus (i). ∎

Harmonische Funktionen

Es sei X offen in $\mathbb{R}^n$ und nicht leer. Die lineare Abbildung

$$\Delta : C^2(X, \mathbb{K}) \to C(X, \mathbb{K}) , \quad f \mapsto \sum_{j=1}^{n} \partial_j^2 f$$

heißt **Laplaceoperator** (auf X). Die Funktion $g \in C^2(X, \mathbb{K})$ ist **harmonisch** in X, falls $\Delta g = 0$ gilt. Die Menge aller harmonischen Funktionen in X bezeichnen wir mit $\mathcal{H}\mathrm{arm}(X, \mathbb{K})$.

5.19 Bemerkungen (a) Es gilt $\Delta \in \mathrm{Hom}\big(C^2(X, \mathbb{K}), C(X, \mathbb{K})\big)$, und

$$\mathcal{H}\mathrm{arm}(X, \mathbb{K}) = \Delta^{-1}(0) .$$

Somit bilden die harmonischen Funktionen einen Untervektorraum von $C^2(X, \mathbb{K})$.

(b) Für $f \in C^2(X, \mathbb{C})$ gilt

$$f \in \mathcal{H}\mathrm{arm}(X, \mathbb{C}) \iff \mathrm{Re}\, f, \mathrm{Im}\, f \in \mathcal{H}\mathrm{arm}(X, \mathbb{R}) .$$

(c) Jede in U holomorphe Funktion ist harmonisch, d.h. $C^\omega(U, \mathbb{C}) \subset \mathcal{H}\mathrm{arm}(U, \mathbb{C})$.

Beweis Ist f holomorph, so ergeben die Cauchy-Riemannschen Differentialgleichungen

$$\partial_x^2 f = \partial_x \partial_y v - i \partial_x \partial_y u , \quad \partial_y^2 f = -\partial_y \partial_x v + i \partial_y \partial_x u .$$

Somit finden wir $\Delta f = 0$ wegen Korollar VII.5.5(ii). ∎

(d) $\mathcal{H}\mathrm{arm}(U, \mathbb{C}) \neq C^\omega(U, \mathbb{C})$.

Beweis Die Funktion $U \to \mathbb{C}$, $x + iy \mapsto x$ ist harmonisch, aber nicht nicht holomorph (vgl. Bemerkung 5.4(b)). ∎

Aus den vorangehenden Überlegungen folgt insbesondere, daß die Realteile holomorpher Funktionen harmonisch sind. Der nächste Satz zeigt, daß auf einfach zusammenhängenden Gebieten jede harmonische reellwertige Funktion der Realteil einer holomorphen Funktion ist.

5.20 Satz   Ist $u : U \to \mathbb{R}$ harmonisch, so gelten die nachstehenden Aussagen.

(i) Es sei $V := \mathbb{D}(z_0, r) \subset U$ für ein $(z_0, r) \in U \times (0, \infty)$. Dann gibt es eine in V holomorphe Funktion g mit $u = \operatorname{Re} g$.

(ii) Ist U einfach zusammenhängend, so gibt es ein $g \in C^\omega(U, \mathbb{C})$ mit $u = \operatorname{Re} g$.

Beweis   Da u harmonisch ist, erfüllt die 1-Form $\alpha := -u_y \, dx + u_x \, dy$ die Integrabilitätsbedingungen. Also ist α geschlossen.

(i) Weil V einfach zusammenhängend ist, existiert gemäß Theorem 4.8 ein $v \in C^1(V, \mathbb{R})$ mit $dv = \alpha | V$. Folglich sind $v_x = -u_y | V$ und $v_y = u_x | V$ erfüllt. Setzen wir $g(z) := u(x, y) + iv(x, y)$, so folgt aus Bemerkung 5.4(b) und Theorem 5.11, daß g zu $C^\omega(V, \mathbb{C})$ gehört.

(ii) In diesem Fall können wir im Beweis von (i) die Kreisscheibe V durch U ersetzen. ∎

5.21 Korollar   Es sei $u : U \to \mathbb{R}$ harmonisch. Dann gelten

(i) $u \in C^\infty(U, \mathbb{R})$;

(ii) u besitzt die Mittelwerteigenschaft;

(iii) Ist U ein Gebiet und gibt es eine nichtleere offene Teilmenge V von U mit $u | V = 0$, so folgt $u = 0$.

Beweis   (i) und (ii)   Es sei $V := \mathbb{D}(z_0, r) \subset U$ für ein $r > 0$. Weil die Differenzierbarkeit und die Mittelwerteigenschaft lokale Eigenschaften sind, genügt es, u auf V zu betrachten. Gemäß Satz 5.20 finden wir ein $g \in C^\omega(V, \mathbb{C})$ mit $\operatorname{Re} g = u | V$, und die Behauptungen folgen aus Bemerkung 5.13(b) und den Bemerkungen 5.10(b) und (c).

(iii) Es sei M die Menge aller $z \in U$, für die es eine Umgebung V gibt mit $u | V = 0$. Dann ist M offen und, nach Voraussetzung, nicht leer. Es sei $z_0 \in U$ ein Häufungspunkt von M. Nach Satz 5.20 gibt es ein $r > 0$ und ein $g \in C^\omega(\mathbb{D}(z_0, r), \mathbb{C})$ mit $\operatorname{Re} g = u | \mathbb{D}(z_0, r)$. Ferner ist $M \cap \mathbb{D}(z_0, r)$ nicht leer, da z_0 ein Häufungspunkt von M ist. Zu $z_1 \in M \cap \mathbb{D}(z_0, r)$ gibt es eine Umgebung V von z_1 in U mit $u | V = 0$. Somit folgt aus Bemerkung 5.4(d), daß g auf $V \cap \mathbb{D}(z_0, r)$ konstant ist. Aufgrund des Identitätssatzes für analytische Funktionen (Theorem V.3.13) ist g deshalb auf $\mathbb{D}(z_0, r)$ konstant. Also gilt $u = 0$ auf $\mathbb{D}(z_0, r)$, d.h., z_0 gehört zu M. Somit ist M in U abgeschlossen, und Bemerkung III.4.3 impliziert $M = U$. ∎

5.22 Korollar   (Maximum- und Minimumprinzip für harmonische Funktionen)
Es sei U ein Gebiet, und $u : U \to \mathbb{R}$ sei harmonisch.

(i) Besitzt u in U ein lokales Extremum, so ist u konstant.

(ii) Ist U beschränkt und gilt $u \in C(\overline{U}, \mathbb{R})$, so nimmt u das Maximum und das Minimum auf ∂U an.

Beweis Gemäß Korollar 5.21(ii) besitzt u die Mittelwerteigenschaft.

(i) Es sei $z_0 \in U$ eine lokale Extremalstelle von u. Ist $u(z_0)$ ein positives Maximum von u, so folgt die Behauptung aus Theorem 5.17 und den Korollaren 5.18 und 5.21(iii). Ist $u(z_0)$ ein positives Minimum von u, so besitzt $z \mapsto \big[2u(z_0) - u(z)\big]$ in z_0 ein positives Maximum, und die Behauptung folgt wie im ersten Fall. Die verbleibenden Fälle können in analoger Weise behandelt werden.

(ii) Dies folgt aus (i). ∎

5.23 Bemerkungen (a) Die Nullstellenmenge einer holomorphen Funktion ist diskret.[4] Hingegen ist die Nullstellenmenge einer reellen harmonischen Funktion i. allg. nicht diskret.

Beweis Die erste Aussage folgt aus Theorem 5.11 und dem Identitätssatz für analytische Funktionen (Theorem V.3.13). Zum Beweis der zweiten Aussage betrachte man die harmonische Funktion $\mathbb{C} \to \mathbb{R}$, $x + iy \mapsto x$. ∎

(b) Man kann zeigen, daß eine Funktion genau dann harmonisch ist, wenn sie die Mittelwerteigenschaft besitzt (vgl. z.B. [Con78, Theorem X.2.11]). ∎

Der Satz von Goursat

Wir wollen nun, wie in Bemerkung 5.4(a) angekündigt, nachweisen, daß jede komplex differenzierbare Funktion eine stetige Ableitung besitzt, also holomorph ist. Dazu leiten wir zuerst ein Holomorphiekriterium, den Satz von Morera, her, das auch in anderen Situationen nützlich ist, wie wir später sehen werden.

Es sei $X \subset \mathbb{C}$. Jeder geschlossene Streckenzug Δ in X, der aus genau drei Strecken besteht, heißt **Dreiecksweg in** X, falls der Abschluß des von Δ berandeten Dreiecks ganz in X liegt.

5.24 Theorem (Morera) *Die Funktion f erfülle $\int_\Delta f \, dz = 0$ für jeden Dreiecksweg Δ in U. Dann ist f analytisch.*

Beweis Es seien $a \in U$ und $r > 0$ mit $\mathbb{D}(a, r) \subset U$. Es genügt nachzuweisen, daß $f \,|\, \mathbb{D}(a, r)$ analytisch ist. Dazu seien $z_0 \in \mathbb{D}(a, r)$ und

$$F : \mathbb{D}(a, r) \to \mathbb{C} , \quad z \mapsto \int_{[\![a, z]\!]} f(w) \, dw .$$

Unsere Voraussetzung impliziert die Identität

$$F(z) = \int_{[\![a, z_0]\!]} f(w) \, dw + \int_{[\![z_0, z]\!]} f(w) \, dw = F(z_0) + \int_{[\![z_0, z]\!]} f(w) \, dw .$$

---

[4]Eine Teilmenge D eines metrischen Raumes X heißt **diskret**, wenn es zu jedem $d \in D$ eine Umgebung U von d in X gibt mit $U \cap D = \{d\}$.

Also folgt

$$\frac{F(z) - F(z_0)}{z - z_0} - f(z_0) = \frac{1}{z - z_0} \int_{[\![z_0, z]\!]} \big(f(w) - f(z_0)\big)\, dw \, , \qquad z \neq z_0 \, . \quad (5.9)$$

Es sei nun $\varepsilon > 0$. Dann gibt es ein $\delta \in (0, r - |z_0 - a|)$ mit $|f(w) - f(z_0)| < \varepsilon$ für $w \in \mathbb{D}(z_0, \delta)$. Somit folgt aus (5.9)

$$\left| \frac{F(z) - F(z_0)}{z - z_0} - f(z_0) \right| < \varepsilon \, , \qquad 0 < |z - z_0| < \delta \, .$$

Also gilt $F'(z_0) = f(z_0)$, was zeigt, daß F stetig differenzierbar ist. Wegen Theorem 5.11 gehört somit F zu $C^\omega\big(\mathbb{D}(a, r), \mathbb{C}\big)$, und wir finden, daß $F' = f \,|\, \mathbb{D}(a, r)$ zu $C^\omega\big(\mathbb{D}(a, r), \mathbb{C}\big)$ gehört. ∎

5.25 Theorem (Goursat) *Es sei f differenzierbar. Dann gilt $\int_\Delta f\, dz = 0$ für jeden Dreiecksweg Δ in U.*

Beweis (i) Es sei Δ ein Dreiecksweg in U. Ohne Beschränkung der Allgemeinheit können wir annehmen, daß Δ ein Dreieck mit positivem Flächeninhalt berandet. Denn hat Δ die Eckpunkte z_0, z_1 und z_2 und gilt $z_2 \in [\![z_0, z_1]\!]$, so ist $\int_\Delta f(z)\, dz = 0$, wie man leicht verifiziert. Wir bezeichnen den Abschluß des von Δ berandeten Dreiecks mit K.

Durch Verbinden der drei Seitenmitten von Δ erhalten wir vier kongruente abgeschlossene Teildreiecke $K_1, \ldots, K_4$ von K. Den (topologischen) Rand von K_j orientieren wir gemäß nebenstehender Abbildung und bezeichnen die so entstandenen Dreieckswege mit $\Delta_1, \ldots, \Delta_4$. Dann gilt

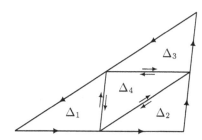

$$\left| \int_\Delta f(z)\, dz \right| = \left| \sum_{j=1}^{4} \int_{\Delta_j} f(z)\, dz \right| \leq 4 \max_{1 \leq j \leq 4} \left| \int_{\Delta_j} f(z)\, dz \right| \, .$$

Unter den vier Dreieckswegen $\Delta_1, \ldots, \Delta_4$ gibt es einen, er werde Δ^1 genannt, mit

$$\left| \int_{\Delta^1} f(z)\, dz \right| = \max_{1 \leq j \leq 4} \left| \int_{\Delta_j} f(z)\, dz \right| \, .$$

Somit gilt

$$\left| \int_\Delta f(z)\, dz \right| \leq 4 \left| \int_{\Delta^1} f(z)\, dz \right| \, .$$

(ii) Auf Δ^1 wenden wir das gleiche Zerlegungs- und Auswahlverfahren wie auf Δ an. So erhalten wir induktiv eine Folge (Δ^n) von Dreieckswegen und abgeschlossene Dreiecke K^n mit

$$K^1 \supset K^2 \supset \cdots \supset K^n \supset \cdots \ , \quad \left| \int_{\Delta^n} f(z)\,dz \right| \leq 4 \left| \int_{\Delta^{n+1}} f(z)\,dz \right| \qquad (5.10)$$

für $n \in \mathbb{N}^\times$. Offensichtlich besitzt $\{\, K^n \ ; \ n \in \mathbb{N}^\times \,\}$ die endliche Durchschnittseigenschaft. Also folgt aus der Kompaktheit von K^1, daß $\bigcap_n K^n$ nicht leer ist (vgl. Aufgabe III.3.5). Wir fixieren ein z_0 in $\bigcap K^n$.

(iii) Die Ungleichung in (5.10) impliziert

$$\left| \int_{\Delta} f(z)\,dz \right| \leq 4^n \left| \int_{\Delta^n} f(z)\,dz \right| \ . \qquad (5.11)$$

Außerdem gelten die elementargeometrischen Beziehungen

$$L(\Delta^{n+1}) = L(\Delta^n)/2 \ , \quad \operatorname{diam}(K^{n+1}) = \operatorname{diam}(K^n)/2 \ , \qquad n \in \mathbb{N}^\times \ .$$

Hieraus folgt

$$L(\Delta^n) = \ell/2^n \ , \quad \operatorname{diam}(K^n) = d/2^n \ , \qquad n \in \mathbb{N}^\times \ ,$$

mit $\ell := L(\Delta)$ und $d := \operatorname{diam}(K)$.

(iv) Es sei $\varepsilon > 0$. Aus der Differenzierbarkeit von f in z_0 folgt die Existenz eines $\delta > 0$ mit $\mathbb{D}(z_0, \delta) \subset U$ und

$$|f(z) - f(z_0) - f'(z_0)(z - z_0)| \leq \frac{\varepsilon}{d\ell} |z - z_0| \ , \qquad z \in \mathbb{D}(z_0, \delta) \ .$$

Wir wählen nun $n \in \mathbb{N}^\times$ mit $\operatorname{diam}(K^n) = d/2^n < \delta$. Wegen $z_0 \in K^n$ gilt dann $\Delta^n \subset \mathbb{D}(z_0, \delta)$. Ferner impliziert der Cauchysche Integralsatz

$$0 = \int_{\Delta^n} dz = \int_{\Delta^n} z\,dz \ .$$

Somit folgt

$$\left| \int_{\Delta^n} f(z)\,dz \right| = \left| \int_{\Delta^n} \bigl(f(z) - f(z_0) - f'(z_0)(z - z_0)\bigr)\,dz \right|$$
$$\leq \frac{\varepsilon}{d\ell} \max_{z \in \Delta^n} |z - z_0|\, L(\Delta^n) \leq \frac{\varepsilon}{d\ell} \operatorname{diam}(K^n) L(\Delta^n) = \frac{\varepsilon}{4^n} \ .$$

Nun ergibt sich die Behauptung aus (5.11). ∎

5.26 Korollar *Ist f differenzierbar, so ist f holomorph.*

Beweis Dies folgt aus den Theoremen 5.24 und 5.25. ∎

Der Weierstraßsche Konvergenzsatz

Als eine weitere Anwendung des Satzes von Morera beweisen wir einen Satz von
Weierstraß über die Grenzfunktion einer lokal gleichmäßig konvergenten Folge
holomorpher Funktionen. Dieses Resultat haben wir — kombiniert mit Theorem 5.11 — bereits in Anwendung VI.7.23(b) zum Beweis der Produktdarstellung
des Sinus verwendet.

5.27 Theorem (Weierstraßscher Konvergenzsatz) *Es sei* (g_n) *eine lokal gleichmäßig
konvergente Folge holomorpher Funktionen in* U. *Dann ist* $g := \lim g_n$ *in* U *holomorph.*

Beweis Gemäß Theorem V.2.1 ist g stetig. Aus Bemerkung V.2.3(c) wissen wir,
daß (g_n) auf jeder kompakten Teilmenge von U gleichmäßig konvergent ist. Also
konvergiert (g_n) auf jedem Dreiecksweg Δ in U gleichmäßig gegen g. Somit folgt
aus Satz VI.4.1(i)

$$\int_\Delta g\, dz = \lim_{n\to\infty} \int_\Delta g_n\, dz = 0 \,, \tag{5.12}$$

wobei die letzte Gleichheit aus dem Cauchyschen Integralsatz, angewandt auf g_n,
folgt. Da (5.12) für jeden Dreiecksweg in U richtig ist, liefert der Satz von Morera
die Behauptung. ∎

Aufgaben

1   Ist $f : U \to \mathbb{C}$ reell differenzierbar, so heißen[5]

$$\partial_W f := \frac{1}{2}(\partial_x f - i\partial_y f) \quad \text{und} \quad \overline{\partial}_W f := \frac{1}{2}(\partial_x f + i\partial_y f)$$

Wirtingerableitungen von f.

Man zeige:

(a) $\overline{\partial}_W f = \overline{\partial_W \overline{f}}$, $\ \overline{\partial}_W \overline{f} = \overline{\partial_W f}$;

(b) f ist holomorph $\Longleftrightarrow \overline{\partial}_W f = 0$;

(c) $4\partial_W \overline{\partial}_W f = 4\overline{\partial}_W \partial_W f = \Delta f$, falls f zweimal reell differenzierbar ist;

(d) $\det \begin{bmatrix} u_x & u_y \\ v_x & v_y \end{bmatrix} = \det \begin{bmatrix} \partial_W f & \overline{\partial}_W f \\ \overline{\partial_W f} & \overline{\overline{\partial}_W f} \end{bmatrix} = |\partial_W f|^2 - |\overline{\partial}_W f|^2$.

2   Es sei $d\overline{z} := d(z \mapsto \overline{z})$. Dann gelten $d\overline{z} = dx - i\, dy$ und

$$df = \partial_x f\, dx + \partial_y f\, dy = f'\, dz = \partial_W f\, dz + \overline{\partial}_W f\, d\overline{z}$$

für $f \in C^1(U, \mathbb{C})$.

3   Die 1-Form $\alpha \in \Omega_{(1)}(U, \mathbb{C})$ heißt **holomorph**, wenn es zu jedem $z_0 \in U$ eine Umge-
bung V und ein $f \in C^1(V, \mathbb{C})$ gibt mit $df = \alpha\,|\,V$.

---

[5]Üblicherweise werden die Wirtingerableitungen mit ∂ bzw. $\overline{\partial}$ bezeichnet. Um Verwechslungen
mit unserer Bezeichnung ∂ für den Ableitungsoperator zu vermeiden, schreiben wir ∂_W bzw. $\overline{\partial}_W$.

(a) Die folgenden Aussagen sind äquivalent:

  (i) α ist holomorph;

  (ii) Es gibt eine reell differenzierbare Funktion $a \in C(U, \mathbb{C})$, so daß $\alpha = a\, dz$ gilt und α geschlossen ist;

  (iii) Es gibt ein $a \in C^1(U, \mathbb{C})$ mit $\alpha = a\, dz$.

(b) Man zeige, daß

$$\alpha := \frac{x\, dx + y\, dy}{x^2 + y^2} + i\, \frac{x\, dy - y\, dx}{x^2 + y^2}$$

eine holomorphe 1-Form in $\mathbb{C}^\times$ ist. Ist α **global exakt**, d.h., gibt es eine in $\mathbb{C}^\times$ holomorphe Funktion f mit $\alpha = f\, dz$?

4 Es sei U zusammenhängend, und $u : U \to \mathbb{R}$ sei harmonisch. Erfüllt $v \in C^1(U, \mathbb{R})$ die Relationen $v_x = -u_y$ und $v_y = u_x$, so sagt man, v sei zu u **konjugiert**. Man beweise:

(a) Ist v zu u konjugiert, so ist v harmonisch.

(b) Ist U einfach zusammenhängend, so gibt es zu jeder in U harmonischen Funktion eine konjugiert harmonische Funktion. (Hinweis: Man betrachte $u_x - i\, u_y$.)

5 Man beweise den Weierstraßschen Konvergenzsatz mit Hilfe der Cauchyschen Integralformel. Ferner zeige man, daß unter den Voraussetzungen von Theorem 5.27 für jedes $k \in \mathbb{N}$ die Folge $(f_n^{(k)})_{n \in \mathbb{N}}$ der k-ten Ableitungen lokal gleichmäßig auf U gegen $f^{(k)}$ konvergiert. (Hinweis: Satz VII.6.7.)

6 Es seien $z_0 \in U$ und $r > 0$ mit $\bar{\mathbb{D}}(z_0, r) \subset U$. Ferner seien $z \in \mathbb{D}(z_0, r)$ und $\delta > 0$ mit $\mathbb{D}(z, \delta) \subset U$. Man verifiziere, daß $\partial \mathbb{D}(z, \delta)$ und $\partial \mathbb{D}(z_0, r)$ in $U \backslash \{z\}$ homotop sind.

7 Mit Hilfe des Cauchyschen Integralsatzes zeige man $\int_{-\infty}^\infty dx/(1 + x^2) = \pi$.

8 Es seien $p = \sum_{k=0}^n a_k X^k \in \mathbb{C}[X]$ mit $a_n = 1$ und $R := \max\{1, 2\sum_{k=0}^{n-1} |a_k|\}$. Man zeige

$$|z|^n/2 \le |p(z)| \le 2\,|z|^n\ , \qquad z \in R\mathbb{D}^c\ .$$

9 Es seien $0 \le r_0 < r < r_1 \le \infty$, und f sei holomorph in $\mathbb{D}(z_0, r_1)$. Man beweise:

$$|f^{(n)}(z)| \le \frac{r\,n!}{(r - r_0)^{n+1}} \max_{w \in \partial \mathbb{D}(z_0, r)} |f(w)|\ , \qquad z \in \mathbb{D}(z_0, r_0)\ , \quad n \in \mathbb{N}\ .$$

10 Gibt es für eine ganze Funktion f ein $n \in \mathbb{N}$ sowie $M, R > 0$ mit $|f(z)| \le M\,|z|^n$ für $z \in R\mathbb{D}^c$, so ist f ein Polynom mit $\mathrm{Grad}(f) \le n$. (Hinweis: Aufgabe 9.)

11 Es seien Γ_1 und Γ_2 kompakte stückweise-C^1-Kurven in U und $f \in C(U \times U, \mathbb{C})$. Dann gilt

$$\int_{\Gamma_2} \left(\int_{\Gamma_1} f(w, z)\, dw \right) dz = \int_{\Gamma_1} \left(\int_{\Gamma_2} f(w, z)\, dz \right) dw\ .$$

(Hinweis: Aufgabe VII.6.2).

12 Es seien Γ eine kompakte stückweise-C^1-Kurve in U und $f \in C(U \times U, \mathbb{C})$. Ferner sei $f(w, \cdot)$ für jedes $w \in U$ holomorph. Man zeige:

$$F : U \to \mathbb{C}\ , \qquad z \mapsto \int_\Gamma f(w, z)\, dw$$

ist holomorph, und $F' = \int_\Gamma \partial_2 f(w, \cdot)\, dw$.

(Hinweis: Aufgabe 11, Satz von Morera, Satz VII.6.7.)

13 Es sei $L = a + \mathbb{R}b$, $a, b \in \mathbb{C}$, eine Gerade in $\mathbb{C}$, und $f \in C(U, \mathbb{C})$ sei holomorph in $U \backslash L$. Dann ist f in ganz U holomorph. (Hinweis: Satz von Morera.)

14 Es sei U zusammenhängend, und f sei holomorph in U. Man beweise:

(a) Besitzt $|f|$ in z_0 ein globales Minimum, so gilt entweder $f(z_0) = 0$, oder f ist konstant.

(b) Sind U beschränkt und $f \in C(\overline{U}, \mathbb{C})$, so hat entweder f eine Nullstelle in U, oder $|f|$ nimmt das Minimum auf ∂U an.

15 Für $R > 0$ heißt

$$P_R : R\partial\mathbb{D} \times R\mathbb{D} \to \mathbb{C}, \quad (\zeta, z) \mapsto \frac{R^2 - |z|^2}{|\zeta - z|^2}$$

Poissonscher Kern für $R\mathbb{D}$.

Man beweise:

(a) $P_R(\zeta, z) = \operatorname{Re}\big((\zeta + z)/(\zeta - z)\big)$, $(\zeta, z) \in R\partial\mathbb{D} \times R\mathbb{D}$;

(b) Für jedes $\zeta \in R\partial\mathbb{D}$ ist $P_R(\zeta, \cdot)$ in $R\mathbb{D}$ harmonisch;

(c) Für $r \in [0, R]$ und $t, \theta \in [0, 2\pi]$ gilt

$$P_R(Re^{i\theta}, re^{it}) = \frac{R^2 - r^2}{R^2 - 2Rr\cos(\theta - t) + r^2} \;;$$

(d) $P_1(1, re^{it}) = \sum_{n=-\infty}^{\infty} r^{|n|}e^{int}$, $r \in [0, 1)$, $t \in \mathbb{R}$;

(e) $\int_0^{2\pi} P_R(Re^{i\theta}, z)\, d\theta = 2\pi$, $z \in R\mathbb{D}$.

(Hinweis zu (d): $\sum_{k=0}^{\infty}(re^{it})^k = 1/(1 - re^{it})$.)

16 Es sei $\rho > 1$, und f sei holomorph in $\rho\mathbb{D}$. Man zeige:

$$f(z) = \frac{1}{2\pi}\int_0^{2\pi} P_1(e^{i\theta}, z)f(e^{i\theta})\, d\theta, \qquad z \in \mathbb{D}.$$

(Hinweise: (i) Für $g \in C^1(\rho_0\mathbb{D}, \mathbb{C})$ mit $\rho_0 > 1$ gilt

$$g(z) = \frac{1}{2\pi}\int_0^{2\pi} \frac{g(e^{i\theta})}{1 - e^{-i\theta}z}\, d\theta, \qquad z \in \mathbb{D}.$$

(ii) Für $z \in \mathbb{D}$ und $\rho_0 := \min(\rho, 1/|z|)$ ist $g : \rho_0\mathbb{D} \to \mathbb{C}$, $w \mapsto f(w)/(1 - w\overline{z})$ holomorph.)

17 Man zeige:

(a) Für $g \in C(\partial\mathbb{D}, \mathbb{R})$ ist

$$\mathbb{D} \to \mathbb{C}, \quad z \mapsto \int_0^{2\pi} P_1(e^{i\theta}, z)g(e^{i\theta})\, d\theta$$

harmonisch.

(b) Ist $f \in C(\bar{\mathbb{D}}, \mathbb{R})$ in $\mathbb{D}$ harmonisch, so gilt

$$f(z) = \frac{1}{2\pi} \int_0^{2\pi} P_1(e^{i\theta}, z) f(e^{i\theta}) \, d\theta , \qquad z \in \mathbb{D} .$$

(Hinweise: (a) Aufgabe 15(b) und Satz VII.6.7.   (b) Es seien $0 < r_k < 1$ mit $\lim r_k = 1$ und $f_k(z) := f(r_k z)$ für $z \in r_k^{-1} \mathbb{D}$. Aufgabe 16 liefert

$$f_k(z) = \frac{1}{2\pi} \int_0^{2\pi} P_1(e^{i\theta}, z) f_k(e^{i\theta}) \, dz , \qquad z \in \mathbb{D} .$$

Nun betrachte man den Grenzübergang $k \to \infty$.)

18   Es seien $a \in \mathbb{C}$ und $\alpha \neq \operatorname{Re} a$. Man zeige, daß für $\gamma_\alpha : \mathbb{R} \to \mathbb{C}, \; s \mapsto \alpha + is$ gilt

$$e^{ta} = \frac{1}{2\pi i} \int_{\gamma_\alpha} e^{\lambda t} (\lambda - a)^{-1} \, d\lambda , \qquad t > 0 .$$

(Hinweis: Die Cauchysche Integralformel liefert

$$e^{ta} = \frac{1}{2\pi i} \int_{\partial \mathbb{D}(a,r)} e^{\lambda t} (\lambda - a)^{-1} \, d\lambda , \qquad t \in \mathbb{R} , \quad r > 0 .$$

Man wende nun den Cauchyschen Integralsatz an.)

6 Meromorphe Funktionen

Im Zentrum dieses Paragraphen steht die Untersuchung komplexer Funktionen, die mit Ausnahme einzelner Punkte holomorph sind. Als typische Beispiele seien

$$\mathbb{C}^\times \to \mathbb{C} \,, \quad z \mapsto e^{1/z} \,, \qquad\qquad \mathbb{C}\backslash\{\pm i\} \to \mathbb{C} \,, \quad z \mapsto 1/(1+z^2) \,,$$
$$\mathbb{C}^\times \to \mathbb{C} \,, \quad z \mapsto \sin(z)/z \,, \qquad\quad \mathbb{C}\backslash\pi\mathbb{Z} \to \mathbb{C} \,, \quad z \mapsto \cot z$$

angeführt. Es wird sich herausstellen, daß sich diese „Ausnahmepunkte" erstaunlich einfach klassifizieren lassen. Als ein Hilfsmittel dient uns dabei die Laurentreihenentwicklung, die derartige Funktionen in eine Reihe mit positiven und negativen Potenzen des Arguments entwickelt, und somit die Taylorsche Reihe für holomorphe Funktionen verallgemeinert.

Wir werden in diesem Zusammenhang auch den Cauchyschen Integralsatz ausdehnen, was uns zum Residuensatz führen wird, der viele wichtige Anwendungen besitzt, von denen wir einige wenige angeben werden.

Die Laurentsche Entwicklung

Für $c := (c_n) \in \mathbb{C}^\mathbb{Z}$ betrachten wir die beiden Potenzreihen

$$nc := \sum_{n \geq 0} c_n X^n \,, \quad hc := \sum_{n \geq 1} c_{-n} X^n \,.$$

Ihre Konvergenzradien seien ρ_1 und $1/\rho_0$, und es gelte $0 \leq \rho_0 < \rho_1 \leq \infty$. Dann ist die durch nc bzw. hc dargestellte Funktion $\underline{nc}$ bzw. $\underline{hc}$ in $\rho_1 \mathbb{D}$ bzw. $(1/\rho_0)\mathbb{D}$ aufgrund von Theorem V.3.1 holomorph. Da $z \mapsto 1/z$ in $\mathbb{C}^\times$ holomorph ist und da $|1/z| < 1/\rho_0$ für $|z| > \rho_0$ gilt, garantiert Bemerkung 5.13(d), daß die Funktion

$$z \mapsto \underline{hc}(1/z) = \sum_{n=1}^\infty c_{-n} z^{-n}$$

in $|z| > \rho_0$ holomorph ist. Also ist

$$z \mapsto \sum_{n=-\infty}^\infty c_n z^n := \sum_{n=0}^\infty c_n z^n + \sum_{n=1}^\infty c_{-n} z^{-n}$$

eine holomorphe Funktion im Kreisring um 0

$$\Omega(\rho_0, \rho_1) := \rho_1 \mathbb{D} \backslash \rho_0 \bar{\mathbb{D}} = \{ z \in \mathbb{C} \,;\ \rho_0 < |z| < \rho_1 \} \,.$$

Es sei nun $z_0 \in \mathbb{C}$. Dann heißt die (Summe der) Funktionenreihe(n)

$$\sum_{n\in\mathbb{Z}} c_n(z-z_0)^n := \sum_{n\geq 0} c_n(z-z_0)^n + \sum_{n\geq 1} c_{-n}(z-z_0)^{-n} \qquad (6.1)$$

Laurentreihe im **Entwicklungspunkt** z_0, und (c_n) ist die Folge der **Koeffizienten**. Ferner sind $\sum_{n\geq 1} c_{-n}(z-z_0)^{-n}$ der **Hauptteil** und $\sum_{n\geq 0} c_n(z-z_0)^n$ der **Neben-teil** von $\sum_{n\in\mathbb{Z}} c_n(z-z_0)^n$. Die Laurentreihe (6.1) ist in $M \subset \mathbb{C}$ **konvergent** [bzw. **normal konvergent**], wenn sowohl der Hauptteil als auch der Nebenteil in M konvergieren [bzw. normal konvergieren]. Dann ist ihr **Wert** in $z \in M$ definitionsgemäß gleich der Summe der Werte des Haupt- und des Nebenteils in z, d.h.

$$\sum_{n=-\infty}^{\infty} c_n(z-z_0)^n := \sum_{n=0}^{\infty} c_n(z-z_0)^n + \sum_{n=1}^{\infty} c_{-n}(z-z_0)^{-n} \ .$$

Aus den einleitenden Betrachtungen und Theorem V.1.8 folgt, daß die Laurent-reihe $\sum_{n\in\mathbb{Z}} c_n(z-z_0)^n$ in jeder kompakten Teilmenge des Kreisringes um z_0

$$z_0 + \Omega(\rho_0,\rho_1) = \{ z \in \mathbb{C} \ ; \ \rho_0 < |z-z_0| < \rho_1 \}$$

normal konvergiert und daß die Funktion

$$z_0 + \Omega(\rho_0,\rho_1) \to \mathbb{C} \ , \quad z \mapsto \sum_{n=-\infty}^{\infty} c_n(z-z_0)^n$$

holomorph ist. Die nachstehenden Überlegungen zeigen, daß, umgekehrt, jede in einem Kreisring holomorphe Funktion durch eine Laurentreihe darstellbar ist.

6.1 Lemma *Für $\rho > 0$ und $a \in \mathbb{C}$ gilt*

$$\int_{\rho\partial\mathbb{D}} \frac{dz}{z-a} = \begin{cases} 2\pi i \ , & |a| < \rho \ , \\ 0 \ , & |a| > \rho \ . \end{cases}$$

Beweis (i) Es seien $|a| < \rho$ und $\delta > 0$ mit $\mathbb{D}(a,\delta) \subset \rho\mathbb{D}$. Weil $\partial\mathbb{D}(a,\delta)$ und $\rho\partial\mathbb{D}$ in $\mathbb{C}\backslash\{a\}$ homotop sind (vgl. Aufgabe 5.6), folgt die Behauptung aus Satz 5.7 und Beispiel 5.3(a).

(ii) Im Fall $|a| > \rho$ ist $\rho\partial\mathbb{D}$ nullhomotop in $\mathbb{C}\backslash\{a\}$, und wir erhalten die Behauptung wiederum aus Satz 5.7. ∎

6.2 Lemma *Es sei $f : \Omega(r_0,r_1) \to \mathbb{C}$ holomorph.*

(i) *Für $r, s \in (r_0, r_1)$ gilt*

$$\int_{r\partial\mathbb{D}} f(z)\,dz = \int_{s\partial\mathbb{D}} f(z)\,dz \ .$$

(ii) *Es sei* $a \in \Omega(\rho_0, \rho_1)$ *mit* $r_0 < \rho_0 < \rho_1 < r_1$. *Dann gilt*

$$f(a) = \frac{1}{2\pi i} \int_{\rho_1 \partial \mathbb{D}} \frac{f(z)}{z - a} \, dz - \frac{1}{2\pi i} \int_{\rho_0 \partial \mathbb{D}} \frac{f(z)}{z - a} \, dz \; .$$

Beweis (i) Weil $r\partial \mathbb{D}$ und $s\partial \mathbb{D}$ in $\Omega := \Omega(r_0, r_1)$ homotop sind, folgt die Behauptung aus Satz 5.7.

(ii) Es sei $g : \Omega \to \mathbb{C}$ durch

$$g(z) := \begin{cases} \big(f(z) - f(a)\big)/(z - a) \, , & z \in \Omega \backslash \{a\} \, , \\ f'(a) \, , & z = a \, , \end{cases}$$

erklärt. Offensichtlich ist g in $\Omega \backslash \{a\}$ holomorph mit

$$g'(z) = \frac{f'(z)(z - a) - f(z) + f(a)}{(z - a)^2} \, , \qquad z \in \Omega \backslash \{a\} \, . \tag{6.2}$$

Mit der Taylorschen Formel (Korollar IV.3.3)

$$f(z) = f(a) + f'(a)(z - a) + \frac{1}{2} f''(a)(z - a)^2 + o\big(|z - a|^2\big) \tag{6.3}$$

für $z \to a$ finden wir

$$\frac{g(z) - g(a)}{z - a} = \frac{1}{z - a} \Big(\frac{f(z) - f(a)}{z - a} - f'(a) \Big) = \frac{1}{2} f''(a) + \frac{o\big(|z - a|^2\big)}{(z - a)^2}$$

für $z \to a$ in $\Omega \backslash \{a\}$. Somit ist g in a differenzierbar mit $g'(a) = f''(a)/2$. Also ist g in Ω holomorph. Die Behauptung folgt nun durch Anwenden von Lemma 6.1 und (i) auf g. ∎

Nach diesen Vorbereitungen können wir den angekündigten Entwicklungssatz beweisen.

6.3 Theorem (Laurentscher Entwicklungssatz) *Jede in* $\Omega := \Omega(r_0, r_1)$ *holomorphe Funktion* f *besitzt eine eindeutig bestimmte Laurententwicklung*

$$f(z) = \sum_{n=-\infty}^{\infty} c_n z^n \, , \qquad z \in \Omega \, . \tag{6.4}$$

Die Laurentreihe konvergiert normal auf jeder kompakten Teilmenge von Ω, *und ihre Koeffizienten sind durch*

$$c_n = \frac{1}{2\pi i} \int_{r\partial \mathbb{D}} \frac{f(\zeta)}{\zeta^{n+1}} \, d\zeta \, , \qquad n \in \mathbb{Z} \, , \quad r_0 < r < r_1 \, , \tag{6.5}$$

gegeben.

Beweis (i) Wir verifizieren zuerst die Darstellbarkeit von f durch die Laurent-reihe mit den in (6.5) angegebenen Koeffizienten. Aus Lemma 6.2(i) folgt, daß c_n für $n \in \mathbb{Z}$ wohldefiniert, d.h. unabhängig von r, ist.

Es seien $r_0 < s_0 < s_1 < r_1$ und $z \in \Omega(s_0, s_1)$. Für $\zeta \in \mathbb{C}$ mit $|\zeta| = s_1$ gilt $|z/\zeta| < 1$, und somit

$$\frac{1}{\zeta - z} = \frac{1}{\zeta} \cdot \frac{1}{1 - z/\zeta} = \sum_{n=0}^{\infty} \frac{z^n}{\zeta^{n+1}}$$

mit normaler Konvergenz auf $s_1 \partial \mathbb{D}$. Also gilt

$$\frac{1}{2\pi i} \int_{s_1 \partial \mathbb{D}} \frac{f(\zeta)}{\zeta - z} \, d\zeta = \sum_{n=0}^{\infty} c_n z^n$$

(vgl. Aufgabe 4.9). Für $\zeta \in \mathbb{C}$ mit $|\zeta| = s_0$ gilt $|\zeta/z| < 1$, und deshalb

$$\frac{1}{\zeta - z} = -\frac{1}{z} \cdot \frac{1}{1 - \zeta/z} = -\sum_{m=0}^{\infty} \frac{\zeta^m}{z^{m+1}}$$

mit normaler Konvergenz auf $s_0 \partial \mathbb{D}$. Hieraus folgt

$$\frac{1}{2\pi i} \int_{s_0 \partial \mathbb{D}} \frac{f(\zeta)}{\zeta - z} \, d\zeta = -\sum_{m=0}^{\infty} \left(\frac{1}{2\pi i} \int_{s_0 \partial \mathbb{D}} f(\zeta) \zeta^m \, d\zeta \right) z^{-m-1}$$

$$= -\sum_{n=1}^{\infty} c_{-n} z^{-n} \ .$$

Folglich erhalten wir aus Lemma 6.2(ii) die Darstellung (6.4).

(ii) Nun beweisen wir die Eindeutigkeit der Darstellung (6.4). Dazu gelte $f(z) = \sum_{n=-\infty}^{\infty} a_n z^n$ mit normaler Konvergenz auf kompakten Teilmengen von Ω. Für $r \in (r_0, r_1)$ und $m \in \mathbb{Z}$ gilt dann (vgl. Beispiel 5.3(a))

$$\frac{1}{2\pi i} \int_{r \partial \mathbb{D}} f(z) z^{-m-1} \, dz = \frac{1}{2\pi i} \sum_{n=-\infty}^{\infty} a_n \int_{r \partial \mathbb{D}} z^{n-m-1} \, dz = a_m \ .$$

Dies zeigt $a_m = c_m$ für $m \in \mathbb{Z}$.

(iii) Da wir bereits weiter oben festgehalten haben, daß die Laurentreihe in kompakten Teilmengen von Ω normal konvergiert, ist das Theorem bewiesen. ∎

Als eine einfache Konsequenz dieses Theorems erhalten wir die Laurent-entwicklung einer in der offenen **punktierten Kreisscheibe**

$$\mathbb{D}^{\bullet}(z_0, r) := z_0 + \Omega(0, r) = \{ z \in \mathbb{C} \, ; \, 0 < |z - z_0| < r \}$$

holomorphen Funktion.

6.4 Korollar *Es sei f in $\mathbb{D}^{\bullet}(z_0, r)$ holomorph. Dann besitzt f eine eindeutig bestimmte Laurententwicklung*

$$f(z) = \sum_{n=-\infty}^{\infty} c_n (z - z_0)^n , \qquad z \in \mathbb{D}^{\bullet}(z_0, r) ,$$

mit

$$c_n := \frac{1}{2\pi i} \int_{\partial \mathbb{D}(z_0, \rho)} \frac{f(z)}{(z - z_0)^{n+1}} \, dz , \qquad n \in \mathbb{Z} , \quad \rho \in (0, r) .$$

Die Reihe konvergiert normal auf jeder kompakten Teilmenge von $\mathbb{D}^{\bullet}(z_0, r)$, und

$$|c_n| \leq \rho^{-n} \max_{z \in \partial \mathbb{D}(z_0, \rho)} |f(z)| , \qquad n \in \mathbb{Z} , \quad \rho \in (0, r) . \tag{6.6}$$

Beweis Mit Ausnahme von (6.6) folgen alle Aussagen aus Theorem 6.3, angewendet auf $z \mapsto f(z + z_0)$. Die Abschätzung (6.6) ergibt sich aus (6.5) und Satz 5.2(ii). ∎

Hebbare Singularitäten

Im folgenden bezeichnen

- U eine offene Teilmenge von $\mathbb{C}$ und z_0 einen Punkt von U.

Für die holomorphe Funktion $f : U \backslash \{z_0\} \to \mathbb{C}$ heißt z_0 **hebbare Singularität**, falls es eine holomorphe Erweiterung $F : U \to \mathbb{C}$ von f gibt. In diesem Fall werden wir F oft wieder mit f bezeichnen, wenn keine Unklarheiten zu befürchten sind.

6.5 Beispiel Es sei $f : U \to \mathbb{C}$ holomorph. Dann ist z_0 eine hebbare Singularität von

$$g : U \backslash \{z_0\} \to \mathbb{C} , \quad z \mapsto \big(f(z) - f(z_0)\big) / (z - z_0) .$$

Insbesondere ist 0 eine hebbare Singularität von

$$z \mapsto \sin(z)/z , \quad z \mapsto (\cos z - 1)/z , \quad z \mapsto \log(z + 1)/z .$$

Beweis Dies folgt aus dem Beweis von Lemma 6.2(ii). ∎

Hebbare Singularitäten einer Funktion f lassen sich durch die lokale Beschränktheit von f wie folgt charakterisieren:

6.6 Theorem (Riemannscher Hebbarkeitssatz) *Es sei $f : U \backslash \{z_0\} \to \mathbb{C}$ holomorph. Der Punkt z_0 ist genau dann eine hebbare Singularität von f, wenn f in einer Umgebung von z_0 beschränkt ist.*

Beweis Es sei $r > 0$ mit $\bar{\mathbb{D}}(z_0, r) \subset U$.

Ist z_0 eine hebbare Singularität von f, so gibt es ein $F \in C^\omega(U)$ mit $F \supset f$. Aufgrund der Kompaktheit von $\bar{\mathbb{D}}(z_0, r)$ folgt dann

$$\sup_{z \in \mathbb{D}^\bullet(z_0, r)} |f(z)| = \sup_{z \in \mathbb{D}^\bullet(z_0, r)} |F(z)| \leq \max_{z \in \bar{\mathbb{D}}(z_0, r)} |F(z)| < \infty .$$

Also ist f auf der Umgebung $\mathbb{D}^\bullet(z_0, r)$ von z_0 in $U \backslash \{z_0\}$ beschränkt.

Um die Umkehrung zu beweisen, setzen wir

$$M(\rho) := \max_{z \in \partial \mathbb{D}(z_0, \rho)} |f(z)| , \qquad \rho \in (0, r) .$$

Nach Voraussetzung gibt es ein $M \geq 0$ mit $M(\rho) \leq M$ für $\rho \in (0, r)$ (da $|f|$ auf $\bar{\mathbb{D}}(z_0, r) \backslash \{z_0\}$ stetig und somit für jedes $0 < r_0 < r$ auf der kompakten Menge $\bar{\mathbb{D}}(z_0, r) \backslash \mathbb{D}(z_0, r_0)$ beschränkt ist). Somit folgt aus (6.6)

$$|c_n| \leq M(\rho)\rho^{-n} \leq M\rho^{-n} , \qquad n \in \mathbb{Z} , \quad \rho \in (0, r) .$$

Also verschwindet der Hauptteil der Laurententwicklung von f, und aus Korollar 6.4 folgt

$$f(z) = \sum_{n=0}^{\infty} c_n(z - z_0)^n , \qquad z \in \mathbb{D}^\bullet(z_0, r) .$$

Die durch

$$z \mapsto \sum_{n=0}^{\infty} c_n(z - z_0)^n , \qquad z \in \mathbb{D}(z_0, r) ,$$

definierte Funktion ist holomorph auf $\mathbb{D}(z_0, r)$ und stimmt auf $\mathbb{D}^\bullet(z_0, r)$ mit f überein. Also ist z_0 eine hebbare Singularität von f. ∎

Isolierte Singularitäten

Es seien $f : U \backslash \{z_0\} \to \mathbb{C}$ holomorph und $r > 0$ mit $\bar{\mathbb{D}}(z_0, r) \subset U$. Ferner sei

$$f(z) = \sum_{n=-\infty}^{\infty} c_n(z - z_0)^n , \qquad z \in \mathbb{D}^\bullet(z_0, r) ,$$

die Laurententwicklung von f in $\mathbb{D}^\bullet(z_0, r)$. Dann heißt z_0 **isolierte Singularität** von f, wenn z_0 keine hebbare Singularität ist. Aufgrund (des Beweises) des Riemannschen Hebbarkeitssatzes ist dies genau dann der Fall, wenn der Hauptteil der Laurententwicklung von f nicht identisch verschwindet. Ist z_0 eine isolierte Singularität von f, so heißt z_0 **Pol** (oder **Polstelle**) von f, wenn es ein $m \in \mathbb{N}^\times$ gibt mit $c_{-m} \neq 0$ und $c_{-n} = 0$ für $n > m$. In diesem Fall ist m die **Ordnung** des Pols. Sind unendlich viele Koeffizienten des Hauptteils der Laurentreihe von Null verschieden, so heißt z_0 **wesentliche Singularität** von f. Schließlich wird das **Residuum** von f in z_0 durch

$$\mathrm{Res}(f, z_0) := c_{-1}$$

erklärt.

Eine Funktion g heißt **meromorph** in U, wenn es eine abgeschlossene Teilmenge $P(g)$ von U gibt, derart daß g in $U \backslash P(g)$ holomorph und jedes $z \in P(g)$ ein Pol von g ist.[1] Dann ist $P(g)$ die **Polstellenmenge** von g.

6.7 Bemerkungen (a) Es sei $f : U \backslash \{z_0\} \to \mathbb{C}$ holomorph. Dann gilt

$$\mathrm{Res}(f, z_0) = \frac{1}{2\pi i} \int_{\partial \mathbb{D}(z_0, r)} f(z)\, dz$$

für jedes $r > 0$ mit $\bar{\mathbb{D}}(z_0, r) \subset U$. Das Residuum von f in z_0 ist also, bis auf den Faktor $1/2\pi i$, der nach Integration längs $\partial \mathbb{D}(z_0, r)$ „übrigbleibende Rest" von f.

Beweis Dies folgt aus Korollar 6.4 und Beispiel 5.3(a). ∎

(b) Die Polstellenmenge $P(f)$ einer in U meromorphen Funktion f ist diskret und abzählbar, und sie besitzt in U keinen Häufungspunkt.[2]

Beweis (i) Es sei $z_0 \in P(f)$. Dann gibt es ein $r > 0$ mit $\bar{\mathbb{D}}(z_0, r) \subset U$, so daß f in $\mathbb{D}^\bullet(z_0, r)$ holomorph ist. Deshalb gilt $P(f) \cap \mathbb{D}(z_0, r) = \{z_0\}$, was zeigt, daß $P(f)$ diskret ist.

(ii) Nehmen wir an, $P(f)$ besitze einen Häufungspunkt z_0 in U. Weil $P(f)$ diskret ist, gehört z_0 nicht zu $P(f)$. Also liegt z_0 in der offenen Menge $U \backslash P(f)$, und wir finden ein $r > 0$ mit $\mathbb{D}(z_0, r) \subset U \backslash P(f)$. Folglich ist z_0 kein Häufungspunkt von $P(f)$, im Widerspruch zur Annahme.

(iii) Zu jedem $z \in P(f)$ gibt es ein $r_z > 0$ mit $\mathbb{D}^\bullet(z, r_z) \cap P(f) = \emptyset$. Ist K eine kompakte Teilmenge von U, so ist auch $K \cap P(f)$ kompakt. Folglich finden wir $z_0, \dots, z_m \in P(f)$ mit

$$K \cap P(f) \subset \bigcup_{j=0}^{m} \mathbb{D}(z_j, r_{z_j}) \,.$$

Somit ist $K \cap P(f)$ eine endliche Menge.

(iv) Um nachzuweisen, daß $P(f)$ abzählbar ist, setzen wir

$$K_j := \{\, x \in U \;;\; d(x, \partial U) \geq 1/j,\ |x| \leq j \,\} \,, \qquad j \in \mathbb{N}^\times \,.$$

Aufgrund der Beispiele III.1.3(l) und III.2.22(c) und wegen des Satzes von Heine-Borel ist jedes K_j kompakt. Ferner gilt $\bigcup_j K_j = U$, und $K_j \cap P(f)$ ist für jedes $j \in \mathbb{N}^\times$ endlich. Also folgt aus Satz I.6.8, daß $P(f) = \bigcup_j \big(K_j \cap P(f) \big)$ abzählbar ist. ∎

Der folgende Satz zeigt, daß eine Funktion genau dann meromorph ist, wenn sie sich lokal als Quotient zweier holomorpher Funktionen darstellen läßt.[3]

---

[1] $P(g)$ kann auch leer sein. Also ist jede in U holomorphe Funktion dort auch meromorph.

[2] Es ist jedoch durchaus möglich, daß sich die Polstellen von f am Rand von U häufen.

[3] Dies erklärt die Bezeichnung „meromorph", was „gebrochengestaltig" bedeutet, während „holomorph" mit „ganzgestaltig" übersetzt werden kann.

6.8 Satz *Die Funktion f ist genau dann meromorph in U, wenn es eine abgeschlossene Teilmenge A von U gibt und die folgenden Bedingungen erfüllt sind:*

(i) *f ist holomorph in $U \backslash A$.*

(ii) *Zu jedem $a \in A$ gibt es ein $r > 0$ mit $\mathbb{D}(a,r) \subset U$ und $g, h \in C^\omega\big(\mathbb{D}(a,r)\big)$ mit $h \neq 0$ und $f = g/h$ in $\mathbb{D}^\bullet(a,r)$.*

Beweis (a) Es sei f meromorph in U. Dann gibt es zu $a \in P(f) =: A$ ein $r > 0$ mit $\mathbb{D}(a,r) \subset U$, derart daß f in $\mathbb{D}^\bullet(a,r)$ die Laurententwicklung

$$f(z) = \sum_{n=-m}^{\infty} c_n (z-a)^n \,, \qquad z \in \mathbb{D}^\bullet(a,r) \,,$$

mit einem geeigneten $m \in \mathbb{N}^\times$ besitzt. Die holomorphe Funktion

$$\mathbb{D}^\bullet(a,r) \to \mathbb{C} \,, \quad z \mapsto (z-a)^m f(z) = \sum_{k=0}^{\infty} c_{k-m} (z-a)^k \qquad (6.7)$$

hat in a eine hebbare Singularität. Folglich gibt es ein $g \in C^\omega\big(\mathbb{D}(a,r)\big)$ mit

$$g(z) = (z-a)^m f(z) \,, \qquad 0 < |z-a| < r \,.$$

Somit gilt für f in $\mathbb{D}^\bullet(a,r)$ die Darstellung $f = g/h$ mit $h := (X-a)^m \in C^\omega(\mathbb{C})$.

(b) Es seien die angegebenen Bedingungen erfüllt. Gilt $h(a) \neq 0$, so können wir (durch Verkleinern von r) annehmen, daß $h(z) \neq 0$ für $z \in \mathbb{D}(a,r)$ gilt. Dann ist $f = g/h$ in $\mathbb{D}(a,r)$ holomorph. Im Fall $h(a) = 0$ können wir annehmen, daß es ein $m \in \mathbb{N}^\times$ gibt, so daß h in $\mathbb{D}(a,r)$ die Potenzreihenentwicklung

$$h(z) = \sum_{k=m}^{\infty} c_k (z-a)^k = (z-a)^m \sum_{n=0}^{\infty} c_{n+m}(z-a)^n$$

besitzt, wobei c_m wegen $h \neq 0$ von Null verschieden ist. Also ist die durch

$$\varphi(z) := \sum_{n=0}^{\infty} c_{n+m}(z-a)^n \,, \qquad z \in \mathbb{D}(a,r) \,,$$

definierte Funktion auf $\mathbb{D}(a,r)$ holomorph (vgl. Satz V.3.5) mit $\varphi(a) = c_m \neq 0$. Folglich gibt es ein $\rho \in (0,r)$ mit $\varphi(z) \neq 0$ für $|z-a| \leq \rho$, was $g/\varphi \in C^\omega\big(\mathbb{D}(a,\rho)\big)$ impliziert. Bezeichnet $\sum_{n \geq 0} b_n (z-a)^n$ die Taylorreihe von g/φ, so folgt

$$f(z) = \frac{g(z)}{h(z)} = \frac{1}{(z-a)^m} \frac{g}{\varphi}(z) = \sum_{n=0}^{\infty} b_n (z-a)^{n-m} \,, \qquad z \in \mathbb{D}^\bullet(a,\rho) \,.$$

Hieraus und aus der Eindeutigkeit der Laurententwicklung lesen wir ab, daß a ein Pol von f ist. $\blacksquare$

6.9 Beispiele   (a) Jede rationale Funktion ist meromorph in $\mathbb{C}$ und besitzt höchstens endlich viele Pole.

(b) Der Tangens und der Cotangens sind meromorph in $\mathbb{C}$. Ihre Polstellenmengen sind $\pi(\mathbb{Z} + 1/2)$ bzw. $\pi\mathbb{Z}$. Die Laurententwicklung des Cotangens in $\pi\mathbb{D}^{\bullet}$ lautet

$$\cot z = \frac{1}{z} - 2\sum_{k=1}^{\infty} \frac{\zeta(2k)}{\pi^{2k}} z^{2k-1} , \qquad z \in \pi\mathbb{D}^{\bullet} .$$

Beweis   Wegen $\tan = \sin/\cos$ und $\cot = 1/\tan$ folgen die ersten beiden Behauptungen aus Satz 6.8. Die angegebene Darstellung des Cotangens ergibt sich aus (VI.7.18), Theorem VI.6.15 und der Eindeutigkeit der Laurententwicklung. ∎

(c) Die Gammafunktion ist meromorph in $\mathbb{C}$. Ihre Polstellenmenge ist $-\mathbb{N}$.

Beweis   Die Weierstraßsche Produktdarstellung von Satz VI.9.5 und der Weierstraßsche Konvergenzsatz (Theorem 5.27) implizieren, daß Γ der Kehrwert einer ganzen Funktion ist, deren Nullstellenmenge mit $-\mathbb{N}$ übereinstimmt. Also erhalten wir die Behauptung aus Satz 6.8. ∎

(d) Die Riemannsche ζ-Funktion ist meromorph in $\mathbb{C}$.

Beweis   Dies folgt aus Theorem VI.6.15. ∎

(e) Die Funktion $z \mapsto e^{1/z}$ ist nicht meromorph in $\mathbb{C}$.

Beweis   Wegen $e^{1/z} = \exp(1/z)$ gilt

$$e^{1/z} = \sum_{k=0}^{\infty} \frac{1}{k!\, z^k} = 1 + \frac{1}{z} + \frac{1}{2z^2} + \cdots , \qquad z \in \mathbb{C}^{\times} .$$

Also ist 0 eine wesentliche Singularität von $z \mapsto e^{1/z}$. ∎

Einfache Pole

Wie wir im folgenden sehen werden, spielen die Residuen meromorpher Funktionen eine besonders wichtige Rolle. Deshalb ist es wichtig, Residuen bestimmen zu können, ohne Laurententwicklungen explizit durchzuführen. Dies ist besonders leicht bei Polen erster Ordnung, den **einfachen Polen**, der Fall, wie der nächste Satz zeigt.

6.10 Satz   *Die holomorphe Funktion $f : U \backslash \{z_0\} \to \mathbb{C}$ hat in z_0 genau dann einen einfachen Pol, wenn $z \mapsto g(z) := (z - z_0)f(z)$ in z_0 eine hebbare Singularität besitzt mit $g(z_0) \neq 0$. Dann gilt*

$$\operatorname{Res}(f, z_0) = \lim_{z \to z_0} (z - z_0)f(z) .$$

Beweis Es sei g holomorph in U mit $g(z_0) \neq 0$. Dann gibt es ein $r > 0$ mit $\mathbb{D}(z_0, r) \subset U$ und eine Folge (b_n) in $\mathbb{C}$ mit

$$g(z) = \sum_{n=0}^{\infty} b_n (z - z_0)^n \ , \qquad z \in \mathbb{D}(z_0, r) \ , \qquad g(z_0) = b_0 \neq 0 \ .$$

Wegen

$$f(z) = \frac{g(z)}{z - z_0} = \sum_{n=-1}^{\infty} c_n (z - z_0)^n \ , \qquad z \in \mathbb{D}^\bullet(z_0, r) \ ,$$

mit $c_n := b_{n+1}$ und $c_{-1} := b_0 \neq 0$ ist z_0 ein einfacher Pol, und es gilt

$$\operatorname{Res}(f, z_0) = c_{-1} = b_0 = g(z_0) = \lim_{z \to z_0} (z - z_0) f(z) \ .$$

Ist, umgekehrt, z_0 ein einfacher Pol von f, so gibt es ein $r > 0$ mit $\mathbb{D}(z_0, r) \subset U$ und

$$f(z) = \sum_{n=-1}^{\infty} c_n (z - z_0)^n \ , \qquad z \in \mathbb{D}^\bullet(z_0, r) \ , \quad c_{-1} \neq 0 \ .$$

Hieraus folgt

$$(z - z_0) f(z) = \sum_{n=0}^{\infty} c_{n-1} (z - z_0)^n \ , \qquad z \in \mathbb{D}^\bullet(z_0, r) \ .$$

Nun ergibt sich die Behauptung aus dem Riemannschen Hebbarkeitssatz und dem Identitätssatz für analytische Funktionen. ∎

6.11 Beispiele (a) Es seien g und h in U holomorph, und h besitze in z_0 eine **einfache Nullstelle**, d.h., es gelten[4] $h(z_0) = 0$ und $h'(z_0) \neq 0$. Dann ist $f := g/h$ meromorph in U, und z_0 ist ein einfacher Pol von f mit $\operatorname{Res}(f, z_0) = g(z_0)/h'(z_0)$, falls $g(z_0) \neq 0$.

Beweis Die Taylorsche Formel liefert

$$h(z) = (z - z_0) h'(z_0) + o(|z - z_0|) \ (z \to z_0) \ ,$$

also $h(z)(z - z_0)^{-1} \to h'(z_0)$ für $z \to z_0$. Dies impliziert

$$\lim_{z \to z_0} (z - z_0) f(z) = \lim_{z \to z_0} g(z) / \big(h(z)(z - z_0)^{-1} \big) = g(z_0)/h'(z_0) \ ,$$

und die Behauptung folgt aus den Sätzen 6.8 und 6.10 sowie dem Riemannschen Hebbarkeitssatz. ∎

(b) Der Tangens und der Cotangens besitzen nur einfache Pole. Ihre Residuen sind durch

$$\operatorname{Res}\big(\tan, \pi(k + 1/2) \big) = -\operatorname{Res}(\cot, k\pi) = -1 \ , \qquad k \in \mathbb{Z} \ ,$$

gegeben.

Beweis Dies folgt unmittelbar aus (a). ∎

---

[4]Eine einfache Nullstelle ist eine der Ordnung 1 (vgl. Aufgabe IV.3.10).

(c) Die Gammafunktion besitzt nur Pole erster Ordnung, und

$$\mathrm{Res}(\Gamma, -n) = (-1)^n/n! \, , \qquad n \in \mathbb{N} \, .$$

Beweis Aus (VI.9.2) erhalten wir für $z \in \mathbb{C} \backslash (-\mathbb{N})$ mit $\mathrm{Re}\, z > -n - 1$ die Darstellung

$$(z + n)\Gamma(z) = \frac{\Gamma(z + n + 1)}{z(z + 1) \cdot \ldots \cdot (z + n - 1)} \, .$$

Also konvergiert $(z + n)\Gamma(z)$ für $z \to -n$ gegen $(-1)^n \Gamma(1)/n!$. Wegen $\Gamma(1) = 1$ ergibt sich die Behauptung aus Beispiel 6.9(c) und Satz 6.10. ∎

(d) Die Riemannsche ζ-Funktion hat in 1 einen einfachen Pol mit dem Residuum 1.

Beweis Dies folgt aus Theorem VI.6.15. ∎

(e) Es seien $p \in \mathbb{R}$ und $a > 0$. Dann ist die durch $f(z) := e^{-ipz}/(z^2 + a^2)$ definierte Funktion meromorph in $\mathbb{C}$ und hat in $\pm ia$ einfache Pole mit

$$\mathrm{Res}(f, \pm ia) = \pm e^{\pm pa}/2ia \, .$$

Beweis Offensichtlich ist $(z \mp ia)f(z) = e^{-ipz}/(z \pm ia)$ in $\pm ia$ holomorph, und es gilt

$$\lim_{z \to \pm ia} (z \mp ia)f(z) = \pm e^{\pm pa}/2ia \, .$$

Die Behauptung folgt also aus Satz 6.10. ∎

(f) Für $p \in \mathbb{R}$ und $f(z) := e^{-ipz}/(z^4 + 1)$ gilt: f ist meromorph in $\mathbb{C}$ und

$$P(f) = \{\, z_j := e^{i(\pi/4 + j\pi/2)} \,;\; j = 0, \ldots, 3 \,\} \, .$$

Jeder Pol ist einfach, und für die Residuen gilt

$$\mathrm{Res}(f, z_j) = e^{-ipz_j}/4z_j^3 \, , \qquad 0 \le j \le 3 \, .$$

Beweis Eine elementare Rechnung ergibt

$$\prod_{\substack{k=0 \\ k \ne j}}^{3} (z_j - z_k) = 4z_j^3 \, .$$

Somit folgt die Behauptung wieder aus Satz 6.10. ∎

Die Windungszahl

Bereits im letzten Paragraphen haben wir gesehen, daß die Homotopieinvarianz des Kurvenintegrals holomorpher Funktionen (Satz 5.7) zur effektiven Berechnung von Integralen benutzt werden kann. Ein analoges Resultat wollen wir nun für meromorphe Funktionen herleiten. Dazu müssen wir aber mehr über die Lage der Pole relativ zur Integrationskurve wissen. Es ist das Ziel der nachstehenden Betrachtungen, diese Information bereitzustellen.

Im folgenden bezeichne

- Γ stets eine geschlossene, kompakte stückweise-C^1-Kurve in $\mathbb{C}$.

Für $a \in \mathbb{C}\backslash\Gamma$ heißt

$$w(\Gamma, a) := \frac{1}{2\pi i} \int_{\Gamma} \frac{dz}{z - a}$$

Windungszahl, **Umlaufzahl** oder **Index** von Γ bezüglich a.

6.12 Beispiele   (a) Es seien $m \in \mathbb{Z}^{\times}$ und $r > 0$. Dann wird für $z_0 \in \mathbb{C}$ durch $\gamma_m : [0, 2\pi] \to z_0 + re^{imt}$ eine glatte Kurve $\Gamma_m := \Gamma_m(z_0, r)$ parametrisiert, deren Spur mit der Spur der orientierten Kreislinie $\partial\mathbb{D}(z_0, r)$ übereinstimmt. Ist m positiv [bzw. negativ], so ist Γ_m gleich [bzw. umgekehrt] orientiert wie $\partial\mathbb{D}(z_0, r)$. Also wird $\partial\mathbb{D}(z_0, r)$ $|m|$-mal in positiver [bzw. negativer] Richtung durchlaufen, wenn t von 0 bis 2π wandert. Aus diesem Grund nennen wir Γ_m die m-**mal durchlaufene Kreislinie** mit Mittelpunkt z_0 und Radius r. Hierfür gilt

$$w(\Gamma_m, a) = \begin{cases} m, & |a - z_0| < r, \\ 0, & |a - z_0| > r. \end{cases}$$

Beweis   Wie im Beweis von Lemma 6.1 folgt im Fall $|a - z_0| < r$

$$\int_{\Gamma_m} \frac{dz}{z - a} = \int_{\Gamma_m} \frac{dz}{z - z_0} = \int_0^{2\pi} \frac{imre^{imt}}{re^{imt}} \, dt = 2\pi i m .$$

Im Fall $|a - z_0| > r$ ist Γ_m nullhomotop in $\mathbb{C}\backslash\{a\}$. ∎

(b) Für $z_0 \in \mathbb{C}$ sei Γ_{z_0} ein Punktweg mit $\mathrm{spur}(\Gamma_{z_0}) = \{z_0\}$. Dann gilt $w(\Gamma_{z_0}, a) = 0$ für $a \in \mathbb{C}\backslash\{z_0\}$.

(c) Sind γ_1 und γ_2 homotope stückweise-C^1-Schleifen in U und $a \in U^c$, so gilt

$$w(\Gamma_1, a) = w(\Gamma_2, a)$$

für $\Gamma_1 = [\gamma_1]$ und $\Gamma_2 = [\gamma_2]$.

Beweis   Für $a \in U^c$ ist $z \mapsto 1/(z - a)$ in U holomorph. Also folgt die Behauptung aus Satz 5.7. ∎

(d) Sind U einfach zusammenhängend und $\Gamma \subset U$, so gilt $w(\Gamma, a) = 0$ für $a \in U^c$.

Beweis   Dies folgt aus (b) und (c). ∎

Für die m-mal durchlaufene Kreislinie $\Gamma_m := \Gamma_m(z_0, r)$ gibt die Windungszahl $w(\Gamma_m, a)$ gemäß Beispiel 6.12(a) an, wie oft sich Γ_m um den Punkt a (in positiver bzw. negativer Richtung) „herumwindet". Im folgenden werden wir zeigen, daß eine derartige geometrische Interpretation für die Windungszahl jeder geschlossenen stückweise-C^1-Kurve richtig ist. Dazu beweisen wir zuerst einen technischen Hilfssatz.

6.13 Lemma   *Es sei I ein perfektes kompaktes Intervall, und $\gamma : I \to \mathbb{C}^\times$ sei stückweise stetig differenzierbar. Dann gibt es eine stetige und stückweise stetig differenzierbare Funktion $\varphi : I \to \mathbb{C}$ mit $\exp \circ \varphi = \gamma$. Hierbei sind γ und φ auf denselben Teilintervallen von I stetig differenzierbar.*

Beweis   (i) Nach Satz III.6.19 und Aufgabe III.6.9 ist $\log_\alpha := \mathrm{Log} \,| \,(\mathbb{C} \backslash \mathbb{R}^+ e^{i\alpha})$ für $\alpha \in \mathbb{R}$ eine topologische Abbildung von $\mathbb{C} \backslash \mathbb{R}^+ e^{i\alpha}$ auf $\mathbb{R} + i(\alpha, \alpha + 2\pi)$, welche

$$\exp(\log_\alpha z) = z , \qquad z \in \mathbb{C} \backslash \mathbb{R}^+ e^{i\alpha} , \tag{6.8}$$

erfüllt. Hieraus erhalten wir (vgl. Beispiel IV.1.13(e)), daß $\log_\alpha$ ein C^1-Diffeomorphismus von $\mathbb{C} \backslash \mathbb{R}^+ e^{i\alpha}$ auf $\mathbb{R} + i(\alpha, \alpha + 2\pi)$ ist, der

$$(\log_\alpha)'(z) = 1/z , \qquad z \in \mathbb{C} \backslash \mathbb{R}^+ e^{i\alpha} , \tag{6.9}$$

erfüllt.

(ii) Da $\gamma(I)$ kompakt ist, gibt es ein $r > 0$ mit $r\overline{\mathbb{D}} \cap \gamma(I) = \emptyset$. Aufgrund der gleichmäßigen Stetigkeit von γ finden wir eine Zerlegung $(t_0, \ldots, t_m)$ von I mit $\mathrm{diam}\big(\gamma | [t_{j-1}, t_j]\big) < r/2$ für $1 \leq j \leq m$. Da γ stückweise stetig differenzierbar ist, können wir diese Zerlegung so wählen, daß $\gamma | [t_{j-1}, t_j]$ für $1 \leq j \leq m$ stetig differenzierbar ist. Weil keine der Kreisscheiben $D_j := \mathbb{D}\big(\gamma(t_j), r\big)$ den Nullpunkt enthält, können wir für $1 \leq j \leq m$ ein $\alpha_j \in (-\pi, \pi)$ mit $\mathbb{R}^+ e^{i\alpha_j} \cap \overline{D}_j = \emptyset$ fixieren. Dann setzen wir $\log_j := \log_{\alpha_j}$ und $\varphi_j := \log_j \circ \gamma | [t_{j-1}, t_j]$. Gemäß (i) gehört φ_j zu $C^1\big([t_{j-1}, t_j]\big)$, und da $\gamma(t) \in D_j \cap D_{j+1}$ für $t \in [t_{j-1}, t_j]$ gilt, finden wir mit (6.8)

$$\exp\big(\varphi_j(t_j)\big) = \gamma(t_j) = \exp\big(\varphi_{j+1}(t_j)\big) , \qquad 1 \leq j \leq m - 1 .$$

Folglich garantieren Satz III.6.13 und das Additionstheorem der Exponentialfunktion die Existenz eines $k_j \in \mathbb{Z}$ mit

$$\varphi_j(t_j) - \varphi_{j+1}(t_j) = 2\pi i\, k_j , \qquad 1 \leq j \leq m - 1 . \tag{6.10}$$

Nun definieren wir $\varphi : I \to \mathbb{C}$ durch

$$\varphi(t) := \varphi_j(t) + 2\pi i \sum_{n=0}^{j-1} k_n , \qquad t_{j-1} \leq t \leq t_j , \quad 1 \leq j \leq m , \tag{6.11}$$

mit $k_0 := 0$. Dann folgt aus (6.10) und der stetigen Differenzierbarkeit von $\log_j$ und $\gamma | [t_{j-1}, t_j]$, daß φ stückweise stetig differenzierbar ist. Schließlich erhalten wir $\exp \circ \varphi = \gamma$ aus (6.8), der Definition von φ_j und der $2\pi i$-Periodizität der Exponentialfunktion. ∎

6.14 Theorem   *Für jedes $a \in \mathbb{C} \backslash \Gamma$ ist $w(\Gamma, a)$ eine ganze Zahl.*

Beweis   Es sei γ eine stückweise-C^1-Parametrisierung von Γ, und $(t_0, \ldots, t_m)$ sei eine Zerlegung des Parameterintervalls I, so daß $\gamma | [t_{j-1}, t_j]$ für $1 \leq j \leq m$ stetig differenzierbar ist. Dann gibt es zu $a \in \mathbb{C} \backslash \Gamma$ aufgrund von Lemma 6.13 ein

$\varphi \in C(I)$ mit $\varphi | [t_{j-1}, t_j] \in C^1[t_{j-1}, t_j]$ für $1 \leq j \leq m$ und $e^\varphi = \gamma - a$. Hieraus folgt $\dot{\gamma}(t) = \dot{\varphi}(t)(\gamma(t) - a)$ für $t_{j-1} \leq t \leq t_j$ und $1 \leq j \leq m$. Somit erhalten wir

$$\int_\Gamma \frac{dz}{z-a} = \sum_{j=1}^m \int_{t_{j-1}}^{t_j} \frac{\dot{\gamma}(t)\, dt}{\gamma(t) - a} = \sum_{j=1}^m \int_{t_{j-1}}^{t_j} \dot{\varphi}(t)\, dt = \varphi(t_m) - \varphi(t_0) \ . \qquad (6.12)$$

Da Γ geschlossen ist, gilt

$$\exp\bigl(\varphi(t_m)\bigr) = E_\Gamma - a = A_\Gamma - a = \exp\bigl(\varphi(t_0)\bigr) \ ,$$

also $\varphi(t_m) - \varphi(t_0) \in 2\pi i \mathbb{Z}$, wie aus Satz III.6.13(i) folgt. Somit ist $w(\Gamma, a)$ ganz. ∎

6.15 Bemerkungen   (a) Es seien die Voraussetzungen von Lemma 6.13 erfüllt. Mit den Notationen des zugehörigen Beweises bezeichnen wir für $1 \leq j \leq m$ und $t \in [t_{j-1}, t_j]$ mit $\arg_j(\gamma(t))$ die eindeutig bestimmte Zahl $\eta \in (\alpha_j, \alpha_j + 2\pi)$ mit $\mathrm{Im}(\varphi_j(t)) = \eta$. Dann folgt aus

$$e^{\log |\gamma(t)|} = |\gamma(t)| = |e^{\varphi(t)}| = e^{\mathrm{Re}\,\varphi(t)} \ ,$$

daß

$$\varphi_j(t) = \log_j \gamma(t) = \log |\gamma(t)| + i \arg_j\bigl(\gamma(t)\bigr) \qquad (6.13)$$

für $t_{j-1} \leq t \leq t_j$ und $1 \leq j \leq m$ gilt. Nun setzen wir

$$\arg_{c,\gamma}(t) := \arg_j\bigl(\gamma(t)\bigr) + 2\pi \sum_{n=0}^{j-1} k_n$$

für $t_{j-1} \leq t \leq t_j$ und $1 \leq j \leq m$. Somit ergibt sich aus (6.11) und (6.13)

$$\varphi = \log \circ |\gamma| + i \arg_{c,\gamma} \ . \qquad (6.14)$$

Da φ stückweise stetig differenzierbar ist, zeigt (6.14), daß dies auch für $\arg_{c,\gamma}$ gilt, wobei $\arg_{c,\gamma}$ und γ auf denselben Teilintervallen von I stetig differenzierbar sind. Mit anderen Worten: $\arg_{c,\gamma}$ ist eine stückweise stetig differenzierbare „Auswahlfunktion" der mengenwertigen Funktion $\mathrm{Arg} \circ \gamma$, d.h., es gilt

$$\arg_{c,\gamma} \in \mathrm{Arg}\bigl(\gamma(t)\bigr) \ , \qquad t \in I \ .$$

Ebenso ist φ eine stückweise stetig differenzierbare Auswahlfunktion des mengenwertigen Logarithmus $\mathrm{Log} \circ \gamma$ von γ.

(b) Es seien γ eine stückweise-C^1-Parametrisierung von Γ und $a \in \mathbb{C} \backslash \Gamma$. Ferner sei

$$\varphi = \log \circ |\gamma - a| + i \arg_{c, \gamma - a}$$

eine stückweise-C^1-Auswahlfunktion für $\mathrm{Log} \circ (\gamma - a)$, wobei φ für $1 \le j \le m$ zu $C^1[t_{j-1}, t_j]$ gehöre. Dann gilt

$$\int_{t_{j-1}}^{t_j} \dot{\varphi}(t)\, dt = \log \circ |\gamma - a| \big|_{t_{j-1}}^{t_j} + i\, \mathrm{arg}_{c, \gamma - a} \big|_{t_{j-1}}^{t_j} = \varphi(t_j) - \varphi(t_{j-1}) \ .$$

Wegen $\log |\gamma(t_m) - a| = \log |\gamma(t_0) - a|$ folgt somit aus (6.12)

$$w(\Gamma, a) = \frac{1}{2\pi i} \int_\Gamma \frac{dz}{z - a} = \frac{1}{2\pi} \big(\mathrm{arg}_{c, \gamma - a}(t_m) - \mathrm{arg}_{c, \gamma - a}(t_0) \big) \ .$$

Dies zeigt, daß *das 2π-fache der Windungszahl von Γ bezügl. a die „Gesamt-änderung" des Arguments* $\mathrm{arg}_{c, \gamma - a}$ *von $\gamma - a$ ist*, wenn Γ von $\gamma(t_0)$ nach $\gamma(t_m)$ durchlaufen wird. Also gibt $w(\Gamma, a)$ an, wie oft sich Γ um den Punkt a herumwindet, und zwar im Uhrzeigersinn, wenn $w(\Gamma, a) > 0$, und im Gegenuhrzeigersinn, wenn $w(\Gamma, a) < 0$ gilt. ∎

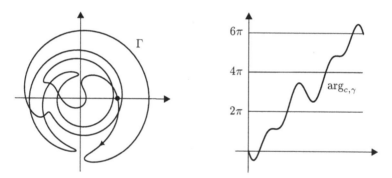

Eine Kurve mit $w(\Gamma, 0) = 3$

Die Stetigkeit der Umlaufzahl

Wie zeigen zuerst ein einfaches Lemma für Abbildungen in diskrete Räume.

6.16 Lemma *Es seien X und Y metrische Räume, und Y sei diskret. Ist $f : X \to Y$ stetig, so ist f auf jeder Zusammenhangskomponente von X konstant.*

Beweis Es sei Z eine Zusammenhangskomponente von X. Nach Theorem III.4.5 ist $f(Z)$ zusammenhängend. Weil Y diskret ist, besteht jede Zusammenhangskomponente von Y aus genau einem Punkt. Also ist f auf Z konstant. ∎

Da Γ kompakt ist, gibt es ein $R > 0$ mit $\Gamma \subset R\mathbb{D}$. Also enthält $\mathbb{C} \backslash \Gamma$ die Menge $R\mathbb{D}^c$, was zeigt, daß $\mathbb{C} \backslash \Gamma$ genau eine unbeschränkte Zusammenhangskomponente besitzt.

6.17 Korollar   *Die Abbildung* $w(\Gamma, \cdot)\colon \mathbb{C}\setminus\Gamma \to \mathbb{Z}$ *ist auf jeder Zusammenhangs-komponente konstant. Gehört* a *zur unbeschränkten Zusammenhangskomponente von* $\mathbb{C}\setminus\Gamma$, *so gilt* $w(\Gamma, a) = 0$.

Beweis   Es seien $a \in \mathbb{C}\setminus\Gamma$ und $d := d(a, \Gamma)$. Wir fixieren ein $\varepsilon > 0$ und setzen $\delta := \min\{\varepsilon \pi d^2 \setminus L(\Gamma), d/2\}$. Dann gelten

$$|z - a| \geq d > 0 \quad \text{und} \quad |z - b| \geq d/2\,, \qquad z \in \Gamma\,, \quad b \in \mathbb{D}(a, \delta)\,.$$

Hieraus folgt

$$|w(\Gamma, a) - w(\Gamma, b)| \leq \frac{1}{2\pi} \int_\Gamma \left| \frac{a - b}{(z - a)(z - b)} \right| dz < \frac{1}{2\pi} L(\Gamma) \frac{2}{d^2} \delta \leq \varepsilon$$

für $b \in \mathbb{D}(a, \delta)$. Da ε beliebig war, ist $w(\Gamma, \cdot)$ stetig in $a \in \mathbb{C}\setminus\Gamma$. Die erste Aussage folgt nun aus Theorem 6.14 und Lemma 6.16.

Es bezeichne Z die unbeschränkte Zusammenhangskomponente von $\mathbb{C}\setminus\Gamma$. Ferner sei $R > 0$ so gewählt, daß Z die Menge $R\mathbb{D}^c$ enthält. Schließlich wählen wir $a \in Z$ mit $|a| > R$ und $|a| > L(\Gamma)/\pi + \max\{|z|\,;\ z \in \Gamma\}$. Dann gilt

$$|w(\Gamma, a)| \leq \frac{1}{2\pi} \int_\Gamma \frac{dz}{|z - a|} < \frac{1}{2}\,.$$

Wegen $w(\Gamma, a) \in \mathbb{Z}$ folgt $w(\Gamma, a) = 0$, und somit $w(\Gamma, b) = 0$ für jedes $b \in Z$. ∎

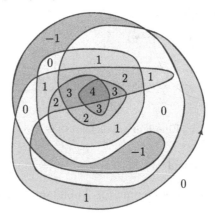

6.18 Korollar   *Es sei* f *in* U *meromorph, und es gelte* $w(\Gamma, a) = 0$ *für* $a \in U^c$. *Dann ist* $\{\, z \in P(f)\setminus\Gamma\,;\ w(\Gamma, z) \neq 0 \,\}$ *eine endliche Menge.*

Beweis   Nach Korollar 6.17 ist $B := \{\, z \in U\setminus\Gamma\,;\ w(\Gamma, z) \neq 0 \,\}$ beschränkt. Wenn $B \cap P(f)$ nicht endlich ist, besitzt diese Menge einen Häufungspunkt $z_0 \in \overline{B}$. Da $P(f)$ gemäß Bemerkung 6.7(b) in U keinen Häufungspunkt hat, gehört z_0 zu U^c. Also ist voraussetzungsgemäß $w(\Gamma, z_0) = 0$. Andererseits folgt aus der Stetigkeit von $w(\Gamma, \cdot)$ und $w(\Gamma, B) \subset \mathbb{Z}^\times$, daß $w(\Gamma, z_0)$ von Null verschieden ist. Also ist $B \cap P(f)$ endlich. ∎

Der allgemeine Cauchysche Integralsatz

Der Begriff der Umlaufzahl erlaubt es, den Geltungsbereich des Cauchyschen Integralsatzes und der Cauchyschen Integralformel deutlich zu erweitern. Dazu schicken wir den folgenden Hilfssatz voraus.

6.19 Lemma Es seien $f : U \to \mathbb{C}$ holomorph und $\Gamma \subset U$.

(i) *Die Funktion*

$$g : U \times U \to \mathbb{C} , \quad (z, w) \mapsto \begin{cases} \big(f(w) - f(z)\big)/(w - z) , & z \neq w , \\ f'(z) , & z = w , \end{cases}$$

ist stetig.

(ii) *Die Abbildung*

$$h : U \to \mathbb{C} , \quad z \mapsto \int_{\Gamma} g(z, w) \, dw$$

ist analytisch.

Beweis (i) Offensichtlich ist g in jedem Punkt (z, w) mit $z \neq w$ stetig.

Es seien $z_0 \in U$ und $\varepsilon > 0$. Dann gibt es ein $r > 0$ mit $\mathbb{D}(z_0, r) \subset U$ und $|f'(\zeta) - f'(z_0)| < \varepsilon$ für $\zeta \in \mathbb{D}(z_0, r)$. Für $z, w \in \mathbb{D}(z_0, r)$ und $\gamma(t) := (1 - t)z + tw$ mit $t \in [0, 1]$ folgt, wegen $\operatorname{spur}(\gamma) \subset \mathbb{D}(z_0, r)$, aus dem Mittelwertsatz

$$g(z, w) - g(z_0, z_0) = \int_0^1 \big[f'\big(\gamma(t)\big) - f'(z_0) \big] \, dt .$$

Somit gilt $|g(z, w) - g(z_0, z_0)| < \varepsilon$, was zeigt, daß g in (z_0, z_0) stetig ist.

(ii) Aufgrund von (i) ist h wohldefiniert. Wir wollen die Analytizität von h mit Hilfe des Satzes von Morera (Theorem 5.24) nachweisen. Dazu sei Δ ein Dreiecksweg in U. Aus Aufgabe 5.11 folgt[5]

$$\int_{\Delta} \left(\int_{\Gamma} g(z, w) \, dw \right) dz = \int_{\Gamma} \left(\int_{\Delta} g(z, w) \, dz \right) dw . \tag{6.15}$$

Ferner zeigt der Beweis von Lemma 6.2, daß $g(\cdot, w)$ für jedes $w \in U$ zu $C^{\omega}(U)$ gehört. Also folgt aus Theorem 5.25 $\int_{\Delta} g(z, w) \, dz = 0$ für $w \in \Gamma$, und wir erhalten $\int_{\Delta} h(z) \, dz = 0$ aus (6.15). Somit ist h analytisch. ∎

Die Kurve Γ in U heißt **nullhomolog in** U, wenn sie geschlossen und stückweise stetig differenzierbar ist, und wenn $w(\Gamma, a) = 0$ für $a \in U^c$ gilt.[6]

---

[5]Hierbei handelt es sich um eine elementare Version des Satzes von Fubini, der in voller Allgemeinheit in Band III bewiesen wird. Vgl. auch Aufgabe 5.12.

[6]Ist $U = \mathbb{C}$, so ist jede geschlossene stückweise-C^1-Kurve nullhomolog.

6.20 Theorem (Homologieversionen des Cauchyschen Integralsatzes und der Integralformel) *Es seien U offen in $\mathbb{C}$ und f holomorph in U. Dann gelten für jede in U nullhomologe Kurve Γ*

$$\frac{1}{2\pi i} \int_\Gamma \frac{f(\zeta)}{\zeta - z}\, d\zeta = w(\Gamma, z) f(z)\ , \qquad z \in U \backslash \Gamma\ , \tag{6.16}$$

und

$$\int_\Gamma f(z)\, dz = 0\ . \tag{6.17}$$

Beweis Wir verwenden die Bezeichnungen von Lemma 6.19.

(i) Offensichtlich ist (6.16) zur Aussage

$$h(z) = 0\ , \qquad z \in U \backslash \Gamma\ , \tag{6.18}$$

äquivalent. Um letztere nachzuweisen, seien $U_0 := \left\{\, z \in \mathbb{C} \backslash \Gamma\ ;\ w(\Gamma, z) = 0 \,\right\}$ und

$$h_0(z) := \frac{1}{2\pi i} \int_\Gamma \frac{f(\zeta)}{\zeta - z}\, d\zeta\ , \qquad z \in U_0\ .$$

Gemäß Theorem 6.14, und da $w(\Gamma, \cdot)$ stetig ist, ist U_0 offen. Ferner gilt

$$h_0(z) = \frac{1}{2\pi i} \int_\Gamma \frac{f(\zeta)}{\zeta - z}\, d\zeta - f(z) w(\Gamma, z) = h(z)\ .$$

für $z \in U \cap U_0$. Da h_0 holomorph ist, gibt es nach dem Eindeutigkeitssatz für analytische Funktionen (Theorem V.3.13) eine auf $U \cup U_0$ holomorphe Funktion H mit $H \supset h_0$ und $H \supset h$. Voraussetzungsgemäß gilt $w(\Gamma, a) = 0$ für $a \in U^c$. Also gehört U^c zu U_0, und wir erkennen, daß H eine ganze Funktion ist.

(ii) Es sei $R > 0$ mit $\Gamma \subset R\mathbb{D}$. Da $R\mathbb{D}^c$ in der unbeschränkten Zusammenhangskomponente von $\mathbb{C} \backslash \Gamma$ liegt, gilt $R\mathbb{D}^c \subset U_0$. Es sei nun $\varepsilon > 0$. Wir setzen $M := \max_{\zeta \in \Gamma} |f(\zeta)|$ und $R' := R + L(\Gamma) M / 2\pi \varepsilon$. Für $z \in R'\mathbb{D}^c$ gilt dann

$$|\zeta - z| \geq |z| - |\zeta| > L(\Gamma) M / 2\pi \varepsilon\ , \qquad \zeta \in \Gamma\ ,$$

und wir finden

$$|h_0(z)| \leq \frac{1}{2\pi} \int_\Gamma \left| \frac{f(\zeta)}{\zeta - z} \right| d\zeta < \varepsilon\ , \qquad z \in R'\mathbb{D}^c\ . \tag{6.19}$$

Wegen $h_0 \subset H$, und weil H als ganze Funktion auf beschränkten Mengen beschränkt ist, folgt, daß H auf ganz $\mathbb{C}$ beschränkt ist. Somit erhalten wir aus dem Satz von Liouville und (6.19), daß H überall verschwindet. Nun impliziert $h \subset H$ die Aussage (6.18).

(iii) Es seien $a \in \mathbb{C} \backslash \Gamma$ und

$$F : U \to \mathbb{C} , \quad z \mapsto (z - a)f(z) .$$

Da F holomorph ist und $F(a) = 0$ gilt, zeigt (6.16)

$$\frac{1}{2\pi i} \int_\Gamma f(z)\,dz = \frac{1}{2\pi i} \int_\Gamma \frac{F(z)}{z - a}\,dz = w(\Gamma, a)F(a) = 0 .$$

Damit ist alles bewiesen. ∎

6.21 Bemerkungen (a) Ist U einfach zusammenhängend, so ist jede geschlossene stückweise-C^1-Kurve nullhomolog in U. Somit stellt Theorem 6.20 eine Erweiterung der Theoreme 5.5 und 5.9 dar.

Beweis Dies folgt aus Beispiel 6.12(d). ∎

(b) Unter den Voraussetzungen von Theorem 6.20 gelten die verallgemeinerten Cauchyschen Ableitungsformeln

$$w(\Gamma, z)f^{(k)}(z) = \frac{k!}{2\pi i} \int_\Gamma \frac{f(\zeta)}{(\zeta - z)^{k+1}}\,d\zeta , \qquad z \in U \backslash \Gamma , \quad k \in \mathbb{N} .$$

Beweis Dies folgt leicht aus Theorem 6.20. ∎

Der Residuensatz

Das nächste Theorem verallgemeinert die Homologieversion des Cauchyschen Integralsatzes auf den Fall meromorpher Funktionen.

6.22 Theorem (Residuensatz) *Es seien U offen in $\mathbb{C}$ und f meromorph in U. Ferner sei Γ eine Kurve in $U \backslash P(f)$, welche in U nullhomolog ist. Dann gilt*

$$\int_\Gamma f(z)\,dz = 2\pi i \sum_{p \in P(f)} \mathrm{Res}(f, p)w(\Gamma, p) , \tag{6.20}$$

wobei nur endlich viele Summanden von Null verschieden sind.

Beweis Von Korollar 6.18 wissen wir, daß $A := \{ a \in P(f) \; ; \; w(\Gamma, a) \neq 0 \}$ eine endliche Menge ist. Folglich gibt es in (6.20) nur endlich viele von Null verschiedene Summanden.

Es sei $A = \{a_0, \dots, a_m\}$, und f_j sei der Hauptteil der Laurententwicklung von f in a_j für $0 \leq j \leq m$. Dann ist f_j holomorph in $\mathbb{C} \backslash \{a_j\}$, und $F := f - \sum_{j=0}^m f_j$ hat in $a_0, \dots, a_m$ hebbare Singularitäten (da F in a_j lokal die Form

$$F = g_j - \sum_{\substack{k=0 \\ k \neq j}}^m f_j$$

hat, wobei g_j der Nebenteil von f in a_j ist). Also hat F aufgrund des Riemannschen Hebbarkeitssatzes eine holomorphe (wieder mit F bezeichnete) Fortsetzung auf

$$U_0 := U \setminus \big(P(f) \setminus A\big) = A \cup \big(U \setminus P(f)\big) \ .$$

Da Γ in $U \setminus P(f)$ liegt und in U nullhomolog ist, liegt Γ in U_0 und ist dort nullhomolog. Also folgt aus dem allgemeinen Cauchyschen Integralsatz $\int_\Gamma F \, dz = 0$, was

$$\int_\Gamma f \, dz = \sum_{j=0}^{m} \int_\Gamma f_j \, dz \tag{6.21}$$

impliziert. Da a_j ein Pol von f ist, gibt es $n_j \in \mathbb{N}^\times$ und $c_{jk} \in \mathbb{C}$ für $1 \le k \le n_j$ und $0 \le j \le m$ mit

$$f_j(z) = \sum_{k=1}^{n_j} c_{jk} (z - a_j)^{-k} \ , \qquad 0 \le j \le m \ .$$

Somit folgt aus Bemerkung 6.21(b) (mit $f = \mathbf{1}$)

$$\int_\Gamma f_j \, dz = \sum_{k=1}^{n_j} c_{jk} \int_\Gamma \frac{dz}{(z - a_j)^k} = 2\pi i \, c_{j1} w(\Gamma, a_j) \ .$$

Wegen $c_{j1} = \operatorname{Res}(f, a_j)$ erhalten wir die Behauptung aus (6.21) aufgrund der Definition von A. $\blacksquare$

Fourierintegrale

Der Residuensatz besitzt viele wichtige Anwendungen, von denen wir exemplarisch die Berechnung uneigentlicher Integrale herausgreifen. Dabei beschränken wir uns auf eine besonders bedeutende Klasse, nämlich die der Fourierschen Integrale.

Es sei $f \colon \mathbb{R} \to \mathbb{C}$ absolut integrierbar. Dann ist für $p \in \mathbb{R}$, wegen $|e^{-ipx}| = 1$ für $x \in \mathbb{R}$, auch die Funktion $x \mapsto e^{-ipx} f(x)$ absolut integrierbar. Also ist das **Fouriersche Integral** von f in p,

$$\widehat{f}(p) := \int_{-\infty}^{\infty} e^{-ipx} f(x) \, dx \in \mathbb{C} \ , \tag{6.22}$$

für jedes $p \in \mathbb{R}$ definiert. Die durch (6.22) definierte Funktion $\widehat{f} \colon \mathbb{R} \to \mathbb{C}$ heißt **Fouriertransformierte** von f.

Der nächste Satz und die nachfolgenden Beispiele zeigen, daß zur Berechnung von Fouriertransformierten in vielen Fällen der Residuensatz nützlich ist.

6.23 Satz *Die auf $\mathbb{C}$ meromorphe Funktion f besitze folgende Eigenschaften:*

(i) *$P(f)$ ist endlich;*

(ii) *$P(f) \cap \mathbb{R} = \emptyset$;*

(iii) *$\lim_{|z| \to \infty} z f(z) = 0$.*

Dann gilt

$$\widehat{f}(p) = \begin{cases} -2\pi i \sum_{\substack{z \in P(f) \\ \operatorname{Im} z < 0}} \operatorname{Res}(f e^{-ip\cdot}, z) , & p \geq 0 , \\[2ex] 2\pi i \sum_{\substack{z \in P(f) \\ \operatorname{Im} z > 0}} \operatorname{Res}(f e^{-ip\cdot}, z) , & p \leq 0 . \end{cases}$$

Beweis Es sei $p \leq 0$. Nach Annahme (i) gibt es ein $r > 0$ mit $P(f) \subset r\mathbb{D}$. Wir wählen Γ als positiv orientierten Rand von $V := r\mathbb{D} \cap \{ z \in \mathbb{C} \,;\, \operatorname{Im} z > 0 \}$. Dann gilt

$$w(\Gamma, z) = \begin{cases} 1 , & z \in V , \\ 0 , & z \in (\overline{V})^c , \end{cases}$$

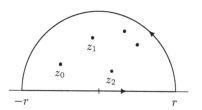

(vgl. Aufgabe 13). Also folgt aus dem Residuensatz

$$\int_{-r}^{r} f(x) e^{-ipx} \, dx + i \int_{0}^{\pi} f(re^{it}) e^{-ipre^{it}} re^{it} \, dt = 2\pi i \sum_{z \in V} \operatorname{Res}(f e^{-ip\cdot}, z) .$$

Das Integral über den Kreisbogen läßt sich wegen $p \leq 0$ wie folgt abschätzen:

$$\left| \int_{0}^{\pi} f(re^{it}) e^{-ipre^{it}} re^{it} \, dt \right| \leq \pi \max_{0 \leq t \leq \pi} \left| rf(re^{it}) e^{pr \sin t} \right| \leq \pi \max_{|z|=r} |z f(z)| .$$

Die Voraussetzung (iii) impliziert nun die Behauptung.

Der Fall $p \geq 0$ wird analog mit einem in $\{ z \in \mathbb{C} \,;\, \operatorname{Im} z \leq 0 \}$ verlaufenden Weg behandelt. ∎

6.24 Beispiele (a) Für $f(x) := 1/(x^2 + a^2)$ mit $a > 0$ gilt

$$\widehat{f}(p) = \pi e^{-|p| a}/a , \qquad p \in \mathbb{R} .$$

Beweis Die durch $f(z) := 1/(z^2 + a^2)$ definierte Funktion ist meromorph in $\mathbb{C}$. Ferner ist $f \,|\, \mathbb{R}$ absolut integrierbar (vgl. Beispiel VI.8.4(e)), und es gilt $\lim_{|z| \to \infty} z f(z) = 0$. Für die Residuen von $z \mapsto e^{-ipz} f(z)$ in den einfachen Polen $\pm ia$ haben wir in Beispiel 6.11(e) gefunden:

$$\operatorname{Res}(e^{-ipz} f(z), \pm ia) = \pm e^{\pm pa}/2ia .$$

Somit folgt die Behauptung aus Satz 6.23. ∎

(b) Es gilt

$$\int_{-\infty}^{\infty} \frac{dx}{x^4 + 1} = \frac{\pi}{\sqrt{2}} \; .$$

Beweis Wir betrachten die in $\mathbb{C}$ meromorphe Funktion f mit $f(z) := 1/(z^4 + 1)$. Die Pole von f in $\{ z \in \mathbb{C} \, ; \, \operatorname{Im} z > 0 \}$ sind $z_0 := (1 + i)/\sqrt{2}$ und $z_1 := i z_0 = (-1 + i)/\sqrt{2}$. Aus Beispiel 6.11(f) wissen wir

$$\operatorname{Res}(f e^{-ip\cdot}, z_0) + \operatorname{Res}(f e^{-ip\cdot}, z_1) = \frac{1}{4 z_0^3}(e^{-ipz_0} + i e^{-ipz_1}) \; .$$

Nun folgt aus Satz 6.23

$$\int_{-\infty}^{\infty} \frac{dx}{x^4 + 1} = \widehat{f}(0) = 2\pi i \left(\frac{1}{4 z_0^3}(1 + i) \right) = \frac{\pi i}{2}(-z_0)(1 + i) = \frac{\pi}{\sqrt{2}} \; ,$$

also die Behauptung. ∎

Um den Wert des konvergenten uneigentlichen Integrals $\int_{\mathbb{R}} \sin(x) \, dx/x$ zu bestimmen, kann ebenfalls der Residuensatz herangezogen werden, obwohl 0 eine hebbare Singularität von $x \mapsto \sin(x)/x$ ist und das Integral nicht absolut konvergiert (vgl. Aufgabe VI.8.1).

6.25 Satz *Für* $p \in \mathbb{R}$ *gilt*

$$\lim_{R \to \infty} \int_{-R}^{R} \frac{\sin x}{x} e^{-ipx} \, dx = \begin{cases} \pi \, , & |p| < 1 \, , \\ \pi/2 \, , & |p| = 1 \, , \\ 0 \, , & |p| > 1 \, . \end{cases}$$

Beweis (i) Es sei $R > 1$. Wir integrieren die ganze Funktion

$$z \mapsto \frac{\sin z}{z} e^{-ipz}$$

über den Weg γ_R, der von $-R$ längs der reellen Achse nach -1, dann längs der oberen Hälfte der Einheitskreislinie nach $+1$ und schließlich längs der reellen Achse nach R verläuft. Aufgrund des Cauchyschen Integralsatzes gilt

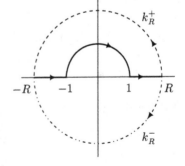

$$\int_{-R}^{R} \frac{\sin x}{x} e^{-ipx} \, dx = \int_{\gamma_R} \frac{\sin z}{z} e^{-ipz} \, dz \; .$$

Wegen $\sin z = (e^{iz} - e^{-iz})/2i$ folgt

$$\int_{-R}^{R} \frac{\sin x}{x} e^{-ipx} \, dx = \frac{1}{2i} \int_{\gamma_R} (e^{-iz(p-1)} - e^{-iz(p+1)}) \frac{dz}{z} \; .$$

(ii) Nun berechnen wir die Integrale

$$h_R(q) := \frac{1}{2\pi i} \int_{\gamma_R} \frac{e^{-izq}}{z}\, dz\ , \qquad q \in \mathbb{R}\ .$$

Dazu betrachten wir die durch die Schleifen $\gamma_R + k_R^\pm$ mit

$$k_R^\pm : [0,\pi] \to \mathbb{C}\ , \quad t \mapsto Re^{\pm it}$$

parametrisierten Kurven $\Gamma_R^\pm$. Dann gelten $w(\Gamma_R^+, 0) = 0$ und $w(\Gamma_R^-, 0) = -1$. Wegen $\mathrm{Res}(e^{-izq}/z, 0) = 1$ folgt aus dem Residuensatz

$$h_R(q) = -\frac{1}{2\pi i} \int_{k_R^+} \frac{e^{-izq}}{z}\, dz = -\frac{1}{2\pi} \int_0^\pi e^{-iqRe^{it}}\, dt$$

und

$$h_R(q) = -1 - \frac{1}{2\pi i} \int_{k_R^-} \frac{e^{-izq}}{z}\, dz = -1 + \frac{1}{2\pi} \int_{-\pi}^0 e^{-iqRe^{it}}\, dt\ .$$

(iii) Als nächstes zeigen wir

$$\int_0^\pi e^{-iqRe^{it}}\, dt \to 0 \ \ (R \to \infty)\ , \qquad q < 0\ . \tag{6.23}$$

Dazu sei $\varepsilon \in (0, \pi/2)$. Wegen $q\sin t \le 0$ für $t \in [0,\pi]$ folgt

$$\left| e^{-iqRe^{it}} \right| = e^{qR\sin t} \le 1\ , \qquad q < 0\ , \quad R > 1\ , \quad t \in [0,\pi]\ ,$$

und wir finden

$$\left| \left(\int_0^\varepsilon + \int_{\pi-\varepsilon}^\pi \right) e^{-iqRe^{it}}\, dt \right| \le 2\varepsilon\ , \qquad q < 0\ , \quad R > 1\ . \tag{6.24}$$

Aufgrund von $q\sin\varepsilon < 0$ gibt es ein $R_0 > 1$ mit

$$e^{qR\sin t} \le e^{qR\sin\varepsilon} \le \varepsilon\ , \qquad R \ge R_0\ , \quad \varepsilon \le t \le \pi - \varepsilon\ .$$

Also folgt

$$\left| \int_\varepsilon^{\pi-\varepsilon} e^{-iqRe^{it}}\, dt \right| \le \varepsilon\pi\ , \qquad R \ge R_0\ ,$$

was zusammen mit (6.24) die Aussage (6.23) beweist. Analog verifiziert man im Fall $q > 0$:

$$\int_{-\pi}^0 e^{-iqRe^{it}}\, dt \to 0 \ \ (R \to \infty)\ .$$

(iv) Man überprüft leicht, daß $h_R(0) = -1/2$ für $R > 1$ gilt. Somit folgt aus (ii) und (iii)

$$\lim_{R\to\infty} h_R(q) = \begin{cases} 0\,, & q < 0\,, \\ -1/2\,, & q = 0\,, \\ -1\,, & q > 0\,. \end{cases}$$

Wegen (i) gilt

$$\lim_{R\to\infty} \int_{-R}^{R} \frac{\sin x}{x}\, e^{-ipx}\, dx = \pi \lim_{R\to\infty} \big(h_R(p-1) - h_R(p+1)\big)\,,$$

woraus sich die Behauptung ergibt. ∎

6.26 Korollar

$$\int_{-\infty}^{\infty} \frac{\sin x}{x}\, dx = \pi\,.$$

Beweis Die Konvergenz des uneigentlichen Integrals $\int_{-\infty}^{\infty} (\sin x/x)\, dx$ folgt aus den Aufgaben VI.4.11(ii) und VI.8.1(ii). Seinen Wert erhalten wir aus Satz 6.25. ∎

6.27 Bemerkungen (a) Aus Satz 6.25 folgt *nicht*, daß für $p \in \mathbb{R}^{\times}$ das uneigentliche Integral

$$\int_{-\infty}^{\infty} \frac{\sin x}{x}\, e^{ipx}\, dx$$

konvergiert. Dazu müßten ja $\lim_{R\to\infty} \int_0^R \cdots dx$ und $\lim_{R\to\infty} \int_{-R}^0 \cdots dx$ unabhängig voneinander existieren. Wenn der Grenzwert

$$VP \int_{-\infty}^{\infty} f := \lim_{R\to\infty} \int_{-R}^{R} f(x)\, dx$$

für eine (stetige) Funktion $f : \mathbb{R} \to \mathbb{C}$ existiert, so heißt er **Cauchyscher Hauptwert**[7] von $\int_{-\infty}^{\infty} f$. Ist f uneigentlich integrierbar, so existiert der Cauchysche Hauptwert und stimmt mit $\int_{-\infty}^{\infty} f$ überein. Die Umkehrung dieser Aussage gilt jedoch nicht, wie das Beispiel $f(t) := t$ für $t \in \mathbb{R}$ zeigt.

(b) Da die Funktion $g : \mathbb{R} \to \mathbb{R}$, $x \mapsto \sin(x)/x$ nicht absolut integrierbar ist, können wir g keine Fouriertransformierte $\widehat{g}$ zuordnen. Man kann (und muß!) die Definition der Fouriertransformierten jedoch wesentlich allgemeiner fassen — im Rahmen der Theorie der Distributionen[8] —, als wir dies hier getan haben. In

---

[7]Vgl. Aufgabe VI.8.9.
[8]Für eine Einführung in die Theorie der Distributionen mit vielen wichtigen Anwendungen sei z.B. auf [Sch65] verwiesen.

dieser allgemeineren Theorie ist dann auch die Fouriertransformierte von g definiert, und $\hat{g}$ ist die stückweise konstante Funktion, welche durch den in Satz 6.25 angegebenen Cauchyschen Hauptwert definiert ist.

(c) Die **Fouriertransformation**, d.h. die Abbildung $f \mapsto \hat{f}$, ist in vielen Gebieten der Mathematik und der Physik von großer Bedeutung. Ein genaueres Studium dieser Abbildung ist aber nur im Rahmen der Lebesgueschen Integrationstheorie sinnvoll. Deshalb werden wir in Band III wieder auf Fourierintegrale zurückkommen und einige der Gründe für ihre Wichtigkeit erläutern können. ∎

Wir verweisen auf die Aufgaben und insbesondere auf die Literatur zur Funktionentheorie (z.B. [Car66], [Con78], [FB95], [Rem92]) für eine Vielzahl von weiteren Anwendungen der Cauchyschen Integralsätze und des Residuensatzes, sowie für tiefergehende Weiterentwicklungen der Theorie der holomorphen und meromorphen Funktionen.

Aufgaben

1 Es seien f holomorph in U und $z_0 \in U$ mit $f'(z_0) \neq 0$. Außerdem sei $g : \mathbb{C} \to \mathbb{C}$ meromorph und besitze in $w_0 := f(z_0)$ einen einfachen Pol. Man zeige, daß $g \circ f$ in z_0 einen einfachen Pol mit $\operatorname{Res}(g \circ f, z_0) = \operatorname{Res}(g, w_0)/f'(z_0)$ besitzt.

2 Die in $\mathbb{C}$ meromorphe Funktion f besitze in $\Omega(r_0, r_1)$ mit $r_0 > 0$ die Laurententwicklung $\sum_{n=-\infty}^{\infty} c_n z^n$ mit $c_{-n} \neq 0$ für $n \in \mathbb{N}$. Man beweise oder widerlege: f besitzt eine wesentliche Singularität. (Hinweis: Man betrachte $z \mapsto 1/(z-1)$ in $\Omega(1,2)$.)

3 Es seien $a, b \in \mathbb{C}$ mit $0 < |a| < |b|$ und

$$ f : \mathbb{C}\backslash\{a, b\} \to \mathbb{C}, \quad z \mapsto \frac{a-b}{(z-a)(z-b)} . $$

(a) Man bestimme die Laurententwicklung von f um 0 in $\Omega(0, |a|)$, $\Omega(|a|, |b|)$ und $\Omega(|b|, \infty)$.

(b) Wie lautet die Laurententwicklung von f in a? (Hinweis: Geometrische Reihen.)

4 Man berechne

$$ \int_{\partial \mathbb{D}} \frac{4\,dz}{1 + 4z^2} \quad \text{und} \quad \int_{\partial \mathbb{D}} \frac{e^z \sin z}{(1 - e^z)^2}\,dz . $$

5 Die holomorphe Funktion $f : U\backslash\{z_0\} \to \mathbb{C}$ besitze in $z_0 \in U$ eine isolierte Singularität. Man beweise die Äquivalenz der folgenden Aussagen:

(i) z_0 ist ein Pol der Ordnung n;

(ii) $g : U\backslash\{z_0\} \to \mathbb{C}$, $z \mapsto (z - z_0)^n f(z)$ hat in z_0 eine hebbare Singularität mit $g(z_0) \neq 0$;

(iii) Es gibt $\varepsilon, M_1, M_2 > 0$ mit $\mathbb{D}(z_0, \varepsilon) \subset U$ und

$$ M_1 |z - z_0|^{-n} \leq |f(z)| \leq M_2 |z - z_0|^{-n}, \qquad z \in \mathbb{D}^{\bullet}(z_0, \varepsilon) . $$

6 Es ist zu zeigen, daß $z_0 \in U$ genau dann ein Pol der in $U\backslash\{z_0\}$ holomorphen Funktion f ist, wenn gilt: $|f(z)| \to \infty$ für $z \to z_0$.

7 Es sei z_0 eine isolierte Singularität der in $U \setminus \{z_0\}$ holomorphen Funktion f. Man zeige, daß die folgenden Aussagen äquivalent sind:

(i) z_0 ist eine wesentliche Singularität;

(ii) Zu jedem $w_0 \in \mathbb{C}$ gibt es eine Folge (z_n) in $U \setminus \{z_0\}$ mit $\lim z_n = z_0$ und $\lim f(z_n) = w_0$.

(Hinweis: „(i)$\Rightarrow$(ii)" Wenn die Aussage falsch ist, gibt es ein $w_0 \in \mathbb{C}$ und $r, s > 0$ mit $f(\mathbb{D}(z_0, r)) \cap \mathbb{D}(w_0, s) = \emptyset$. Dann ist $g : \mathbb{D}^\bullet(z_0, r) \to \mathbb{C}$, $z \mapsto 1/(f(z) - w_0)$ holomorph und beschränkt. Mit Hilfe von Theorem 6.6 und Aufgabe 6 diskutiere man die Fälle $g(z_0) = 0$ und $g(z_0) \neq 0$.)

8 Man bestimme die singulären Punkte von

$$z \mapsto e^{1/(z-1)}/(e^z - 1) \ , \quad z \mapsto (z+1)\sin(1/(z-1)) \ .$$

Liegen Pole oder wesentliche Singularitäten vor?

9 Man verifiziere, daß i eine wesentliche Singularität von $z \mapsto \sin(\pi/(z^2 + 1))$ ist. (Hinweis: Aufgabe 7.)

10 Es sei U einfach zusammenhängend, und $a \in U$ sei eine isolierte Singularität der in $U \setminus \{a\}$ holomorphen Funktion f. Man beweise, daß f genau dann eine Stammfunktion in $U \setminus \{a\}$ besitzt, wenn gilt $\mathrm{Res}(f, a) = 0$.

11 Man beweise Bemerkung 6.21(a).

12 Für $p \in (0, 1)$ gilt

$$VP \int_{-\infty}^{\infty} \frac{e^{rx}}{1 + e^x} \, dx = \frac{\pi}{\sin(p\pi)} \ .$$

(Hinweis: Man integriere $z \mapsto e^{pz}(1 + e^z)^{-1}$ längs der im Gegenuhrzeigersinn durchlaufenen Rechteckskurve mit den Ecken $\pm R$ und $\pm R + 2\pi i$.)

13 Es seien Γ_j stückweise-C^1-Kurven, parametrisiert durch $\gamma_j \in C(I, \mathbb{C})$ für $j = 0, 1$. Ferner sei $z \in \mathbb{C}$ mit $|\gamma_0(t) - \gamma_1(t)| < |\gamma_0(t) - z|$ für $t \in I$. Dann gilt $w(\Gamma_0, z) = w(\Gamma_1, z)$. (Hinweis: Für $\gamma := (\gamma_1 - z)/(\gamma_0 - z)$ gelten

$$w([\gamma], 0) = w(\Gamma_1, z) - w(\Gamma_0, z)$$

und $|1 - \gamma(t)| < 1$ mit $t \in I$.)

14 Für die in U meromorphe Funktion f wird durch $N(f) := \{ z \in U \setminus P(f) \ ; \ f(z) = 0 \}$ die **Nullstellenmenge** definiert. Man beweise:

(i) Ist $f \neq 0$, so ist $N(f)$ eine diskrete Teilmenge von U.

(ii) Die Funktion

$$1/f : U \setminus N(f) \to \mathbb{C} \ , \quad z \mapsto 1/f(z)$$

ist meromorph in U, und es gelten $P(1/f) = N(f)$ sowie $N(1/f) = P(f)$.

(Hinweise: (i) Identitätssatz für analytische Funktionen. (ii) Aufgabe 6.)

15 Man zeige, daß die Menge aller in U meromorphen Funktionen bezüglich der punktweisen Addition und Multiplikation ein Körper ist.

16 Es ist zu zeigen, daß

$$\int_{-\infty}^{\infty} \frac{x^2}{1 + x^4}\, dx = \frac{\pi}{\sqrt{2}} \; .$$

(Hinweis: Satz 6.23.)

17 Man verifiziere

$$\int_0^{\infty} \frac{\cos x}{x^2 + a^2}\, dx = \frac{\pi e^{-a}}{2a} \; , \qquad a > 0 \; .$$

(Hinweis: Beispiel 6.24(a).)

18 Es seien f meromorph in U, $f \neq 0$ und $g := f'/f$. Man beweise:

(i) g ist meromorph in U und hat nur einfache Pole.

(ii) Ist z_0 eine Nullstelle von f der Ordnung m, so gilt $\mathrm{Res}(g, z_0) = m$.

(iii) Ist z_0 ein Pol von f der Ordnung m, so gilt $\mathrm{Res}(g, z_0) = -m$.

19 Es sei f meromorph in U, und P sei eine Kurve in $U \setminus \big(N(f) \cup P(f)\big)$, welche in U nullhomolog ist. Für $z \in N(f) \cup P(f)$ bezeichne $\nu(z)$ die Vielfachheit von z. Dann gilt

$$\frac{1}{2\pi i} \int_{\Gamma} \frac{f'(z)}{f(z)}\, dz = \sum_{n \in N(f)} w(\Gamma, n)\nu(n) - \sum_{p \in P(f)} w(\Gamma, p)\nu(p) \; .$$

20 Für $0 < a < b < 1$ berechne man

$$\frac{1}{2\pi i} \int_{\partial \mathbb{D}} \frac{2z - (a + b)}{z^2 - (a + b)z + ab}\, dz \; .$$

21 Man bestimme $\int_{-\infty}^{\infty} dx/(x^4 + 4x^2 + 3)$.

Literaturverzeichnis

[Ama95]   H. Amann. *Gewöhnliche Differentialgleichungen.* W. de Gruyter, Berlin, 1983, 2. Aufl. 1995.

[Ape96]   A. Apelblat. *Tables of Integrals and Series.* Verlag Harri Deutsch, Frankfurt, 1996.

[Art31]   E. Artin. *Einführung in die Theorie der Gammafunktion.* Teubner, Leipzig, 1931.

[Art93]   M. Artin. *Algebra.* Birkhäuser, Basel, 1993.

[BBM86]   A.P. Brudnikov, Yu.A. Brychkov, O.M. Marichev. *Integrals and Series, I.* Gordon & Breach, New York, 1986.

[BF87]   M. Barner, F. Flohr. *Analysis I, II.* W. de Gruyter, Berlin, 1987.

[Bla91]   Ch. Blatter. *Analysis I–III.* Springer Verlag, Berlin, 1991, 1992.

[Brü95]   J. Brüdern. *Einführung in die analytische Zahlentheorie.* Springer Verlag, Berlin, 1995.

[Car66]   H. Cartan. *Elementare Theorie der analytischen Funktionen einer oder mehrerer komplexen Veränderlichen.* BI Hochschultaschenbücher, 112/112a. Bibliographisches Institut, Mannheim, 1966.

[Con78]   J.B. Conway. *Functions of One Complex Variable.* Springer Verlag, Berlin, 1978.

[FB95]   E. Freitag, R. Busam. *Funktionentheorie.* Springer Verlag, Berlin, 1995.

[Gab96]   P. Gabriel. *Matrizen, Geometrie, Lineare Algebra.* Birkhäuser, Basel, 1996.

[GR81]   I.S. Gradstein, I.M. Ryshik. *Tables of Series, Products, and Integrals.* Verlag Harri Deutsch, Frankfurt, 1981.

[Koe83]   M. Koecher. *Lineare Algebra und analytische Geometrie.* Springer Verlag, Berlin, 1983.

[Kön92]   K. Königsberger. *Analysis 1, 2.* Springer Verlag, Berlin, 1992, 1993.

[Pra78]   K. Prachar. *Primzahlverteilung.* Springer Verlag, Berlin, 1978.

[Rem92]   R. Remmert. *Funktionentheorie 1, 2.* Springer Verlag, Berlin, 1992.

[Sch65]   L. Schwartz. *Méthodes Mathématiques pour les Sciences Physiques.* Hermann, Paris, 1965.

[Sch69]   W. Schwarz. *Einführung in die Methoden und Ergebnisse der Primzahltheorie.*
           BI Hochschultaschenbücher, 278/278a. Bibliographisches Institut, Mannheim,
           1969.

[SS88]   G. Scheja, U. Storch. *Lehrbuch der Algebra.* Teubner, Stuttgart, 1988.

[Wal92]   W. Walter. *Analysis 1, 2.* Springer Verlag, Berlin, 1992.

Index

Abbildung
    bilineare, 180
    differenzierbare, 156, 276
    Exponential–, 130
    lokal topologische, 226
    m-lineare, 180
    m-lineare alternierende, 312
    multilineare, 180
    offene, 227
    reguläre, 235
    topologische, 226
    trilineare, 180
Ableitung, 155, 156
    logarithmische, 35
    m-te, 188
    normalisierte, 85
    partielle, 159
    partielle – m-ter Ordnung, 191
    Richtungs–, 157
    Wirtinger–, 369
adjungierter Operator, 151
ähnliche Matrizen, 150
Ähnlichkeitsdifferentialgleichung, 250
Algebra, normierte, 14
algebraische Vielfachheit, 139
alternierende m-lineare Abbildung, 312
Anfangswertproblem, 236, 247
antisymmetrisch, 152
Äquipotentialfläche, 324
Arbeit, 347
assoziierte Matrix, 284
asymptotisch äquivalent, 58
Atlas, 263
Automorphismus
    Gruppe der topologischen Automor-
        phismen, 124
    topologischer , 123

Basis, 334

Jordan–, 140
    kanonische, 321
Bernoulli
    –sche Differentialgleichung, 250
    –sche Polynome, 54
    –sche Zahlen, 53
Beschleunigung, 218
Besselsche Ungleichung, 81
Bewegungsgesetz, Newtonsches, 218
bilineare Abbildung, 180
Binormaleneinheitsvektor, 314
Bogenlänge, 292
    – einer Kurve, 297
    nach der – parametrisiert, 303
Bündel
    Kotangential–, 318
    Normalen–, 281
    Tangential–, 271

Cauchy
    —Riemannsche Differentialgleichun-
        gen, 168
    –Riemannsches Integral, 20
    –sche Integralformel, Homologieversion,
        390
    –scher Hauptwert, 100, 396
    –scher Integralsatz, Homologieversion,
        390
charakteristisches Polynom, 146
Cosinusreihe, 77
Cotangens, Partialbruchzerlegung des, 86
Coulombsches Potential, 324

d'Alembertoperator, 201
Darboux
    Riemann–sches Integral, 24
Darstellung
    – in lokalen Koordinaten, 277
    –(s)matrix, 128

Rieszscher –(s)satz, 164
Spektral–, 197
definit
in–, 196
negativ [semi-]–, 196, 197
positiv, 151, 166
positiv –, 196
positiv [semi-]–, 197
Determinante
–(n)funktion, 138, 186
Funktional–, 228
Gramsche, 287
Hadamardsche –(n)ungleichung, 283
diagonalisierbare Matrix, 140
diffeomorph, 276
Diffeomorphismus, 276
C^q–, 226
lokaler C^q–, 226
Differential, 40, 165, 279, 320
–form, 318
–operator, 200
komplexes, 352
Differentialgleichung, 215, 236
Ähnlichkeits–, 250
Bernoullische, 250
Cauchy-Riemannsche –en, 168
gewöhnliche – m-ter Ordnung, 247
logistische, 250
differenzierbar, 154
–e Abbildung, 156, 276
m-mal, 188
stetig –e Kurve, 295
stetig partiell, 159, 191
stetig reell, 354
stückweise stetig, 84, 85
total, 160
Dirichletscher Kern, 90
doppelt periodisch, 44
Drehmatrix, 304
dual
–er Exponent, 36
–er Operator, 327
–e Norm, 163
Dualitätspaarung, 318
Dualraum, 163

Ebene
Äquatorhyper–, 264

Normalen–, 314
Phasen–, 145
Schmieg–, 314
Eigenvektor, 139
Eigenwert, 138
–gleichung, 138
einfacher, 139
halbeinfacher, 139
Einbettung, 257
einfach
– zusammenhängend, 343
–e Nullstelle, 382
–er Eigenwert, 139
–er Pol, 381
halb–er Eigenwert, 139
eingebettet
–e Fläche, 252
–e Kurve, 252
Einheitsnormale, 282
elementar integrierbar, 45
Ellipse, 304
Ellipsoidfläche, 286
elliptisch
–e Schraubenlinie, 316
–er Zylinder, 268
Energie
–erhaltungssatz, 248
Gesamt–, 220
kinetische, 217
potentielle, 217
Ergänzungsformel, 108
Erzeugendensystem, 333
euklidische Sphäre, 254
Euler
–Lagrangesche Gleichung, 214
–Maclaurinsche Summenformel, 56
–Mascheronische Konstante, 60
–sche Betafunktion, 114
–sche Formeln für $\zeta(2k)$, 87
–sche Homogenitätsrelation, 178
–scher Multiplikator, 335
–sches Gammaintegral, 102
erstes –sches Integral, 114
zweites –sches Integral, 102
exakte 1-Form, 323
Exponential, 130
–abbildung, 130

Extremale, 212
Extremalpunkt unter Nebenbedingungen,
   282

Faltung, 91
Feld
   Gradienten–, 323
   Vektor–, 318
   Zentral–, 324
Fläche
   –(n)inhalt, 301
   Äquipotential–, 324
   eingebettete, 252
   Ellipsoid–, 286
   Hyper–, 252
   Hyperboloid–, 286
   Niveau–, 174, 254
   parametrisierte, 255
   Torus–, 261
Form
   1–, 318
   Differential–, 318
   exakte 1–, 323
   geschlossene 1–, 325
   Hauptteil einer 1–, 319
   holomorphe Pfaffsche, 369
   Linear–, 29
   Pfaffsche, 318
   stetig komplexe 1–, 351
Formel
   von de Moivre und Stirling, 59
   Ergänzungs– für die Γ-Funktion, 108
   Euler-Maclaurinsche Summen–, 56
   Eulersche –n für $\zeta(2k)$, 87
   Frenetsche Ableitungs–n, 307
   Legendresche Verdoppelungs–, 116
   Quadratur–, 67
   Rang–, 164
   Signatur–, 138
   Stirlingsche, 112
   Taylorsche, 193
   Variation-der-Konstanten–, 137
Fourier
   –koeffizient, 80
   –polynom, 77
   –reihe, 80
   –sches Integral, 392
   –transformation, 397

frei
   –e Teilmenge, 334
   –er R-Modul, 334
Frenet
   –sche Ableitungsformeln, 307
   –sches n-Bein, 305
Fresnelsche Integrale, 362
Fundamentalgruppe, 349
Fundamentalmatrix, 142, 273
Fundamentalsystem, 141, 147
Funktion
   –(en)theorie, 354
   Determinanten–, 138, 186
   differenzierbare, 156
   elementare, 44
   erzeugende – der Bernoullischen Zah-
      len, 53
   Eulersche Beta–, 114
   Gamma–, 102, 103
   ganze, 361
   glatte, 188
   harmonische, 199, 364
   holomorphe, 354
   Lagrange–, 217
   meromorphe, 379
   Produktdarstellung der ζ–, 62
   Regel–, 5
   Riemannsche ζ–, 62
   sprungstetige, 5
   Stamm–, 323
   stückweise stetige, 5
   Treppen–, 4
   uneigentlich integrierbare, 92
   zulässige, 92
Funktional
   –determinante, 228
   –gleichung der Gammafunktion, 102
   –matrix, 161
   lineares, 29

Gammafunktion, 102, 103
   Funktionalgleichung der, 102
Gammaintegral, Eulersches, 102
Ganghöhe, 299
ganze Funktion, 361
Gaußsches Fehlerintegral, 108
gedämpft
   –e Schwingung, 148

erzwungene – Schwingung, 153
geometrisch
    –e Reihe, 221
    –e Vielfachheit, 138
geordnet
    –er Banachraum, 30
    –er Vektorraum, 29
geschlossen
    –e 1-Form, 325
    –e Kurve, 296
Geschwindigkeit
    –(s)koordinaten, 217
    Momentan–, 296
glatt
    –e Funktion, 188
    –e Kurve, 295
Gleichung
    Ähnlichkeitsdifferential–, 250
    Bernoullische Differential–, 250
    Differential–, 215, 236
    Eigenwert–, 138
    Euler-Lagrangesche, 214
    gewöhnliche Differential– m-ter Ord-
        nung, 247
    Integral–, 133
    logistische Differential–, 250
    Parsevalsche, 81, 91
Gradient, 165, 167, 279
    –(en)feld, 323
Gramsche Determinante, 287
Gronwallsches Lemma, 134
Gruppe
    – der topologischen Automorphis-
        men, 124
    Fundamental–, 349
    Homotopie–, 349
    orthogonale, 254
    spezielle orthogonale, 267

Hadamardsche Determinantenungleichung,
    283
halbeinfacher Eigenwert, 139
Hamiltonsches Prinzip der kleinsten Wir-
    kung, 217
harmonisch
    –e Funktion, 199, 364
    –er Oszillator, 148
    konjugiert, 370

Hauptachsentransformation, 285
Hauptteil, 270
    – einer Laurentreihe, 374
    – einer 1-Form, 319
    – eines Vektorfeldes, 318
Hauptwert, Cauchyscher, 100, 396
Hessesche Matrix, 196
Hilbert-Schmidt Norm, 127
Höldersche Ungleichung, 36
holomorph
    –e Funktion, 354
    –e Pfaffsche Form, 369
homogen, positiv, 178
Homogenitätsrelation, Eulersche, 178
homolog, null–, 389
Homomorphismus, Modul–, 333
Homöomorphismus, 226
    lokaler, 226
homotop, 343
    null–, 343
Homotopie
    (Schleifen-)–, 343
    –gruppe, 349
Hyperboloidfläche, 286
Hyperebene, Äquator–, 264
Hyperfläche, 252

Immersion, 255
    –(s)satz, 255
    C^q–, 257
indefinit, 196
Index, 384
Inhalt, Flächen–, 301
Integrabilitätsbedingungen, 323
Integral, 27
    –gleichung, 133
    Cauchy-Riemannsches, 20
    elliptisches, 304
    erstes, 238
    erstes Eulersches, 114
    Fouriersches, 392
    Fresnelsche –e, 362
    Gaußsches Fehler–, 108
    komplexes Kurven–, 351
    Kurven– von α längs Γ, 338
    Linien–, 338
    Riemann-Darbouxsches, 24
    Riemannsches, 22

unbestimmtes, 34
uneigentliches, 93
Wirkungs–, 217
zweites Eulersches, 102
Integration, partielle, 41
integrierbar
    absolut –e Funktion, 96
    elementar, 45
    Riemann, 22
    uneigentlich, 92
integrierender Faktor, 335
isolierte Singularität, 378
isomorph, topologisch, 123
Isomorphismus
    kanonischer, 165, 322
    Modul–, 333
    topologischer, 123
isoperimetrische Ungleichung, 316

Jacobi
    –Identität, 202
    –matrix, 161
Jordan
    –basis, 140
    –sche Normalform, 140

kanonisch
    –e Basis, 321
    –er Isomorphismus, 322
Karte
    –(n)gebiet, 263
    –(n)wechsel, 265
    lokale, 263
    Tangential einer, 272
    triviale, 263
Kegel, 29
    positiver, 29
Kern
    Dirichletscher, 90
    Poissonscher, 371
Kettenregel, 172, 193, 271, 278
kinetische Energie, 217
Komplexifizierung, 138
konjugiert harmonisch, 370
konservative Kraft, 218, 347
Konvergenz
    – eines Integrals, 93
    – im quadratischen Mittel, 70

Weierstraßscher –satz, 369
Koordinaten
    –transformation, 266
    –weg, 274
    Darstellung in lokalen, 277
    Geschwindigkeits–, 217
    Kugel–, 259
    Lage–, 217
    lokale, 263
    n-dimensionale Kugel–, 268
    n-dimensionale Polar–, 268
    sphärische, 259
    Zylinder–, 260
Kotangential
    –bündel, 318
    –raum, 318
    –vektor, 318
Kreisfrequenz, 148
Kreuzprodukt, 312
kritischer Punkt, 166, 178
Krümmung
    – einer Kurve, 308
    – einer Raumkurve, 314
    –(s)kreis, 311
    –(s)mittelpunkt, 311
    –(s)radius, 311
    –(s)vektor, 309
Kugelkoordinaten, n-dimensionale, 268
Kurve, 295
    –(n)integral, 338
    eingebettete, 252
    geschlossene, 296
    glatte, 295
    inverse, 339
    kompakte, 295
    Krümmung einer, 308
    Länge einer –, 297
    parametrisierte, 255
    Peano–, 292
    Punkt–, 339
    reguläre, 295
    rektifizierbare, 297
    vollständige, 305

L_2-Norm, 70
L_2-Skalarprodukt, 70
Lagekoordinaten, 217
Lagrangefunktion, 217

Länge, 292
    – einer Kurve, 297
    Bogen–, 292
    Bogen– einer Kurve, 297
    eines Streckenzuges, 291
Laplaceoperator, 199, 364
Laurent
    –entwicklung, 375
    –reihe, 374
Legendre
    –sche Polynome, 49
    –sche Verdoppelungsformel, 116
Leibnizsche Regel, 203
Lemma
    – von Poincaré, 326
    Gronwallsches, 134
    Riemannsches, 83
Lemniskate, 301
Liesche Klammer, 201
Limaçon, 255, 300, 315
Lindelöf, Satz von Picard–, 244
linear
    – unabhängig, 334
    –e Ordnung, 29
    –es Funktional, 29
Linearform, 29
    monotone, 29
    positive, 29
    stetige, 163
Linie
    –(n)integral, 338
    Parameter–, 274
    Schrauben–, 299
    vektorielles –(n)element, 346
Lipschitz-stetig, 242
logarithmisch
    –e Ableitung, 35
    –e Spirale, 299, 315, 316
logistische Differentialgleichung, 250
Lösung
    – einer Differentialgleichung, 145
    globale, 236
    maximale, 236
    nicht fortsetzbare, 236
    partikuläre, 136

m-linear
    –e Abbildung, 180

    –e alternierende Abbildung, 312
Maclaurin, Euler–sche Summenformel, 56
Mannigfaltigkeit, Unter–, 252
Markoffmatrix, 152
Mascheroni, Euler–sche Konstante, 60
Matrix
    –darstellung, 128
    ähnliche, 150
    assoziierte, 284
    Darstellungs–, 128
    diagonalisierbare, 140
    Dreh–, 304
    Fundamental–, 142, 273
    Funktional–, 161
    hermitesch transponierte, 151
    Hessesche, 196
    Jacobi–, 161
    Jordan–, 140
    Markoff–, 152
    Spur einer, 150
    Übergangs–, 304
Menge
    freie, 334
    Nullstellen–, 398
    Polstellen–, 379
    sternförmige, 325
meromorphe Funktion, 379
Methode
    direkte – der Variationsrechnung,
        215
    indirekte – der Variationsrechnung,
        215
Minkowskische Ungleichung, 36
Mittelwert
    –eigenschaft, 358
    –satz, 176
    –satz der Integralrechnung, 35
    –satz der Integralrechnung, zweiter,
        37
    –satz in Integralform, 176
Modul
    –Homomorphismus, 333
    –Isomorphismus, 333
    freier R–, 334
    R–, 332
    Unter–, 333
Moivre, Formel von de – und Stirling, 59

Momentangeschwindigkeit, 296
monotone Linearform, 29
multilineare Abbildung, 180
Multiplikationsoperator, 207
Multiplikator, Eulerscher, 335

n-Bein
    begleitendes, 305
    Frenetsches, 305
Neilsche Parabel, 257, 316
Nemytskiioperator, 204
Newton
    –sches Bewegungsgesetz, 218
    –sches Potential, 324
nilpotent, 131
Niveaufläche, 174, 254
Norm
    duale, 163
    Hilbert–, 126
    Hilbert-Schmidt, 127
    Operator–, 12
    schwächere, 37
    stärkere, 37
Normale, 281
    –(n)bündel, 281
    –(n)ebene, 314
    –(n)einheitsvektor, 308, 314
    –(n)raum, 281
    Bi–(n)einheitsvektor, 314
    Einheits–, 282
Normalform, Jordansche, 140
normalisiert
    –e Ableitung, 85
    –e Funktion, 69
normiert
    –e Algebra, 14
    –es Polynom, 46
nullhomolog, 389
nullhomotop, 343
Nullstelle
    –(n)menge, 398
    einfache, 382
Nullumgebung, 224

offene Abbildung, 227
ONB, 81
ONS, 73
    vollständiges, 81

Operator
    –norm, 12
    adjungierter, 151
    beschränkter linearer, 12
    d'Alembert–, 201
    Differential–, 200
    dualer, 327
    Laplace–, 199, 364
    Multiplikations–, 207
    Nemytskii–, 204
    selbstadjungierter, 151
    symmetrischer, 151
    transponierter, 327
    Überlagerungs–, 204
    Wärmeleitungs–, 201
    Wellen–, 201
Ordnung
    – eines Pols, 378
    induzierte, 29
    lineare, 29
    natürliche, 30
orientiert
    –er Vektorraum, 304
    positiv –e Kreislinie, 357
Orientierung, 304
orientierungserhaltend
    –e Umparametrisierung, 294
    –er Parameterwechsel, 294
orthogonal, 73, 200
    –e Gruppe, 254
Orthogonalprojektion, 81
Orthogonalsystem, 73
Orthonormalbasis, 81
Orthonormalsystem, 73
Oszillator, harmonischer, 148

Parabel, Neilsche, 257, 316
Parameter
    –bereich, 255, 263
    –intervall, 295
    –linie, 274
Parameterwechsel
    orientierungserhaltender, 294
    orientierungsumkehrender, 295
Parametrisierung, 263, 295
    nach der Bogenlänge, 303
    reguläre, 255, 295
    stückweise-C^q–, 300

Parsevalsche Gleichung, 81, 91
Partialbruchzerlegung des Cotangens, 86
partielle Ableitung, 159
partikuläre Lösung, 136
Pascalsches Limaçon, 255, 300, 315
Peano-Kurve, 292
periodisch, doppelt, 44
Pfaff
    –sche Form, 318
    holomorphe –sche Form, 369
Phasen
    –ebene, 145
    –porträt, 248
Picard-Lindelöf, Satz von, 244
Poincaré, Lemma von, 326
Poissonscher Kern, 371
Pol, 378
    –stellenmenge, 379
    einfacher, 381
    Ordnung eines –s, 378
Polarkoordinaten, n-dimensionale, 268
Polynom
    Bernoullische –e, 54
    charakteristisches, 138, 146
    Fourier–, 77
    Legendresche –e, 49
    normiertes, 46
    zerfallendes, 139
positiv
    – definit, 151, 166
    – homogen, 178
    – orientiert, 304
    – orientierte Kreislinie, 357
    –e Linearform, 29
    –er Kegel, 29
Potential, 323
    Coulombsches, 324
    Newtonsches, 324
potentielle Energie, 217
Primzahlsatz, 64
Prinzip, Hamiltonsches – der kleinsten
        Wirkung, 217
Produkt
    –darstellung der ζ-Funktion, 62
    –darstellung des Sinus, 87
    –regel, 175
    Kreuz–, 312

Liesches Klammer–, 201
    unendliches, 43
    Vektor–, 312
    verallgemeinerte –regel, 186
    Wallissches, 43
    Weierstraßsche –darstellung für $1/\Gamma$,
        107
Projektion, 81
    Orthogonal–, 81
    stereographische, 264
pull back, 328
Punkt
    –kurve, 339
    –schleife, 343
    Extremal– unter Nebenbedingungen,
        282
    kritischer, 166, 178
    Krümmungsmittel–, 311
    regulärer, 235
    Sattel–, 178, 199

quadratisches Mittel, 70
Quadraturformel, 67

R-Modul, 332
    freier, 334
Randbedingungen, natürliche, 214
Rang, 235
    –formel, 164
Raum
    Dual–, 163
    geordneter Banach–, 30
    Kotangential–, 318
    Normalen–, 281
    Tangential–, 270, 271
Regel
    –funktion, 5
    Ableitungs– für Fourierreihen, 85
    Ketten–, 172, 193, 271, 278
    Leibnizsche, 203
    Produkt–, 175
    Simpsonsche, 67
    Substitutions–, 39
    verallgemeinerte Produkt–, 186
regulär
    –e Abbildung, 235
    –e Kurve, 295
    –e Parametrisierung, 255, 295

–er Punkt, 235
–er Wert, 235
Reihe
    Cosinus–, 77
    geometrische, 221
    klassische Fourier–, 77
    Laurent–, 374
    Sinus–, 78
rektifizierbar
    –e Kurve, 297
    –er Weg, 292
Rekursion, 43
Residuum, 379
Richtung
    –(s)ableitung, 157
    erste Variation in, 216
Riemann
    – integrierbar, 22
    –Darbouxsches Integral, 24
    –sche ζ-Funktion, 62
    –sche Summe, 23
    –sche Vermutung, 64
    –scher Hebbarkeitssatz, 377
    –sches Integral, 22
    –sches Lemma, 83
    Cauchy –sche Differentialgleichun-
        gen, 168
    Cauchy–sches Integral, 20
Rieszscher Darstellungssatz, 164
Rücktransformation, 328

Sattelpunkt, 178, 199
Satz
    – über die Partialbruchentwicklung,
        47
    – über die Umkehrabbildung, 223
    – über die stetige Erweiterung be-
        schränkter linearer Operatoren,
        15
    – über implizite Funktionen, 232
    – vom regulären Wert, 254, 276
    – von H.A. Schwarz, 192
    – von Picard-Lindelöf, 244
    Energieerhaltungs–, 248
    Erweiterungs–, 10
    Fundamental– der Differential- und
        Integralrechnung, 33

Homologieversion des Cauchyschen
    Integral–es, 390
Immersions–, 255
Mittelwert–, 176
Mittelwert– der Integralrechnung,
    35
Mittelwert– der Integralrechnung,
    zweiter, 37
Primzahl–, 64
Riemannscher Hebbarkeits–, 377
Rieszscher Darstellungs–, 164
Taylorscher, 195
Weierstraßscher Konvergenz–, 369
Schleife, 343
    –(n)Homotopie, 343
    Punkt–, 343
Schmidt, Hilbert– Norm, 127
Schmiegebene, 314
Schmiegkreis, 311
Schraubenlinie, 299
    elliptische, 316
Schwarz, Satz von H.A., 192
Schwingung
    erzwungene gedämpfte, 153
    gedämpfte, 148
    ungedämpfte, 148
selbstadjungierter Operator, 151
Separation der Variablen, 239
Signaturformel, 138
Simpsonsche Regel, 67
Singularität
    isolierte, 378
    wesentliche, 379
Sinus
    –reihe, 78
    Produktdarstellung des, 87
Spann, 333
Spektraldarstellung, 197
Spektrum, 138
Sphäre, euklidische, 254
Spirale, logarithmische, 299, 315, 316
sprungstetige Funktion, 5
Spur
    – einer Kurve, 296
    – einer Matrix, 150
    – einer linearen Abbildung, 150
Stammfunktion, 323

stationärer Wert, 216
stereographische Projektion, 264
sternförmig, 325
stetig
    − differenzierbar, 156
    − differenzierbare Abbildung, 276
    − differenzierbare Kurve, 295
    − komplexe 1-Form, 351
    − partiell differenzierbar, 159, 191
    − reell differenzierbar, 354
    −e Kurve, 295
    −e Linearform, 163
    gleichmäßig Lipschitz−, 243
    lokal Lipschitz−, 242
    m-mal − differenzierbar, 188
    stückweise −e Funktion, 5
    unendlich oft − differenzierbar, 188
Stirling
    −sche Formel, 112
    Formel von de Moivre und, 59
Streckenzug, Länge eines −es, 291
stückweise
    −C^q-Kurve, 300, 340
    −C^q-Parametrisierung, 300
    −C^q-Weg, 300, 340
Submersion, 235
Substitutionsregel, 39
Summe
    −(n)weg, 340
    Euler-Maclaurinsche −(n)formel, 56
    Riemannsche, 23
symmetrisch, 184
    −er Operator, 151
    anti−, 152

Tangente, 302
    −(n)einheitsvektor, 302
Tangential, 270, 277
    − einer Karte, 272
    −bündel, 271
    −raum, 270, 271
    −vektor, 270, 271
Taylor
    −sche Formel, 193
    −scher Satz, 195
topologisch
    − isomorph, 123
    −e Abbildung, 226

    −er Automorphismus, 123
    −er Isomorphismus, 123
    lokal −e Abbildung, 226
Torsion einer Raumkurve, 314
Torus, 261
total differenzierbar, 160
Transformation
    Fourier−, 397
    Hauptachsen−, 285
    Koordinaten−, 266
transponiert
    −er Operator, 327
    hermitesch −e Matrix, 151
Treppenfunktion, 4
    Integral einer, 17, 18
trilineare Abbildung, 180
triviale Karte, 263

Übergangsmatrix, 304
Überlagerungsoperator, 204
Umlaufzahl, 384
Umparametrisierung
    C^q−, 300
    orientierungserhaltende, 294
unabhängig, linear, 334
unbestimmtes Integral, 34
uneigentlich
    − integrierbare Funktion, 92
    −es Integral, 93
ungedämpfte Schwingung, 148
Ungleichung
    Besselsche, 81
    Hadamardsche Determinanten−, 283
    Höldersche, 36
    isoperimetrische, 316
    Minkowskische, 36
    Wirtingersche, 91
Untermannigfaltigkeit, 252
Untermodul, 333

Variation, 291, 297
    −(s)problem mit festen Randbedingungen,
      212
    −(s)problem mit freien Randbedingungen,
      212
    −der-Konstanten-Formel, 137
    beschränkte, 291
    erste, 216

totale, 297
Vektor
    –feld, 318
    –produkt, 312
    Binormaleneinheits–, 314
    Eigen–, 139
    geordneter –raum, 29
    Hauptteil eines –feldes, 318
    Kotangential–, 318
    Krümmungs–, 309
    Normaleneinheits–, 308, 314
    Tangenteneinheits–, 302
    Tangential–, 270, 271
    Winkel zwischen zwei –en, 313
vektorielles Linienelement, 346
Vielfachheit
    algebraische, 139
    geometrische, 138
vollständig
    –e Kurve, 305
    –es ONS, 81
Vollständigkeitsrelation, 81

Wallissches Produkt, 43
Wärmeleitungsoperator, 201
Weg
    Dreiecks–, 366
    Integral längs eines –es, 337
    inverser, 339
    Koordinaten–, 274
    rektifizierbarer, 292
    stückweise-C^q–, 300, 340
    Summen–, 340
Weierstraß
    – sche Produktdarstellung für $1/\Gamma$,
        107
    –scher Konvergenzsatz, 369
Wellenoperator, 201
wesentliche Singularität, 379
Windungszahl, 384
Winkel
    – zwischen zwei Vektoren, 313
    Dreh–, 304
Wirkung
    –(s)integral, 217
    Hamiltonsches Prinzip der kleinsten,
        217
Wirtinger

–ableitung, 369
–sche Ungleichung, 91

Zentralfeld, 324
Zerlegung, 4
    Feinheit einer, 20
    Verfeinerung einer, 4
Zykloide, 315, 316
Zylinder
    elliptischer, 268
    gerader Kreis–, 268

δ^{jk}, 320
δ^j_k, 320
δ_{jk}, 320
$\beta \le \alpha$, 203
$\binom{\alpha}{\beta}$, 203
$\sigma(\cdot)$, 138
p', 36

$[\operatorname{Re} z > 0]$, 102
$\mathbb{D}^\bullet(z_0, r)$, 376
$\partial\mathbb{D}(a, r)$, 357
$w(\Gamma, a)$, 384
Res, 379
S^n, 254
$\mathsf{T}_{a,r}$, 261
$\varphi^\natural$, 204
δF, 216

1_n, 254
A^*, 151
$A^\top$, 327
$B^\sharp$, 284
H_f, 196
$[A]_\varepsilon$, 128
$[a_1, \ldots, a_m]$, 186
det, 138, 186
diag, 131, 197

$\mathbb{K}^{m \times n}$, 127
$\mathbb{R}^{m \times m}_{\mathrm{sym}}$, 196
$GL(n)$, 287
$O(n)$, 254
$SO(n)$, 267
$\mathcal{L}$aut, 123
$\mathcal{L}$is, 123
inv, 221
Rang, 235
spur, 150
e^A, 130

BC^k, 200
$B^+(X)$, 30
$C[\alpha, \beta]$, 69
C^1, 156
C^m, 188, 276
C^∞, 188
C^{1-}, 242
$C^{0,1^-}$, 242

$C^{0,p}$, 206
C_0, 71
C^1_0, 212

Diff^q, 226, 276
$\mathrm{Diff}^q(J_1, J_2)$, 294
$\mathrm{Diff}^q_{\mathrm{loc}}$, 226
$\mathcal{H}$arm, 364
$\mathcal{L}(E)$, 14
$\mathcal{L}(E, F)$, 12, 15
$\mathcal{L}(E_1, \ldots, E_m; F)$, 182
$\mathcal{L}^m(E, F)$, 182
$\mathcal{L}^m_{\mathrm{sym}}$, 184
$\mathcal{S}(I, E)$, 5
$\mathcal{SC}(I, E)$, 5
$\mathcal{S}^+(I)$, 30
SC, 69
$SC_{2\pi}$, 76
$\mathcal{T}(I, E)$, 5

$\int$, 20
$\int_\gamma$, 337
$\int_\Gamma$, 338
$F|^\beta_\alpha$, 33
$VP \int_a^b$, 100, 396
$\mathsf{S}f$, 77
$\mathsf{S}_n f$, 77
$\widehat{f}_k$, 76
$\widehat{f}$, 392

D, 155
D^m, 188
D_1, 231
D_v, 157
∂, 156
∂^m, 188
∂_k, 159, 206
∂_{x^k}, 159
f', 155, 188
$f^{(m)}$, 188
f_x, 168
$\frac{\partial(f^1, \ldots, f^m)}{\partial(x^1, \ldots, x^m)}$, 228
$\frac{\partial(f^1, \ldots, f^n)}{\partial(x^{m+1}, \ldots, x^{m+n})}$, 234

grad, 165, 322
∇, 165, 322
∇^g, 167

$\nabla_p f$, 279
$d\varphi$, 40
df, 165, 320
dx^j, 320
$d_p f$, 279
ds, 346
$\square$, 201
Δ, 199

$T_p f$, 270
$T_p M$, 271
TM, 271
$T_p^{\perp} M$, 281
$T_p^* X$, 318
$\mathcal{V}^q(X)$, 318
$(v)_p$, 270
$\sqrt{g}$, 287
$f_{\varphi,\psi}$, 276
ν_p, 282
$\Omega_{(q)}(X)$, 319
Θ, 322
φ^*, 328

$\mathrm{Var}(f, I)$, 291
$\mathrm{Var}(\Gamma)$, 297
$L(\gamma)$, 292
$L(\Gamma)$, 297
$\mathrm{spur}(\Gamma)$, 296
$\mathfrak{t}$, 302
$\mathfrak{n}$, 308
e_j, 321
κ, 307, 308, 314
τ, 314

$|\cdot|$, 127
$\|\cdot\|_{\mathcal{L}(E,F)}$, 12
$\|\cdot\|_{k,\infty}$, 200
$\langle \cdot, \cdot \rangle$, 318
$\langle \cdot, \cdot \rangle_p$, 319
$(\cdot | \cdot)_2$, 70
$\perp$, 73
$\sphericalangle(a, b)$, 313
$\times$, 312
span, 333
$\mathcal{O}r$, 304